基礎からの物理学

原 康夫 著

学術図書出版社

まえがき

　『基礎からの物理学』は，書名のとおり，高校で物理を選択しなかったり物理を選択したが理解が不十分な学生諸君が，物理の基本的な考え方，ものの見方を容易に理解できるよう，構成を工夫し，題材として理解しやすいものを選び，わかりやすく表現した，大学理工系学部の基礎物理教育用の教科書である．

　たとえば，力と運動を学ぶ力学では，運動を等加速度直線運動，放物運動，等速円運動，単振動に絞り，質量×加速度＝力　というニュートンの運動法則の徹底的な理解を図った．また，ニュートンの運動の法則および力と仕事の関係を自動車の運動と関係づけ，学生諸君の経験と結びつくように説明した．したがって，最初から広がった物体の運動を意図的に扱い，日常経験する広がった物体の運動との関係が明確になるようにした．

　使用する数学は最低限にしたが，その範囲内での数的処理能力の育成には最大限の努力を払った．微分と積分がわからないために物理が理解できないことのないよう，微積分が出てくる部分は原則的に参考にした．また，初等的な事項も意識的に記述するようにした．

　最近の工学教育の重要な基準のひとつは，数学，自然科学および工学知識を応用できる能力であり，知識そのものではない．このような要求も念頭に置いて執筆した．

　本書の記述は平易であるが，物理学の全体をただやさしく解説するだけではなく，日常体験する身のまわりのいろいろな現象からエネルギー問題にいたる諸問題を科学的に考え，理解する能力を養えるよう配慮した．たとえば，エネルギー問題を扱う第7章「エネルギー」と第8章「熱と温度」はその代表例である．

　このように高校教科書よりわかりやすいが，内容は高校物理をはるかに超えている．クラスの中には高校で物理を学び十分に理解した学生諸君もいると思うが，そのような学生諸君の知的好奇心と期待に対しても十分に応えられ，さらに物理の理解を深め，応用能力が養える教科書である．

　最近，高校物理の補習を行っている大学があるとのことであるが，高校物理と大学物理が別々にあるわけではない．高校物理の単位は大学の単位に直せば10単位である．卒業要件が124単位の大学で，まず高校物理を学んで，それから大学物理を改めて学ぶ時間も教育的な必然性もあるとは思えない．この教科書の中からクラス

に適切な部分を選べば「物理の基礎から学びはじめて，大学の基礎物理教育で要求されている基本的な内容をマスターできる」と考えている．

教育には cognitive な（認識に関した）面と affective な（楽しく学ぶ）面があるが，この教科書では affective な面にも注意を払った．つまり，物理学的な考え方，ものの見方に触れて，物理の面白さ，素晴らしさを味わってほしいという気持ちで執筆した．その際に，『物理はこんなに面白い』（日本経済新聞社，1999年）という一般向けの本を執筆した経験を生かした．

この教科書は類書に比べてはるかにわかりやすいが，物理リテラシーの習得には，考えるという過程が必要である．授業に出席し，疑問点は先生に質問し，内容を自分のものにしてほしい．授業を欠席した場合はこの教科書を自学自習すること．最初がかんじんである．教科書の最初を見て，「こんなことは知っている，やさしすぎる」などと思って軽視せず，教科書のそのような部分もよく読んでみてほしい．

物理をもっと勉強したい読者には，要求水準に応じて拙著の『理工系の基礎物理 力学』，『理工系の基礎物理 電磁気学』，『物理学基礎』，『物理学通論Ⅰ，Ⅱ』，『物理学』（以上，学術図書出版社），『現代物理学』（裳華房），『量子力学』（岩波書店）などから適切な本を選ぶことをお勧めする．

学術図書出版社の発田孝夫さんのご協力とお励ましに感謝する．

2000年8月

著　者

目　次

0. はじめに
　Ⅰ．物理学をどのように学ぶか　　1
　Ⅱ．物理量の表し方 —— 単位　　3

1. 直線運動
　1.1　速さ　　12
　1.2　直線運動をする物体の位置と速度　　14
　1.3　速度と変位　　17
　1.4　加速度　　20
　1.5　等加速度直線運動　　23
　1.6　重力加速度　　25
　　　演習問題 1　　29

2. 運動の法則
　2.1　速度と加速度　　31
　2.2　ニュートンの運動の法則　　38
　2.3　直線運動での運動の法則　　43
　2.4　地球の重力　　44
　2.5　運動方程式のたて方と解き方　　45
　2.6　放物運動　　47
　　　演習問題 2　　53

3. 周期運動 —— 等速円運動と単振動 ——
　3.1　等速円運動する物体の速度と加速度　　56
　3.2　弾力とフックの法則　　64
　3.3　単振動　　66
　3.4　弾力による位置エネルギー　　70
　3.5　単振り子　　71
　3.6　減衰振動と強制振動　　73
　3.7　波動　　75
　　　演習問題 3　　78

4. 力と運動 —— 自動車を通して学ぶ力学 ——
　4.1　摩擦力　　80
　4.2　力と仕事　　84
　4.3　仕事と運動エネルギーの関係　　88
　4.4　空気や水の抵抗力　　89
　4.5　ガソリンの消費量とエンジンのパワー　　91
　4.6　運動量と力積　　92
　4.7　運動量保存の法則と衝突　　95
　　　演習問題 4　　98

5. 剛体の運動
　5.1　固定軸のまわりの剛体の回転運動　　100
　5.2　剛体の平面運動　　109
　5.3　力のつり合い　　113
　5.4　剛体の重心　　116
　5.5　自動車の加速性能はどこまでよくできるか　　120
　　　演習問題 5　　122

6. 無重量状態と惑星の運動
　6.1　身体を支える力が作用しない無重力状態　　125
　6.2　ニュートンが予想した人工衛星　　127
　6.3　地球の質量を測る　　128
　6.4　地上の運動法則と天上の運動法則　　130
　6.5　万有引力による位置エネルギー　　131
　6.6　惑星，衛星の運動とケプラーの法則　　133
　6.7　中心力と角運動量保存の法則　　134
　6.8　非慣性系と見かけの力　　135
　6.9　コリオリの力　　138
　　　演習問題 6　　139

7. エネルギー
　7.1　エネルギーにはいろいろなタイプのものがある　　140
　7.2　エネルギーはどのように輸送されるか　　142
　7.3　エネルギーの変換とエネルギーの保存　　143
　7.4　エネルギーの変換と換算　　145
　7.5　人間は筋力で1日にどのくらいの仕事ができるか　　148
　　　演習問題 7　　150

8. 熱と温度

- 8.1 熱と温度と内部エネルギー 151
- 8.2 気体の状態方程式 152
- 8.3 気体の分子運動論 154
- 8.4 太陽の表面温度と地球の温度 158
- 8.5 太陽エネルギーと核エネルギー 161
- 8.6 日本人のエネルギー消費と太陽エネルギー 164
- 8.7 熱力学の第1法則, 第2法則と永久機関 165
- 8.8 熱機関の効率 167
- 8.9 冷暖房機 170
- 演習問題 8 172

9. 電荷と電気力

- 9.1 電荷と電気力 173
- 9.2 電荷の保存則 174
- 9.3 静電誘導 175
- 9.4 クーロンの法則 177
- 9.5 電気力の重ね合わせの原理（3つ以上の電荷がある場合の電気力） 180
- 演習問題 9 181

10. 電場

- 10.1 電場 183
- 10.2 電気力線 186
- 10.3 ガウスの法則とその応用 188
- 10.4 物質中の電場 192
- 演習問題 10 194

11. 電位

- 11.1 電気力による位置エネルギー 196
- 11.2 電位と電位差 198
- 11.3 電位の計算例 200
- 11.4 等電位面と等電位線 202
- 11.5 静電遮蔽 204
- 演習問題 11 205

12. キャパシター

- 12.1 キャパシター 207
- 12.2 いくつかの型のキャパシターの電気容量 208
- 12.3 キャパシターの接続 210
- 12.4 電場のエネルギー 212
- 12.5 誘電体と電場 214
- 演習問題 12 216

13. 電流

- 13.1 電流 217
- 13.2 起電力 220
- 13.3 オームの法則 221
- 13.4 直流回路 223
- 13.5 キルヒホッフの法則 226
- 13.6 電流と仕事 228
- 演習問題 13 232

14. 電流と磁場

- 14.1 磁石と磁場 235
- 14.2 磁場と磁力線 236
- 14.3 地球の磁場 237
- 14.4 電流のつくる磁場 238
- 14.5 磁束と磁場のガウスの法則 244
- 14.6 アンペールの法則 244
- 14.7 電流に作用する磁気力 245
- 14.8 電流の間に作用する磁気力 248
- 14.9 荷電粒子に作用する磁気力 250
- 演習問題 14 254

15. 電磁誘導

- 15.1 電磁誘導 256
- 15.2 電磁誘導の法則 259
- 15.3 回路は静止していて磁場が変化する場合の電磁誘導 261
- 15.4 磁場は変化せず回路が運動する場合の電磁誘導 262
- 15.5 磁場の中で回転するコイルに生じる起電力 —— 交流発電機 264
- 15.6 自己誘導 265
- 15.7 磁場のエネルギー 268
- 15.8 相互誘導 269
- 15.9 交流 270
- 15.10 変圧器 272
- 15.11 送電 273
- 演習問題 15 275

16. マクスウェル方程式
- 16.1　マクスウェル方程式　　278
- 16.2　電場と磁場の実体は何か　　283

17. 光は波か粒子か
- 17.1　光は波で，しかも横波である　　286
- 17.2　光は電磁波である　　288
- 17.3　電磁波の反射と屈折　　292
- 17.4　電場と磁場のエネルギーと運動量　　294
- 17.5　光は波でもあり，粒子でもある
  ——光の二重性　　295
- 演習問題 17　　299

18. マクロな世界の物理から ミクロな世界の物理へ
- 18.1　物質の基本的な構成粒子の電子　　301
- 18.2　電子の二重性　　302
- 18.3　不確定性原理（電子の位置と速度は正確にはわからない）　　305
- 18.4　原子の定常状態と光の線スペクトル　　305
- 18.5　元素の周期律　　308
- 18.6　レーザー　　310
- 18.7　導体，絶縁体，半導体　　311
- 18.8　半導体の応用　　314
- 演習問題 18　　318

19. 相対性理論
- 19.1　マイケルソン-モーリーの実験　　319
- 19.2　アインシュタインの相対性原理　　321
- 19.3　ローレンツ変換　　322
- 19.4　動いている時計の遅れと動いている棒の収縮　　323
- 19.5　質量はエネルギーの一形態である　　326
- 19.6　電磁場と座標系　　327
- 演習問題 19　　328

20. 原子核
- 20.1　ラザフォードの原子模型　　329
- 20.2　原子核の構成　　330
- 20.3　核力　　332
- 20.4　原子核の結合エネルギー　　333
- 20.5　原子核の崩壊　　334
- 20.6　核エネルギー　　336
- 20.7　放射線　　338
- 20.8　素粒子　　339
- 演習問題 20　　341

付録　数学公式集
- A.1　三角関数の性質　　342
- A.2　指数関数　　343
- A.3　原始関数と導関数　　343
- A.4　ベクトルの公式　　343

　　問，演習問題の解答　　345
　　索引　　355

はじめに

I. 物理学をどのように学ぶか

1. 物理学は社会人としての常識

今から約5000年も昔に，直径が約1メートルもある栗材で作られた大型掘立柱構造物が立っていたことを示す6個の柱穴が青森の三内丸山遺跡で発見されている．この縄文時代の建物は長さが17メートルで重さが8トンの栗の柱6本を使って復元されている．このような大型建造物を造るには，高度な技術が必要なことはいうまでもない．昔の人たちは，生活の中でのいろいろな経験を通じて，自然を支配している法則を理解し，それを応用して，このような技術を発展させてきたに違いない．

現代社会ではさまざまな技術が重要な役割を演じている．その中でも重要な発電機，モーター，トランジスター，レーザー，原子力などはすべて物理学を基礎にしている．

自然を支配する法則を研究するのが自然科学である．物理学は，特定の限られた種類の現象だけではなく，多くの現象に広く適用できる普遍的な自然法則を研究するという意味で，自然科学の中でも基礎的な学問である．

今から約200年前までは，物理学は大学の中よりも，大学以外でより多くの研究が行われていた．たとえば，2種類の電気を「正電気」，「負電気」と名づけたり，雷雲は帯電していることを発見し，避雷針を発明した米国のフランクリンは印刷業者であり，政治家でもあった人である．つまり，歴史的にみると，物理学を含む自然科学は社会の中で，知的好奇心に富む人たちによって，育てられてきたといえる．

科学技術は最近200年間に大きく発展し，莫大な量の科学知識が蓄積された．そのすべてを学び，理解することは不可能である．しかし，社会が科学技術に大きく依存している現在，科学技術の基礎にある物理学の基本的な知識は不可欠である．古代の大型掘立柱構造物の建造が危険を伴ったように，現代の科学技術にはつねに危険が伴う．このような危険を少なくするためにも物理の知識と応用能

三内丸山遺跡のシンボル大型掘立柱建物（復元）［青森県教育庁文化課三内丸山遺跡対策室所蔵］

力が要求される．

いま，技術者に必要な能力の1つとして重視されているのは，物理学の知識そのものではなく，物理学の応用能力である．つまり，物理学的な問題発見能力，問題対応能力と問題解決能力である．そういうわけで，物理学を学ぶ上で重要なのは，物理学の知識をむやみに暗記することではなく，まず，物理学的なものの見方，物理学的な考え方を身につけることである．そのためには，知的好奇心に富み，自然を観察したり，手軽にできる実験を楽しむ人である必要がある．そのように心がければ，だれでも自然のからくりをそれなりに理解できる．

2. 注目すべきキーワードはエネルギー

物理学には，力と運動，電気・磁気，熱，光，波，原子などいろいろな対象がある．物理学では，これらの対象を，力学，電磁気学，熱学などという名前で別々に学ぶのが慣例である．しかし，これらの現象はたがいに無関係ではない．物理学は自然を，少数の法則に基づいて，統一的に理解しようとする人類の努力の成果である．自然を統一的に理解する鍵はエネルギーである．

エネルギーは日常用語として使用されているが，語源はギリシャ語で仕事を意味するエルゴンだといわれている．物理用語としてのエネルギーの意味は「仕事をする能力」だと考えてかまわない．

生命活動をはじめとして，すべての自然現象はたえずエネルギーが注入されなければ継続しない．エネルギーにはいろいろなタイプのものがある．どのタイプのエネルギーも他のタイプのエネルギーに変わっていき，エネルギーの存在場所は移動していく．しかし，エネルギーという見方が有効なのは，エネルギーのタイプが変化しても，エネルギーの総量は変化しないという「エネルギー保存の法則」が存在するからである．

自然現象を理解するには，このように移り変わるエネルギーの流れを追っていくのがよい方法である．

発電所には水力，火力，原子力，風力，波力，地熱などいろいろなタイプのものがある．これらの違いは，それぞれ異なるタイプのエネルギーを電気エネルギーに変換していることに対応している．電気エネルギーは電流によって家庭や工場に運ばれ，そこの電気器具や機械でいろいろなタイプのエネルギーに変換される．

本書では，力学と電磁気学を中心に学ぶが，学習の際にエネルギ

ーに注目して，その理解を深めてほしい．

3. 自然法則や典型的な自然現象の定性的理解の重要性

物理学を理解する際に，まず心がけるべきことは，自然法則や典型的な自然現象を定性的に理解することである．たとえば，物体に力が作用すれば物体はどうなるか，導線のコイルに直流電源を接続したときと交流電源を接続したときにはそれぞれどうなるか，などの問に対して，具体的な例をあげて，定性的に説明できるようになることである．

II．物理量の表し方 —— 単位

1．物理量は「数値」×「単位」という形をしている

物理学では，定性的な理解がまず必要であるが，定量的な理解も重要である．物理学を使えば，多くの単純な問題を定量的に理解できる．ドーム球場の天井の高さはどのくらいにすればよいかという問題は，その一例である．みなさんはどう答えるだろうか．次の第1章を参考にしてほしい．

物理学ではいろいろな量を考える．たとえば，長さ，時間，速さ，力のような量である．これらの物理量を表すときは，これらの物理量を測るときの基準となる量の**単位**と比較して，その何倍であるかを表す．たとえば，ドーム球場の天井の高さは，長さの基準の 1 m の物指しの長さと比べて，50 m とか 60 m と表される．つまり，物理学で対象にする物理量にはその量を測る基準の単位がついていて，物理量は「数値」×「単位」という形をしている．したがって，物理学の問題を定量的に考えるときに理解しておかねばならないのが単位である．

長方形の面積の公式は，いうまでもなく，

$$\text{「長方形の面積」} = \text{「縦の長さ」} \times \text{「横の長さ」} \tag{1}$$

であるが，「縦の長さ」も「横の長さ」も 10 m とか 30 cm とかのように，「数値」×「単位」という形をしている．「縦の長さ」が 20 m で「横の長さ」が 10 m の「長方形の面積」は

$$\text{「長方形の面積」} = 20\,\text{m} \times 10\,\text{m} = 200\,\text{m}^2 \tag{2}$$

と表され，やはり「数値」×「単位」という形をしている．ここで注意すべきことは，長さの単位として m，面積の単位として m^2 を選べば，単位を無視して $20 \times 10 = 200$ という計算をして，答の 200 に面積の単位の m^2 をつければ，正しい答になることである．

「長方形の面積」，「縦の長さ」，「横の長さ」などと書くのは，長

くてわずらわしいので，物理学では，物理量を（ローマ字またはギリシャ文字の）記号（量記号ともいう）で代表させる．物理量を表す記号も「数値」×「単位」を表す．たとえば，「長方形の面積」を A，「縦の長さ」を H，「横の長さ」を L と記すことにすれば，(1) 式と (2) 式は

$$A = HL \quad A = 20\,\mathrm{m} \times 10\,\mathrm{m} = 200\,\mathrm{m}^2 \qquad (3)$$

と簡単に表せる．つまり，A, H, L などの物理量を表す記号はすべて数値×単位という形の量を表す記号である．

高校物理では，長さ L [m] などと記し，記号は [ ] の中の単位を使ったときの物理量の「数値」だけを表している．この点は高校物理と大学物理の表記法の大きな相違点である．ただし，本書では，例外的に，「v [m/s] で運動している物体は 1 秒間に v [m] 移動する」などと表現することがある．また，ある物理量の単位がいくつかあり，そのうちのどの単位を使ってその量を表すのかを指定した場合には，物理量を表す記号のあとに [ ] をつけて，その単位を表す．たとえば，「m を単位としたときの長さ L [m] と cm を単位としたときの長さ L [cm] の関係は L [cm] $= 100L$ [m]」などと表現することがある．

なお，物理量を表す記号は斜体（イタリック体）文字で表し，単位を表す記号（単位記号）は直立体（ローマン体）文字で表す．

2. 国際単位系

この本で最初に学ぶ力学に現れる物理量の単位は，長さ，質量，時間の単位を決めれば，この 3 つからすべて定まる．長さの単位として**メートル** [m]，質量の単位として**キログラム** [kg]，時間の単位として**秒** [s] をとり，これらを基本単位にして他の物理量の単位を定めた単位系（単位の集まり）を **MKS 単位系**とよぶ．この 3 つの基本単位に電流の単位のアンペア [A] を 4 番目の基本単位として加えた単位系を **MKSA 単位系**という．

■ **国際単位系** ■　1960 年の国際度量衡総会は，あらゆる分野において広く世界的に使用される単位系として，MKSA 単位系を拡張した国際単位系（略称 SI）を採択した．日本の計量法もこれを基礎にしているので，本書でも原則として国際単位系を使う．国際単位系はメートル [m]，キログラム [kg]，秒 [s]，アンペア [A] に，温度の単位ケルビン [K]，光度の単位カンデラ [cd]，および物質の量の単位モル [mol] を加えた 7 個を基本単位として構成さ

れている単位系である．これ以外の物理量の単位は，定義や物理法則を使って，基本単位から組み立てられる．

■ **組立単位の例** ■ 長さの単位は m，時間の単位は s なので，
「速さ」＝「移動距離」÷「移動時間」の国際単位は，
　　　長さの単位 m を時間の単位 s で割った m/s，
「加速度」＝「速度の変化」÷「変化時間」の国際単位は，
　　　速度の単位 m/s を時間の単位 s で割った m/s^2，
「面積」＝「縦の長さ」×「横の長さ」の国際単位は，
　　　長さの単位 m に長さの単位 m をかけた m^2

である（A/B は $A÷B$ を表す）．第2章で学ぶように，
「力」＝「質量」×「加速度」なので，力の国際単位は，
　　　質量の国際単位 kg に加速度の国際単位 m/s^2 をかけた $kg·m/s^2$

である．なお，力学の創始者のニュートンに敬意を払って，力の国際単位 $kg·m/s^2$ をニュートンとよび，N という記号を使うが，こう表しても，力の国際単位のニュートンが基本単位だというわけではない．

物体の表面に作用する固体や液体の圧力は，物体の単位面積あたりの力，つまり，
「圧力」＝「力」÷「面積」なので，圧力の国際単位は，
　　　力の国際単位の N ＝ $kg·m/s^2$ を面積の国際単位 m^2 で割った N/m^2 ＝ $kg/m·s^2$

である．なお，「容器中のある場所の液体の圧力を増加させると，この容器中のすべての場所の液体の圧力も同じ大きさだけ増加する」というパスカルの原理を発見した 17 世紀のフランスの物理学者で，哲学者や数学者でもあったパスカルに敬意を払って，圧力の国際単位の N/m^2 ＝ $kg/m·s^2$ をパスカルとよび，Pa という記号を使う．

国際単位系では基本単位と組立単位のほかに補助単位として，平面角の単位ラジアン（記号 rad）と立体角の単位ステラジアン（記号 sr）を用いる．ラジアンについては 3.2 節で紹介する．

国際単位とともに併用することが認められている単位に，質量の単位のトン（t，1 t ＝ 1000 kg），時間の単位の分（min，1 min ＝ 60 s），時（h，1 h ＝ 60 min），日（d，1 d ＝ 24 h），平面角の単位の度（°，1° ＝ $(π/180)$ rad），分（′，1′ ＝ 1°/60），秒（″，1″ ＝ 1′/60）などがある．

なお，本書では，国際単位でない，重力キログラム（記号 kgf：

力の単位），カロリー（記号 cal：エネルギーの単位），電子ボルト（単位 eV：エネルギーの単位）の 3 つを実用単位として使うことがある．

> **問 1** ある物体の「質量」×「速度」×「速度」/2 をその物体の運動エネルギーという．国際単位系での運動エネルギーの単位を記せ（単位を求める際に 1/2 は無視せよ）．エネルギー保存の法則の発見者の 1 人であるジュールに敬意を払って，このエネルギーの国際単位をジュールとよび，J という記号を使う．あなたが秒速 7 m で走っているときの運動エネルギーは何 J か．

3. 大きな量と小さな量の表し方（指数，接頭語）

取り扱っている現象に現れる物理量の大きさが，基本単位や組立単位の大きさに比べて，とても大きかったり，とても小さかったりする場合の表し方には，2 通りある．

1 つは，1 000 000 を 10^6，0.000 001 を 10^{-6} などのように 10 のべき乗を使って表す方法である．つまり，大きな数を $a \times 10^n$（n は正の整数），小さな数を $a \times 10^{-n}$（n は正の整数）と表す方法である．10^n の n や 10^{-n} の $-n$ を指数という．a は $10 > |a| \geq 1$ の正または負の数である．たとえば，地球の赤道半径 6 378 000 m は 6.378×10^6 m と表される．

もう 1 つの方法は，表紙の裏見返しに示す，国際単位系で指定された，接頭語をつけた単位を使う方法である．たとえば，

$1\,000\,\text{m} = 1\,\text{km}, \quad 10^{-3}\,\text{m} = 1\,\text{mm}, \quad 10^{-15}\,\text{m} = 1\,\text{fm},$

$10^{-3}\,\text{kg} = 1\,\text{g}, \quad 10^6\,\text{Hz} = 1\,\text{MHz}$

などである．6 378 000 m は 6 378 km と表せる．なお，質量の基本単位のキログラム kg には接頭語の「k（キロ）」が含まれているので，質量の単位の 10 の整数乗倍の単位の名称は「g（グラム）」という語に接頭語をつけて構成することになっている．

例 1 昔，圧力の実用単位として，標準の大気圧である 1 気圧が使われていた．

$$1\,\text{気圧} = 1\,013\,\text{hPa} \tag{4}$$

である．1 hPa（ヘクトパスカル）は 100 Pa なので，1 気圧は 101 300 Pa である．

4．有効数字

物理量を測定すると，測定の結果得られた測定値にはばらつきがある．そこで，これらの測定値の平均値を計算する．測定値の平均値は，この物理量の最良推定値である．しかし，この推定値には不確かさがある．この不確かさは推測でき，下記の手順で求められる標準不確かさで表す．

同じ物理量を同じ条件で何回も繰り返し測定すると，測定値にはばらつきが生じる．多くの場合，測定値は，図1に示すように，平均値 m のまわりにつりがね形の**正規分布**とよばれる分布をする．図1の σ をこの物理量の測定結果の**標準偏差**という．標準偏差とは，図1(a)に記されているように，$m-\sigma$ と $m+\sigma$ の間の大きさの測定値が全体の 68.3% になり，図1(b)に記されているように，$m-2\sigma$ と $m+2\sigma$ の間の大きさの測定値が全体の 95.4% になり，図1(c)に記されているように，$m-3\sigma$ と $m+3\sigma$ の間の大きさの測定値が全体の 99.7% になるような量である．この物理量の測定結果を $m\pm\sigma$ と表し，σ を**標準不確かさ**という．

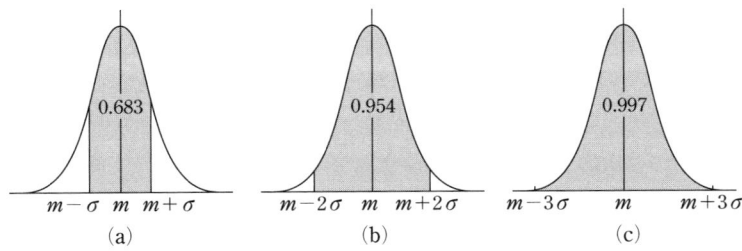

図1　正規分布

誤差があるので，平均値 m の桁数をむやみに多くして表しても意味がない．たとえば，ある人の身長の測定値の平均値が 161.44 cm，標準偏差が 0.1 cm の場合には，身長の測定結果の平均値として意味があるのは 161.4 cm である．この場合，意味のある4桁の数字の 1614 を**有効数字**という．測定値を $a\times 10^n$ と表すとき，a としては $10>|a|\geqq 1$ になるようにした，有効数字を使う．たとえば，1.614×10^2 cm のようにである．

測定値のばらつきによる統計誤差とよばれる誤差以外に，物指しの目盛が正しく刻まれていないような場合に生じるタイプの誤差がある．この種の誤差をシスティマティック・エラー（系統誤差）とよぶ．

本書は，物理現象や法則の物理的な意味の理解を主目的とするので，問題の解答などで，有効数字と誤差については気にしないことにする．

5. ディメンション

力学に現れるすべての物理量の単位は，長さの単位 m，質量の単位 kg，時間の単位 s の 3 つで表せる．たとえば，ある物理量 Y の単位が $m^a\,kg^b\,s^c$ だとすると，

$$[Y] = [L^a M^b T^c] \qquad (5)$$

をこの物理量 Y の**ディメンション**あるいは**次元** $[Y]$ の次元式といい，a, b, c を長さ，質量，時間に関するディメンションという [L は length（長さ），M は mass（質量），T は time（時間）の頭文字]．たとえば，速度と力のディメンションは

$$[速度] = [LT^{-1}], \quad [力] = [LMT^{-2}] \qquad (6)$$

である．

計算の途中や結果にでてくる式 $A = B$ の左辺 A と右辺 B のディメンションはつねに同じでなければならない．これが等号「＝」の意味である．そこで，計算結果の式の両辺のディメンションが同じかどうかを調べることは，計算結果が正しいかどうかの 1 つのチェックになる．

式の左右両辺のディメンションは同じなので，国際単位系を採用すれば，物理量の単位の部分は無視して，数値計算だけを行い，計算結果にそのディメンションの国際単位をつければよいことになる．

次元の異なる 2 つの量を掛け合わせたり，一方を他方で割ったりすることはできるが，ディメンションが異なる 2 つの量を足し合わすことはできない．ディメンションが同じ 2 つの量を足し合わすことはできるが，異なった単位で示された 2 つの量の計算を行う場合には，換算して 2 つの量の単位に同じものを使う必要がある（たとえば，$1.23\,m + 10\,cm = 1.23\,m + 0.10\,m = 1.33\,m$）．

> **問 2** 4 つの量 A, B, C, D の間に $AB = CD$ という関係があるとする．A, B, C, D の国際単位の間にはどのような関係があるか．
>
> **問 3** 速さの国際単位は m/s（秒速…メートル）であるが，電車や自動車の速さを表す場合には km/h（時速…キロメートル）を使う方が便利である．警官が，制限速度が 60 km/h の道路の距離 200 m の地点間の車の通過時間を測定して，速度違反の車を調べている．通過時間が 3.0 秒の車は速度違反？
>
> m/s と km/h の換算の式は，$1\,m = (1/1000)\,km$，$1\,s = (1/3600)\,h$ を使うと，
>
> $1\,m/s = (1/1000)\,km/(1/3600)\,h = (3600/1000)\,km/h$
> $\qquad\quad = 3.6\,km/h$
>
> つまり，
>
> $1\,m/s = 3.6\,km/h, \quad 1\,km/h = (1/3.6)\,m/s$
>
> であることを説明し，この式を使え．

6. 質量の単位 kg と長さの単位 m と時間の単位 s

産業・交易の発展に伴い，国際的に広く用いられる合理的な度量衡の確立が望まれるようになった（度は物指し，量はます，衡ははかりを意味する）．現在の国際単位系の基礎になったメートル法は，フランス革命の際に，度量衡の単位を世界的に統一することが国民憲法議会に提案されたことに始まり，フランス科学アカデミーを中心とする作業に基づいて制定された．長さと質量の国際的な原器がパリ郊外のセーブルにあるのはこのためである．

質量の単位の 1 kg は歴史的には 1 気圧，最大密度の温度（セ氏約 4 度）における水 1000 cm^3（1 L）の質量と規定されたが，現在ではフランスのセーブルの国際度量衡局に保管されている白金イリジウム合金製の国際キログラム原器の質量によって 1 kg の質量の大きさが定義されている．

長さの単位はメートル [m] である．歴史的には，1 m は地球の北極から赤道までの子午線の長さの $1/10^7$ の長さと規定され，これに基づいた国際メートル原器がつくられ，これによって 1 m の長さが定義された．

近年，科学技術の精密化に伴って，この定義は不適当になってきた．多くの精密な実験の結果，光の速さは光源の運動や観測者の運動によらず一定なことがわかったので，1983 年からは真空中の光の速さを 299 792 458 m/s と定義している．そして，この定義値と原子時計で精密に測定できる時間を使って，長さの単位の 1 m を「光が真空中で 1/299 792 458 秒の間に進む距離」と定義している．つまり，光の速さは測定値ではなく，定義値になった．現在，光が 1 秒間に進む距離の測定には $1/10^8$ 程度の誤差があるので，1 m の長さには 10^{-8} 程度の不確定さがある．

時間を測定する装置を時計とよぶ．現在われわれが使っている時計はある決まった時間（周期）ごとに同じ運動が繰り返す周期運動を利用している．周期運動の周期を単位にして時間を測定するのである．時間を正確に測るためには，周期が正確に一定で，しかも短い必要がある．クォーツ時計では人工水晶の振動を利用している．この振動の周期はきわめて正確に一定であり，しかも温度の変化ではほとんど変わらないので，クォーツ時計の発達によって時間の測定が精密に行われるようになった．しかし，原子から放射される光の振動の周期はさらに正確に一定なので，現在では時間の基準として原子時計を使っている．時間の単位は秒 [s] である．

もともとは，1 秒は太陽が南中してから翌日に南中するまでの 1 日の長さの $(1/24)\times(1/60)\times(1/60) = 1/86\,400$ として定義されて

いたが，地球の自転の速さは一定ではなく，きわめてわずかであるが徐々に遅くなっているので，現在ではセシウム原子（^{133}Cs）の基底状態の2つの超微細準位の間の遷移で放射される光の周期の9 192 631 770倍に等しい時間を1秒と定義している．

問4 経度が同じで，緯度が1度異なる2点間の距離は何 km か．北緯30度で東西に 800 km 離れている2点での日の出の時間にはどのくらいのずれがあるか．

直線運動

　いちばん簡単な運動は，物体が一直線上を運動する**直線運動**である．まっすぐな線路を走る電車の運動，真上に投げ上げられたボールの運動，鉛直に吊るしたばねの下端につけたおもりの上下方向の振動などは直線運動の例である．

　物体は運動によって移動する．物体の運動とは位置が時間とともに変化することであるから，運動を表すにはまず物体の位置を表すことが必要である．

　物体の運動状態を表す量は**速度**と**加速度**である．われわれは自動車や電車に乗った経験から，速度や加速度を体験的に知っている．

　本章では，力学を学ぶ準備として，直線運動を行う物体の位置，速度，加速度の表し方とともに，問題の数理的な処理と分析方法を学ぶ．

　この学習では，まずグラフを描いて，グラフから運動の特徴を読み取ることを学ぶ．

　横軸に時刻 t，縦軸に位置 x を選んだ，x-t 図の x-t 曲線の傾き（勾配）から物体の速度がわかる．横軸に時刻 t，縦軸に速度 v を選んだ，v-t 図の v-t 曲線と t 軸に囲まれた部分の面積は，物体の変位を表す．v-t 図の v-t 曲線の傾きから物体の加速度がわかる．これら事実を理解すれば，この章の内容を十分に理解したことになる．

　曲線を表す式から，曲線の傾きを計算する方法が微分法で，曲線と横軸で囲まれた部分の面積を計算する方法が積分法である．本章では関係する微分法，積分法についても**参考**の部分を読めば学べるようになっている．

　微分と積分の予備知識がなくても本書を理解できるように記述してある．しかし，次のことを知っていると理解が深まるはずである．興味があれば読んでほしい．

（1）　時刻 t とともに変化する物理量 $f(t)$ の時刻 t と時刻 $t+\Delta t$ の間の短い時間 Δt での変化量 $f(t+\Delta t)-f(t)$ を Δf と

記す．物理量 $f(t)$ のこの間の平均変化率は $\Delta f/\Delta t$ である．

（２） きわめて短い（限りなく 0 に近い）時間 $\mathrm{d}t$ での $f(t)$ のきわめて小さい変化量を $\mathrm{d}f$ と記す．物理量 $f(t)$ の時刻 t での時間変化率 $f'(t)$ は，$f'(t) = \mathrm{d}f/\mathrm{d}t$ である．

（３） 物理量 $f(t)$ の時刻 t での時間変化率が $f'(t)$ であれば，きわめて短い時間 $\mathrm{d}t$ での物理量 $f(t)$ の変化量 $\mathrm{d}f$ は $\mathrm{d}f = f'(t)\,\mathrm{d}t$ である．時刻 t_A から時刻 t_B までの物理量 $f(t)$ の変化量は，$\mathrm{d}f = f'(t)\,\mathrm{d}t$ の和の次の定積分で与えられる．

$$f(t_\mathrm{A}) - f(t_\mathrm{B}) = \int_{t_\mathrm{A}}^{t_\mathrm{B}} f'(t)\,\mathrm{d}t$$

1.1 速　さ

■ 平均の速さ ■　物体の運動状態を表す量に**速さ**（スピード）がある．「平均の速さ $\bar{v}$」は「移動した距離 s」÷「移動にかかった時間 t」，つまり，

$$\text{平均の速さ} = \frac{\text{移動距離}}{\text{移動時間}} \qquad \bar{v} = \frac{s}{t} \qquad (1.1)$$

である．本書では，$s \div t$ を s/t と書くことにする．(1.1)式から

$$\text{移動距離} = \text{平均の速さ} \times \text{移動時間} \qquad s = \bar{v} t \qquad (1.2)$$

であることがわかる．

■ 速さの単位 ■　長さの単位には km，m，cm などがあり，1 km = 1000 m，1 m = 100 cm という関係がある．時間の単位には時（h；hour），分（min；minute），秒（s；second）などがあり，1 h = 60 min，1 min = 60 s などの関係がある．「速さの単位」は「長さの単位」÷「時間の単位」なので，速さの単位として，km/h，m/min，m/s などがある．国際単位系では，長さの単位はメートル [m]，時間の単位は秒 [s] なので，国際単位系での速さの単位は m/s である．いうまでもなく，m/s = m ÷ s である．

例1　通学の際に自宅から 900 m 離れた駅まで徒歩で 10 分かかったとすると，この人の平均の速さは

$$900\,\mathrm{m}/10\,\mathrm{min} = 90\,\mathrm{m/min}$$

である．これを日常生活では分速 90 m という．

参考 「メートル」を「分」で割るとはどういうことか？

速さが 90 m/min とは何を意味するのだろうか．われわれは $12 \div 3 = 4$ という計算の意味を知っている．12 個のものを 3 個ずつのグループに分けていくと，4 つのグループができるという意味である．12 個のりんごを 3 人で分けるときの式を 12 個/3 人 = 4 個/人 と書くと，右辺の 4 個/人 の意味は 1 人あたり 4 個という意味である．90 m/min の意味は，1 分間に 90 m の割合で歩くということである．

■ **速さの単位の変換** ■ 速さの別の単位を使うと，速さを表す数値は異なる．

$$36 \text{ km} = 36000 \text{ m}, \quad 1 \text{ h} = 60 \text{ min} = 3600 \text{ s}$$

なので，たとえば，

$$36 \text{ km/h} = 36000 \text{ m}/3600 \text{ s} = 10 \text{ m/s}$$

$$\therefore \quad 1 \text{ m/s} = 3.6 \text{ km/h} \quad 1 \text{ km/h} = (1/3.6) \text{ m/s}$$

例題 1 東海道新幹線の「のぞみ」には，東京-新大阪を 2 時間 30 分で走行するものがある．東京-新大阪間の距離を営業キロ数の 552.6 km として，この「のぞみ」の平均の速さを求めよ．速さの単位として，km/h と m/s の両方の場合を求めよ．

解 $30 \text{ min} = 30 \times (\text{h}/60) = 0.5 \text{ h}$ であり，0.30 h ではないことに注意すると，

$$\bar{v} = \frac{s}{t} = \frac{552.6 \text{ km}}{2.5 \text{ h}} = 221.0 \text{ km/h}$$

$$1 \text{ km/h} = (1000 \text{ m}/3600 \text{ s}) = (1/3.6) \text{ m/s}$$

なので，

$$\bar{v} = 221.0 \text{ km/h} = (221.0/3.6) \text{ m/s} = 61.4 \text{ m/s}$$

■ **等速運動** ■ 速さが一定な運動，つまり等しい時間に等しい距離を通過する運動を等速運動という．速さが v_0 の等速運動の場合，平均の速さはつねに一定の速さ v_0 なので，(1.2)式から，任意の移動時間 t に対して，その間の移動距離 s は，

$$s = v_0 t \quad 移動距離 = 速さ \times 移動時間 \quad (1.3)$$

である．つまり，「一定の速さで移動する物体の移動時間 t と移動距離 s とは比例する」．

横軸に移動時間 t，縦軸に移動距離 s を選んで物体の運動状態を表す移動距離-移動時間図を描くと，等速運動の場合は，原点を通る直線になる（図 1.1）．(1.3)式からわかるように，直線の傾きが等速運動の速さ v_0 なので，直線の傾きが大きい場合には速さが速く，傾きが小さい場合には速さが遅い．

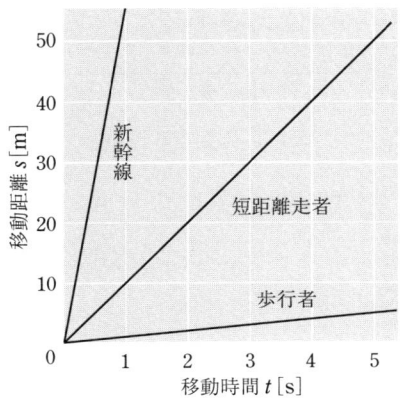

図 1.1 移動距離-移動時間（等速運動の場合）

問1 一定の速さ v_0, あるいは平均の速さ $\bar{v}$ で，距離 s を移動するのに必要な時間 t は

$$t = \frac{s}{v_0} \quad \text{あるいは} \quad t = \frac{s}{\bar{v}} \tag{1.4}$$

であることを示し，120 km 離れた2点間を 90 km/h でドライブする時間と 60 km/h でドライブする時間の差を求めよ．

例2（空走時間と空走距離） 自動車を運転しているとき，前方に子どもが飛び出すなどの緊急事態では急ブレーキを踏んで車を停止させる．時速 50 km で走っている車の運転手が危険を発見してからブレーキを踏むまでの時間（空走時間）が 0.5 秒だとする．時速 50 km は 13.9 m/s なので，0.50 秒間には

$$(13.9 \, \text{m/s}) \times 0.50 \, \text{s} = 7.0 \, \text{m}$$

つまり，7.0 m 進む．この距離（空走距離）は車が停止するまでの走行距離ではない．

1.2 直線運動をする物体の位置と速度

これまでの速さの議論では，物体の運動の道筋は曲線でもよかったが，これから本章では，物体が一直線上を運動する場合だけを考える．たとえば，鉛直なばねの下端に吊るされて，上下に振動しているおもりの運動である（図1.2）．

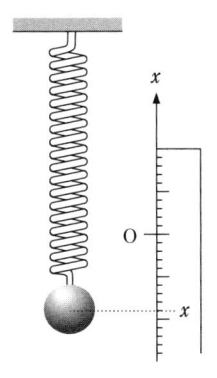

図 1.2 ばねの下端に吊るしたおもりの上下方向の振動．点Oは基準の位置（高さ）

物体は運動によって移動する．物体の運動とは位置が時間とともに変化することであるから，運動を表すにはまず物体の位置を表すことが必要である．物体の移動した距離が**移動距離**である（図1.3 (a)）．競泳では，選手が泳いだ往復の移動距離の合計が重要であるが，物体の現在の位置を考える場合には，移動距離よりも，最初の位置からの正味の変化，つまり，図1.3 (b) の矢印のような，最初の位置を始点とし，現在の位置を終点とする矢印の長さ（直線距離）とその向きが重要である．この位置の変化を表す量を**変位**という．図1.2の場合，おもりの位置は基準の位置（高さ）と比べることで指定できる．

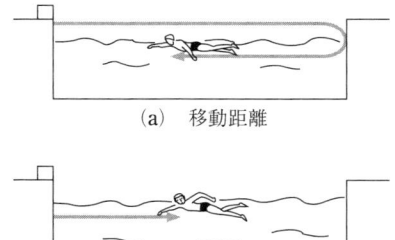

図 1.3 移動距離と変位

位 置　ある直線に沿って運動する物体の位置を表すには，その直線を x 軸に選び，原点Oを定め，x 軸の正の向きと負の向きを決める（図1.4）．そうすると，物体の位置は座標 x によって

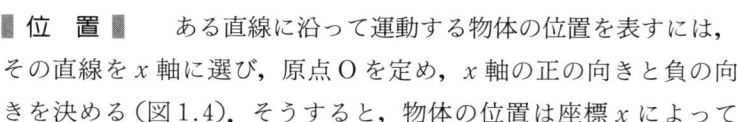

図 1.4 座標軸（x 軸）

表される．座標 x の絶対値 $|x|$ は，物体と原点 O との距離である．座標 x の符号は，物体が原点から正の向きにあれば正であり，負の向きにあれば負である．

物体の位置が時刻 t とともに変化する場合には，物体の位置は時刻 t の関数 $x(t)$ である．物体の位置の時間的な変化は，横軸に時刻 t，縦軸に物体の位置 $x(t)$ を選んだグラフで図示できる．このグラフを**位置-時刻図**（**x-t 図**）とよぶ．

例 3 長さ 50 m のプールを分速 100 m，つまり，$v_0 = 100$ m/min の一定な速さで 200 m 泳いだ場合の x-t 図は図 1.5 のようになる．

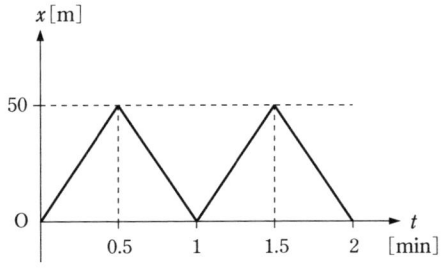

図 1.5 50 メートル・プールを一定の速さで泳ぐ人の x-t 図

■ **平均速度** ■　直線運動の場合，x 軸の正の向きに進む物体の速さと負の向きに進む物体の速さを区別するために速度を使う．時刻 t の位置が $x(t)$ の物体が，時間が Δt 経過した時刻 $t+\Delta t$ に，位置 $x(t+\Delta t)$ に移動したとすると，時間 Δt に位置が $x(t+\Delta t) - x(t) \equiv \Delta x$ だけ変化したので（図 1.6，図 1.7），時間 Δt の**平均速度** $\bar{v}$ を

$$\bar{v} = \frac{\Delta x}{\Delta t} = \frac{x(t+\Delta t) - x(t)}{\Delta t} \qquad 平均速度 = \frac{変位}{時間} \qquad (1.5)$$

と定義する*．$\Delta x = x(t+\Delta t) - x(t)$ を時間 Δt での物体の**変位**という．（$A \equiv B$ は「定義によって B は A に等しい」こと，あるいは「A を B と定義する」ことを意味する．）

物体が x 軸の正の向きに移動すれば，変位 Δx はプラス（正）なので平均速度は正（$\bar{v} > 0$）で，負の向きに移動すれば，変位 Δx はマイナス（負）なので平均速度は負（$\bar{v} < 0$）である．平均速度 $\Delta x/\Delta t$ は図 1.7 の有向線分 $\overrightarrow{PP'}$ の傾き（勾配）である．$\bar{v} > 0$ なら，有向線分 $\overrightarrow{PP'}$ は右上がりで，$\bar{v} < 0$ なら，有向線分は右下がりである．

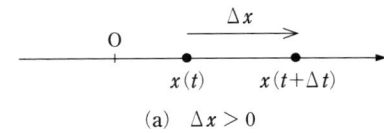

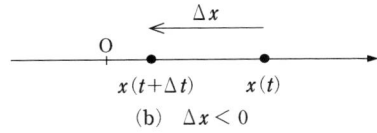

図 1.6 変位 $\Delta x = x(t+\Delta t) - x(t)$

■ **速　度** ■　速度が時間とともに変化する場合には，(1.5)式の平均速度 $\Delta x/\Delta t$ の時間間隔 Δt を限りなく小さくした極限（limit）での値，

$$v(t) = \lim_{\Delta t \to 0} \frac{\Delta x}{\Delta t} = \lim_{\Delta t \to 0} \frac{x(t+\Delta t) - x(t)}{\Delta t} \equiv \frac{dx}{dt} \qquad (1.6)$$

を時刻 t での**速度**，あるいは**瞬間速度**という（図 1.8）．つまり，速

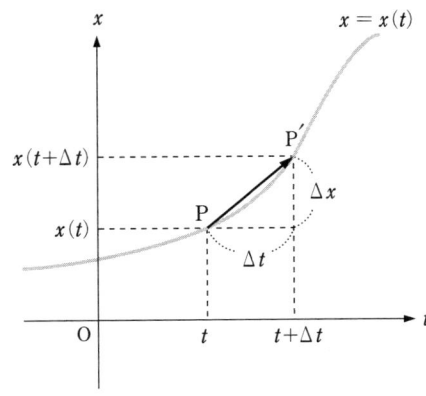

図 1.7 位置-時刻図（x-t 図）．有向線分 $\overrightarrow{PP'}$ の勾配 $\Delta x/\Delta t$ は時間 Δt での平均速度である．

* Δx は変位を表すひとまとまりの量であり，Δ（デルタと読む）と x の積ではない．Δt も 2 つの時刻の間隔を表すひとまとまりの量であり，Δ と t の積ではない．

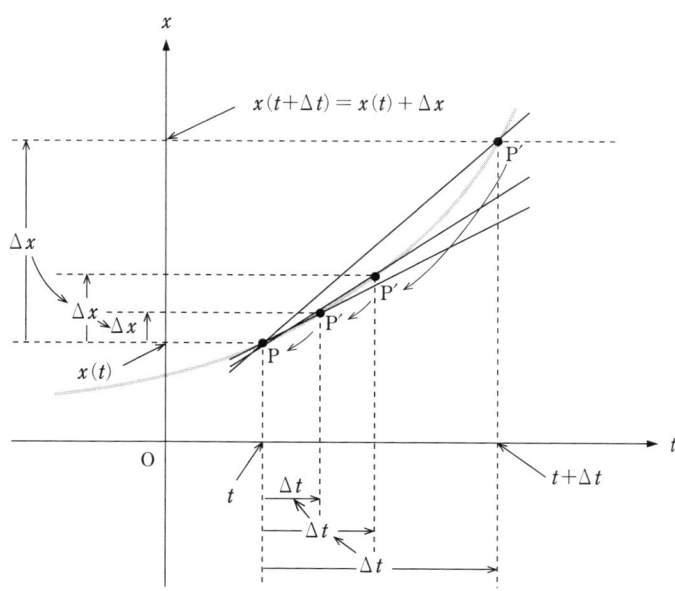

図 1.8 位置-時刻図（x-t 図）と速度．有向線分 $\overrightarrow{PP'}$ の勾配 $\Delta x/\Delta t$ は時間 Δt での平均速度を表す．有向線分 $\overrightarrow{PP'}$ の勾配の $\Delta t \to 0$ での極限の値は，時刻 t での x-t 曲線の接線の勾配に一致する．この接線の勾配が時刻 t での速度（瞬間速度）である．

度 $v(t)$ は物体の位置 $x(t)$ の導関数で，速度 $v(t)$ は物体の位置 $x(t)$ を t で微分すれば求められる．

図 1.7 で $\Delta t \to 0$ のときは，点 P' が曲線上を点 P に限りなく近づき，有向線分 $\overrightarrow{PP'}$ の傾きが次第に変わっていく（図 1.8）．$\Delta t \to 0$ の極限では，この傾きは点 P での曲線の接線の傾きである．つまり，**速度 $v(t)$ は x-t 図の曲線（x-t 曲線）の時刻 t での接線の傾き（勾配）に等しい**．接線が右上がりならば x 軸の正の向きの運動，右下がりならば負の向きの運動で，傾きが大きいほど速さが速い（図 1.9）．接線が水平ならば，その時刻での瞬間速度は 0 である．

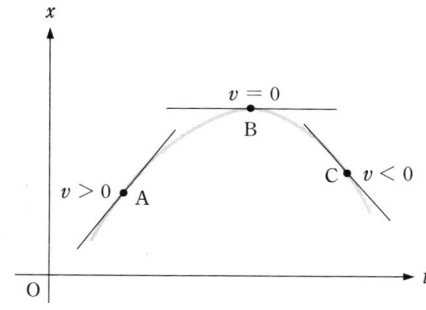

図 1.9 位置-時刻曲線（x-t 曲線）の勾配と速度．点 A では接線は右上がりなので，$v > 0$．点 B では接線は水平なので，$v = 0$．点 C では接線は右下がりなので，$v < 0$．

■ **速度-時刻図（v-t 図）** ■　速度 v を縦軸に，時刻 t を横軸に選んで物体の運動を描いた図を**速度-時刻図（v-t 図）**という．

■ **等速直線運動（等速度運動）** ■　一直線上での一定速度の運動を**等速直線運動**あるいは**等速度運動**という．x-t 図の x-t 曲線の傾きは速度なので，等速直線運動の x-t 曲線は直線である．つまり，速度 v_0 で等速直線運動している物体の時刻 t での位置 $x(t)$

は

$$\therefore \quad x(t) = v_0 t + x_0 \qquad (1.7)$$

という 1 次式で表される．$v_0 > 0$ の場合の x-t 図は右上がりの直線で（図 1.10 (a)），$v_0 < 0$ の場合は右下がりの直線である（図 1.10 (b)）．切片の x_0 は時刻 $t = 0$ での物体の位置 $x(t = 0)$ である．

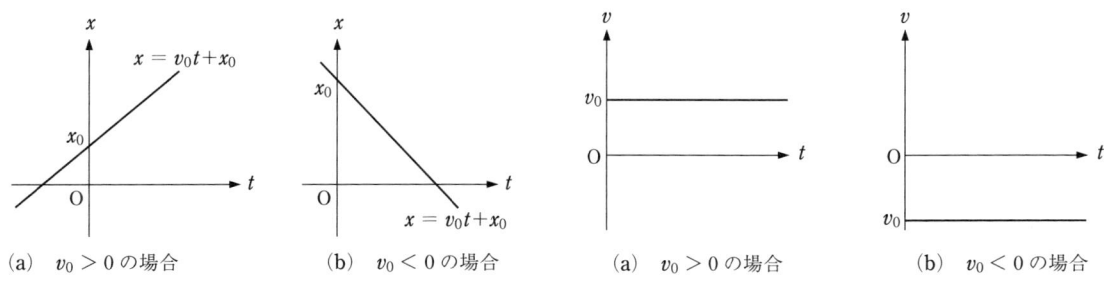

(a) $v_0 > 0$ の場合　　(b) $v_0 < 0$ の場合

図 1.10　等速度運動の場合の x-t 図は直線である．

(a) $v_0 > 0$ の場合　　(b) $v_0 < 0$ の場合

図 1.11　等速度運動の場合の v-t 図は水平な直線である．

等速直線運動の場合に，v-t 図（速度-時刻図）は水平な直線である．図 1.11 (a) は $v_0 > 0$ の場合で，図 1.11 (b) は $v_0 < 0$ の場合である．

図 1.12 に等速でプールを 2 往復する運動の例 3 の場合の v-t 図を示す．

> **問 2**　長い直線のコースがある．出発点を原点とし，ランナーの走る向きを $+x$ 方向とする．いま，一定の速さ 6 m/s で走っている走者が時刻 $t = 0$ に，出発点から 200 m の地点を通過した．このランナーの位置 x [m] と時刻 t [s] の関係を表す式と x-t 図を描け．

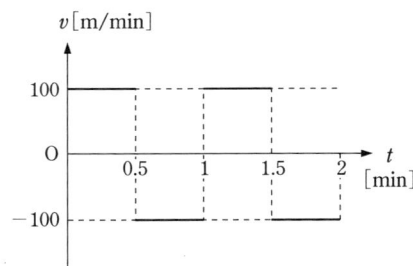

図 1.12　速度-時刻図（v-t 図）．50 メートル・プールを一定の速さで泳ぐ人の場合（図 1.5 参照）

参考　**スピードガン**

瞬間速度を，平均速度の移動時間 $\Delta t \to 0$ の極限として，数学的に定義したが，速度をこのようにして決めることは実際には少ない．たとえば，ボールの速さの測定にはスピードガンが利用されている．動いているボールに超音波をあてると反射波の振動数はドップラー効果によって変化するので，この入射波と反射波の振動数のずれを速さの測定に利用している（図 1.13）．

図 1.13　スピードガン

1.3　速度と変位

等速直線運動（等速度運動）での速度と変位　一定な速さ v_0 で運動している物体が，時刻 t_A から t_B までの時間 $t_B - t_A$ に $x_A = x(t_A)$ から $x_B = x(t_B)$ まで移動すると，移動距離 $s = |x_B$

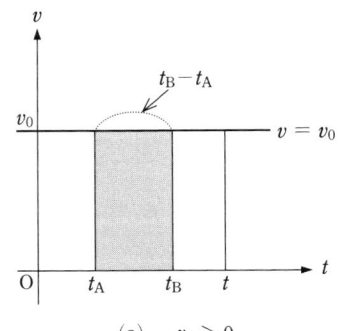

(a) $v_0 > 0$

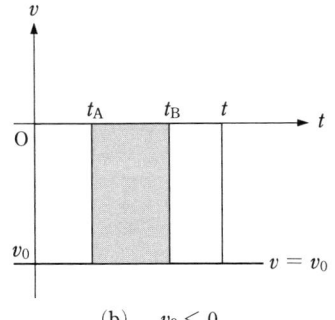

(b) $v_0 < 0$

図 **1.14** 速度-時刻図（v-t 図）.
(a) 等速度運動で $v_0 > 0$ の場合．アミの部分の面積が時刻 t_A から t_B までの変位
$$x_\mathrm{B} - x_\mathrm{A} = v_0(t_\mathrm{B} - t_\mathrm{A}) > 0$$
(b) 等速度運動で $v_0 < 0$ の場合．
$$x_\mathrm{B} - x_\mathrm{A} = v_0(t_\mathrm{B} - t_\mathrm{A}) < 0$$
$|v_0|(t_\mathrm{B} - t_\mathrm{A})$ は $-x$ 方向への移動距離．

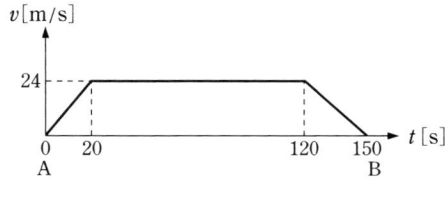

図 **1.17**

$-x_\mathrm{A}|$ は，
$$s = v_0(t_\mathrm{B} - t_\mathrm{A}) \quad (\text{「移動距離」} = \text{「速さ」} \times \text{「移動時間」}) \quad (1.8)$$
であるが，運動の向きも考慮するとき，この式は

$$\text{「変位」} = \text{「速度」} \times \text{「移動時間」}$$
$$x_\mathrm{B} - x_\mathrm{A} = v_0(t_\mathrm{B} - t_\mathrm{A}) \quad (1.9)$$

となる．

図 1.14 (a), (b) のアミの部分の面積 $|v_0|(t_\mathrm{B} - t_\mathrm{A})$ が時刻 t_A から t_B までの間での物体の移動距離を表すが，図 1.14 (a) の場合はアミの部分が上半平面にあり，$v_0 > 0$ なので，変位が正で，x 軸の正の方向への移動であることを示す．図 1.14 (b) の場合はアミの部分が下半平面にあり，$v_0 < 0$ なので，変位が負であり，x 軸の負の方向への移動であることを示す．

■ **速度が変化する場合の速度と変位** ■ 図 1.15 のように，速度が時刻 t とともに変化する場合の変位も，同じように考えて計算できる．時刻 t_A から時刻 t_B の間の物体の変位 $x_\mathrm{B} - x_\mathrm{A}$ は，v-t 図 [図 1.15] の 4 本の線，v-t 曲線 [$v = v(t)$]，横軸（t 軸），$t = t_\mathrm{A}$，$t = t_\mathrm{B}$，で囲まれた領域（アミの部分）の面積に等しい．ただし，$v(t) < 0$ の部分の面積は負とするので，図 1.16 の場合の変位 $x_\mathrm{B} - x_\mathrm{A}$ は，v-t 曲線が横軸の上にある部分の面積を A_1 とし，v-t 曲線が横軸の下にある部分の面積を A_2 とすると，

$$x_\mathrm{B} - x_\mathrm{A} = A_1 - A_2 \quad (1.10)$$

である．

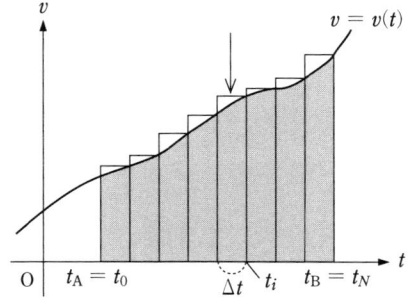

図 **1.15** アミの部分の面積が時刻 t_A から t_B までの変位 $x_\mathrm{B} - x_\mathrm{A}$

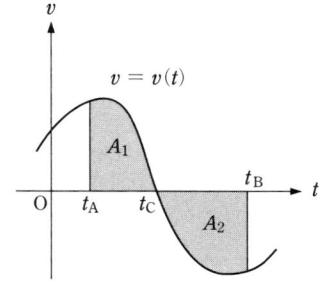

図 **1.16** $x_\mathrm{B} - x_\mathrm{A} = A_1 - A_2$

例 4 図 1.17 は 2 つの駅 A, B の間を走る電車の v-t 図である．2 つの駅の距離 s を求めてみよう．v-t 曲線の下の面積は
$$0.5 \times 24 \times 20 + 24 \times 100 + 0.5 \times 24 \times 30 = 240 + 2400 + 360$$

$$= 3000\,[\text{m}]$$
なので，距離は 3000 m．なお，計算の途中で単位の m/s と s を書くのは面倒なので省略した．

参考　積分を使って速度から変位を求める

図 1.15 のように，速度が変化する場合の，変位の計算法を示そう．この場合には，移動時間 $t_B - t_A$ を N 等分し，N 個の各微小時間では物体は等速で運動すると近似して，各微小時間での微小な変位の和を計算する．時刻 t_{i-1} と $t_i = t_{i-1} + \Delta t$ の間の微小時間 Δt での微小変位

$$\Delta x_i = x(t_i) - x(t_{i-1}) \tag{1.11}$$

は，図 1.15 の矢印で示した細長い長方形の面積 $v(t_i)\Delta t$ にほぼ等しい．つまり，

$$\Delta x_i \approx v(t_i)\,\Delta t \tag{1.12}$$

したがって，N 個の長方形の面積の和をとると，変位 $x_B - x_A$ の近似値

$$x_B - x_A = \sum_{i=1}^{N} \Delta x_i \approx \sum_{i=1}^{N} v(t_i)\,\Delta t \tag{1.13}$$

が得られる．この和の $N \to \infty$，$\Delta t \to 0$ の極限での値が時刻 t_A から時刻 t_B の間での物体の変位である．

$$x_B - x_A = \lim_{N \to \infty} \sum_{i=1}^{N} v(t_i)\,\Delta t \equiv \int_{t_A}^{t_B} v(t)\,\mathrm{d}t \tag{1.14}$$

この極限の値を関数 $v(t)$ の $t = t_A$ から $t = t_B$ までの定積分という．なお，$A \approx B$ は「A と B が近似的に等しい」ことを表す．時刻 t_A から時刻 t_B の間の物体の変位 $x_B - x_A$ は，v-t 図の 4 本の線，$t = t_A$，$t = t_B$，$v = 0$，$v = v(t)$，で囲まれた領域（図 1.15 のアミの部分）の面積に等しい．

参考　定積分と不定積分

導関数が $f(t)$ であるような関数 $F(t)$，すなわち

$$\frac{\mathrm{d}F(t)}{\mathrm{d}t} = f(t) \tag{1.15}$$

であるような関数 $F(t)$ を関数 $f(t)$ の原始関数という．(1.15) 式を満たす関数の集合（すべての関数をまとめて）

$$\int f(t)\,\mathrm{d}t \quad \text{あるいは} \quad \int \mathrm{d}t\, f(t) \tag{1.16}$$

と記し，これを関数 $f(t)$ の不定積分という．積分記号はインテグラルと読む．関数 $f(t)$ の原始関数を求めることを，$f(t)$ を t

について積分するという．

任意の定数 C の導関数は 0 なので，$F(t)$ を $f(t)$ の原始関数とすれば，$F(t)+C$ も $f(t)$ の原始関数である．つまり，

$$\int f(t)\,\mathrm{d}t = F(t)+C \quad (C \text{ は任意定数}) \qquad (1.17)$$

である．$F(t)+C$ を微分すれば $f(t)$ になり，$f(t)$ を積分すれば $F(t)+C$ になるので，積分は微分の逆演算である．

(1.15) が成り立つ場合,

$$\int_{t_A}^{t_B} f(t)\,\mathrm{d}t = \int_{t_A}^{t_B} \frac{\mathrm{d}F(t)}{\mathrm{d}t}\,\mathrm{d}t = F(t_B)-F(t_A) \equiv F(t)\Big|_{t_A}^{t_B} \qquad (1.18)$$

$$F(t) = F(t_0)+\int_{t_0}^{t} \frac{\mathrm{d}F(t')}{\mathrm{d}t'}\,\mathrm{d}t' = F(t_0)+\int_{t_0}^{t} f(t')\,\mathrm{d}t' \qquad (1.19)$$

が成り立つ．なお，積分変数にはどのような記号を使ってもよい．そこで，定積分 (1.19) の上限 t と積分変数を区別するために，積分変数に t' という記号を使った．

速度 $v(t)$ は変位 $x(t)-x_0$ の導関数なので，変位 $x(t)-x_0$ は速度 $v(t)$ の原始関数である．(1.14) 式は (1.19) 式の例である．

1.4 加 速 度

加速度 (accerelation) という言葉はふだんはあまり使われない言葉であるが，アクセルを踏んで自動車を加速するという表現はよく使う．加速性能がよい自動車とは，アクセルを踏むと短い時間で静止状態から大きなスピードで走りだす自動車という意味である．単位時間あたりの速度の変化を**加速度**という．加速度にも平均加速度 (記号 $\bar{a}$) と瞬間の加速度 (記号 a) が考えられる．瞬間の加速度を単に加速度ということが多い．

平均加速度 $\bar{a}$ は

$$\text{平均加速度 } \bar{a} = \frac{\text{速度の変化 } \Delta v}{\text{速度の変化する時間 } \Delta t} \qquad \bar{a} = \frac{\Delta v}{\Delta t} \qquad (1.20)$$

と定義される．

静止していた自動車が 10 秒間で時速 36 km (36 km/h) にまで加速されるときには，速さは 1 秒間に 3.6 km/h の割合で増加する．つまり，この自動車の平均加速度は

$$\bar{a} = \frac{(36-0)\text{ km/h}}{10\text{ s}} = 3.6\,\frac{\text{km}}{\text{h}\cdot\text{s}}$$

となる．国際単位系の速度の単位は m/s，時間の単位は s なので，国際単位系での加速度の単位は m/s² である．
$$36 \text{ km/h} = 36 \times 1000 \text{ m}/3600 \text{ s} = 10 \text{ m/s}$$
なので，上の例の自動車の平均加速度は，国際単位系では
$$\bar{a} = \frac{(10-0)\text{ m/s}}{10 \text{ s}} = 1.0 \text{ m/s}^2$$
ということになる．

時刻 $t=0$ での速度を v_0，時刻 t での速度を $v(t)$ とすれば，平均加速度 $\bar{a}$ は
$$\bar{a} = \frac{v(t)-v_0}{t} \tag{1.21}$$
と表せる．この式を変形すると，$v(t)-v_0 = \bar{a}t$ となるので，次の関係が得られる．
$$v(t) = \bar{a}t + v_0 \tag{1.22}$$

▌**加速度（瞬間加速度）**▌　時刻 t での加速度（瞬間加速度）$a(t)$ は，平均加速度の式 (1.20) の時間間隔 Δt を限りなく小さくした極限での値の
$$a(t) = \lim_{\Delta t \to 0} \frac{\Delta v}{\Delta t} = \frac{\mathrm{d}v}{\mathrm{d}t} \tag{1.23}$$
である．

例5　新幹線の加速　ある「こだま」は駅を発車後，198 km/h の速さに達するまでは，速さが 1 秒あたり 0.25 m/s の割合で一様に加速される．つまり，加速度は一定で $a=0.25$ m/s² である．発車してから t 秒後の速度 $v(t)$ は，$a = v(t)/t$ から，
$$v(t) = at \tag{1.24}$$
である．速さが 198 km/h $= 198 \times (1/3.6)$ m/s $= 55$ m/s になるまでの時間 t は
$$t = \frac{v(t)}{a} = \frac{55 \text{ m/s}}{0.25 \text{ m/s}^2} = 220 \text{ s}$$
である．（例 5，例 6，例 7 では，簡単のため，$+x$ 方向を向いた直線に沿って運動するので，「速度＝速さ」の場合を考える．）

この間の走行距離 s は図 1.18 の v-t 図の三角形の底辺の長さ $t=220$ s，高さ $v=at=(0.25 \text{ m/s}^2)\times 220 \text{ s} = 55 \text{ m/s}$ から
$$s = \frac{1}{2}at^2 \tag{1.25}$$
$$= 0.5 \times 220 \text{ s} \times 55 \text{ m/s} = 6050 \text{ m}$$
であることがわかる．

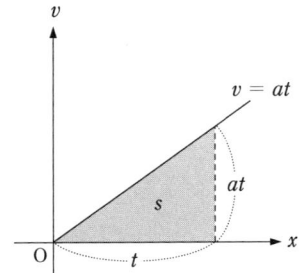

図 **1.18**　一定の加速度 a での等加速度運動での移動距離 $s = \frac{1}{2}at^2$

静止していた物体が一定な加速度 a で一様に加速されている場合，時間 t が経過したときの速さ v と移動距離 s の式 (1.24)，(1.25) とこの 2 式から t を消去して得られる式

$$v = at, \quad s = \frac{1}{2}at^2, \quad v^2 = 2as \tag{1.26}$$

を記憶しておくと便利なことが多い．

例 6 時速 288 km（80 m/s）のジェット機が 50 秒で静止した．このときの平均加速度は

$$\bar{a} = \frac{0 - 80 \text{ m/s}}{50 \text{ s}} = -1.6 \text{ m/s}^2$$

である．加速度がマイナスなのは，速度が減少していくことを示す．

例 7 ジェット機の着陸 ブレーキをかけると自動車の速さは遅くなる．日常生活ではこれを減速という．ジェット機が滑走路に進入速度 $v_0 = 72$ m/s で進入し，1 秒間に 1.5 m/s の割合で一様に減速しながら着陸した．この場合には減速度が 1.5 m/s² であるとはいわず，加速度が -1.5 m/s² であるという．進入して t 秒後のジェット機の速さ $v(t)$ は

$$v(t) = v_0 - bt \quad (b = 1.5 \text{ m/s}^2) \tag{1.27}$$

と表される．ジェット機が停止するまでの時間 t_1 は，

$$v_0 - bt_1 = 0$$

$$\therefore \quad t_1 = \frac{v_0}{b} = \frac{72 \text{ m/s}}{1.5 \text{ m/s}^2} = 48 \text{ s} \tag{1.28}$$

なので 48 秒である．このときの着陸距離 s は v-t 図（図 1.19）のアミの部分の底辺 t_1，高さ v_0 の三角形の面積なので，

$$s = \frac{1}{2}v_0 t_1 = \frac{1}{2} \times (72 \text{ m/s}) \times (48 \text{ s}) = 1728 \text{ m} \tag{1.29}$$

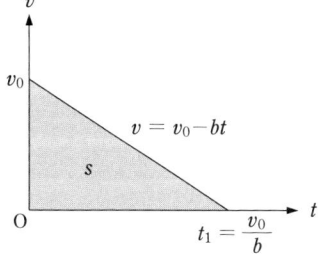

図 1.19　移動距離 $s = \frac{1}{2}bt_1^2$

このように $t = 0$ で速さが v_0 の物体が一定の加速度 $-b$（$b > 0$）で一様に減速し，距離 s を移動して時刻 t_1 に静止したときには，次の関係が成り立つ．

$$v_0 = bt_1, \quad s = \frac{1}{2}bt_1^2, \quad v_0 t_1 = 2s, \quad v_0^2 = 2bs \tag{1.30}$$

1.5 等加速度直線運動

一定な加速度で速度が変化している直線運動を**等加速度直線運動**という（前節の例5と例7で考えた運動は等加速度直線運動の例である）．時刻 $t=0$ での速度を v_0 とすれば，一定な加速度 a で等加速度直線運動をする物体の時刻 t での速度 $v(t)$ は，(1.22)式の $\bar{a}$ を a で置き換えた

$$v(t) = at + v_0 \tag{1.31}$$

である．

(1.31)式は物体の速度 $v(t)$ が時間 t とともに一定の割合 a で増加することを示す．等加速度直線運動とは，等しい時間に速度が等しい変化をする直線運動である．

等加速度直線運動の v-t 図は図 1.20 に示す勾配が a の直線である．時刻 0 と時刻 t の間での平均速度 $\bar{v}$ は $\bar{v} = [(v_0+at)+v_0]/2 = [2v_0+at]/2 = v_0+at/2$ なので，時刻 0 と時刻 t の間での物体の変位（図 1.20 のアミの部分の面積）$x(t)-x_0$ は

$$x(t) - x_0 = \bar{v}t = v_0 t + \frac{1}{2}at^2 \tag{1.32}$$

であり，時刻 t での物体の位置 $x(t)$ は

$$x(t) = x_0 + v_0 t + \frac{1}{2}at^2 \tag{1.33}$$

と表されることがわかる．なお，x_0 は時刻 0 での物体の位置 $x(0)$

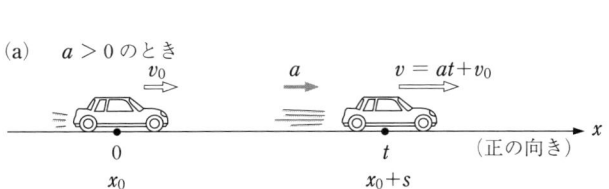
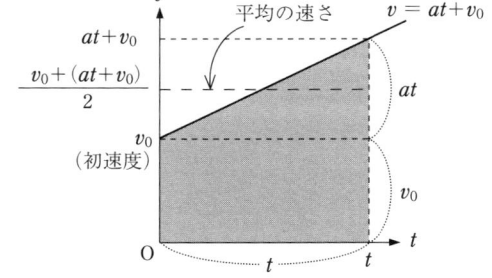
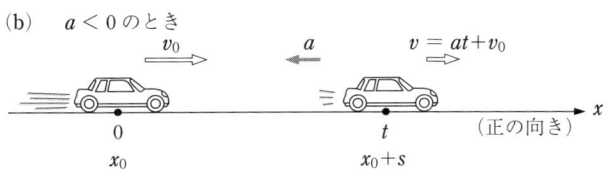
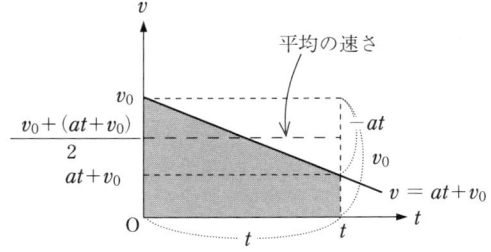

図 1.20 等加速度直線運動．アミの部分の面積 $v_0 t + \frac{1}{2}at^2$ が移動距離 s である．

である．

(1.31)式から導かれる
$$t = [v(t)-v_0]/a \tag{1.34}$$
を(1.32)式の第2辺の $\bar{v}t = [v_0+v(t)]t/2$ に代入すると，$x(t)-x_0 = [v(t)^2-v_0^2]/2a$ となるので，速度 v_0 の物体が一定の加速度 a で $x-x_0$ だけ変位したあとの速度 v は関係
$$v^2 - v_0^2 = 2a(x-x_0) \tag{1.35}$$
を満たすことがわかる．ここで v は $v(t)$ で，x は $x(t)$ である．以下では，$v(t)$ を v，$x(t)$ を x というように，時刻 t を略して記すことが多い．v, x と記されている場合は，一般の時刻 t での速度 $v(t)$，一般の時刻 t での位置 $x(t)$ を意味すると考えてほしい．

問3 x 方向に $-5\,\mathrm{m/s^2}$ の等加速度直線運動をしている物体がある．時刻 $t=0$ での速度は $10\,\mathrm{m/s}$ であった．
（1） 時刻 t での速度を表す式を求めよ．
（2） 時刻 $t=0$ から $t=5\,\mathrm{s}$ までの移動距離と変位を求めよ．

参考 直線運動の加速度の数学的定義

速度が時刻とともに変化する割合が加速度である．時刻 t に速度が $v(t)$ だった物体の速度が時刻 $t+\Delta t$ に $v(t+\Delta t)$ になったとすると，時間 Δt に速度が $v(t+\Delta t)-v(t) \equiv \Delta v$ だけ変化したので，平均加速度 $\bar{a}$ は

$$\bar{a} = \frac{\Delta v}{\Delta t} = \frac{v(t+\Delta t)-v(t)}{\Delta t} \qquad \text{平均加速度} = \frac{\text{速度の変化}}{\text{変化時間}} \tag{1.36}$$

となる．速度が増加しているときの加速度は正で，速度が減少しているときの加速度は負である．

時刻 t での加速度（瞬間加速度）$a(t)$ は，(1.36)式の時間間隔 Δt を限りなく小さくした極限，つまり，$\Delta t \to 0$ での値の

$$a(t) = \lim_{\Delta t \to 0} \frac{\Delta v}{\Delta t} = \lim_{\Delta t \to 0} \frac{v(t+\Delta t)-v(t)}{\Delta t} = \frac{dv}{dt} \tag{1.37}$$

である．速度 $v(t)$ は位置 $x(t)$ の導関数，すなわち，

$$v(t) = \frac{dx}{dt} \tag{1.38}$$

である．そこで (1.37) 式に (1.38) 式を代入すると，加速度 $a(t)$ は

$$a(t) = \frac{dv}{dt} = \frac{d}{dt}\left(\frac{dx}{dt}\right) = \frac{d^2x}{dt^2} \tag{1.39}$$

と表せる．d^2x/dt^2 は $x(t)$ を t で2回続けて微分したものなので，x の2次導関数という．

1.6 重力加速度

手で石をつかみ，てのひらを静かに開くと石は真下に落下する．これを**自由落下**という．伝説によると，ガリレオはピサの斜塔の上から重い球と軽い球を同時に落下させ，2つの球が地面にほぼ同時に落下することを示したそうである．

ガリレオは空気の抵抗が無視できればすべての物体は正確に同時に地面に落下するという考えをもっていた．ガリレオの死の数年後に真空ポンプが発明された．真空容器の中で鳥の羽と重い金貨を同じ高さから同時に落とせば，鳥の羽と金貨は同時に容器の底にぶつかることが確かめられ，ガリレオの考えの正しさが示された．

球の自由落下を 1/30 秒ごとに光をあてて写したストロボ写真（図 1.21）をみると，一定時間ごとの落下距離の比は 1:3:5:7:9:… の割合で増加しているので，自由落下運動は速さが増加していく加速運動である．

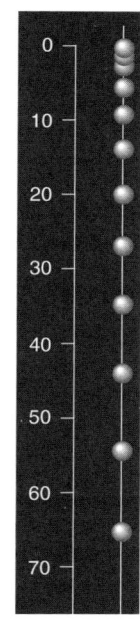

図 1.21 自由落下のストロボ写真．1/30 秒ごとに光をあてて写した写真．物指しの目盛は cm．

問 4 図 1.22 (b) を参考にして，初速が 0 の等加速度直線運動では一定時間ごとの落下距離の比が 1:3:5:7:9:… の割合で増加することを説明せよ．

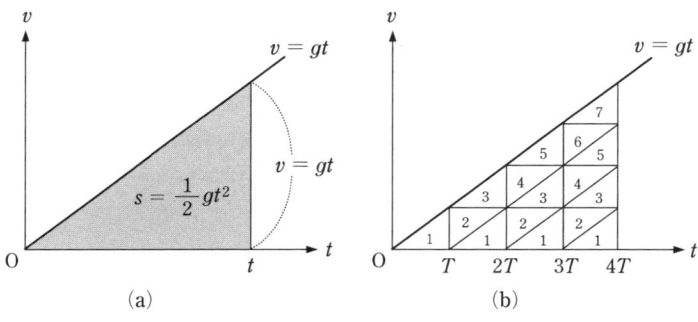

図 1.22 石の自由落下運動．(a) 落下距離 $s = \frac{1}{2}gt^2$．(b) 一定の落下時間 T ごとの落下距離の比は 1:3:5:7:…．

問 5 図 1.21 のストロボ写真を利用して，等加速度直線運動である自由落下運動の加速度 g を計算せよ．

実験によると，空気の抵抗が無視できるときには，あらゆる物体の落下運動の加速度は一定で，大きさはほぼ 9.8 m/s^2 である．この加速度を**重力加速度**といい，記号 g で表す．

$$g \approx 9.8 \text{ m/s}^2 \tag{1.40}$$

初速が 0 の等加速度直線運動である自由落下運動では，落下しは

じめてから t 秒後の物体の速さ v と落下距離 s は，(1.26)式の一定の加速度 a を g とおいた，

$$v = gt \tag{1.41}$$

$$s = \frac{1}{2}gt^2 \tag{1.42}$$

である（図 1.22 (a)）．

> **問 6** (1.41), (1.42)式を使って, $t = 1\,\text{s}$, $2\,\text{s}$, $3\,\text{s}$ での物体の落下速度と落下距離を計算せよ．
>
> **問 7** 高さ 122.5 m のところから物体を落とした．地面に届くまでの時間と地面に到着直前の速さを求めよ．速さの単位として，m/s と km/h の両方を使え．空気の抵抗は無視できるものとする．
>
> **問 8** 屋上から地面にボールを自由落下させたら，落下時間は 2.0 秒だった．空気の抵抗は無視できるものとして，次の問に答えよ．
> (1) 地上に到達直前のボールの速さ
> (2) 屋上の高さ
> (3) ボールが落下する平均の速さ．

物体が距離 $s\,[\text{m}]$ だけ自由落下したときの落下時間 $t\,[\text{s}]$ は，$s\,[\text{m}] = 4.9\{t\,[\text{s}]\}^2$ と表した (1.42) 式から

$$t\,[\text{s}] = \sqrt{\frac{s\,[\text{m}]}{4.9}} = 0.45\sqrt{s\,[\text{m}]} \tag{1.43}$$

であることがわかる．cm で表した長さの値は m で表した長さの値の 100 倍なので，物体が距離 $s\,[\text{cm}]$ だけ自由落下するときの落下時間 $t\,[\text{s}]$ は，

$$t\,[\text{s}] = 0.045\sqrt{s\,[\text{cm}]} \tag{1.44}$$

である．

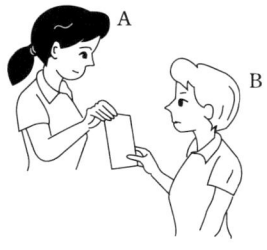

図 1.23

(1.44)式を使って神経の反応時間を測定できる．図 1.23 のように，A が紙の上端を指ではさみ，B が紙の下端付近で親指と人指し指を開いている．A が指を開き，紙が落下しはじめたのに B が気づいた瞬間に B が指を閉じて紙をつかむまでの紙の落下距離 s [cm] から，B の神経の反応時間 t が (1.44) 式を使って計算できる．相手を見つけてやってみよう．落下距離 s が 25 cm だとすると，反応時間 t は 0.23 秒である（$\sqrt{25} = 5$）．

時速 72 km（秒速 20 m）で自動車を運転中に前方に異常を見つけた場合に，反応時間が 0.23 秒であれば，ブレーキを踏むまでに 0.23 秒かかり，この間に自動車は $20\,[\text{m/s}] \times 0.23\,\text{s} = 4.6\,\text{m}$ も走ることになる．

鉛直投げ上げ運動

ここでは，鉛直上向きを x 軸の正の向きに選ぶ．石を真上に速さ v_0 で投げ上げると，下向きに働く重力

のために，1秒あたり 9.8 m/s の割合で石の上昇速度 v は減少する．重力加速度 $g = 9.8\,\text{m/s}^2$ を使うと，t 秒後の石の速度 $v(t)$ は

$$v(t) = v_0 - gt \tag{1.45}$$

と表される（図 1.24）．

投げてから t 秒後の石の上昇距離，つまり石の高さである $x(t)$ は，v-t 図 1.24(b) の斜線部の台形の面積（長方形の面積 $v_0 t$ から右上の三角形の面積 $gt^2/2$ を引いたもの）なので，

$$x(t) = v_0 t - \frac{1}{2} g t^2 \tag{1.46}$$

である（石が手から離れた点を原点 $x = 0$ とした）．

上昇速度が 0 になる，つまり $v_0 - g t_1 = 0$ になる，最高点への到達時刻 t_1

$$t_1 = \frac{v_0}{g} \quad \text{（最高点に到達するまでの時間）} \tag{1.47}$$

までは $v(t) > 0$ なので，石は上昇しつづける．

時間 $t_1 = v_0/g$ が経過した瞬間には石の上昇速度は 0 になり，このとき石は高さ H

$$H = \frac{1}{2} v_0 t_1 = \frac{v_0^2}{2g} \quad \text{（最高点の高さ）} \tag{1.48}$$

の最高点にある．

最高点に到達後の $t > t_1$ の場合に (1.45) 式の石の速度 $v(t)$ はマイナスになるが，これは石が落下状態にあり，石の運動方向が鉛直下向きであることを示す．図 1.24(b) の最高点までの上昇距離 H と最高点からの落下距離 S が等しくなる時刻 t_2

$$t_2 = 2 t_1 = \frac{2 v_0}{g} \quad \text{（地面に落下するまでの時間）} \tag{1.49}$$

に石は地面（$x = 0$）に落下する．ここで，人間の高さは無視する．着地直前の石の速度は $v_0 - g t_2 = -v_0$，すなわち投げ上げたときと同じ速さで落ちてくる．

> **問 9** (1.46) 式の t に (1.49) 式の t_2 を代入して，$x = 0$ になることを確かめよ．
>
> **問 10** 初速 20 m/s で真上に投げ上げれば，最高点の高さは約何メートルか．

■ **運動エネルギーと重力による位置エネルギー** ■　鉛直投げ上げ運動は，鉛直上方への加速度 $-g$ の等加速度直線運動である．したがって，時刻 $t = 0$ での位置（高さ）を x_0，速度を v_0 とし，時刻 t での位置（高さ）を x，速度を v とすると，(1.35) 式で $a = -g$ とおいた式

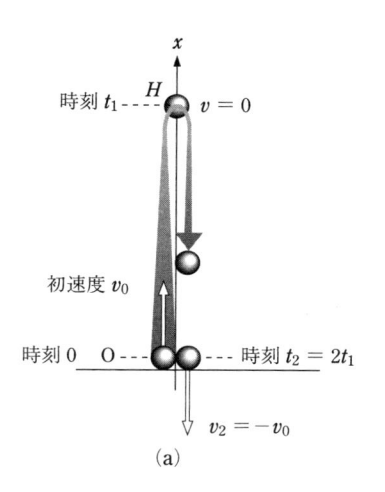

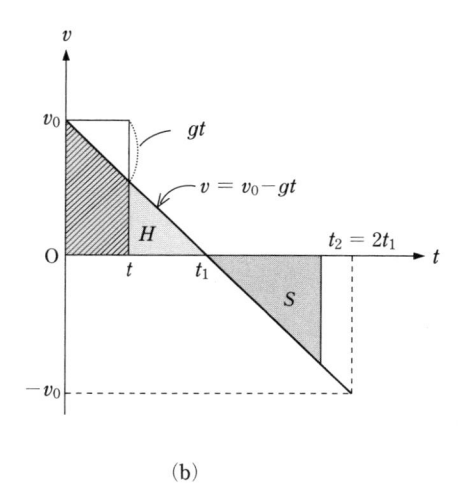

図 1.24 (a) 鉛直投げ上げ運動．(b) 斜線の部分は時刻 t までの上昇距離（高さ）$v_0 t - \frac{1}{2} g t^2$．左上のアミの部分の面積 H は最高点までの上昇距離．右下のアミの部分の面積 S は最高点からの落下距離．

$$v^2 - v_0{}^2 = -2g(x - x_0) \tag{1.50}$$

が成り立つ．これを

$$v^2 + 2gx = v_0{}^2 + 2gx_0 \tag{1.51}$$

と変形し，両辺を $m/2$ 倍すると，

$$\frac{1}{2}mv^2 + mgx = \frac{1}{2}mv_0{}^2 + mgx_0 = 一定 \tag{1.52}$$

という式が導かれる．m は物体の質量である．(1.52)式は，石を投げ上げると，石は高い（x が大きい）ところでは速さが遅く（v が小さく），低い（x が小さい）ところでは速い（v が大きい）という事実を定量的に示す関係である．

物理学では

$$\frac{1}{2}(質量)(速さ)^2 = \frac{1}{2}mv^2 \text{ を } \textbf{運動エネルギー} \tag{1.53}$$

$$(質量)(重力加速度)(高さ) = mgx \text{ を } \textbf{重力による位置エネルギー} \tag{1.54}$$

とよぶ．そこで，(1.52)式は

$$「運動エネルギー」+「重力による位置エネルギー」= 一定 \tag{1.55}$$

であることを示す．運動エネルギーと位置エネルギーの和を**力学的エネルギー**というので，(1.52)式を**力学的エネルギー保存の法則**という．ある量が保存するとは，「時間が経過してもその量は増加もせず減少もせず一定である」ということを意味する．(1.52)式は等加速度直線運動で一般に成り立つ(1.35)式の特別な場合である．

なお，(1.54)式の高さ x のかわりに h（「高さ height」，「高い high」の頭文字）を使い，

$$重力による位置エネルギーを \quad mgh \tag{1.56}$$

と記すと記憶しやすい．

❖ **第1章のキーワード** ❖

速さ，位置，変位，平均速度，速度（瞬間速度），x-t 図，v-t 図，平均加速度，加速度（瞬間加速度），等加速度直線運動，重力加速度，自由落下，鉛直投げ上げ運動，運動エネルギー，重力による位置エネルギー，力学的エネルギー保存の法則

演習問題 1

A

1. 東海道新幹線の「こだま」には，東京-新大阪を各駅に停車して，4時間12分で走行するものがある．東京-新大阪間の距離を営業キロ数の552.6 kmとして，この「こだま」の平均の速さを求めよ．速さの単位として，km/hとm/sの両方の場合を求めよ．

2. x軸上を運動する物体の位置が図1(a)〜(f)に示されている．机の角の上で手を動かして，おのおのの場合を示してみよ．

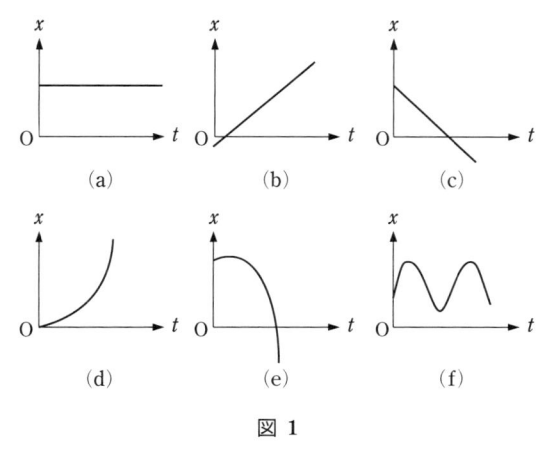

(a) (b) (c)
(d) (e) (f)

図 1

3. 停車していた電車が発車30秒後に速度が18 m/sになった．加速度を求めよ．

4. 性能の良いブレーキとタイヤのついたある自動車では，ブレーキをかけると，約7 m/s^{2}で減速できる．時速100 kmで走っていた自動車が停止するまでに，どのくらい走行するか．

5. 成田からパリに向かうジェット機は，離陸距離が3300 m，離陸速度が330 km/h，着陸の進入速度が260 km/h，着陸距離が1750 mである．離陸時と着陸時の平均加速度を求めよ．離陸も着陸も等加速度運動だとせよ．

6. あるジェット機のエンジンはそのジェット機に約2 m/s^{2}の加速度を与える．離陸するためには約80 m/sの速さが必要である．離陸するために必要な距離を求めよ．このジェット機は-3 m/s^{2}の加速度で止まる．離陸直前に離陸を中止しても大丈夫なための滑走路の長さを求めよ．

7. 高さ78.4 mのところから物体を落とした．地面に届くまでの時間と地面に到着直前の速さを求めよ．速さの単位として，m/sとkm/hの両方を使え．空気の抵抗は無視できるものとする．

8. 屋上から地面に金属球を自由落下させたら，落下時間は3.0秒だった．空気の抵抗は無視できるものとして，次の問に答えよ．
 （1） 地上に到達直前の金属球の速さ．
 （2） 屋上の高さ．
 （3） 金属球が落下する平均の速さ．

B

1. x軸上を運動する2つの物体A, Bの運動を示すのが図2である．2つの物体の衝突地点と衝突時刻を求めよ．

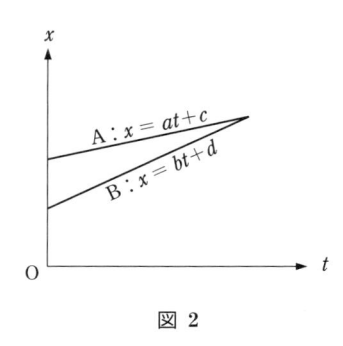

A: $x = at + c$
B: $x = bt + d$

図 2

2. ある物体の移動距離-時刻図（s-t図），速度-時刻図（v-t図），加速度-時刻図（a-t図）を図3に示す．
 （1） 加速の際の加速度a_1，減速の際の加速度

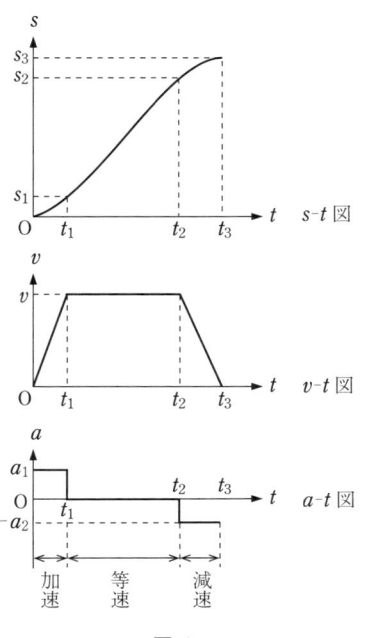

s-t図
v-t図
a-t図

加速　等速　減速

図 3

$-a_2$ を v, t_1, t_2, t_3 で表せ.
（2） s_1, s_2, s_3 を v, t_1, t_2, t_3 で表せ.
（3） $t_2 < t < t_3$ での移動距離 s は
$$s = s_2 + v(t-t_2) - a_2(t-t_2)^2/2$$
であることを示せ.

3. x 方向に -10 m/s^2 の等加速度直線運動をしている物体がある. 時刻 $t=0$ での速度は 20 m/s であった.
（1） 時刻 t での速度を表す式を求めよ.
（2） 時刻 $t=0$ から $t=5$ s までの移動距離と変位を求めよ.

4. 図 4 のアミの部分の面積 A を定積分を使って表

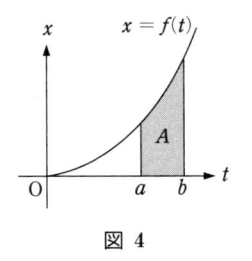

図 4

せ.

5. 速度が 30 m/s の車が一様に減速して 100 m 走って停止するための加速度を求めよ.

運動の法則

物理学の基礎を築いた人を1人だけあげろといわれれば，誰でもニュートンというだろう．力と運動の物理学である力学を確立したニュートンは英国人だ．20世紀の初め頃までは，物理学の大発見は主として英国でなされた．

ニュートンが，天体の間には万有引力が作用すると提唱し，力の作用を受けた物体の運動の法則を提案した「プリンキピア」とよばれている著書が出版されたのは1687年である．この年は徳川綱吉が生類憐みの令を布告した年である．日本では元禄時代だった．

力とは物体に作用すると，その物体の運動状態を変化させたり，変形させたりする原因になる作用である．物体にはどのような力が作用するのだろうか？　物体に力が作用するとどのような運動をするのだろうか？　力と運動について学ぶのが力学である．

この章では，ニュートンの運動の法則とそれに密接に関連する諸事項をまず学び，続いて具体的な問題でのニュートンの運動方程式のたて方を学び，放物運動を含む2,3の問題で解き方の実例を学ぶ．この章では，多くの数学的事項と物理的事項が**参考**という形でオプションとして提供されている．物理や数学の予備知識が少ない人，基礎物理としては高度なことにも関心がある人の双方に対応できるように配慮したからである．**参考**の部分をまったく無視してもこの本を読み進むのに困難は生じないように執筆した．

2.1 速度と加速度

前の章で直線運動をしている物体の速度と加速度を学んだ．ここではハンドルをまわす場合の自動車の運動のように，運動の向きが変わる場合の速度と加速度を学ぶ．

■ **位置ベクトル** ■　物体の運動とは位置の移動だから，まず物体の位置を表す必要がある．そこで，基準の位置（原点）Oを始点とし物体の位置Pを終点とする矢印$\overrightarrow{\mathrm{OP}}$で物体の位置Pを表すこと

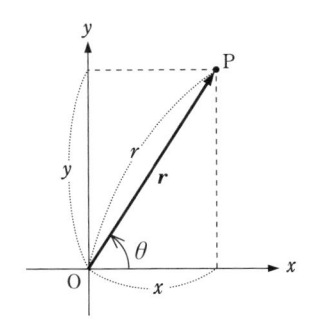

図 2.1 点 P の位置ベクトル $\boldsymbol{r}$
$x = r\cos\theta, \quad y = r\sin\theta$
$r = \sqrt{x^2+y^2}$

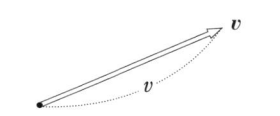

図 2.2 速度 $\boldsymbol{v}$. ベクトル $\boldsymbol{v}$ の長さ v は速さである.

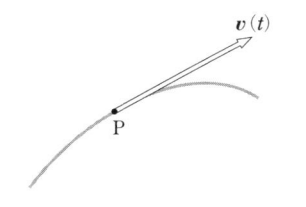

図 2.3 時刻 t での瞬間速度 $\boldsymbol{v}(t)$ は運動の道筋の接線方向を向く.

にし，これを物体の位置ベクトルとよび，$\boldsymbol{r}$ という記号を使う（図 2.1）．ベクトルとは大きさと向きの両方をもつ量である．本書ではベクトル量を $\boldsymbol{r}$ のように太文字で表し，ベクトル $\boldsymbol{r}$ の大きさを r あるいは $|\boldsymbol{r}|$ と記す．

原点 O を通り直交する x 軸と y 軸を導入すると，点 P の x 座標と y 座標で位置ベクトル $\boldsymbol{r}$ を

$$\boldsymbol{r} = (x, y) \tag{2.1}$$

と表せる．位置ベクトル $\boldsymbol{r}$ の大きさ（長さ）r は原点 O と物体の位置 P の距離

$$r = \sqrt{x^2+y^2} \tag{2.2}$$

である（図 2.1）．

■ **速　度** ■　自動車には速度計がついていて，時々刻々の速度を知らせる．速度計は英語ではスピードメーターだが，英語のスピードを物理学では速度ではなく速さとよぶ．同じ速さでも向きが違えば別の運動状態を表すので，物理学では，大きさが速さに等しく，運動の向きを向いた量を考えて，**速度**とよぶ．速度 $\boldsymbol{v}$ は大きさと向きをもつ**ベクトル**量で，図 2.2 のように，矢を使って図示できる．矢の長さが速度ベクトル $\boldsymbol{v}$ の大きさである速さ v を表し，矢の向きが速度ベクトル $\boldsymbol{v}$ の向きである運動の向きを表す．物理量であるベクトルの大きさは「数値」×「単位」という形をしている．速度の国際単位は m/s である．

速度は物体の位置が時間とともに変化する様子を示す量で，その向きは運動の道筋の接線方向を向いている（図 2.3）．

数学的には，速度 $\boldsymbol{v}(t) = [v_x(t), v_y(t)]$ は位置ベクトル $\boldsymbol{r}(t) = [x(t), y(t)]$ の時間変化率

$$\boldsymbol{v}(t) = \frac{d\boldsymbol{r}}{dt} \quad \left(v_x(t) = \frac{dx}{dt} \quad v_y(t) = \frac{dy}{dt}\right)$$

である（微分は微小な変化量どうしの割り算と考えればよい．詳しくは節末の**参考**を参照）．

■ **加速度** ■　自動車を運転するとき，アクセルを踏むと速さが増し，ブレーキを踏むと速さが減る．速さが変化すれば速度も変化する．アクセルもブレーキも踏まないと速さは変化しないが，ハンドルをまわすと自動車の進行方向が変化するので，速度は変化する．

物体の速度が時間とともに変化する割合を示す量を加速度という．時間 t の間に，物体の速度が $\boldsymbol{v}_0$ から $\boldsymbol{v}$ に変化すると，速度の

変化は $\boldsymbol{v}-\boldsymbol{v}_0$ である（図2.4）．速度の変化 $\boldsymbol{v}-\boldsymbol{v}_0$ を時間 t で割った量が，この間の**平均加速度**である．平均加速度 $\bar{\boldsymbol{a}}$ は $\boldsymbol{v}-\boldsymbol{v}_0$ の方向を向き，$|\boldsymbol{v}-\boldsymbol{v}_0|/t$ という大きさをもつベクトル量

$$\bar{\boldsymbol{a}} = \frac{\boldsymbol{v}-\boldsymbol{v}_0}{t} \tag{2.3}$$

である．加速度の国際単位は m/s^2 である．

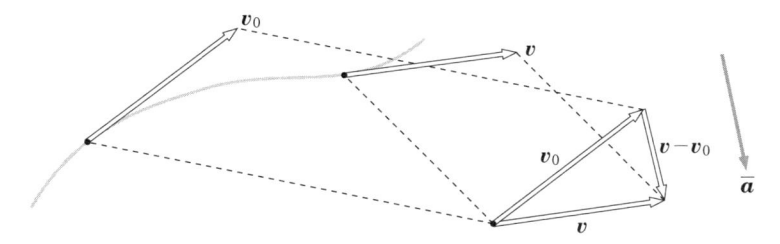

図 2.4 速度の変化 $\boldsymbol{v}-\boldsymbol{v}_0$ と平均加速度 $\bar{\boldsymbol{a}}$
$\bar{\boldsymbol{a}} = (\boldsymbol{v}-\boldsymbol{v}_0)/t$

(2.3)式の両辺に t をかけると

$$\boldsymbol{v}-\boldsymbol{v}_0 = \bar{\boldsymbol{a}}t$$

となり，したがって，

$$\boldsymbol{v} = \boldsymbol{v}_0 + \bar{\boldsymbol{a}}t \tag{2.4}$$

と表される．(2.4)式は速度が単位時間（1秒間）あたり，平均して，$\bar{\boldsymbol{a}}$ ずつ増加することを示す．

自動車のアクセルを踏むと自動車の進行方向は変わらず速さが増加するので，平均加速度 $\bar{\boldsymbol{a}}$ は自動車の進行方向（$\boldsymbol{v}_0$ の向き）と同じ向きである（図2.5(a)）．自動車のブレーキを踏むと自動車の進行方向は変わらず速さが減少するので，平均加速度 $\bar{\boldsymbol{a}}$ は自動車の進行方向（$\boldsymbol{v}_0$ の向き）と逆向きである（図2.5(b)）．自動車のハンドルをまわすと自動車の速さは変わらず進行方向が変化し，速度の変化 $\boldsymbol{v}-\boldsymbol{v}_0$ の向き，つまり平均加速度 $\bar{\boldsymbol{a}}$ の向きは速度に横向き（厳密には瞬間加速度 $\boldsymbol{a}$ が瞬間速度 $\boldsymbol{v}$ と垂直）である（図2.5(c)）．

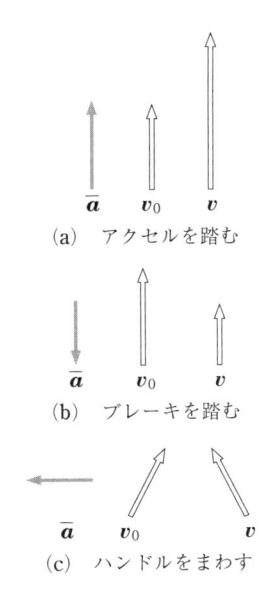

(a) アクセルを踏む

(b) ブレーキを踏む

(c) ハンドルをまわす

図 2.5 平均加速度 $\bar{\boldsymbol{a}}$ と速度の変化 $\boldsymbol{v}-\boldsymbol{v}_0$

平均加速度 $\bar{\boldsymbol{a}}$ の定義の(2.3)式の時間 t を短くしていった極限の $\boldsymbol{a}$ を瞬間加速度，あるいは単に**加速度**という．

数学的には，加速度 $\boldsymbol{a}(t) = [a_x(t), a_y(t)]$ は速度 $\boldsymbol{v}(t) = [v_x(t), v_y(t)]$ の時間変化率

$$\boldsymbol{a}(t) = \frac{\mathrm{d}\boldsymbol{v}}{\mathrm{d}t} \quad \left(a_x(t) = \frac{\mathrm{d}v_x}{\mathrm{d}t} \quad a_y(t) = \frac{\mathrm{d}v_y}{\mathrm{d}t}\right) \tag{2.5}$$

である．

加速度 $\boldsymbol{a}$ が一定な等加速度運動の場合には $\bar{\boldsymbol{a}} = \boldsymbol{a}$ なので，

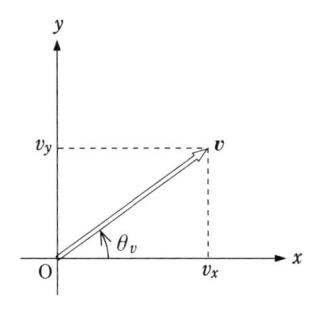

図 2.6 速度 v
$v_x = v\cos\theta_v, \quad v_y = v\sin\theta_v$
$v = |\boldsymbol{v}| = \sqrt{v_x{}^2 + v_y{}^2}$

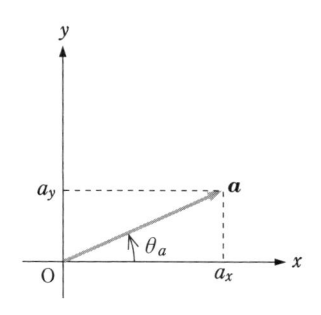

図 2.7 加速度 $\boldsymbol{a}$
$a_x = a\cos\theta_a, \quad a_y = a\sin\theta_a$
$a = |\boldsymbol{a}| = \sqrt{a_x{}^2 + a_y{}^2}$

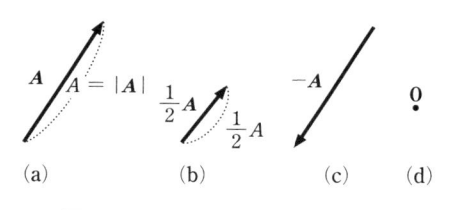

(a) (b) (c) (d)
図 2.8 ベクトル $\boldsymbol{A}$ のスカラー倍

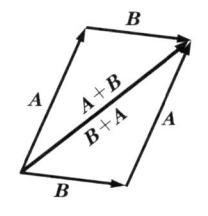

図 2.9 2 つのベクトル $\boldsymbol{A}, \boldsymbol{B}$ の和.
$\boldsymbol{A} + \boldsymbol{B} = \boldsymbol{B} + \boldsymbol{A}$

(2.3), (2.4) 式の平均加速度 $\bar{\boldsymbol{a}}$ を加速度 $\boldsymbol{a}$ で置き換えた式が成り立つ.

■ **速度と加速度の成分** ■ 速度 $\boldsymbol{v}$ も加速度 $\boldsymbol{a}$ も

$$\boldsymbol{v} = (v_x, v_y) \tag{2.6}$$
$$\boldsymbol{a} = (a_x, a_y) \tag{2.7}$$

というように, x 成分, y 成分で表される (図 2.6, 図 2.7). 速度 $\boldsymbol{v}$ の x 成分 v_x と加速度 $\boldsymbol{a}$ の x 成分 a_x は, y 軸に平行な光線で物体の運動を x 軸に投影したとき, 物体の影が x 軸に沿って運動する直線運動の速度と加速度である. 速度 $\boldsymbol{v}$ の y 成分 v_y と加速度 $\boldsymbol{a}$ の y 成分 a_y は, x 軸に平行な光線で物体の運動を y 軸に投影したとき, 物体の影が y 軸に沿って運動する直線運動の速度と加速度である.

速度 $\boldsymbol{v}$ の大きさ, つまり, 速さ v は,

$$v = |\boldsymbol{v}| = \sqrt{v_x{}^2 + v_y{}^2} \tag{2.8}$$

で, 加速度の大きさは

$$a = |\boldsymbol{a}| = \sqrt{a_x{}^2 + a_y{}^2} \tag{2.9}$$

である.

この節の説明では, 簡単のため, すべてのベクトルの z 成分, z, v_z, a_z などは無視する.

参考　ベクトルのスカラー倍とベクトルの和

■ **ベクトルのスカラー倍** ■ 大きさをもつが向きをもたない量をスカラーという. ベクトルのスカラー倍は次のように定義される. k をスカラーとすると, $k\boldsymbol{A}$ は, 大きさがベクトル $\boldsymbol{A}$ の大きさ $|\boldsymbol{A}|$ の $|k|$ 倍で, $k > 0$ なら $\boldsymbol{A}$ と同じ向き, $k < 0$ なら $\boldsymbol{A}$ と逆向きのベクトルである (図 2.8). したがって, $-\boldsymbol{A}$ は $\boldsymbol{A}$ と同じ大きさをもち, $\boldsymbol{A}$ と逆向きのベクトルである. $(\boldsymbol{v} - \boldsymbol{v}_0)/t$ はベクトル $\boldsymbol{v} - \boldsymbol{v}_0$ の $(1/t)$ 倍で, $\boldsymbol{a}t$ はベクトル $\boldsymbol{a}$ の t 倍である. 長さが 0 のベクトルを零ベクトルとよび, $\boldsymbol{0}$ と書く.

ベクトル $\boldsymbol{A} = (A_x, A_y)$ のスカラー倍 $k\boldsymbol{A}$ の成分は, 各成分も $\boldsymbol{A}$ の成分の k 倍の,

$$k\boldsymbol{A} = (kA_x, kA_y) \tag{2.10}$$

■ **ベクトルの和** ■ ベクトルは大きさと向きをもつだけでなく, 図 2.9 に示されている平行四辺形の規則によって加法 (足し算) が定義される量である. 任意の 2 つのベクトル $\boldsymbol{A}$ と $\boldsymbol{B}$ の和 $\boldsymbol{A} + \boldsymbol{B}$ は, ベクトル $\boldsymbol{B}$ を平行移動して, ベクトル $\boldsymbol{B}$ の始点をベ

クトル A の終点に一致させたときに，ベクトル A の始点を始点としベクトル B の終点を終点とするベクトルとして定義される（図 2.9）．ベクトル A と B の和の $A+B$ は A と B を相隣る 2 辺とする平行四辺形の対角線でもある．図 2.9 からわかるように，

$$A+B = B+A \tag{2.11}$$

である．

2 つのベクトル $A=(A_x, A_y)$ と $B=(B_x, B_y)$ の和 $A+B$ の x 成分，y 成分は 2 つのベクトル A, B の各成分の和，

$$A+B = (A_x+B_x, A_y+B_y) \tag{2.12}$$

である（図 2.10）．

3 つ以上のベクトルの和 も同じようにして求められる（図 2.11）．

ベクトル A からベクトル B を引き算した $A-B$ を求めるには，ベクトル B の -1 倍の $-B$ とベクトル A の和の $A+(-B)$ を求めればよい（図 2.12）．

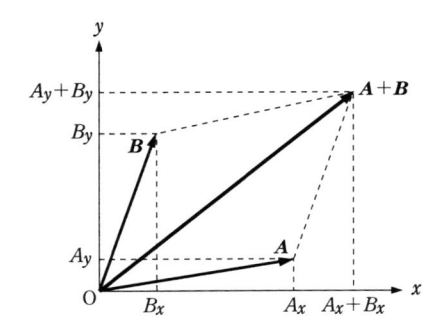

図 2.10　$A+B$ の成分は 2 つのベクトル A, B の成分の和である．

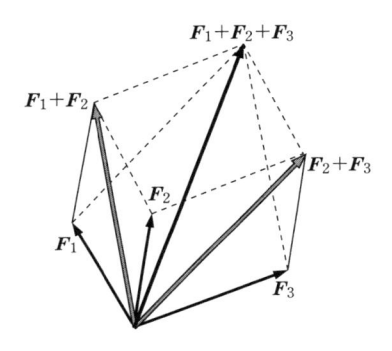

図 2.11　3 つのベクトル F_1, F_2, F_3 の和．$F_1+F_2+F_3$

3 つのベクトル F_1, F_2, F_3 の和を求めるには，まず F_1 と F_2 の和を平行四辺形の規則を使って求め，次に，この和 F_1+F_2 と F_3 のベクトル和を，平行四辺形の規則を使って，$(F_1+F_2)+F_3$ として求めればよい．2 つのベクトル F_2, F_3 の和の F_2+F_3 をまず求め，次に F_1 と F_2+F_3 のベクトル和を $F_1+(F_2+F_3)$ として求めても同じ結果が得られる．このようにして求めた 3 つのベクトル F_1, F_2, F_3 の和を $F_1+F_2+F_3$ と記す．

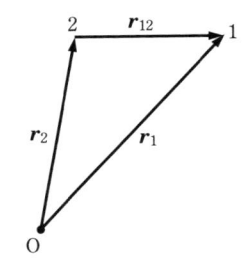

図 2.12　$A-B = A+(-B)$

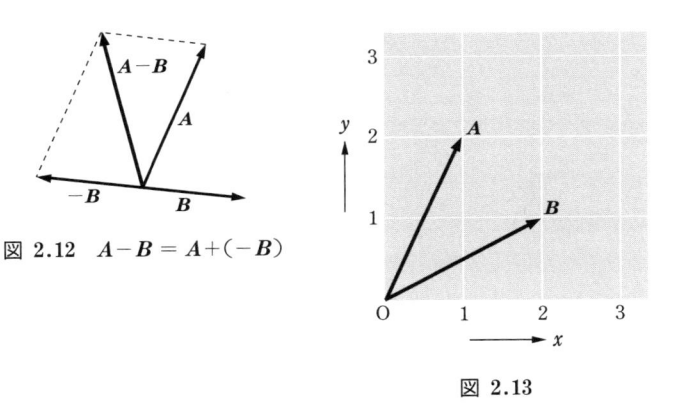

図 2.13

問 1 図 2.13 の 2 つのベクトル $A=(1,2)$，$B=(2,1)$ の和 $A+B$ を求めよ．

参考　相対速度

物体 1 の位置ベクトルを r_1，物体 2 の位置ベクトルを r_2 とすると，物体 2 に対する物体 1 の相対位置ベクトル（物体 2 を始点とし物体 1 を終点とするベクトル）r_{12} は

$$r_{12} = r_1 - r_2 \tag{2.13}$$

であり（図 2.14），物体 1 の速度を v_1，物体 2 の速度を v_2 とすると，物体 2 に対する物体 1 の **相対速度**（物体 2 から見た物体 1 の速度）v_{12} は

図 2.14　物体 2 に対する物体 1 の相対位置ベクトル $r_{12} = r_1 - r_2$

$$\boldsymbol{v}_{12} = \boldsymbol{v}_1 - \boldsymbol{v}_2 \quad (2.14)$$

である(図 2.15).速度は平行四辺形の規則で合成されるベクトルである.

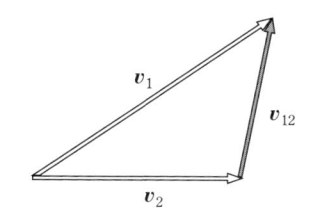

図 2.15 相対速度 $\boldsymbol{v}_{12} = \boldsymbol{v}_1 - \boldsymbol{v}_2$

例 1 地面に対して速度 $\boldsymbol{v}_2$ で運動しているトラックの荷台の上の人がピストルを発射する.トラックに対する弾丸の相対速度を $\boldsymbol{v}_{12}$ とすると,地面に対する弾丸の速度 $\boldsymbol{v}_1$ は

$$\boldsymbol{v}_1 = \boldsymbol{v}_2 + \boldsymbol{v}_{12} \quad (2.15)$$

である(図 2.16).速度の合成のとき速度ベクトルは平行移動してよい.

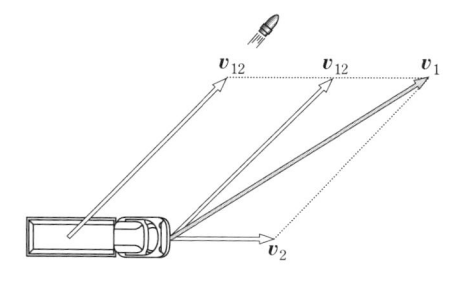

図 2.16 速度 $\boldsymbol{v}_2$ で走っているトラックの荷台の上からトラックに対して相対速度 $\boldsymbol{v}_{12}$ でピストルを発射する.地面に対する弾丸の速度 $\boldsymbol{v}_1 = \boldsymbol{v}_2 + \boldsymbol{v}_{12}$

例 2 無風状態では雨滴は速度 $\boldsymbol{v}_1$ で鉛直に落下する.静止している人は傘を真上に向けてさせばよい.この雨の中を速度 $\boldsymbol{v}_2$ で歩く人にとっては,雨滴の速度 $\boldsymbol{v}_{12}$ は

$$\boldsymbol{v}_{12} = \boldsymbol{v}_1 - \boldsymbol{v}_2 \quad (2.16)$$

である(図 2.17).歩いている人は傘の先を斜め前方($-\boldsymbol{v}_{12}$ の方向)に向けて歩くと雨に濡れない.

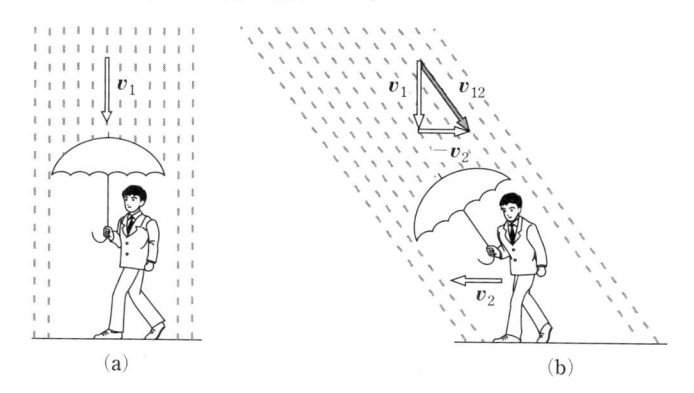

図 2.17 (a) 雨滴は鉛直下方に速度 $\boldsymbol{v}_1$ で落下する.(b) 速度 $\boldsymbol{v}_2$ で歩く人は,雨滴の速度を $\boldsymbol{v}_{12} = \boldsymbol{v}_1 - \boldsymbol{v}_2$ だと観測するので,傘の先を $-\boldsymbol{v}_{12}$ の方向に傾けないと濡れる.

例 3 図 2.18 の場合,自動車 2 に対する自動車 1 の相対速度 $\boldsymbol{v}_{12}$ は

$$\boldsymbol{v}_{12} = \boldsymbol{v}_1 - \boldsymbol{v}_2 = (-50 \text{ m/s}, 0) - (0, 50 \text{ m/s})$$
$$= (-50 \text{ m/s}, -50 \text{ m/s})$$

すなわち,北東から南西の方向を向いている.相対速度 $\boldsymbol{v}_{12}$ の大きさ v_{12} は

$$v_{12} = \sqrt{(-50 \text{ m/s})^2 + (-50 \text{ m/s})^2} = 50\sqrt{2} \text{ m/s}$$

$v_1 = 50 \text{ m/s}$
$v_2 = 50 \text{ m/s}$

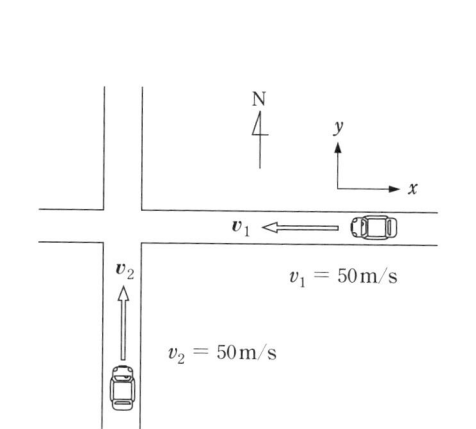

図 2.18

2. 運動の法則

参考 速度 v と加速度 a を微分形で表す

■ 位置ベクトルと変位 ■ 物体が運動すると，位置ベクトルは変化する．時刻 t に位置ベクトルが $\boldsymbol{r}(t)$ の点 P にあった物体は，時刻 $t+\Delta t$ には位置ベクトルが $\boldsymbol{r}(t+\Delta t)$ の点 P′ に移動している（図 2.19）．この間に物体の位置は $\overrightarrow{\mathrm{PP'}}$，つまり，

$$\Delta \boldsymbol{r} = \boldsymbol{r}(t+\Delta t) - \boldsymbol{r}(t) \tag{2.17}$$

だけ変化する．$\Delta \boldsymbol{r}$ を時間 Δt での物体の**変位**という．点 P から点 P′ への物体の位置の変化を途中の経路に関係なく示すのが，変位 $\Delta \boldsymbol{r}$ である．変位 $\Delta \boldsymbol{r}$ はベクトルで，x 成分は $\Delta x = x(t+\Delta t) - x(t)$，$y$ 成分は $\Delta y = y(t+\Delta t) - y(t)$ である．したがって，

$$\begin{aligned}\Delta \boldsymbol{r} &= (\Delta x, \Delta y) \\ &= [x(t+\Delta t) - x(t),\ y(t+\Delta t) - y(t)]\end{aligned} \tag{2.18}$$

である．

■ 平均速度 ■ 時間 Δt での物体の変位を $\Delta \boldsymbol{r}$ とすると，この時間 Δt での平均速度 $\overline{\boldsymbol{v}} = (\overline{v}_x, \overline{v}_y)$ は，変位 $\Delta \boldsymbol{r} = (\Delta x, \Delta y)$ を時間 Δt で割った，

$$\overline{\boldsymbol{v}} = (\overline{v}_x, \overline{v}_y) = \frac{\Delta \boldsymbol{r}}{\Delta t} = \left(\frac{\Delta x}{\Delta t},\ \frac{\Delta y}{\Delta t}\right) \tag{2.19}$$

である．平均速度 $\overline{\boldsymbol{v}}$ は，変位 $\Delta \boldsymbol{r}$ の方向を向き，大きさが $|\Delta \boldsymbol{r}|/\Delta t$ のベクトルである．

■ 速度（瞬間速度）■ 物体の時刻 t での速度 $\boldsymbol{v}(t)$ は，(2.19) 式の平均速度 $\overline{\boldsymbol{v}} = \Delta \boldsymbol{r}/\Delta t$ の $\Delta t \to 0$ での極限の $d\boldsymbol{r}/dt$ である．つまり，

$$\begin{aligned}\boldsymbol{v}(t) &= [v_x(t), v_y(t)] \\ &= \lim_{\Delta t \to 0} \frac{\Delta \boldsymbol{r}}{\Delta t} = \left(\lim_{\Delta t \to 0}\frac{\Delta x}{\Delta t},\ \lim_{\Delta t \to 0}\frac{\Delta y}{\Delta t}\right) \\ &= \frac{d\boldsymbol{r}}{dt} = \left(\frac{dx}{dt},\ \frac{dy}{dt}\right)\end{aligned} \tag{2.20}$$

である．このように定義された速度は物体の運動の道筋の接線方向を向いている．

■ 平均加速度 ■ 時刻 t から時刻 $t+\Delta t$ の時間 Δt に，物体の速度が $\boldsymbol{v}(t)$ から $\boldsymbol{v}(t+\Delta t)$ に変化した場合，速度の変化

$$\begin{aligned}\Delta \boldsymbol{v} &= \boldsymbol{v}(t+\Delta t) - \boldsymbol{v}(t) \\ &= [\Delta v_x = v_x(t+\Delta t) - v_x(t), \\ &\qquad \Delta v_y = v_y(t+\Delta t) - v_y(t)],\end{aligned}$$

を時間 Δt で割った，

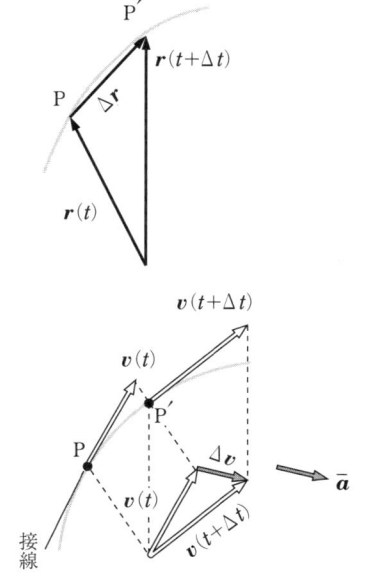

図 2.19 変位 $\Delta \boldsymbol{r}$ と速度 $\boldsymbol{v}$

$$\bar{\boldsymbol{a}} = (\bar{a}_x, \bar{a}_y) = \frac{\Delta \boldsymbol{v}}{\Delta t} = \left(\frac{\Delta v_x}{\Delta t}, \frac{\Delta v_y}{\Delta t}\right) \quad (2.21)$$

を，この時間 Δt での**平均加速度**と定義する．平均加速度 $\bar{\boldsymbol{a}}$ は，速度の変化 $\Delta \boldsymbol{v}$ の方向を向き，大きさが $|\Delta \boldsymbol{v}|/\Delta t$ のベクトルである（図 2.19）．

■ **加速度（瞬間加速度）** ■　　時刻 t での加速度（瞬間加速度）$\boldsymbol{a}(t) = [a_x(t), a_y(t)]$ は，(2.21)式の平均加速度 $\bar{\boldsymbol{a}} = \Delta \boldsymbol{v}/\Delta t$ の $\Delta t \to 0$ での極限の $d\boldsymbol{v}/dt$ である．つまり，

$$\begin{aligned}
\boldsymbol{a} = [a_x(t), a_y(t)] &= \frac{d\boldsymbol{v}}{dt} = \left(\frac{dv_x}{dt}, \frac{dv_y}{dt}\right) \\
&= \frac{d}{dt}\left(\frac{d\boldsymbol{r}}{dt}\right) = \left[\frac{d}{dt}\left(\frac{dx}{dt}\right), \frac{d}{dt}\left(\frac{dy}{dt}\right)\right] \\
&= \frac{d^2\boldsymbol{r}}{dt^2} = \left[\frac{d^2x}{dt^2}, \frac{d^2y}{dt^2}\right]
\end{aligned} \quad (2.22)$$

2.2　ニュートンの運動の法則

ニュートンの運動の 3 法則を紹介しよう．

■ **運動の第 1 法則** ■　　まず，運動の第 1 法則である*．

「すべての物体は力が作用しなければ，あるいはいくつかの力が作用してもその合力が **0** ならば，一定の運動状態を保ちつづける．つまり，静止している物体は静止状態をつづけ，運動している物体は等速直線運動をつづける」．

床の上の物体を押すのをやめると，物体はすぐに止まるので，多くの人は，力が働かなくなると物体はすぐに停止すると思う．押すのをやめると，物体が停止するのは，運動を妨げる摩擦力が作用するからである．昔の人の中には，矢が弓から放たれた後，力が作用しなくなっても飛びつづけるのを見て，物体は同一の運動状態を持続しようとする**慣性**をもつと考えた人たちがいた．そこで，運動の第 1 法則は**慣性の法則**ともよばれる．

自動車が一定の速さで前進している場合には，自動車を前に押す前向きの力だけが作用しているのではない．そのほかに，自動車の前進を妨げる後ろ向きの空気の抵抗力などが作用していて，それらの合力が **0** であることを，運動の第 1 法則は意味している．

■ **運動の第 2 法則** ■　　第 2 法則は単に**運動の法則**ともよばれる．力が物体に作用すると，物体の運動状態，つまり速度が変化する．速度が変化する様子を示す量が加速度である．同じ速さで床の上を

* 日本語では，力が働く，力を及ぼす，力を加える，力を受けるなどの表現が多く使われるが，英語では act（作用する）という単語が多用されるので，本書では「力は物体に作用する」という表現を多用する．

動いている重い台車と軽い台車を停止させる場合，同じ力を作用させても，質量の小さな台車に比べ，質量の大きな台車の速度変化は少ない．

運動の第2法則によれば，

「物体の加速度は，その物体に作用する力（いくつかの力が作用している場合はその合力）に比例し，その物体の質量に反比例する」．

つまり，物体に作用する力が 0 でない場合には，物体は力の向きに加速される．

物体の質量を m，加速度を $\boldsymbol{a}$，力を $\boldsymbol{F}$ と記し，国際単位系を使うと，運動の第2法則は $\boldsymbol{a} = \boldsymbol{F}/m$，つまり

$$\text{「質量」}\times\text{「加速度」}=\text{「力」} \quad m\boldsymbol{a} = \boldsymbol{F} \tag{2.23}$$

と表される．この式を**ニュートンの運動方程式**という．力 $\boldsymbol{F}$ や加速度 $\boldsymbol{a}$ は

$$\boldsymbol{F} = (F_x, F_y), \quad \boldsymbol{a} = (a_x, a_y) \tag{2.24}$$

というように，x 成分，y 成分で表される（図 2.20）．そこで，ニュートンの運動方程式を

$$ma_x = F_x, \quad ma_y = F_y \tag{2.25}$$

という成分に対する式で表すことができる．

図 2.20 $\boldsymbol{F} = (F_x, F_y)$, $\boldsymbol{a} = (a_x, a_y)$
$m\boldsymbol{a} = \boldsymbol{F}$ ($ma_x = F_x$, $ma_y = F_y$)

ニュートンの運動の法則によれば，「力」＝「質量」×「加速度」である．国際単位系での質量の単位は kg，加速度の単位は m/s^2 なので，力の国際単位はそれらの積の kg·m/s^2 である．つまり，力の単位として，質量 1 kg の物体に作用して 1 m/s^2 の加速度を生じさせる力の大きさを使う．力学の創始者のニュートンに敬意を払って，力の単位の 1 kg·m/s^2 を 1 ニュートン（記号 N）とよぶ（中点の「·」は×を意味する）．

$$1 \text{ kg·m/s}^2 = 1 \text{ N} \tag{2.26}$$

ニュートンの運動方程式 (2.23) は，質量 m と加速度 $\boldsymbol{a}$ がわかっているときには力 $\boldsymbol{F}$ ($=m\boldsymbol{a}$) を求める式で，加速度 $\boldsymbol{a}$ と力 $\boldsymbol{F}$ がわかっているときには質量 m ($= \boldsymbol{F}/\boldsymbol{a}$) を求める式である．

運動方程式 (2.23) は，質量 m と力 $\boldsymbol{F}$ がわかっているときは加速度 $\boldsymbol{a}$ ($= \boldsymbol{F}/m$) を求める式である．質量 m の物体に一定の力 $\boldsymbol{F}$ が作用している場合，加速度 $\boldsymbol{a} = \boldsymbol{F}/m$ は一定なので，(2.4) 式の平均加速度 $\bar{\boldsymbol{a}}$ を加速度 $\boldsymbol{a}$ で置き換えた式

$$\boldsymbol{v} - \boldsymbol{v}_0 = \boldsymbol{a}t$$

が成り立つ．この式の加速度 $\boldsymbol{a}$ に $\boldsymbol{a} = \boldsymbol{F}/m$ を代入すると

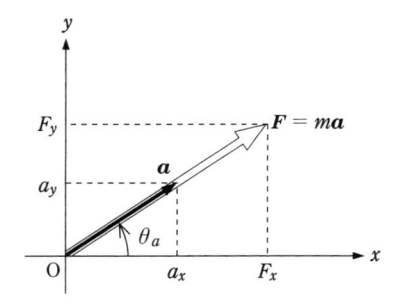

$$v - v_0 = \frac{F}{m}t \quad \therefore \quad v = v_0 + \frac{F}{m}t \tag{2.27}$$

となるので，質量 m で速度が v_0 の物体に一定な力 F が時間 t 作用したときの速度 v を予言できる．

(2.27)式の両辺に質量 m をかけると，

$$mv - mv_0 = Ft \tag{2.28}$$

が得られる．ある物体の「質量 m」×「速度 v」= mv をこの物体の運動量という．「力 F」×「力の作用時間 t」= Ft を力積という．運動量と力積については第4章で詳しく学ぶ．

運動の第3法則

最後が**運動の第3法則**である．

「力は2つの物体が作用し合う．物体Aが物体Bに力 $F_{B \leftarrow A}$ を作用していれば，物体Bも物体Aに力 $F_{A \leftarrow B}$ を作用している．2つの力はたがいに逆向きで，大きさが等しい」．つまり

$$F_{B \leftarrow A} = -F_{A \leftarrow B} \tag{2.29}$$

物体Aが物体Bに作用する力を作用とよべば，物体Bが物体Aに作用する力を反作用とよぶので，この法則は**作用反作用の法則**ともよばれる（図2.21）．われわれが前に歩きはじめられるのは，足が地面を後ろに押すと，地面が足を前に押し返すからである．

図2.21
(a) 力 $F_{A \leftarrow B}$ と力 $F_{B \leftarrow A}$，$F_{A \leftarrow B} = -F_{B \leftarrow A}$．
(b) BがAに作用する力 $F_{A \leftarrow B}$．
(c) AがBに作用する力 $F_{B \leftarrow A}$．

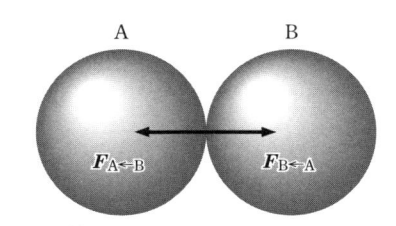

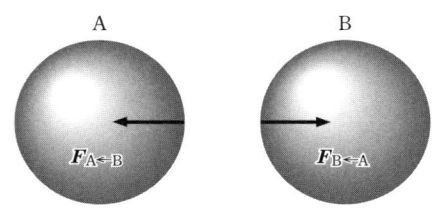

図2.22 作用反作用の法則でボートは進む．

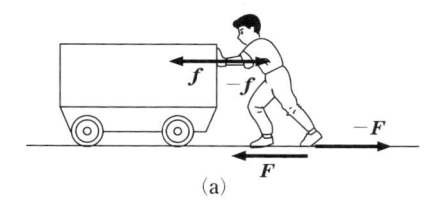

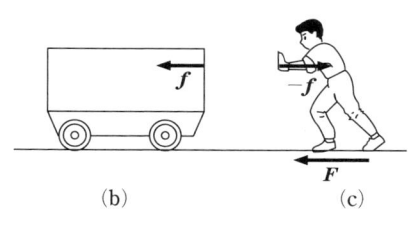

図2.23 (a) 作用 f と反作用 $-f$．人間が荷車を力 f で押すと，荷車は人間を力 $-f$ で押し返す．人間が地面を力 $-F$ で押すと，地面は人間を力 F で押し返す．
(b) 荷車に作用する力 f．
(c) 人間に作用する力 $-f$, F

問2 $-F_{A \leftarrow B}$ と $F_{A \leftarrow B}$ はベクトルとしてどのような関係にあるか．$F_{B \leftarrow A} = -F_{A \leftarrow B}$ を言葉で説明せよ（この問はやさしすぎると思うが，念のため）．

問3 作用反作用の法則を使って，ボートが進む状況を説明せよ（図2.22）．

問4 図2.23の人が押すと台車が進む状況を，運動の法則を使って説明せよ．

参考 微分方程式としてのニュートンの運動方程式

ニュートンの運動方程式 $ma = F$ [(2.23)式] の加速度 a に (2.22) を代入すると，微分を含むので微分方程式とよばれる

$$m \frac{d^2 r}{dt^2} = F \tag{2.30}$$

という式が得られる．この式をベクトルの成分に対する式として表すと

$$m \frac{d^2 x}{dt^2} = F_x, \quad m \frac{d^2 y}{dt^2} = F_y \tag{2.31}$$

である．

参考 力について

　力は物体に作用すると，物体の運動状態を変化させたり，物体を変形させたりする．力は大きさと向きをもつ量である．力が物体に作用する点を**力の作用点**といい，力の作用点を通り力の方向を向いた直線を**力の作用線**という．力を図示する場合，作用点を始点とし，力の方向を向き，長さが力の大きさに比例する矢印を使う（図2.24）．したがって，力を表す矢印は力の作用線にのっている．

■ 合 力 ■　いくつかの力が1つの物体に作用しているとき，これらの力の効果と同じ効果を与える1つの力をこれらの力の**合力**という．2つの力 $\boldsymbol{F}_1$ と $\boldsymbol{F}_2$ の作用線が1点で交わるとき，この2つの力の効果は，2つの力 $\boldsymbol{F}_1$ と $\boldsymbol{F}_2$ から平行四辺形の規則で求めた1つの力

$$\boldsymbol{F} = \boldsymbol{F}_1 + \boldsymbol{F}_2 \qquad (2.32)$$

の作用線がこの点を通る場合の効果に等しいことが実験によって確かめられている（図2.25）．したがって，$\boldsymbol{F}_1$ と $\boldsymbol{F}_2$ の合力 $\boldsymbol{F}$ は $\boldsymbol{F}_1 + \boldsymbol{F}_2$ である．

■ 力の分解 ■　1つの力をこれと同じ働きをする2つの力に分けることができる．図2.25(c)の平行四辺形の関係を逆に使って，1つの力 $\boldsymbol{F}$ を任意の2方向を向いた2つの力に分けることができるのである．この2方向を水平方向（x方向）と垂直方向（y方向）に選ぶと，xy面に平行な力 $\boldsymbol{F}$ を，水平方向を向いた力と垂直方向を向いた力の2つの力に分けることができる（図2.26）．1つの力をそれと同じ働きをする2つの力に分けることを**力の分解**といい，分けて求められた2つの力をもとの力の分力あるいは成分という．

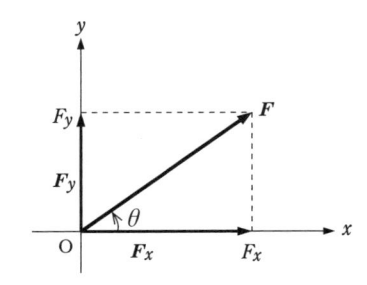

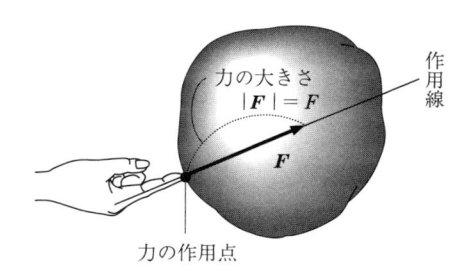

図 2.24 力の作用点と作用線

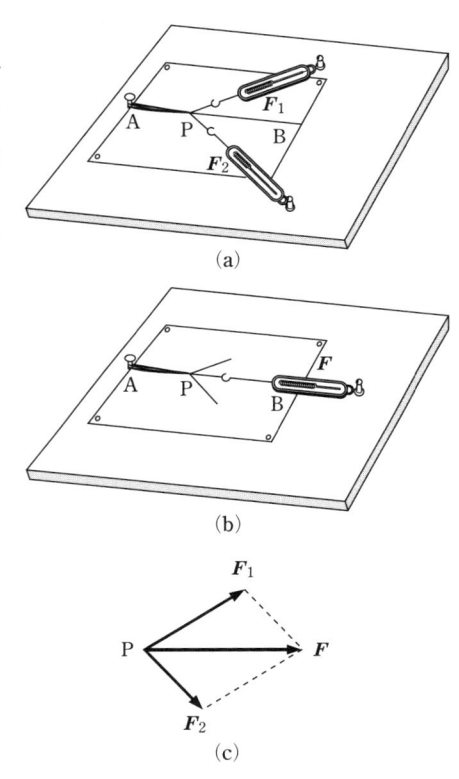

図 2.25 2つの力 $\boldsymbol{F}_1, \boldsymbol{F}_2$ の合力
　(a)　同じ点Pに働く2つの力 $\boldsymbol{F}_1, \boldsymbol{F}_2$ の作用
　(b)　2つの力 $\boldsymbol{F}_1, \boldsymbol{F}_2$ と同じ効果（ゴムを同じ方向に同じ長さだけ伸ばす）を与える力 $\boldsymbol{F}$
　(c)　$\boldsymbol{F} = \boldsymbol{F}_1 + \boldsymbol{F}_2$

図 2.26 力 $\boldsymbol{F}$ の分解
　力 $\boldsymbol{F}$ の x 成分：$F_x = F \cos \theta$
　力 $\boldsymbol{F}$ の y 成分：$F_y = F \sin \theta$
　力 $\boldsymbol{F}$ の大きさ：$F = \sqrt{F_x^2 + F_y^2}$

2.2　ニュートンの運動の法則

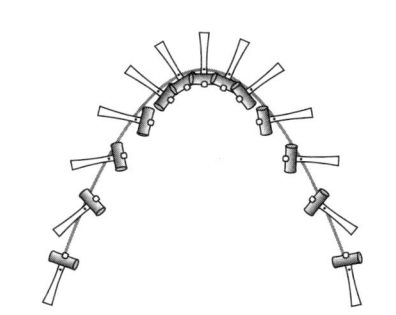

図 2.27 金槌の重心は放物線上を運動する．

参考 **金槌の放物運動（広がった物体の運動の法則）**

金槌を空中に放り投げると，金槌はぐるぐるまわりながら，複雑な運動をして飛んでいく．このような場合の運動の法則はどのようになっているのだろうか．詳しくは第 5 章で学ぶが，結論だけを紹介しよう．このような場合にもニュートンの運動の第 2 法則は，物体の重心に対して成り立つ．すなわち，

「広がりのある物体が外からいくつかの力を受けているとき，その重心は物体の全質量 m をもつ小物体がそれらの力のベクトル和 F を受けたときに行うのとまったく同じ運動を行う」．

つまり，重心の加速度を $\bm{a}$ とすると，物体の重心の運動方程式は

$$m\bm{a} = \bm{F} \tag{2.33}$$

である．たとえば，金槌を空中に投げると複雑な運動をするが，重心は同じ質量をもつ小さな球の放物運動と同じ放物線上を運動する（図 2.27）．重心とは，その点を支えると，重力によってその物体が動きはじめない点である．

金槌は重心のまわりに回転するが，この回転運動の法則は第 5 章で学ぶ．

力には作用点と作用線があり，大きさと向きが同じでも作用線の異なる力は物体の運動に異なる影響を及ぼす．しかし，重心運動に対する (2.33) 式の $\bm{F}$ は，すべての力を表すベクトルを平行移動して始点を重心に移し，図 2.25 (c) の平行四辺形の規則で合成した $\bm{F} = \bm{F}_1 + \bm{F}_2 + \cdots$ である．

参考 **力のつり合い**

2 つ以上の力 $\bm{F}_1, \bm{F}_2, \cdots$ が作用している物体の運動状態が変化しないとき，つまり，物体の各部分の速度が変化しないとき，これらの力はつり合っているという．

力がつり合うための必要条件の 1 つは，物体に作用する力のベクトル和 $\bm{F}$ が 0，つまり，

$$\bm{F} = \bm{F}_1 + \bm{F}_2 + \cdots = \bm{0} \tag{2.34}$$

である．$\bm{a} = \bm{F}/m$ なので，この条件が満たされず $\bm{F} \neq \bm{0}$ だと，$\bm{a} = \bm{F}/m \neq \bm{0}$ となり，物体の重心の速度が変化するからである．(2.34) 式を成分で表すと，

$$F_x = F_{1x} + F_{2x} + \cdots = 0, \quad F_y = F_{1y} + F_{2y} + \cdots = 0 \tag{2.34'}$$

である．

すべての力の作用線が1点で交わるときには，条件(2.34)は力がつり合うための十分条件でもある．この節の問5，問6は(2.34)式が力のつり合いの必要十分条件の場合である．

しかし，条件(2.34)が満たされただけでは，物体が回転しはじめることがある．図2.28に示す場合はその一例である．図2.28に示すような，作用線が異なる1組の力 $\boldsymbol{F}, -\boldsymbol{F}$ を偶力という．偶力の場合 $\boldsymbol{F}+(-\boldsymbol{F})=\boldsymbol{0}$ なので，偶力は重心の運動には影響を及ぼさない．

回転運動が起こらないための力のつり合い条件については，第5章で考える．

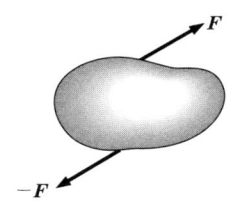

図 2.28　偶力 $\boldsymbol{F}, -\boldsymbol{F}$

問 5　図2.29のように，質量30 kgの荷物を2人で持つとき，それぞれは何kgfの力を作用せねばならないか．(a), (b)のおのおのの場合について求めよ．$\cos 30° = \sqrt{3}/2 \approx 0.866$, $\cos 60° = 1/2$ を使え．2人の作用する力 $\boldsymbol{F}_1, \boldsymbol{F}_2$ と鉛直下向きの大きさ30 kgfの重力 $\boldsymbol{F}$ がつり合うことを使え．kgf（重力キログラム）は力の実用単位で，2.4節で学ぶ．

問 6　ぐにゃぐにゃになった針金を両手で持って引っ張っても，なかなかまっすぐにのびない．しかし，図2.30(a)のように両端を固定して中央を強く引くと簡単にまっすぐにすることができる．理由を述べよ．図2.30(b)のように荷物を中央にぶらさげた針金の一端を固定し，他端を強く引く場合，いくら強く引いても針金を一直線にできない理由を述べよ．

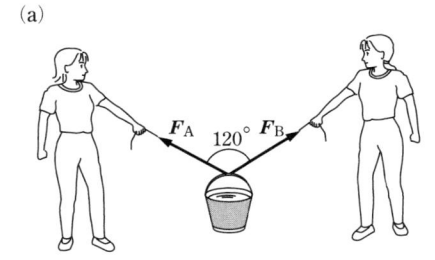

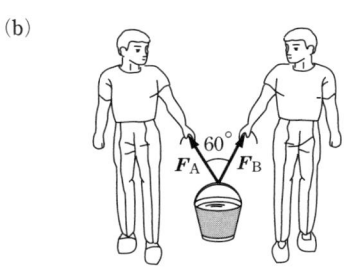

図 2.29

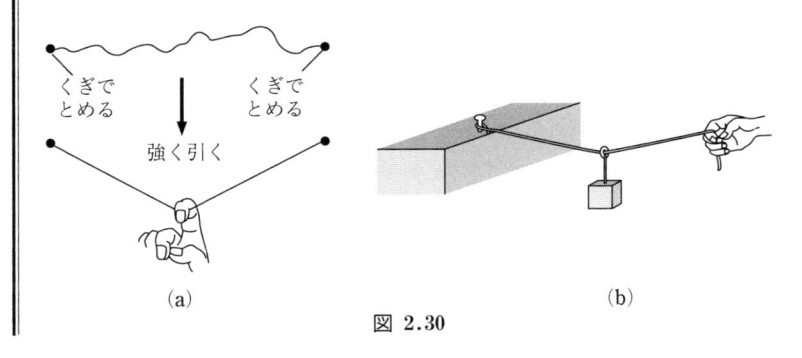

図 2.30

2.3　直線運動での運動の法則

x 軸方向を向いた力 F の作用を受けて，x 軸に沿って直線運動している質量 m の物体の運動の法則は，

$$ma = F \tag{2.35}$$

である．a は x 軸方向の加速度である．力 F も加速度 a も $+x$ 方向を向いている場合は正で，$-x$ 方向を向いている場合は負である．

例4 質量 30 kg の物体に力が働いて，物体が 4 m/s² の加速度で運動している．物体に働いている力 F は

$$F = ma = 30 \text{ kg} \times 4 \text{ m/s}^2 = 120 \text{ kg·m/s}^2 = 120 \text{ N}$$

例5 一直線上を 15 m/s の速さで走っている質量 30 kg の物体を 3 秒間で停止させるには，平均どれだけの力を加えればよいのだろうか．

$$\text{平均加速度 } \bar{a} = \frac{v - v_0}{t} = \frac{0 - 15 \text{ m/s}}{3 \text{ s}} = -5 \text{ m/s}^2$$

なので，

$$F = m\bar{a} = 30 \text{ kg} \times (-5 \text{ m/s}^2) = -150 \text{ kg·m/s}^2 = -150 \text{ N}$$

したがって，150 N．負符号は，力の向きと運動の向きが逆向きであることを示す．この間の移動距離 s は，(1.29) 式から

$$s = \frac{1}{2} v_0 t_1 = \frac{1}{2} (15 \text{ m/s}) \times (3 \text{ s}) = 22.5 \text{ m}$$

例6 4 kg の物体に 16 N = 16 kg·m/s² の力が作用すると加速度 a は

$$a = \frac{F}{m} = \frac{16 \text{ kg·m/s}^2}{4 \text{ kg}} = 4 \text{ m/s}^2$$

加速度の向きと力の向きは同じ向きである．

例7 静止していた質量が 2 kg の物体に 20 N の力が 3 秒間作用したときのこの物体の速度 v は

$$v = at = \frac{F}{m} t = \left(\frac{20 \text{ N}}{2 \text{ kg}} \right) \times (3 \text{ s}) = 30 \text{ m/s}$$

速度 v と力 F は同じ向きである．

長さ，時間，速度，加速度，力，エネルギーなどの物理量は，すべて，「数値」×「単位」という形で表されている．したがって，たとえば，「移動距離」=「平均の速さ」×「移動時間」というような計算では，上で示したような，「単位のついた数値」の計算をしなければならない．しかし，すべての物理量の単位として国際単位を使えば，数値だけの計算をして，答にその物理量の国際単位をつければよい．

2.4 地球の重力

地表付近の空中で物体が落下するのは，地球が物体に引力を作用するからである．地球上の物体に働く地球の引力を**重力**という．1.6 節で学んだように，空気抵抗が無視できるときには，重力によ

る落下運動の加速度である重力加速度 g は物体によらず一定で，
$$g \approx 9.8\,\mathrm{m/s^2} \tag{2.36}$$
である．そこで，ニュートンの運動の法則 (2.23) によると，**物体に働く重力 W は物体の質量 m と鉛直下向きの重力加速度 g の積の mg**，
$$\boxed{\boldsymbol{W} = m\boldsymbol{g}\quad (\text{大きさは } W = mg)} \tag{2.37}$$
である（図 2.31）．この式は質量が m [kg] の物体には約 $10m$ [N] の大きさの重力が働くことを示す．たとえば，質量 3 kg の物体には約 30 N の重力が働く．

大きさが 1 N の力といっても，どんな大きさの力かすぐにはピンとこない．そこで，質量が 1 kg の物体に働く重力の大きさを力の実用単位として使い，1 **重力キログラム**（記号 kgf）という．$g \approx 10\,\mathrm{m/s^2}$ なので，1 重力キログラムの力の大きさは約 10 N である．逆に，1 N は約 0.1 kgf，つまり，約 100 グラムの物体の重さである．重力キログラムはわかりやすい単位であるが，地球の重力の大きさは地球上では場所によってわずかな違いがあるので，厳密性が必要な場合には使えない．そこで，工学では力の実用単位の重力キログラムを
$$1\,\mathrm{kgf} = 9.80665\,\mathrm{N} \tag{2.38}$$
と定義している．

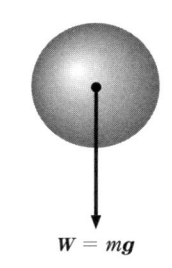

図 2.31 質量 m の物体に働く地球の重力 $\boldsymbol{W} = m\boldsymbol{g}$

2.5 運動方程式のたて方と解き方

運動の法則がわかったので，運動方程式のたて方と解き方を学ぼう．

▌運動方程式のたて方 ▌ 具体的な運動の運動方程式は次のような手順で求められる．

（1）どの物体について運動方程式をたてるのかを決め，その物体に働く力をすべて図示し，記号または数値（単位は N）を記入する．

（2）物体の加速度の向きを図示し，適当な記号をつける．

（3）加速度の方向を考えて，適当な座標軸を決め，各座標軸方向の運動方程式をたてる．

x 方向　$ma_x = F_{1x} + F_{2x} + \cdots$（力の x 成分の和）
y 方向　$ma_y = F_{1y} + F_{2y} + \cdots$（力の y 成分の和）
$$\tag{2.39}$$

（4）連結した物体を 1 つの物体の系（つまり集団）として全体

の運動を考えるとき，その物体系内で相互に及ぼし合う作用・反作用の力は，物体系の**内力**とよばれ，(2.39)式では打ち消し合うので，物体系全体の運動には，無関係である（次の例題1を参照）．

▌ **運動方程式の解き方** ▐　運動方程式を解く一般的な手順は存在しない．問題ごとに適切な解き方を考えねばならない．簡単な場合としては，

（1）　外的条件で物体が運動できない方向の合力の成分は0である．たとえば，水平な床の上での物体の運動の場合には，物体の鉛直方向の速度も加速度も0であり，したがって，物体に作用する合力の鉛直方向成分は0である．

（2）　物体に作用する力 $\boldsymbol{F}$ のある方向の成分が0であれば，物体の速度のその方向の成分は一定である．つまり，物体のその方向への運動は等速運動である（静止しつづける場合を含む）．

（3）　物体に作用する力 $\boldsymbol{F}$ のある方向の成分が一定であれば，物体の加速度のその方向の成分は一定である．つまり，物体のその方向への運動は等加速度運動である．

などの場合がある．

その他の場合には，一般に微分方程式として表されたニュートンの運動方程式(2.30)を解かねばならない．つまり，(2.30)式に代入すれば，左右両辺が等しくなるような時刻 t の関数 $\boldsymbol{r}(t) = [x(t), y(t)]$ を探さねばならない．その運動を適切に表現する関数を探すのである．たとえば，振り子の振動を表す解には，振動する関数のサイン関数あるいはコサイン関数がでてくる．振り子の振動については次章で詳しく説明する．

例8　図2.32に示す，水平面と角 θ をなす滑らかな斜面上の質量 m の物体に働く重力 mg の斜面方向成分は $mg\sin\theta$ なので，この物体が斜面上を滑り落ちる運動は，加速度の大きさ a が

$$a = \frac{mg\sin\theta}{m} = g\sin\theta \tag{2.40}$$

の等加速度運動である．重力 mg の斜面に垂直な方向の成分 $mg\cos\theta$ は，斜面が物体に作用する垂直抗力 N とつり合う（垂直抗力については次章参照）．

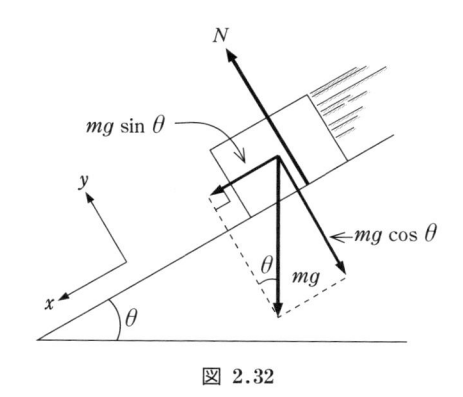

図 2.32

例題1 2つの金属の輪A, Bを図2.33(a)のように軽い糸でつなぎ，輪Aを手の力Fで鉛直上方に引き上げるときの輪A, Bの加速度を求めよ．輪A, Bの質量をm_A, m_Bとし，糸は伸びないものとする．

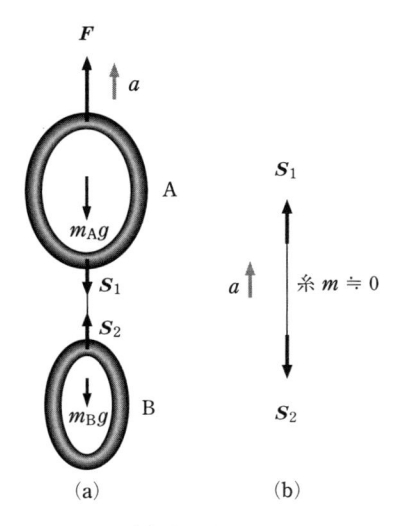

図 2.33 (b) $S_1 - S_2 = ma + mg \fallingdotseq 0$
∴ $S_1 = S_2$

解 2つの輪と糸の速度も加速度も同じである．この共通の加速度をaとおく．糸の質量を$m \fallingdotseq 0$として，まず糸の鉛直方向の運動方程式をたてると（図2.33(b)），

糸　　$S_1 - S_2 - mg = ma$
∴　　$S_1 - S_2 = m(a+g) \fallingdotseq 0$　　(2.41)

次に輪A, Bの鉛直方向の運動方程式をたてると，

輪A　　$m_A a = F - m_A g - S_1$　　(2.42 a)
輪B　　$m_B a = S_2 - m_B g$　　(2.42 b)

2つの輪の式の左右両辺をそれぞれ加え，$S_1 = S_2$という結果を使うと，

$$(m_A + m_B)a = F - (m_A + m_B)g \quad (2.43)$$

となるので，輪の加速度aは，

$$a = \frac{F}{m_A + m_B} - g \quad (2.44)$$

$(m_A + m_B)a = F - (m_A + m_B)g$という運動方程式(2.43)は，質量$m_A + m_B$の2つの輪に作用する外力は，手の力$F$と重力$-(m_A + m_B)g$だけであることからただちに導ける．内力である糸の張力S_1とS_2は打ち消し合う．$S_1 = S_2$から軽い糸の張力はどこでも同じであることがわかる．

問7　例題1での糸の張力を求めよ．
問8　例題1で糸の質量を無視しなければ，加速度aに対する(2.44)式はどう変更されるか．

2.6 放物運動

ニュートンの運動の法則の応用例として放物運動を考える．

■ 水平投射運動 ■　　机の上のパチンコ玉を指ではじいて床に落下させてみる（図2.34）．玉が机の縁を離れる瞬間に，別の玉を机の横から床へ自由落下させると，2つの玉は床に同時に落ちることがわかる．2つの玉の落下をストロボ写真にとると（図2.35），2つの玉の高さはつねに同じなので，指ではじかれた玉の鉛直方向の運動は自由落下運動と同じであることがわかる．玉の水平方向の運動は等速運動であることもストロボ写真からわかる．

このような事実は，成分で表したニュートンの運動の法則

$$ma_x = F_x, \quad ma_y = F_y \quad (2.24)$$

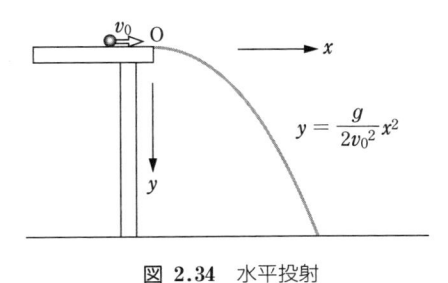

図 2.34　水平投射

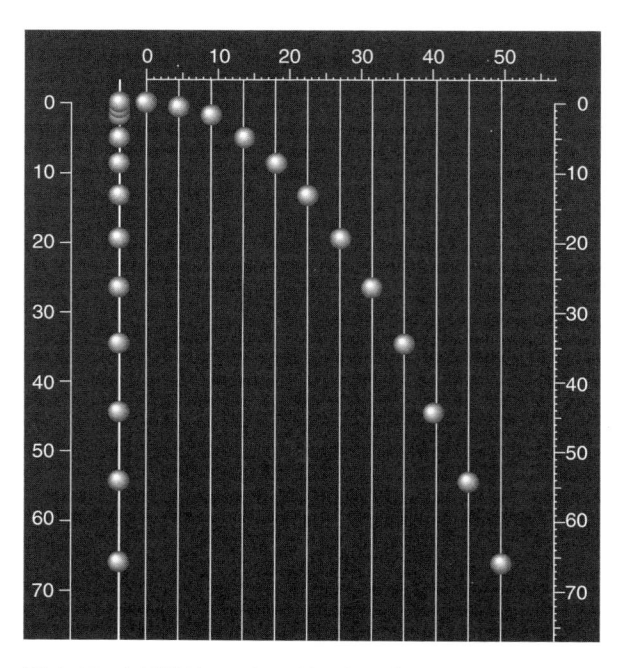

図 2.35 水平投射のストロボ写真．1/30 秒ごとに光をあてて写した写真．物指しの目盛は cm

から導ける．玉が机から離れるところを原点 O，玉の投射方向を $+x$ 方向，鉛直下方を $+y$ 方向に選ぶ．質量 m の玉に，空中で作用する力は，鉛直下向き（$+y$ 方向）の地球の重力 mg だけなので，

$$F_y = mg \tag{2.45 a}$$

である．水平方向の力は作用していないので，

$$F_x = 0 \tag{2.45 b}$$

である．

ニュートンの運動の法則は

$$ma_x = F_x = 0, \tag{2.46 a}$$
$$ma_y = F_y = mg \tag{2.46 b}$$

となるので，これから

$$a_x = 0 \tag{2.47 a}$$
$$a_y = g \tag{2.47 b}$$

が導かれる．

x 軸方向（水平方向）の運動は，加速度が $a_x = 0$，つまり，速度が一定な等速運動である．

y 軸方向（鉛直方向）の運動は，加速度が $a_y = g = $ 一定 なので，重力加速度 g での等加速度運動である．このようにして，ニュートンの運動の法則と地球の重力は mg であることから，ストロボ写真でとらえた落下現象が説明された．

玉の運動の道筋（軌道）を求めてみよう．玉の初速を v_0 とすると，玉の水平方向（x方向）の運動は速さ v_0 の等速運動なので，玉が机を離れてからの時間が t のときには，

$$x = v_0 t \tag{2.48}$$

である．玉の鉛直方向の運動は自由落下運動（初速が 0 の重力加速度 g での等加速度運動）なので，このときの落下距離 y は，(1.42) 式から

$$y = \frac{1}{2}gt^2 \tag{2.49}$$

であることがわかる．(2.48) 式から導かれる $t = x/v_0$ を (2.49) 式に代入すると，次の関係が得られる．

$$y = \frac{gx^2}{2v_0^2} \tag{2.50}$$

(2.50) 式は机の上から弾き落とされた玉の軌道を表す．

■ **コインの同時落下** ■　水平に投げ出された物体と，それと同時に同じ高さから自由落下を始めた物体とは，水平な床には同時に着地することが，次の実験で確かめられる．

（1）　まず，わりばしに名刺をはさみ，図 2.36 のように輪ゴムでとめる．

（2）　この名刺の上にコインを 2 枚乗せ，わりばしの端 B を手にもって，中ほどの A あたりを指で水平方向に強く弾く．

（3）　ほぼ真下に自由落下したコイン 1 とほぼ水平に投げ出されたコイン 2 が床に落ちたときの音を聞いて，着地が同時かどうかを判断する．

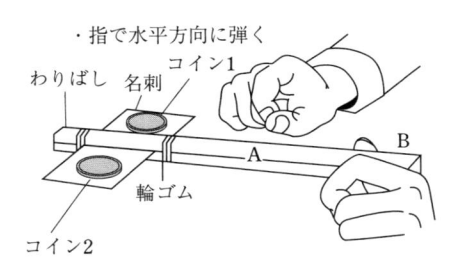

図 2.36 コインの同時落下

例題 2　机の高さを H とするとき，水平投射で床に着くまでの時間 t_1 と到達地点の位置 x_1 を求めよ．

解　(2.49) 式で，$t = t_1$ のとき，$y = H$ なので，

$$H = \frac{1}{2}gt_1^2 \quad \therefore \quad t_1 = \sqrt{\frac{2H}{g}}$$

玉は机の端の真下からの距離が

$$x_1 = v_0 t_1 = v_0 \sqrt{\frac{2H}{g}}$$

の地点に落ちる．

問 9　高さ 4.9 m の崖の上から初速 5 m/s で水平に海に飛び込んだ．着水までの時間を求めよ．崖の真下から何 m 先の海面に着水するか．

問 10　一定の速さで歩いている人が手にもっていたボールをそっと放した．ボールが道路に落ちた地点とそのときの人間の位置の関係を示せ．

■ **放物運動** ■　水平な地面の上で石を斜めに初速 v_0 で投げる場合を考える（図 2.37）．

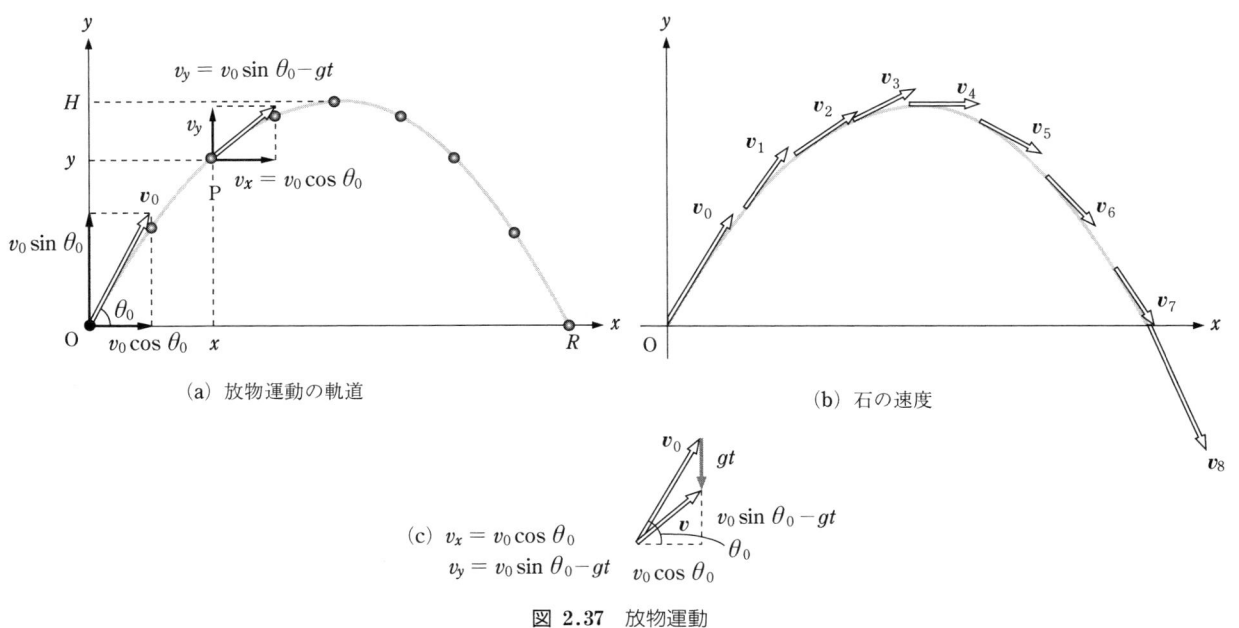

(a) 放物運動の軌道

(b) 石の速度

(c) $v_x = v_0 \cos\theta_0$
　　$v_y = v_0 \sin\theta_0 - gt$

図 2.37　放物運動

水平方向を $+x$ 方向，鉛直上向きを $+y$ 方向とする．空気抵抗を無視すると，石に作用する力は地球の重力だけである．したがって，

$$F_x = 0, \quad F_y = -mg \tag{2.51}$$

で，ニュートンの運動の法則は

$$ma_x = F_x = 0, \quad ma_y = F_y = -mg \tag{2.52}$$

となるので，これから

$$a_x = 0, \quad a_y = -g \tag{2.53}$$

が導かれる（$+y$ 方向の向きが水平投射の場合とは逆向きであることに注意すること）．初速度 v_0 が水平となす角を θ_0 とする．初速度の水平方向成分（x 成分）は $v_0 \cos\theta_0$，鉛直方向成分（y 成分）は $v_0 \sin\theta_0$ である．

水平方向（x 方向）の運動は，加速度が $a_x = 0$ なので，速さ v_x がはじめの値 $v_0 \cos\theta_0$

$$v_x = v_0 \cos\theta_0 \tag{2.54}$$

の等速運動である．したがって，投げてから時間 t のときの水平方向の移動距離 x は

$$x = (v_0 \cos\theta_0)t \tag{2.55}$$

である．

y 軸方向（鉛直方向）の運動は，加速度が $a_y = -g$ なので，石の速度の鉛直方向成分（y 成分）v_y は放り投げたときの $v_0 \sin \theta_0$ から下向きの重力加速度 $-g$ で減少していく．したがって

$$v_y = v_0 \sin \theta_0 - gt \tag{2.56}$$

となる．この式は真上に投げ上げた場合の速度の式（1.45）の v_0 を $v_0 \sin \theta_0$ で置き換えた式になっている．したがって，石が手を離れてから時間 t が経過したときの高さ y は，(1.46)式の右辺の v_0 を $v_0 \sin \theta_0$ で置き換えれば得られる．

$$y = (v_0 \sin \theta_0)t - \frac{1}{2}gt^2 \tag{2.57}$$

石が最高点に到達するまでの時間 t_1 は，(1.47)式の v_0 を $v_0 \sin \theta_0$ で置き換えた，

$$t_1 = \frac{v_0 \sin \theta_0}{g} \tag{2.58}$$

で，最高点の高さ H は，(1.48)式の v_0 を $v_0 \sin \theta_0$ で置き換えた，

$$H = \frac{(v_0 \sin \theta_0)^2}{2g} \quad \text{（最高点の高さ）} \tag{2.59}$$

である．

石が地面（$y = 0$）に落下するまでの時間 t_2 は，鉛直投げ上げの場合と同じように，最高点に到達するまでの時間 $t_1 = v_0 \sin \theta_0 / g$ の2倍で，$t_2 = 2t_1 = 2v_0 \sin \theta_0 / g$ である．

この放物運動は水平方向の等速運動と鉛直方向の鉛直上方への投げ上げ運動を重ね合わせた運動である．

石は落下するまでの間に水平方向に速さ $v_0 \cos \theta_0$ で運動するので，落下場所までの直線距離 R は

$$R = t_2 v_0 \cos \theta_0 = \frac{2v_0^2 \sin \theta_0 \cos \theta_0}{g} = \frac{v_0^2 \sin 2\theta_0}{g}$$

つまり，

$$R = \frac{v_0^2 \sin 2\theta_0}{g} \quad \text{（落下場所までの直線距離）} \tag{2.60}$$

である．ただし，三角関数の加法定理 $\sin \theta_0 \cos \theta_0 = \sin 2\theta_0$ を使った．

同じ初速 v_0 で投げるとき，もっとも遠くまで届き，R が最大なのは，$\sin 2\theta_0 = 1$ のとき，つまり $\theta_0 = 45°$ のときで，そのときの到達距離は

$$R = \frac{v_0^2}{g} \quad (\theta_0 = 45° \text{のとき}) \tag{2.61}$$

である．

(2.55) 式から導かれる

$$t = \frac{x}{v_0 \cos\theta_0} \tag{2.62}$$

を (2.57) 式に代入すると，放り出された物体の軌道，

$$y = \frac{\sin\theta_0}{\cos\theta_0}x - \frac{g}{2(v_0\cos\theta_0)^2}x^2 \quad \text{（物体の軌道）} \tag{2.63}$$

が導かれる．これが放物運動の軌道の放物線である（図 2.37）．

例 8 時速 144 km（速さ 40 m/s）でボールを投げるときの最大到達距離 R は (2.61) 式で $v_0 = 40$ m/s, $g = 9.8$ m/s^2 とおいた
$$R = (40\,\text{m/s})^2/(9.8\,\text{m/s}^2) = 163\,\text{m}$$

参考 微分方程式としての放物運動の運動方程式

力が $\boldsymbol{F} = (0, -mg)$ のとき，微分方程式としてのニュートンの運動方程式 (2.31) は次のようになる．

$$m\frac{d^2x}{dt^2} = 0, \quad m\frac{d^2y}{dt^2} = -mg \tag{2.64}$$

$$\therefore \quad \frac{d^2x}{dt^2} = 0, \quad \frac{d^2y}{dt^2} = -g \tag{2.65}$$

次の 2 つの関数

$$x(t) = v_{0x}t + x_0 \quad \text{（v_{0x} と x_0 は定数）} \tag{2.66 a}$$

$$y(t) = -\frac{1}{2}gt^2 + v_{0y}t + y_0 \quad \text{（v_{0y} と y_0 は定数）} \tag{2.66 b}$$

を t で微分すると

$$v_x(t) = \frac{dx}{dt} = v_{0x}, \quad v_y(t) = \frac{dy}{dt} = -gt + v_{0y} \tag{2.67}$$

となり，もう一度 t で微分すると

$$a_x(t) = \frac{d^2x}{dt^2} = 0, \quad a_y(t) = \frac{d^2y}{dt^2} = -g \tag{2.68}$$

となるので，(2.66) 式は微分方程式として表された放物運動の運動方程式 (2.64) を満足する解であることがわかる．

解 (2.66) に含まれている 4 つの定数は時刻 $t = 0$ での物体の速度と位置，つまり，

$$v_{0x} = v_x(0), \quad x_0 = x(0), \quad v_{0y} = v_y(0), \quad y_0 = y(0) \tag{2.69}$$

である．時刻 $t = 0$ に任意の場所 $\boldsymbol{r}(0) = [x(0), y(0)]$ から任意の初速度 $\boldsymbol{v}(0) = [v_x(0), v_y(0)]$ で放り出された物体の運動は (2.66) 式で表される．このような解を微分方程式（運動方程式）

の一般解という．

問 11 (2.55)式，(2.57)式を(2.66)式と比較し，違いの原因を説明せよ．

❖ **第 2 章のキーワード** ❖

位置ベクトル，速度，加速度，ベクトル，ベクトルの和，ニュートンの運動の法則，運動の第 1 法則（慣性の法則），慣性，運動の第 2 法則（運動の法則），ニュートンの運動方程式，運動の第 3 法則（作用反作用の法則），ニュートン（記号 N），力，地球の重力，合力，力の分解，力のつり合い，運動方程式のたて方，水平投射，放物運動

演習問題 2

A

1. まっすぐな道路を走っている質量 1000 kg の自動車が 5 秒間に 20 m/s から 30 m/s に一様に加速された．
   （1） 加速されている間の自動車の加速度はいくらか．
   （2） このとき働いた力の大きさはいくらか．

2. 一直線上を 30 m/s の速さで走っている 20 kg の物体を 6 秒間で停止させるには，平均どれほどの力を加えたらよいか．

3. 2 kg の物体に 12 N の力が加わると加速度はいくらになるか．

4. 図 1 の 3 つの力の合力を求めよ．

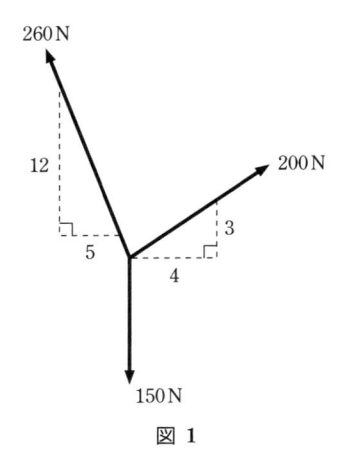

図 1

5. 図 2 の(a)と(b)では，台車はどちらが速く動くか．(a)では 400 g の台車をばね秤の値が 100 g になるように一定の力で水平に引きつづけ，(b)では 400 g の台車と 100 g のおもりを糸で結び，糸を軽い滑車にかけて台車を静かに離す．

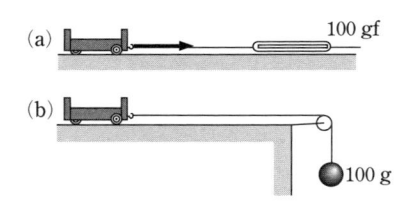

図 2

6. 物体が図 3 の軌道を放物運動する場合，
   （1） 飛行時間を比較せよ．
   （2） 初速度の鉛直方向成分を比較せよ．
   （3） 初速度の水平方向成分を比較せよ．
   （4） 初速度の大きさを比較せよ．

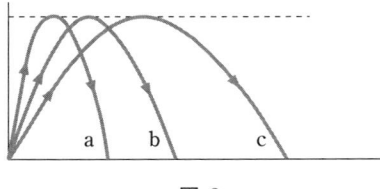

図 3

7. 地上 2.5 m のところで，テニスボールを水平に 36 m/s の速さでサーブした．ネットはサーブ地点から 12 m 離れていて，その高さは 0.9 m である．

このボールはネットを越えるか．このボールの落下地点までの距離はいくらか．
8. ライフル銃を水平と 45°の方向に向けて撃ったら，1分後に弾丸が地面に落下した．初速 v_0 と到達距離 R を求めよ．空気の抵抗は無視せよ．
9. 地表から水平と 60°の角をなす方向に初速 20 m/s で投げたボールの落下点までの距離を求めよ．

B

1. 質量 $m = 10$ kg の物体が一定な力 F を受けて，x 軸上を運動している．
   （1） $+x$ 方向に $F = 20$ N の力が働くときの加速度を求めよ．
   （2） 原点に静止していた物体に，$t = 0$ から $F = 10$ N の力が働いた．$t = 10$ s における位置 x と速度 v を求めよ．
   （3） $t = 0$ での位置 x_0 と速度 v_0 が $x_0 = 0$, $v_0 = 20$ m/s の物体に，$F = -20$ N の力が働いている．物体の速度が 0 になる時間とそれまでの移動距離 x を求めよ．
   （4） $t = 0$ での速度が $v_0 = 20$ m/s で，$t = 5$ s での速度が $v = 40$ m/s であった．この間に物体に働いていた力の大きさ F を求めよ．
2. カール・ルイスは 100 m を 10 秒で走る．彼は最初の 2 秒間は等加速度運動を行い，その後は等速運動を行うとすると，彼の足は最初の 2 秒間にどのくらいの力を出すか．体重は 90 kg とせよ．
3. 質量 m が 0.2 kg の 3 つの球 A, B, C を図 4 のよ

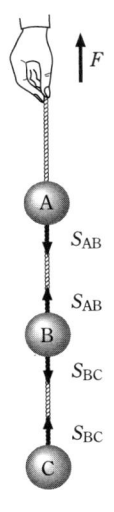

図 4

うに糸でつなぎ，糸の上端を持って力 9.0 N で引き上げた．3 つの球の加速度 a と 3 つの球をつなぐ糸の張力 S_{AB}, S_{BC} を求めよ．
4. 一定な力 $\boldsymbol{F}$ が作用している質量 m の物体が，時刻 $t = 0$ に場所 $\boldsymbol{r}_0$ を速度 $\boldsymbol{v}_0$ で通過した．時刻 t での物体の速度 $\boldsymbol{v}(t)$ は (2.27) 式で与えられている．時刻 t での位置 $\boldsymbol{r}(t)$ を
$$\boldsymbol{r}(t) = \boldsymbol{r}_0 + \bar{\boldsymbol{v}}t = \boldsymbol{r}_0 + \frac{1}{2}[\boldsymbol{v}_0 + \boldsymbol{v}(t)]t$$
から求めよ．

周期運動
—等速円運動と単振動—

3

　この章では周期運動を学ぶ．身のまわりには一定の時間が経過するたびに同じ状態を繰り返す運動がいくつもある．振り子の振動，時計の針の運動などはその例である．このような運動を周期運動といい，一定の時間を周期という．つまり，周期運動とは，物体のある時刻の位置と速度が，1周期前の位置と速度に等しいような運動である．

　この章ではまず，等速円運動を円運動として学ぶ．円運動を x 成分，y 成分などの成分の運動の集まりとして見るだけだと，円運動の全体像がつかめない．円運動としての運動の全体像をまず把握することが必要である．

　次に等速円運動を x 成分，y 成分に分けて考える．つまり，物体の運動を x 軸と y 軸に投影した影の運動を考える．円運動を横から眺めるといってもよい．この運動は，直線上の振動と同じ運動に見える．

　振動は日常生活で見なれている現象である．身のまわりに振動の例はいくらでもある．ブランコや振り子のように吊ってあるものをゆらせた場合には振動が起こるし，弦楽器の弦をはじくと振動する．電気回路でも振動が起こる．**振動は，物体がつり合いの位置のまわりで，同じ道筋を左右あるいは上下などに繰り返し動く周期運動である．**振動の中でも，つり合いの位置からのずれに比例する大きさの復元力による振動を**単振動**という．

　この章では等速円運動と単振動をゆっくりと丁寧に学ぶ．応用上重要な微分方程式である単振動の運動方程式を導き，解き，求めた解の物理的な意味を調べるので，数理的な手法による物理学の問題解決とはどのようなものかを理解する学び方ができるよう工夫して執筆した．しかし，数学的な部分がミニマムな学習も可能なように構成されている．

　振り子のおもりをつり合いの位置からずらして，手を放すと，振り子は振動する．振り子の振動は，外部からエネルギーを補給しな

いと，振幅が徐々に小さくなっていく．このような振幅が減衰する振動を**減衰振動**という．振り子をいつまでも振動させ続けるためには，周期的に変動する外力を振り子に作用させねばならない．このような変動する外力を加えたときの，外力と同じ振動数での振動を**強制振動**という．地震は震源での振動が地殻の中を伝わっていく現象で，このように振動が伝わっていく現象を**波動**という．

　減衰振動，強制振動，波動については本質的な事項だけを簡単に紹介してある．

3.1 等速円運動する物体の速度と加速度

　ひもの一端におもりをつけ，他端を手で持って水平面内でぐるぐるまわすと，おもりは一定の速さで円周上を運動する（図 3.1）．この運動は等速円運動である．前の章で速度と加速度を学んだが，物体が半径 r の円周上を等速円運動する場合の速度と加速度を計算してみよう．

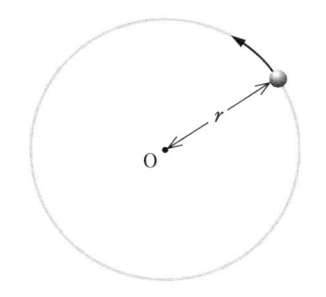

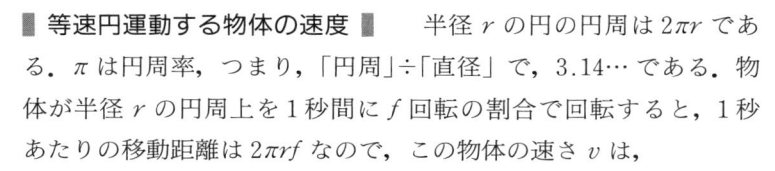

図 3.1　半径 r の等速円運動

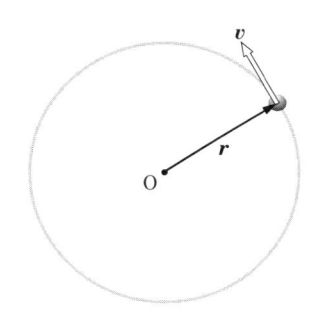

■ 等速円運動する物体の速度 ■　　半径 r の円の円周は $2\pi r$ である．π は円周率，つまり，「円周」÷「直径」で，3.14… である．物体が半径 r の円周上を 1 秒間に f 回転の割合で回転すると，1 秒あたりの移動距離は $2\pi r f$ なので，この物体の速さ v は，

$$v = 2\pi r f \tag{3.1}$$

である．f の単位は s^{-1} である．逆に物体が半径 r の円周上を一定の速さ v で運動する場合の 1 秒あたりの回転数 f は

$$f = \frac{v}{2\pi r} \tag{3.2}$$

である．各瞬間の速度 v は，運動の道筋である円の接線方向を向いている（図 3.2）．したがって，円の中心 O を原点とする物体の位置ベクトル r と速度 v は垂直である．

図 3.2　等速円運動する物体の位置ベクトル r と速度 v，$r \perp v$

■ 等速円運動する物体の加速度 ■　　各瞬間の速度ベクトル $v = dr/dt$ の根本を 1 点に集めて図 3.3 (b) のようなグラフを描く．このような速度ベクトルのグラフを**ホドグラフ**という．長さ $v = 2\pi r f$ の速度ベクトルの先端は，半径が $v = 2\pi r f$ で長さが $2\pi v = (2\pi)^2 r f$ の円周上を 1 秒間に f 回転の割合で等速円運動を行う．等速円運動の加速度 $a = dv/dt$ はホドグラフ上の速度ベクトル v の先端の速度なので，加速度 a の大きさ a は

$$a = 2\pi v f = (2\pi f)^2 r = \frac{v^2}{r} \tag{3.3}$$

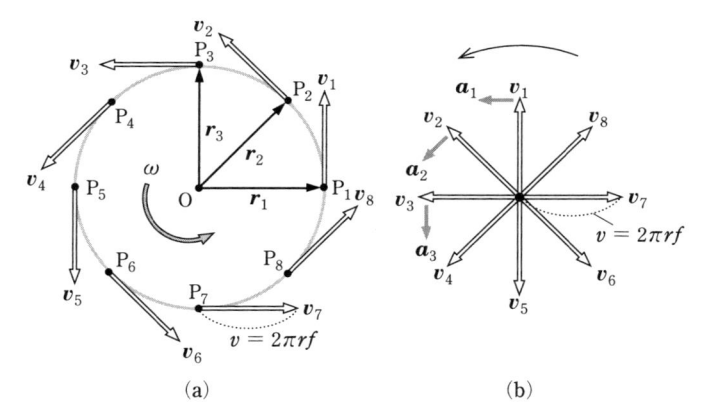

図 3.3 等速円運動のホドグラフ．(a) 物体の速度 $v = \mathrm{d}r/\mathrm{d}t$ は位置ベクトル r の先端の移動する速さである．(b) 等速円運動のホドグラフ．物体の加速度 $a = \mathrm{d}v/\mathrm{d}t$ は速度ベクトル v の先端の移動する速さである．

である．

加速度 a の向きは，円の接線方向を向いている速度 v に垂直で，円の中心を向いている（図 3.3 (b)，図 3.4）．そこで，(3.3) 式をベクトルの式として，

$$a = -(2\pi f)^2 r \tag{3.4}$$

と表すことができる．この中心を向いた加速度 a を**向心加速度**という．

運動の第2法則によれば，等速円運動している質量 m の物体には，円の中心を向いた，大きさ F が「質量」×「向心加速度」，つまり，

$$F = m\frac{v^2}{r} = m(2\pi f)^2 r \tag{3.5}$$

の力 F が作用しているはずである（図 3.5）．この中心を向いた力を**向心力**という．ただし，向心力という特別な種類の力が存在するわけではなく，ひもにつけたおもりの水平面内での等速円運動の場合には，ひもの張力 S と重力 mg の合力が向心力 F である（図 3.6）．

向心加速度 (3.4) を使うと，等速円運動する物体の運動方程式 $ma = F$ は，向きも含め，

$$-m(2\pi f)^2 r = F \tag{3.6}$$

と表せる．

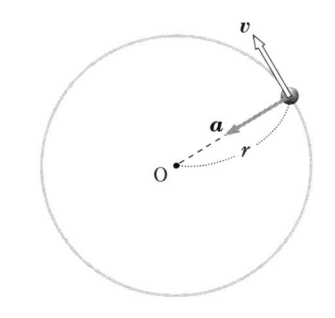

運動方程式 (3.5) や (3.6) は，
(1) 等速円運動の半径 r と 1 秒あたりの回転数 f（あるいは速さ v）が決まっているときには向心力の大きさ F を決める式

図 3.4 等速円運動する物体の速度 v と加速度 a，$v \perp a$

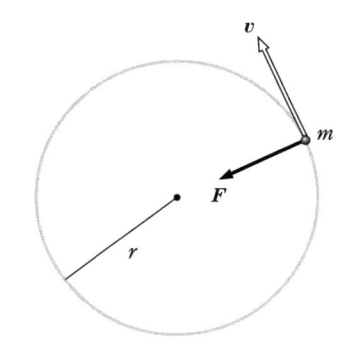

図 3.5 向心力 $F = mv^2/r = mr\omega^2$ （$\omega = 2\pi f$）

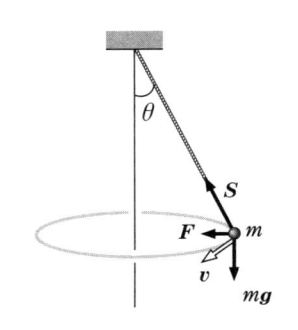

図 3.6 ひもの張力 S とおもりの重力 mg の合力 F が向心力

として使え,

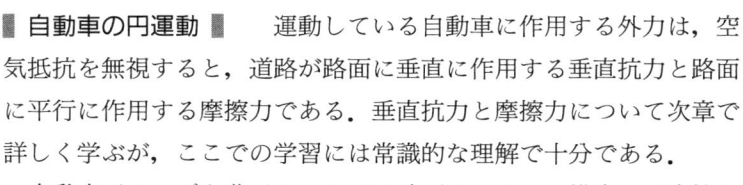

(2) 向心力の大きさ F と半径 r が決まっているときには円運動の1秒あたりの回転数 f と速さ v を決める式として使え,

(3) 向心力の大きさ F と円運動の1秒あたりの回転数 f が決まっているときには半径 r と速さ v を決める式として使える.

問1 図3.7の曲線上を自動車が一定な速さで動くとき,自動車が点 A, B, C, D を通過するときに働く外力の合力の方向と相対的な大きさは,矢印のようになることを確かめよ.

■ **自動車の円運動** ■ 運動している自動車に作用する外力は,空気抵抗を無視すると,道路が路面に垂直に作用する垂直抗力と路面に平行に作用する摩擦力である.垂直抗力と摩擦力について次章で詳しく学ぶが,ここでの学習には常識的な理解で十分である.

自動車がカーブを曲がるときには路面がタイヤに横向きの摩擦力を作用する(図3.8(a)).このことは,おもちゃのレーシングカーのスピードが速いと,円形の走路を曲がりきれず,走路から飛び出してしまうことからわかるだろう.半径 r の円弧状にカーブした道路を自動車が速さ v で動いているときの横方向の摩擦力の大きさ F は,(3.5)式が示すように,速さ v の2乗に比例して増加し,半径 r に反比例して増加する.

高速道路のカーブでは内側の方が低いようにつくられている.路面が自動車に作用する垂直抗力が水平方向成分をもち,曲がるために必要な中心方向を向いた摩擦力の大きさを減らし,横方向へのスリップの危険性を減らすためである(図3.8(b)).

半径 100 m のカーブを時速 72 km (秒速 20 m)で走るとき摩擦力が 0 になるような路面の傾きの角 θ を求めてみよう.この場合の向心加速度 $a = v^2/r$ は

$$a = \frac{v^2}{r} = \frac{(20 \text{ m/s})^2}{100 \text{ m}} = 4 \text{ m/s}^2$$

である.

重力 mg と垂直抗力 N の鉛直方向成分 $N\cos\theta$ が等しいという,鉛直方向のつり合い条件から $N\cos\theta = mg$. 垂直抗力 N の水平方向成分 $N\sin\theta$ が円運動を行うために必要な中心を向いた力 mv^2/r に等しいという条件から

$$\frac{mv^2}{r} = N\sin\theta = mg\tan\theta$$

の場合に摩擦力が 0 になる(図3.8(b)).したがって,重力加速度 $g \approx 10 \text{ m/s}^2$ の $\tan\theta$ 倍が向心加速度 v^2/r の 4 m/s^2 に等しい場

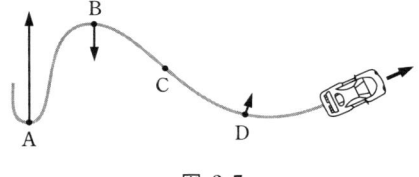

図 3.7

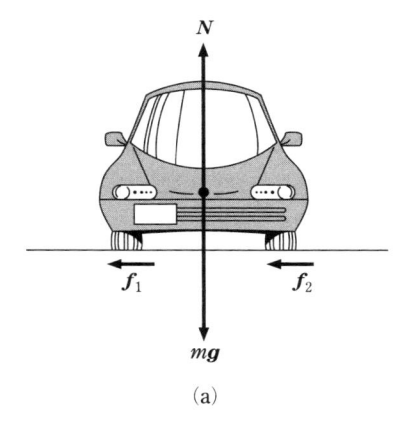

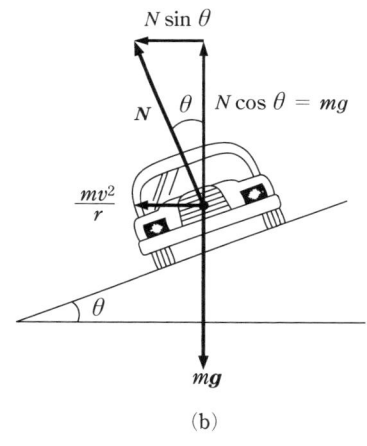

図 3.8 (a) 自動車が右に曲がるときに,路面が矢印のような横向きの摩擦力をタイヤに作用する.これが向心力である. $f_1 + f_2 = mv^2/r$. 重力 mg は自動車全体に作用し,垂直抗力 N は両側のタイヤに作用するが,簡単のために自動車の重心に作用するとして描いた.(b) 路面が横方向に傾斜しているときには,垂直抗力 N と重力 mg の合力が横向きの力(向心力)になる.

3. 周期運動 —— 等速円運動と単振動 ——

合，つまり，
$$\frac{v^2}{r} = g\tan\theta \quad \therefore \quad \tan\theta = \frac{v^2}{rg} = 0.4$$
の場合に摩擦力が0になる(図3.9)．したがって，路面の傾きの角 θ は
$$\theta = 22°$$
で，かなり急斜面である．

問2 上の傾いた道路を幅が1.8 mの自動車が走っている．自動車の左右の端の高さの差を計算せよ．

ジェットコースターや高速道路のインターチェンジは，図3.9 (a)のような直線と円の組み合わせではなく，図3.9 (b)や(c)のような，直線部に近いところではカーブが緩やかで直線部から離れるのにつれてカーブが急になる形をしている．この理由は，直線と円の組み合わせの場合には，直線部から円弧の部分に入った瞬間に，質量 m の乗客は中心方向を向いた大きさが mv^2/r の力の作用を急激に受けはじめるので危険であり，乗り心地が悪いが，このようになっていれば，カーブの半径(曲率半径)が徐々に小さくなるので，中心を向いた力が0から徐々に増えていき，また円弧部から直線部に近づくのにつれて中心を向いた力が徐々に減っていくので安全である．

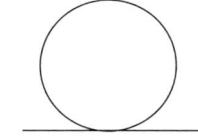

(a) ジェットコースターは円と直線の組み合わせではない

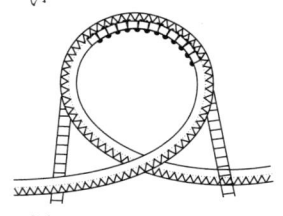

(b) ジェットコースター

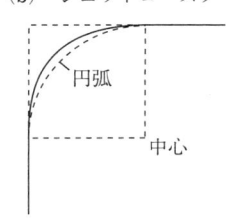

(c) 高速道路のカーブも円と直線の組み合わせではない

図 3.9

周期運動と周期 等速円運動のように一定の時間ごとに同じ状態を繰り返す運動を**周期運動**といい，この一定の時間を**周期**という．等速円運動の周期 T は物体が円周上を1周する時間で，1秒(単位時間)あたりの回転数 f の逆数である．

$$T = \frac{1}{f} \quad \left(fT = 1, \quad f = \frac{1}{T}\right) \quad (3.7)$$

問3 1秒あたりの回転数 f と周期 T の関係 $fT = 1$ を説明せよ．

例題1 半径5 mのメリーゴーラウンドが周期10秒で回転している．
(1) 1秒あたりの回転数 f を求めよ．
(2) 中心から4 mのところにある木馬の速さ v を求めよ．
(3) この木馬の加速度の大きさを求めよ．この加速度は重力加速度 g の何倍か．

解 (1) (3.7)式から $f = 1/T = 1/10\,\text{s} = 0.1\,\text{s}^{-1}$
(2) $v = 2\pi rf = 2\pi \times 4\,\text{m} \times 0.1\,\text{s}^{-1} = 2.5\,\text{m/s}$
(3) $a = v^2/r = (2.5\,\text{m/s})^2/4\,\text{m} = 1.6\,\text{m/s}^2$
$(1.6\,\text{m/s}^2)/(9.8\,\text{m/s}^2) = 0.16$　0.16倍

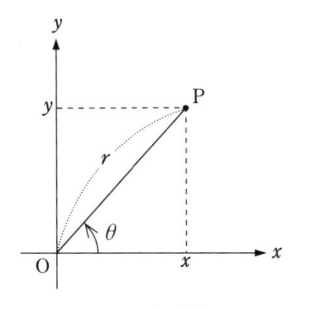

図 3.10 2次元の極座標 r, θ
$x = r\cos\theta, \quad y = r\sin\theta$

■ **極座標 r, θ** ■ xy 平面上で原点 O を中心とする半径 r の等速円運動を行う物体の位置を記述するには, 図 3.10 に示した極座標 r, θ を使うのが便利である. 物体の x 座標と y 座標は

$$x = r\cos\theta, \quad y = r\sin\theta \tag{3.8}$$

と表せる. 図 3.11 に $\sin\theta$ と $\cos\theta$ のグラフを示す. 原点 O から見た物体の方向 (角位置) を表す角 θ には符号があり, $+x$ 軸を角 θ を測る基準の方向とし, 物体が円周上を時計の針と逆向きに動くときには角 θ は増加し ($\theta > 0$), 物体が時計の針と同じ向きに動くときには角 θ は減少する ($\theta < 0$) と約束する.

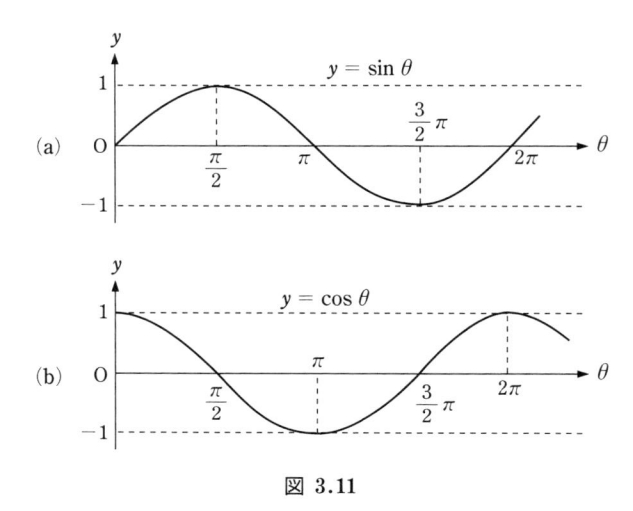

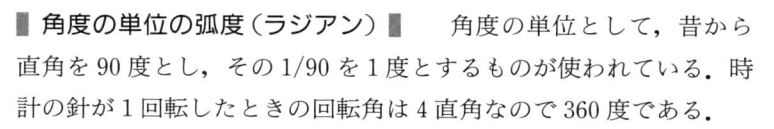

図 3.11

■ **角度の単位の弧度 (ラジアン)** ■ 角度の単位として, 昔から直角を 90 度とし, その 1/90 を 1 度とするものが使われている. 時計の針が 1 回転したときの回転角は 4 直角なので 360 度である.

ところで, 角度の国際単位はラジアン (記号 rad) である. ある中心角に対する半径 1 の円の弧の長さが θ のとき, この中心角の大きさを θ ラジアンと定義する (図 3.12 (a)). 中心角が 360° のときの半径 1 の円の弧の長さは円周 2π なので, $360° = 2\pi$ rad であり, したがって,

$$1 \text{ ラジアン [rad]} = \frac{360°}{2\pi} \approx 57.3° \tag{3.9}$$

である. $A \approx B$ は A と B は近似的に等しいことを示す.

いくつかの角度での度とラジアンの換算表を表 3.1 に示す.

図 3.12 (a) の 2 つの扇形での比例関係から, 半径 r, 中心角 θ rad の扇形の弧の長さ s は

$$s = r\theta \tag{3.10}$$

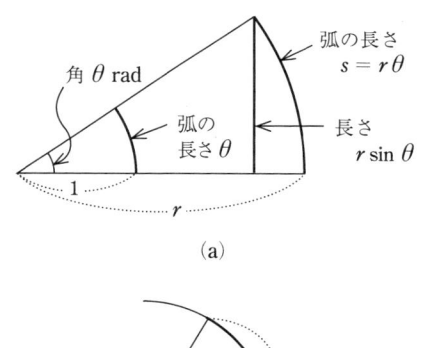

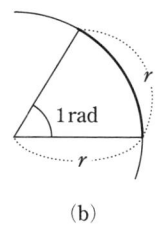

図 3.12 (a) 半径 r, 中心角 θ rad の扇形の弧の長さ s は $s = r\theta$. (b) 中心角が 1 rad の扇形の弧の長さは半径に等しい.

3. 周期運動 —— 等速円運動と単振動 ——

表 3.1 度と弧度

度 [°]	0	30	45	≈ 57.3	60	90	120	135	150	180
弧度 [rad]	0	$\pi/6$	$\pi/4$	1	$\pi/3$	$\pi/2$	$2\pi/3$	$3\pi/4$	$5\pi/6$	π

であることがわかる．なお，s も r も長さなので，角度 $\theta = s/r$ の単位 rad は無次元の量で，本来は rad = 1 とすべきものである．そのために，たとえば，(3.10) 式の右辺の計算では単位 rad を省略しなければならない．なお，1 ラジアンは半径 r と等しい長さ r の円弧に対する中心角である（図 3.12 (b)）．

図 3.12 (a) を眺めると，中心角 θ が小さい場合，弧の長さ $r\theta$ と垂線の長さ $r\sin\theta$ はほぼ等しいことがわかる．すなわち

$$\sin\theta \approx \theta \quad (|\theta| \ll 1 \text{のとき}) \tag{3.11}$$

である．ここで，$|\theta| \ll 1$ は $|\theta|$ が 1 に比べてはるかに小さいことを示す．

■ **角速度** ■ 極座標の角位置 θ（図 3.10 参照）が時間 t とともに変化する割合を**角速度**という．

$$\text{「角速度」} = \frac{\text{「回転角」}}{\text{「回転時間」}}$$

である．角速度を記号 ω で表す．回転角と時間の国際単位は rad と s なので，角速度の国際単位は rad/s であるが，角の単位が rad なことが明らかな場合は 1/s と記してよい．物体が円周上を時計の針と逆向きに動くときには角速度 ω は正で（$\omega > 0$），物体が時計の針と同じ向きに動くときには角速度 ω は負である（$\omega < 0$）．

一定な角速度 ω での回転運動では，「回転角」=「角速度」×「回転時間」なので，時間 t の回転角は ωt である．したがって，時刻 $t = 0$ での物体の角位置が 0，つまり $\theta(t=0) = 0$ ならば，時間 t が経過した後の時刻 t での角位置 $\theta(t)$ は

$$\theta(t) = \omega t \tag{3.12}$$

で，時刻 t での物体の x 座標 $x(t)$ と y 座標 $y(t)$ は

$$x(t) = r\cos\omega t, \quad y(t) = r\sin\omega t \tag{3.13}$$

である．

角度の単位としてラジアン [rad] を使うと 360° は 2π ラジアンなので，1 秒間に f 回転する等速円運動では，$2\pi f$ は 1 秒間の回転角を表す．したがって，弧度を使って角度を表すと，(3.1)，(3.3)〜(3.5) 式に現れる $2\pi f$ は角速度である．つまり，

$$\omega = 2\pi f \tag{3.14}$$

(3.14) 式を (3.1) 式，(3.3)〜(3.5) 式に代入すると，次のよう

になる．

$$v = r\omega \quad \text{(速さ)} \tag{3.15}$$

$$a = v\omega = \omega^2 r \quad \text{(加速度の大きさ)} \tag{3.16}$$

$$\boldsymbol{a} = -\omega^2 \boldsymbol{r} \quad \text{(加速度)} \tag{3.17}$$

$$\text{成分は} \quad a_x = -\omega^2 x, \quad a_y = -\omega^2 y \tag{3.17'}$$

$$F = m\omega^2 r \tag{3.18}$$

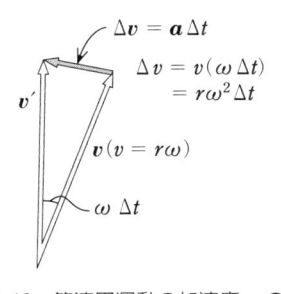

図 3.13 等速円運動の加速度 $\boldsymbol{a}$ の大きさ $a = \Delta v/\Delta t = v\omega = \omega^2 r$

図 3.13 に加速度の式 (3.16) を図解した．

角速度 ω と周期 T の関係は，(3.7), (3.14) 式から次のようになる．

$$\omega = 2\pi f = \frac{2\pi}{T} \qquad T = \frac{2\pi}{\omega} \qquad \omega T = 2\pi \tag{3.19}$$

例 1 例題 1 のメリーゴーラウンドの角速度 ω は，$\omega = 2\pi/T = 2\pi/10\,\mathrm{s} = 0.63\,\mathrm{s}^{-1}$ である． ∎

■ **等速円運動する物体の位置，速度，加速度** ■ これまでに学んだ，速度 $\boldsymbol{v}$ は位置ベクトル $\boldsymbol{r}$ に垂直で，加速度 $\boldsymbol{a}$ は速度 $\boldsymbol{v}$ に垂直で位置ベクトル $\boldsymbol{r}$ とは逆向きであることと，関係 $v = r\omega$, $a = r\omega^2$ を使い，図 3.14 を参考にすると，時刻 t の位置が

$$x(t) = r\cos\omega t, \quad y(t) = r\sin\omega t \tag{3.20}$$

の等速円運動している物体の速度 $\boldsymbol{v}(t) = (v_x(t), v_y(t))$ と加速度 $\boldsymbol{a}(t) = (a_x(t), a_y(t))$ は

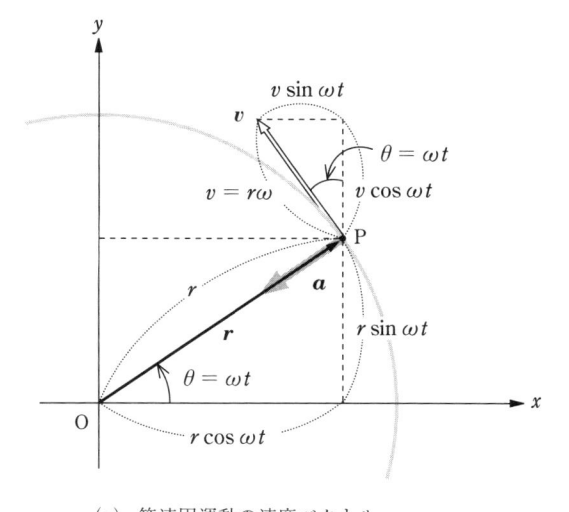

(a) 等速円運動の速度ベクトル $\boldsymbol{v}$

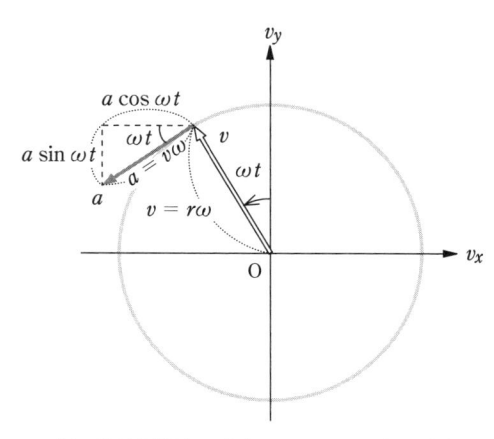

(b) 等速円運動で速度ベクトル $\boldsymbol{v}$ が左図 (a) の場合の加速度ベクトル $\boldsymbol{a}$

図 3.14 等速円運動．(a) 等速円運動の速度 $\boldsymbol{v} = (-v\sin\omega t, v\cos\omega t)$．(b) 等速円運動で速度 $\boldsymbol{v}$ が左図の場合の加速度 $\boldsymbol{a} = (-a\cos\omega t, -a\sin\omega t)$

$$v_x(t) = -\omega r \sin \omega t, \qquad v_y(t) = \omega r \cos \omega t, \qquad (3.21)$$
$$\begin{aligned} a_x(t) &= -\omega^2 r \cos \omega t & a_y(t) &= -\omega^2 r \sin \omega t \\ &= -\omega^2 x(t), & &= -\omega^2 y(t) \end{aligned} \qquad (3.22)$$

であることが容易にわかる．

■ $t = 0$ での角位置 θ が $\theta_0 \neq 0$ の場合 ■　角速度 ω で等速円運動する物体の時刻 $t = 0$ での角位置 θ が θ_0 だとする．時間 t の回転角は ωt なので，時刻 t での角位置 $\theta(t)$ は

$$\theta(t) = \omega t + \theta_0 \qquad (3.23)$$

である（図 3.15）．したがって，半径 r の等速円運動を行う物体の時刻 t での位置は

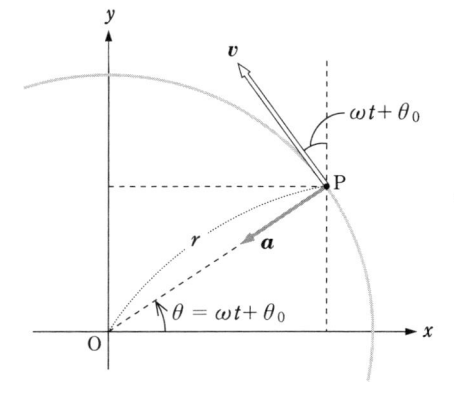

$$x(t) = r \cos(\omega t + \theta_0), \qquad y(t) = r \sin(\omega t + \theta_0) \qquad (3.24)$$

である．

図 3.15　$x(t) = r\cos(\omega t + \theta_0)$
$v_x(t) = -v\sin(\omega t + \theta_0)$
$a_x(t) = -a\cos(\omega t + \theta_0)$

参考　(3.21), (3.22) 式の微分法による導出

三角関数の微分の公式

$$\frac{d}{dt}(r\cos\omega t) = -\omega r \sin \omega t, \quad \frac{d}{dt}(r\sin\omega t) = \omega r \cos \omega t, \qquad (3.25)$$

（r と ω は定数）を使うと，(3.20) 式を t で微分することによって，(3.21) 式と (3.22) 式を次のようにして直接導くことができる．

$$v_x = \frac{dx}{dt} = -\omega r \sin \omega t, \quad v_y = \frac{dy}{dt} = \omega r \cos \omega t, \qquad (3.26)$$

$$\begin{aligned} a_x &= \frac{dv_x}{dt} = \frac{d^2 x}{dt^2} = -\omega^2 r \cos \omega t = -\omega^2 x, \\ a_y &= \frac{dv_y}{dt} = \frac{d^2 y}{dt^2} = -\omega^2 r \sin \omega t = -\omega^2 y \end{aligned} \qquad (3.27)$$

この計算を逆に眺めると，三角関数の微分の公式 (3.25) を幾何学的に証明したことになる．

$x(t)$ が (3.24) 式の場合の速度と加速度の x 成分 v_x と a_x は

$$v_x = \frac{dx}{dt} = \frac{d}{dt}[r\cos(\omega t + \theta_0)] = -\omega r \sin(\omega t + \theta_0) \qquad (3.28)$$

$$\begin{aligned} a_x &= \frac{dv_x}{dt} = \frac{d}{dt}[-\omega r \sin(\omega t + \theta_0)] \\ &= -\omega^2 r \cos(\omega t + \theta_0) \\ &= -\omega^2 x \end{aligned} \qquad (3.29)$$

であることが，図 3.15 を眺めればわかる (簡単のため y 成分は省略).

3.2 弾力とフックの法則

ばねを伸ばすと縮もうとし，縮めると伸びようとする．一般に，固体を変形させると変形をもとに戻そうとする復元力が働き，外力を取り除くと物体はもとの形に戻る．この復元力を**弾力**という．

外力が加わっていない自然な状態からの変形の大きさ（たとえば，ばねの伸び）が小さいときには，復元力の大きさは変形の大きさに比例する．これを**フックの法則**という．弾力を F，変形量を x とすると，フックの法則は

$$F = -kx \tag{3.30}$$

と表せる．比例定数 k を**弾性定数**とよぶ．ばねの場合には**ばね定数**とよぶ．負符号をつけた理由は，復元力の向きと変形の向きは逆向きだからである．たとえば，図 3.16 に示すように，ばねの一端を固定し，他端に質量 m のおもり（台車）をつけて，滑らかな水平面上に置く．ばねの方向を x 方向とし，ばねが自然な長さのときのおもりの位置を原点とする．おもりを右に引っ張ってばねが伸びると（$x > 0$），おもりには左向き（x 軸の負の向き）の復元力（$F < 0$）が働く．おもりを左に押してばねが縮むと（$x < 0$），おもりには右向き（x 軸の正の向き）の復元力（$F > 0$）が働く．

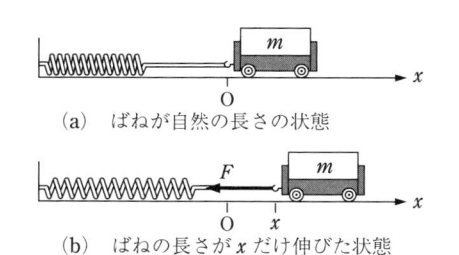

図 3.16 水平なばね振り子．(b) 左向きの復元力 $F = -kx$ が作用する．

例題 2 水平な回転円盤の上に質量 2 kg の球 B が軸 A に長さ 40 cm のばねで結ばれている（図 3.17）．この円盤を 1 分間に 360 回転 (360 rpm) の割合で回転させたら，球も同じ回転数で回転し，ばねの長さは 70 cm に伸びた．

（1）球の向心加速度と，球に作用するばねの弾力を計算せよ．

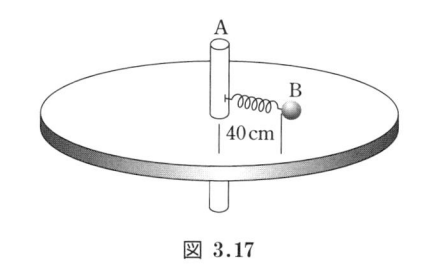

（2）ばね定数を求めよ．

解（1）1 秒間の回転数 $f = 360\, 回/(60\text{ s})$
$= 6\, 回/\text{s}$

球の向心加速度 $a = r(2\pi f)^2 = 0.70\text{ m} \times (12\pi/\text{s})^2$
$= 995\text{ m/s}^2$

球の向心力 $F = ma = 2\text{ kg} \times 995\text{ m/s}^2$
$= 1990\text{ N}$

（2）ばね定数 $k = F/(伸び)$
$= 1990\text{ N}/[(0.70 - 0.40)\text{ m}]$
$= 6.6 \times 10^3\text{ N/m}$

図 3.17

例2 ばね振り子 図 3.18 (a) のように，ばねの一端を固定して鉛直に吊るす．ばねの下端におもり (質量 m) をつけると，おもりに重力 mg が下向きに作用するので，ばねは自然の長さから x_0 だけ伸びる (図 3.18 (b))．この伸び x_0 のために，おもりには大きさが kx_0 のばねの弾力が上向きに作用する．重力 mg と弾力 kx_0 のつり合いの式，つまり，

重力 mg と弾力 $f = -kx_0$ の合力 $mg - kx_0 = 0$ という式，

$$mg = kx_0 \tag{3.31}$$

から，ばねの伸びは

$$x_0 = \frac{mg}{k} \tag{3.32}$$

であることがわかる．

このつり合いの状態でのおもりの位置を原点に選び，鉛直下向きを $+x$ 方向に選ぶ (図 3.18 (b))．おもりに作用する重力 mg とばねの弾力 $f = -k(x+x_0)$ の合力 F は，

$$F = mg - k(x+x_0) = -kx \tag{3.33}$$

であり，したがって，この合力は つり合いの状態からの変位 x に比例し，おもりをつり合いの位置に戻そうとする復元力 $F = -kx$ である．つまり，おもりが下にさがりばねが伸びると (x

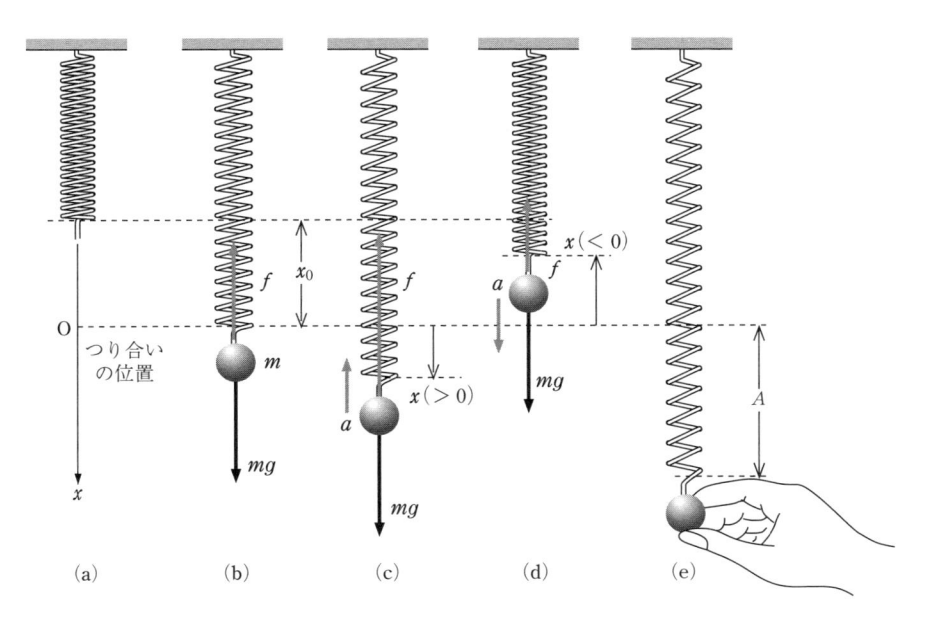

図 3.18 鉛直なばね振り子．おもりに働く力は重力 mg とばねの弾力 $f = -k(x+x_0)$ の合力 $F = mg - k(x+x_0) = -kx$ である．これがおもりをつり合いの位置 (原点 O) に戻そうとする力 (復元力) である．

> 0），おもりには上向きの復元力が働く（$mg < |f|$ なので，$F < 0$）（図 3.18 (c)）．おもりが上にあがりばねが縮むと（$x < 0$），おもりには下向きの復元力が働く（$mg > |f|$ あるいは $f > 0$ なので，$F > 0$）（図 3.18 (d)）．

おもりを持ち上げて，ばねの長さを自然の長さにすると，おもりの位置は $x = -x_0$ なので，おもりに働く力 F は $F = -k(-x_0) = mg$ である．

問 4 おもりを引き下げて，おもりの位置を $x = 2x_0$ にすると，おもりに働く力 F はどうなるか．

3.3 単振動

安定なつり合いの状態にある物体をつり合いの位置から少しずらすと，ずれ（変位あるいは変形）の大きさに比例する復元力が働いて，物体は振動する．この**フックの法則に従う復元力による振動を単振動**という．単振動の例を示そう．

図 3.16 の質量 m のおもり（台車）を距離 A だけ右に引っ張って，そっと手を放すと，おもりは左右に振動する．図 3.18 の質量 m のおもりを距離 A だけ下に引っ張って（図 3.18 (e)），そっと手を放すと，おもりは上下に振動する．

■ 単振動の運動方程式を導く ■ おもりに働く x 方向の力は，どちらの場合も復元力 $F = -kx$ だけなので，おもりの従うニュートンの運動方程式は，

$$ma = -kx \tag{3.34}$$

である．ここで，

$$\omega = \sqrt{\frac{k}{m}} \tag{3.35}$$

とおくと，運動方程式 (3.34) は

$$a = -\omega^2 x \tag{3.36}$$

と簡単な形に変形される．

参考 微分方程式として表した単振動の運動方程式
$a = d^2x/dt^2$ なので，(3.36) 式を

$$\frac{d^2x}{dt^2} = -\omega^2 x \tag{3.37}$$

と微分方程式として表せる．

■ **単振動の運動方程式の解を求める** ■ 運動方程式(3.36), $a = -\omega^2 x$, に現れる a は x 方向の加速度なので, a_x のことである. したがって, (3.36)式は角速度 ω で等速円運動している物体の加速度に対して成り立つ(3.17)式, $\boldsymbol{a} = -\omega^2 \boldsymbol{r}$, の x 成分, $a_x = -\omega^2 x$, とまったく同じ形をしている. したがって, この運動方程式の解は, 角速度 ω で等速円運動している物体の運動の x 方向成分に対する(3.24)式

$$x(t) = A\cos(\omega t + \theta_0) \tag{3.38}$$

である. ここでは円の半径 r を A と表した.

振動するおもりの位置を表す解(3.38)を図示すると, 図3.19のようになる. この振動はおもりが2点 $x = A$ と $-A$ の間を往復する振動を表す. 変位の最大値である $x_{最大} = A$ を単振動の**振幅**という. 等速円運動の場合は単位時間(1秒間)あたりの回転数 f の 2π 倍の ω を角速度とよんだが, 単振動(3.38)の場合は**振動数**(単位時間あたりの振動数) f の 2π 倍の ω, つまり,

$$\omega = 2\pi f \tag{3.39}$$

を**角振動数**とよぶ.

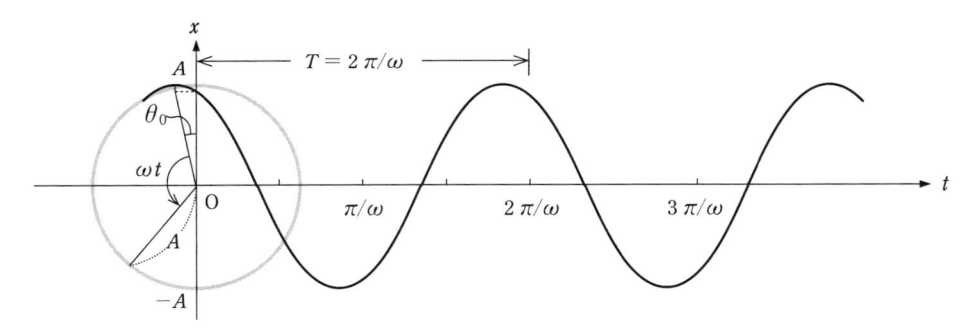

図 **3.19** 単振動 $x(t) = A\cos(\omega t + \theta_0)$

解(3.38)の $x(t)$ に対する速度 $v(t) = dx/dt$ は, (3.28)式を見ると,

$$v(t) = -\omega A \sin(\omega t + \theta_0) \tag{3.40}$$

であることがわかる.

おもりの速さの最大値 $v_{最大}$ は $\omega A = \omega x_{最大}$, つまり,

$$v_{最大} = \omega x_{最大} \tag{3.41}$$

である. $v(t) = v_{最大}$ のとき, おもりの変位 $x(t) = 0$ である.

解(3.38)の $x(t)$ に対するおもりの加速度 $a(t)$ は, (3.29)式を見ると,

$$a(t) = -\omega^2 x(t) = -\omega^2 A \cos(\omega t + \theta_0) \tag{3.42}$$

なので，加速度の最大値 $a_{最大}$ は振幅 $x_{最大} = A$ の ω^2 倍，つまり，
$$a_{最大} = \omega^2 x_{最大} \tag{3.43}$$
である．

> **問5** 単振動 (3.38) の x-t 図は図 3.19 である．この場合の速度 (3.39) を表す v-t 図を描き，$v(t) = v_{最大}$ の場合には $x(t) = 0$，$x(t) = x_{最大}$ の場合には $v(t) = 0$ であることを確認せよ．

参考 (3.38) 式が微分方程式 (3.37) の解であることの微分法を使った証明

微分方程式 (3.37) を解くということは，微分方程式 (3.37) に代入すると左右両辺が等しくなるような，変数 t の関数 $x(t)$ を探すことである．つまり，(3.37) 式は，t で 2 回微分するともとの関数の $-\omega^2$ 倍になる関数 $x(t)$ を探すことを指示している．(3.38) 式を 2 回微分した式である (3.42) 式の加速度 $a(t)$ は (3.38) 式の $x(t)$ の $-\omega^2$ 倍なので，(3.38) 式が微分方程式 (3.37) の解であることが直接的に証明されたことになる．以下で示すように，解 (3.38) は 2 つの任意定数 A と θ_0 を含むので，これらを調節すると，おもりの時刻 $t = 0$ での位置 x_0 と速度 v_0 がどのような値の場合でも，解 (3.38) がおもりの運動を正しく表すようにできる．つまり，解 (3.38) は運動方程式（微分方程式）(3.37) の一般解である．

■ 初期条件と任意定数 A と θ_0 ■ 解 (3.38) に 2 つの任意定数 A と θ_0 が含まれている意味を調べるために，初期条件つまり時刻 $t = 0$ でのおもりの位置を x_0，速度を v_0 とする．(3.38) 式と (3.40) 式で $t = 0$ とおくと，
$$x_0 = x(0) = A \cos \theta_0, \quad v_0 = v(0) = -\omega A \sin \theta_0 \tag{3.44}$$
となる．

三角関数の加法定理 $\cos(\alpha + \beta) = \cos \alpha \cos \beta - \sin \alpha \sin \beta$ を使って，(3.38) 式を
$$\begin{aligned} x(t) &= A \cos(\omega t + \theta_0) \\ &= A \cos \omega t \cos \theta_0 - A \sin \omega t \sin \theta_0 \end{aligned} \tag{3.45}$$
と変形し，(3.44) 式を代入すると，
$$x(t) = x_0 \cos \omega t + \frac{v_0}{\omega} \sin \omega t \tag{3.46}$$
となる．つまり，(3.38) 式の任意定数 A と θ_0 は時刻 $t = 0$ でのおもりの位置 x_0 と速度 v_0 に対応していることがわかった．

したがって，おもりを距離 A だけ右あるいは下に引っ張って，そっと手を放すときには $x_0 = A$, $v_0 = 0$ なので，(3.38)式は

$$x(t) = A \cos \omega t \tag{3.47}$$

となる（図 3.20）．

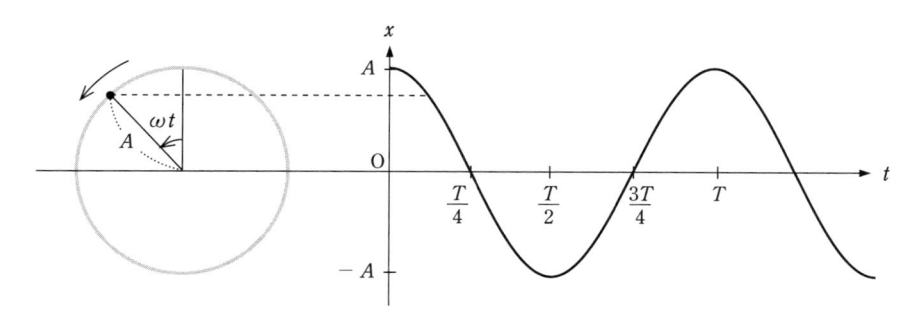

図 3.20 単振動 $x(t) = A \cos \omega t$

時刻 $t = 0$ でのおもりの位置 x_0 と速度 v_0 が与えられると，それ以後のすべての時刻でのおもりの位置は (3.46) 式で与えられる．なお，$t = 0$ での加速度 $a_0 = a(0)$ の値を与える必要はない．運動方程式 (3.37) によって，$a_0 = -\omega^2 x_0$ だからである．

■ **単振動の周期と振動数** ■ 　単振動の周期 T と振動数 f を求めよう．$\cos x$ は周期が 2π ラジアン（360°）の周期関数，つまり，$\cos(x + 2\pi) = \cos x$ なので，(3.38)式が表す振動は，

$$\omega T = 2\pi \tag{3.48}$$

になる時間 T を周期とする周期運動である．(3.48)式と (3.35) 式から，ばね振り子のおもりの単振動は時間

$$T = \frac{2\pi}{\omega} = 2\pi \sqrt{\frac{m}{k}} \tag{3.49}$$

が経過するたびに同じ運動を繰り返す周期 T の周期運動であることがわかる．単位時間あたりの振動数 f と周期 T の関係は

$$fT = 1 \tag{3.50}$$

なので，ばね振り子の単振動の振動数 f は

$$f = \frac{1}{T} = \frac{1}{2\pi} \sqrt{\frac{k}{m}} \tag{3.51}$$

である．この式は，ラジアンで表した 1 秒間あたりの回転角 ω は振動数 f の 2π 倍である事実，つまり，$\omega = 2\pi f$ を使っても導ける．振動数の単位は「回/秒」であるが，これをヘルツ（記号 Hz）とよぶ．ヘルツは電磁波の発生と検出に成功し，電磁気学を確立したドイツの学者にちなんだ単位名である．

振動数の式 (3.51) を眺めると，振動数 f は $\sqrt{k}$ に比例し，$\sqrt{m}$ に反比例するので，ばねにつけられたおもりの振動は，ばねが強く (k が大きく) おもりが軽い (m が小さい) ほど速く，ばねが弱く (k が小さく) おもりが重い (m が大きい) ほど遅いことがわかる．

振動数 f と周期 T を使うと，$\theta_0 = 0$ の場合の (3.38) 式は

$$x(t) = A\cos\omega t = A\cos 2\pi ft = A\cos(2\pi t/T) \quad (3.52)$$

と表されることがわかる．

おもりの運動を開始させる位置を変えると，振動の振幅は変化するが，周期 T は変化せず，一定である．この**周期が振幅によって変わらないことは単振動の大きな特徴であり，等時性**という．

例題 3 図 3.18 の実験で，質量 $m = 1.0\,\text{kg}$ のおもりを吊るしたところ，ばねの伸び x_0 は 10 cm であった．
(1) ばね定数 k を求めよ．
(2) このばね振り子の周期を求めよ．
(3) このおもりが振幅 $A = 5\,\text{cm}$ の単振動を行っているとき，おもりの加速度の最大値 $a_{最大}$ はいくらか．これは重力加速度 g の何倍か．

簡単のため，重力加速度 g を $10\,\text{m/s}^2$ とせよ．

解 (1) $k = mg/x_0 = (1\,\text{kg}) \times (10\,\text{m/s}^2)/0.1\,\text{m}$
$= 100\,\text{kg/s}^2$

(2) $T = 2\pi\sqrt{m/k}$
$= 2\pi\sqrt{1.0\,\text{kg}/(100\,\text{kg/s}^2)} = 0.63\,\text{s}$

(3) $a_{最大} = A\omega^2 = Ak/m$
$= 0.05\,\text{m} \times (100\,\text{kg/s}^2)/1\,\text{kg}$
$= 5\,\text{m/s}^2,$
$a_{最大}/g = 5/10 = 0.5$

例題 4 質量 2 t のトラックの車体は，4 つの車輪につけられたばねで 4 か所で支えられている (図 3.21)．ばね 1 つあたりの質量を 500 kg とし，ばね定数を $5.0 \times 10^4\,\text{N/m}$ とする．ばねの端がつり合いの位置から 1.0 cm 変位したために振動が生じたと

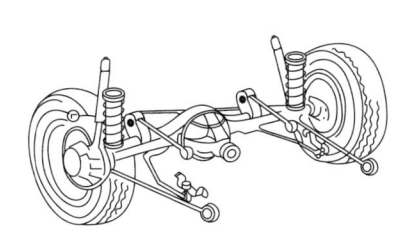

図 3.21 後輪のばね

して，このばねによる
(1) 振動の振動数 f と周期 T
(2) 速さの最大値 $v_{最大}$
(3) 加速度の最大値 $a_{最大}$

を求めよ．実際には，振動を減衰させる装置のために，振動は急速に小さくなる．

解 角振動数 $\omega = \sqrt{k/m}$
$= \sqrt{(5.0 \times 10^4\,\text{N/m})/(500\,\text{kg})}$
$= 10\,\text{s}^{-1}$

(1) $f = \omega/2\pi = 10/2\pi\,\text{s}^{-1} = 1.6\,\text{s}^{-1}$
$T = 1/f = 1/(1.6\,\text{s}^{-1}) = 0.63\,\text{s}$

(2) $v_{最大} = A\omega = 1.0\,\text{cm} \times 10\,\text{s}^{-1}$
$= 10\,\text{cm/s} = 0.1\,\text{m/s}$

(3) $a_{最大} = A\omega^2 = 1\,\text{cm} \times (10\,\text{s}^{-1})^2 = 1.0\,\text{m/s}^2$

3.4 弾力による位置エネルギー

ばねの弾力 $F = -kx$ によって振幅 A の単振動

$$x(t) = A\cos(\omega t + \theta_0) \tag{3.53}$$

を行う物体の速度は (3.40) 式から

$$v(t) = -\omega A \sin(\omega t + \theta_0) \tag{3.54}$$

である．(3.53) 式と (3.54) 式から

$$\frac{1}{2}mv^2 + \frac{1}{2}kx^2 = \frac{1}{2}A^2 m\omega^2 \sin^2(\omega t + \theta_0) + \frac{1}{2}A^2 k \cos^2(\omega t + \theta_0)$$

$$= \frac{1}{2}kA^2 = \frac{1}{2}m\omega^2 A^2 = 一定 \tag{3.55}$$

という関係が導かれる（$m\omega^2 = k$ と $\sin^2 x + \cos^2 x = 1$ を使った）(図 3.22)．

(3.55) 式第 1 辺の第 2 項の

$$U(x) = \frac{1}{2}kx^2 \tag{3.56}$$

を，ばねの伸びあるいは縮みが x の場合の，ばねの**弾力による位置エネルギー**という．

自由落下運動や放物運動の場合と同じように，運動エネルギー $K = mv^2/2$ と位置エネルギーの和を**力学的エネルギー**という．(3.55) 式は**力学的エネルギー保存の法則**，つまり，

「運動エネルギー」＋「弾力による位置エネルギー」＝ 一定　(3.57)

を意味する．この場合の力学的エネルギー $(1/2)m\omega^2 A^2$ は，振動の振幅 A の 2 乗と角振動数 ω の 2 乗にそれぞれ比例している．

> **問 6** 変位の最大値 $x_{最大}$ と速さの最大値 $v_{最大}$ の関係 (3.39) 式，
> $$v_{最大} = \omega x_{最大}$$
> は，
> 「運動エネルギーの最大値 $mv_{最大}^2/2$」
>   ＝「弾力による位置エネルギーの最大値 $kx_{最大}^2/2$」
> を意味することを，$\omega^2 = k/m$ を使って示せ．

例 3 ゴムを使ったパチンコで玉を飛ばす (図 3.23)．このとき，伸びたゴムの弾力による位置エネルギーのすべてが玉の運動エネルギーに変わるとする．ゴムの伸びがいつもの 2 倍になるように引き伸ばすと ($x_{最大}$ を 2 倍にすると)，弾力による位置エネルギー ($kx_{最大}^2/2$) は 4 倍になる．そこで玉の初速 $v_0 = v_{最大} = \omega x_{最大}$ はいつもの 2 倍になるはずである．この玉を真上に飛ばすと，最高点の高さ $H = v_0^2/2g$ は 4 倍になり [(1.48) 式]，水平に飛び出させると，球が地面に落ちるまでに 2 倍の距離を飛ぶはずである [2.6 節，例題 2]．実験して確かめよう．

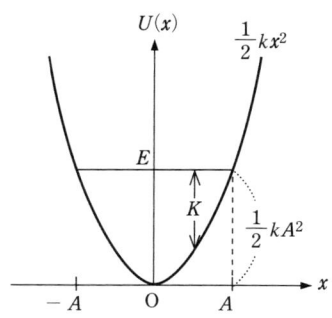

図 3.22 単振動のエネルギー
$$E = K + U$$
$$= \frac{1}{2}mv^2 + \frac{1}{2}kx^2$$
$$= \frac{1}{2}kA^2 = 一定$$
$$\left(K = \frac{1}{2}mv^2\right)$$

図 3.23

3.5 単振り子

単振動の第 2 の例として，単振り子の振動がある．長い糸 (長さ L) の一端を固定し，他端におもり (質量 m) をつけ，鉛直面内で

おもりに振幅の小さな振動をさせる装置を**単振り子**という．おもりは糸の張力 S と重力 mg の作用を受けて，鉛直面内の半径 L の円弧上を往復運動する．糸の張力の向きはおもりの運動方向に垂直なので，おもりを振動させる力は重力 mg の軌道の接線方向成分 F である．振り子が鉛直線から角 θ だけずれた状態では

$$F = -mg\sin\theta \quad (g \text{は重力加速度}) \tag{3.58}$$

である（図 3.24）．負符号は，力の向きがおもりのずれの向きと逆向きで，つり合いの位置の方を向いていることを示す．この力 F によって，おもりは円弧上を往復運動する．

振り子の振幅が小さい場合には，おもりは近似的に水平な x 軸上を往復運動するとみなせる．$x = L\sin\theta$ なので，$F = -mgx/L$ である．したがって，単振り子のおもりの運動方程式は，近似的に，

$$ma = -\frac{mg}{L}x \quad \left(m\frac{d^2x}{dt^2} = -\frac{mg}{L}x\right) \tag{3.59}$$

$$\therefore \quad a = -\frac{g}{L}x \quad \left(\frac{d^2x}{dt^2} = -\frac{g}{L}x\right) \tag{3.60}$$

となる．

$$\omega = \sqrt{\frac{g}{L}} \tag{3.61}$$

とおくと，(3.60) 式は

$$a = -\omega^2 x \quad \left(\frac{d^2x}{dt^2} = -\omega^2 x\right) \tag{3.62}$$

となる．この式は (3.36) 式 [(3.37) 式] と同じ形で，大きさがつり合いの位置からのずれに比例する復元力による運動を表すので，振幅の小さな場合の単振り子の振動は単振動であることがわかる．

単振り子の単振動の振動数 $f = \omega/2\pi$ と周期 $T = 2\pi/\omega$ は，(3.61) 式を使うと，

$$f = \frac{1}{2\pi}\sqrt{\frac{g}{L}}, \quad T = 2\pi\sqrt{\frac{L}{g}} \tag{3.63}$$

である．単振り子の周期 T は糸の長さ L だけで決まり，糸が長いほど周期は長く，糸が短いほど周期は短い．振り子の振動の周期が振幅の大きさによらずに一定であることを**振り子の等時性**という．

伝説によると，振り子の等時性はピサの大聖堂のランプがゆれるのを見ていたガリレオによって 1583 年に発見されたことになっている．中部イタリアの都市ピサは斜塔（本来は鐘楼）で有名であるが，斜塔の隣には壮麗な大聖堂がある．当時ピサ大学の学生であった 19 歳のガリレオは，大聖堂の天井から吊るしてある大きな青銅

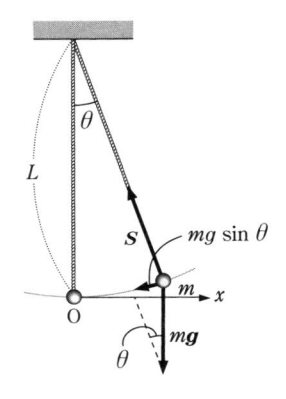

図 3.24 単振り子

製のランプに寺男が点灯した際に，ランプがゆれるのをじっと見ていて，振幅がだんだん小さくなっていっても，ランプが往復する時間は一定であることに気づいたということである．ガリレオは自分の脈拍を数えることによって，振動の周期が変わらないことを確かめたといわれている．なお，ガリレオは振り子の等時性ばかりでなく，振り子の周期 T は振り子の長さ L の平方根に比例すること ($T \propto \sqrt{L}$) も発見した．

例題5 糸の長さ $L = 1$ m の単振り子の周期はいくらか．
解 (3.63) の第2式から
$$T = 2\pi\sqrt{\frac{L}{g}} = 2\pi\sqrt{\frac{1\,\mathrm{m}}{9.8\,\mathrm{m/s^2}}} = 2.0\,\mathrm{s}$$

例題6 周期が1秒の単振り子の糸の長さは何 m か．
解 (3.63) の第2式から
$$L = gT^2/4\pi^2 = (9.8\,\mathrm{m/s^2}) \times (1\,\mathrm{s})^2/4\pi^2$$
$$= 0.25\,\mathrm{m}$$

問7 糸の長さ $L = 2$ m の単振り子の周期はいくらか．
問8 目測によると，ピサの大聖堂のランプを吊るすロープの長さは現在では 34 m だそうである（実際には途中で固定されているところがある）．ランプの振動の周期は約12秒であることを示せ．

単振り子の周期 T は正確に測定できる．この測定値を使うと重力加速度 g は

$$g = \frac{4\pi^2 L}{T^2} \tag{3.64}$$

から正確に決められる．自由落下では運動が速すぎて g を正確に測定するのが難しいのと好対照である．

ニュートンは中空のおもりをつけた振り子をつくり，その中に木材，鉄，金，銅，塩，布などを入れて実験を行ったところ，振り子の周期に測定にかかるような差は生じないことを見出した．

この事実は，振り子の運動方程式 $ma = -mg\sin\theta$ の左辺に現れる物質の慣性を表す質量（慣性質量という）と右辺に現れる物質の重さ（重力を受ける強さ）と結びついた質量（重力質量という）が同一のものであることを示している．

3.6 減衰振動と強制振動

単振り子のおもりをつり合いの位置からずらせて，手を放すと，単振り子は振動する．この振動をエネルギーの観点から見ると，おもりのエネルギーが重力による位置エネルギー（最高点）と運動エネルギー（最低点，つまり，つり合いの位置）の間で往復する運動

であることがわかる．

振り子の振動は，摩擦や空気の抵抗などによって振動のエネルギーを失い（図3.25），外部からエネルギーを補給しないと，振幅が徐々に小さくなっていく（図3.26）．つまり，振り子の力学的エネルギー $kA^2/2$ ［(3.55)式］が減少するので，振り子の振幅 A が減少する．このような振幅が減衰する振動を**減衰振動**という．

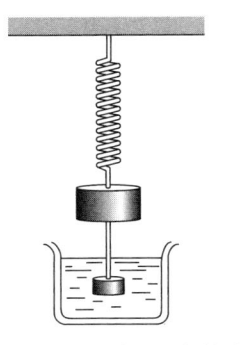

図 3.25 液体中の円板には抵抗が働き，振動を減衰させる．

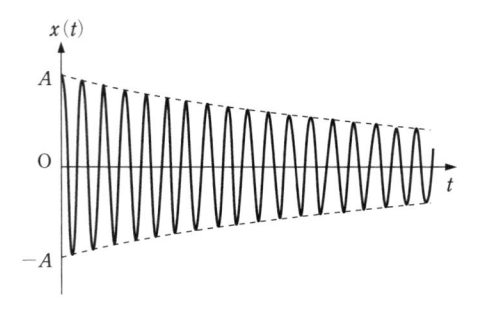

図 3.26 減衰振動．外部からエネルギーを補給しないと，振動は減衰していく．

路面の凹凸によって発生した自動車の振動は乗り心地を悪くするし，部品の摩耗を早めるので，このような振動を速く減衰させるような装置がついている．多くの建物の入り口のドアには，開いているドアを空気ばねで閉めるドアクローザがついている．閉めたドアが枠にそっと接触するように，ドアクローザには油を使った減速装置がついている．

振り子をいつまでも一定の振幅で振動させつづけるには，外部から一定の周期で変動する外力を作用させて，エネルギーを補給しなければならない．ブランコをこぐ足の屈伸運動は，外力による振動へのエネルギー補給の例である．このように，振動している物体が一定の周期で変動する外力の作用で，外力の周期と同じ周期で振動しているとき，この振動を**強制振動**という．ただし，ブランコをこぐ場合には，足の屈伸運動の周期はブランコの振動の周期の1/2である．

振り子のような振動する物体には，その物体に固有の振動数があり，外力の振動数がこの**固有振動数**に一致するときには，強制振動の振幅は大きくなる．これを**共振**あるいは**共鳴**という．

強制振動の例として，振り子の糸の上端を固定せずに，手で持って，水平方向に振動させる場合がある．振り子の固有振動数よりもはるかに小さな振動数で水平方向に振ると，おもりは手の動きに遅れて小さな振幅で振動する．手の往復運動の振動数を増加させるの

につれ，おもりの振幅は大きくなっていく．手の往復運動の振動数が振り子の固有振動数とほぼ同じときにおもりの振動の振幅は最大になる．これが振り子と外力の共振である．手の振動数をさらに増していくと，おもりは手の動きと逆向きに動くようになっていき，おもりの振幅は小さくなっていく．自分で実験して確かめてみよう．

共振は日常生活でよく見かける現象である．たとえば，浅い容器に水を入れて運ぶ場合，容器の水の固有振動と同期する歩調で歩くと水は大きくゆれ動くのは共振の例である．建物や橋などの建造物を設計する際には，外力と共振して壊れないように注意する必要がある．多くの人間がつり橋を渡る際には，歩調を乱して歩かなければならない．歩調をそろえると，歩調とつり橋の固有振動が一致したとき，共振で橋が壊れる心配があるからである．

バイオリンの弦を弓で弾く場合のように，振動的でない外力で振動が引き起こされる場合がある．これを自励振動という．バイオリンの場合には摩擦力が弦の振動にエネルギーを補給する．風が吹くと電線がなり，そよ風が吹くと水面にさざ波が立ち，笛を吹くと鳴るのも自励振動が起こるからである．

高層ビルや橋などの建造物は，地震や車の引き起こす振動などの外部からの振動に共振したり，風などによって自励振動を起こさないように設計されている．

3.7 波　動

図 3.27 に示した例のように，ある場所に生じた振動が，次々に隣の部分に伝わっていく現象を波あるいは波動といい，波を伝える性質をもつものを媒質という．図 3.27 (a) の場合のように，波の進行方向が媒質（ひも）の振動方向と垂直であるとき，この波を横波という．図 3.27 (b) の場合のように，波の進行方向と媒質（ばね）の振動方向が一致するとき，この波を縦波という．縦波では媒質の密なところとまばらな（疎な）ところが生じ，媒質の中を疎密な状態が伝わっていくので，縦波を疎密波ともいう．

縦波は，媒質の圧縮や膨張の変化の伝搬なので，固体，液体，気体のすべての中を伝わる．横波は固体の中を伝わるが，横ずれに対する復元力のない液体と気体の中は伝わらない．空気中を伝わる音波は縦波である．

波を表すには，横軸に媒質のもともとの位置，縦軸に媒質の変位を選べばよい．縦波を表すには変位の方向を 90° 回転させ，変位が波の進行方向に垂直になるようにすればよい（図 3.28）．このよう

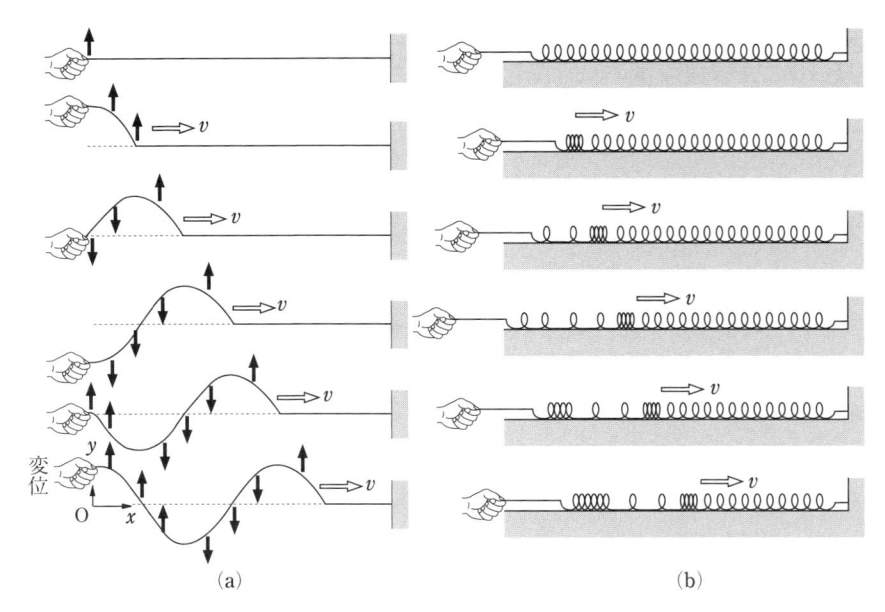

図 3.27 (a) ひもを水平に引っ張ったまま,手を上下に往復運動させる.
(b) つる巻きばねを滑らかな床の上に置いて,手をばねの方向に往復運動させる.

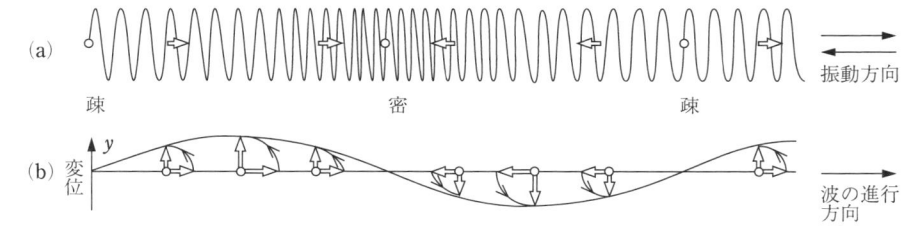

図 3.28 つる巻きばねを伝わる縦波の表現.(a) ある時刻での媒質の変位(矢印は変位を示す).(b) 縦波の波形(媒質が密なところも疎なところも媒質の変位が 0 であることに注意).

に波を表したとき,媒質の各点の変位を連ねた曲線を波形という.媒質の変位の最大値を波の振幅という.

媒質の各点は波源の振動数 f と同じ振動数 f で振動する.波源の 1 回の振動で発生する波の山から次の山までの距離 λ を波長という.波の速さ v は,波長 λ,振動数 f,周期 T $(T = 1/f)$ などによって

$$v = \lambda f = \frac{\lambda}{T} \tag{3.65}$$

と表される.

波源が単振動し,媒質の振動が 1 方向にのみ伝わる場合の波形は正弦(サイン)曲線なので,正弦波という.図 3.27 (a) の横波の波源であるひもの左端が振幅 A,振動数 f の単振動

$$y = A \sin \omega t = A \sin 2\pi f t \qquad (3.66)$$

をする場合に発生する正弦波は

$$y = A \sin 2\pi f \left(t - \frac{x}{v}\right) = A \sin 2\pi \left(\frac{t}{T} - \frac{x}{\lambda}\right) \qquad (3.67)$$

である．

波の伝わる速さは，媒質の変形をもとに戻そうとする復元力と，形が変化するのを妨げようとする慣性（媒質の密度）で決まる．一般に，波の速さは復元力が強いほど大きく，密度が大きいほど小さい．たとえば，張力 S で引っ張られている線密度（単位長さあたりの質量）が ρ の弦を伝わる横波の速さ v は

$$v = \sqrt{\frac{S}{\rho}} \qquad (3.68)$$

である．ピアノやバイオリンの弦の振動数はこの速さによって決まる．

気体の中の音波の速さは，気圧と振動数には無関係で，温度によって決まる．0 ℃ 付近での実験結果によると，気温 t ℃，1 気圧の乾燥した空気中での音波の速さ v は

$$v = (331.5 + 0.6t) \, \text{m/s} \qquad (3.69)$$

である．超音波の伝わる速さもふつうの音波と同じである．

❖ 第 3 章のキーワード ❖

周期運動，周期，等速円運動，角速度，フックの法則，復元力，弾力，単振動，等時性，振動数，ヘルツ (Hz)，単振り子，弾力による位置エネルギー，減衰振動，強制振動，共振（共鳴），波動，横波，縦波（疎密波），波の速さ，波長，正弦波

演習問題 3

A

1. ビデオテープレコーダーがテープを送る速さ v は，ふつう，3.3 cm/s と 1.1 cm/s である．図1のテープレコーダーのテープを送る装置のA, Bの直径 D_A, D_B は，それぞれ 3.5 mm と 14 mm である．3.3 m/s でテープを送っているときのA, Bの1秒あたりの回転数 f_A, f_B と1分あたりの回転数 (rpm) n_A, n_B を計算せよ．

2. 図1のA, Bの直径を D_A, D_B とすると，A, Bの1分あたりの回転数 n_A, n_B の比は直径の比の逆数
$$\frac{n_A}{n_B} = \frac{D_B}{D_A}$$
であることを示せ．

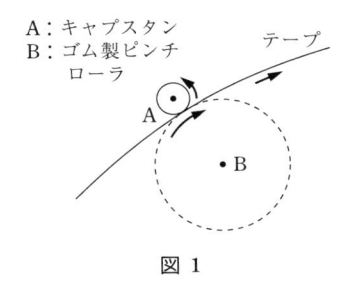

A：キャプスタン
B：ゴム製ピンチローラ

図 1

3. 新幹線電車の車輪の直径は 0.91 m である．この車輪が1秒間に20回転しながら電車が走行しているとき，車輪の回転の角速度 [rad/s] と電車の時速 [km/h] を求めよ．

4. 単振り子のおもりが図2の点AとEの間を往復している．おもりが右から左へ運動しているとき，糸が切れた．その後のおもりの運動はどのようになるか．おもりが点 A, B, C, D, E のそれぞれにいるときに切れたらどうなるかを述べよ．

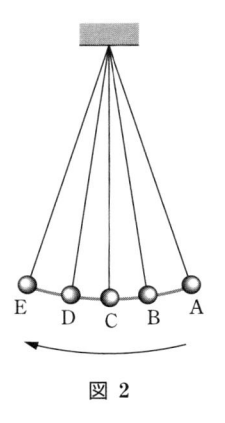

5. 水平で滑らかな床の上にあるばねにつけた 4 kg の物体を，平衡の位置から 0.2 m だけ手で横に引っ張って手を離した．ばね定数を $k = 100$ N/m とすると，
   (1) 手を離したときの弾力による位置エネルギーはいくらか．
   (2) 物体の最大速度はいくらか．

6. ばねに吊るした質量 2 kg の物体の鉛直方向の振動の周期が 2 秒であった．ばね定数はいくらか．

7. 月の表面での重力加速度は，地球の表面での 0.17 倍である．同じ単振り子を月の表面で振らすときの振動の周期を求めよ．

8. 図3.18のばね振り子を月面上で振動させると，周期は変わるか．

図 2

B

1. 図3のように，糸に質量 100 g のおもりをつけ，糸がたるまないようにおもりを引き上げて静かに放す．おもりが最低点を通過する瞬間，おもりが糸から受ける張力の大きさ S は次のどれか．
   ア $S < 100$ gf　　イ $S = 100$ gf
   ウ $S > 100$ gf

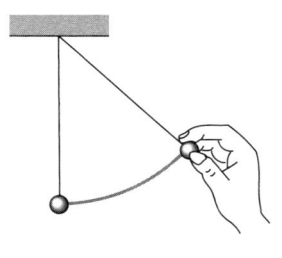

図 3

2. 和弓で矢を射るとき，矢に働く力は弓の弾力によって生じる．弓の弦に矢をつがえて 1.0 m 引いた．このとき手に働く力は 25 kg の物体を持っているときと同じ大きさであった．
   (1) 弓を引いた長さと手の力は比例すると考えて，この弓の弾性定数 k を計算せよ．
   (2) 矢が弦を離れるときの矢の速さを計算せよ．矢の質量は 28 g とせよ．

力 と 運 動
―自動車を通して学ぶ力学―

　前の章でニュートンの運動の法則を学んだ．ニュートンの時代に自動車は存在しなかったが，われわれには身近な自動車を題材に選んで，運動の法則の理解を深めたい．自動車のアクセルやブレーキを踏んだり，ハンドルをまわすと自動車の速度が変化する．つまり，加速度 $\boldsymbol{a}$ が生じる．このとき運動方程式 $m\boldsymbol{a} = \boldsymbol{F}$ に現れる力 $\boldsymbol{F}$ はどのような力なのだろうか．

　自動車のアクセルを踏むときの自動車の加速度 $\boldsymbol{a}$ は前向き（自動車の進行方向と同じ向き）である（図 2.5 (a)）．運動の第 2 法則によれば，自動車には外部から加速度の向き，つまり，前向きに力が作用している．

　自動車のブレーキを踏むときの自動車の加速度 $\boldsymbol{a}$ は後ろ向き（自動車の進行方向と逆向き）である（図 2.5 (b)）．運動の第 2 法則によれば，自動車には外部から加速度の向き，つまり，後ろ向きに力が作用している．

　自動車のハンドルをまわすときの自動車の加速度 $\boldsymbol{a}$ の向きは進行方向に横向きである（図 2.5 (c)）．運動の第 2 法則によれば，自動車には外部から加速度の向き，つまり横向きに力が作用している．

　自動車のアクセルを踏む場合も，ブレーキを踏む場合も，ハンドルをまわす場合も，加速度の方向を向いていて，自動車の速度を変化させる力は，あとで示すように，路面の作用する摩擦力である．

　自動車と道路の間に摩擦力が作用しなければ，自動車は動きはじめない．しかし，自動車のエンジンを始動させなければ，自動車は動かない．エンジンのシリンダーの中でガソリンに点火し，燃焼させ，空気を膨張させて，ピストンを外に押し出させることなしに，自動車は動きはじめない．

　ニュートンの運動法則は重要であるが，エネルギーと仕事という考え方も同じように重要である．

　この章では，まず摩擦力について学び，続いて，仕事とエネルギー，それにパワー（仕事率）について学ぶ．最後に，もう 1 つの重

要な考え方の運動量と力積について触れる．

4.1 摩擦力

■ 垂直抗力 ■　われわれは地面の上，床の上，厚い氷の上などに立つことはできるが，水面，池に張った薄い氷，泥沼などの上に立つことはできない．その理由は，われわれに作用する地球の重力につり合う力を床や厚い氷は作用できるのに，薄い氷や泥沼は作用できないからである．このように，2つの物体が接触しているときに，接触面を通して面に垂直に相手の物体に作用する力を**垂直抗力**という（図 4.1）．

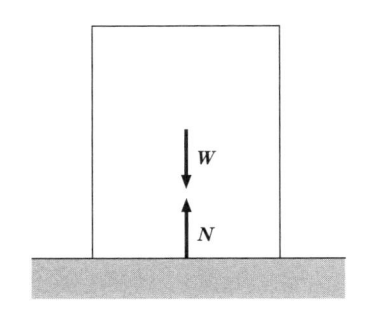

図 4.1　床の上の物体には，地球の重力 W と床からの垂直抗力 N が働く．

■ 静止摩擦力 ■　図 4.2 の物体を人間が水平方向の力 f で押すと，力 f が小さい間は物体は動かない．物体が動かないのは，物体の運動を妨げる向きに床が物体に力を作用するからである．床が，物体との接触面で接触面に平行な向きに作用する力 F を**摩擦力**という．

物体が床の上で静止している場合には，この摩擦力を**静止摩擦力**という．物体は静止しているので，物体に水平方向に働く外力のつり合いの条件から，人間が物体を押す力 f と床が物体に及ぼす静止摩擦力 F は大きさが等しく，反対向きである．つまり，$F = -f$ である．ここで $-f$ はベクトル f と同じ長さで，逆向きのベクトルであることを意味する記号である．

物体を押す力 f をある限度以上に大きくすると，物体は動きはじめる．この限度のときの静止摩擦力の大きさ $F_{最大}$ を**最大摩擦力**という．実験によると，最大摩擦力 $F_{最大}$ は床が物体に垂直に作用する垂直抗力の大きさ N に比例する*．

$$F_{最大} = \mu N \tag{4.1}$$

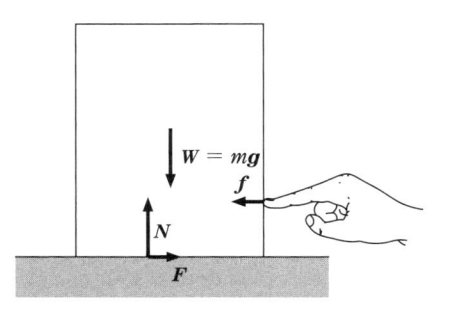

図 4.2　静止摩擦力，$F \leqq \mu N$．物体は静止しているので，手の押す力の大きさ f と静止摩擦力の大きさ F は等しい．$f = F$．床は物体との接触面全体に垂直抗力を作用するが，物体が回転しないためのつり合い条件から，この場合には左側の方の垂直抗力は右側の方の垂直抗力より大きいので，垂直抗力 N の矢印を中央より左側に描いた（第 5 章参照）．

比例定数の μ を**静止摩擦係数**という．この μ は接触する 2 物体の面の材質，粗さ，乾湿，塗油の有無などの状態によって決まる定数で，最大摩擦力が垂直抗力の何倍かを示す．たとえば，$\mu = 1/2$ ならば，最大摩擦力は垂直抗力の半分の大きさである．静止摩擦係数 μ の値は接触面の面積が変わってもほとんど変化しない．

*　垂直抗力（normal force）の大きさを表す記号のイタリック体の N と力の単位記号である立体の N を混同しないこと．

静止摩擦係数は，多くの場合，1 より小さい．そのため，物体を水平方向に移動させるには，物体を持ち上げて運ぶより，引きずって移動させる方が楽である．しかし，静止摩擦係数が 1 より大きければ，持ち上げて運ぶ方が楽である．

物理学では，摩擦力が働く面を粗い面，摩擦力が無視できる面を

滑らかな面という．

例1 水平面と角 θ をなす斜面の上に物体が静止している．この物体が斜面を滑り落ちはじめないための条件を求めよう．この物体には地球の重力 W が作用する．この鉛直下向きの重力 W を斜面に平行な方向の成分と斜面に垂直な方向の成分に分解すると，その大きさはそれぞれ $W\sin\theta$ と $W\cos\theta$ である．この物体には斜面が斜面に平行な方向に静止摩擦力 F と斜面に垂直な方向に垂直抗力 N を作用する．物体は静止しているので，物体に作用している3つの力，重力 W，静止摩擦力 F，垂直抗力 N のつり合いの条件から

$N = W\cos\theta$　（斜面に垂直な方向のつり合い条件）
$F = W\sin\theta$　（斜面に平行な方向のつり合い条件）

が導かれる（図 4.3）．静止摩擦力の大きさ F は最大摩擦力 μN より大きくないので，

$$W\sin\theta = F \leqq \mu N = \mu W\cos\theta$$
$$\therefore\ \tan\theta = \frac{\sin\theta}{\cos\theta} \leqq \mu \tag{4.2}$$

という条件が導かれる．$\theta = 30°$ なら $\mu \geqq 0.58$，$\theta = 45°$ なら $\mu \geqq 1.0$ である．

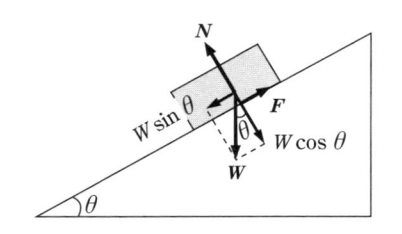

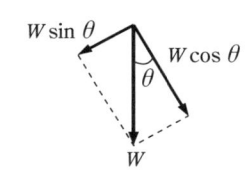

図 4.3　$N = W\cos\theta$．斜面上の物体が滑り落ちないための条件は $\tan\theta \leqq \mu$．

例題1 図 4.4 のように，水平面から 30° の方向に綱でそりを引いた．そりと地面の間の静止摩擦係数を 0.25，そりと乗客の質量の和を 60 kg とすると，そりが動きはじめるときの綱の張力 F の大きさは何 kgf か．

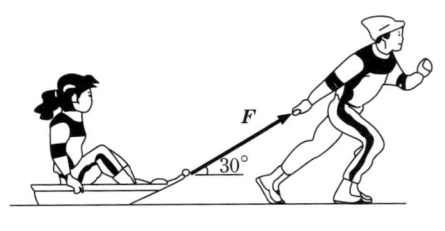

図 4.4

解 そりと乗客に働く外力は，引き手の力 F，重力 W，垂直抗力 N，最大摩擦力 $F_{最大}$ である．外力がつり合う条件から（図 4.5）

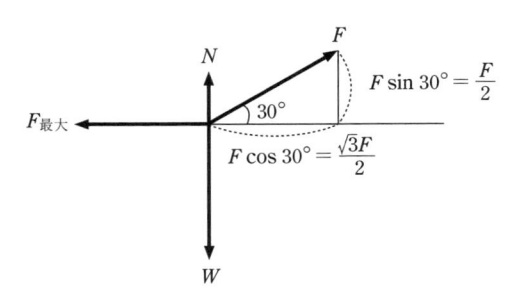

図 4.5

鉛直方向：$W = N + F(\sin 30°)$
$\qquad\qquad = N + F/2$
$\qquad\therefore\ N = W - F/2$

水平方向：$F(\cos 30°) = (\sqrt{3}/2)F = \mu N$
$\qquad\qquad\qquad\qquad\qquad = 0.25(W - F/2)$

$\therefore\ F = \dfrac{0.5W}{\sqrt{3} + 0.25} = 0.25 \times 60 \text{ kgf} = 15 \text{ kgf}$

動摩擦力 床の上を動いている物体と床との間のように，速度に差がある2つの物体（固体）の間には，2つの物体の速度の差を減らすような摩擦力が接触面に沿って働く．この摩擦力を**動摩擦力**という（図 4.6）．実験によれば，動摩擦力の大きさ F も垂直抗力の大きさ N に比例し，次の関係

$$F = \mu' N \tag{4.3}$$

を満たす．比例定数 μ' は，接触している 2 物体の種類と接触面の材質，粗さ，乾湿，塗油の有無などの状態によって決まり，接触面の面積や滑る速さには関係が少ない定数である．μ' を**動摩擦係数**という．一般に動摩擦係数 μ' は静止摩擦係数 μ より小さく，

$$\mu > \mu' > 0 \tag{4.4}$$

である．自動車のブレーキを踏むと減速し，強く踏むといきおいよく減速する．しかし自動車が路面を滑りはじめると（スキッドしはじめると），摩擦力が減少するので自動車をコントロールしにくくなるので危険である．

表 4.1 にいくつかの固体の摩擦係数を示す．表面が磨いてある場合の値である．

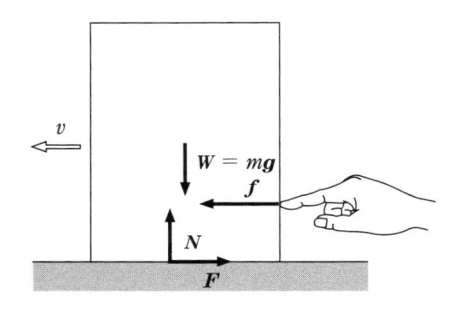

図 4.6 動摩擦力，$F = \mu' N$.

表 4.1 摩擦係数

I	II	静止摩擦係数		動摩擦係数	
		乾燥	塗油	乾燥	塗油
鋼　　鉄	鋼　　鉄	0.7	0.05〜0.1	0.5	0.03〜0.1
鋼　　鉄	鉛	0.95	0.5	0.95	0.3
ガ ラ ス	ガ ラ ス	0.94	0.35	0.4	0.09
テフロン	テフロン	0.04	—	0.04	—
テフロン	鋼　　鉄	0.04	—	0.04	—

固体 I が固体 II の上で静止または運動する場合．

問 1 例題 1 でそりが動きだした後での綱の張力 F の大きさは何 kgf か．そりと地面の間の動摩擦係数を 0.20 とせよ．

例 2 水平と角 θ をなす斜面の上に質量 m の物体をそっと置いたところ，物体は斜面の上を滑り落ちはじめた．滑り落ちている物体に働くすべての力を図示すると図 4.7 のようになる．$N = W \cos\theta$，$F = \mu' N = \mu' W \cos\theta$，$W = mg$ なので，物体に作用する力の斜面方向成分 $F_\parallel$ は，斜め下向きを正の向きとすると，

$$F_\parallel = W \sin\theta - F = mg(\sin\theta - \mu'\cos\theta) \tag{4.5}$$

である．ここで，μ' は物体と斜面の動摩擦係数である．加速度 a は，

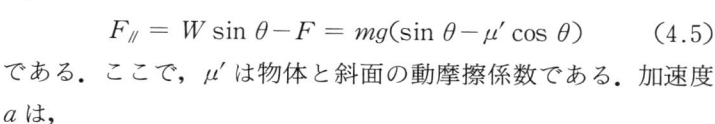

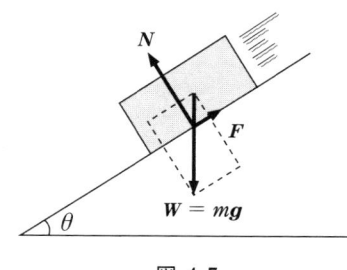

図 4.7

$$a = F_{/\!/}/m = (\sin\theta - \mu'\cos\theta)g \qquad (4.6)$$
である．滑り落ちはじめてから t 秒後の物体の速さは
$$v = at = g(\sin\theta - \mu'\cos\theta)t \qquad (4.7)$$
で，滑り落ちた距離 s は
$$s = (a/2)t^2 = (g/2)(\sin\theta - \mu'\cos\theta)t^2 \qquad (4.8)$$

　機械を運転するときには，機械を摩耗させる摩擦は望ましくない．しかし毛織物の毛糸がほどけないのも，ひもを結ぶとき結び目がほどけないのも，摩擦のためである．釘が木材から抜けないのも，ナットがボルトからはずれないのも，摩擦のためである．このように摩擦は日常生活にとって必要である．

■ **道路が押さないと車は動かない** ■　ニュートンの運動の法則によれば，静止している自動車が前進するのは，外部から自動車に前方を向いた力が働くからである．この事実は，電池などの動力源の入っていない，おもちゃの自動車を床の上で動かすには，手で押さねばならないことから明らかである．しかし，本物の自動車の場合には，エンジンをかけてギアを入れ，アクセルを踏めば，エンジンの動力が車を前進させるので，外部から自動車に前方を向いた力が働いて，その力が静止していた自動車を前進させているとは思えない．

　だが，自動車が加速している場合には，道路が自動車のタイヤに前方を向いた摩擦力を作用している．その証拠に，雪国の凍結路面とタイヤの間のように摩擦力が働かない場合には，自動車のエンジンをかけてアクセルを踏んでも車輪が空転するだけで，自動車は前進しない．

　確かに，自動車が前進する原動力はエンジンが車輪を回転させようとする力である．エンジンの及ぼす力が車輪まで伝えられ，車輪を回転させようとすると，タイヤと道路の接触面でタイヤは道路に後ろ向きの力を作用するので，作用反作用の法則によって，道路はタイヤに前向きの摩擦力を及ぼす．つまり，自動車を前進させる力は，エンジンの働きによって誘起された道路による前向きの摩擦力である．

　自動車を停止させるにはブレーキをかける．ブレーキには車輪とともに回転する円筒（ドラム）や円板（ディスク）に制動子を押しつけるドラムブレーキやディスクブレーキなどがあり，ブレーキの中で作用する摩擦力が車輪の回転を止めようとする．自動車の速度が

あまり減らないのに車輪の回転数が減ると，タイヤと道路の接触面でタイヤは自動車に引きずられる形になり，タイヤは道路に前向きの摩擦力を作用するので，道路は反作用としてタイヤに後ろ向きの摩擦力を及ぼす．自動車を停止させる力はブレーキの中の動摩擦力によって誘起された道路による後ろ向きの摩擦力である．

自動車がカーブを曲がるときにも，路面がタイヤに横向きの摩擦力を作用する．これについては 3.1 節で学んだ．

4.2 力と仕事

■ 力と仕事 ■　日常生活で「仕事」という言葉はよく使われる．日常生活では「仕事」という言葉はいろいろな意味で使われるが，物理学では「仕事」という言葉を，「力が物体に作用して，物体が移動したとき，この力は物体に

「力の大きさ」×「力の向きへの移動距離」

という量の仕事をした」という場合に限定して使う．

つまり，物体が一定な力 F の向きに距離 d だけ移動した場合に（図 4.8 (a)），力 F が物体にした仕事 W は

$$W = Fd \tag{4.9a}$$

である．物体の移動距離は d であるが，力 F の向きと移動の向きのなす角が θ の場合には（図 4.8 (b)），力 F の向きへの移動距離は $d\cos\theta$ なので，力 F が物体にした仕事 W は

$$W = Fd\cos\theta \tag{4.9b}$$

である．

仕事の国際単位は，力の単位「ニュートン N = kg·m/s^2」と距離の単位「メートル m」の積の N·m = kg·m^2/s^2 であるが，ジュール熱の研究によってエネルギー保存の法則を発見した英国のジュールに敬意を払って，これをジュール（記号 J）という．つまり仕事の単位の 1 ジュールは，1 N の力で物体を力の向きに 1 m 移動させたときの仕事である．

$$\text{仕事の国際単位}\quad \text{J} = \text{N·m} = \text{kg·m}^2/\text{s}^2 \tag{4.10}$$

ジュールはエネルギーの単位でもある．この事実は，あとで示すように，仕事がエネルギーに変わり，エネルギーが仕事に変わる事実から理解できる．

人が重い車を一定の力 F で押して坂道を距離 d だけ登った場合，この力が車にした仕事は Fd である（図 4.9 (a)）．人が坂の途中で立ち止まって車を支えている場合，人は疲れるが，車の移動距離は 0 なので，物理学ではこの力がした仕事は 0 である（図 4.9

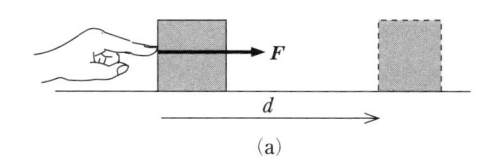

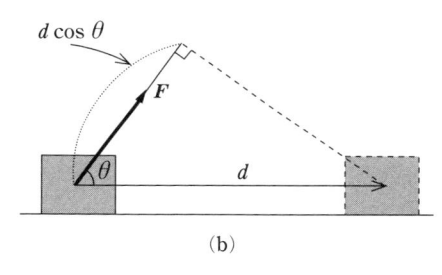

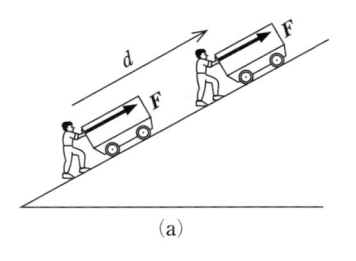

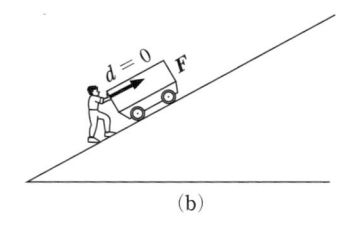

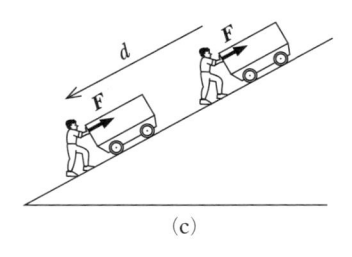

図 4.9 力と仕事．(a) 力 F の方向と移動方向は同じ．$W = Fd > 0$．(b) 移動しないときは，$W = 0$．(c) 力 F の方向と移動方向は逆向き．$W = -Fd < 0$．

(b))．人の力が足りなくて，力 F で押しているのに，車が距離 d だけずり落ちた場合には，力の向きへの車の移動距離は $-d$ なので，この力がした仕事はマイナスの量で，$-Fd$ である（図 4.9 (c)）．

例 3 物理学では，人間がバーベルを持ち上げるときには，人間はバーベルに仕事をする（図 4.10 (a)）．しかし，バーベルを持ちつづけていても，人間は疲れるが移動距離は 0 なので，バーベルに仕事をしたことにはならない（図 4.10 (b)）．あるいは持ち上げたまま歩いても，持ち上げている力の方向（鉛直上方）への移動距離は 0 なので，バーベルに仕事をしたことにはならない．▮

質量 m のバーベルを重力 mg にさからってゆっくり持ち上げるときの手の力の強さはほぼ mg である．したがって，バーベルをゆっくり高さ h だけ持ち上げるときには，力の方向と移動方向が同じなので，手の力がする仕事 W は $mg \times h$，つまり

$$W = mgh \tag{4.11}$$

である．これは 1.6 節で学んだ，高さ h の質量 m の物体の重力による位置エネルギーなので，この仕事は重力による位置エネルギーになったことがわかる．この仕事の源は腕の筋肉の化学的エネルギーである．

高さ h まで持ち上げたので重力による位置エネルギー mgh をもっているバーベルから手を離し，バーベルを床まで距離 h だけ自由落下させると，重力の方向とバーベルの移動の向きは同じなので，バーベルに働く地球の重力 mg は $mg \times h = mgh$ の仕事をする．空気の抵抗が無視できるときは，この仕事はバーベルの運動エネルギーになる．つまり，重力による位置エネルギーは重力の行う仕事を通して運動エネルギーに変わる．バーベルが床に落下すると，このエネルギーは熱や音のエネルギーになる．

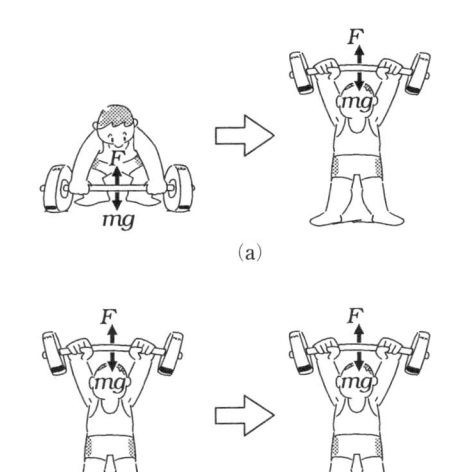

図 4.10 (a) バーベルを持ち上げるときには仕事をする．バーベルの質量を m，持ち上げた高さを h とすると，人間がした仕事は「力 mg」×「距離 h」$= mgh$．(b) バーベルを持ちつづけていても仕事をしたことにはならない．

例題2 クレーンが質量1tの鋼材を地面から高さ25mのところまで持ち上げるとき,クレーンのする仕事を求めよ(図4.11).

解 力は $mg = 1000\,\text{kg} \times 9.8\,\text{m/s}^2 = 9800\,\text{N}$ で,力の方向への移動距離は $h = 25\,\text{m}$ なので,クレーンが行った仕事 W は

$$W = mgh = 9800\,\text{N} \times 25\,\text{m} = 2.45 \times 10^5\,\text{J}$$
$$= 245\,\text{kJ}$$

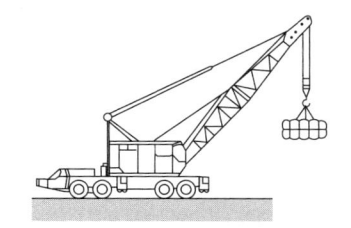

図 4.11

■ **仕事率(パワー)** ■ 単位時間(1秒間)あたりに行われる仕事を**仕事率**あるいは**パワー**という.つまり,時間 t に行われた仕事を W とすると,仕事率 P は

$$\text{仕事率(パワー)} = \frac{\text{「行われた仕事」}}{\text{「仕事にかかった時間」}} \qquad P = \frac{W}{t} \qquad (4.12)$$

である.したがって,仕事率(パワー)の国際単位は,「仕事の単位J」/「時間の単位s」で,これをワット(記号W)という.

$$\text{W} = \text{J/s} \qquad (4.13)$$

である*.つまり,1秒間に1Jの仕事をする仕事率が1Wである.電力の単位のワットと同じものである.ワットは凝縮器のついた蒸気機関を発明した英国人で,自分の製作した蒸気機関の性能を示すために馬力という仕事率の実用単位を考案した人物である.

同じ量の仕事をどのくらい速くなし遂げられるかは,工業では重要な問題である.なお,モーターなどの仕事率を出力ということが多い.

* 仕事を表す記号のイタリック体の W と仕事率の単位記号である立体のW を混同しないこと.

例題3 クレーンが1000kgの鋼材を20秒間で25mの高さまで吊り上げた(例題2参照).このクレーンの仕事率(パワー)P を計算せよ.

解 例題2で求めたように,クレーンが行った仕事 W は,

$$W = mgh = 2.45 \times 10^5\,\text{J}$$
$$\therefore\ P = \frac{mgh}{t} = \frac{2.45 \times 10^5\,\text{J}}{20\,\text{s}}$$
$$= 1.2 \times 10^4\,\text{W} = 12\,\text{kW} \qquad (4.14)$$

(4.14)式の中の h/t は力の方向への移動速度 v なので,この式を

$$P = mgv \qquad (4.15)$$

と表せる.一般に,力 $\boldsymbol{F}$ の作用を受けている物体が,力の方向へ一定の速度 v で動いている場合,この力の仕事率 P を

$$P = \frac{W}{t} = \frac{Fd}{t} = Fv$$

つまり,

$$P = Fv \qquad (4.16)$$

と表せる.

例題4 例題2,3のクレーンに出力10kWのモーターがついている.滑車・ロープなどの摩擦損失を出力の20%とすると,鋼材を何秒で25mの高さまで持ち上げられるか.

解 モーターがする仕事は 245 kJ なので，(4.12) 式から

$$t = \frac{W}{P} = \frac{245 \text{ kJ}}{0.80 \times 10 \text{ kW}} = 31 \text{ s}$$

参考 外力のした仕事と弾力による位置エネルギーの増加量

図 4.12 の水平で滑らかな床の上のばね（ばね定数 k）につけられたおもり A を右に引っ張って，ばねの長さを a だけ伸ばすと，弾力による位置エネルギー $kx^2/2$ は $x=0$ での 0 から $x=a$ での $ka^2/2$ まで増加する．弾力による位置エネルギーの増加量 $ka^2/2$ は，ばねを引き伸ばした外力のした仕事に等しいことが，次のように示される．

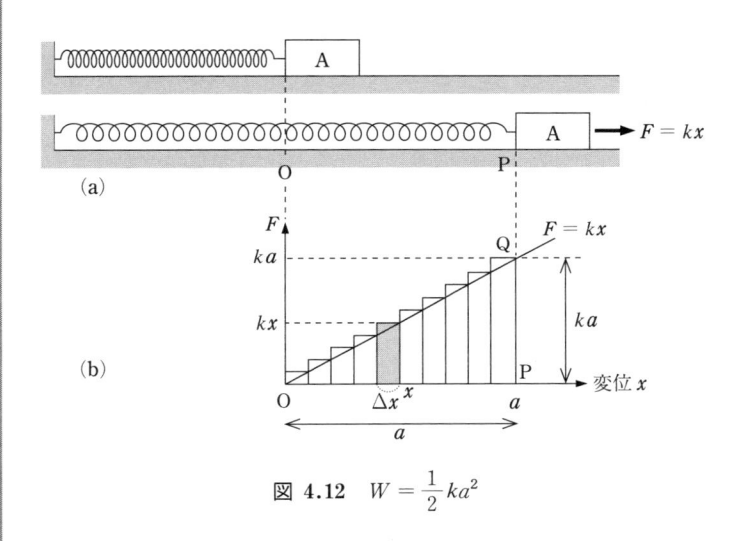

図 4.12 $W = \dfrac{1}{2}ka^2$

ばねの伸びが x のばねの弾力は $-kx$ なので，この状態のばねをさらに引き伸ばすには，人間が外力 $F=kx$ を加えねばならない．実際には kx より少し大きな力を加えねばならないが，この余分な力のする仕事は無視できる．力 $F=kx$ はばねの伸び x とともに変化するので，外力のする仕事を求めるには，図 4.12 に示すように，長さ a の区間 OP を細かく分割して，それぞれの微小な区間をおもりが動く間に弾力がする仕事の和を求めねばならない．伸びが $x-\Delta x$ のばねを Δx だけ伸ばして伸びを x にするために外力 $F=kx$ を加えると，このとき外力がする仕事 ΔW は「力の大きさ $F=kx$」×「力の方向へのおもりの移動距離 Δx」なので，

$$\Delta W = (kx)\,\Delta x \tag{4.17}$$

である．つまり，図 4.12 のアミの部分の面積である．したがって，求める仕事 W は，図 4.12 の △OPQ の面積

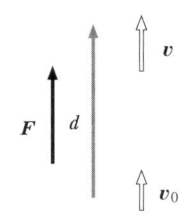

(a) アクセル：$W > 0$

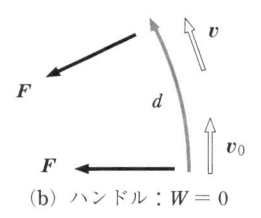

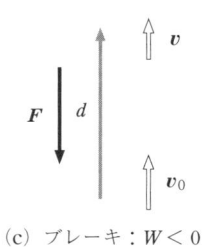

(b) ハンドル：$W = 0$

(c) ブレーキ：$W < 0$

図 4.13 摩擦力 F と自動車の運動

図 4.14 仕事をされると運動エネルギーは増加する．

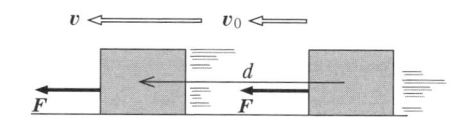

図 4.15 $\frac{1}{2}mv^2 - \frac{1}{2}mv_0^2 = W = Fd$

$$W = \frac{1}{2}ka^2 \quad (4.18)$$

である．

逆に，ばねを押し縮める場合にも，外力の向きとおもりの移動の向きは同じなので，ばねを押し縮める外力のする仕事は正である．自然な状態のばね（$x = 0$）を長さ a だけ押し縮める場合（$x = -a$）に外力のする仕事も (4.18) 式で与えられる．

4.3 仕事と運動エネルギーの関係

ニュートンの運動の法則によれば，「力」＝「質量」×「加速度」なので，力が物体に作用すれば，加速度が生じ，物体の速度は変化する．自動車を運転する際に，一定の速さでカーブを曲がって速度の向きを変えるにはハンドルをまわすだけでよいのに，これに等しい大きさの加速度を前方に生み出すにはアクセルを踏んでガソリンを消費しなければならない．両方の場合に作用する力の大きさが等しいのにガソリンの消費量に差が出るのは，以下で説明するように，加速度を生み出した力が仕事をしたかしないかの違いによる．

アクセルを踏んだ場合には，道路が作用する前向きの摩擦力の方向に自動車が進んでいくので，摩擦力は仕事をする（図 4.13 (a)）．カーブを曲がる場合には，自動車の進行方向と道路が作用する摩擦力の方向は垂直なので，摩擦力の方向に自動車は進まず，摩擦力は仕事をしない（図 4.13 (b)）．

道路が自動車に作用する摩擦力が仕事をする場合には自動車の速さが増し，仕事をしない場合には自動車の速さは変わらない．正確にいうと，自動車に作用する摩擦力が自動車にした仕事の量だけ自動車の運動エネルギー $mv^2/2$ が増加する．ただし，これは自動車に作用する空気の抵抗やその他の抵抗力を無視した場合である．

もっと厳密にいうと，自動車に作用するすべての力の合力が自動車にした仕事の量だけ自動車の運動エネルギーが増加するのである（図 4.14，図 4.15）．つまり，

$$\frac{1}{2}mv^2 - \frac{1}{2}mv_0^2 = W \quad (4.19)$$

である．この関係を**仕事と運動エネルギーの関係**という．

道路の摩擦力が自動車に仕事をすると書いたが，その実態は，消費されたガソリンの化学的エネルギーがエンジンのする仕事となり，それが摩擦力の仕事を経て，自動車の運動エネルギーの増加分になるのである．摩擦力は媒介役を務めるのである．

ブレーキを踏んで自動車を減速させる場合にはどうなのだろうか．この場合，道路が自動車に作用する後ろ向きの摩擦力とは逆の向きに自動車が進んでいくので，摩擦力は自動車にマイナスの仕事をする（図 4.13 (c)）．したがって，その量だけ自動車の運動エネルギーが減少し，速さが遅くなる．減少した運動エネルギーは道路や車に発生する熱になる．つまり，自動車の運動エネルギーは熱になる．この場合にも (4.19) 式は成り立つ．

　一定の力 $F = ma$ による等加速度直線運動の場合には，$v^2 - v_0^2 = 2a(x - x_0)$ という (1.35) 式の両辺を $m/2$ 倍すれば，この仕事と運動エネルギーの関係を導ける（この場合 $W = Fd = F(x - x_0)$）．力の大きさや力の向きが一定ではなく，また運動の道筋が直線ではなく曲線でも，ニュートンの運動の法則から仕事と運動エネルギーの関係 (4.19) を導くことができる（証明略）．

4.4　空気や水の抵抗力

■ **粘性抵抗** ■　　走行中の自動車には空気の抵抗力が作用する．気体の中を運動する自動車の受ける抵抗力は複雑である．速さが遅い間は自動車の受ける抵抗力は自動車の速さに比例する．この速さ v に比例する抵抗を **粘性抵抗** とよぶ．空気のもつねばねばする性質の粘性による抵抗だからである．

　速度 $\boldsymbol{v}$ で運動している半径 R の球状の物体に対する気体や液体の粘性抵抗は

$$\boldsymbol{F} = -6\pi\eta R\boldsymbol{v} \tag{4.20}$$

と表される．これを **ストークスの法則** という．η は粘度とよばれ，気体あるいは液体ごとに決まっている定数である．この式の右辺の負符号は，粘性抵抗 $\boldsymbol{F}$ は速度 $\boldsymbol{v}$ と逆向きであることを意味している．

■ **慣性抵抗** ■　　自動車の速さが速くなり，自動車の後方に渦ができるようになると，自動車の受ける抵抗力は速さの2乗に比例するようになる．渦の部分での空気の圧力はほぼ1気圧であるが，フロントガラスのような自動車の前部の受ける空気の圧力は速さの2乗に比例して増加するからである．車の前部と後部の受ける圧力差による速さ v の2乗に比例する抵抗を **慣性抵抗** という．

　密度 ρ の液体や気体の中を速さ v で運動する物体の受ける慣性抵抗の大きさ F は，

$$F = -\frac{1}{2}C\rho A v^2 \tag{4.21}$$

と表される．A は運動物体の断面積で，抵抗係数 C は球の場合は約 0.5，流線形だともっと小さい．慣性抵抗の大きさを表す (4.21) 式の右辺の負符号は本当はおかしいが，慣性抵抗 F は速度 v と逆向きであることを記憶させる意味でわざとつけた．航空機が飛行中に受ける抵抗力は (4.21) 式に非常によく合う．

自動車が高速で走る場合に空気から受ける抵抗は慣性抵抗である．したがって，自動車が高速で走る場合には，自動車のエンジンは，速さの 2 乗に比例して増加する慣性抵抗につり合う前向きの力のする仕事をしなければならないので，このために 2 地点間のドライブでのガソリンの消費量は速さの 2 乗に比例して増加する．また，同じ時間で比べると，走行距離は速さに比例するので，同じ時間でのガソリンの消費量は速さの 3 乗に比例する．

■ **雨滴の落下** ■　無風状態の大気中の小さな雨滴（質量 m）に働く力は，鉛直下向きの重力 mg と鉛直上向きの粘性抵抗 bv である（図 4.16）．したがって，鉛直下向きを $+x$ 方向に選ぶと，雨滴の運動方程式は

$$ma = mg - bv \tag{4.22}$$

である．落下しはじめは落下速度 v が小さく $bv \ll mg$ なので，粘性抵抗は無視でき，雨滴は重力加速度 g の等加速度直線運動を行う．雨滴の速さ v が増加するのにつれて粘性抵抗が増加するので，雨滴に働く下向きの合力の大きさは減少し，したがって加速度も減少していく．速さ v が

$$v = v_t \equiv \frac{mg}{b} \tag{4.23}$$

になると，雨滴に働く力は 0 になるので，雨滴は速さ v_t の等速落下運動を行うようになる．この速さ v_t を**終端速度**という．

物体が粘性抵抗や慣性抵抗などの抵抗力を受けて落下する場合には，重力による位置エネルギーは減少するのに運動エネルギーはそれと同じだけは増加しないので，力学的エネルギーは減少し，保存しない．この力学的エネルギーの減少分は熱になる (7.4 節参照)．

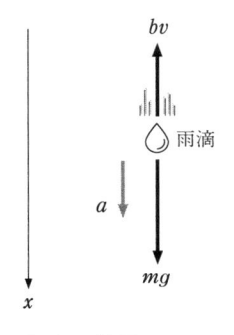

図 4.16 雨滴の落下，$ma = mg - bv$．

例 4　水の密度を ρ とすると，半径 r の雨滴の質量は $m = (4\pi/3)\rho r^3$ である．そこで粘性抵抗 $bv = 6\pi\eta r v$ のみを受けて落下する小さな雨滴の終端速度

$$v_t = \frac{mg}{b} = \frac{(4\pi/3)\rho r^3 g}{6\pi\eta r} = \frac{2r^2 \rho g}{9\eta}$$

は，雨滴の半径 r の 2 乗に比例して増加する．

例 5 粘性抵抗を受けて水の中を終端速度で落下しているいくつかの球状の物体がある．直径が同じなら，同じ大きさの粘性抵抗 bv を受けるので，終端速度 $v_t = mg/b$ は物体の質量に比例する． ■

▋ **スカイダイビング** ▋　飛行機からスカイダイビングするときには慣性抵抗 $(1/2)C\rho Av^2$ を受ける．落下速度が増して，終端速度

$$v_\mathrm{t} = \sqrt{\frac{2mg}{C\rho A}} \tag{4.24}$$

になると，スカイダイバーに働く力は，重力と慣性抵抗の合力 $mg - (1/2)C\rho A v_\mathrm{t}^2 = 0$ になるので，スカイダイバーは等速運動を行うようになる．スカイダイバーが身体の向きや四肢の状態を変えると，慣性抵抗の係数は変化する．

スカイダイバーが四肢を広げた姿勢のときの終端速度は約 200 km/h である．もちろん最後にはスカイダイバーはパラシュートを開いて空気の抵抗を増加させることによって，終端速度を減少させた後に着地する（図 4.17）．

図 4.17 スカイダイバー

▋ **揚　力** ▋　空気中を運動する物体には，抵抗のほかに揚力が作用する．揚力は物体の運動方向に垂直に作用する力で，空気より密度の大きな飛行機が空中を飛行することを可能にする力である．

4.5 ガソリンの消費量とエンジンのパワー

さて，前向きの摩擦力が自動車にする仕事は，実際にはガソリンの化学的エネルギーの消費によってまかなわれる．ある車種の質量が 1 トン，つまり質量が 1000 kg の自動車は，時速 80 km（秒速 22 m）の場合に，1 リットル（L）のガソリンで 17 km 走行可能だとしよう．1 L のガソリンの化学的エネルギーは 3 300 万 J である．このうちの約 20% の 660 万 J が自動車を動かす仕事に使われたとしよう．「仕事」＝「力」×「距離」で距離は 17 km ＝ 17 000 m なので，自動車に前向きに作用する摩擦力の大きさは

$$6\,600\,000\,\mathrm{J} \div 17\,000\,\mathrm{m} \fallingdotseq 390\,\mathrm{N}$$

である．2.4 節で学んだように，1 N は約 0.1 kgf なので，390 N は約 39 kgf である．つまり，このとき自動車を前方に押している摩擦力は質量 39 kg の物体に作用する重力の大きさに等しい．

時速 80 km の場合に，17 km 行くのに 765 秒かかる．この間に自動車のエンジンが行った自動車を動かすための仕事は 6 600 000 J なので，このときのエンジンの仕事率（パワー）は

$$6\,600\,000\text{ J} \div 765\text{ s} = 8\,600\text{ W}$$

つまり，8.6 kW である（仕事率＝「行った仕事」/「仕事にかかった時間」である）．

例 6 あるデータによると東海道新幹線電車が時速 270 km（75 m/s）で走行中に受ける抵抗 R は，空気の抵抗を考えない場合は，$R = 0.011\,mg$ だという．m は新幹線電車の質量で 710 t である．この抵抗に対して必要な電車のモーターの出力 P は

$$P = Fv = 0.011 \times 710 \times 10^3 \text{ kg} \times (9.8 \text{ m/s}^2) \times (75 \text{ m/s})$$
$$= 5\,740 \text{ kW}$$

である．このほかに空気抵抗を考慮せねばならない．ある東海道新幹線電車のモーターの総出力は 12 000 kW である．

4.6 運動量と力積

■ **衝突の衝撃は衝突時間に反比例する** ■ 高い台の上から飛び降りるとき，ひざを曲げながら着地すると，身体への衝撃は減少する．ガラスのコップをコンクリートの床の上に落とすと割れるが，たたみの上に落としたのでは割れない．頭部へのデッドボールによる危険を減らすために，野球のバッターはヘルメットをかぶる．自動車の衝突事故での被害を減らすために，シートベルトやエアバッグが使用されている．これらはすべて力の作用する時間を長くして，作用する力を弱めるためである．なぜだろうか．

野球でキャッチャーがピッチャーの投げたボールを受けるときには，手のひらへの衝撃を弱めるために，厚いミットをはめ，手を後ろに引きながら捕球する（図 4.18）．ボールの捕球は，ボールの速度を変化させること，つまり，加速度を生じさせることである．したがって，ボールには運動の第 2 法則によって，次のような力，

$$\text{力} = \text{質量} \times \frac{\text{速度の変化}}{\text{力の作用時間}} \qquad \boldsymbol{F} = m\frac{\Delta \boldsymbol{v}}{\Delta t} \qquad (4.25)$$

が作用する．この式から，手がボールに及ぼす力の大きさ，したがって，作用反作用の法則によって，手がボールから受ける力の大きさ F は，力が作用する時間 Δt が短いほど大きく，時間 Δt が長ければ小さいことがわかる．また，手の受ける衝撃は，ボールの質量に比例し，ボールの速さ（この場合は $|\Delta \boldsymbol{v}| = v$）にも比例することが，(4.25) 式からわかる．

■ **運動量** ■ 17 世紀前半に活躍したフランスのデカルトは，1644 年に刊行された著書「哲学の諸原理」の中で，物体の運動の

図 4.18 捕球の間に働く力は捕球時間が短いほど大きい．

勢いを表す量として，「質量 m」×「速度 v」という量を導入した．この運動方向を向いているベクトル量 $\boldsymbol{p} = m\boldsymbol{v}$ を**運動量**とよぶ．つまり，

$$\boxed{\text{「運動量」}=\text{「質量」}\times\text{「速度」}} \quad \boldsymbol{p} = m\boldsymbol{v} \quad (4.26)$$

である．運動量の国際単位は kg·m/s である．この単位には特別の名はついていない．

多くの場合，物体の質量は一定なので，ある時間での

「運動量の変化」＝「質量」×「速度の変化」 $\quad \Delta\boldsymbol{p} = m\Delta\boldsymbol{v} \quad (4.27)$

である．(4.27) 式の両辺を「力の作用時間 Δt」で割ると，次の関係が得られる．

$$\boxed{\frac{\text{運動量の変化}}{\text{力の作用時間}} = \text{質量} \times \frac{\text{速度の変化}}{\text{力の作用時間}}}$$

$$= \text{質量} \times \text{平均加速度} = \text{平均の力} \quad (4.28)$$

最後の等式ではニュートンの運動の第2法則を使った．

微小な時間に対する (4.28) 式は

$$\frac{d\boldsymbol{p}}{dt} = \boldsymbol{F} \quad (4.29)$$

となる．つまり，

「運動量の時間変化率は，その物体に作用する力に等しい」．

(4.29) 式は運動の第2法則の新しい表現である．物体が光速に近い速さで運動する場合には，物体の質量は増加する（第19章参照）．この場合の正しい運動方程式は $m\boldsymbol{a} = \boldsymbol{F}$ ではなく，(4.29) 式である．

例題5 質量 1000 kg の自動車が時速 72 km ($v = 20$ m/s)で壁に正面衝突して，大破して速さ $v' = 3.0$ m/s で跳ね返された（図 4.19）．衝突時間を 0.10 秒とする．自動車に 0.10 秒間作用した外力の時間平均 $\langle F \rangle$ を求めよ．

解 自動車の運動量変化 Δp は

衝突直前 $\quad p = mv = (1000 \text{ kg})(-20 \text{ m/s})$
$\quad\quad\quad\quad\quad = -2.0 \times 10^4$ kg·m/s

衝突直後 $\quad p' = mv' = (1000 \text{ kg})(3.0 \text{ m/s})$
$\quad\quad\quad\quad\quad = 3.0 \times 10^3$ kg·m/s

から

$\Delta p = p' - p$
$\quad = [0.3 \times 10^4 - (-2.0 \times 10^4)]$ kg·m/s
$\quad = 2.3 \times 10^4$ kg·m/s

したがって，外力の時間平均 $\langle F \rangle$ は

$$\langle F \rangle = \frac{\Delta p}{\Delta t} = \frac{2.3 \times 10^4 \text{ kg·m/s}}{0.1 \text{ s}} = 2.3 \times 10^5 \text{ N}$$

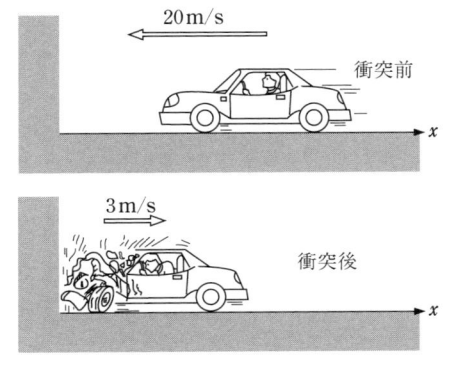

図 4.19 壁と自動車の衝突

■ 力 積 ■　物体に対する力の効果を表す量として，デカルトは**力の時間的効果を表す量の力積**を導入した．デカルトは力積を「力の衝撃」とよんだが，力積の英語のインパルスは衝撃という意味である．力積 J は「力 F」と「力の作用時間 T」の積，つまり，

「力積」＝「力」×「力の作用時間」
$$J = FT \quad (力\ F が一定な場合) \quad (4.30\,\text{a})$$

で定義され，力と同じ向きをもつベクトルである（図4.20(a)）．力 F が一定でなく，時間とともに変化する場合には，力積 J は平均の力 $\langle F \rangle$ を使って，

$$J = \langle F \rangle T \quad (力\ F が時間とともに変化する場合) \quad (4.30\,\text{b})$$

と定義される（図4.20(b)）．(4.28)式に「力の作用時間」をかけて，(4.30)式を使うと，

「運動量の変化」＝「平均の力」×「力の作用時間」＝「力積」 (4.31)

という**運動量の変化と力積の関係**が得られる．力積の単位は運動量の単位と共通である．

時刻 t での運動量が p の物体に時刻 t から時刻 t' までの時間 $T = (t'-t)$ に力積 J が働いて，時刻 t' での運動量が p' になったとすると，運動量の変化と力積の関係 (4.31) 式は

$$p' - p = J = FT \quad (力\ F が一定な場合) \quad (4.32\,\text{a})$$
$$= J = \langle F \rangle T \quad (力\ F が時間とともに変化する場合)$$
$$(4.32\,\text{b})$$

と表される．関係 (4.32 a) は 2.2 節で導いた (2.28) 式と同じものである．

厳密には，力 F が時間とともに変化する場合に対する (4.32 b) 式は，(4.29)式 ($d\boldsymbol{p}/dt = \boldsymbol{F}$) を「微小な時間 dt での運動量の微小な変化量 $d\boldsymbol{p}$」＝「力 $\boldsymbol{F}$」×「微小な時間 dt」，つまり，$d\boldsymbol{p} = \boldsymbol{F}\,dt$ と変形して，この微小変化量を時刻 t から時刻 t' まで加え合わせた

$$\boldsymbol{p}' - \boldsymbol{p} = \boldsymbol{J} = \int_t^{t'} \boldsymbol{F}\,dt \quad (力\ \boldsymbol{F} が時間とともに変化する場合)$$
$$(4.33)$$

と表される．力 $\boldsymbol{F}$ の向きが変化しない場合には，図4.20(b) のアミのかかった山の面積が力積の大きさ J である．

力積が同じなら，運動量の変化も同じである．シートベルトやエアバッグは，身体に加わる力の作用時間を長くすることによって，加わる力の大きさを弱める装置である．

スポーツでも運動量の変化と力積の関係は利用されている．野球

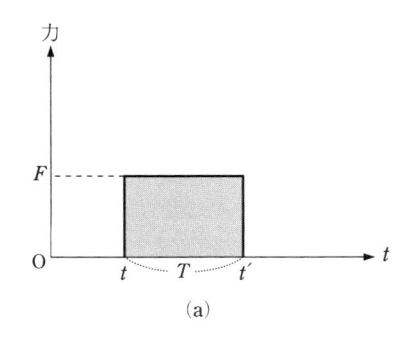

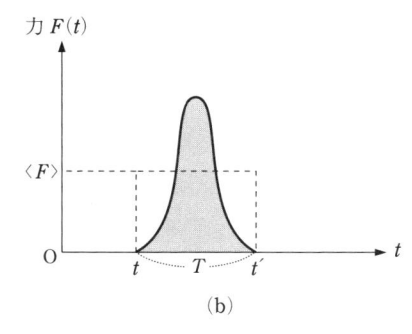

図 4.20　力積．アミの部分の面積が力積 $\boldsymbol{J}$ の大きさ J である．(a) 力が一定な場合：$J = FT$．(b) 力の大きさは変化するが力の向きは変化しない場合：$J = \langle F \rangle T$

でバッターがボールを遠くに飛ばすためにも，投手が速いボールを投げるためにも，なるべく長い間ボールに強い力を加えつづける必要がある．これがフォロースルーである．

これに対して，ボールに力を作用するときの，力の作用距離の効果を表す量が，4.2 節で紹介した，力がする仕事である．力積は運動量の変化をもたらすが，仕事は運動エネルギーの増加をもたらす．テニスのボールを壁に打ちつけると，ボールは跳ね返ってくる．エネルギー保存の視点で考えると，跳ね返ったボールの速さは衝突する前の速さより速くなるはずはない．もし速くなれば，どこかにエネルギーの供給源があるはずである．

4.7　運動量保存の法則と衝突

運動量保存の法則　　質量 m_A, m_B の 2 つの物体 A, B がたがいに力（内力）$F_{A \leftarrow B}, F_{B \leftarrow A}$ を及ぼし合っており，他の物体からの力（外力）は無視できるとすると（図 4.21），2 つの物体に対する運動量の変化と力積の関係 (4.32 b) は

$$p_A' - p_A = \langle F_{A \leftarrow B} \rangle T \qquad p_B' - p_B = \langle F_{B \leftarrow A} \rangle T \qquad (4.34)$$

である．(4.34) の 2 つの式の右辺どうしと左辺どうしを加え合わせ，作用反作用の法則 $F_{A \leftarrow B} + F_{B \leftarrow A} = 0$ を使うと，

$$p_A' - p_A + p_B' - p_B = 0 \qquad (4.35)$$

が得られる．時刻 t での物体 A, B の速度を v_A, v_B，時刻 t' での速度を v_A', v_B' とすると，(4.35) 式で p_A と p_B を右辺に移項した，$p_A' + p_B' = p_A + p_B$ は

$$m_A v_A' + m_B v_B' = m_A v_A + m_B v_B \qquad (4.36)$$

となる．この式は

「たがいに力を作用し合うが，他からは力が作用しない 2 個の
物体の運動量の和（全運動量）は時間が経過しても変化しない」

ことを意味する（図 4.22）．たとえば，物体 A の運動量が減少すれば，それと同じ量だけ物体 B の運動量が増加する．これを**運動量保存の法則**という．

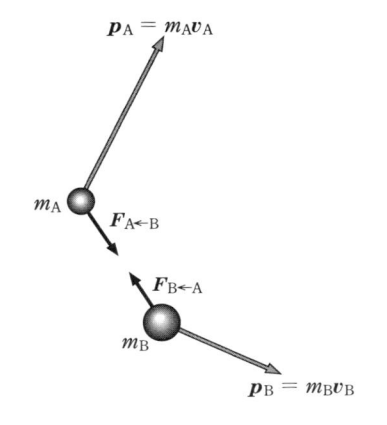

図 4.21　内力だけの作用を受けている 2 つの物体

3 個以上の物体の集団の場合でも，力がこれらの物体の間に働く内力に限られていて，集団の外部から外力が働かない場合には，やはり運動量の和の全運動量 P

$$P = m_1 v_1 + m_2 v_2 + m_3 v_3 + \cdots \qquad (4.37)$$

は時間が経過しても変化しない．これも**運動量保存の法則**とよぶ．

運動量保存の法則がきわめて有効なのは，2 つの物体が衝突する場合である．衝突する物体の間に働く力（内力）はきわめて複雑で

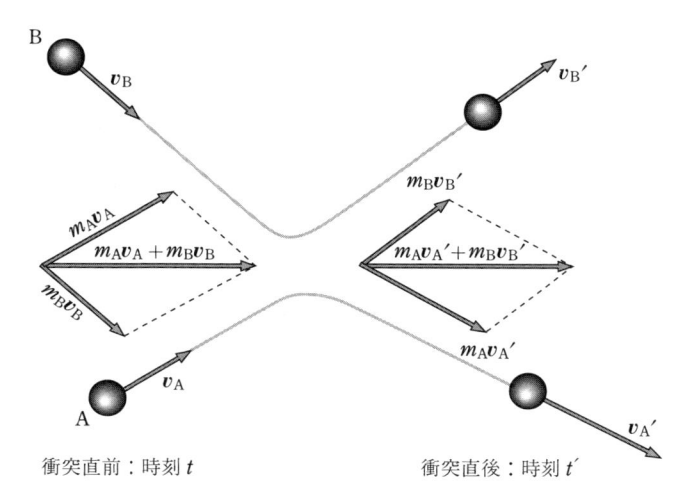

図 4.22 2つの物体が衝突する場合の運動量の保存

ある．力の知識なしに，衝突物体の運動方程式を解いて衝突物体の運動を求めることはできない．

地球上ではすべての物体に重力が作用しているので，作用している外力の和が 0 の場合は少ない．しかし，衝突現象のように，きわめて短い時間に 2 物体間に大きな力が働く場合には，外力の力積は内力の力積に比べて無視できる．このようなとき，2 つの物体 A，B の衝突直前（時刻 t）の全運動量と衝突直後（時刻 t'）の全運動量が等しいという運動量保存の法則は有効である．

弾性衝突 堅い木の球どうしの衝突では球はへこまず，熱，音，振動などの発生は無視できる．このような場合には衝突の直前と直後で運動エネルギーが変化せず，保存する．すなわち

$$\frac{1}{2}m_A v_A^2 + \frac{1}{2}m_B v_B^2 = \frac{1}{2}m_A v_A'^2 + \frac{1}{2}m_B v_B'^2 \quad \text{（弾性衝突）}$$
(4.38)

が成り立つ．運動エネルギーが保存する衝突を弾性衝突という．弾性衝突では運動量と運動エネルギーの両方が保存する．

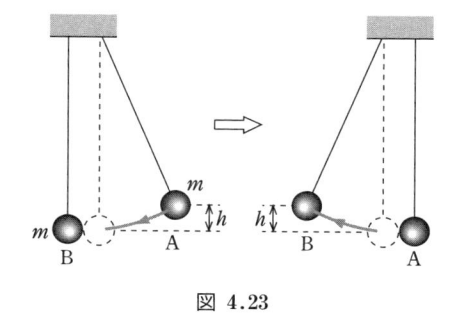

例 7 衝突の研究は 17 世紀に物理学者の関心を大いに集めた．たとえば，1666 年にロンドンの王立協会では次のような実験が行われた．同じ大きさの 2 つの堅い木の球を，同じ長さの糸で図 4.23 のように吊ってある．球 A を高さ h だけ持ち上げて静かに手を離すと，球 A は静止していたもう 1 つの球 B に衝突する．すると，今度は球 A はほとんど静止し，球 B が動きだしてほぼ同じ高さ h まで上昇する．この実験は会員の関心を集めたが，

図 4.23

ホイヘンスによって，この運動は運動量保存の法則とエネルギー保存の法則が成り立つとすれば説明がつくことが示された．球の質量を m，衝突直前の球 A の速さを v_A，衝突直後の球 A, B の速さを v_A', v_B' とすると，

運動量保存則　　$mv_A = mv_A' + mv_B'$ 　　(4.39)

エネルギー保存則　$\dfrac{1}{2}mv_A^2 = \dfrac{1}{2}mv_A'^2 + \dfrac{1}{2}mv_B'^2$ 　(4.40)

が成り立つ．(4.39)式から得られる $v_A' = v_A - v_B'$ を (4.40)式に代入すると，

$$(v_A - v_B')^2 + v_B'^2 - v_A^2 = 2v_B'^2 - 2v_A v_B' = 0$$
$$\therefore\ v_B'(v_B' - v_A) = 0$$

が得られる．$v_B' = 0$, $v_A' = v_A$ という解は，$v_B' > v_A'$ という条件に矛盾する物理的に不可能な解なので，

$$v_B' = v_A, \quad v_A' = 0 \quad (4.41)$$

が導かれる．$v_A' = 0$ なので，衝突後に球 A は静止することが導かれる．$v_B' = v_A$ と力学的エネルギー保存の法則から球 B が高さ h まで上昇することが説明される．　　　■

静止している物体 B に同じ質量の物体 A が正面衝突すると，物体 A は静止するという (4.41) 式の結果は，原子炉で中性子の減速に利用されている．中性子を静止させるには，中性子とほぼ同じ質量をもつ陽子（水素原子核）を多く含む物質などに中性子を入射させればよい．

> **問2** 10円玉を図 4.24 のように並べて，下の 10 円玉を矢印の方向に弾いてぶつけるとどうなるか．実験してみて，その結果を物理的に解釈せよ．
>
> **問3** 図 4.25 に示すおもちゃの次のような運動を説明せよ．このおもちゃは細い鉄線で吊るされた鋼鉄の球でできている．
> 　（1）左端の球を 1 個斜めに持ち上げて手を離すと，衝突後に右端の球が振り上がる．
> 　（2）左端の球を 2 個斜めに持ち上げて手を離すと，衝突後に右端の球が 2 個振り上がる．

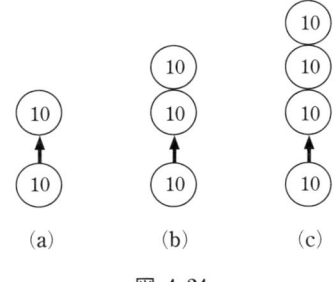

図 4.24

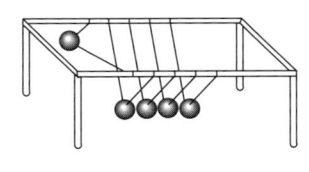

図 4.25

■ **非弾性衝突** ■　衝突で熱が発生したり変形したりして，運動エネルギーが減少する場合を非弾性衝突という．つまり，非弾性衝突は，全運動量は保存するが，全運動エネルギーは保存しない衝突である．

━━━ ❖ 第4章のキーワード ❖ ━━━

垂直抗力，静止摩擦力，最大摩擦力，静止摩擦係数，動摩擦力，動摩擦係数，仕事，仕事率（パワー），仕事と運動エネルギーの関係，粘性抵抗，慣性抵抗，運動量，力積，運動量の変化と力積の関係，運動量保存の法則，弾性衝突，非弾性衝突

演習問題 4

A

1. 重量挙げの選手が質量 $m = 80\,\text{kg}$ のバーベルを高さ $2.0\,\text{m}$ までゆっくりと持ち上げるときに，選手がバーベルにする仕事は何ジュールか．

2. 体重が $50\,\text{kg}$ の人間が階段を，1秒あたり高さ $2\,\text{m}$ の割合で駆け上がっている．この人間が自分に対して行う仕事の仕事率を求めよ．

3. 投手の投げた時速 $144\,\text{km}\,(=40\,\text{m/s})$ の野球のボール（質量 $0.15\,\text{kg}$）をバッターが水平に打ち返した．打球の速さも $40\,\text{m/s}$ であった．ボールとバットの接触時間を $0.10\,\text{s}$ とすると，バットがボールに作用した力の大きさの平均はいくらか．

4. 空手の瓦割りの物理的説明をせよ．

5. **完全非弾性衝突** 速度 v_A，質量 m_A の物体 A が速度 v_B，質量 m_B の物体 B に衝突して付着した．付着した物体の衝突直後の速度 v' を求めよ．このような付着する衝突を完全非弾性衝突という（図1）．

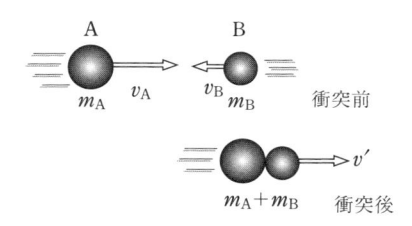

図 1

6. 木の枝に質量 $M = 1\,\text{kg}$ の木片が軽いひもでぶら下げられている．質量 $m = 30\,\text{g}$ の矢が速さ $V = 30\,\text{m/s}$ で水平に飛んできて木片に刺さった（図2）．

   （1）その直後の木片と矢の速度 v を計算せよ．

   （2）矢の刺さった木片は枝を中心とする円弧上を運動する．最高点の高さ h を求めよ．

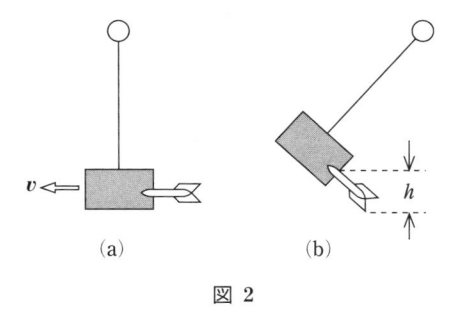

図 2

B

1. 速球投手が投げたボールをバッターが同じ速さで打ち返すときに，運動量は変化するが，運動エネルギーは変化しない．そこで，バッターは運動量の変化に見合う力積をボールに与えるが，このときバッターがボールにする仕事はいくらか．

2. **一直線上の弾性衝突** 静止している質量 m_B の球 B に質量 m_A の球 A が速度 v_A で正面から弾性衝突する場合，衝突直後の球 A, B の速度 $v_A{}'$, $v_B{}'$ は

$$v_A{}' = \frac{m_A - m_B}{m_A + m_B} v_A \qquad v_B{}' = \frac{2m_A}{m_A + m_B} v_A$$

であることを運動量保存の法則と運動エネルギー保存の法則から導け（図3）．

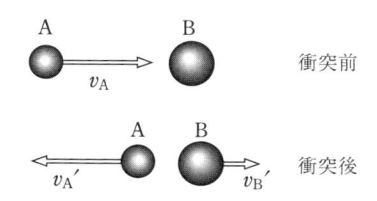

図 3　一直線上の弾性衝突（$m_A < m_B$ の場合）

剛体の運動

　現実の物体に力を加えると変形する．物体には鉄や石のように硬い物体もあれば，ゴムのように軟らかい物体もある．硬い物体とは，力を加えた場合に変形がごくわずかな物体である．外から力を加えたときに変形が無視できる硬い物体を考えて，これを**剛体**とよぶ．この章では剛体の運動とつり合いを学ぶ．

　広がった物体の運動を考えるときには，物体を微小な部分に分割して，そのおのおのを**質点**，つまり，質量をもった点として取り扱えばよい．質点の集まりを**質点系**という．剛体は質点間の距離が変化しない質点系である．

　剛体の運動やつり合いを考える際に，**重心**が重要な役割を演じる．日常生活の経験でなじみのある，剛体の重心のもつ2つの重要な性質を紹介しておこう．第1の性質は，**重心とは，その点を支えると重力によってその物体が動き始めないような点である**，という事実である．剛体の運動やつり合いを考える際には，剛体の各部分に作用する重力の合力が重心に作用すると考えてよい．この性質を使うと，重心 G の位置が図 5.1 のようにして求められる．

　第 2 の性質は，**剛体の重心は，剛体のいろいろな部分に作用するすべての外力のベクトル和 F が作用している，同じ質量 M の小さな物体とまったく同じ運動を行う**，という 2.2 節で紹介した事実である．つまり，重心の加速度を A とすると，物体の重心の運動方程式は

$$MA = F \tag{5.1}$$

である．重心については本章の最後に詳しく説明する．

　剛体の学習を，まず，固定軸のまわりの回転運動から始め，つづいて，剛体の各点が平面上を運動する平面運動，剛体のつり合いなどを学び，最後に重心について学ぶ．

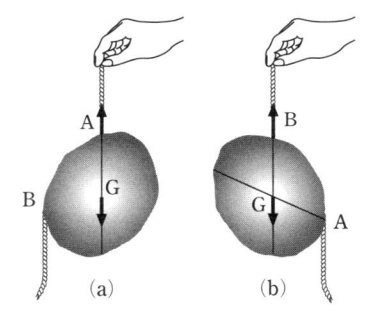

図 5.1 剛体の各部分に作用する重力の合力は重心 G に作用するので，図のように剛体を吊るして静止させると，重心 G は糸の支点の真下にある．

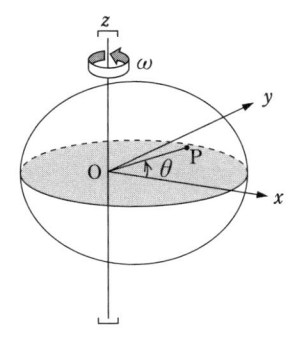

(a) 剛体の位置は角 θ で決まる

(b)

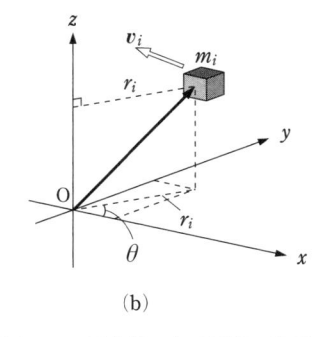

図 5.2　固定軸のある剛体の運動

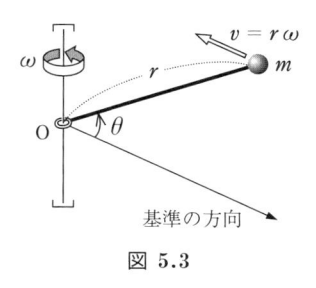

図 5.3

5.1　固定軸のまわりの剛体の回転運動

図 5.2 に示すような，軸受けによって z 軸上に固定された軸のまわりの剛体の回転を考える．このとき剛体のすべての点は軸に垂直な平面（この場合は xy 平面に平行な平面）の上で，この平面と軸との交点を中心とする円運動を行う．xy 平面上を運動する剛体の 1 点を P とすると，この剛体の位置を，図 5.2 (a) の有向線分 $\overrightarrow{\mathrm{OP}}$ が基準の方向（$+x$ 軸）となす角（角位置）θ によって指定できる．

角速度と角加速度　　角（角位置）θ が時間とともに変化する割合（時間変化率）

$$\omega = \frac{d\theta}{dt} \qquad 角速度 = \frac{回転角}{時間} \tag{5.2}$$

を回転の**角速度**という．国際単位系での角度の単位はラジアン（記号 rad）で，角速度の単位は rad/s である（3.1 節参照）．角速度 ω は単位時間あたりの回転角である．360 度 $= 2\pi$ rad なので，角速度 ω は単位時間あたりの回転数 f の 2π 倍（$\omega = 2\pi f$）である．

角速度の時間変化率 $\alpha = d\omega/dt$ を回転の**角加速度**という．

$$\alpha = \frac{d\omega}{dt} = \frac{d^2\theta}{dt^2} \qquad 角加速度 = \frac{角速度の変化}{時間} \tag{5.3}$$

角加速度の単位は，「角速度の単位 rad/s」/「時間の単位 s」$=$ rad/s^2 である．

固定軸のまわりの剛体の回転運動の場合は，剛体のすべての部分は固定軸のまわりを共通の角速度と共通の角加速度で回転する．

回転運動の運動エネルギーと慣性モーメント　　図 5.3 に示すように，長さ r の軽い棒の一端に質量 m の重いおもりをつけ，もう一方の端の点 O を通る回転軸のまわりで角速度 ω の回転をさせる．角度の単位にラジアンを使うと，このおもりの速さ v は

$$v = r\omega \tag{5.4}$$

である［(3.15) 式参照］．したがって，図 5.3 のおもりの運動エネルギー $K = mv^2/2$ は，

$$K = \frac{1}{2} mv^2 = \frac{1}{2} m(r\omega)^2 = \frac{1}{2} mr^2\omega^2 \tag{5.5}$$

と表せる．

図 5.2 の場合のような一般の剛体の回転運動のエネルギーを求めるには，図 5.2 (b) のように，剛体を小さな体積要素に分割して，

これらの体積要素の和だと考える．図 5.2 (b) の質量 m_i をもつ i 番目の体積要素と回転軸の距離を r_i とすると，その速さは $v_i = r_i \omega$ なので（図 5.4），運動エネルギー K_i は次のように表される．

$$K_i = \frac{1}{2} m_i v_i^2 = \frac{1}{2} m_i r_i^2 \omega^2 \tag{5.6}$$

剛体全体の回転運動の運動エネルギー K は，各体積要素の運動エネルギーの和 $K_1 + K_2 + \cdots$ なので，次のように表される．

$$K = \frac{1}{2} m_1 r_1^2 \omega^2 + \frac{1}{2} m_2 r_2^2 \omega^2 + \cdots$$
$$= \frac{1}{2} (m_1 r_1^2 + m_2 r_2^2 + \cdots) \omega^2 = \frac{1}{2} \left(\sum_i m_i r_i^2 \right) \omega^2 \tag{5.7}$$

そこで，この剛体の固定軸のまわりの**慣性モーメント** I を

図 5.4 $v_i = r_i \omega$

細長い棒 $I_G = \frac{1}{12} ML^2$

細長い棒 $I = \frac{1}{3} ML^2$

円柱 $I_G = \frac{1}{12} ML^2 + \frac{1}{4} MR^2$

円柱（円板） $I_G = \frac{1}{2} MR^2$

円環 $I_G = MR^2$

円環 $I_G = \frac{1}{2} MR^2$

薄い円筒 $I_G = MR^2$

厚い円筒 $I_G = \frac{1}{2} M(R_1^2 + R_2^2)$

薄い直方体 $I_G = \frac{1}{12} M(a^2 + b^2)$

薄い直方体 $I = \frac{1}{3} M(a^2 + b^2)$

球 $I_G = \frac{2}{5} MR^2$

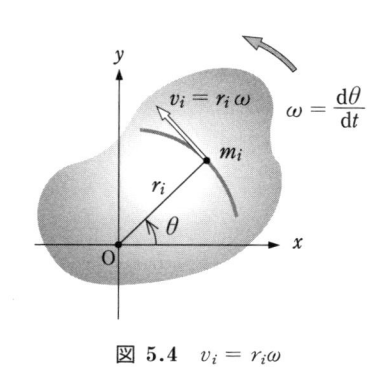

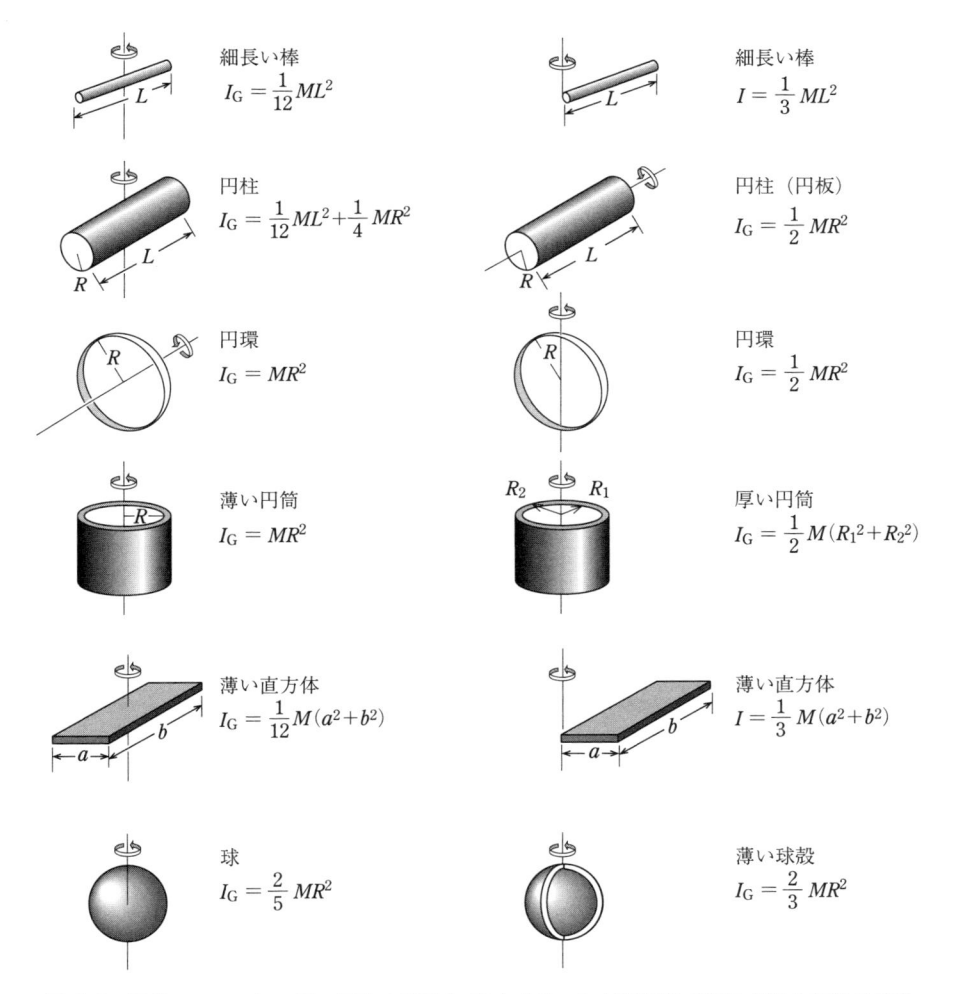

薄い球殻 $I_G = \frac{2}{3} MR^2$

図 5.5 慣性モーメントの例．剛体の質量を M とする．I_G は回転軸が剛体の重心を通る場合の慣性モーメントである．質量 M の剛体のある軸のまわりの慣性モーメントを $I = Mk^2$ とおいて，k をその剛体の回転軸のまわりの回転半径ということがある．

$$I = m_1 r_1^2 + m_2 r_2^2 + \cdots = \sum_i m_i r_i^2 \tag{5.8}$$

と定義すると，この剛体の回転運動の運動エネルギー K は

$$K = \frac{1}{2} I \omega^2 \tag{5.9}$$

と表される．図 5.3 のおもりの慣性モーメント I は，$I = mr^2$ である．

　剛体には回転させやすいものと，回転させにくいものがある．回転させにくいとは，同じ角速度 ω で回転させるために大きな仕事が必要なことを意味する．この仕事は $I\omega^2/2$ なので，慣性モーメント I に比例する．つまり，慣性モーメント I は剛体の回転させにくさを表す量で，直線運動の場合の質量 m に対応する．質量の大きな物体は動かしにくいばかりでなく，動いている場合には止めにくい．回転運動の場合も同じである．回転しているこまの例からわかるように，回転している剛体は同一の回転状態をつづけようとする性質をもつ．慣性モーメントの大きい剛体ほど回転状態を変化させにくい．

　慣性モーメントの例を図 5.5 に示す．同じ剛体でも回転軸が異なると，慣性モーメントの大きさは異なる（図 5.5 の上から 3 列目までの右と左の慣性モーメントを比べよ）．同じ質量でも，質量が軸から遠い場合には，慣性モーメントは大きい．

問 1 図 5.6 (a), (b) のどちらの場合の慣性モーメントが大きいか．

■ **平行軸の定理** ■　　質量 M の剛体内の 1 点 O を通る回転軸（z 軸とする）のまわりの慣性モーメントを I，重心 G を通り z 軸に平行な軸のまわりの慣性モーメントを I_G とすると，

$$I = I_G + Md^2 \tag{5.10}$$

の関係がある．d は重心 G と z 軸（回転軸）の距離である（図 5.7）（証明略）．

問 2 図 5.5 のいちばん上の 2 つの場合に (5.10) 式が成り立つことを示せ．

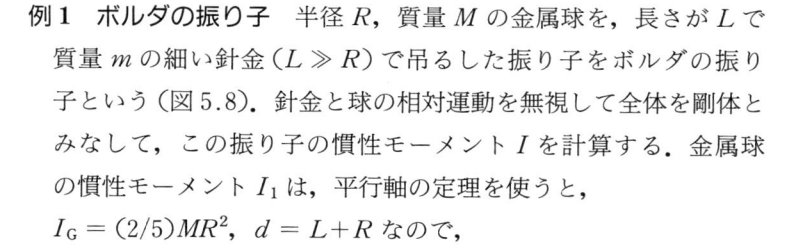

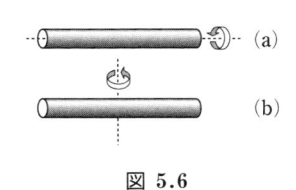

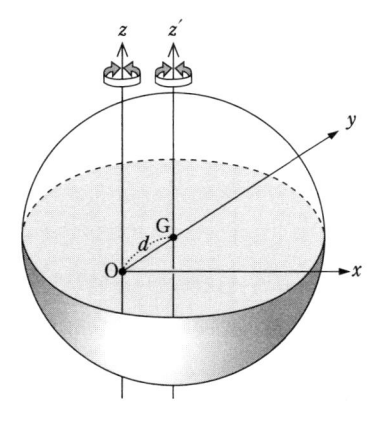

例 1　ボルダの振り子　半径 R，質量 M の金属球を，長さが L で質量 m の細い針金（$L \gg R$）で吊るした振り子をボルダの振り子という（図 5.8）．針金と球の相対運動を無視して全体を剛体とみなして，この振り子の慣性モーメント I を計算する．金属球の慣性モーメント I_1 は，平行軸の定理を使うと，
$I_G = (2/5)MR^2$，$d = L+R$ なので，

図 5.6

図 5.7　平行軸の定理，$I = I_G + Md^2$

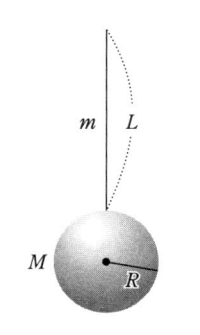

図 5.8　ボルダの振り子

$$I_1 = \frac{2}{5}MR^2 + M(L+R)^2 \qquad (5.11\,\text{a})$$

針金の慣性モーメント I_2 は

$$I_2 = \frac{1}{3}mL^2 \qquad (5.11\,\text{b})$$

$$I = I_1 + I_2 = \frac{2}{5}MR^2 + M(L+R)^2 + \frac{1}{3}mL^2 \qquad (5.12)$$

■ **力のモーメント（トルク）** ■ シーソーで遊んだり，てこで重い物を持ち上げた経験から，物体に作用する力が物体を支点（回転軸）Oのまわりに回転させようとする能力は，

「力の大きさ F」×「支点Oから力の作用線までの距離 L」

であることはよく知られている（図5.9，図5.10）．この

$$N = FL \qquad (5.13)$$

を点Oのまわりの力 $\boldsymbol{F}$ の**モーメント**あるいは**トルク**とよぶ．ここで，回転軸Oの方向と力 $\boldsymbol{F}$ は垂直だとする．

図5.10のように角 ϕ を定義すると，力の作用点Pの円運動の接線方向への力 $\boldsymbol{F}$ の成分は $F_\text{t} = F\sin\phi$ と表せる．回転軸から力の作用線までの距離 L は $L = r\sin\phi$ と表されるので，力 $\boldsymbol{F}$ のモーメント (5.13) は

$$N = Fr\sin\phi = rF_\text{t} \qquad (5.14)$$

と表される（図5.10）．力のモーメントの単位は N·m である．

力のモーメント $N = FL$ には正負の符号があり，力 $\boldsymbol{F}$ が物体を回転軸Oのまわりに時計の針のまわる向きと逆向きに回転させようとする場合には正（$N = FL$），時計の針のまわる向きに回転させようとする場合には負（$N = -FL$）と定義する（図5.11）．

例2 図5.12の物体に働く外力 $\boldsymbol{F}_1, \boldsymbol{F}_2$ の点Oのまわりのモーメント N は

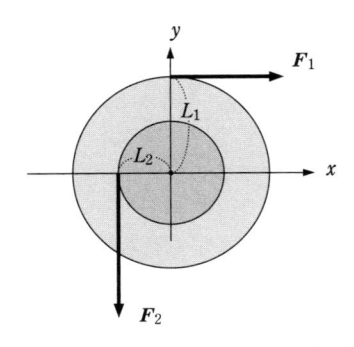

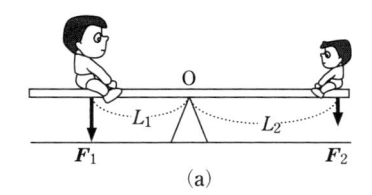

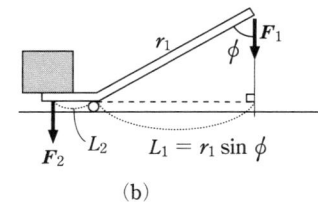

図 5.9 (a) $F_1 L_1 = F_2 L_2$ ならシーソーはつり合う．(b) $F_1 L_1 (= F_1 r_1 \sin\phi) > F_2 L_2$ なら荷物を持ち上げられる．

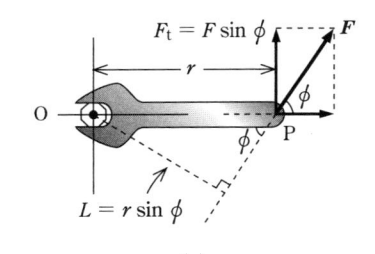

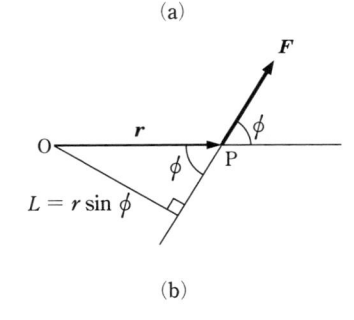

図 5.10 力のモーメント $N = FL$

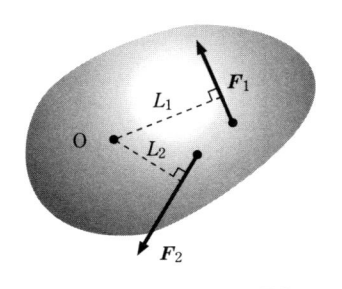

図 5.11 $N = F_1 L_1 - F_2 L_2$

図 5.12 $F_1 = 3\,\text{N}$, $L_1 = 1\,\text{m}$, $F_2 = 4\,\text{N}$, $L_2 = 0.5\,\text{m}$

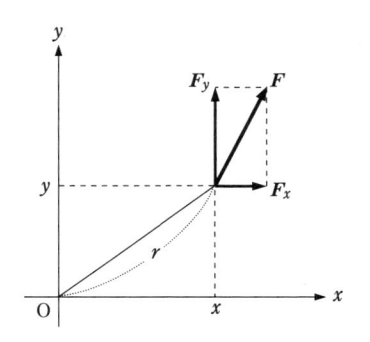

図 5.13 力 $\boldsymbol{F}$ の原点 O のまわりのモーメント N
$N = xF_y - yF_x$

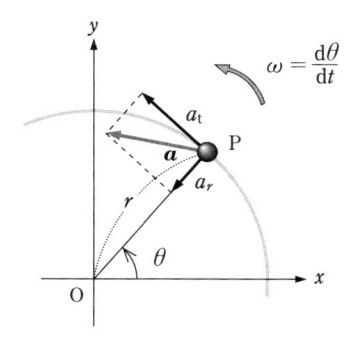

図 5.14 向心加速度 a_r と接線加速度 a_t

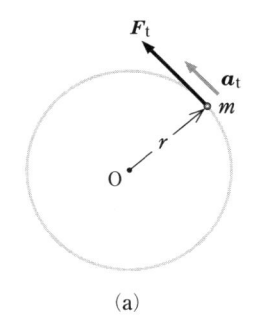

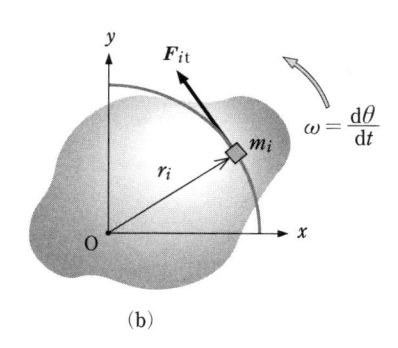

図 5.15 (a) $F_t = ma_t = mr\alpha$,
(b) $N_i = r_i F_{it} = m_i r_i^2 \alpha$

$N = -F_1 L_1 + F_2 L_2 = -3\,\text{N} \times 1\,\text{m} + 4\,\text{N} \times 0.5\,\text{m} = -1.0\,\text{N·m}$

なので，外力は全体として，物体を時計の針のまわる向きに回転させようとする向きに働く． ▮

例3 力 $\boldsymbol{F}$ が点 (x, y) に作用している場合，力 $\boldsymbol{F}$ を x 方向と y 方向の分力に $\boldsymbol{F} = \boldsymbol{F}_x + \boldsymbol{F}_y$ と分解すると，原点 O のまわりの力 $\boldsymbol{F}$ のモーメント N は，分力 $\boldsymbol{F}_x$ のモーメント $-yF_x$ と分力 $\boldsymbol{F}_y$ のモーメント xF_y の和

$$N = xF_y - yF_x \tag{5.15}$$

であることがわかる（図5.13）． ▮

▮ 接線加速度と角加速度 ▮

等速円運動をする物体の加速度は，向心加速度

$$a_r = \frac{v^2}{r} = r\omega^2 \tag{5.16}$$

だけであるが（3.1節参照），等速ではない円運動の加速度 $\boldsymbol{a}$ は，向心加速度 a_r 以外に，円の接線方向を向いた成分の接線加速度 a_t をもつ（図5.14）．角速度が ω で半径が r の円運動を行う物体の速さ v は $v = r\omega$ なので，接線加速度 a_t は

$$a_t = r\alpha \tag{5.17}$$

と表される（$a_t = dv/dt = d(r\omega)/dt = r\, d\omega/dt = r\alpha$）．

α は，(5.3)式で定義した角速度 ω の時間変化率の，角加速度である．

▮ 固定軸のまわりの剛体の回転運動の法則 ▮

半径 r の円運動をしている質量 m の小物体の円の接線方向の運動方程式

$$F_t = ma_t \tag{5.18}$$

の両辺に半径 r をかけると

$$F_t r = N = ma_t r = m(r\alpha)r = mr^2 \alpha \tag{5.19}$$

が導かれる（図5.15(a)）．

剛体の場合には，剛体を小物体の集まりと考えると，各小物体に対する(5.19)式の

$$N_i = m_i r_i^2 \alpha \tag{5.20}$$

が成り立つので，それらの和として，固定軸のまわりの剛体の回転運動の法則

$$N = \sum_i N_i = \sum_i m_i r_i^2 \alpha = \left(\sum_i m_i r_i^2\right)\alpha = I\alpha \tag{5.21}$$

$$\therefore \boxed{I\alpha = N \quad \left(I\frac{d^2\theta}{dt^2} = N\right)} \tag{5.22}$$

が導かれる（図 5.15 (b)）．I は (5.8) 式で定義された慣性モーメントで，$N = \sum_i N_i$ は剛体に作用する外力のモーメントの和で，**外力のモーメント**という．なお，各小物体の回転運動には内力のモーメントも影響を与えるが，作用反作用の法則によって剛体全体の回転運動には内力のモーメントは打ち消し合い，内力は影響しない（図 5.16）．(5.22) 式から，$N = 0$ の場合は角加速度 α が 0 であること，したがって，静止している剛体が回転しはじめず，静止状態をつづける条件は，外力のモーメント $N = 0$ であることがわかる．

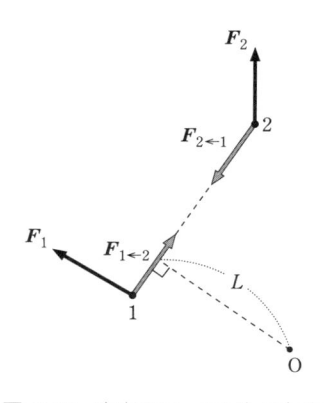

図 5.16　内力のモーメントは打ち消し合う．

■ **固定軸のまわりの剛体の回転運動と x 軸に沿っての直線運動との対応** ■　x 軸に沿っての直線運動の方程式 $ma = F$（$m\,d^2x/dt^2 = F$）と固定軸のまわりの回転運動の方程式 $I\alpha = N$（$I\,d^2\theta/dt^2 = N$）を比べると，

慣性モーメント I	$\Longleftrightarrow$	質量 m
角位置 θ	$\Longleftrightarrow$	位置座標 x
力のモーメント（トルク）N	$\Longleftrightarrow$	力 F
角速度 ω	$\Longleftrightarrow$	速度 v
角加速度 α	$\Longleftrightarrow$	加速度 a

という対応関係があることがわかる．このほか，直線運動で成り立つ関係式に対応する回転運動の関係式は上の置き換えで下記のように得られる．

運動エネルギー $\frac{1}{2}I\omega^2$	$\Longleftrightarrow$	運動エネルギー $\frac{1}{2}mv^2$
仕事 $W = N\theta$	$\Longleftrightarrow$	仕事 $W = Fx$
仕事率 $P = N\omega$	$\Longleftrightarrow$	仕事率 $P = Fv$

参考　トルクと仕事率

中心（回転軸）O からの距離が r の点 P に，接線方向の力 F が作用し，この力だけの作用で，剛体の点 P は点 P$'$ に移動したとする（図 5.17）．このとき力 F の行った仕事 W は，$W = Fs = Fr\theta = N\theta$ なので，

$$W = N\theta \tag{5.23}$$

であり，力が行った単位時間あたりの仕事の仕事率（工学では動力）P は

$$P = N\omega \tag{5.24}$$

である．

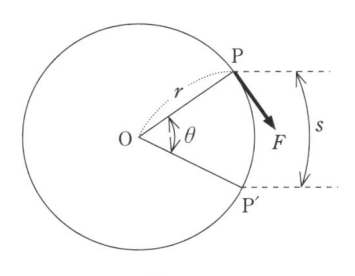

図 5.17

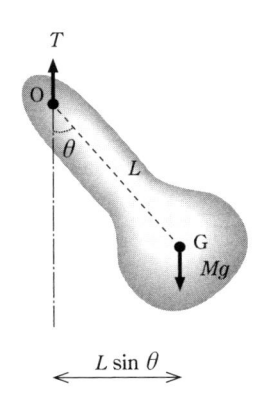

図 5.18 剛体振り子

例 4 剛体振り子 水平な固定軸のまわりに自由に回転でき，重力の作用によって振動する剛体を剛体振り子という（図 5.18）．

剛体振り子に働く外力は，固定軸に作用する軸受けの抗力 T と重力 Mg である．固定軸 O と抗力の作用線の距離は 0 なので，固定軸のまわりの抗力のモーメントは 0 である．前に述べたように，剛体に働く重力の効果は，質量 M の剛体に働く全重力 Mg が重心 G に作用する場合と同じである．固定軸 O から重心 G までの距離を L とし，$\overrightarrow{OG}$ が鉛直線となす角を θ とすると，回転軸 O から重心 G を通る重力の作用線までの距離は $L\sin\theta$ である．そこで，固定軸のまわりの重力 Mg のモーメント N は $(Mg)\times(L\sin\theta)$ なので，

$$N = -MgL\sin\theta \tag{5.25}$$

である（負符号は，重力が振り子の振れを復元する向きに働くことを意味する）．したがって，回転軸のまわりの慣性モーメントが I の剛体振り子の運動方程式 $I\alpha = N$ は

$$I\frac{d^2\theta}{dt^2} = -MgL\sin\theta \tag{5.26}$$

振り子の振幅が小さく，振れの角 θ が小さいときは，$\sin\theta \fallingdotseq \theta$ であることを使い，

$$\omega = \sqrt{\frac{MgL}{I}} \tag{5.27}$$

とおくと，(5.26) 式は次のようになる．

$$\frac{d^2\theta}{dt^2} = -\omega^2\theta \tag{5.28}$$

この微分方程式は単振動の微分方程式 (3.37) の x を θ で置き換えた式なので，一般解を

$$\theta(t) = A\cos(\omega t + \theta_0) \tag{5.29}$$

と表せる．したがって，小振幅の剛体振り子の周期 $T = 2\pi/\omega$ は

$$T = 2\pi\sqrt{\frac{I}{MgL}} \tag{5.30}$$

である．剛体振り子は糸の長さが I/ML の単振り子と同じ運動をすることがわかる．

例 5 長さ $d = 30\,\text{cm}$ の物指しの一端を持って，鉛直面内で振動させるときの振動の周期を求めてみよう（図 5.19）．

$$I = \frac{1}{3}Md^2 \qquad L = \frac{d}{2}$$

なので，(5.30) 式から

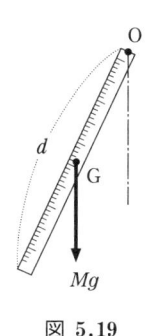

図 5.19

$$T = 2\pi\sqrt{\frac{I}{MgL}} = 2\pi\sqrt{\frac{2L}{3g}} = 2\pi\sqrt{\frac{2\times 0.30\,\text{m}}{3\times 9.8\,\text{m/s}^2}} = 0.90\,\text{s}$$
(5.31)

例題 2 質量 M，半径 R の滑車に軽い糸が巻きつけてあり，その一端に質量 m のおもりがつけてある（図 5.20）．おもりの落下運動の加速度 a と糸の張力 S および滑車の回転の角加速度 α を求めよ．$m = 1.0\,\text{kg}$, $M = 2.0\,\text{kg}$, $R = 20\,\text{cm}$ の場合の a と S と α を計算せよ．

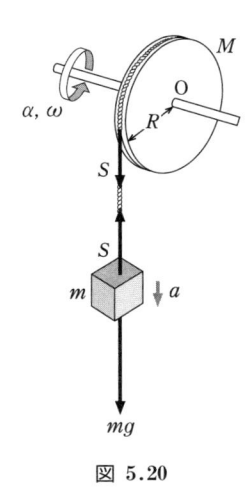

図 5.20

解 慣性モーメント I の滑車を回転させる糸の張力 S の中心軸 O のまわりのモーメントは $N = SR$ なので，滑車の回転運動の方程式は

$$I\alpha = N = SR \quad \therefore \quad \alpha = \frac{SR}{I} \quad (5.32)$$

である．質量 m のおもりの運動方程式は

$$ma = mg - S \quad (5.33)$$

である．おもりの加速度 a は半径 R の滑車の端の接線加速度 $a_t = R\alpha$ に等しい [(5.17) 式]．$a = R\alpha$ に (5.32) 式と (5.33) 式を代入すれば，

$$g - \frac{S}{m} = \frac{SR^2}{I}$$

$$\therefore \quad S = \frac{mg}{1 + mR^2/I} \quad (5.34)$$

$$\alpha = \frac{SR}{I} = \frac{g}{R + I/mR}$$

$$a = R\alpha = \frac{g}{1 + I/mR^2} \quad (5.35)$$

滑車の慣性モーメントが大きく $I \gg mR^2$ の場合には，おもりの落下加速度 a は重力加速度 g に比べはるかに小さい．滑車の慣性モーメントが小さく，$I \ll MR^2$ の場合にはおもりの落下加速度 a は重力加速度 g にほぼ等しい．

$m = 1.0\,\text{kg}$, $M = 2.0\,\text{kg}$, $R = 20\,\text{cm}$ の場合は，$I = MR^2/2$ で $I/mR^2 = M/2m = 1.0$ なので

$$S = mg/2 = 4.9\,\text{N}, \quad a = g/2 = 4.9\,\text{m/s}^2$$

$$\alpha = a/R = 25\,\text{rad/s}^2 \quad (5.36)$$

参考 **角運動量**

直線運動の運動量 $p = mv$ に対応して，固定軸のまわりの剛体の回転運動の角運動量 L

$$L = I\omega \quad (5.37)$$

を導入する．直線運動の運動方程式 $F = ma$ は $F = dp/dt$ と表されるように，固定軸のまわりの剛体の回転運動の法則 $N = I\alpha = I\,d\omega/dt$ [(5.22) 式] は次のように表される．

$$\frac{dL}{dt} = N \quad (5.38)$$

5.1 固定軸のまわりの剛体の回転運動

参考 物体が変形する場合の固定軸のまわりの回転運動

剛体の場合，ある軸のまわりの慣性モーメント $I = \sum m_i r_i^2$ は一定なので，回転運動の2つの法則，つまり，(5.22)式の $I\alpha = I\,d\omega/dt = N$ と (5.38)式の $dL/dt = d(I\omega)/dt = N$ とは同じである．しかし，物体が変形し慣性モーメントが変化する場合（$dI/dt \neq 0$ の場合）には異なる．物体が変形する場合の回転運動の法則は，次の章で示すように，$dL/dt = N$ である．

爪先だって，両手を大きく広げてゆっくりスピンしているフィギュアスケーターが両腕を縮めていくと回転の角速度 ω が増していく（図 5.21）．これはなぜだろうか．爪先だって回転しているフィギュアスケーターに働く外力のモーメント N は 0 なので，角運動量 L の時間変化率は 0，

$$\frac{dL}{dt} = 0 \quad (N = 0 \text{ の場合}) \tag{5.39}$$

である．したがって，

$$\therefore \text{ 角運動量 } L = I\omega = \text{一定} \quad (N = 0 \text{ の場合}) \tag{5.40}$$

である．つまり，慣性モーメント $I = \sum m_i r_i^2$ と角速度 ω は反比例する．そこで，スケーターが伸ばしていた両腕を縮めると，腕の部分の回転半径の r_i が減少するので，スケーターの慣性モーメントも減少し，その結果，角速度 ω が増加する．この場合，腕を縮めると，回転運動のエネルギーが増加するが，この増加分は腕が行った仕事によるものである．腕の行った仕事は腕の筋肉の化学的エネルギーによるものである．

フィギュアスケーターのスピンの場合のように，外部から回転を妨げたり，回転を助けたりする力が作用しない場合，つまり，**回転軸のまわりの外力のモーメントが 0 の場合，物体の固定軸のまわりの角運動量は一定である**．これを**角運動量保存の法則**という．

固定軸のまわりの回転運動ではないが，関連した話題に，プールへの飛び込みがある．飛び込みの選手がプールの水面に垂直に跳び込むには，図 5.22(b) のようにではなく，図 5.22(a) のように途中で身体を丸めた方が角度の調節がしやすい．これは身体の中心から身体の各部分への距離が小さくなると回転する速さ（角速度）が速くなるためである．

図 5.21 フィギュアスケーター

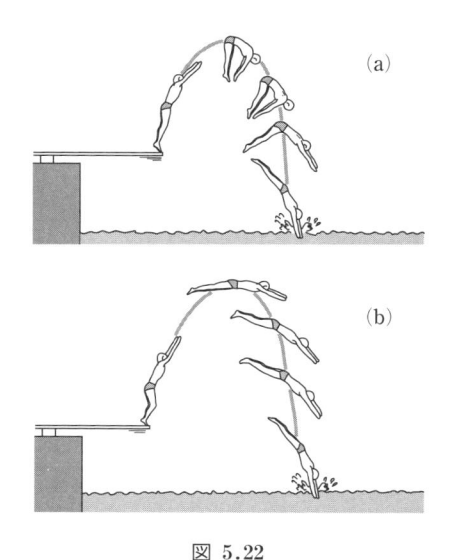

図 5.22

5.2 剛体の平面運動

図 5.23 のように，斜面の上から同じ質量，同じ半径の球と円柱と薄い円筒を転がり落としてみよう．斜面の傾きが小さいので，接触点が斜面を滑らない場合を調べる．実験してみると，3 つの物体は同じ速さで転がり落ちるのではなく，球がいちばん速く，次が円柱で，いちばん遅いのが円筒であることがわかる．

生卵とゆで卵で同じ実験をすると，生卵の方がゆで卵よりも速く落ちる．そこで，卵を割らなくても，生卵とゆで卵を区別できる．この節で剛体の平面運動を学ぶと，なぜこのような速さの差が生じるのかがわかる．

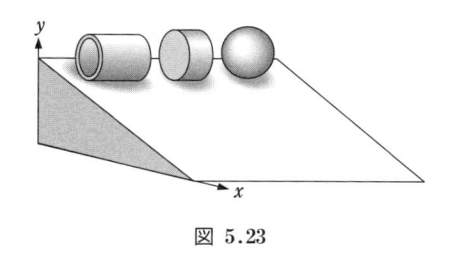

図 5.23

▍剛体の平面運動 ▍ 剛体のすべての点が一定の平面（たとえば図 5.23 の xy 平面）に平行な平面上を動く運動を剛体の平面運動という．図 5.23 の円柱などが平らな斜面を転落する運動はその一例である．この一定の平面として重心 G が含まれるように xy 平面を選ぶと（図 5.24），剛体の位置を定めるには，重心 G の x, y 座標の X, Y のほかに，xy 平面内にある剛体のもう 1 つの点 P の位置を知る必要があるが，これは有向線分 $\overrightarrow{\mathrm{GP}}$ が $+x$ 軸となす角 θ から決められる．したがって，剛体の平面運動を調べるには，重心 G の座標 X, Y と重心のまわりの回転角 θ の従う運動法則が必要である．

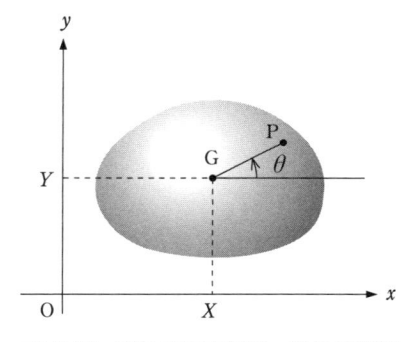

図 5.24 剛体の平面運動．剛体の位置は，重心座標 (X, Y) と重心のまわりの回転角 θ がわかれば決まる．

▍剛体の重心の運動方程式 ▍ 外力 $\boldsymbol{F}$ の作用している質量 M の剛体の重心 $\mathrm{G}(X, Y)$ の運動方程式は，(5.1) 式として示した，

$$M\boldsymbol{A} = \boldsymbol{F} \quad (MA_x = F_x, \ MA_y = F_y) \tag{5.41}$$

である．$\boldsymbol{A}$ は重心の加速度で，$\boldsymbol{F}$ は剛体の各部分に作用するすべての外力の合力（ベクトル和）である．

▍剛体の重心のまわりの回転運動の法則 ▍ 固定軸のまわりの剛体の回転運動の法則は (5.22) 式である．重心を通る軸のまわりの回転運動の法則も同じ形である．

$$I_\mathrm{G} \alpha = N \qquad I_\mathrm{G} \frac{\mathrm{d}^2 \theta}{\mathrm{d} t^2} = N \tag{5.42}$$

ここで，I_G は重心を通り z 軸に平行な直線のまわりの剛体の慣性モーメント，N は剛体に作用する外力のこの直線のまわりのモーメントの和，α は重心のまわりの剛体の回転の角加速度である．

(5.42)式は重心が運動していても成り立つ.

■ **剛体の運動エネルギー** ■　剛体の運動エネルギー K は，重心運動の運動エネルギー $MV^2/2$ と重心のまわりの回転運動の運動エネルギー $I_G\omega^2/2$ の和である．

$$K = \frac{1}{2}MV^2 + \frac{1}{2}I_G\omega^2 \tag{5.43}$$

■ **力学的エネルギー保存の法則** ■　剛体に作用する摩擦力によって熱が発生しない場合には，剛体の重心の高さを h とすると，剛体の運動エネルギーと重力による位置エネルギーの和が一定という力学的エネルギー保存の法則が成り立つ．

$$\frac{1}{2}MV^2 + \frac{1}{2}I_G\omega^2 + Mgh = 一定 \tag{5.44}$$

■ **剛体が平面上を滑らずに転がる場合** ■　半径 R の円柱，円筒，球，球殻などが平面上を滑らずに転がる場合を考える．これらの剛体が中心（重心）G のまわりに角速度 ω で回転すると，図 5.25 の点 P の回転による速度は $-R\omega$ である．接触点 P は滑らないので，点 P の速度は 0 である．したがって，重心速度（並進運動の速度）V（図 5.24 (a)）と回転速度 $-R\omega$（図 5.25 (b)）は打ち消し合うので，

$$V = R\omega \tag{5.45}$$

という関係がある．これらの剛体は，各瞬間に，接触点 P を中心とする角速度 $\omega = V/R$ の回転運動を行う（図 5.25 (c)）．

円柱や球が平面上を滑らずに転がる場合の運動エネルギー K は

$$K = \frac{1}{2}I_G\omega^2 + \frac{1}{2}MV^2 = \frac{1}{2}\left(\frac{I_G}{R^2} + M\right)V^2 \tag{5.46}$$

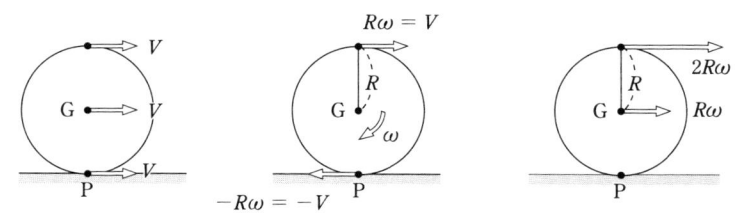

(a) 速度 V の並進運動　(b) 角速度 $\omega = V/R$ の重心のまわりの回転運動　(c) (a)+(b)

図 5.25　円柱が平面上を滑らずに転がる場合．(c) は (a) と (b) を合成したものである．速度 V の並進運動と重心のまわりの角速度 ω の回転運動を合成すると，接触点 P での速度 $V-R\omega$ は 0 なので，重心の速度は $V = R\omega$．各瞬間での剛体の運動は剛体と平面との接触点 P を中心とする角速度 $\omega = V/R$ の回転運動．

と表せる．したがって，この場合の剛体の全運動エネルギーは，速さ V，質量 M の質点の運動エネルギー $MV^2/2$ の $[1+(I_G/MR^2)]$ 倍である．いくつかの例を表 5.1 に示す．

表 5.1

剛 体	I_G	$1+(I_G/MR^2)$
薄い円筒	MR^2	2
円 柱	$\frac{1}{2}MR^2$	$\frac{3}{2}$
薄い球殻	$\frac{2}{3}MR^2$	$\frac{5}{3}$
球	$\frac{2}{5}MR^2$	$\frac{7}{5}$

■ 斜面の上を滑らずに転がり落ちる剛体の運動 ■　質量 M，半径 R の球，球殻，円柱，円筒などが水平面と角 β をなす斜面の上を滑らず転がり落ちる運動を考える（図 5.26）．剛体に働く力は，重心 G に働く重力 Mg，斜面との接触点で働く垂直抗力 $\boldsymbol{T}$ と摩擦力 $\boldsymbol{F}$ である．剛体と斜面の接触点で剛体は滑らないので，摩擦による熱は発生せず，力学的エネルギーは保存する．剛体が落下すると重力による位置エネルギー Mgh は剛体の運動エネルギーになる．そのうちの $1/[1+(I_G/MR^2)]$ が重心運動の運動エネルギーになり，残りの $(I_G/MR^2)/[1+(I_G/MR^2)]$ が回転運動の運動エネルギーになる．この原因は剛体の落下を妨げる向きに摩擦力が働くためである．

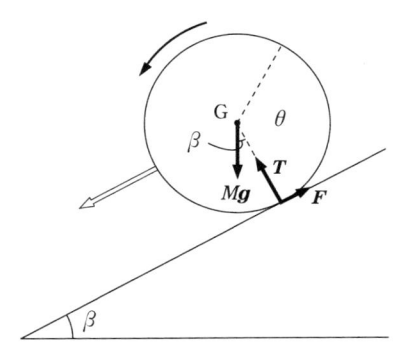

図 5.26 斜面を転がり落ちる剛体

したがって，重心の速さは，斜面を転がらずに滑り落ちる場合の $1/\sqrt{1+(I_G/MR^2)}$ 倍である．そこで，剛体が斜面を滑らずに転がり落ちるときには，I_G/MR^2 が小さいものは速く落ち，I_G/MR^2 が大きいものは遅く落ちることがわかる．薄い円筒，薄い球殻，円柱，球の重心の落下加速度である $g\sin\beta/[1+(I_G/MR^2)]$ を示すと

　　薄い円筒：$(1/2)g\sin\beta$,　　薄い球殻：$(3/5)g\sin\beta$,
　　円柱：$(2/3)g\sin\beta$,　　　　球：$(5/7)g\sin\beta$　　　　(5.47)

となるので，滑らず転がり落ちる速さは，この順に速くなることがわかる．

　生卵とゆで卵を比べると，生卵は殻が回転しても白味と黄味は殻と同じ角速度で回転しないので，ゆで卵に比べて慣性モーメントが実質的に小さい．したがって，生卵はゆで卵よりも速く転がり落ちる．

剛体の平面運動のいくつかの例

例題3 一様な円板（半径 R，質量 M）のまわりに糸を巻きつけ，糸の他端を固定し，円板に接していない糸の部分を鉛直にして放したときの運動を調べよ（図5.27参照）．糸の張力 S と円板に働く重力 Mg の関係を求めよ．

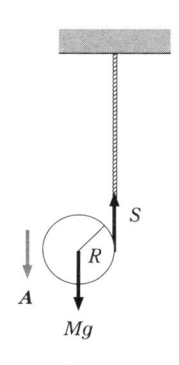

図 5.27

解 鉛直下向きを $+x$ 方向とすると，(5.41)式，(5.42)式は

$$MA = Mg - S \quad (5.48)$$
$$I_G \alpha = SR \quad (5.49)$$

である．速度と角速度の関係 $V = R\omega$ [(5.45)式] に対応する加速度と角加速度の関係 $A = R\alpha$ を使って，加速度 A と張力 S を求めると

$$A = \frac{g}{1 + (I_G/MR^2)} \quad (5.50)$$

$$\therefore \quad S = \frac{I_G}{MR^2 + I_G} Mg \quad (5.51)$$

円板の I_G は $MR^2/2$ なので，

$$A = \frac{2}{3}g, \quad S = \frac{1}{3}Mg \quad (5.52)$$

したがって，円板の重心は加速度 $A = (2/3)g$ の等加速度運動をする．

例題4 図5.28に示すヨーヨー（質量 M，慣性モーメント I_G，軸の半径 R_0）の落下運動での重心の加速度 A を求めよ．

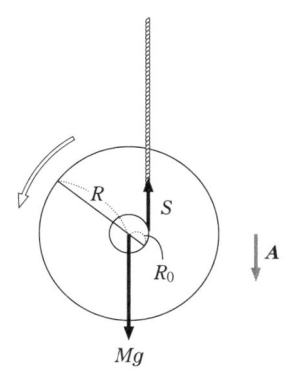

図 5.28

解 ヨーヨーには鉛直下向きに重力 Mg と鉛直上向きに糸の張力 S が作用する．重心の鉛直方向の運動方程式とヨーヨーの軸のまわりの回転運動の方程式は

$$MA = Mg - S \quad (5.53)$$
$$I_G \alpha = SR_0 \quad (5.54)$$

である．$A = R_0 \alpha$ という関係を使い，(5.53)式と(5.54)式から S を消去すると，

$$A = \frac{g}{1 + (I_G/MR_0^2)} \quad (5.55)$$

R_0 を小さくして，I_G/MR_0^2 を大きくすると，落下の加速度 A は重力加速度 g に比べてはるかに小さくなり，ヨーヨーはゆっくり落下する．図5.28のヨーヨーの軸の部分の質量が無視できる場合は，ヨーヨーの慣性モーメント $I_G = MR^2/2$ なので

$$A = \frac{2R_0^2}{2R_0^2 + R^2} g \quad (5.56)$$

回転運動の慣性

物体は等速直線運動をつづけようとする慣性をもつが，回転している剛体は一定の回転軸のまわりで一定の角速度の回転をつづけようとする慣性をもつ．こまが倒れずに回転しつづけるのも，自転車が動いているときに倒れにくいのも，回転運動の慣性のためである．直線運動の場合の慣性の大小を表す量は質

量であるが，回転運動の慣性の大きさを表す量は慣性モーメントである．

5.3 力のつり合い

これまでは力と運動について学んできた．日常生活では，身のまわりの物体が静止しつづけることが望ましい場合が多い．はしごを登っている間にはしごが動きはじめたら危険である．この節では，いくつかの力が作用している剛体が静止状態をつづけるために，これらの力が満たさねばならない条件である，**力のつり合い条件**を求める．

■ **剛体に作用する力のつり合い条件** ■ いくつかの力が作用している剛体が静止しつづけている場合，これらの力はつり合っているという．

剛体に作用する力 $\boldsymbol{F}_1, \boldsymbol{F}_2, \cdots$ がつり合うための条件を求めよう．簡単のために，剛体に作用するすべての外力の作用線は一平面上にあるものとし，この平面を xy 平面とする．

剛体に作用する外力 $\boldsymbol{F}_1, \boldsymbol{F}_2, \cdots$ のつり合い条件は2つある．

(1) 外力のベクトル和 $\boldsymbol{F} = \boldsymbol{F}_1 + \boldsymbol{F}_2 + \cdots$ が $\boldsymbol{0}$ という条件：
$$\boldsymbol{F}_1 + \boldsymbol{F}_2 + \cdots = \boldsymbol{0} \tag{5.57}$$
成分で表すと，
$$F_{1x} + F_{2x} + \cdots = 0 \qquad F_{1y} + F_{2y} + \cdots = 0 \tag{5.57'}$$
これは剛体の重心の加速度 $\boldsymbol{A} = (\boldsymbol{F}_1 + \boldsymbol{F}_2 + \cdots)/M = \boldsymbol{0}$ という条件である．条件 (5.57) が満たされていれば，静止していた剛体の重心が動きはじめることはない．もし $\boldsymbol{F} \neq \boldsymbol{0}$ であれば，剛体の重心は加速度 $\boldsymbol{A} = \boldsymbol{F}/M$ で加速される．

(2) 1つの点 P のまわりの外力のモーメントの和 $N = N_1 + N_2 \cdots$ が 0 という条件：
$$N = [\boldsymbol{F}_1 \text{のモーメント}] + [\boldsymbol{F}_2 \text{のモーメント}] + \cdots = 0 \tag{5.58}$$
これは点 P のまわりの回転の角加速度 $\alpha = N/I = 0$ という条件である．条件 (5.58) が満たされていれば，静止していた剛体が点 P のまわりに回転しはじめることはない．

静止している剛体の重心が静止しつづけ，1つの点 P のまわりに剛体が回転しはじめなければ，剛体は静止しつづける．したがって，2つの条件 (5.57) 式と (5.58) 式が剛体に作用する力がつり合うための条件である．

点 P として原点 O を選ぶと便利な場合がある．外力 $\boldsymbol{F}_1, \boldsymbol{F}_2, \cdots$

を x 方向と y 方向の分力に $\boldsymbol{F}_1 = \boldsymbol{F}_{1x}+\boldsymbol{F}_{1y}$, $\boldsymbol{F}_2 = \boldsymbol{F}_{2x}+\boldsymbol{F}_{2y}$, ⋯ と分解すると，原点 O のまわりの外力のモーメントの和 $N = N_1 + N_2 + \cdots = 0$ という条件は，5.1 節の例 3 の結果を使うと，

$$(x_1 F_{1y} - y_1 F_{1x}) + (x_2 F_{2y} - y_2 F_{2x}) + \cdots = 0 \qquad (5.58')$$

となる．ただし，$(x_1, y_1, 0), (x_2, y_2, 0), \cdots$ は外力 $\boldsymbol{F}_1, \boldsymbol{F}_2, \cdots$ の作用点である．

剛体のつり合いの問題の解き方

(1) 図を描き，(5.57) 式，(5.58) 式を適用する剛体を描く．
(2) 剛体に作用するすべての外力のベクトルを作用点と作用線が正しくなるように記入する．重力の作用点は重心になるように記入する．
(3) (5.58′) 式を使う場合は，x 軸と y 軸を記入する．未知の力の方向が座標軸の方向になるように選ぶ．
(4) 力のつり合いの式 (5.57) を書く．
(5) ある 1 つの点を選び，その点のまわりの (5.58) 式を書く．未知の力の作用点をこの点として選ぶのが便利である．(5.58′) 式を使う場合には，この点を原点とする．
(6) (5.57), (5.58) 式を解く．

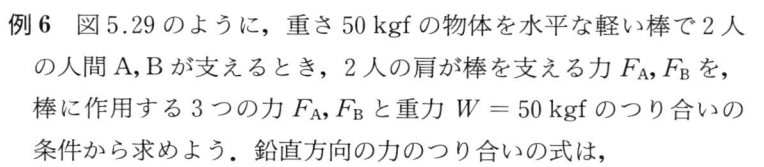

例 6 図 5.29 のように，重さ 50 kgf の物体を水平な軽い棒で 2 人の人間 A, B が支えるとき，2 人の肩が棒を支える力 F_A, F_B を，棒に作用する 3 つの力 F_A, F_B と重力 $W = 50$ kgf のつり合いの条件から求めよう．鉛直方向の力のつり合いの式は，

$$F_A + F_B - W = 0 \quad \therefore \quad F_A + F_B = W = 50 \text{ kgf} \quad (5.59)$$

点 C のまわりの力のモーメントのつり合いの式は，符号まで考慮すると，

$$-F_A \times 60 \text{ cm} + F_B \times 40 \text{ cm} = 0 \quad \therefore \quad 3F_A = 2F_B \quad (5.60)$$

となるので，2 つの条件から

$$F_A = \frac{2}{5} W = 20 \text{ kgf}, \qquad F_B = \frac{3}{5} W = 30 \text{ kgf} \quad (5.61)$$

が導かれる．なお，棒が水平でなくても (5.61) 式の結果は変わらない．

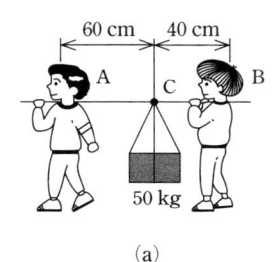

図 5.29

例題5 図5.30(a)の飛び込み台の長さ4.5 mの板の端に質量 = 50 kgの選手が立っている．1.5 m間隔の2本の支柱に働く力 F_1, F_2 を求めよ．

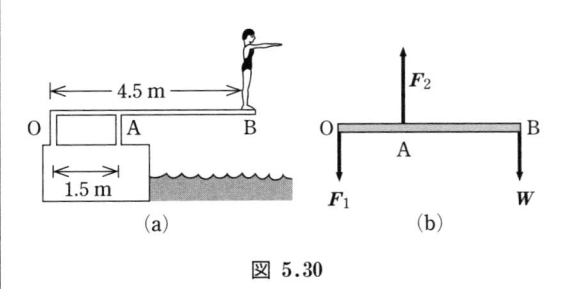

図 5.30

解 図5.30(b)のように力 F_1 を下向き，力 F_2 を上向きにすると，鉛直方向の力のつり合いから
$$F_2 - F_1 = W = 50 \times 9.8 \text{ N} = 490 \text{ N}$$
点Oのまわりの力のモーメントの和 $N = 0$ という条件から
$$1.5 F_2 - 4.5 W = 0$$
$$\therefore F_2 = 3W = 1470 \text{ N},$$
$$F_1 = F_2 - W = 2W = 980 \text{ N}$$

例題6 図5.31のように手のひらに5 kgの物体をのせるとき，二頭筋の作用する力 F の大きさを求めよ．腕の質量は無視せよ．$L = 32$ cm，$d = 4$ cmとせよ．

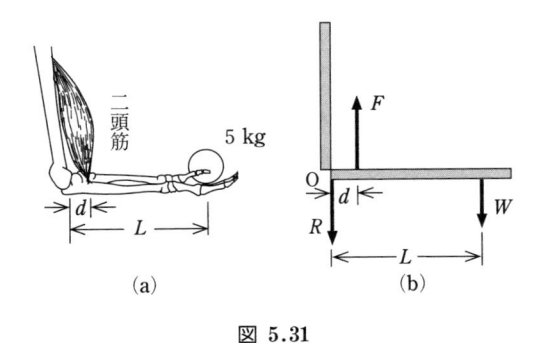

図 5.31

解 ひじのまわりのモーメントが0という条件から
$$Fd - WL = 0 \quad \therefore 4F = 32W$$
$$\therefore F = 8W = 40 \text{ kgf}$$

例題7 長さが $L = 4$ mのはしごが壁に立てかけてある（図5.32）．壁とはしごの上端の間の摩擦は無視でき，床とはしごの下端の間の静止摩擦係数を

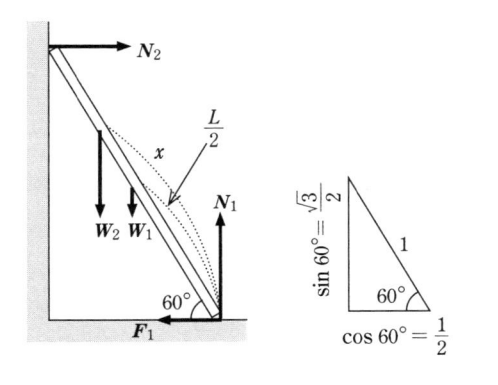

図 5.32

$\mu = 0.40$ とする．はしごの質量は20 kgで，重心Gははしごの中央にある．はしごと床の角度 $\theta = 60°$ のとき，このはしごに体重60 kgの人が登りはじめた．この人ははしごの上端まで到達できるだろうか．

解 はしごと人間の受ける重力を W_1, W_2 とすると，$W_2 = 3W_1$ である．人間がはしごの下端から距離 x のところにいる場合，図5.32を参考にすると，つり合い条件(5.57)は
$$W_1 + W_2 = N_1$$
$$\therefore 4W_1 = N_1 \quad （鉛直方向）\quad (5.62)$$
$$N_2 = F_1 \quad （水平方向）\quad (5.63)$$
はしごの下端のまわりでのつり合い条件(5.58)は
$$W_1 \frac{1}{2} L \cos 60° + W_2 x \cos 60° - N_2 L \sin 60° = 0 \quad (5.64)$$
となる．$\sin 60° = \sqrt{3}/2$，$\cos 60° = 1/2$ なので，この式は
$$\frac{1}{16} N_1 L + \frac{3}{8} N_1 x - \frac{\sqrt{3}}{2} F_1 L = 0$$
$$\therefore \frac{F_1}{N_1} = \frac{1}{8\sqrt{3}\, L}(L + 6x) \quad (5.65)$$
静止摩擦係数 $\mu = 0.40$ なので，$F_1/N_1 \leq \mu = 0.40$．したがって
$$(L + 6x)/8\sqrt{3}\, L \leq 0.40,$$
$$L + 6x \leq 5.54 L \quad \therefore x \leq 0.76 L \quad (5.66)$$
はしごの下端から約3/4 (3.0 m) 登ったところではしごは倒れる．

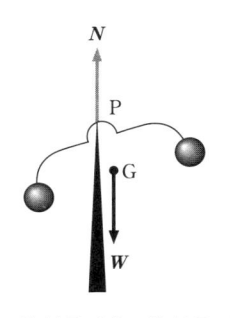

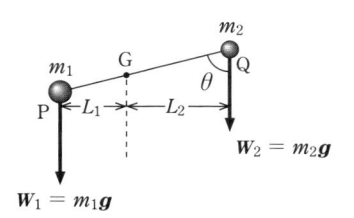

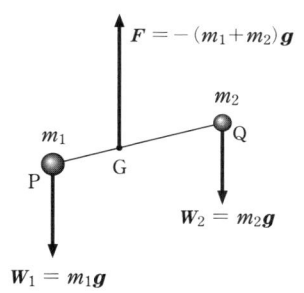

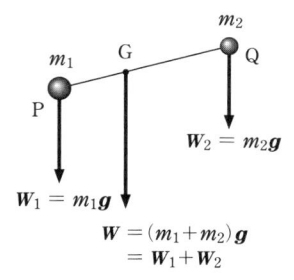

図 5.33 やじろべえ．やじろべえの重心 G は支点 P より低いので，やじろべえを傾けた場合，抗力 N と重力 W の作用はやじろべえを水平に戻そうとする復元力になる．やじろべえの重心は外部にあることに注意．

図 5.34 棒に固定された 2 つの球に作用する重力 W_1, W_2 の合力は重心 G を通る鉛直下向きの力 $W_1 + W_2$ である．重心 G は $\overline{\mathrm{PQ}}$ を $m_2 : m_1$ に内分する点，つまり，$\overline{\mathrm{GP}} : \overline{\mathrm{GQ}} = m_2 : m_1$ の点である．

■ **安定なつり合いと不安定なつり合い** ■ ある物体に作用する力がつり合っている場合に，安定なつり合いと不安定なつり合いがある．物体をつり合いの状態から少しずらせたときに復元力が働く場合を安定なつり合いといい，そうでない場合を不安定なつり合いという．図 5.33 のやじろべえは安定なつり合いの例である．

5.4 剛体の重心

剛体の重心とは，剛体の運動やつり合いに対する重力の効果を問題にするときに，剛体の各部分に作用する重力の合力が，そこに作用しているとみなせる点である．

■ **2 つの質点の重心** ■ 図 5.34 に示すような，軽い棒の両端 P，Q に 2 つの重いが小さな球（質量 m_1 と m_2）がついている剛体を考える．2 つの球には鉛直下向きの重力 $W_1 = m_1 g$ と $W_2 = m_2 g$ が作用する．この棒の 1 点を指で支えて静止させておくには，どこを支えればよいだろうか．求める点を G とし，G から 2 つの重力 W_1 と W_2 の作用線への距離を L_1 と L_2 とする．重力 W_1 が点 G のまわりに剛体を回転させようとする効果の大きさは，「力の大きさ $W_1 = m_1 g$」×「点 G から力の作用線への距離 L_1」，つまり，重力 W_1 のモーメント $N_1 = W_1 L_1 = m_1 g L_1$ である．したがって，この剛体が静止しつづけるためには，2 つの球に作用する重力の点 G のまわりのモーメントの大きさ $W_1 L_1 = m_1 g L_1$ と $W_2 L_2 = m_2 g L_2$ が等しくなければならない．したがって，

$$m_1 g L_1 = m_2 g L_2 \quad \therefore \quad L_1 : L_2 = m_2 : m_1 \quad (5.67)$$

となる．$L_1 = \overline{\mathrm{GP}} \sin \theta$, $L_2 = \overline{\mathrm{GQ}} \sin \theta$ なので，

$$\overline{\mathrm{GP}} : \overline{\mathrm{GQ}} = m_2 : m_1 \quad (5.68)$$

つまり，棒の傾きの角度 θ を変えても，つり合いの点 G はつねに線分（棒）$\overline{\mathrm{PQ}}$ を $m_2 : m_1$ に内分する点であることがわかる．

このような条件を満たす点 G を通り，鉛直上向きで，大きさが $(m_1 + m_2)g$ の力 F は，2 つの球に働く重力 W_1, W_2 とつり合う．したがって，棒の両端に固定された 2 つの球に働く重力 W_1, W_2 の効果は，点 G を通り鉛直下向きで，大きさが $(m_1 + m_2)g$ の力 W と同じである．この力 W を 2 つの球から構成された剛体に働く重力 W_1, W_2 の合力とよび，点 G をこの剛体（あるいは 2 つの球）の**重心**あるいは**質量中心**とよぶ．

質量 m_1 の質点の位置を $r_1 = (x_1, y_1)$，質量 m_2 の質点の位置を

$\boldsymbol{r}_2 = (x_2, y_2)$ とすれば（簡単のためこの節でも z 座標は省略する），2 つの質点の重心 G の位置 $\boldsymbol{R} = (X, Y)$ は，

$$\boldsymbol{R} = \frac{m_1 \boldsymbol{r}_1 + m_2 \boldsymbol{r}_2}{m_1 + m_2} \tag{5.69}$$

で，位置座標は

$$X = \frac{m_1 x_1 + m_2 x_2}{m_1 + m_2} \qquad Y = \frac{m_1 y_1 + m_2 y_2}{m_1 + m_2} \tag{5.69'}$$

である．

なお，図 5.34 の 2 つの物体をつけた棒が，図 5.35 のように曲がっていて，線分 $\overline{\mathrm{PQ}}$ を $m_2 : m_1$ に内分する点 G が棒の外部にあっても，点 G は 2 つの物体の重心であり，重心の位置は (5.69) 式で与えられる．つまり，2 つの物体に働く重力 $\boldsymbol{W}_1, \boldsymbol{W}_2$ の合力の作用線はつねに重心 G を通り，重心の位置はつねに (5.69) 式で与えられる．

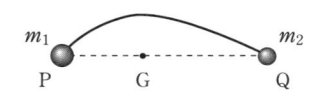

図 5.35 重心 G は物体の外部に存在することもある．

例 7 点 $\mathrm{P} = (2, 4)$ にある質量 $m_1 = 6\,\mathrm{kg}$ の物体と点 $\mathrm{Q} = (5, 1)$ にある質量 $m_2 = 3\,\mathrm{kg}$ の物体の重心 G の位置 (X, Y) は

$$X = \frac{6 \times 2 + 3 \times 5}{6 + 3} = 3 \qquad Y = \frac{6 \times 4 + 3 \times 1}{6 + 3} = 3$$

である（図 5.36 参照）．

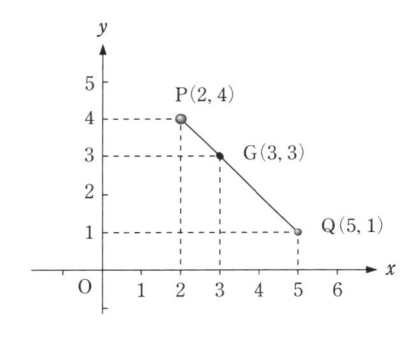

図 5.36

■ **剛体の重心** ■ 剛体の重心の位置を計算で求めるには，剛体を小さな部分に分割して考える．簡単のために，重心の x 座標と y 座標だけを求めよう．分割した結果，質量 $m_1, m_2, m_3, \cdots$ の小さな物体（質点）が点 $\boldsymbol{r}_1 = (x_1, y_1), \boldsymbol{r}_2 = (x_2, y_2), \boldsymbol{r}_3 = (x_3, y_3), \cdots$ にある場合には，この剛体の重心の位置 $\boldsymbol{R} = (X, Y)$ は，

$$\boldsymbol{R} = \frac{m_1 \boldsymbol{r}_1 + m_2 \boldsymbol{r}_2 + m_3 \boldsymbol{r}_3 + \cdots}{m_1 + m_2 + m_3 + \cdots} \tag{5.70}$$

で，位置座標は

$$X = \frac{m_1 x_1 + m_2 x_2 + m_3 x_3 + \cdots}{m_1 + m_2 + m_3 + \cdots} \qquad Y = \frac{m_1 y_1 + m_2 y_2 + m_3 y_3 + \cdots}{m_1 + m_2 + m_3 + \cdots}$$

$$\tag{5.70'}$$

である．

$$m_1 + m_2 + m_3 + \cdots \equiv M \tag{5.71}$$

はこの剛体の質量である．

この剛体に働く重力の合力は，重心 G を通る鉛直下向きの力 $M\boldsymbol{g} = (m_1 + m_2 + m_3 + \cdots)\boldsymbol{g}$ であることは，まず $m_1\boldsymbol{g}$ と $m_2\boldsymbol{g}$ の合力をつくり，次に $m_1\boldsymbol{g}$ と $m_2\boldsymbol{g}$ の合力と $m_3\boldsymbol{g}$ との合力をつくり，

… という合成によって示すことができる．

材質が一様で厚さが一定な薄い円板の重心は円の中心で，材質が一様で厚さが一定な薄い三角形の板の重心は三角形の3本の中線（頂点と対辺の中点を結ぶ線分）の交点である三角形の重心である（図5.37）．ドーナツのように，重心が外部にある物体もある．

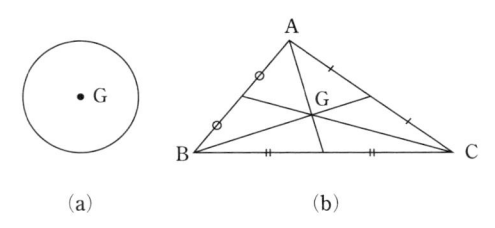

図 5.37 重心．(a) 薄くて一様な円板の重心は円の中心である．(b) 薄くて一様な三角形板の重心は3本の中線の交点である．

例題8 図5.38の直角三角形の頂点上に3つの小物体（質量 m）がある．この系の重心を求めよ．

解 $X = \dfrac{4m}{3m} = \dfrac{4}{3}$ $Y = \dfrac{3m}{3m} = 1$

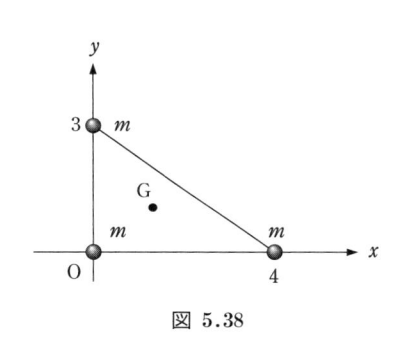

図 5.38

問3 長さが6mの丸太がある．その一端Aを持ち上げるには80 kgfの力が必要であり，他端Bを持ち上げるには70 kgfの力が必要である．この丸太の質量と重心の位置を求めよ．

参考 重心の運動方程式

剛体の重心の位置を表す(5.70)式の両辺に剛体の質量 $M = m_1 + m_2 + m_3 + \cdots$ をかけると

$$M\boldsymbol{R} = m_1\boldsymbol{r}_1 + m_2\boldsymbol{r}_2 + m_3\boldsymbol{r}_3 + \cdots \tag{5.72}$$

となる．

剛体の重心の位置 $\boldsymbol{R}$ の時間変化率 $d\boldsymbol{R}/dt$ は重心の速度 $\boldsymbol{V}$ であり，i 番目の部分の位置 $\boldsymbol{r}_i$ の時間変化率 $d\boldsymbol{r}_i/dt$ は i 番目の部分の速度 $\boldsymbol{v}_i$ なので，(5.72)式から重心の速度 $\boldsymbol{V}$ に対する式

$$M\boldsymbol{V} = m_1\boldsymbol{v}_1 + m_2\boldsymbol{v}_2 + m_3\boldsymbol{v}_3 + \cdots \tag{5.73}$$

が得られる．

剛体の重心速度 V の時間変化率 dV/dt は重心の加速度 A であり，i 番目の部分の速度 v_i の時間変化率 dv_i/dt は i 番目の部分の加速度 a_i である．したがって，(5.73)式から重心の加速度 A に対する式

$$MA = m_1 a_1 + m_2 a_2 + m_3 a_3 + \cdots \tag{5.74}$$

が得られる．

剛体の i 番目の部分に作用する外力を F_i とすると，剛体の各部分の運動方程式は

$$m_1 a_1 = F_1 + \text{内力}, \quad m_2 a_2 = F_2 + \text{内力},$$
$$m_3 a_3 = F_3 + \text{内力}, \quad \cdots \tag{5.75}$$

である．作用反作用の法則によって，内力は $F_{1\leftarrow 2} = -F_{2\leftarrow 1}$ などの関係を満たす．剛体に外部の物体が作用するすべての外力のベクトル和 $F_1 + F_2 + F_3 + \cdots$ を F

$$F = F_1 + F_2 + F_3 + \cdots \tag{5.76}$$

とすると，運動方程式 (5.75) から剛体の重心の運動方程式

$$MA = m_1 a_1 + m_2 a_2 + m_3 a_3 + \cdots = F_1 + F_2 + F_3 + \cdots = F$$

つまり，

$$MA = F \tag{5.77}$$

が得られる（図 5.39）．この運動方程式は

「剛体の重心 G は，剛体の全質量 M が重心に集まり，剛体に作用するすべての外力のベクトル和 F が重心に作用するとしたときの，質量 M の質点と同一の運動を行う」

ことを意味している．

質点系や剛体に作用する外力のベクトル和 $F = 0$ の場合，(5.77)式からこの質点系や剛体の重心加速度 $A = dV/dt = 0$ である．したがって，

「外力が働いていない（あるいは外力のベクトル和が 0 の）質点系や剛体の重心の速度 V は一定で，重心は等速直線運動を行う」．

(5.73)式の右辺は剛体の各部分の運動量の和の全運動量 P，つまり剛体の運動量 P である（4.7節参照）．したがって，

「剛体の運動量」＝「剛体の質量」×「重心速度」
$$P = MV \tag{5.78}$$

である．

例 8　宇宙船　宇宙空間に孤立しているので外力の作用を受けない宇宙船は等速直線運動をするだけで，運動方向を変えたり，速さを増減したりすることはできないのだろうかという問題を考えよ

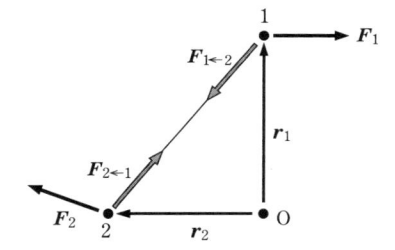

図 5.39　$m_1 a_1 = F_1 + F_{1\leftarrow 2}$
$m_2 a_2 = F_2 + F_{2\leftarrow 1}$
$m_1 a_1 + m_2 a_2 = F_1 + F_2$

う．慣性の法則によって，外力が作用していない宇宙船の本体と燃料の全体の重心は等速直線運動をつづける．しかし，宇宙船が燃料を後方に噴射すると，その反作用で宇宙船の本体は前方へ加速される（図5.40）．また，燃料を横向きに噴射すると，宇宙船は向きを変えられる．

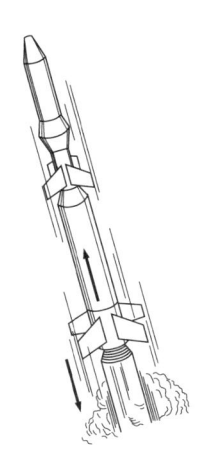

図 5.40

問4 花火の玉が空中で爆発した．空気抵抗を無視すれば，爆発後の花火の破片の運動について何がいえるか．

参考 外力が剛体に行う仕事と重心運動のエネルギーの関係

質量 m の小物体に対する運動方程式 $m\boldsymbol{a} = \boldsymbol{F}$ から，「外力 $\boldsymbol{F}$ が物体に行う仕事」＝「外力の大きさ」×「外力 $\boldsymbol{F}$ の方向への物体の移動距離」は，物体の運動エネルギー $mv^2/2$ の増加量に等しいことが導かれた（4.3節）．剛体の重心運動の方程式 $M\boldsymbol{A} = \boldsymbol{F}$ と $m\boldsymbol{a} = \boldsymbol{F}$ は同じ形なので「剛体に作用する外力（のベクトル和）$\boldsymbol{F}$ の大きさ」×「外力 $\boldsymbol{F}$ の方向への剛体の重心の移動距離」は，剛体の重心の運動エネルギー $K_{重心} = MV^2/2$ の増加量に等しいことが導かれる．

図 5.41

例9 ヨーヨーの糸を軸に巻きつけ，糸の端を持ってヨーヨーを落下させる場合，ヨーヨーには鉛直下向きの重力 W と鉛直上向きの糸の張力 S が働く（図5.41）．したがって，ヨーヨーを落下させる力は，鉛直下向きの合力 $W-S$ である．ヨーヨーの重心の落下運動のエネルギー $K_{重心}$ の増加量は合力 $W-S$ のする仕事である．糸を持たずにヨーヨーを落下させるときの $K_{重心}$ の増加量は重力 W だけのする仕事なので，糸の端を持つとヨーヨーの落下速度は遅くなる．

ヨーヨーの重力による位置エネルギーの減少量のすべてはヨーヨーの重心の落下運動のエネルギー $K_{重心}$ にはならない．この差はヨーヨーの回転運動のエネルギーになる．

5.5 自動車の加速性能はどこまでよくできるか

図5.42は競走用自動車（質量 M）の概念図である．この自動車が出せる最大の加速度 $A_{最大}$ とそれが出せるための条件を求めよう．タイヤと路面との摩擦係数を μ とする．

この自動車は後輪駆動なので，路面による前向きの摩擦力 F は後輪のみに作用すると考えてよい（前輪に作用する後ろ向きの摩擦

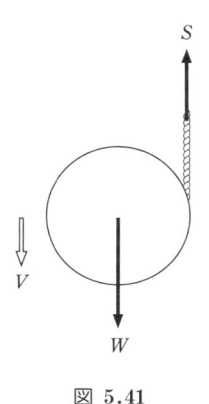

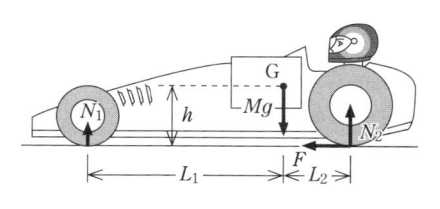

図 5.42 競走用自動車の概念図

力は無視する）．加速しはじめは空気の抵抗は無視できるので，水平方向に作用する外力は後輪に作用する前向きの摩擦力 F だけである．そこで，重心 G の水平方向の運動方程式は

$$MA = F \tag{5.79}$$

重心 G は鉛直方向に移動しないので，鉛直方向に作用する垂直抗力 N_1, N_2 と重力 Mg はつり合っている．つまり，

$$N_1 + N_2 = Mg \tag{5.80}$$

である．後輪に作用する垂直抗力 N_2 と摩擦力 F の関係は

$$F \leqq \mu N_2 \tag{5.81}$$

さて，加速度 $A = F/M$ が最大なのは，前向きの摩擦力 F が最大のときである．F が最大なのは，N_2 が最大で $F = \mu N_2$ のときである．前輪に作用する垂直抗力 N_1 は自動車に下向きに作用することはありえないので，N_1 はマイナスにならない．そこで，$N_2 = Mg - N_1$ が最大になるのは $N_1 = 0$ のときで，そのとき N_2 は最大値 Mg になる．つまり，前向きの摩擦力の最大値は自動車に作用する重力の摩擦係数倍の $F = \mu N_2 = \mu Mg$ である．したがって，$A_\text{最大}$ は

$$A_\text{最大} = F/M = \mu N_2/M = \mu Mg/M = \mu g$$

$$\therefore \quad A_\text{最大} = \mu g \tag{5.82}$$

最大加速度 $A_\text{最大}$ は重力加速度 $g \approx 10 \text{ m/s}^2$ と車輪と路面の摩擦係数 μ との積であることがわかった．パワーの大きなエンジンを搭載してもこれ以上の加速はできない．したがって，加速性能を良くするには，摩擦係数が大きなタイヤの材料を選び，タイヤが路面上を滑らないように表面を細工する必要がある．たとえば，タイヤと路面の摩擦係数が 2 ならば，最大加速度は 20 m/s^2 なので，1 秒後の速さは $20 \text{ m/s}^2 \times 1 \text{ s} = 20 \text{ m/s}$ になる．これは時速 72 km である．2 秒後には時速 144 km，3 秒後には時速 216 km という計算になるが，このような高速では空気の抵抗は無視できない．

広がりのある物体は重心のまわりで回転することがありえる．最大加速度 $A_\text{最大}$ の場合，この自動車に作用する外力は，重心に鉛直下向きに作用する重力 Mg，後輪と路面の接触点に作用する前向きの摩擦力 $F = \mu Mg$ と鉛直上向きの垂直抗力 $N_2 = Mg$ の 3 力である．重心のまわりのモーメントは，重力は 0，摩擦力は $Fh = \mu Mgh$，垂直抗力 N_2 は $-N_2 L = -MgL$ なので，自動車が重心のまわりで回転しないための力のモーメントの和が 0 という条件は

$$\mu Mgh - MgL = 0$$

である［(5.42) 式で $N = 0$］．これから

$$\mu h = L \tag{5.83}$$

という条件が導かれる．後輪に作用する垂直抗力のモーメントの大きさ MgL の方が摩擦力のモーメントの大きさ μMgh より小さくなると，自動車の前部が上にあがってしまう．したがって，自動車の重心の高さ h は低くなるように設計せねばならない．高さ h を L/μ より低くすると，前輪に上向きの垂直抗力 N_1 が作用することになり，N_2 が Mg より小さくなるので，加速度は μg 以下になる．なお，(5.83) 式の導出の際に，車輪の回転の効果は無視した．

前輪に垂直抗力が作用しないと，前輪に横向きの摩擦力が作用しないので，自動車を操縦できなくなる．(5.82) 式の $A_{最大}$ の値はあくまでも理論的な上限値である*．

余談になるが，大人と子供が押し合うとき，大人が子供を押す力と子供が大人を押す力の大きさは，作用反作用の法則で同じである．それなのに大人が子供を押していくのは，大人の方が子供より重いので，大人を前に押す摩擦力の方が子供を前に押す摩擦力より大きいからである．自動車の場合と同じように，前に押す最大摩擦力の大きさは重さ（重力）に比例するからである．

* これまでの議論では車輪の回転運動（慣性モーメント）を無視した．

❖ 第 5 章のキーワード ❖

剛体，角速度，角加速度，慣性モーメント，剛体の回転運動エネルギー，平行軸の定理，力のモーメント（トルク），固定軸のまわりの剛体の回転運動の法則，接線加速度，剛体振り子の周期，剛体の平面運動，重心，剛体の重心の運動方程式，剛体の重心のまわりの回転運動の法則，剛体の運動エネルギー，剛体の力学的エネルギー保存の法則，剛体のつり合い条件

演習問題 5

A

1. 図1の2つの円板 B, C は接触していて，滑り合うことなく回転している．円板 A, B は接着されていて，時計のまわる向きとは逆向きに回転している．円板 C の角速度と角加速度は 2 rad/s と 6 rad/s^2 である．おもりの速度と加速度を求めよ．

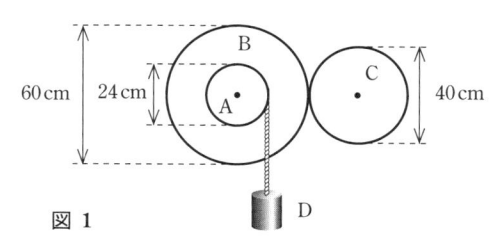

図1

2. 半径 1 m，高さ 1 m の鉄製（密度は 8 g/cm^3）の円柱が中心軸のまわりを毎分 600 回転している．回転による運動エネルギーを求めよ．

3. あるヘリコプターの3枚の回転翼はいずれも長さ $L = 5.0$ m，質量 $M = 200$ kg である（図2）．回転翼が1分間に300回転しているときの回転の運動エネルギーを求めよ．

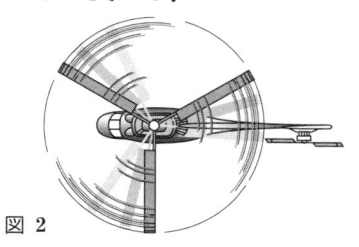

図2

4. 同じ長さで同じ太さの鉄の棒とアルミニウムの棒を図3のように接着した．点Oのまわりに回転できる(a)の場合と点O′のまわりに回転できる(b)の場合，どちらが回転させやすいか．

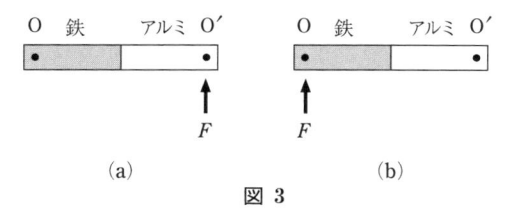

図 3

5. 新幹線電車の台車には，左右に2個ずつ，計4個の車輪に対して，2台のモーターがついており，モーターのトルクによって各車輪が回転する．このとき，車輪とレールの接点Qには，摩擦力 F_Q が図4の向きに働いていると考えられる．新幹線電車が 200 km/h で走行しているときのモーター1台あたりの出力が 83 kW とするときの力 F_Q を求めよ．車輪の直径は 0.91 m とする．

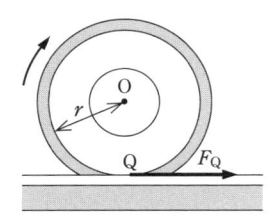

図 4

6. 大きさも重さも完全に同じだが，一方は中空で，もう一方は物質が中まで詰まっている2つの球がある．球を割らずに中空の球を選び出すにはどうすればよいか．

7. 摩擦のない坂を球が回転せずに転がり落ちる場合と，この球が同じ高さから滑らずに転がり落ちる場合とでは，坂の下に達したときの速さの関係はどうなっているか．

8. ビールの入ったビール缶，中のビールを凍らせたビール缶，空のビール缶の3つを斜面の上から静かに転がすと，どのビール缶がもっとも速く斜面を転がり落ちるか．

9. 図5の水平との傾きが30度の斜面を滑らずに転がり落ちる車輪の加速度を計算せよ．車輪の質量を M，慣性モーメントを I_G，軸の半径を R_0 とせよ．

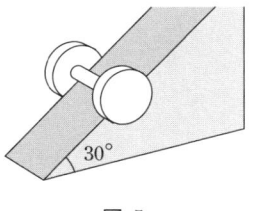

10. ある種類の木の実を割るには，その両側から 3 kgf 以上の力を加える必要がある．図6の道具を使うと，木の実を割るために必要な力はいくらか．

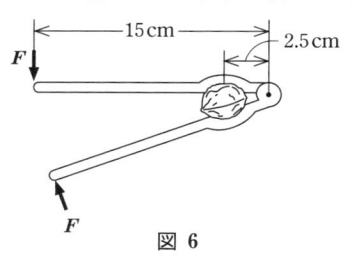

図 6

11. 人間が前にかがんで質量 M の荷物を持ち上げるときに脊柱に働く力の概念図が図7である．体重を W とすると，胴体の重さ W_1 は約 $0.4W$ である．頭と腕の重さ W_2 は約 $0.2W$ である．R は仙骨が脊柱に作用する力，T は脊椎挙筋が脊柱に及ぼす力である．W, M, θ を使って T を表せ．$W = 60$ kgf，$M = 20$ kg，$\theta = 30°$ のとき，T は何 kgf か．$\sin 12° = 0.208$ を使え．

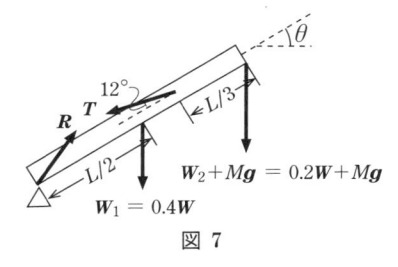

図 7

12. 走高跳びで，選手の重心がバーより上を通過しなくてもバーを跳び越すことは可能か．

13. 大砲の弾丸が発射され，上空で破裂し，いくつかの破片に分裂した．破片の重心はどのような運動をするか．

B

1. 図8のような3辺の長さが a, b, c で質量が M

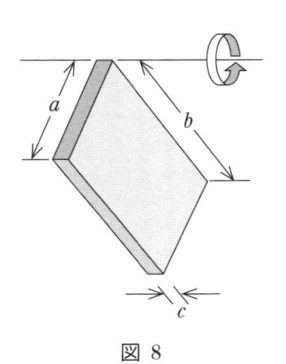

図 8

の直方体の長さ c の辺のまわりの慣性モーメントは
$$I = \frac{1}{3}M(a^2+b^2)$$
である．図に示した軸のまわりにこの直方体を剛体振り子として振動させたときの周期 T を求めよ．

2．球が高さ $4.9\,\mathrm{m}$ のところから，(1)自由落下する場合と，(2)長さ $9.8\,\mathrm{m}$ の斜面を滑らずに転がり落ちる場合，のそれぞれの落下時間を求めよ．

3．図9の装置で質量 m_1, m_2 のおもりの加速度 a と糸の張力 S_1, S_2 を求めよ．$m_1 = 20\,\mathrm{kg}$, $m_2 = 10\,\mathrm{kg}$, $M = 20\,\mathrm{kg}$, $R = 20\,\mathrm{cm}$, $I = MR^2/2$ の場合の a, S_1, S_2 を計算せよ．

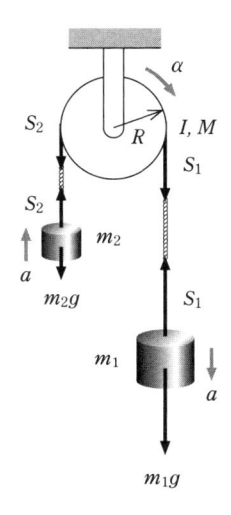

図 9

4．図10のように糸巻きの糸を引くとき，引く方向によって糸巻きの運動方向は異なる．図10の F_1, F_2, F_3 の場合はどうなるか．床との接触点 P のまわりの外力のモーメントを考えてみよ．

5．縦 $2.0\,\mathrm{m}$，横 $2.4\,\mathrm{m}$，質量 $40\,\mathrm{kg}$ の一様な長方形の板を，図11のように，長さ $l = 3.0\,\mathrm{m}$ の水平な

図 10

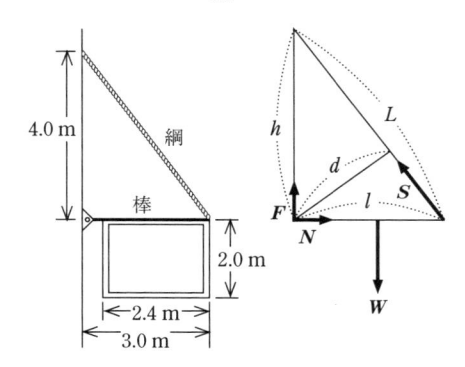

図 11

棒につける．棒は壁に固定したちょうつがいと綱で固定されている．
（1）綱の張力 S を求めよ．
（2）ちょうつがいが棒に及ぼす力を求めよ．

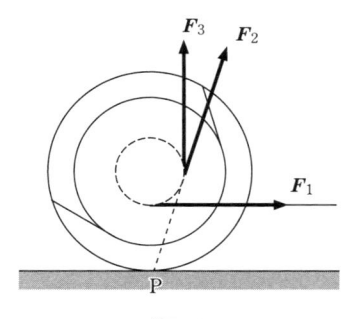

6．図12のような薄い一様な板の重心の位置を求めよ．

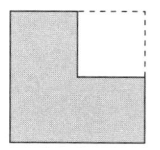

図 12

無重量状態と惑星の運動

6

1998年に宇宙飛行士の向井千秋さんが宇宙船（人工衛星）の中から「宙返りだれでもできる無重力」という上の句に下の句をつけるよう呼びかけたところ多数の応募があった．人工衛星の中で実現している無重力状態とはどういう状態だろうか．

この章では無重力状態やそれに関連した衛星・惑星の公転運動，物体の回転運動，それに遠心力などの見かけの力について学び，天体の運行や大気の循環という大規模な運動から地上の放物運動などの身近な運動にいたる幅広い現象がニュートン力学で統一的に理解できることを学ぶ．力学が確立する基礎になったこれらの問題の理解を通じて，物理学的な考え方，ものの見方を身につけてほしい．

6.1 身体を支える力が作用しない無重力状態

宇宙に行かなくても，無重力状態の実験は地上で行われている．北海道上砂川町では閉山した炭坑の立坑を利用し，縦穴の中で研究資料を入れたカプセルを490 m自由落下させ，無重力状態の影響の研究をしている．カプセルが縦穴の底に激突する前にブレーキをかけて停止させるので，無重力状態は約10秒しか継続しない．非現実的だが，わかりやすい例は，高層ビルのエレベーターの綱が不幸にも切れて，しかも制動装置も作動しない場合である．この場合，自由落下している乗客は無重力状態である．

重力の作用によって，エレベーターといっしょに落下している乗客の状態を無重力状態とよぶのは不自然に思われる．そこで最近は無重力状態のかわりに無重量状態という言葉が使われる．英語では，ウエイト（重さ）がない状態という意味の言葉が使われている．人間が自分の重さ（体重）に対して感じる感覚は，自分を支えてくれる力からきている．高層ビルの最上階から1階まで直通のエレベーターの床に置いた体重計の上に立って，体重計を見ていると，動きはじめは体重の値が小さくなり，やがて等速運転になると平常の値になり，1階に近づいて減速しだすと体重の値が大きくなる

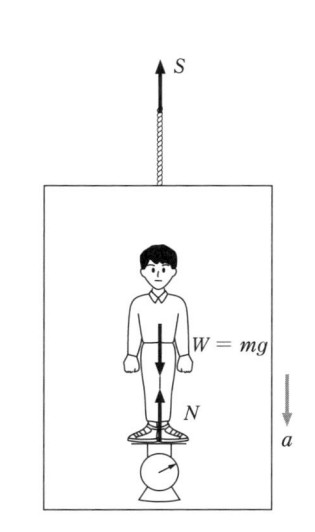

図 6.1 エレベーターが加速すると体重計の針が振れ，体重は軽くなったり，重くなったりする．このとき，体重計の踏み板の重さも変化するので，人が乗っていない体重計の針も振れる．その分の補正が必要である．

(図 6.1)．もし綱が切れて自由落下を始めれば，体重計の示す体重の値は 0 である．体重の値が 0 ということは，乗客は無重量，つまり，体重計が乗客を支えていないことを意味する．

このように物体を重力にさからって支える力がまったく作用せず，重力によって重力加速度で自由落下している状態を無重量状態という．安全に無重量状態を体験したい人には，途中まで自由落下するゴンドラがある遊園地に行くことをお勧めする．

例1 高層ビルの最上階からエレベーターで降りるとき，スタート直後には身体が軽くなったような気持ちになる（図 6.1）．このときの下向きの加速度が $1\,\mathrm{m/s^2}$ の場合に，体重 m が $50\,\mathrm{kg}$ の人がエレベーターの床から受ける垂直抗力の大きさ N を計算する．

この人に働く地球の重力 W は
$$W = mg = 50\,\mathrm{kg} \times 9.8\,\mathrm{m/s^2}$$
$$= 490\,\mathrm{kg \cdot m/s^2} = 490\,\mathrm{N} \quad (6.1)$$
である．力の単位として N でなく重力キログラム kgf を使うと，$W = 50\,\mathrm{kgf}$ である．

エレベーターが静止しているときに，この人が床から受ける垂直抗力は重力とつり合っているので，その大きさは $490\,\mathrm{N} = 50\,\mathrm{kgf}$ である．エレベーターがスタートすると，人間の運動方程式は
$$ma = W - N = mg - N \quad (6.2)$$
$$\therefore\ N = mg - ma = 50(9.8 - 1)\,\mathrm{N}$$
$$= 440\,\mathrm{N} = 45\,\mathrm{kgf} \quad (6.3)$$
したがって，この人の足は体重が $5\,\mathrm{kg}$ ほど軽くなったように感じる．

だれでも簡単にできる無重量状態の実験を紹介しよう．水の入ったペットボトルを机の上に置き，ペットボトルの側面に小穴を開けると水が穴から飛び出す．穴より上にある水の重さ，つまり穴より上の水に作用する重力による圧力によって，水は穴から外に押し出される．ところが，このペットボトルを自由落下させると，落下中にペットボトルの穴から水は飛び出さない．自由落下中の物体に重さはないので，ペットボトルの中の水の圧力はどこでも大気圧と同じ 1 気圧だから，水は穴から外に押し出されないのである．

参考 世界最速のエレベーター

横浜のランドマークタワーに2階から69階の展望台までを38秒で走行する世界最速のエレベーターがある．出発してから最初の16秒間は一定の割合で速度が増加し，最高速度の12.5 m/s に達した後，6秒間等速直線運動する．その後16秒間は一定の割合で速度が減少していき，69階に到着する．上向きを $+x$ 方向とすると，エレベーターの速度-時刻図（v-t 図）は図6.2のようになる．エレベーターの加速度は，最初の16秒間は 0.78 m/s^2 [$(12.5 \text{ m/s} - 0 \text{ m/s})/(16 \text{ s}) = 0.78 \text{ m/s}^2$]，次の6秒間は0，最後の16秒間は -0.78 m/s^2 である．乗客がエレベーターの床から受ける垂直抗力の時間変化を計算してみよう．このエレベーターの走行距離も計算してみよう．

図 6.2

6.2 ニュートンが予想した人工衛星

1665年にロンドンで流行していたペストがケンブリッジを襲い，大学が閉鎖されたので，ニュートンは田舎の母の家に避難した．伝説によると，この頃ニュートンは庭のりんごの木から実が落ちるのを見て，天体の運動を理解するヒントを得たそうである．

空中のりんごには支える力が作用しないのでりんごは地表に自由落下するように，宇宙空間で支える力が作用していない月も地球に落下しつづけていると彼は考えた（図6.3）．月と同じように，支える力がない人工衛星も地球に落下しつづけていることになる．落下中のりんごが無重量状態であるように，宇宙船の中の宇宙飛行士も無重量状態なのである．

ところで，ニュートンは人工衛星の可能性を予想していた．ニュートンの推論の仕方を紹介しよう．ニュートンは「プリンキピア」の第3編「世界の体系について」の中で，「高い山の上 V から水平に物体を投射すると，投射速度が小さい間は，物体は放物線を描いて地上に落下する．しかし，投射速度を大きくしていくと，地球は丸いので，物体の軌道は放物線からずれて図6.4のB, C, Dのようになる．さらに投射速度を大きくすると，物体は地球のまわりの天空を円軌道を描いて回転するだろう」と書いている．これは人工衛星である．このように今から300年以上も前に，ニュートンは人工衛星を予想していた．

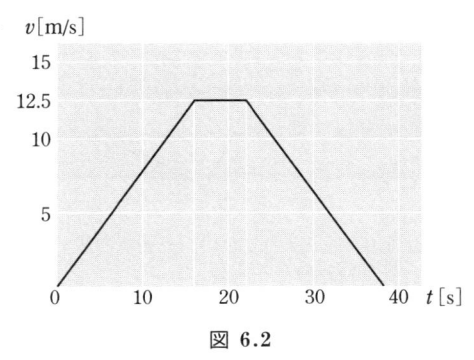

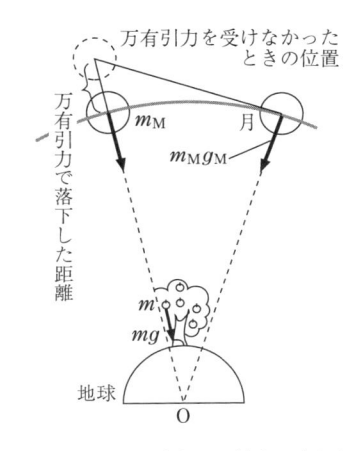

図 6.3 りんごが地面に落ちるように，月も地球に向かって落ちてくる．

さて，3.1節で学んだように，半径 r の円周上を速さ v で等速円運動している質量が m の物体は，円の中心に向かって加速度が v^2/r で加速されている．したがって，「質量 m」×「加速度 v^2/r」

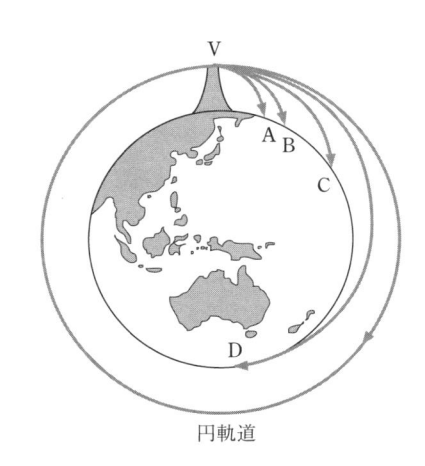

図 6.4 人工衛星の存在に対するニュートンの予想

＝「力」というニュートンの運動の第2法則によれば，この物体は円の中心を向いた，大きさが mv^2/r の力の作用を受けている．地表付近をまわる人工衛星の場合，この力はいうまでもなく，地球の重力 mg である．したがって，ニュートンの運動方程式は

$$\frac{mv^2}{r} = mg \tag{6.4}$$

となる（図6.5）．この式から導かれる $v^2 = rg$ という式の r に，地球の半径 $R_E = 6370$ km を代入すると，地表にすれすれの円軌道を回転する人工衛星の速さ v は

$$v = \sqrt{R_E g} = \sqrt{(6.37 \times 10^6 \text{ m}) \times (9.8 \text{ m/s}^2)}$$
$$= 7.9 \times 10^3 \text{ m/s} \tag{6.5}$$

つまり，この人工衛星は秒速 7.9 km（7.9 km/s）で，84分の周期で地球のまわりを回転することがわかる．

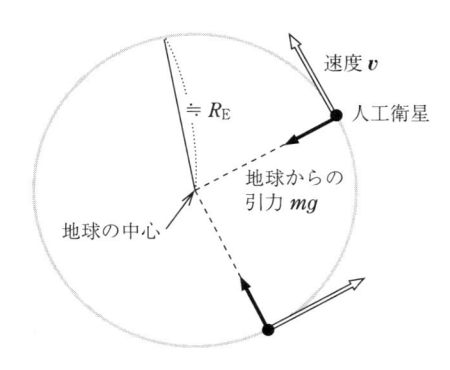

問1 この人工衛星の周期が84分であることを示せ．

6.3 地球の質量を測る

地球は地表付近のすべての物体に，物体の質量に比例する重力を及ぼす．作用反作用の法則によれば，地表付近にある物体も地球に同じ大きさの引力を及ぼしているはずであり，この力は地球の質量に比例していると考えるのが自然である．

ニュートンはこの考えを一般化して，すべての2物体はその質量の積に比例する引力で引き合っていると考え，この力を万有引力とよんだ．ニュートンは太陽のまわりの地球や他の惑星の公転運動などから，万有引力の大きさは2物体間の距離の2乗に反比例することを見出した．ニュートンの発見した**万有引力の法則**は次のとおりである．

> 「2物体の間に作用する万有引力の大きさ F は，2物体の質量 m と M の積の mM に比例し，物体間の距離 r の2乗に反比例する」．

式で表すと，

$$F = G\frac{mM}{r^2} \tag{6.6}$$

となる（図6.6）．

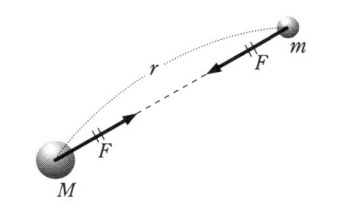

広がった2つの物体の間に働く万有引力は，物体を微小な部分の和だとみなして，各部分の間に働く万有引力の合力だと考えればよい．そうすると，球対称な2つの物体 A と B との間に働く万有引力は，A, B の質量がそれぞれの中心に集まっている場合に働く万

図6.5 地表すれすれの人工衛星の運動方程式は $mv^2/R_E = mg$

図6.6 万有引力，$F = G\dfrac{mM}{r^2}$

有引力と同じであることが証明できる．

半径 R_E，質量 M_E の地球の表面付近にある質量 m の物体に作用する地球の重力 mg は，地球の全質量が地球の中心に集まっている場合の万有引力と同じなので，

$$mg = G\frac{mM_\mathrm{E}}{R_\mathrm{E}^{2}} \tag{6.7}$$

と表される．

万有引力の法則に現れる比例定数 G は**重力定数**とよばれ，図 6.7 に示すねじれ秤を利用する実験装置を使って，英国のキャベンディッシュが 1798 年にはじめて測定に成功した．実験室にある物体の間の万有引力はきわめて弱い．たとえば，質量 100 kg と 1 kg の鉛の球をほとんど接触しそうに近づけておいても，鉛の球の間に働く万有引力の大きさは，質量が 4000 万分の 1 kg の物体に働く地球の重力の大きさとほぼ同じという弱さである．この弱い力がねじれ秤の細い針金をねじる角度を測定して，鉛の球の間に作用する万有引力の強さを求め，重力定数を決めたのである．

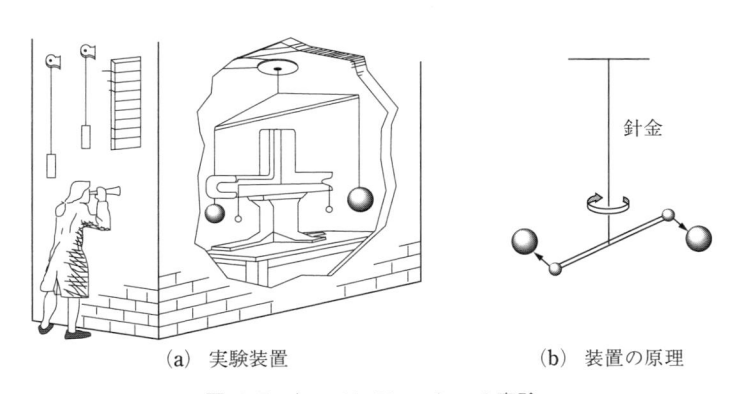

(a) 実験装置　　(b) 装置の原理

図 6.7　キャベンディッシュの実験

重力定数 G がこのようにしてはじめて測定されたのは，ニュートンが万有引力の法則を発見してから 100 年以上も後のことであった．最近の測定値は

$$G = 6.67 \times 10^{-11}\,\mathrm{m^{3}/kg \cdot s^{2}} \tag{6.8}$$

である．

例 2　質量 100 kg と 1 kg の鉛の球の中心を 16 cm 離しておく．この 2 個の球の間に働く万有引力の大きさ F は

$$F = 6.7 \times 10^{-11}\,\frac{\mathrm{m^{3}}}{\mathrm{kg \cdot s^{2}}} \times \frac{(100\,\mathrm{kg}) \times (1\,\mathrm{kg})}{(0.16\,\mathrm{m})^{2}} = 2.6 \times 10^{-7}\,\mathrm{N} \tag{6.9}$$

である．この2個の鉛の球の間に働く万有引力の大きさ F は，質量が $m = F/g = 2.6 \times 10^{-8}$ kg の物体に働く地球の重力の大きさと同じである．

天体の間に働く万有引力の重力定数 G が地球上の実験室で決められるのは，万有引力がすべての物体の間に働く力であるという，普遍性の表れである．万有引力は質量の大きい物体が関係するときにのみ重要である．万有引力は天体を結びつけて，銀河系，恒星，太陽系などをつくる力であり，地表付近では物体を落下させる力である．

重力定数 G の値が測定されたので，(6.7) 式から導かれる，

$$M_\mathrm{E} = \frac{gR_\mathrm{E}^2}{G} \tag{6.10}$$

という関係に，地球の半径 R_E の値の 6.37×10^6 m と重力加速度 g の値の 9.8 m/s^2 を代入すると，地球の質量 M_E の値が

$$M_\mathrm{E} = \frac{(9.8 \text{ m/s}^2)(6.37 \times 10^6 \text{ m})^2}{6.67 \times 10^{-11} \text{ m}^3/\text{kg} \cdot \text{s}^2} = 6.0 \times 10^{24} \text{ kg} \tag{6.11}$$

と求められる．そこで，キャベンディッシュは自分の実験を地球の質量を測る実験とよんだ．

6.4 地上の運動法則と天上の運動法則

さて，りんごの実が地面に落ちるように，月は地球の及ぼす万有引力によって地球に向かって落下しつづけ，その結果，月は地球のまわりをまわりつづけているのだろうか．

月が地球に向かって落下してくる加速度 g_M と，りんごの実が落下する加速度つまり重力加速度 g とは，ニュートンの発見した万有引力の法則によって，地球の中心からの距離の2乗に反比例する．地球の中心と月の中心の距離を r_M とすれば

$$\frac{g_\mathrm{M}}{g} = \frac{R_\mathrm{E}^2}{r_\mathrm{M}^2} \tag{6.12}$$

さて，ニュートンの時代に，月と地球の距離 r_M は地球の半径 R_E の約60倍であることがわかっていた（$r_\mathrm{M} = 60 R_\mathrm{E}$）．そこで，月が地球の中心に向かって落下してくる加速度 g_M は，地表での重力加速度 $g = 9.8$ m/s^2 の3600分の1，

$$g_\mathrm{M} = \frac{R_\mathrm{E}^2}{r_\mathrm{M}^2} g = \frac{9.8 \text{ m/s}^2}{3600} = 2.7 \times 10^{-3} \text{ m/s}^2 \tag{6.13}$$

つまり，2.7×10^{-3} m/s^2 である．

ところで，月の公転周期 T_M と月の速さ v_M は，
$$v_M T_M = 2\pi r_M \tag{6.14}$$
という関係を満たす．そこで，地球のまわりの月の円運動の向心加速度 $a_M = v_M^2/r_M$ は

$$a_M = \frac{v_M^2}{r_M} = \left(\frac{2\pi r_M}{T_M}\right)^2 \frac{1}{r_M} = 60 R_E \left(\frac{2\pi}{T_M}\right)^2 \tag{6.15}$$

と表される．この式に月の公転周期の測定値 $T_M = 27.3$ 日 $= 2.36\times 10^6$ s を入れると，月の公転運動の向心加速度 a_M は

$$a_M = 60\times 6.37\times 10^6 \text{ m}\left(\frac{2\pi}{2.36\times 10^6 \text{ s}}\right)^2 = 2.7\times 10^{-3} \text{ m/s}^2$$

となり，実際の加速度 a_M と「万有引力の強さは距離の2乗に反比例する」という万有引力の法則から予測される加速度 g_M が一致し，ニュートンの予想はみごとにあたった．

このようにして，地上の運動法則と天上の運動法則は同一であることが示され，ニュートンの力学の正しさと素晴らしさが明らかになった．ここでは，数式の理解より論理を理解してほしい．

6.5 万有引力による位置エネルギー*

■ 万有引力による位置エネルギー ■ 距離 r の2つの物体（質量 m, M）に外から力 $F(r) = GmM/r^2$ を及ぼして，2つの物体をゆっくり引き離して距離を無限大にする．このとき外力がする仕事は図 6.8 のアミの部分の面積に等しい (4.2 節図 4.12 参照)．この面積を図に示した長方形の面積の和で近似すると，

$$W = \int_r^\infty G\frac{mM}{r^2}\,dr \fallingdotseq GmM\left[\frac{r_2-r_1}{r_1 r_2} + \frac{r_3-r_2}{r_2 r_3} + \cdots\right]$$
$$= GmM\left[\left(\frac{1}{r_1}-\frac{1}{r_2}\right) + \left(\frac{1}{r_2}-\frac{1}{r_3}\right) + \cdots\right]$$
$$= G\frac{mM}{r_1} = G\frac{mM}{r} \tag{6.16}$$

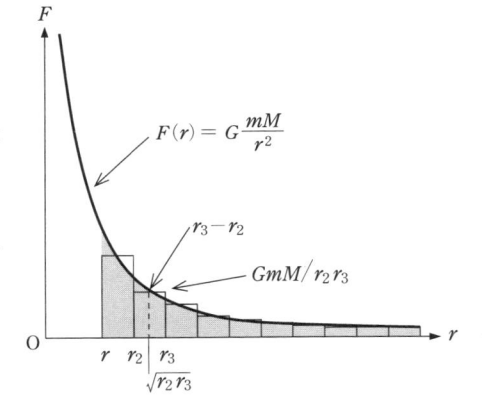

となる ($r_1 = r$)．

図 **6.8** ゆっくり引き離すときに外力 $F(r) = GmM/r^2$ のする仕事

熱や他の形のエネルギーが発生しない場合には，外力のする仕事は力学的エネルギーの増加量に等しい．物体をゆっくり動かす場合には，運動エネルギーは無視できるので，(6.16)式の外力がした仕事 W は位置エネルギーの増加量に等しい．

距離が r の2つの物体の間に働く万有引力による位置エネルギーを $U(r)$ とし，万有引力による位置エネルギーを測る基準点を $r = \infty$ の無限遠点とすると [$U(\infty) = 0$ とすると]，$W = U(\infty) - U(r) = -U(r)$ なので，$U(r) = -GmM/r$ である．したが

って，距離 r の2物体（質量 m, M）の万有引力による位置エネルギー $U(r)$ は次のように表される．

$$U(r) = -G\frac{mM}{r} \tag{6.17}$$

GmM/r^2 の原始関数は $-GmM/r$ であることを使うと，(6.16)式は

$$\int_r^\infty G\frac{mM}{r^2}\,dr = -G\frac{mM}{r}\bigg|_r^\infty = G\frac{mM}{r} \tag{6.18}$$

と求められることを注意しておく．

2つの物体が広がりをもつが，それぞれの物体の質量分布が球対称な場合の万有引力による位置エネルギーは，(6.17)式で r を2物体の中心の距離としたものである．

例題1　脱出速度　ロケットを発射して，地球の重力圏から脱出させて，無限の遠方まで到達させたい．打ち上げる際のロケットの初速 v の最小値を求めよ．ロケットは1段ロケットで，地球の自転による効果は無視できるものとせよ．地球の半径は $R_E = 6.37 \times 10^6$ m，質量は $M_E = 5.97 \times 10^{24}$ kg とせよ．

解　地表（$r = R_E$）での質量 m の物体の万有引力による位置エネルギー $U(R_E)$ は，(6.10)式と(6.17)式から

$$U(R_E) = -G\frac{M_E m}{R_E} = -mgR_E \tag{6.19}$$

である（図6.9）．したがって，地表で質量 m のロケットを初速 v で打ち上げると，そのときのロケットの力学的エネルギーは

$$E = \frac{1}{2}mv^2 + U(R_E) = \frac{1}{2}mv^2 - mgR_E \tag{6.20}$$

である．このロケットが宇宙空間を運動する際には力学的エネルギーは保存されると考えられる．したがって，このロケットが，地球の作用する万有引力に打ち勝って，位置エネルギーが0の無限の遠方 $[U(\infty) = 0]$ まで脱出できるための条件は，無限の遠方でのロケットの力学的エネルギーは運動エネルギー $(1/2)mv_\infty^2$ だけなので，ロケットの力学的エネルギーが正であることである（v_∞ は無限の遠方でのロケットの速さ）．

$$\therefore \quad E = \frac{1}{2}mv^2 - mgR_E = \frac{1}{2}mv_\infty^2 \geq 0 \tag{6.21}$$

したがって，ロケットが，地球の重力に打ち勝って，地球の重力圏から脱出できるための最低速度（脱出速度）は，$mv^2/2 - mgR_E = 0$ から，

$$\begin{aligned}v &= \sqrt{2gR_E} = \sqrt{2\times(9.8\text{ m/s}^2)\times(6.37\times 10^6\text{ m})} \\ &= 1.12\times 10^4\text{ m/s} = 11.2\text{ km/s}\end{aligned} \tag{6.22}$$

なお，この脱出速度は，地表付近の円軌道をまわる人工衛星の速さ $\sqrt{gR_E}$ [(6.5)式] の $\sqrt{2}$ 倍である．

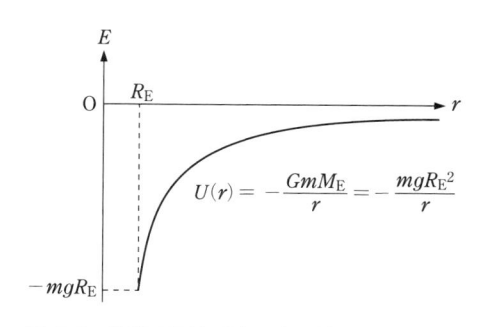

図6.9　地球の万有引力による位置エネルギー
$$U(r) = -\frac{GmM_E}{r}$$

6.6 惑星，衛星の運動とケプラーの法則

16 世紀の後半にデンマークの**ティコ・ブラーエ**は当時としてはきわめて精密な観測機器を使って恒星，太陽，月，惑星などの位置を前例のない正確さをもって長期間にわたって観測した．彼の仕事は望遠鏡の発明以前に行われたものである．

彼の助手であった**ケプラー**は，ティコ・ブラーエの観測結果から，試行錯誤の末に，**ケプラーの法則**とよばれる次の 3 つの法則を発見した．

第 1 法則 惑星の軌道は太陽を 1 つの焦点とする楕円である（楕円とは 2 つの焦点（F, F'）からの距離の和が一定な点の集まりである（図 6.10））．

第 2 法則 太陽と惑星を結ぶ線分が一定時間に通過する面積は等しい（**面積速度一定の法則**）．

第 3 法則 惑星が太陽を 1 周する時間（周期）T の 2 乗と軌道の長軸半径 a の 3 乗の比は，すべての惑星について同じ値をもつ（$a^3/T^2 = $ 一定）．

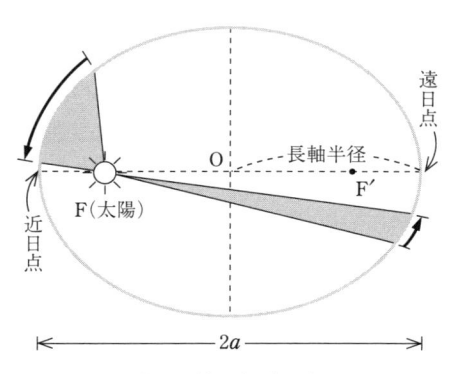

図 6.10 惑星の楕円軌道．太陽から遠い遠日点付近では惑星は遅く，太陽に近い近日点付近では速い．

ケプラーの法則が発見されてから約 100 年後に，ニュートンは，すべての天体の間には万有引力が働くと仮定して，運動の法則を使ってケプラーの法則を証明した．また逆に，運動の法則とケプラーの法則から万有引力の法則を導いた．

ここでは，ケプラーの法則に関わりのある話題を 2 つ紹介しよう．

人工衛星の打ち上げには多段ロケットを使い，次々に加速するとともに軌道を修正して，所定の軌道にのせる．ケプラーの第 1 法則から「人工衛星の軌道は地球の中心をひとつの焦点とする楕円である」ということがいえる．つまり，人工衛星は最後に燃料を噴射したところを通る楕円軌道上を運動する．多段ロケットを使わずに 1 段ロケットを打ち上げると，最後に燃料を噴射したところは地表のすぐそばなので，地球を 1 周する前に地球に衝突してしまうことになる．

人工衛星も月も地球の衛星なので，ケプラーの第 3 法則によれば，「地球を 1 周する時間（周期）の 2 乗と軌道の半径の 3 乗の比は，人工衛星と月について同じ値をもつ」．静止衛星は，地球のまわりを周期 1 日でまわるので，地表からは赤道上空の 1 点に静止しているように見える人工衛星である．静止衛星の地表からの高さを

計算してみよう．静止衛星の公転周期は1日である（厳密には1太陽日ではなく1恒星日 = 0.9973 日である）．月の公転周期は 27.32 日である．したがって，静止衛星の公転半径は月の公転の長軸半径 (384400 km) の $(1/27.32)^{2/3}$ 倍，つまり，42400 km である．これから地球の半径の 6400 km を引くと，静止衛星の地表からの高さは 3 万 6000 km であることがわかる．

6.7 中心力と角運動量保存の法則*

ひもの先端におもりをつけ，ひもの他端を手で持って，おもりをぐるぐる手首のまわりにまわす場合，おもりを引っ張るひもの張力は，固定点の手首の方を向いている．この張力のように，つねに固定点と作用する物体を結ぶ直線に沿って作用する力を中心力といい，固定点を力の中心という．太陽が惑星に及ぼす万有引力も太陽を力の中心とする中心力である．物体が中心力だけの作用を受けて運動する場合，これから説明する角運動量保存の法則が成り立つ．

身近な例からはじめよう．プラスチックのゴルフの練習用ボールを細いひもにくくりつけ，ボールペンの筒にひもを通し，ひもの下端に 5 円玉をつけて，ボールを筒の先端のまわりで円運動させる．5 円玉を周期的に下に引っ張ると，ボールの速さも同じ周期で変化する（図 6.11）．筒の先とボールの距離が長いときにはボールの速さは遅く，筒の先とボールの距離が短いときにはボールの速さは速い．この実験では，ひもが切れることがあるので，プラスチックのボールのかわりに重いものを使わないようにすること．

さて，上の実験結果が，「力の中心と物体を結ぶ線分が一定時間に通過する面積は等しい」のであれば，これはケプラーの第 2 法則と同じになる．第 2 法則を式にしてみよう．

物体の速度を $\boldsymbol{v}$ とすると，微小時間 Δt の物体の変位は $\boldsymbol{v}\Delta t$ である．そこで，速度 $\boldsymbol{v}$ の（力の中心を原点 O とする）物体の位置ベクトル $\boldsymbol{r}$ に垂直な成分を $v_\perp$ とすると，

$$\frac{1}{2} r v_\perp \Delta t \tag{6.23}$$

は微小時間 Δt に力の中心と物体を結ぶ線分が通過する面積であり（図 6.12），

$$\frac{1}{2} r v_\perp \tag{6.24}$$

は単位時間（1 秒間）に力の中心と物体を結ぶ線分が通過する面積である．

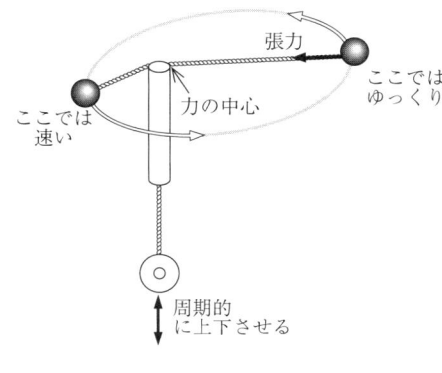

図 6.11

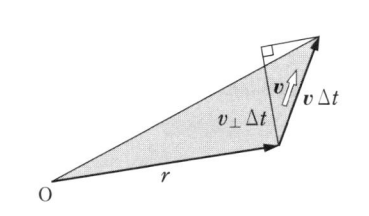

図 6.12 アミの部分の面積 $r v_\perp \Delta t/2$ は微小時間 Δt に力の中心と物体を結ぶ線分が通過する面積．

そこで，質量 m の物体の回転運動の勢いを表す量の**角運動量**を
$$L = mrv_\perp \tag{6.25}$$
と定義すると，

中心力だけの作用を受けて運動する物体の（力の中心のまわりの）角運動量は一定で，時間が経過しても変化しない．

これを**角運動量保存の法則**という（証明は下の**参考**を参照）．

等速円運動の場合には $v_\perp = v$ なので，角運動量 L の定義は，
$$L = mrv \quad \text{(等速円運動の場合)} \tag{6.26}$$
である（図 6.13）．

太陽を力の中心とする中心力である万有引力だけの作用を受けて運動する惑星の運動に対するケプラーの第 2 法則は角運動量保存の法則の 1 つの表現である．なお，物体が中心力だけの作用を受けて運動する場合，この物体は力の中心を含む平面上を運動する．物体に中心力以外の力が作用すると，物体の角運動量は時間とともに変化する．

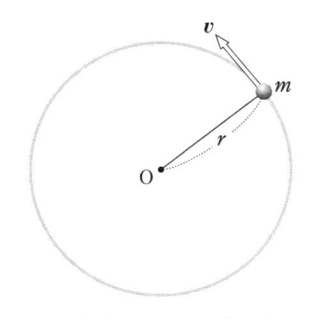

図 6.13 等速円運動の場合，角運動量は mrv

参考 回転運動の法則

物体が xy 平面上を運動している場合，角運動量 $L = mrv_\perp$ は
$$L = m(xv_y - yv_x) \tag{6.27}$$
と表せる（図 6.14）．この式を t で微分し，$dx/dt = v_x$, $dy/dt = v_y$, $dv_x/dt = a_x$, $dv_y/dt = a_y$ と運動方程式 $ma_x = F_x$, $ma_y = F_y$ を使うと，
$$\frac{dL}{dt} = m(xa_y - ya_x) = xF_y - yF_x = N \tag{6.28}$$
となる．N は 5.1 節で導入した原点 O のまわりの力 $\boldsymbol{F}$ の**モーメント（トルク）**，つまり，「原点 O から力の作用線に下ろした垂線の長さ L」×「力の大きさ F」 = FL である（(5.15)式参照）．

中心力の場合は，力の作用線が原点 O を通るので，原点と力の作用線の距離 $L = 0$ である．したがって，$N = 0$ なので，(6.28)式から $dL/dt = 0$ で，$L = $ 一定 という，角運動量保存の法則が導かれる．

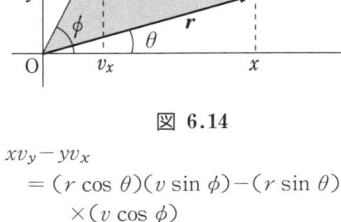

図 6.14

$xv_y - yv_x$
$= (r\cos\theta)(v\sin\phi) - (r\sin\theta)$
$\quad \times (v\cos\phi)$
$= rv(\cos\theta\sin\phi - \sin\theta\cos\phi)$
$= rv\sin(\phi - \theta) = rv_\perp$

6.8 非慣性系と見かけの力

物体の位置や速度を測定するには，基準になる座標軸（座標系）を選ばねばならない．つまり，物体の運動を測定し，記述する基準を決めねばならない．基準に選ぶ座標軸としてまず考えられるのは，観測者に都合のよい座標軸である．たとえば，電車の乗客が電

車の中の現象を記述する場合には電車（の床や壁）に固定した座標軸である．宇宙船の中の宇宙飛行士にとっては宇宙船に固定した座標軸である．

ところで，ニュートンの慣性の法則と運動の法則は任意の座標系で成り立つのではない．これらの法則の成り立つ座標系を**慣性系**，成り立たない座標系を**非慣性系**という．

線路のそばの人が見ると，カーブを左に曲がっている電車の乗客は，水平方向にはシートなどから左向きの力だけを受けている（図 6.15 (a)）．しかし，電車に対して静止状態をつづけている乗客は，自分に働く外力はつり合っていると考え，身体に右向きの力も受けているように感じる（図 6.15 (b)）．あるいは，身体は慣性のために等速直線運動をつづけようとするのだが，それを右向きの力と感じるといってもよい．この見かけの力は円運動をしている物体を円の中心から遠ざける向きに働くので，**遠心力**という．力は物体と物体の間に作用するが，遠心力のように，力を及ぼしている物体が存在しない力を見かけの力とよぶ．

さて，人工衛星の中の宇宙飛行士に働く力は地球の重力だけであるが，人工衛星に対して静止している宇宙飛行士には，見かけの力の遠心力も働き，その結果，それらの合力の見かけの重力は 0 だと感じる．これがいわゆる無重力状態である．

円運動している電車や人工衛星に固定した座標系では，慣性の法則を成り立たせようとすると，遠心力という見かけの力を導入せねばならないので，これらの座標系は非慣性系である．遠心力は，向心力と逆向きであるが，大きさは同じで，

$$遠心力 = \frac{mv^2}{r} \tag{6.29}$$

である．

雨の日に傘をぐるぐるまわすと，傘の骨の先端から雨水が飛んで

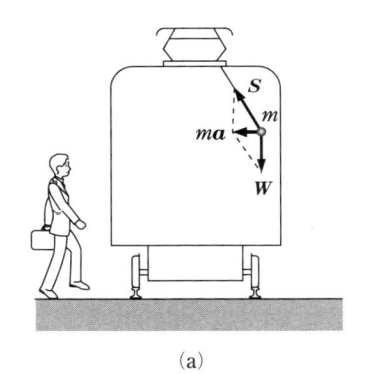

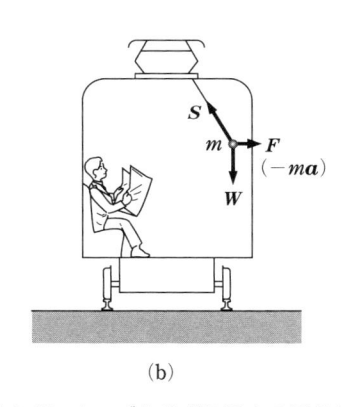

図 6.15 カーブを曲がる電車の天井から吊るしたおもり．(a) 線路のそばの人は，おもりに働くひもの張力 S と重力 W の左向きの合力が，おもりの質量 m と加速度 a の積 ma に等しいと考える．(b) 電車の乗客は，張力 S，重力 W と右向きの見かけの力 $F\,(=-ma)$ がつり合っていると考える．

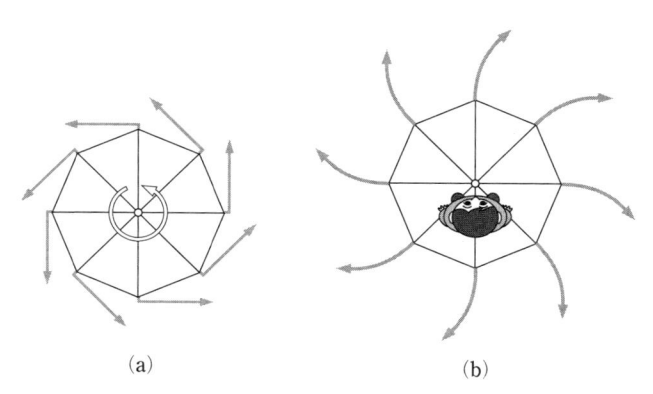

図 6.16 (a) 地上で観察する．(b) 傘の中心に乗って観察する．

いく．地上の観察者には，雨水の飛び出す方向は骨の先端の運動方向，すなわち骨の先端の描く円の接線方向で，雨水の初速は骨の先端の速さである（図 6.16 (a)）．傘の上から雨水の運動を観察すると，雨水は，初速 0 で骨の延長線方向に加速され，徐々に傘から遠ざかっていく（図 6.16 (b)）．これは遠心力による運動である．しかし，その後，雨水は骨の延長線からずれていく．図 6.16 (b) の場合は右の方へずれる．この原因は 6.9 節で学ぶコリオリの力である．

洗濯に使う脱水機では，この遠心力によって水分が脱水槽の穴から外へ飛び出すことを利用している．水銀体温計の水銀柱を下げるときに，水銀溜めの反対側を持って勢いよく振るのも遠心力の利用である．

ある遊園地にローターとよばれる遊具がある．中空な円筒形の部屋が中心軸のまわりに回転できるようになっている．ローターの乗客は壁に背をつけて立つ（図 6.17）．ローターがまわりはじめ，回転速度が増していき，ある速さになると，ローターの床が下降する．乗客の足は床から離れるが落下しない．重力とつり合っていた床からの抗力がなくなったのに，乗客が落下しないのは，壁が作用する摩擦力のためである．ローターが大きな回転速度でまわっているときに，乗客は仰向けに寝ているような感じがするという．その理由は遠心力を見かけの重力と感じ，壁の圧力が見かけの重力に対して支える力になっているからである．

牛乳からクリームや脂肪を分離するときのように，密度が異なる物質を分離するには，容器を急速に回転させる．すると，遠心力のために，密度の大きい物質は容器の側面の近くに集まる．遠心力の大きさは質量に比例し，重力と遠心力のベクトル和が見かけの重力として振る舞う．したがって，遠心分離器の内部では容器の壁が下側，中心が上側のようになるので，密度の大きな物質は，見かけの上では下側になる容器の壁のそばに集まるのである．

人工衛星の中の宇宙飛行士にとっては，地球の重力と遠心力がつり合っているので，重力プラス遠心力である見かけの重力は 0 である．したがって，人工衛星の中は無重力状態である．無重力状態は

図 6.17 ローター

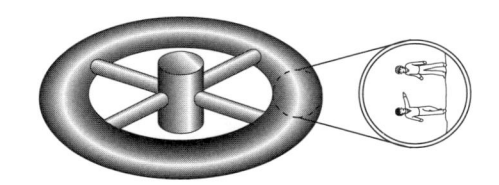

図 6.18 自転する宇宙ステーション

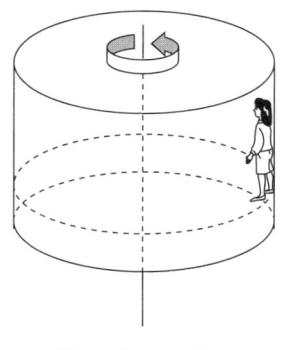

6.8 非慣性系と見かけの力

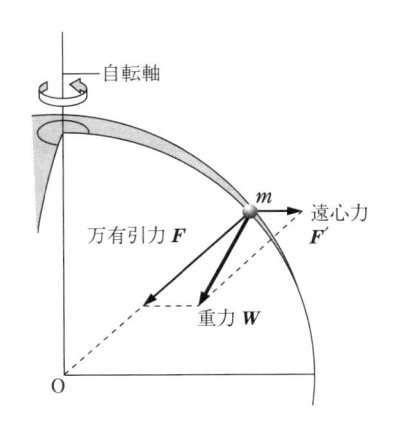

図 6.19 地表での重力は，万有引力と遠心力の合力である．

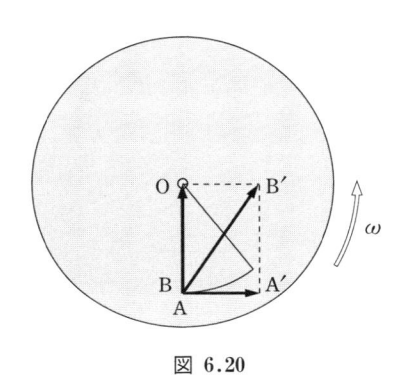

図 6.20

図 6.21 コリオリの力．南向きに速度 v で発射すると，右の方へずれていく．その理由は，自転による速さが北の方より南の方が大きいからである．

何かと不便なので，未来の宇宙ステーションでは，中心のまわりに自転させて，自転のための遠心力による見かけの重力（人工重力）を発生させるようになるかもしれない（図 6.18）．

地球は地軸のまわりに自転しているから，地球といっしょに回転しているわれわれは，地表上の物体には遠心力が作用していると感じる．物体に作用する遠心力も万有引力も物体の質量に比例するので，われわれは区別できない．したがって，物体に働く重力は，厳密には地球の万有引力と遠心力との合力である（図 6.19）．しかし，遠心力は万有引力の 0.4% 以下なので，地表上の物体の運動を調べるときには，たいていの場合，遠心力を無視して，地表に固定した座標系を慣性系とみなしてよい．

6.9 コリオリの力

回転している座標系に対して静止している物体には見かけの力の遠心力が働くが，回転している座標系に対して物体が運動しているときには，遠心力のほかに，もう1つの見かけの力である**コリオリの力**が現れる．この力の存在については，ぐるぐるまわっている傘の骨の先端から飛びだした雨水の運動のところで触れた．

図 6.20 の回転台の上に静止している人 A がボール B を台の中心 O をめがけて投げると，ボールは O ではなく右にそれて B′ の方へ運動する．この現象を，地面の上に立っている観測者は，人間 A は $\overrightarrow{BO}$ に対して垂直方向に運動しているので，ボールは2つの速度を合成した $\overrightarrow{BB'}$ の方向に運動すると考える．これに対して，回転台の上に静止している人間 A は，ボールには $\overrightarrow{BO}$ に対して垂直方向を向いた見かけの力のコリオリの力が働くので，ボールは右の方にそれると考える．

北半球では台風の進路や海流が右の方に曲がっていくが，その原因はコリオリの力である．北半球ではコリオリの力が物体の進行方向を右の方へ曲げようとする力であることは，図 6.20 の回転台を北極点付近の地球のモデルだと考え，ボールが曲がる様子を調べればわかる．北極点付近で振り子を振動させるという思考実験をしてもよい（図 6.21 参照）．振り子が振動しているうちに地球が自転するので，地上では振り子の振動面が回転しているように見える．このおもりの運動を地上で上から観察すると，おもりの運動方向は右の方へ曲がるように見える．

貿易風や，高気圧・低気圧付近の気流などは，コリオリの力の影響が顕著に見られる例である．地球の赤道付近は，一般に太陽から

の熱を他の地帯より余分に受けている．暖かい空気は上昇し，その後へ温帯からの風が吹き込む．北半球では赤道へ向かって南方に吹く風は，コリオリの力の影響で西へそれる．これが南西に向かってほとんど定常的に吹いている貿易風とよばれる風である．

高気圧（H）から吹き出す風や低気圧（L）に吹き込む風の向きを気象衛星から観測すると，風の向きは等圧線に垂直ではなく，北半球では図 6.22 のように進行方向の右側の方にそれ，南半球では左側の方にそれるのも，コリオリの力が原因である．低気圧領域では，気圧の差はコリオリの力と遠心力の合力とほぼつり合っており，風は等圧線にほぼ平行に吹く．

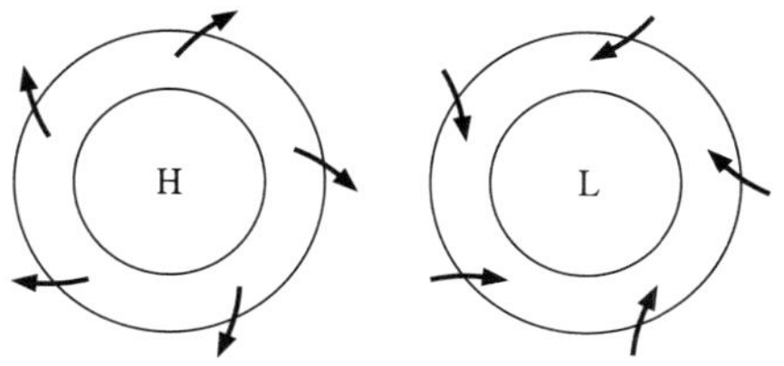

図 6.22 北半球での風の向き

第 6 章のキーワード

無重力状態，無重量状態，人工衛星，万有引力の法則，重力定数，ケプラーの法則，楕円軌道，面積速度一定の法則，中心力，力の中心，角運動量，角運動量保存の法則，力のモーメント（トルク），慣性系，非慣性系，遠心力，コリオリの力

演習問題 6

A

1. 太陽のまわりの地球の公転運動での向心加速度 a_E はいくらか．地球と太陽の距離 r_E は 15,000 万 km である．太陽の質量 M_S はいくらか．
2. 太陽系のすべての惑星の軌道が円だとして，惑星の速さ v と公転軌道の半径 r の関係を求めよ．

B

1. 太陽の表面での重力加速度 g_S を計算せよ．太陽の質量 M_S は 1.989×10^{30} kg で，太陽の半径 R_S は 6.960×10^8 m である．月の表面での重力加速度 g_M はいくらか．これは月の引力による加速度であり，6.4 節の月が地球へ向かって落下する加速度とは異なる．なお，月の質量 M_M は 7.35×10^{22} kg で，月の半径 R_M は 1738 km である．
2. 太陽の表面から太陽の重力圏を脱出するための速度 v_S を計算せよ．月の場合の脱出速度 v_M はいくらか．
3. 天体の表面からの重力圏の脱出速度 v が真空中の光速 c に等しいときの，天体の質量 M と半径 R の満たす関係を導け．

7 エネルギー

物理学には，力と運動，電気・磁気，熱，光，波，原子などいろいろな対象がある．物理学では，これらの対象を，力学，電磁気学，熱学などという名前で別々に学ぶのが慣例である．しかし，これらの現象はたがいに無関係ではない．物理学は自然を，少数の法則に基づいて，統一的に理解しようとする人類の努力の成果である．自然を統一的に理解する鍵はエネルギーである．

エネルギーは日常用語として使用されているが，語源はギリシャ語で仕事を意味するエルゴンだといわれている．物理用語としてのエネルギーの意味は「仕事をする能力」だと考えてよい．

生命活動をはじめとして，すべての自然現象はたえずエネルギーが注入されなければ継続しない．エネルギーにはいろいろなタイプのものがある．どのタイプのエネルギーも他のタイプのエネルギーに変わっていき，エネルギーの存在場所は移動していく．自然現象を理解するには，このように移り変わるエネルギーの流れを追っていくのがよい．

7.1 エネルギーにはいろいろなタイプのものがある

発電所には水力，火力，原子力，風力，波力，地熱などいろいろなタイプのものがある．これらの違いは，それぞれ異なるタイプのエネルギーを電気エネルギーに変換していることに対応している．電気エネルギーは電流によって家庭や工場に運ばれ，そこでいろいろなタイプのエネルギーに変換される．

いろいろなタイプのエネルギーが存在し，他のタイプのエネルギーに変わっていく状況を，電力の場合を例にして考えてみよう．

火力発電所では石油や石炭を燃焼させて，ボイラーの水を加熱して，高圧の水蒸気をつくり，その圧力で発電機のタービンを回転させることによって，石油や石炭の化学的エネルギーを電気エネルギーに変換している．

原子力発電所では，石油や石炭の化学的エネルギーのかわりに，

燃料棒のウランの核エネルギーを利用している．

ダムを築いて水を貯め，その水を管を通して落下させ，発電機のタービンの羽根に衝突させて発電機を回転させて発電するのが水力発電所である．水力発電でのエネルギー変換を説明する前に，建設現場の基礎工事で過去に使われていた，杭打ち機の杭打ち作業でのエネルギー変換の説明をしよう．

杭打ち機の杭打ち作業では，まず重いおもりを高いところまで吊り上げる．次におもりを落下させ，真下にある杭の頭部に衝突させて，杭を地中に押し込む．高いところにある物体は重力の作用で落下する．物体は時間とともに加速され，ますます勢いよく落下していくが，衝突すると衝突相手に力を及ぼして仕事をする．そこで，高いところにある物体は重力による位置エネルギーをもつという．質量 m の物体が高さ h のところにあるときの重力による位置エネルギーは

$$mgh \quad (7.1)$$

である（1.6節参照）．$g = 9.8 \,\mathrm{m/s^2}$ は重力加速度である．国際単位系で，質量の単位は kg，長さの単位は m なので，(7.1)式から，重力による位置エネルギーの国際単位は $\mathrm{kg \cdot m^2/s^2}$ であるが，これをジュール（記号 J）とよんでいる．

また，運動している物体は他の物体に衝突すると相手に力を及ぼして仕事をする．そこで，運動している物体は運動エネルギーをもつという．質量 m の物体の速さが v のとき，この物体の運動エネルギーは

$$\frac{1}{2}mv^2 \quad (7.2)$$

である（1.6節参照）．国際単位系で，質量の単位は kg，速さの単位は m/s なので，(7.2)式から，運動エネルギーの国際単位もやはり，$\mathrm{kg \cdot m^2/s^2} = \mathrm{J}$ である．

高いところにある物体は落下していくと重力による位置エネルギーが減少し，加速されるので運動エネルギーが増加する．空気の抵抗が無視できるときは，重力による位置エネルギーと運動エネルギーの和は一定である（1.6節参照）．

$$\frac{1}{2}mv^2 + mgh = 一定 \quad (7.3)$$

おもりが杭に衝突すると，おもりは杭を地中に押し込むが，杭と土との間に作用する摩擦力のために，杭はある深さのところで止まる．このとき摩擦で**熱**が発生する．したがって，おもりが高いところにある場合の重力による位置エネルギーが，落下によって運動エ

美和ダム（建設省中部地方建設局天竜川ダム統合管理事務所提供）

ネルギーに変化し，杭に衝突すると運動エネルギーが熱に変わるというのが，杭打ち作業でのエネルギーの流れである．熱はエネルギーの一形態である．

このおもりをもう一度高いところまで吊り上げるには，ガソリンエンジンでクレーンに仕事をさせて，ガソリンの化学的エネルギーをおもりの重力による位置エネルギーに変える必要がある．人力でおもりを持ち上げる場合には，筋肉の化学的エネルギーがおもりの重力による位置エネルギーに変換される．質量 m の物体を重力 mg にさからって高さ h だけ持ち上げるときの仕事は，「力 mg」×「移動距離 h」＝ mgh なので，「外力がおもりにした仕事量」＝「おもりの重力による位置エネルギーの増加量」という関係が確かめられた．

垂直に落下する滝の滝壺の少し上に発電機を設置すれば，この水力発電所では，水の重力による位置エネルギーは落下に伴って水の運動エネルギーに変わり，この水が発電機のタービンの羽根を押して仕事をし，発電機が回転して発電するので，水の重力による位置エネルギーが，運動エネルギーをへて，発電機で電気エネルギーに変わることになる．

実際の水力発電所では，水は空中を落下するのではなく，太さがほぼ一定の管の中をダムから発電機まで落下する．この場合，水は，管の中では加速されず，ほぼ同じ速さで落下する．そのため，「重力による位置エネルギーは減少していくが，運動エネルギーは増加しないのではないか」という疑問を抱くかもしれない．

そのとおりである．しかし，水が管の中を落下するのにつれて，上方の水のために水圧が増加していくので，落ちてきた水がタービンの羽根に及ぼす力の強さは水の落下距離に比例する．物理学では，力が物体に作用しているとき，この力が物体にする**仕事**を，

「仕事」＝「力の強さ」×「力の向きへの物体の移動距離」

と定義している（4.2 節参照）．したがって，同じ水量でも，タービンの羽根を押す仕事，つまり，発電量は水の落下距離に比例する．そこで，この場合は，重力による位置エネルギーは，水のする仕事になり，それが電気エネルギーに変わると考えてよい（演習問題 7 A 1 参照）．

7.2　エネルギーはどのように輸送されるか

電力は送電線を通じて工場や家庭に送られ，電灯では光や熱に，スピーカーでは音に，電気ヒーターや電磁調理器では熱に変わる．

モーターでは，まず仕事に変わり，それから別の形のエネルギーに変わる．発電所で電気エネルギーに変換されたエネルギーは電流によって輸送され，輸送先で光や音のエネルギーや熱などの別な形態のエネルギーに変わる．

エネルギーの輸送にはいろいろな形があるが，多くの場合には，物体がエネルギーを運ぶ．水力発電所ではダムから発電機までは導水管の中を水がエネルギーを運ぶ．杭打ち機ではおもりがエネルギーを運ぶ．機械の油圧装置では油がエネルギーを運ぶ．太陽から地球までエネルギーを運ぶのは光（電磁波）である．

導線の中で電気エネルギーを運ぶのは，金属の中を自由に移動できる電子なのだろうか．確かに，電灯を点灯したときに，電球のフィラメントを加熱したのはフィラメントの中の電子である．しかし，電灯のスイッチを入れたときに，この電子は発電所にいて，発電所から電球まであっという間にきたのではない．導線の中での電子の平均速度は遅く，人の走る速さほど速くはない．その上，電流は交流なので，電流の向きは1秒間に東日本では100回，西日本では120回変わる．つまり，50ヘルツと60ヘルツである．電灯のスイッチを入れたとき，点灯するまでのきわめて短い時間に発電所から電球のフィラメントまでやってくるのは，電子ではなく，電場で，このフィラメントの中にできた電場が，もともとフィラメントの中にいた電子を運動させるのである．電場については第10章で説明する．

7.3 エネルギーの変換とエネルギーの保存

エネルギーにはいろいろなタイプのものがあって，他のタイプのエネルギーに変わっていく．そしてエネルギーの存在場所も移動していく．しかし，エネルギーという見方が有効なのは，エネルギーのタイプが変化しても，エネルギーの総量は変化しないという「エネルギー保存の法則」が存在するからである．

この法則は自然界のもっとも重要で深遠な法則であるばかりでなく，便利な法則でもある．たとえば，質量が150gのボールを真上に初速40 m/s（144 km/h）で真上に投げ上げると，ボールの最高点の高さは何mになるだろうか．空気の抵抗が無視できれば，打ち上げたときの運動エネルギーが最高点では重力による位置エネルギーに変化する．したがって，エネルギー保存の法則によれば，初速 v_0 で打ち上げたときの運動エネルギー $mv_0^2/2$ は高さ H の最高点での重力による位置エネルギー mgH と同じ大きさで，

$$\frac{1}{2}mv_0^2 = mgH \tag{7.4}$$

つまり，最高点の高さ H は

$$H = \frac{v_0^2}{2g} \tag{7.5}$$

である．したがって，$v_0 = 40\,\mathrm{m/s}$，$g = 9.8\,\mathrm{m/s^2}$ から，最高点の高さ $H = (40\,\mathrm{m/s})^2/2(9.8\,\mathrm{m/s^2}) = 82\,\mathrm{m}$ になる．

同じように考えると，自転車に乗って高さ $5\,\mathrm{m}$ の丘の上からこがずに降りてくると，丘の下での速さ v は $v = \sqrt{2gH} = \sqrt{2(9.8\,\mathrm{m/s^2}) \times 5\,\mathrm{m}} = 10\,\mathrm{m/s}$ であることもわかる（図 7.1）．

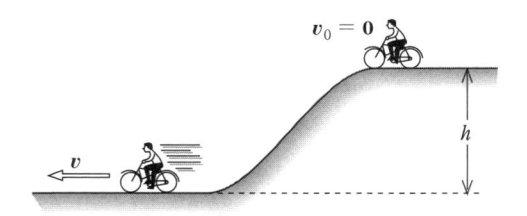

図 7.1 坂の下での速さ

走高跳びを考えよう．選手は助走して，踏み切り，跳び上がる．秒速約 $10\,\mathrm{m/s}$ の助走時の運動エネルギーのすべてが重力による位置エネルギーに変換すれば，走高跳びの世界記録 H は，

$$H = \frac{v_0^2}{2g} = \frac{(10\,\mathrm{m/s})^2}{2 \times 9.8\,\mathrm{m/s^2}} = 5\,\mathrm{m}$$

つまり，約 $5\,\mathrm{m}$ になるはずだが，実際にはその半分以下である．つまり，人間は運動エネルギーを効率よく重力による位置エネルギーに変換できない．グラスファイバーや竹などの棒を使う棒高跳びでは，一部をしなった棒の弾性エネルギーを経由させて変換するので，変換効率が高くなり，高くまで跳べるようになる．しかし，人間の重心の高さ（約 $1\,\mathrm{m}$）＋約 $5\,\mathrm{m}$ 以上の記録は期待できない．

一般に，どの2つのタイプのエネルギーも，直接あるいは間接に，変換し合うことが可能なはずである．たとえば，音のエネルギーと電気エネルギーはスピーカーとマイクロフォンでたがいに変換し合う．ただし，いろいろなタイプのエネルギーの間でのエネルギー変換，とくに効率的なエネルギー変換には，道具と技術が必要である．発電機が発明されるまでは，人間は他のタイプのエネルギーを電気エネルギーには変換できなかった．

変換できても効率が悪い場合には熱が発生する．よく省エネルギーといわれるが，エネルギーは保存されるので，省エネルギーという言葉はおかしいのではないかという人がいる．省エネルギーとは

無駄に熱になるような使用を減らそうという意味である．熱も他の形態のエネルギーに変換できるが，次章で学ぶように，熱エネルギーのすべてを他の形態のエネルギーには変換できないという制約がある．

> **問1** ドーム球場の天井の高さはどのくらいにすればよいだろうか？ちなみに東京ドームの最高部の高さは約60メートルである．

7.4 エネルギーの変換と換算

スカイダイビングという飛行機から飛び降りるスポーツがある．飛び降りた直後は，重力によって，落下速度は1秒あたり9.8 m/sずつ増加していく．つまり，1秒後には9.8 m/s，2秒後には19.6 m/sという具合に加速していく．ところが，スカイダイバーの落下速度が増加すると，空気の抵抗が増加するので，スカイダイバーの加速度は減少していき，やがて終端速度とよばれる一定の速度で落下するようになる（4.4節参照）．無風状態での雨滴や雪の落下速度も，空気の抵抗のため，ほぼ一定である．

スカイダイバーや雨滴の落下のように，一定の速さで落下する場合，落下するにつれて重力による位置エネルギーは減少していくが，速さは一定なので運動エネルギーは一定である．この場合，空気の抵抗によって熱が生じる．つまり，重力による位置エネルギーは熱になる．

日光の中禅寺湖の水は華厳の滝を垂直に落下して滝壺を直撃する．滝壺に入った水は大きく減速して下流に流れていく．水は中禅寺湖では重力による位置エネルギーをもっているが，華厳の滝を落下すると，位置エネルギーは運動エネルギーに変化し，滝壺で減速されると，運動エネルギーは熱に変化する．この熱によって水の温度はどのくらい上昇するだろうか．答はあとで示すように0.24度である．

しかし，滝の上下での0.24度程度の温度差を確かめることは難しい．そこで，19世紀の中頃に英国のジュールは，図7.2の装置の上部の軸についているおもりを，決められた距離だけ落下させ，重力による位置エネルギーを羽根車が水を激しくかき混ぜる仕事に変え，その結果，摩擦によって熱が発生して，水温がわずかに上昇するのを温度計で測定した．

この実験は，仕事が直接，熱に変換するのを確かめたという点で，学問的にはきわめて重要である．しかし，発生した熱量と消費されたエネルギー量の比例関係をもっと簡単に示すのが，「抵抗器

(a) ジュールの実験　　　　(b) 概念図

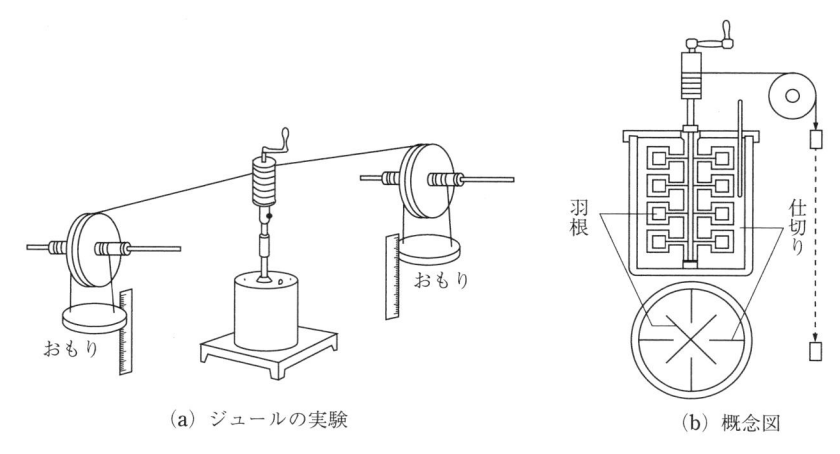

図 7.2　ジュールの実験

の両端に電圧 V をかけて電流を流すと，抵抗器に熱が発生し，発生した熱量は抵抗器の電気抵抗 R と電流 I の 2 乗の積 RI^2 に比例する」ことを確かめた，ジュールによる**ジュール熱**の実験である．

両端に電圧 V がかかっている抵抗器を電流 I が流れるとき，回路の電源は単位時間（1 秒間）あたり仕事 VI を行う．この電源のする仕事が抵抗器に発生する熱，つまり，ジュール熱になる．オームの法則によって 電圧 $V =$ 抵抗 $R \times$ 電流 I なので，ジュール熱は電圧と電流の 2 乗の積 RI^2 に比例することになる．ジュール熱については 13 章で学ぶ．

さて，これから，エネルギーの単位には，国際単位の「ジュール」のほかに，熱という形態のエネルギー量の表現に便利な実用単位として「カロリー」，電力量という形態でのエネルギー量の表現に便利な実用単位として「キロワット時」があり，それらと「ジュール」の関係は (7.6) 式と (7.7) 式で与えられることを示す．

電気製品には「60 W」というような表示がしてある．60 W はその電気製品で消費される電力，つまり 1 秒間に消費される電気エネルギーのことで，W は電力の単位ワットの記号である．W = J/s である．60 W なら，この電気製品で 1 秒間に 60 J の電気エネルギーが消費される．500 W の電気ポットでは 1 秒間に 500 J の電気エネルギーが熱になり，ポットの水の温度を上昇させる．

現在，日本の計量法の基礎になっている国際単位系ではエネルギーの単位はジュールとされていて，熱量もジュールで表すことになっているが，しばらく前までは熱量の単位として**カロリー**が使われていた．1 カロリーは 1 g の水つまり 1 cc の水の温度を 1 度上昇させる熱量である．電熱器で 1 カロリーのジュール熱が発生するとき

146 ｜ 7. エネルギー

には，4.2 J の電気エネルギーが消費される．カロリーの記号は cal なので，2 つの単位の間には

$$4.2 \, \text{J} \approx 1 \, \text{cal} \tag{7.6}$$

という関係がある．

　質量 1 kg の水が高さ 100 m の滝の上にあるときの重力による位置エネルギーは，

$$mgh = 1 \, \text{kg} \times (9.8 \, \text{m/s}^2) \times (100 \, \text{m}) = 980 \, \text{J}$$

であるが，(7.6) 式を使うと，980÷4.2 = 240，つまり 240 cal である．水 1 kg の温度を 1 度上昇させるには 1000 cal かかるので，高さが 100 m の華厳の滝を落下するときの温度上昇は 240÷1000 = 0.24，つまり 0.24 度であることがわかる．

　消費電力は 1 秒間に消費される電気エネルギーなので，実際に消費される電気エネルギーは消費電力×時間である．これを消費電力量という．電力量の単位として使われているのは，電力の単位のキロワット（記号 kW），つまり 1000 ワットに時間の単位の時間（1 時間 = 3600 秒）をかけた**キロワット時**（記号 kWh）である．キロワット時の記号 kWh の h は時間 hour の頭文字である．1 kWh は 1000 W×3600 秒なので，

$$1 \, \text{kWh} = 3600000 \, \text{J} \tag{7.7}$$

である．いうまでもなく，消費電力が 1 キロワットの電気器具を 1 時間使用したときの消費電力量が 1 kWh である．1 kWh の電気代は 30 円くらいである．

　仕事や熱や電力はたがいに変換し合うが，その際に変換前の量と変換後の量が比例し，(7.6) 式や (7.7) 式のような比率で換算ができるという事実が，エネルギーにはいろいろなタイプのものがあり，たがいに変換し合うが，その総量は時間が経過しても変化しないという，エネルギーの保存の実態なのである．国際単位系では，いろいろな形態のエネルギーを測る単位を，ジュールに統一している．いうまでもなく，エネルギーの単位のジュールは，熱はエネルギーの一形態であることを示したジュールにちなんでいる．なお，電力の単位のワットは，凝縮器（復水器）つきの蒸気機関を発明した，英国のワットにちなんで名づけられた．

問 2 10 度の水 1 リットルを 100 度のお湯にするには，1000×90 カロリー，つまり 378000 ジュールの熱を発生させねばならない．消費電力が 500 W の電気ポットを使うと何分かかるか．

7.5 人間は筋力で1日にどのくらいの仕事ができるか

　エネルギーの国際単位のジュールと実用単位のカロリーの換算がわかったので，エネルギーを供給すると仕事をする機械として人間を見てみよう．

　栄養学ではエネルギーの単位としてキロカロリー（kcal）を使う（1 kcal = 1000 cal）．ふつうの労働に従事する成人男性が1日に食品として摂取する必要のあるエネルギーは 2400 kcal 程度で十分なようである．この食品のエネルギーは化学的エネルギーで，食品が燃焼（酸化）するときに発生する熱量である．2400 kcal は，(7.6) 式を使えば 1008 万 J（4.2×240 万 J）で，(7.7) 式によれば 2.8 kWh（キロワット時）（1008÷360 万），つまり 2800 Wh（ワット時）である（1 kWh は 1000 Wh）．そこで，このエネルギーがすべて人間の筋肉労働に使われるとして，人間が 24 時間連続で働きつづけられるとすれば，人間はパワーが約 120 W の作業機械ということになる（2800 W 時（間）/24 時間 = 約 120 W）．

　しかし人間は寝ているだけでも，呼吸や血液の循環その他の活動にエネルギーを消費する．人間が筋肉労働するときのパワーは，平均して 100 W 以下（1 秒あたりにする仕事が平均 100 J 以下）で，1 年間にできる仕事はせいぜい 100 kWh くらいにしかならないといわれている．

　100 W の仕事とは，10 kg の荷物を 1 秒間に 1 m の割合で真上に吊り上げているときの仕事である．かりに富士山とほぼ同じ高さの 3600 m の塔が平地に立っていて，この塔の先端まで 10 kg の荷物を 1 時間かけて吊り上げたときの仕事が 100 Wh，つまり，0.1 kWh である．電気代にすれば，約 3 円である．人間が 1 年間にできる 100 kWh の筋肉労働のすべてを電気器具が効率よくできれば，電気代は約 3000 円である．

　人類はいまから約 200 年前までは，動力源として，主として人間や牛馬の筋力に頼ってきた．自然がもたらす風力や水力は，帆船や水車のような空間的に限定された利用しかできなかった．馬の筋力を使っても 1 頭で人間の 15 人分くらいの力しか出せない．

　ところが，科学技術の発展によって蒸気機関，発電機，モーターなどの新しい動力源が発明され，産業革命が起こってからは大きく変化した．

　石油，石炭，天然ガス，原子力，水力，地熱などエネルギーとし

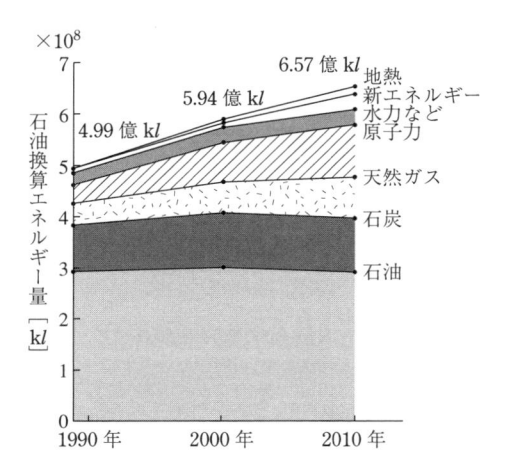

図 7.3 わが国の総エネルギーの予測（通産省編「エネルギー '93」による）

てそのまま使用されるものを 1 次エネルギーというが，日本の 1 年間あたりの 1 次エネルギー供給は，1990 年には 1 人あたり 3940 万 kcal，つまり 4 万 6000 kWh（3940 万 × 1000 × 4.2 ÷ 360 万）であった．これに効率をかけたものが仕事になる．このうちの 25% が仕事などに有効に使用されたとしよう．人間の筋肉労働量は 1 年間に 100 kWh だとすると，日本人は 1 人あたり 115 人の労働力を使用していることに相当する（46000 × 0.25 ÷ 100 = 115）．

この大量のエネルギー消費は社会生活に大きな影響を与えた．家族が，大家族から核家族になったのも，エネルギーの大量消費で省力化が進んだためである．20 世紀後半の日本社会の変化を理解する大きな鍵は，エネルギーの大量消費である．日本の場合，供給される 1 次エネルギーの約 9 割が化石燃料で，残りの 1 割が原子力である．化石燃料は，大昔の生物（主にプランクトン）の死骸や倒れた木などが，長い年月をかけて地下で変成されてできた石油，石炭，天然ガスなどの燃料の総称である．石油も天然ガスもあと 40～60 年後には採掘できなくなるといわれている．エネルギー問題は人類の直面している大問題である．

❖ 第 7 章のキーワード ❖

エネルギー，重力による位置エネルギー，運動エネルギー，熱，エネルギーの変換，エネルギーの輸送，エネルギー保存の法則，ジュール（J），ジュール熱，カロリー（cal），電力，電力量，キロワット時（kWh）

演習問題 7

A

1. 群馬県にある須田貝発電所では，毎秒 65 m³ の水量が有効落差 77 m を落ちて，発電機の水車を回転させ，46000 kW の電力を発電する．この発電所では，水の重力による位置エネルギーの何％が電気エネルギーになるか．

2. ナイアガラの滝は高さが約 50 m で，平均水流は 4×10^5 m³/分である．
   （1）滝の上下での水温の差は何℃か．
   （2）水の約 20％ が水力発電に用いられるとして，発電所の出力電力を求めよ．

3. 40 kg の人間が 3000 m の高さの山に登る．
   （1）この人間のする仕事はいくらか．
   （2）1 kg の脂肪はおよそ 3.8×10^7 J のエネルギーを供給するが，この人間が 20％ の効率で脂肪のエネルギーを仕事に変えるとすると，この登山でどれだけ脂肪を減らせるか．

B

1. 地震で放出されるエネルギー E とマグニチュード M の関係を
$$\log_{10} E = 4.7 + 1.5 M$$
とすると（理科年表，1995 年），$M = 8.0$ の地震で放出されるエネルギーは何 J か．これを 1991 年の日本の発電電力量 8881 億 kWh と比較せよ．

熱 と 温 度

　動力源として，ガソリン・エンジンや蒸気タービンのような熱を仕事に変える熱機関は広く使用されている．熱はエネルギーの1つの形態だが，その一部分しか仕事に変えられない．つまり，熱機関の効率を，仕事になる熱の割合と定義すると，熱機関の効率を1にすることは原理的に不可能である．重力による位置エネルギーや電気エネルギーは，原理的には，すべて仕事に変えられるのとは大きな違いである．化石燃料を消費する熱機関の効率が上がれば，省エネルギーとともに二酸化炭素の排出量を減らせる．

　この章では，このような特徴をもつ熱および熱とは密接な関係にある温度に関する話題を考える．

8.1 熱と温度と内部エネルギー

　ガスや電気ポットでお湯を沸かすことができる．この事実はガスの化学的エネルギーや電気エネルギーが熱になったことを示す．滑り台を一定の速さで滑り降りるとき，摩擦でお尻が熱くなる．この場合には重力による位置エネルギーが，運動エネルギーにならずに，熱になる．

　物質には固体，液体，気体の3つの状態がある．固体を加熱すると温度が上昇し，融点に達すると固体は融解して液体になる．液体を加熱すると液体の温度は上昇して，沸点に達すると液体は蒸発して気体になる．このように物質の状態は熱を加えることによっていろいろ変化する．

　すべての物体は分子から構成されており，物体の中で分子は**熱運動**とよばれる乱雑な運動を行っている．物体の**温度**とは，その物体を構成している分子の熱運動のエネルギーの平均値の大小と結びついた量である．もちろん，熱運動のエネルギーの平均値が大きい方が温度は高い．したがって，物体を加熱すると，外部から加えられたエネルギーは分子の熱運動のエネルギーになるので，温度は上昇する．

また，物体内部の分子の熱運動状態はなるべく乱雑になろうとする傾向がある．そこで，高温の物体と低温の物体を接触させたり，1つの物体に高温の部分と低温の部分があったりすると，分子間のエネルギーのやりとりで，高温部の分子の熱運動のエネルギーが低温部の分子に移動し，その結果，高温部の温度は下がり，低温部の温度は上昇し，熱平衡状態になる．これが熱伝導の実態である．

物理学では，物体を構成する分子の熱運動のエネルギーの総和をその物体の内部エネルギーという．そして，高温部から低温部に移動する分子の熱運動のエネルギーや物体を摩擦したときに増加する分子の熱運動のエネルギーを熱という．

分子の熱運動が激しくなれば，物質の状態が変化することが期待される．熱膨張はその一例である．熱膨張が著しいのが気体である．次の節では気体を学ぶ．

8.2 気体の状態方程式

圧力 自転車のタイヤにポンプで空気を入れるとタイヤは膨らむ．タイヤの中の空気がタイヤに大きな圧力を及ぼすからである．気体が接触面に及ぼす圧力とは，気体が面の単位面積に及ぼす力の大きさである．つまり，

$$\text{圧力} = \frac{\text{面に及ぼす力}}{\text{面の面積}} \tag{8.1}$$

である．力と面積の国際単位は N と m^2 なので，圧力の国際単位は N/m^2 であるが，これをパスカル（記号 Pa）とよぶ．天気予報ではこの 100 倍の hPa（ヘクトパスカル）が使われている．

圧力の実用単位に気圧（記号 atm）がある．1 気圧とは大気の標準の圧力という意味で，

$$1 \text{気圧} = 1013 \text{hPa} \tag{8.2}$$

である．1 気圧は高さが 76 cm の水銀柱が底面に及ぼす圧力でもある（図 8.1）（演習問題 8 B 1）．

ボイルの法則 実験によれば，温度が一定のとき，気体の体積 V と圧力 p は反比例する（図 8.2）．つまり，圧力を 2 倍に上げれば体積は 1/2 になり，圧力を 1/2 にすると体積は 2 倍になる．この関係を式で表すと，

$$pV = \text{一定} \quad (\text{温度は一定}) \tag{8.3}$$

となる．ボイルが発見したので，この関係を**ボイルの法則**という．

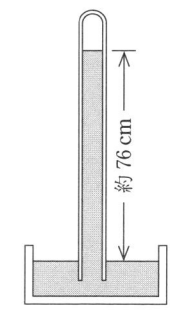

図 8.1 細長いガラス管に水銀を満たし，上端から水銀がこぼれないようにして上下を逆にして，容器の中の水銀の中に入れると，標高が低いところでは，図のように管の中の水銀柱は約 76 cm の高さになる．この水銀柱は大気の圧力によって押し上げられているので，この水銀柱の高さで大気圧を測定できる．水銀柱のかわりに水柱を使うと，水柱の高さは約 10 m になる．

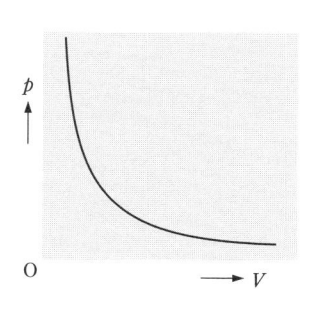

図 8.2 ボイルの法則，$pV = $ 一定．

■ **シャルルの法則** ■ 圧力を一定に保ちながら，気体を温めると，気体は膨張して体積が増す．シャルルは，圧力が一定のもとでは気体の温度を 1 度（1 °C）上昇させると，気体の体積は 0 °C のときの体積 V_0 の 1/273 だけ増加し（正確には 1/273.15），1 °C 低下させると，気体の体積はセ氏 0 度（0 °C）のときの体積 V_0 の 1/273 だけ減少することを発見した（図 8.3）．したがって，t °C のときの体積 V は

$$V = \left(1 + \frac{t}{273}\right) V_0 \quad (圧力 p は一定) \quad (8.4)$$

と表される．これを**シャルルの法則**という．

気体は分子の集団で，次節で示すように，温度が上がると気体分子の運動が激しくなり，気体がピストンを押す圧力が増え，気体の体積は大きくなる．逆に温度が下がると，分子の運動は弱くなるので，気体がピストンを押す圧力が減り，気体の体積は小さくなる．そこで，-273 °C では気体の体積は 0 になると推測される．実際には -273 °C になる前に液化する．しかし，物質が液化し，さらに固化しても分子の熱運動は引き続き弱まっていき，-273 °C で分子の熱運動が止まると考えられる．温度は熱運動の激しさを表す量なので，-273 °C より低い温度はありえない．

そこで，-273 °C を絶対 0 度とよび，絶対 0 度を原点とする温度 T を**絶対温度**という．単位はケルビン（記号 K）である．したがって，t °C と T K の関係は

$$T = t + 273 \quad (8.5)$$

である．たとえば，セ氏 10 度（10 °C）は 283 ケルビン（283 K）である．

絶対温度を導入すると，シャルルの法則 (8.4) は

$$V = \frac{T}{273} V_0 \quad (圧力 p は一定) \quad (8.6)$$

と表され，圧力 p が一定という条件下で，気体の体積 V は絶対温度 T に比例する．

■ **ボイル-シャルルの法則** ■ 容器（シリンダー）の中の気体の体積 V は，温度 T が一定のときはボイルの法則によって圧力 p に反比例し，圧力 p が一定のときは絶対温度 T に比例する．この 2 つの関係をまとめると，

気体の体積 V は，絶対温度 T に比例し，圧力 p に反比例する．

これを**ボイル-シャルルの法則**という．式で表すと，

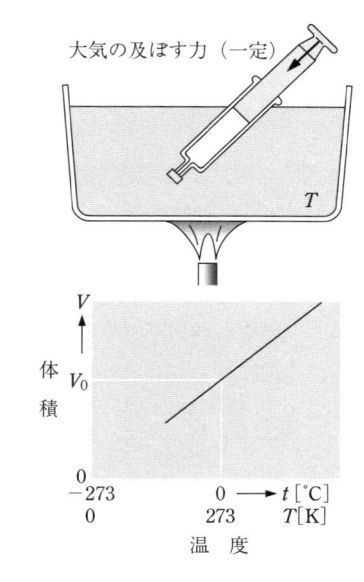

図 8.3 シャルルの法則，$V/T = $ 一定．

$$V = 定数 \times \frac{T}{p} \quad つまり \quad \frac{pV}{T} = 一定 \tag{8.7}$$

となる.

気体の量が1モルのとき,比例定数を R とおくと,pV と T の比例関係 (8.7) は

$$pV = RT \quad (1 モル) \tag{8.8}$$

となる.

すべての気体は温度が $0\,°\mathrm{C}$ ($T = 273\,\mathrm{K}$),圧力が1気圧,つまり,$p = 1.013 \times 10^5\,\mathrm{Pa}$ のときに,体積が $22.4\,\mathrm{L}$ ($V = 0.0224\,\mathrm{m}^3$) であることが実験で知られているので,比例定数 R は気体の種類によらず,次のようになる.

$$R = 8.31\,\mathrm{J/(K \cdot mol)} \tag{8.9}$$

($1.013 \times 10^5 \times 2.24 \times 10^{-2}/273 = 8.31$).この比例定数 R を**気体定数**とよぶ.1モルの気体とは,**アボガドロ定数**(記号 N_A)とよばれる約 6.0×10^{23} 個の分子が含まれている気体である.

n モルの気体,つまり,nN_A 個の分子の含まれている気体では,同じ温度で同じ圧力では体積が n 倍になるので,p, V, T の関係であるボイル-シャルルの法則は

$$pV = nRT \quad (n モル) \tag{8.10}$$

となる.(8.10) 式は気体の圧力,体積,温度,モル数などの気体の状態を表す量の関係なので,気体の状態方程式という.

現実の気体は,高密度の場合にボイル-シャルルの法則 (8.10) からずれるが,低密度の希薄な気体の場合には (8.10) 式によく一致する.(8.10) 式をつねに満足する気体を想定して,これを**理想気体**という.

8.3 気体の分子運動論

気体分子運動論 容器の中の気体が壁に及ぼす圧力を,壁に衝突する気体分子の作用としてミクロな立場で理解しよう.図 8.4 の1辺の長さが L の立方体の容器には N 個の気体分子が入っている.これらの分子は壁に衝突するか他の分子に衝突すると運動状態を変えるが,簡単のために,気体は希薄なので分子どうしの衝突は無視できるものとする.さて,速度が $\boldsymbol{v} = (v_x, v_y, v_z)$ で図 8.4 の右側の壁に弾性衝突する1つの分子に注目しよう.この弾性衝突で,速度 $\boldsymbol{v}$ の壁に平行な成分の v_y と v_z は変化しないが,壁に垂直な x 成分は v_x から $-v_x$ に変わる.したがって,質量 m の分子の運動量 $m\boldsymbol{v}$ は壁に垂直な成分が $(-mv_x) - (mv_x) = -2mv_x$ だけ変化する.これは運動量変化と力積の関係 (4.32) によって,衝

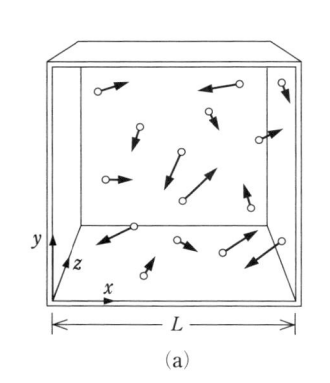

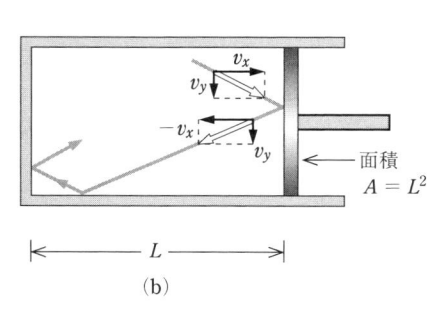

図 8.4 気体分子の運動. (a) 容器に閉じ込められた気体. (b) 気体分子の壁との衝突

突の際に分子が受けた左向きの力積（「力」×「作用時間」）に等しい．また，作用反作用の法則によって，この分子が壁に及ぼす力積は右向きの $2mv_x$ である．この分子は他の壁に衝突して，再びこの右側の壁に戻ってくる．1往復する時間は $2L/v_x$ だから，時間 t の間にこの分子が同じ壁に衝突する回数は $t/(2L/v_x) = v_x t/2L$ となり，この間に1個の分子が壁に及ぼす力積は次のように表される．

$$2mv_x \times \frac{v_x t}{2L} = \frac{mv_x^2}{L} t \tag{8.11}$$

気体が壁に及ぼす力積を求めるには，これを全分子について加え合わせればよい．N 個の分子についての v_x^2 の平均値を $\langle v_x^2 \rangle$ と記すと，v_x^2 を全分子について加え合わせれば $N\langle v_x^2 \rangle$ になるので，全分子が時間 t の間に壁に及ぼす力積は $[Nm\langle v_x^2 \rangle/L]t$ である．一方，全分子が壁に及ぼす平均の力を F とすると，時間 t の間の力積は Ft である．したがって平均の力 F は

$$F = \frac{Nm\langle v_x^2 \rangle}{L} \tag{8.12}$$

となる（図8.5）．壁の面積は L^2 なので，気体の圧力 p は

$$p = \frac{F}{L^2} = \frac{Nm\langle v_x^2 \rangle}{V} \tag{8.13}$$

となる．ここで $V = L^3$ を使った．

気体分子の運動は全体としては等方的で，$\langle v_x^2 \rangle = \langle v_y^2 \rangle = \langle v_z^2 \rangle$ だと考えられる．ピタゴラスの定理によって，$v^2 = v_x^2 + v_y^2 + v_z^2$ なので，その平均値について，

$$\langle v^2 \rangle = \langle v_x^2 \rangle + \langle v_y^2 \rangle + \langle v_z^2 \rangle = 3\langle v_x^2 \rangle \tag{8.14}$$

という関係が得られる．この関係を使うと，(8.13)式は

$$pV = \frac{1}{3} Nm\langle v^2 \rangle = \frac{2}{3} E \tag{8.15}$$

と表せる．ここで

$$E = \frac{1}{2} m \langle v^2 \rangle N \tag{8.16}$$

は気体分子の全運動エネルギーである．

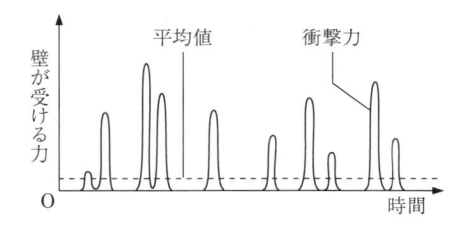

図8.5 壁が分子から受ける衝撃力と平均値（平均の力）

■ **気体分子の平均の速さ** ■　1モルの気体に対する(8.15)式，つまり(8.15)式で分子の数 N をアボガドロ定数 N_A とおいた式とボイル-シャルルの法則(8.8)を比較すると，

$$\frac{1}{3} N_A m \langle v^2 \rangle = \frac{2}{3} E = RT \tag{8.17}$$

つまり，

$$E = \frac{3}{2}RT \tag{8.18}$$

なので，気体分子の全運動エネルギー E は絶対温度 T に比例することがわかる．また，(8.17)式から気体分子1個あたりの平均の運動エネルギーは

$$\frac{1}{2}m\langle v^2 \rangle = \frac{3}{2} \cdot \frac{R}{N_A}T \tag{8.19}$$

である．右辺に出てくる R/N_A という定数は分子論ではよく出てくるので，ボルツマン定数とよび k_B（あるいは k）と記す．

$$k_B = 1.38 \times 10^{-23} \text{ J/K} \tag{8.20}$$

ボルツマン定数 k_B を使うと，(8.19)式は

$$\frac{1}{2}m\langle v^2 \rangle = \frac{3}{2}k_B T \tag{8.21}$$

と表される．

このようにして，気体分子の運動エネルギー E は絶対温度 T に比例することが示された．逆に，絶対温度 T を(8.21)式で定義すると，気体分子運動論からボイル-シャルルの法則が導かれることになる．

例1 300 K (27 ℃) における水素分子 H_2（質量 $m(H_2) = 3.35 \times 10^{-27}$ kg）と水銀分子 Hg（質量 $m(Hg) = 3.35 \times 10^{-25}$ kg）の平均の速さ（厳密には，速さの2乗の平均値の平方根）は，(8.21)式を使うと

$$\sqrt{\langle v^2 \rangle} = \sqrt{\frac{3k_B T}{m}} = \sqrt{\frac{3 \times (1.38 \times 10^{-23} \text{ J/K}) \times (300 \text{ K})}{3.35 \times 10^{-27} \text{ kg}}}$$
$$= 1.93 \times 10^3 \text{ m/s} \quad (H_2)$$

$$\sqrt{\langle v^2 \rangle} = \sqrt{\frac{3k_B T}{m}} = \sqrt{\frac{3 \times (1.38 \times 10^{-23} \text{ J/K}) \times (300 \text{ K})}{3.35 \times 10^{-25} \text{ kg}}}$$
$$= 1.93 \times 10^2 \text{ m/s} \quad (Hg)$$

参考 マクスウェル分布

気体分子の速さは平均値のまわりにばらついている．気体分子の速度分布も理論的に計算できる．気体分子の速さを測定したとき，速さが v と $v+\Delta v$ の間にある確率は

$$Nv^2 \exp(-mv^2/2k_B T)\Delta v \qquad N = \sqrt{2m^3/\pi k_B^3 T^3} \tag{8.22}$$

である（図8.6）．この速度分布はマクスウェルが理論的に導いたので，マクスウェル分布という．ここで，$\exp(x) = e^x$ である．

なお，一般に，温度 T の熱平衡状態にある物質の中の分子が

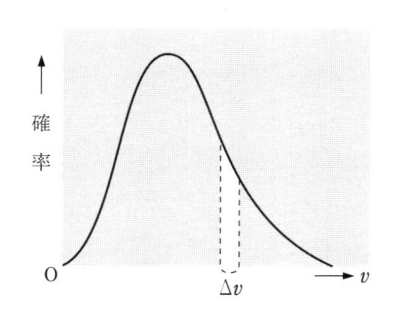

図 8.6 マクスウェルの速度分布

エネルギー E をもつ確率は
$$e^{-E/k_\mathrm{B}T} \tag{8.23}$$
に比例する．この分布をボルツマン分布という．マクスウェルの速度分布はボルツマン分布の一例である．

■ 理想気体の内部エネルギーとモル熱容量 ■　物質中の分子の熱運動の運動エネルギーと位置エネルギーの総和を，その物質の内部エネルギーとよぶ．われわれの気体分子運動論では分子間の力を無視しているので，気体分子は熱運動の位置エネルギーをもたない．これまで考えてきた運動エネルギーは気体分子の重心運動の運動エネルギーである．

構成原子数が1の分子である単原子分子の運動は重心の運動だけなので，(8.18)式の E はヘリウム He やアルゴン Ar のような単原子分子（構成原子数が1の分子）から構成された1モルの気体分子の熱運動の全エネルギー，つまり，内部エネルギー（記号 U）を表す．

$$U = \frac{3}{2}RT \quad （1モルの単原子分子気体） \tag{8.24}$$

n モルの場合の内部エネルギーはこの n 倍である．このように，理想気体の内部エネルギーは温度 T だけで決まるという特徴がある．

ある物質の1モルを加熱して，温度を1度（1 K）上げるときに必要な熱量を，この物質のモル熱容量という．体積を一定にして加熱する場合を定積モル熱容量（記号 C_v），圧力を一定にして加熱する場合を定圧モル熱容量（記号 C_p）という（図 8.7）．圧力を一定に保って加熱する場合には，体積が増加するので，気体は外部に対して仕事をする．この仕事の分の熱も加えなければならないので，気体の定圧モル熱容量 C_p は定積モル熱容量 C_v よりも大きく

$$C_\mathrm{p} - C_\mathrm{v} = R \tag{8.25}$$

という関係がある（演習問題 8 B 3）．

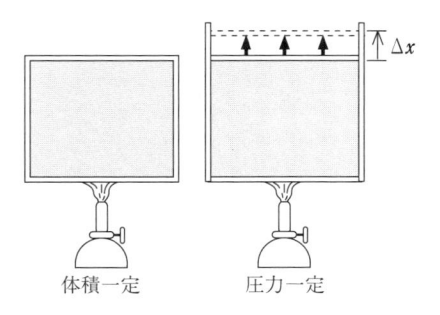

図 8.7　定積モル熱容量 C_v と定圧モル熱容量 C_p，$C_\mathrm{p} - C_\mathrm{v} = R$

体積を一定に保って加熱する場合は，気体の温度を ΔT 上げるために，外から熱を内部エネルギーの増加分 $\Delta U = (3/2)R\,\Delta T$ だけ注入しなければならない．したがって，単原子分子気体の定積モル熱容量 C_v は

$$C_\mathrm{v} = \frac{\Delta U}{\Delta T} = \frac{3}{2}R = 12.5\,\mathrm{J/(K\cdot mol)} \quad （単原子分子気体） \tag{8.26}$$

となる．

(8.25)式も(8.26)式も(極低温,高密度以外での)実験値との一致はよい.なお,酸素 O_2,窒素 N_2 などの2原子分子は回転運動も行うので,定積モル熱容量 C_V の値は $(3/2)RT$ より大きく,約 $(5/2)R$ である.

8.4 太陽の表面温度と地球の温度

太陽の表面温度は約 6000 K だという.どのようにして測るのだろうか.

鉄をアセチレン・バーナーで加熱する場合,温度が上がるとまず赤くなり,さらに温度が上がると青白く光るようになる.このように高温の物体は光を放射するが,放射する光の色は温度とともに変化する.詳しくいうと,温度が高くなるほど物体は波長が短い電磁波を放射する(赤外線 → 赤色光 → 紫色光 → 紫外線の順に波長が短くなる).気体を高温に加熱すると気体の種類に特有な色の光を放射するので,ここでは固体と液体だけを考える.

1900年にドイツの物理学者**プランク**は,いろいろな温度の炉から出てくる可視光線,赤外線,紫外線などの電磁波について,波長ごとにエネルギーを測定した実験結果(図8.8参照)をうまく表す公式を発見した.図8.8の絶対温度 T に対する曲線の下の波長が λ と $\lambda+\Delta\lambda$ の間の斜線部分の面積は,絶対温度 T の物体の表面 $1\,\mathrm{m}^2$ から波長が λ と $\lambda+\Delta\lambda$ の間の電磁波によって1秒間に放射されるエネルギー量

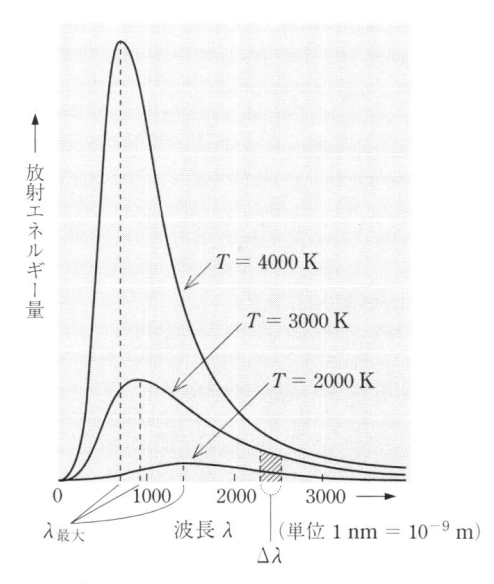

図 8.8 プランクの法則.厳密には,この法則は入射する電磁波を完全に吸収する物体からの放射についてのみ成り立つので,黒体放射の法則ともよばれる.

$$I(\lambda, T)\Delta\lambda = \frac{2\pi hc^2}{\lambda^5}\frac{1}{e^{hc/\lambda k_B T}-1}\Delta\lambda \quad (8.27)$$

を表す．これを**プランクの法則**という．k_B はボルツマン定数，c は真空中の光速（$c = 3.00\times10^8$ m/s）で，h は**プランク定数**とよばれる定数で，

$$h = 6.63\times10^{-34}\text{ J}\cdot\text{s} \quad (8.28)$$

である．

このプランクの法則から2つの重要な結論が導かれる．第1の結論は，各温度でもっとも強く放射される電磁波の波長，つまり曲線のピークに対応する波長 $\lambda_{最大}$ が絶対温度 T に反比例することである．この結論は，高温の物体ほど波長の短い電磁波を放射することを意味するので，われわれの経験と一致している．数式で表すと

$$\lambda_{最大} T = 2.9\times10^{-3}\text{ m}\cdot\text{K} \quad (8.29)$$

となる．この関係式は，プランクの法則が発見される前にウィーンによって発見されていたので，**ウィーンの変位則**という．

太陽や遠方の星のような非常に高温な物体の温度は，放射される電磁波のエネルギーを波長ごとに測定してプランクの法則と比較して決めることができる．太陽の場合，$\lambda_{最大}$ は緑色に対応する500ナノメートル（nm），つまり 5×10^{-7} m なので，太陽の表面温度は 5800 K であることがわかる（$(2.9\times10^{-3})\div(5\times10^{-7}) = 5800$）．

電灯のタングステンフィラメントの温度は約 2000 K なので，電灯からは光よりも赤外線の方が多く放射され，光源としては効率が悪いことがわかる．

図 8.8 の曲線の下の面積は，絶対温度 T の物体の表面の面積 1 m^2 から 1 秒間に放射される電磁波の全エネルギー量を表す．このエネルギーは物体の絶対温度 T の 4 乗に比例し，

$$W = 5.67\times10^{-8}T^4 \text{ ワット（W）} \quad (8.30)$$

である．これが第2の重要な結論である．この関係式は，プランクの法則が発見される前にシュテファンとボルツマンによって発見されていたので，**シュテファン-ボルツマンの法則**という．

太陽の表面温度がわかると，(8.30) 式から太陽が 1 秒間に放射する全エネルギー量がわかり，そのうち地球に到達するエネルギー量も計算できる．太陽の表面温度を 5800 度とすると，太陽表面の 1 m^2 から 1 秒間に放射されるエネルギー量は 6420 万 J である．半径が 70 万 km の太陽から 1 億 5000 万 km 離れた地球まで，このエネルギーがやってくると，エネルギー密度は距離の 2 乗に反比例

して減少するので，地球上で太陽に正対する面積が 1 m² の面が 1 秒間に受ける太陽からのエネルギー量は，6420 万 J の 4 万 6400 分の 1 になる［(70 万/15000 万)² = 1/46000］．

実際の測定によると，地球の大気圏外で太陽に正対する面積 1 m² の面が 1 秒間に受けるエネルギー量は 1.37 kJ である（1 kJ = 1000 J．1 cm² が 1 分間に受ける太陽の放射の総量は約 2 カロリーである）．

地球の半径を R_E とすると，太陽から見た地球の面積は（半径 R_E の円の面積の）πR_E^2 であるが，地球の表面積は（半径 R_E の球の表面積の）$4\pi R_E^2$ なので，地球の表面 1 m² が太陽から受ける太陽の放射は，平均すると，上の値の 1/4 である．なお，太陽からの放射のかなりの部分は大気圏の表面などで反射されるので，地表までは届かない．

さて，地球と宇宙空間との熱の収支はバランスがとれているので，地球の表面の 1 m² は，平均すると 1 秒間に 1.37 kJ の 1/4，つまり，340 J を外部に放射する．この値を (8.30) 式の左辺に入れると，右辺の T は 278 K，つまり，約 5 ℃ になる．地球表面の平均温度は 15 ℃ で，大気圏の平均温度は -18 ℃ だとされているので妥当な結果である．

ついでに，宇宙の温度は -270 ℃，つまり絶対温度で 3 ケルビン（3 K）だということを紹介しよう．この宇宙の温度は，大陸間通信のための送受信機の雑音を減らそうとどのように努力しても，あるレベル以下には減らせず，アンテナをどの方向に向けても同じレベルの雑音が受信される，つまり，宇宙のすべての方向から一様

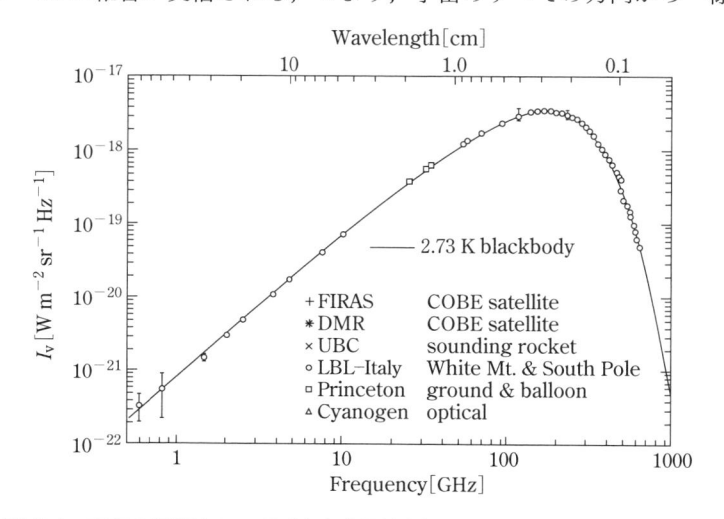

図 8.9 宇宙の温度は 2.73 K（宇宙背景放射）．横軸は振動数（下側）および波長（上側）．曲線は 2.73 K の黒体放射（プランクの法則）の理論値．

で等質なマイクロ波が届くという事実から導かれた．図 8.9 の科学衛星 COBE などの観測結果が示すように，このマイクロ波の波長分布は絶対温度が 2.7 ケルビンのプランクの法則に従う（$\lambda_\text{最大}$ が 1.1 mm）．恒星を除く，宇宙のいたるところが，このようなマイクロ波で満たされているのである．

プランクの法則は物理学の歴史上きわめて重要な法則の 1 つである．その理由は，プランクが，自分の発見した法則を理論的に導き出すには，

「振動数 f の光のもつエネルギーの大きさは，hf の整数倍に限られる」

と考えねばならないことを発見したからである．ここで，h はさっき出てきたプランク定数である．

波のエネルギーの値はどのような値でもよいはずなので，電磁波である光のエネルギーはどのような大きさでもとれるはずである．これに反して，プランクの結論では，振動数 f の光は hf という大きさのエネルギーのかたまりの整数倍という，とびとびの値しかとれないのである．これが**量子論**とよばれる原子の世界の理論の出発点になった．この光のエネルギーのかたまりは**光子**（フォトン）とよばれている．量子論については，17 章以降でさらに説明する．

8.5　太陽エネルギーと核エネルギー

太陽の表面の 1 m^2 から 1 秒間に放射されるエネルギー量は 6420 万 J なので，半径 R_S が 70 万 km の太陽の面積 $4\pi R_\text{S}^2$ の全表面から 1 秒間に放射される全エネルギー量は 3.95×10^{26} J であることがわかる．太陽の誕生以来，過去 40 億年間，太陽はこれとほぼ同じ量のエネルギーを放射しつづけてきたと考えられる．この莫大な光のエネルギーはどのようなタイプのエネルギーが変換したものなのだろうか．

核エネルギーの存在が知られていなかった 19 世紀の物理学者にとって，可能な候補は太陽が自分の重力で収縮する際に放出される重力による位置エネルギーだけだった．そうだとして，太陽の誕生以来これまでに光のエネルギーになって放射されたと思われる重力による位置エネルギーの総量を計算してみると，2000 万年分以下にしかならない．これは 19 世紀の物理学者にとって大問題であった．

アインシュタインが相対性理論を提唱し，質量がエネルギーの 1 つの形態であることが認識された．そこで，原子核反応で質量が減

少する場合には，大きなエネルギーが放出されることがわかった．質量が m だけ減少するときには，アインシュタインの有名な

$$\text{エネルギー} = \text{質量} \times \text{光速の 2 乗} \quad \text{つまり} \quad E = mc^2 \quad (8.31)$$

という関係式によって，別の形のエネルギー E が発生する．この質量と結びついたエネルギーを**核エネルギー**という．真空中の光速 c は秒速 30 万 km，つまり，3 億 m/s なので，1 kg の質量が消滅する場合には，3 億×3 億 J，つまり 9×10^{16} J という莫大な量の別のタイプのエネルギーが発生する．同じ 1 kg の物体が秒速 40 m で運動する場合の運動エネルギー $mv^2/2$ が 800 J であるのと比べると大きな違いである．

核エネルギーを利用するためには，質量が減少する原子核反応を起こさねばならない．水がダムの中にあっても導水管を落下させねば，重力による位置エネルギーを利用できないのと同じである．

太陽の放射するエネルギーの源は，温度 1550 万度の太陽の中心部で，4 個の水素原子核が核融合してヘリウム原子核になる，

水素原子核 4 個＋電子 2 個 ⟶ ヘリウム原子核 1 個
　　　　　　　　　　　　　　　　＋ニュートリノ 2 個

$$4\,\text{H}^+ + 4\,\text{e}^- \longrightarrow 1\,\text{He}^{2+} + 2\nu^0$$

という反応で解放される核エネルギーである．ニュートリノ ν^0 は質量がきわめて小さい，電気を帯びていない粒子である．この反応で 1 kg の水素原子核が核融合すると，約 6.9 g の質量が消滅するので，6.2×10^{14} J の他の形のエネルギーが生じる．したがって，太陽のエネルギー源がこの核融合反応であれば，太陽では 1 秒あたり 6000 億 kg の水素が核融合する．質量が 2×10^{30} kg の太陽ができたとき，構成物のほとんどは水素だと考えられるので，太陽の核エネルギーは 1000 億年間もつと考えられる．太陽のエネルギー源については心配無用である．

水素原子核の融合が起こるには，正電荷を帯びた高速の原子核が，同符号の電荷の間に働く反発力に逆らって近づき，接触せねばならない．太陽の中心部のような高温のところでは，水素原子核の中にはきわめて大きな熱運動のエネルギーをもつものがあるので，その衝突で核融合反応が起こるのである．

それでは太陽の中心部では実際に水素原子核の融合反応が起こっているのだろうか．もし起こっているとすれば，太陽では莫大な数のニュートリノが発生しているはずである．その結果，われわれの身体を 1 秒あたり約 100 兆個のニュートリノが光速で通過している

図 8.10　スーパーカミオカンデ検出器．この検出器は，5万トンの純水を蓄えた直径 39.3 m，高さ 41.4 m の円筒形水タンクと，その壁の全面に設置された光電子増倍管とよばれる 11146 本の光センサー（直径 50 cm）などから構成されている．この写真は水を注入する前のタンクの内面．白い点々は光センサーである（東京大学宇宙線研究所提供）．

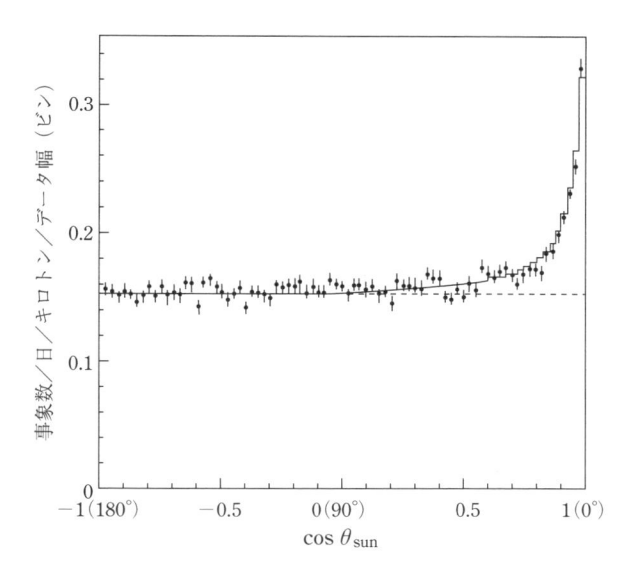

図 8.11　スーパーカミオカンデ検出器の内部でたたき出された電子の方向分布．角 θ_sun は太陽から飛んできた粒子の進行方向とたたき出された電子の進行方向のなす角．図中の誤差棒つきのデータポイントは，1日につき水槽の中心部の水 1000 トンからその方向（$\cos\theta_\mathrm{sun}$ が棒の両側 0.0125 の範囲）にたたき出された 6.5 MeV 以上のエネルギーをもつ電子の数を示す．したがって，図の右端（$\cos\theta_\mathrm{sun}=1$）付近の山は太陽からのニュートリノによってたたき出された電子を表す．点線はバックグラウンドを表す．

はずである．しかし，太陽からのニュートリノと物質の作用はきわめて弱いので，痛くもかゆくもない．しかし，きわめて弱いといっても，岐阜県神岡の地下に設置してあるスーパーカミオカンデ検出器（図 8.10）の巨大な水槽の中に水5万トンを貯めると，ニュートリノの中には水槽の中の莫大な量の水と衝突して電子をたたき出すものもある．図 8.11 に示すように太陽からやってきたニュートリノが進行方向に電子をたたき出していることがわかり，太陽の中で融合反応が起こっていることが確かめられた．

水素原子核のような軽い原子核がいくつか融合して1つの原子核になると，質量が減少する場合があるが，逆にウラン原子核のような重い原子核が分裂していくつかの原子核に分かれると，質量が減少する．原子力発電は，このときに解放される核エネルギーを利用している．

地震の研究などの基礎になっているプレートテクトニクスの元祖は，19世紀に提案された大陸移動説である．アフリカ大陸の西側と南米大陸の東側の形を見るだけでも大陸移動説を受け入れたくなるが，この説が提案されたときには，大陸を移動させる力の源，つまりエネルギー源がわからなかったので，行き詰まった．放射能が

発見されて，地殻に含まれている放射性原子核の分裂で解放される核エネルギーが，その原動力であることがわかった．この核エネルギーは地熱発電に利用される地熱のエネルギー源でもある．

8.6 日本人のエネルギー消費と太陽エネルギー

われわれはいろいろなエネルギー源を利用しているが，これらのエネルギーのもとをたどれば，太陽あるいは地球での原子核反応に伴って放出された核エネルギーである．そして，いわゆる原子力と地熱を別にすれば，石油や石炭などの化石燃料の化学的エネルギーまで含め，その源は太陽から放射されたエネルギーである．

8.4節に記したように，地球の大気圏外で太陽に正対する面積 $1\,m^2$ の面が1秒間に受けるエネルギー量は $1.37\,kW$ である．昼と夜があるし，太陽は南の方から斜めに照らすので，日本上空の大気圏外の面積 $1\,m^2$ の面が1秒間に受けるエネルギー量は，平均すると，その約 1/4 の $340\,J$，つまり $0.34\,kW$ である．快晴のときは，このうちのかなりの部分が地表まで到達するが，晴れていても空が青いことからわかるように，晴天でも大気で一部が反射される．曇っていれば，直射日光は地表に届かない．

太陽光のエネルギーをすぐに電気に変換する太陽光発電を考えよう．この発電装置はシリコン（半導体）でつくられ，太陽電池ともよばれている．小さな太陽電池は電卓の電源として使われている．

取り入れた太陽の光をどれだけの電気に変えられるかを示す変換効率は，住宅用の太陽電池の場合には約 10% のようである．そうすると，屋根に固定した太陽電池での発電能力がピーク時で $1\,kW$ になるには，面積が $7.2\,m^2$ の太陽電池が必要だということになる．夜と昼，晴天と曇天などを考慮すると，東京で年平均の発電能力を $1\,kW$ にするには，この約 10 倍の $70\,m^2$ くらいは必要になるのではなかろうか．変換効率が上がれば，面積は少なくてすむのは当然である．現在，住宅用の太陽電池で変換効率が 17.5% のものもあるとのことである．

7.5節で紹介したように，日本の1年間あたりの1次エネルギー供給は，1990年には1人あたり 3940 万キロカロリー，つまり 4万 $6000\,kWh$ であった．この1次エネルギーのうち最終エネルギーとして利用されるのは，2万 kWh だとしよう．1年は365日，1日は24時間なので，平均すると，使用電力は $2.2\,kW$ ということになる．変換効率が 10% の太陽電池が $100\,m^2$ 以上必要である．

私の住んでいる東京都目黒区の人口密度は $1\,km^2$ あたり 1万 7000 人で，1人あたりの面積は $60\,m^2$ である．東京都全体でも，1

人あたり 200 m² 弱である．われわれは莫大な量のエネルギーを消費している．

8.7 熱力学の第1法則，第2法則と永久機関

動力用の装置を英語でエンジン，日本語で機関という．水車，風車，モーターなどはその例である．機関の中で熱を利用するものを熱機関という．蒸気機関，ガソリン・エンジン，ディーゼル・エンジンなどはその例である．これらのすべての機関は，化学的エネルギーを，まず熱に変え，それを力学的な仕事に変換する装置である．つまり，外部から熱を供給されるので仕事を行う装置である．

外部からエネルギーを供給しなくても，いつまでも永久に仕事をする機関があれば都合がよい．このような永久に動きつづける**永久機関**を昔から多くの人が発明しようと努力してきたが，だれも成功しなかった．

さて，熱機関の運転を行った前後でのエネルギー保存の法則を記すと，

運転開始時の内部エネルギー $U_\text{前}$ ＋外から供給された正味の熱量 Q
　＝ 運転を終わったときの内部エネルギー $U_\text{後}$
　　＋外にした正味の仕事 W

つまり，

$$U_\text{後} - U_\text{前} = Q - W \tag{8.32}$$

となる．外から供給された正味の熱量とは，運転中に熱機関に入ってきた熱量から，出ていった熱量を引いたものである．外にした正味の仕事も，熱機関が運転中に外にした仕事から，外からされた仕事を引いたものである．(8.32)式はエネルギー保存の法則であるが，この式をとくに**熱力学の第1法則**という．熱力学とは，物質の分子構造とは無関係な形で，物質の熱に関する性質をいくつかの法則にまとめ，それらを出発点にして具体的な問題を扱う学問のことである．

熱機関は同じ作業を繰り返すが，熱機関が1サイクルの運転を行うと，熱機関の状態はもとに戻るので，

運転開始時の内部エネルギー
　＝1サイクルの運転を終わったときの内部エネルギー

である．したがって，このとき (8.32) 式は

　外から供給された正味の熱量 Q ＝ 外にした正味の仕事 W

となる．したがって，外部からエネルギーを供給せずに，つまり，外から熱を供給しなくても，いつまでも永久に仕事をする機関は存

在しない．永久機関はエネルギーの保存の法則に反するので存在しないのである．

熱機関は熱を仕事に変換する装置であるが，熱 Q をなるべく多くの仕事 W に変えるものが望ましい．熱 Q のうち仕事 W になった割合の W/Q を**熱機関の効率**という．熱機関の効率はどこまで高くできるだろうか．1 にまで高めることはできるだろうか．

1 つの熱源から熱をとって，これをすべて仕事に変え，ほかには何の変化も生じないような熱機関があれば便利である．たとえば，海水から熱をとって，これをスクリューをまわす仕事に変えられれば，船は燃料を積む必要はない．もし，このような熱機関が存在すれば $Q = W$ なので，効率は $W/Q = 1$ になる．この場合は $Q = W$ なので，このような熱機関が存在してもエネルギー保存の法則とは矛盾しない（仕事 W によって，熱 Q は同じ量の別の形のエネルギーに変わる）．しかし，日常生活での経験とは矛盾する．エネルギー保存の法則と矛盾する永久機関を第 1 種の永久機関とよんで，効率が 1 になる熱機関を第 2 種の永久機関とよぶことがある．

第 2 種の永久機関は存在しそうもないので，第 2 種の永久機関は存在しないことを法則にして，これを**熱力学の第 2 法則**とよぶ．熱力学の第 2 法則には次の 2 つの表現がある．

第 1 の表現は

> 「ただ 1 つの熱源から熱をとるような循環過程によって，正の正味の仕事を得ることはできない」

である．つまり，**効率 W/Q は 1 にできない**という表現である．

第 2 の表現は

> 「熱機関が循環過程を行って，低温の物体から熱を受け取り，高温の物体にこれを出す以外に何の変化も伴わないようにすることは不可能である」

という表現である．これは，温度の違う物体を接触させておくとき，低温の物体から高温の物体に熱が移動することはない，つまり，冷房や暖房は電力の消費なしには不可能なことを意味する表現である．

2 つの表現の一方から他方を導けるので，2 つの表現は同等である．

熱力学の第 2 法則は，力学的エネルギーをすべて熱に変えられるが逆は成り立たないとか，熱は高温から低温に流れるが逆には流れないというような，自然現象の起こる方向についての法則である．

エントロピーという物理量を導入して，熱力学の第2法則を

「孤立した系のエントロピー S は増大する」

と数量的に表現できる．エントロピーは系の乱雑さを表す量であるが，詳しい説明は省略する*．

* 歴史的にエントロピーはクラウジウスによって，次の3つの性質をもつ物理量として導入された．(1)絶対温度 T の物体系から熱量 Q が可逆的に放出されると，物体系のエントロピーは $\frac{Q}{T}$ だけ減少する．(2)絶対温度 T の物体系が熱量 Q を可逆的に吸収すると，物体系のエントロピーは $\frac{Q}{T}$ だけ増加する．(3)物体系のエネルギーが仕事として物体系の外部に移動しても，物体系のエントロピーは変化しない．

8.8 熱機関の効率

さて，蒸気機関を考えよう．図8.12に蒸気機関の断面が示してある．この蒸気機関の動作については図の下に説明してある．この蒸気機関には水を加熱して高温高圧の蒸気にするボイラーと蒸気を冷却水で冷却して水に戻す凝縮器（復水器）がある．一般に，熱機関には，(1)ボイラーのように熱を出す高温の部分（高温熱源）と，(2)凝縮器を冷却する水のように熱を吸収する低温の部分（低温熱源）の2つの熱源がある．さらに，(3)水蒸気のように膨張と収縮を行って外に仕事をする作業物質があるので，熱機関には高温熱源，低温熱源，作業物質の3つの構成要素がある．

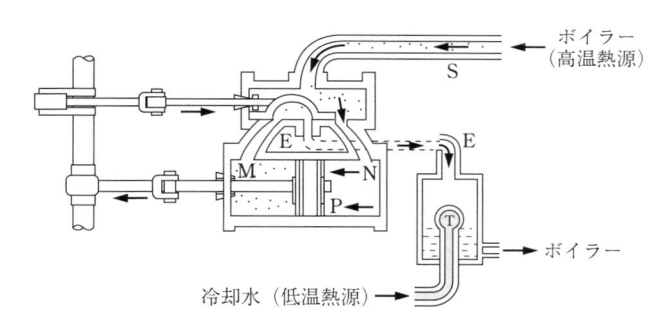

図8.12 蒸気機関．ボイラーから管Sを通って入ってきた高温高圧の蒸気は管N（あるいはM）を通ってピストンPを動かす．反対側の蒸気はM（あるいはN），Eを通って外部に放出される．Tは冷却水を使った凝縮器で，排出される蒸気を冷却し，凝縮させる．

この3つの要素は，蒸気機関以外の熱機関もすべてもっている．ガソリン・エンジンやディーゼル・エンジンでは，作業物質として空気を使っていて，作業物質の加熱はエンジンの中で燃料を燃して直接に加熱しており，作業物質を冷却せずに大気中に放出しているが，低温熱源を大気として3つの構成要素をもっていると考えてよい．

つまり，熱機関には高温熱源，低温熱源，作業物質の3つの構成要素があり，作業物質はある状態から出発して，再びもとの状態に戻るという循環過程（サイクル）を行う．その間に作業物質は高温熱源から熱 $Q_高$ を受け取り，その一部を仕事 W に変え，残りの $Q_低 = Q_高 - W$ は熱として低温熱源に放出する（図8.13）．したが

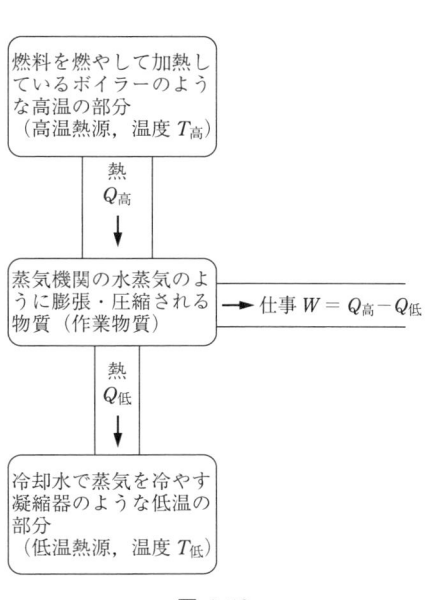

図8.13

って，この熱機関の効率は

$$\frac{W}{Q_\text{高}} = \frac{Q_\text{高} - Q_\text{低}}{Q_\text{高}} \tag{8.33}$$

である．

図 8.14 に示したオットー・サイクルとよばれる 4 サイクル型のガソリン・エンジンの動作を調べよう．このエンジンは，① ピストンの外向き運動の間に弁を通してガソリンと空気の混合物をシリンダーに入れ，② 内向き運動の間に混合物を圧縮し，③ 圧縮しきったときに点火し，次の外向き運動の間に膨張させ，④ 燃えた気体を次の内向き運動の間に外に出す，という動作を繰り返す．

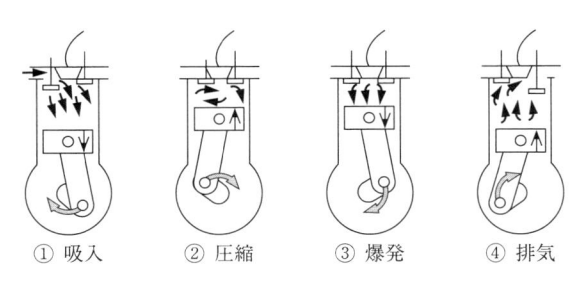

① 吸入　② 圧縮　③ 爆発　④ 排気

図 8.14　オットー・サイクル

エンジンの作業物質の空気の体積と圧力の変化の様子を図 8.15 に示す．図 8.15 の 5→1 は ① の吸入過程で，1→2 は ② の圧縮過程，2 で点火し，2→3→4 は ③ の爆発過程，4→1→5 が ④ の排気過程である．

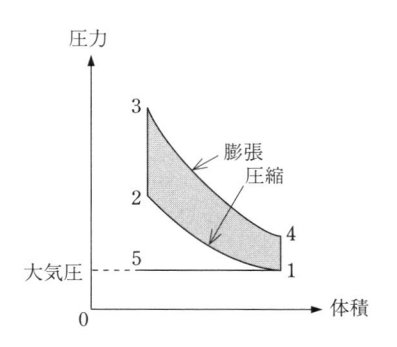

図 8.15　オットー・サイクルの体積(V)-圧力(p)図

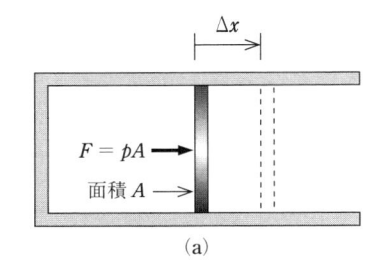

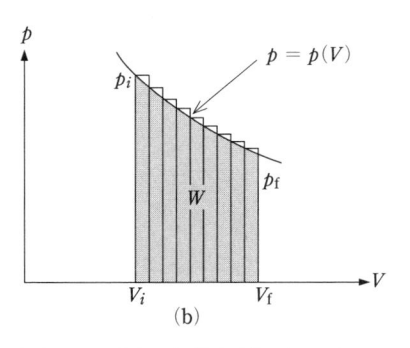

図 8.16　(a) 気体をピストンのついたシリンダーに入れ，体積を $\Delta V (= A \cdot \Delta x)$ だけ増加させた場合に，この気体が外部にした仕事は $F \Delta x = pA \Delta x = p \Delta V$ である．
(b) 気体の体積を V_i から V_f まで膨張させる場合，気体が外部にした仕事 $W = \int_{V_i}^{V_f} p \, dV$ は，アミの部分の面積である．気体が収縮して，$V_i > V_f$ の場合には，アミの部分の面積は気体がされた仕事である．

作業物質の気体は，体積が膨張するときは気体の圧力がピストンを外に押し出すので，外部に対してプラスの仕事をする（図 8.16）．したがって，熱力学の第 1 法則の (8.32) 式によって，作業物質の気体は，高温熱源から熱を受け取ったり，内部エネルギーを失ったりする．これに対して，気体が圧縮されるときには，気体の圧力とは逆の向きにピストンが押し込まれるので，気体がする仕事はマイ

ナスである（気体は仕事をされる）．したがって，熱力学の第1法則によって，作業物質の気体は，低温熱源に熱を放出したり，内部エネルギーを増加させたりする．

同じ体積では，気体の圧力は絶対温度に比例するので，高温で高圧の気体が膨張するときに気体が外部にする仕事の方が，低温で低圧の気体が圧縮されるときに気体が外部にされる仕事より大きく，したがって，気体のする正味の仕事はもちろんプラスである．

図8.15のアミの部分の面積が熱機関の作業物質が1サイクルにする仕事量を表す．高温熱源の温度が高いほど曲線部3→4は図の上の方に上がり，低温熱源の温度が低いほど曲線部1→2は下に下がり，熱機関がする仕事量は増加し，熱機関の効率は増加する．

19世紀の前半に，フランスのカルノーは，図8.17に示すような循環過程を行う，理想気体が作業物質の理想的な熱機関を思考的に考え，高温熱源の絶対温度が$T_高$で，低温熱源の絶対温度が$T_低$の場合，熱機関の効率には次の上限があることを証明した．

$$熱機関の効率 = \frac{熱機関がする仕事W}{高温熱源が放出した熱量Q_高} < \frac{T_高 - T_低}{T_高}$$
(8.34)

これを**カルノーの原理**という．

熱機関の効率を高くするには$T_低/T_高$を小さくする必要がある．つまり，低温熱源の温度$T_低$を低くし，高温熱源の温度$T_高$を高くする必要がある．ところで，低温熱源は作業物質を冷却する冷却水や大気なので，その温度$T_低$を270〜300 K以下にはできない．そこで効率を上げるには高温熱源の温度$T_高$を上げる可能性しかない．ところで，高温熱源の温度を上げると，高温熱源での作業物質の圧力が高くなるので，高温高圧に耐えられる材料で熱機関をつくらなければならない．

現在では，図8.12のような熱機関より，高温高圧の蒸気でタービンの羽根を回転させる蒸気タービンが使用される場合が多いが，蒸気タービンの効率も(8.34)式に従う．大きな熱機関を運転し，大きな仕事をさせようとすると，大量の石油，天然ガス，石炭，核燃料などで大量の熱を発生しなければならない．しかし，熱の一部しか仕事にならないので，大量の熱が大気，河川，海などの環境に放出されることになる．また，化石燃料を使用する場合には，二酸化炭素の排出量を減らすためにも，効率を上げることが望まれる．

現在稼働中の高性能の火力発電プラントの蒸気は600℃で，効率は約42%である．もっと効率が高い方式として，都市ガスを燃焼させて発生したガスの力で回転するガスタービンと，その高温排

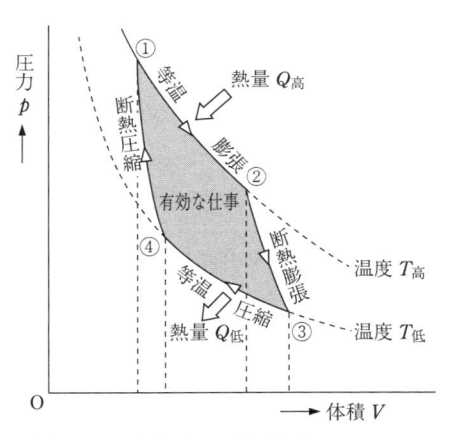

図 8.17 カルノー・サイクル

（1）作業物質を温度$T_高$の高温熱源に接触させ，熱量$Q_高$の供給を受けながら温度$T_高$の等温膨張を行う．供給された熱量$Q_高$はすべて外部への仕事に変換される．

（2）作業物質を断熱膨張させる．内部エネルギーを消費しながら膨張するので，温度は$T_高$から$T_低$に下がる．

（3）作業物質を温度$T_低$の低温熱源に接触させ，熱量$Q_低$を放出しながら温度$T_低$の等温圧縮を行う．外部からされた仕事はすべて熱量$Q_低$に変換される．

（4）作業物質を断熱圧縮する．圧縮によって生じた熱量はすべて内部エネルギーとして蓄えられるので，温度は$T_低$から$T_高$に上がる．

気でつくった蒸気の力で回転する蒸気タービンの両方で発電機を回して発電するコンバインドサイクル発電がある．ガスタービンの入口でのガスの温度が 1500 ℃ の場合，発電効率は約 50% になる．

ここで，断熱膨張と断熱圧縮について記しておこう（図 8.18）．気体の膨張が急速に行われるので，外部と熱のやりとりを行う時間がない場合には，外部に仕事を行うと気体の内部エネルギーが減少する．気体の内部エネルギーと絶対温度は比例するので，この場合には気体の温度が低下する．このような膨張を断熱膨張という．断熱膨張の例として積乱雲がある．夏に，地上で湿った空気が熱されると，膨張して密度が小さくなり，上昇気流が生じる．上空は圧力が低いから，空気は断熱膨張を起こし，温度が下がる．このとき空気中の水蒸気が凝結して氷の粒子になる．これが積乱雲である．

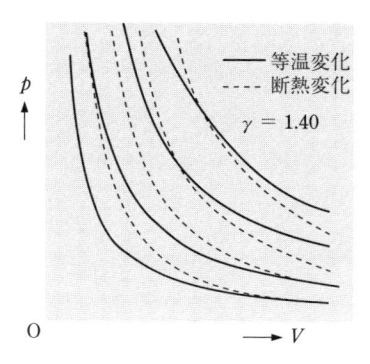

図 8.18 理想気体の等温変化（$pV =$ 一定）と断熱変化（$pV^\gamma =$ 一定）．$\gamma = C_p/C_v$ で，空気の場合は $\gamma = 1.40$．なお，断熱変化の場合 T と V の関係は $TV^{\gamma-1} =$ 一定．

これに対して，気体の圧縮が急速に行われる場合には，気体の内部エネルギーが増加するので，気体の温度が上昇する．これを断熱圧縮という．自転車のチューブに手押しポンプで空気を詰めるときに，ポンプの筒が熱くなるのは断熱圧縮だからである．

8.9 冷暖房機

熱機関は熱が高温熱源から低温熱源に移動する際にその一部を仕事として取り出す機械である．熱機関とは逆に，作業物質に外から仕事をして熱を低温熱源から高温熱源に移動させる機械が冷房機や冷凍機やヒート・ポンプ型暖房機である（図 8.19）．たとえば，冷蔵庫は食料品や製氷室の氷が低温熱源で高温熱源は室内の空気である．冷房機の場合は室内の空気が低温熱源で，屋外の空気が高温熱源である．ヒート・ポンプ型暖房機の場合は室内の空気が高温熱源で，屋外の空気が低温熱源である．

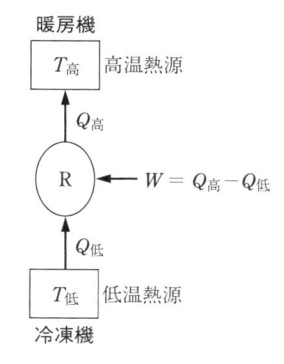

図 8.19 冷凍機・暖房機

冷蔵庫（冷凍機，冷房機）の性能を $Q_低/W$ と定義すると

$$\text{冷蔵庫の性能} = \frac{Q_低}{W} = \frac{Q_低}{Q_高 - Q_低} \leq \frac{T_低}{T_高 - T_低} \tag{8.35}$$

で，ヒート・ポンプ型暖房機の性能を $Q_高/W$ と定義すると，

$$\text{暖房機の性能} = \frac{Q_高}{W} = \frac{Q_高}{Q_高 - Q_低} \leq \frac{T_高}{T_高 - T_低} \tag{8.36}$$

である．ニクロム線に電流を流してジュール熱を発生させる電気ヒーターでは，消費電力量と同じ熱量が発生するだけだが，ヒート・ポンプ型暖房機の場合には低温熱源から熱を高温熱源にもってくるので，消費電力量 W よりも大きな熱量 $Q_高$ が得られる．

ほとんどの冷暖房機（エアコン）では，作業物質 R が断熱圧縮と断熱膨張を繰り返している．この過程の原動力はコンプレッサーで，コンプレッサーがする仕事が外からの仕事である．オゾン層を破壊するフロンガスはエアコンの作業物質として使用されていた．

外からの仕事は力学的な仕事でなくてもよい．低温物体から高温物体に熱を輸送する過程が存在すれば，どのようなエネルギーを注入してもよい．たとえば，音のエネルギーによっても可能なようである．

―――― ❖ 第 8 章のキーワード ❖ ――――

熱運動，熱，温度，絶対温度，ボイル-シャルルの法則，気体定数，アボガドロ定数，定圧モル熱容量，定積モル熱容量，プランクの法則，ウィーンの変位則，シュテファン-ボルツマンの法則，プランク定数，光子，核エネルギー，ニュートリノ，スーパーカミオカンデ検出器，太陽エネルギー，永久機関，熱力学の第 1 法則，熱力学の第 2 法則，熱機関，熱機関の効率，カルノーの原理，冷房機，ヒート・ポンプ型暖房機

演習問題 8

A

1. 電灯のタングステンフィラメント (2000 K) から放射される電磁波の $\lambda_{最高}$ はいくらか．

2. 図1はある気体（1モル）の p-V 曲線を示す．この気体を A→B→C→D→A という順序で変化させた．
 （1） 等温変化したのはどこか．
 （2） 等圧変化したのはどこか．
 （3） この気体が仕事をされたのはどこか．
 （4） この変化のうち，内部エネルギーに変化があったのはどこか．
 （5） A から B の変化で，この気体のした仕事はいくらか．また，この変化で気体に与えられた熱量はいくらか．定圧モル熱容量を C_p とせよ．

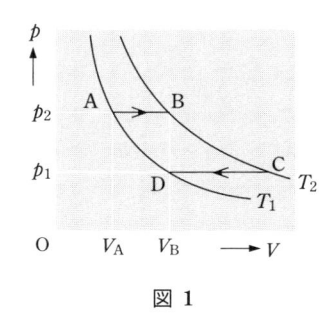

図 1

3. 400 °C の高温熱源と 50 °C の低温熱源の間で働く熱機関の最大の効率はいくらか．

4. ある原子力発電所では，沸騰水型原子炉が蒸気を 285 °C に熱し，冷却水は 40 °C で，その効率は 34 % である．
 （1） この発電所の理想的効率はいくらか．
 （2） この発電所が 500 MW（1 MW = 10^6 W）の電力を生産するとき，理想的効率の場合に比べ損失はいくらか．
 （3） この発電所の低温熱源として，平均流量が 3×10^4 kg/s の河を利用しているとき，水温はいくら上昇するか．

5. 図 8.12 の蒸気機関の作業物質（水，水蒸気）の圧力-体積図は図2のようになることを説明せよ．

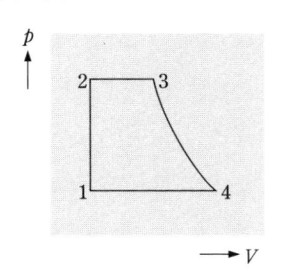

図 2

B

1. 高さが 76 cm の水銀柱が底面に及ぼす圧力は 1013 hPa であることを示せ．水銀の密度 ρ は 13.5951 g/cm^3 である．重力加速度として標準重力加速度 9.80665 m/s^2 を使え．

2. （1） 気体をピストンのついたシリンダーに入れ，体積を $\Delta V(= A \cdot \Delta x)$ だけ増加させた場合に（図 8.16 (a)），この気体がした仕事は $p \cdot \Delta V$ であることを示せ．
 （2） 図 8.16 (b) の説明を読んで，図 8.15, 8.17 のアミの部分の面積は熱機関の 1 サイクルで作業物質のする仕事を表すことを示せ．

3. 定圧モル熱容量 C_p と定積モル熱容量 C_v の差 $C_p - C_v = R$ は，定圧過程で気体が膨張するときに行う仕事に対応している．気体の状態方程式 $pV = RT$ から導かれる関係 $p\Delta V = R \Delta T$ を使って，この差が R になることを示せ．

4. 27 °C の空気の体積を 1/20 に断熱圧縮すると何 °C になるか．関係 $TV^{0.4} =$ 一定，を使え．

電荷と電気力　9

　電気は毎日使っているが，スイッチを入れたり切ったりして，テレビを見たり，ラジオを聞いたり，明かりをつけたり，いろいろな電気器具を利用するだけで，電気や磁気を直接に感じるという印象ではない．身近に感じる電気現象としては摩擦電気があり，磁気現象として磁石がある．

　冬の乾燥した日に化学繊維のセーターを勢いよくぬぐと，下着との間でパチパチと音がしたり，布が引き合ったりする．これはセーターや下着に電気が生じたためである．物体に電気が生じることを，物体が帯電するといい，摩擦で生じた電気を摩擦電気という．電気の話を摩擦電気から始めよう．

9.1 電荷と電気力

　図 9.1 に 1660 年頃にドイツのマグデブルグの市長だったゲーリケが発明した，摩擦によって多量の電気をつくる摩擦起電機を示す．大きな丸い硫黄の球をつくり，軸につけてまわし，乾いた手のひらでこすって，球に電気をもたせ，それに触れた他のものに電気を与える機械である．

　1745 年頃にはオランダのライデンで，多量の電気を蓄えられるライデン瓶が発明された (図 9.2)．ライデン瓶はガラス瓶の側面と底面の内側と外側にすず箔を貼った装置である．このような電気を蓄える装置を英語ではキャパシター（日本ではコンデンサー）という．絶縁体でつくった栓の中央から差し込んだ金属棒はその下端にたらした鎖を通じて内側のすず箔と接触しているので，金属棒の上端の金属球に電気を与えると，この電気は瓶の内側のすず箔に伝わる．この電気は瓶の外側のすず箔に異符号で同量の電気を引きつけるので，瓶の内側の電気と外側の電気の間に働く引力のためにライデン瓶には多量の電気が蓄えられる．

　ライデン瓶にためた多量の摩擦電気による電気ショックは，江戸時代末期の日本でもエレキテルという見せ物の材料に使われた．帯電した物体はたがいに引き合うか反発し合う．この力が**電気力**であ

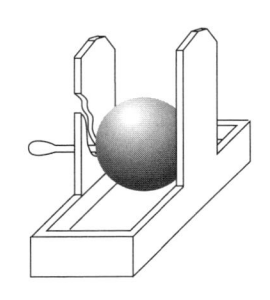

図 9.1 初期の摩擦起電機．ハンドルをまわして大きな硫黄球を回転させ，手のひらで摩擦させて，数千ボルトの電気を発生させられる摩擦起電機．

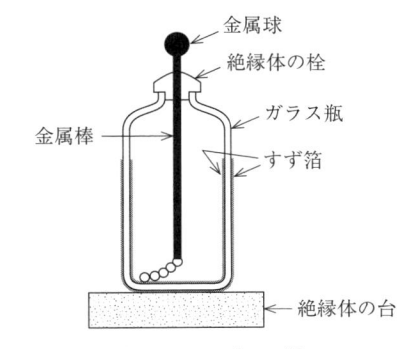

図 9.2 ライデン瓶

る．

　摩擦電気の手軽な実験を紹介しよう．白いセロテープ（商品名スコッチテープ）を切って，テープ片を 2 つつくり，机の別々の場所に貼り，急激にはがして近づけると，2 片のテープは反発し合う．この現象は，2 枚のテープ片は同種類の電気を帯び，同種類の電気の間には反発力が働くためだと考えられる．

　次に，テープ片を 2 つつくって，1 つのテープ片を机の上に貼り，その上にもう 1 つのテープ片を貼り，重なった 2 枚のテープ片を机からはがし，それから重なっている 2 片のテープを急激にはがすと，2 片のテープはたがいに引き合う．この現象は，2 枚のテープ片は異種類の電気を帯び，異種類の電気の間には引力が働くためだと考えられる．

　このような実験から，(1) 電気には正と負の 2 種類があり，同種類の電気の間には反発力が働き，異種類の電気の間には引力が働くこと，(2) 2 種類の物体をこすり合わせたり，貼り合わせた 2 つの物体をはがすと，一方の物体には正，もう一方の物体には負の電気が生じることがわかった．

　米国の政治家であり科学者でもあったフランクリンが，2 種類の電気に正電気と負電気という名前をつけた (1747 年)．

　物理学では，物体の帯びている電気や電気量を**電荷**ということが多い．電荷とよぶ理由は，電気力の原因になる何物かが物体に荷なわれているという意味である．

9.2　電荷の保存則

　フランクリンが正電気・負電気と命名した理由は，2 種類の電気は無関係ではなく，正電気と負電気を接触させるとその効果は打ち消し合うからである．かれは電気を帯びていない中性の物体は内部に正電気と負電気の両方を同じだけ多量に含んでいると考え，電気を帯びていない 2 つの物体をこすり合わせると，摩擦によって電気の一部が一方の物体から他方の物体へ移り，2 つの物体は異符号で等量の電荷を帯びると考えた．つまり，正電荷と負電荷は中和したり，中性の物体内の正と負の電荷は分離したりするが，

　　「全電荷，つまり「正電荷の和」−「負電荷の和」，は増加も減
　　少もせず，一定である」

と考えた．これを**電荷の保存則**という．この法則はつねに成り立ち，自然界の基本的な法則の 1 つとみなされている．

電荷の保存則は，物質構造から理解できる．物質は原子から構成され，原子は中心にある正電荷を帯びたきわめて小さな原子核とその周囲を運動している負電荷 $-e$ を帯びた電子から構成されている．原子核は正電荷 e を帯びている陽子と電荷を帯びていない中性の中性子から構成されている．したがって，物質の電荷は，

$$e \times [\text{「陽子の総数」} - \text{「電子の総数」}]$$

に等しい．摩擦などの物理現象や化学反応などでは，陽子や電子が消滅したり新たにつくられることはない．つまり，電荷の保存則は，これらの現象に関係する物質の陽子の総数も電子の総数も不変であるという事実で説明できる．

物質の基本的な構成粒子の陽子と電子の電気量の大きさである e を**電気素量**（あるいは素電荷）という．

国際単位系での電荷の単位は1**クーロン**である（記号はC）．2019年から国際単位系では電荷の単位クーロンCと電流の単位アンペアAは，電気素量 e を正確に，$1.602\,176\,634 \times 10^{-19}$ C と定めることにより設定されている．なお，2018年までの電磁気の国際単位については250頁の「電磁気の単位」を参照．

電子は原子核に比べてはるかに軽いので，電子は物体の表面に薄い電子の雲となって滲み出している．物質によって，電子を物体に結びつけている力が違うので，物体を摩擦したとき，物体表面の電子の移動が起こって，一方が正に，他方が負に帯電する．

9.3 静電誘導

いろいろな物質の中には，金属のように電気をよく通す**導体**とよばれる種類のものと，ガラスやアクリルのように電気を通さない**絶縁体**または不導体とよばれるものがある．

金属では電子の一部が原子を離れて，規則正しく配列した正イオン（金属イオン）の間を動きまわっている．これらの電子を**自由電子**という．金属が電気を通すのは，自由電子が金属中を移動するためである（図9.3(a)）．食塩水のような電解質溶液が電気を通すのは，溶液の中を（電子が不足しているので正電荷を帯びた原子の）正イオンと（余分の電子があるので負電荷を帯びた原子の）負イオンが移動するためである．つまり，導体には中を動きまわれる電荷（自由電荷）が存在する．これに対して，絶縁体ではすべての電子が原子に強く結合していて，動きまわることができない（図9.3(b)）．

図9.4に示す箔検電器の上端の金属板に帯電した棒を近づけると箔が開く．この現象は次のように説明される．検電器の上端の金属

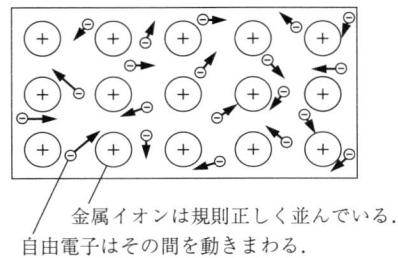

金属イオンは規則正しく並んでいる．自由電子はその間を動きまわる．

(a)

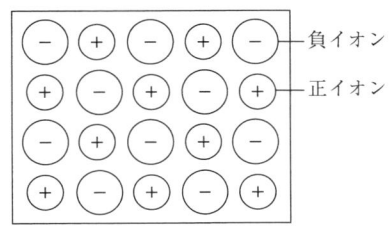

(b)

図 9.3 金属と絶縁体の構造．(a) 金属の構造．(b) 絶縁体（イオン結晶）の構造

図 9.4 箔検電器と静電誘導

板に負に帯電した棒を近づけると，金属板中の自由電子が電気力（反発力）を受けて金属板から遠い金属箔の方へ移動するので，金属箔は負に帯電し，金属箔は負電荷の間の反発力で開く．この場合，金属板では電子が不足するので，金属板は正に帯電する．

　このように，絶縁体の台の上にのせた金属に帯電物体を近づけると，金属の帯電物体に近い側の面に帯電物体の電荷と異符号の電荷が現れ，帯電物体から遠い側の面に同符号の電荷が現れる．この現象を**静電誘導**という．2つの物体の間は空気によって絶縁されているので，電荷は移動しないが，2つの物体の間の電圧が大きかったり，距離がきわめて近かったり，空気が湿っていたりすると，2つの物体の間を電荷が移動することがある．この現象を放電という．

　絶縁体に帯電した物体を近づけても，絶縁体ではすべての電子が分子に束縛されているので，絶縁体の全体にわたる電子の移動は起きない．しかし，個々の分子の中では電子が帯電物体からの電気力を受けて，分布が一方に偏る．これを分子の**分極**という．絶縁体の内部では正負の電荷が平均すると打ち消し合っている．しかし，絶縁体の表面の帯電物体に近い側に帯電物体と異符号の電荷が，遠い側に帯電物体と同符号の電荷が現れる．これも静電誘導である．導体の表面に現れる電荷とは異なり，絶縁体の表面に現れる電荷は，絶縁体の外部に取り出せない．

　帯電物体が近くの紙のような軽いものを引きつけるのは静電誘導のためである．近くの電荷との間の引力が遠くの電荷との間の反発力より強く，その結果として紙片は帯電物体に引き寄せられるのである（図 9.5）．

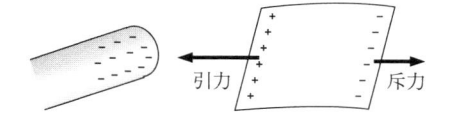

図 9.5　紙片の静電誘導

　静電誘導を利用しているのが，帯電させたスクリーンに空気中のほこりやちりを吸いつけさせて空気を清浄にする静電式のエアクリーナーである．静電気の応用例として静電塗装がある．これは吹き付け塗装するときに，霧状にした塗料と塗装しようとする物体（たとえば自動車のボディー）を正と負に帯電させて，塗料の霧粒どうしが電気力で反発し合うので自動車のボディーの表面に一様に付着するようにするとともに，吹き付けた塗料が周囲にはあまり飛び散らないようにしている．

　ゼロックス社が開発した電子コピー（静電複写，静電印刷）も静電誘導の応用例である．セレンのような感光性半導体に光を当てると，光の当たった部分だけが電気を通すようになる．そこで，ドラムの表面に感光性半導体をつけ，帯電させておいて，黒で書いた文字や図形を投影すると，文字や図形の影になった部分だけの帯電が残る．そこにトナーとよばれる黒い微細な粉末を近づけると，帯電

しているところだけにトナーが付着する．これを熱変化性プラスティックなどを利用して紙の上に転写して固定するのが，電子コピーの原理である．光としてレーザー光を使うレーザープリンターの原理もこれと同じである（図9.6）．

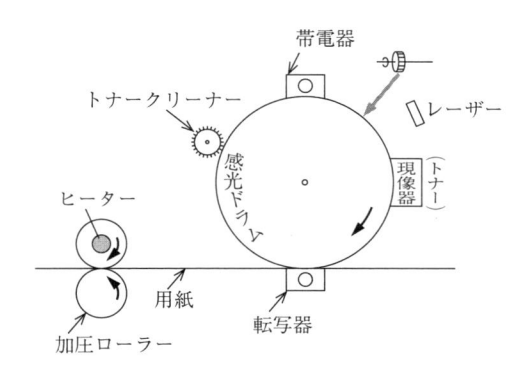

図 9.6 レーザープリンターの原理

自然界には大規模な静電誘導現象が起こる．それは雷雲による現象である．フランクリンは雷雲が帯電していることを，雷雲が近づくと地上に静電誘導による電荷が現れることを凧を使った実験で示した．雷雲の帯電する機構はよくはわからないが，雷雲の下部は負に，上部は正に帯電している．雷雲が近づくと，静電誘導で地表は正に帯電する．雷雲の負電荷と地表の正電荷の間の電気力が強いと，雷雲の中の電子は地表へ向かって飛び出していく．電子の通路に沿って生じるのが稲妻である（図9.7）．

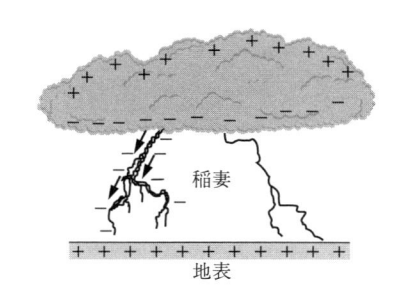

図 9.7 帯電した雷雲による大規模な静電誘導現象．太陽がカンカン照りの昼下がり，加熱された空気は上昇気流となる．空気は上昇するにつれて気圧が下がるため断熱膨張して温度が下がる．もし，大気の上層の気温がこの上昇気流の温度より低いと，さらにはげしく上昇を続ける．高度6000メートルから1万メートルに吹き上がる雷雲は，上層につめたい空気が流れ込んで，下層との間に大きな温度差ができたときに発生する．

上昇気流の温度がマイナス10℃以下に低下するあたりで，空気中の水蒸気が氷の結晶に変わるとき，細かい氷片は正に帯電して吹き上がり，大きな氷片は負に帯電して落下し，正負の電気の分離が起こる．

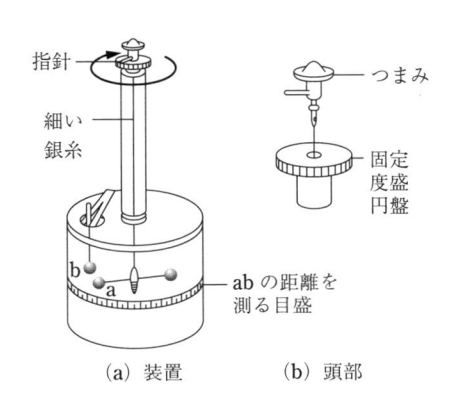

9.4 クーロンの法則

2つの帯電物体の間に働く電気力の強さは，距離が大きくなるのにつれて減少するという事実は18世紀のはじめ頃に気づかれていた．電気力の強さの定量的な法則を発見したのはフランスのクーロンで，1785年に「2つの小さな帯電物体の間に働く電気力の大きさは，2つの帯電物体のもつ電荷の積に比例し，2つの帯電物体の距離の2乗に反比例する」ことを発見した（図9.8）．これを**クーロンの法則**という．

図 9.8 クーロンの実験．細い銀線の一端を固定して他端をねじると，これを復元しようとする力が現れる．ねじれの角が小さな間は，復元力はねじれの角に比例する．これがねじれ秤の原理である．
クーロンはまずa, b間の距離を測定後，a, bに同種の電荷を与えた．a, bは反発力によって離れるが，頭部のつまみをまわしてもとの距離にもどす．このねじれの角でaとbの間に働く電気力の大きさがわかる．

小さな帯電物体とは，他の帯電物体への距離に比べて帯電物体の大きさが小さいので，前節で述べた静電誘導の効果が無視できる物体である．このような場合の電荷を理想化して**点電荷**という．クーロンの法則は2つの点電荷の間に働く電気力の法則である．

クーロンの法則を式で表そう．Q_1 と Q_2 を2つの点電荷，r を2つの点電荷の距離とすれば，点電荷の間の電気力の大きさ F は

$$F = k\frac{Q_1 Q_2}{r^2} \tag{9.1}$$

である．各点電荷には，2つの点電荷を結ぶ線分の方向に力が働く．Q_1 と Q_2 が同符号なら（正と正，あるいは負と負なら）2つの点電荷の間に反発力が働き，Q_1 と Q_2 が異符号なら（正と負，あるいは負と正なら）2つの点電荷の間に引力が働く（図 9.9）．k は比例定数で，電荷の単位をクーロン [C]，長さの単位をメートル [m]，力の単位をニュートン [N] とする単位系では

$$k = 9.0\times 10^9 \, \text{N·m}^2/\text{C}^2 \tag{9.2}$$

である．なお，国際単位系では比例定数 k を $1/4\pi\varepsilon_0$ と記し，ε_0 を**電気定数**あるいは真空の誘電率とよぶ（ε はイプシロンと読む）．つまり，クーロンの法則は

$$F = \frac{1}{4\pi\varepsilon_0}\frac{Q_1 Q_2}{r^2} \qquad \varepsilon_0 = 8.85\times 10^{-12}\,\text{C}^2/(\text{N·m}^2) \tag{9.3}$$

と表される．本書では簡単のためにクーロンの法則の比例定数を k と記す．

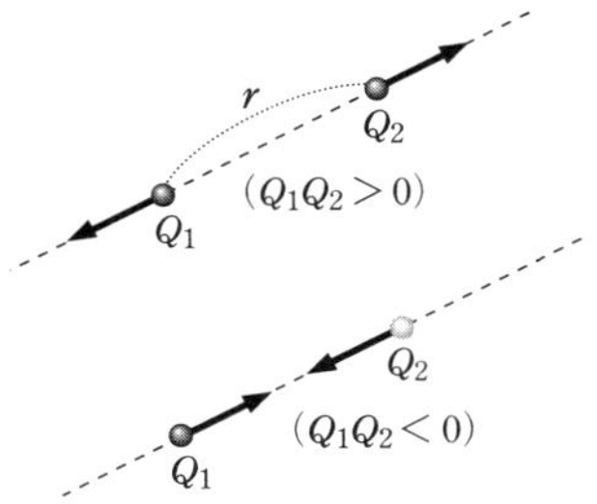

図 9.9 クーロンの法則 $F = k\dfrac{Q_1 Q_2}{r^2}$

例1 5 cm の間隔で，それぞれが，1 マイクロクーロン（$1\,\mu\text{C} = 10^{-6}\,\text{C}$）の正電荷を帯びた2つの小さなガラス玉がある．その間に働く電気力の大きさは

$$F = 9\times 10^9\,\frac{\text{N·m}^2}{\text{C}^2}\frac{(10^{-6}\,\text{C})^2}{(5\times 10^{-2}\,\text{m})^2} = 3.6\,\text{N} \quad \text{（反発力）}$$

である．$3.6\,\text{N} = 0.37\,\text{kgf}$ なので，この電気力の大きさは 0.37 kg = 370 g の物体に働く重力の大きさに等しい．

この計算から1クーロン (C) という電荷はきわめて大きな電気量であることがわかる．大きな電気量をもつ物体は，異符号の電荷をもつ物体を引きつけたり，放電したりするので，大きな電気量を保ちつづけることは難しい．

例2 陽子の電荷は $e = 1.6 \times 10^{-19}$ C，電子の電荷は $-e = -1.6 \times 10^{-19}$ C なので，原子の中で，距離 10^{-10} m の陽子と電子の間に働く電気力の大きさ F_E は，

$$F_E = 9.0 \times 10^9 \, [\text{N·m}^2/\text{C}^2]$$
$$\times (1.6 \times 10^{-19} \, \text{C})(-1.6 \times 10^{-19} \, \text{C})/(10^{-10} \, \text{m})^2$$
$$= -2.3 \times 10^{-8} \, \text{N} \quad (\text{引力})$$

である．原子の中で，距離が 10^{-10} m の質量 $m_p = 1.67 \times 10^{-27}$ kg の陽子と質量 $m_e = 9.11 \times 10^{-31}$ kg の電子の間に働く万有引力の大きさ F_G は

$$F_G = 6.67 \times 10^{-11} \, [\text{N·m}^2/\text{kg}^2] \times (1.67 \times 10^{-27} \, \text{kg})$$
$$\times (9.11 \times 10^{-31} \, \text{kg})/(10^{-10} \, \text{m})^2$$
$$= 1.0 \times 10^{-47} \, \text{N} \quad (\text{引力})$$

である．ここで，重力定数 G が 6.67×10^{-11} N·m²/kg² であることを使った．

電気素量 e はきわめて小さい電気量なので，原子内の陽子と電子の間に働く電気力はきわめて弱いが，それでも原子内の陽子と電子の間に働く万有引力に比べれば，圧倒的に強く，10^{39} 倍である．原子，分子，結晶などを構成する力は電気力であり，万有引力が重要なのは惑星，恒星，銀河系などの莫大な大きさの質量をもつ天体が関与する場合だけである．

電荷 Q_2 が電荷 Q_1 に作用する電気力 $\boldsymbol{F}_{1 \leftarrow 2}$ は大きさのほかに向きをもつベクトルである．(9.1)式には力の向きが示されていない．力の向きを表すにはベクトル記号を使うが，定量的な取り扱いでは座標系を導入して力を成分に分けねばならない．簡単のために，すべての電荷が xy 平面上にあるので，xy 平面上では $\boldsymbol{F}_{1 \leftarrow 2}$ が x 成分と y 成分しかもたない場合を考える．

$\boldsymbol{F}_{1 \leftarrow 2}$ の x 成分と y 成分を $(F_{1 \leftarrow 2})_x$，$(F_{1 \leftarrow 2})_y$ と記すと，電気力 $\boldsymbol{F}_{1 \leftarrow 2}$ は

$$\boldsymbol{F}_{1 \leftarrow 2} = [(F_{1 \leftarrow 2})_x, \, (F_{1 \leftarrow 2})_y] \tag{9.4}$$

である．電気力 $\boldsymbol{F}_{1 \leftarrow 2}$ が $+x$ 軸となす角を θ とすると，

$$(F_{1 \leftarrow 2})_x = |\boldsymbol{F}_{1 \leftarrow 2}| \cos \theta$$
$$(F_{1 \leftarrow 2})_y = |\boldsymbol{F}_{1 \leftarrow 2}| \sin \theta \tag{9.5}$$

と表せる（角 θ には符号があることに注意すること．図 9.10 参照）．この場合には次の関係がある．

$$|\boldsymbol{F}_{1 \leftarrow 2}| = [|(F_{1 \leftarrow 2})_x|^2 + |(F_{1 \leftarrow 2})_y|^2]^{1/2} \tag{9.6}$$

$$\tan \theta = (F_{1 \leftarrow 2})_y / (F_{1 \leftarrow 2})_x \tag{9.7}$$

図 9.10 $(F_{1 \leftarrow 2})_x = |\boldsymbol{F}_{1 \leftarrow 2}| \cos \theta$
$(F_{1 \leftarrow 2})_y = |\boldsymbol{F}_{1 \leftarrow 2}| \sin \theta$

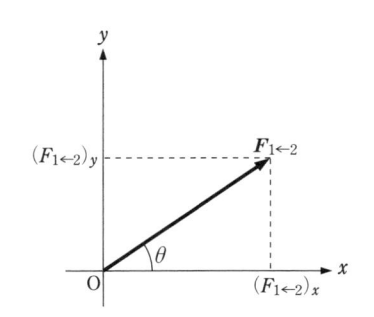

9.5 電気力の重ね合わせの原理
（3つ以上の電荷がある場合の電気力）

3つの電荷 Q_1, Q_2, Q_3 がある場合，電荷 Q_1 に働く電気力 $\boldsymbol{F}_1$ は，電荷 Q_2 からの電気力 $\boldsymbol{F}_{1\leftarrow 2}$ と，電荷 Q_3 からの電気力 $\boldsymbol{F}_{1\leftarrow 3}$ のベクトル和

$$\boldsymbol{F}_1 = \boldsymbol{F}_{1\leftarrow 2} + \boldsymbol{F}_{1\leftarrow 3} \tag{9.8}$$

であることが実験的にわかっている（図 9.11 (a) 参照）．これを**電気力の重ね合わせの原理**とよぶ．(9.8)式を成分で表すと，

$$F_{1x} = (F_{1\leftarrow 2})_x + (F_{1\leftarrow 3})_x, \quad F_{1y} = (F_{1\leftarrow 2})_y + (F_{1\leftarrow 3})_y \tag{9.9}$$

となる（図 9.11 (b) 参照）．

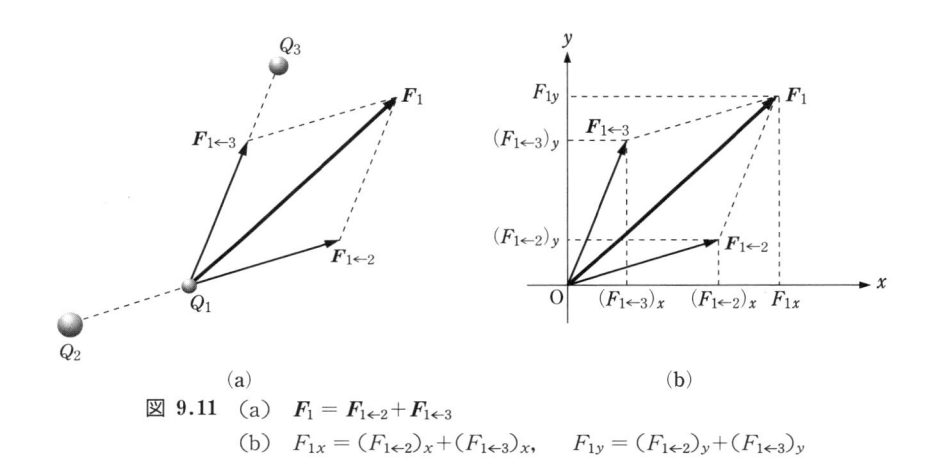

図 9.11 (a) $\boldsymbol{F}_1 = \boldsymbol{F}_{1\leftarrow 2} + \boldsymbol{F}_{1\leftarrow 3}$
(b) $F_{1x} = (F_{1\leftarrow 2})_x + (F_{1\leftarrow 3})_x, \quad F_{1y} = (F_{1\leftarrow 2})_y + (F_{1\leftarrow 3})_y$

N 個の電荷 $Q_1, Q_2, \cdots, Q_N$ が存在する場合には，電荷 Q_1 に働く電気力 $\boldsymbol{F}_1$ は

$$\boldsymbol{F}_1 = \boldsymbol{F}_{1\leftarrow 2} + \boldsymbol{F}_{1\leftarrow 3} + \cdots + \boldsymbol{F}_{1\leftarrow N} \tag{9.10}$$

である．

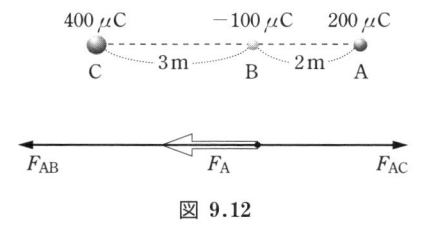

図 9.12

例3 図 9.12 のように，真空中に3つの点電荷 $Q_A (= 200~\mu\text{C})$，$Q_B (= -100~\mu\text{C})$，$Q_C (= 400~\mu\text{C})$ が一直線上に並んでいる．点電荷 Q_A に働く電気力 F_A を求めよう．Q_A, Q_B, Q_C が一直線上に並んでいるので，右向きの電気力の符号を正とすると，

$$F_A = F_{A\leftarrow B} + F_{A\leftarrow C} = k\frac{Q_A Q_B}{r_{AB}^2} + k\frac{Q_A Q_C}{r_{AC}^2}$$

$$= 9.0\times 10^9\,\frac{\text{N}\cdot\text{m}^2}{\text{C}^2}\,\frac{(200\times 10^{-6}\,\text{C})\times(-100\times 10^{-6}\,\text{C})}{(2\,\text{m})^2}$$

$$+9.0\times10^9\,\frac{\text{N}\cdot\text{m}^2}{\text{C}^2}\frac{(200\times10^{-6}\,\text{C})\times(400\times10^{-6}\,\text{C})}{(5\,\text{m})^2}$$
$$=-45\,\text{N}+28.8\,\text{N}=-16\,\text{N}\quad(\text{左向き})$$

例 4 図 9.13 のように，真空中に 3 つの点電荷 $Q_A(=200\,\mu\text{C})$，$Q_B(=-100\,\mu\text{C})$，$Q_C(=400\,\mu\text{C})$ が配置されている．点電荷 Q_B, Q_C が点電荷 Q_A に作用する電気力 $\boldsymbol{F}_A$ を求めよう．例 3 の計算結果を使うと，点電荷 Q_B が点電荷 Q_A に作用する電気力は
$$\boldsymbol{F}_{A\leftarrow B}=(0,45\,\text{N})$$
で，点電荷 Q_C が点電荷 Q_A に作用する電気力は
$$\boldsymbol{F}_{A\leftarrow C}=(28.8\,\text{N}\times(-\sqrt{21}/5),\ 28.8\,\text{N}\times(-2/5))$$
なので，
$$\boldsymbol{F}_A=\boldsymbol{F}_{A\leftarrow B}+\boldsymbol{F}_{A\leftarrow C}=(-26\,\text{N},33\,\text{N})$$
電荷 Q_A に作用する電気力 $\boldsymbol{F}_A$ の大きさと $\boldsymbol{F}_A$ が $+x$ 方向となす角 θ は
$$|\boldsymbol{F}_A|=\sqrt{(-26)^2+(33)^2}\,\text{N}=42\,\text{N}$$
$$\theta=180°-\tan^{-1}(33/26)=180°-52°=128°$$

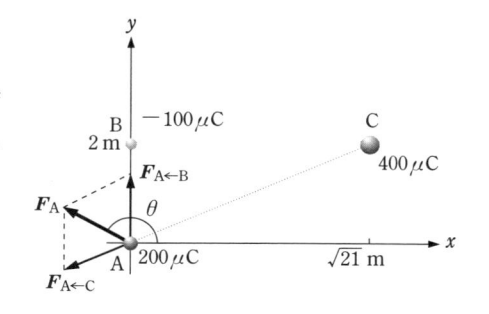

図 9.13

❖ 第 9 章のキーワード ❖

電荷，電荷の保存則，電気素量，導体と絶縁体，静電誘導，クーロンの法則，電気力の成分，電気力の重ね合わせの原理

演習問題 9

A

1. 電子の電荷が $+e$，陽子の電荷が $-e$ とすると，生じる電磁気現象に何か違いが生じるだろうか．
2. 軽い金属球が糸で吊ってある．この金属球に帯電したゴムの棒を近づけると，金属球はゴムの棒に引き寄せられるが，ゴムの棒に接触すると反発する．この理由を説明せよ．
3. 箔検電器は電荷の検出だけでなく，箔の開き方で電気量の測定に用いられることを説明せよ．
4. 正に帯電した物体だけを使って物体を負に帯電させるにはどうすればよいか（図 1 参照）．

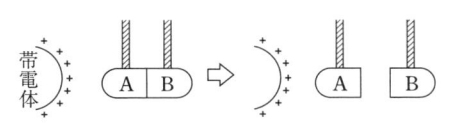

図 1

5. 万有引力 $F=Gm_1m_2/r^2$ とクーロン力 $F=kQ_1Q_2/r^2$ の類似点と相違点を述べよ．陽子と電子の間に働く重力の強さは電気力に比べて無視できるほど弱いが，天体どうしの間では重力が重要で電気力は無視できる．その理由を述べよ．
6. 同量の電荷をもつ 3 つの小さな球が，図 2 のように配置されている．C が B に $3\times10^{-6}\,\text{N}$ の力を及ぼす．
   （1） A が B に及ぼす力の大きさはいくらか．
   （2） B に働く全体の力の大きさはいくらか．

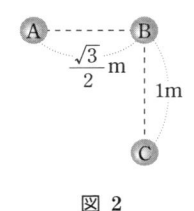

図 2

B

1. 質量が 3.0 g のガラスの小球 2 個が長さ $L = 20$ cm の糸 2 本で図 3 のように吊ってある．2 つの小球に同量の正の電荷 Q を帯びさせて，糸が鉛直となす角度が 30° になるようにしたい．電荷 Q の値を求めよ．

図 3

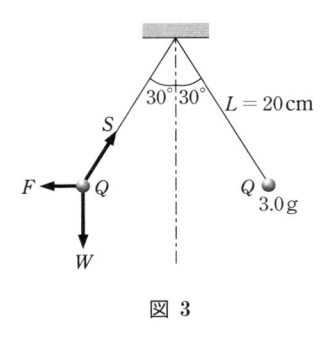

2. 図 4(a) のように，一辺の長さが L の正方形の各頂点に電荷 $Q, -Q$ が置かれている．左上の電荷 Q に働く力 $\boldsymbol{F}$ を求めよ．

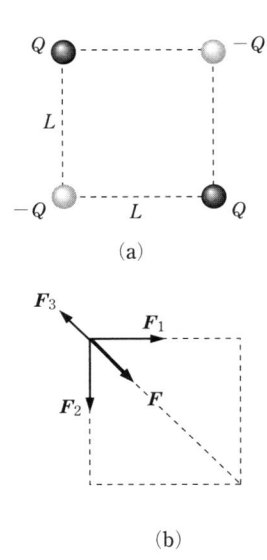

図 4

電　場　10

　この章のタイトルの電場（でんば）は「電気力が作用する場所」という意味である．力学では粒子が主役で，粒子どうしが直接に作用すると考えた．前の章で学んだクーロンの法則に従う電気力も帯電物体の電荷どうしが直接作用し合うと考えた力である．

　それでは，2つの電荷の間に働く電気力はどのように伝わるのだろうか．2つの電荷が遠く離れている場合に，一方が移動すると，電気力の大きさや向きが変化するはずである．この変化はもう一方の電荷に瞬間的に伝わるのだろうか．長い綱で車を引くときに，綱を引く力の変化は車へ瞬間的には伝わらない．電気力の場合にも，電荷の移動の影響は瞬間的には伝わらない．

　物理学では，電気力の作用は

　　　第1の電荷がその周囲の空間に**電場**とよばれる電気的性質をもつ状態をつくり

　　　電場の変化は空間を光の速さで第2の電荷のところに伝わり

　　　第2の電荷のところの電場が第2の電荷に電気力を作用する

　　　という3段階の過程で伝わる，

と考える．

　2つの帯電物体が静止していれば電場は変化しないので，2つの帯電物体がクーロンの法則に従う電気力で直接作用し合うと考えても同じ結果になる．この章では，このような場合を考えることにして，3段階過程の最初の過程と最後の過程を考えることにする．

　電場は，電荷と並ぶ，電磁気学の主役である．

10.1　電　場

■ 場 ■　物理学では，各点に「ある物理量」が指定されている空間をその物理量の場（ば）という．たとえば，大気圏の各点では各時刻に温度，気圧，風の速度などが決まっているので，大気圏を温度の場，気圧の場，そして風の速度の場とみなすことができる．こ

の物理量が，温度や気圧のように，大きさはもつが向きはもたない量，つまりスカラー量の場合，この場をスカラー場という．この物理量が，風の速度のように，大きさと向きをもつ量，つまりベクトル量の場合，この場をベクトル場という．したがって，温度の場と気圧の場はスカラー場で，風の速度の場はベクトル場である．

テレビの天気予報の画面に各地の気温の値を記入した図が出てくるが，これは地表付近の温度の場というスカラー場を示す図である．新聞の天気予報の欄に出ている天気図の等圧線に注目すれば，天気図は地表付近の気圧の場というスカラー場を表す図で，風の方向と風速を表す矢印に注目すれば，地表付近の風の速度の場というベクトル場を表す図である（図 10.1）．

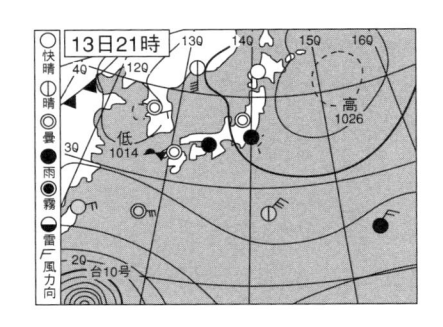

図 10.1 天気図

■ 電 場 ■ 帯電物体に作用する電気力は帯電物体の電荷に比例する．つまり，ある点 r に点電荷 Q をもち込む場合，この電荷に作用する電気力 F は電荷 Q に比例するので

$$F = QE(r) \tag{10.1}$$

と表せる．そこで，点 r にもち込んだ点電荷 Q に作用する電気力を F とすると，F/Q は Q に無関係で，

$$E(r) = \frac{F}{Q} \tag{10.2}$$

と表せる．このように定義された $E(r)$ を点 r の**電場**とよぶ（電場は理学のよび方で，工学では**電界**とよぶ）．つまり，$+1\,\mathrm{C}$ の電荷に作用する電気力の強さがその点の電場の強さで，この電気力の向きが電場の向きである．力の国際単位はニュートン N，電荷の国際単位はクーロン C なので，電場の国際単位は N/C である．$1\,\mathrm{C}$ の電荷に $1\,\mathrm{N}$ の電気力が作用するときの電場の強さが $1\,\mathrm{N/C}$ である．

各点の電場 $E(r)$ は，周囲の電荷の配置によって場所ごとに決まっているベクトル量である（ただし，点電荷 Q をもち込んだために周囲の電荷分布が変化しない場合を考える）．したがって，電場 $E(r)$ はベクトル場なので，x 成分 $E_x(r)$，y 成分 $E_y(r)$，z 成分 $E_z(r)$ をもつ．

(10.1)式からわかるように，正電荷は電場と同じ向きの電気力を受け，負電荷は電場と逆向きの電気力を受ける（図 10.2）．

物理学では「帯電した物体の周囲の空間は，そこに置かれた電荷に電気力を作用するような性質をもつ」と考え，「このような性質をもつ空間を電場とよぶ」と考えてよい．

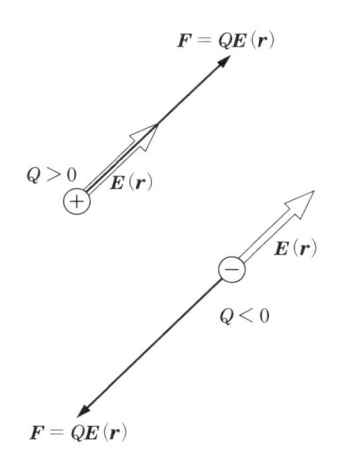

図 10.2 点 r の電場 $E(r)$ と電荷 Q に作用する電気力 F の関係，$F = QE(r)$

184 | 10. 電　場

第1の電荷が動く場合には，それに伴って，まわりの電場が変化する．この電場の変化は瞬間的にではなく，光の速さで周囲に伝わっていくので，第2の電荷に作用する電気力の変化は，ある有限な時間が経過したあとで起こる．

電場は仮想的なものではない．家庭でラジオが聞け，テレビを視聴できるのは，送信所から電波が電場の振動として家庭まで，秒速30万kmで伝わってきて，アンテナの周囲の振動する電場がアンテナの中の自由電子に電気力を及ぼして，振動電流を発生させるからである．電波は宇宙空間も伝わるので，真空中にも電場は存在する．

例題 1 空間のある点に 5.0×10^{-6} C の点電荷を置いたら 6.0×10^{-4} N の力を受けた．
 (1) この点の電場の強さはいくらか．
 (2) 同じ点に -3.0×10^{-6} C の電荷を置くと，どのような力を受けるか．

解 (1) $E = F/Q = 6.0 \times 10^{-4}$ N$/(5.0 \times 10^{-6}$ C$)$
  $= 1.2 \times 10^2$ N/C
 (2) $F = QE = -3.0 \times 10^{-6}$ C $\times 1.2 \times 10^2$ N/C $= -3.6 \times 10^{-4}$ N
力の向きは最初の力と逆向きである．

■ **点電荷 Q_1 がその周囲につくる電場** ■ 点電荷 Q_1 はその周囲に電場をつくる．点電荷 Q_1 から距離 r の点 P に電荷 Q を置いたとき，この電荷に働く電気力の強さは

$$F = k\frac{QQ_1}{r^2} \quad (10.3)$$

なので，点 P の電場の強さ E は

$$E = \frac{F}{Q} = k\frac{Q_1}{r^2} \quad (10.4)$$

である．電場 $\boldsymbol{E}$ の向きは図 10.3 に示した．

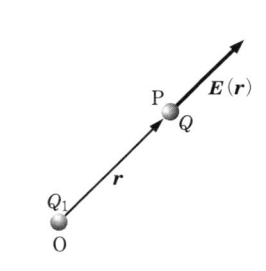

図 10.3 原点にある点電荷 Q_1 が点 $\boldsymbol{r}$ につくる電場（$Q_1 > 0$ の場合．$Q_1 < 0$ の場合の $\boldsymbol{E}$ は逆向き）

例 1 1 C の電荷から 1 m 離れた点での電場の強さは

$$E = k\frac{Q}{r^2} = 9.0 \times 10^9 \frac{\text{N} \cdot \text{m}^2}{\text{C}^2} \times \frac{1\,\text{C}}{(1\,\text{m})^2} = 9.0 \times 10^9\,\text{N/C}$$

であり，1 C の電荷から 1 km 離れた点での電場の強さは

$$E = 9.0 \times 10^9 \frac{\text{N} \cdot \text{m}^2}{\text{C}^2} \times \frac{1\,\text{C}}{(1000\,\text{m})^2} = 9.0 \times 10^3\,\text{N/C}$$

である．

例 2 原点 $O(0,0,0)$ にある $1\,\mu\text{C}\,(= 10^{-6}\,\text{C})$ の点電荷による，点 $P(x,y,z) = (1\,\text{m}, 1\,\text{m}, 0)$ における電場を求める（図 10.4）．2

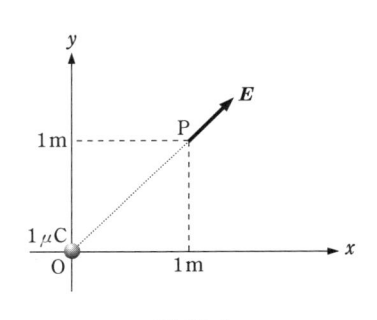

図 10.4

10.1 電場

点 O, P の距離 $r = [x^2+y^2+z^2]^{1/2} = [(1\,\text{m})^2+(1\,\text{m})^2+0]^{1/2} = \sqrt{2}\,\text{m}$ なので，(10.4) 式を使うと，電場の強さ E は

$$E = k\frac{Q}{r^2} = 9.0\times 10^9\,\frac{\text{N·m}^2}{\text{C}^2}\times\frac{10^{-6}\,\text{C}}{(\sqrt{2}\,\text{m})^2} = 4.5\times 10^3\,\text{N/C}$$

である．電場 $\boldsymbol{E}$ が $+x$ 軸となす角は $45°$ なので，

$$E_x = E\cos 45° = (4.5\times 10^3\,\text{N/C})\times(1/\sqrt{2}) = 3.2\times 10^3\,\text{N/C}$$
$$E_y = E\sin 45° = (4.5\times 10^3\,\text{N/C})\times(1/\sqrt{2}) = 3.2\times 10^3\,\text{N/C}$$

▍電場の重ね合わせの原理 ▍ すべての電荷はそのまわりに電場をつくる．2 つの点電荷 Q_1 と Q_2 があるときに，点 $\boldsymbol{r}$ に生じる電場 $\boldsymbol{E}(\boldsymbol{r})$ は，点電荷 Q_1 だけがあるときに点電荷 Q_1 のつくる電場 $\boldsymbol{E}_1(\boldsymbol{r})$ と点電荷 Q_2 だけがあるときに点電荷 Q_2 のつくる電場 $\boldsymbol{E}_2(\boldsymbol{r})$ の和に等しい (図 10.5)．

$$\boldsymbol{E}(\boldsymbol{r}) = \boldsymbol{E}_1(\boldsymbol{r}) + \boldsymbol{E}_2(\boldsymbol{r}) \tag{10.5}$$

点電荷が 3 個以上あるときに生じる電場 $\boldsymbol{E}(\boldsymbol{r})$ も，同じように，個々の点電荷だけがあるときに生じる電場のベクトル和に等しい．

$$\boldsymbol{E}(\boldsymbol{r}) = \boldsymbol{E}_1(\boldsymbol{r}) + \boldsymbol{E}_2(\boldsymbol{r}) + \boldsymbol{E}_3(\boldsymbol{r}) + \cdots \tag{10.6}$$

これを**電場の重ね合わせの原理**という．

図 10.5 $\boldsymbol{E}(\boldsymbol{r}) = \boldsymbol{E}_1(\boldsymbol{r}) + \boldsymbol{E}_2(\boldsymbol{r})$

2 つの点電荷 Q_1, Q_2 がある場合に，点 $\boldsymbol{r}$ に第 3 の電荷 Q_3 をもち込むと，電荷 Q_3 に働く電気力は

$$\boldsymbol{F}_3 = Q_3\boldsymbol{E}(\boldsymbol{r}) = Q_3\boldsymbol{E}_1(\boldsymbol{r}) + Q_3\boldsymbol{E}_2(\boldsymbol{r}) \tag{10.7}$$

である．ある電荷に働く電気力には自分自身のつくる電場は入らないので，(10.7) 式には $Q_3\boldsymbol{E}_3(\boldsymbol{r})$ という項はない．

10.2 電気力線

空間の各点に，その点の電場を表す矢印を描き (図 10.6 (a))，線上の各点で電場を表すベクトルの矢印が接線になるような向きのある曲線 (図 10.6 (b)) を描くと，これが**電気力線**である．電気力線を描くときには，電気力線の密度が電場の強さに比例するように図示する．電気力線を使うと，電気力線の向きで電場の向きを知り，電気力線の密度を比べて電場の強さの大小を比べられる．つまり，電場の様子は電気力線によって図示できる．いくつかの場合の電気力線を図 10.7 に示す．

2 本の電気力線が交わると，交点で電場の方向が 2 方向あることになるので，電荷のあるところと電場が $\boldsymbol{0}$ のところを除いて，電気

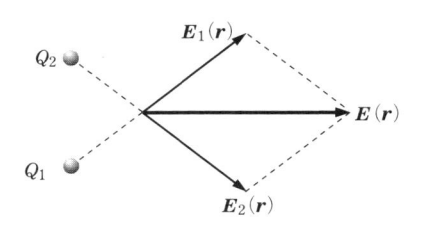

(a) 電場 　　　　　　　　　　　　(b) 電気力線

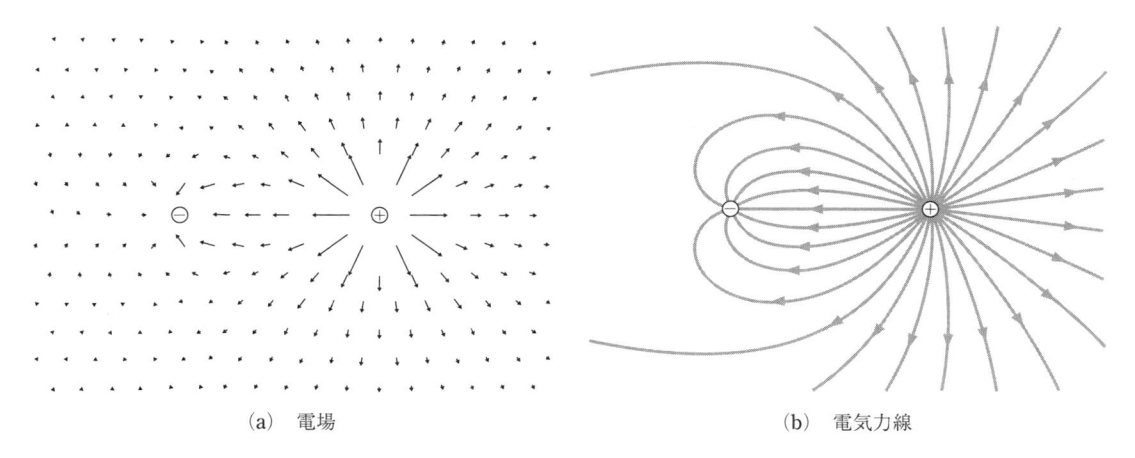

図 10.6 正負の点電荷 +3 C と −1 C がつくる電場と電気力線

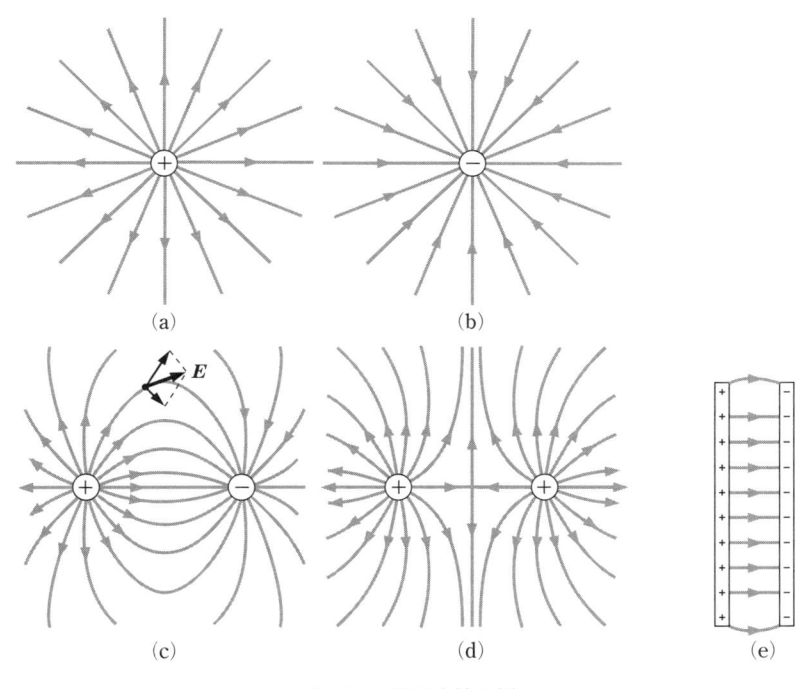

(a)　(b)

(c)　(d)　(e)

図 10.7 電気力線の例

力線は決して交わらないし，枝分かれしない．つまり，電気力線は正電荷で発生し，負電荷で消滅するが，途中で途切れたり，新しく発生したりはしない．ただし，電荷の和が 0 でない場合には，どこまでも伸びている電気力線がある（図 10.7 (a), (b)）．

　向きも強さも場所によらない一定な電場を**一様な電場**という．一様な電場の電気力線は平行で，間隔が一定である（図 10.7 (e) 参照）．

10.2　電　気　力　線 | 187

例3 電気双極子 正負の電荷 $q, -q$ がきわめて接近している場合を**電気双極子**とよぶ．正負の電荷の距離を d とすると $p = qd$ をその**電気双極子モーメント**とよぶ．負電荷 $-q$ から正電荷 q の方向を向き，長さが $p = qd$ のベクトル $\boldsymbol{p}$ も電気双極子モーメントとよぶ．点電荷 q を点 $(d/2, 0, 0)$ に置き，点電荷 $-q$ を点 $(-d/2, 0, 0)$ に置いたときの xy 平面上での電場の様子を図 10.8 に示す．計算によれば，点 $\boldsymbol{r} = (x, y, 0)$ での電場は

$$E_x = k\frac{p}{r^3}(3\cos^2\theta - 1), \quad E_y = k\frac{3p}{r^3}\sin\theta\cos\theta, \quad E_z = 0 \tag{10.8}$$

である．角 θ は電気双極子モーメント $\boldsymbol{p}$ と位置ベクトル $\boldsymbol{r}$ のなす角である（図 10.8）．

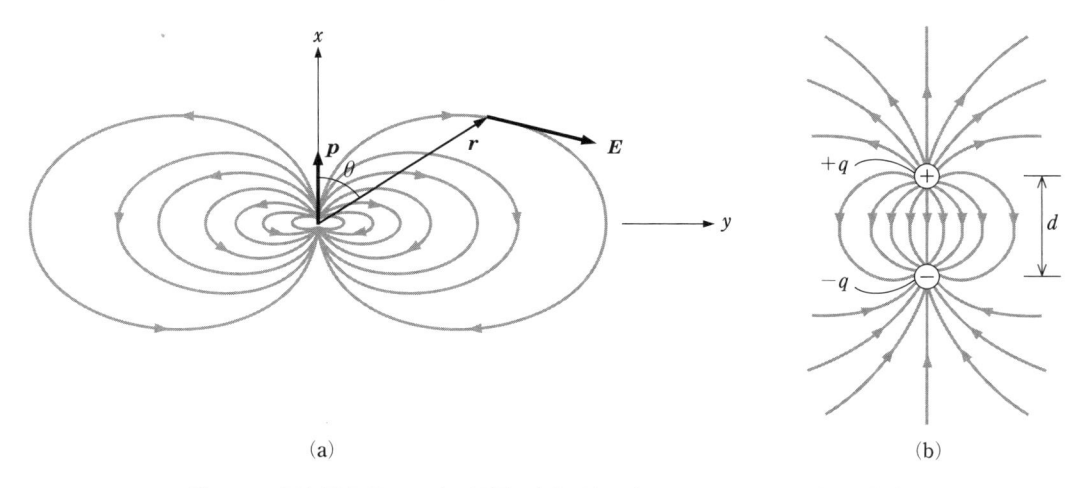

図 10.8 電気双極子のつくる電場．(a) 電気双極子のつくる電場の様子（x 軸，y 軸の向きがふつうとは違うことに注意）．(b) 拡大図

10.3 ガウスの法則とその応用

電気力線の密度と電場の強さの関係 電気力線をその密度が電場の強さに比例するように描く．この場合に電気力線の密度のとり方は任意であるが，ここでは強さが 1 N/C の電場では，電場の向きに垂直な，面積が 1 m² の平面の中に 1 本の電気力線の割合になるように描くと約束する．頭の中で仮想するだけだから，電場の強さが中途半端な大きさでも力線を描けないと心配する必要はない．上に約束したような密度で電気力線を描くと，一様な電場 $\boldsymbol{E}$ [N/C] に垂直な面積が A [m²] の平面 S を貫く電気力線の本数 $\varPhi_\mathrm{E}$ は

$$\varPhi_\mathrm{E} = EA \tag{10.9}$$

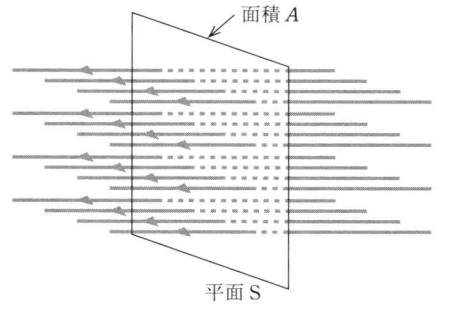

図 10.9 平面 S を貫く電気力線の本数，$\varPhi_\mathrm{E} = EA$

となる（図 10.9）．この $\Phi_E = EA$ という式は，面積 A の面が曲面であっても，面の上で電場の強さ E が一定で，電場（電気力線）が面に垂直であれば成り立つ．Φ_E を電気力線束とよぶ．

■ **点電荷 Q を始点とする電気力線の数は $\Phi_E = 4\pi kQ$ 本** ■ 点電荷 Q がつくる電場では，点電荷 Q から r [m] 離れた点での電場の強さ E は $E = kQ/r^2$ [N/C] である（図 10.10）．したがって，半径 r の球の表面積 $A = 4\pi r^2$ の球面を垂直に貫く電気力線の総数 Φ_E は

$$\begin{aligned}\Phi_E &= EA \\ &= k\frac{Q}{r^2} \times 4\pi r^2 = 4\pi kQ \end{aligned} \quad (10.10)$$

である．$4\pi kQ$ という電気力線の本数は球面の半径によらず一定である．つまり，正電荷 Q [C] からは総数 $4\pi kQ$ 本の電気力線が発生し，負電荷 Q [C] には総数 $4\pi k|Q|$ 本の電気力線が集まってくる．

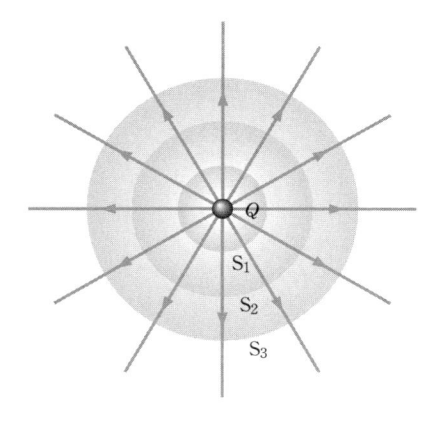

図 10.10 球面上の電場の強さは $E = kQ/r^2$ で，球面の面積は $A = 4\pi r^2$．球面を貫いて外へ出ていく電気力線の本数は，球面の半径にはよらず，つねに $EA = 4\pi kQ$ 本（$Q > 0$ の場合）．

■ **ガウスの法則** ■ 点電荷を中心とする半径 r の球面を貫く電気力線の数が，半径 r によらず，$4\pi kQ$ で，一定である事実は，「電気力線の密度が電場の強さに比例するように電気力線を描くと，電気力線は正電荷で発生し，負電荷で消滅するが，途中で途切れたり，新しく発生したりはしない」ことを意味する．

したがって，点電荷 Q がつくる電場 $\boldsymbol{E}$ の中に仮想的な閉曲面 S を考えると，

$$\begin{aligned}\Phi_E &= \text{「閉曲面 S を貫いて内部から外部へ出ていく電気力線数」} \\ &\quad - \text{「閉曲面 S を貫いて外部から内部へ入る電気力線数」} \\ &= \begin{cases} 4\pi kQ & \text{（点電荷 } Q \text{ が閉曲面 S の内部にある場合）} \\ 0 & \text{（点電荷 } Q \text{ が閉曲面 S の外部にある場合）} \end{cases}\end{aligned}$$
(10.11)

であることがわかる（図 10.11）．閉曲面とは，風船や浮袋のように，空間をその内側の領域と外側の領域にはっきりと分離し，その結果，一方の領域から他の領域に移動するには，必ずその面を通過しなければならない面である．

2 個以上の電荷 $Q_1, Q_2, Q_3, \cdots$ のつくる電場 $\boldsymbol{E}$ の場合には，この電場は各電荷のつくる電場 $\boldsymbol{E}_1, \boldsymbol{E}_2, \boldsymbol{E}_3, \cdots$ の重ね合わせである．したがって，この電場の中に閉曲面 S を考えると，この閉曲面を貫いて内部から外部へ出ていく正味の電気力線の数 Φ_E は，この閉曲

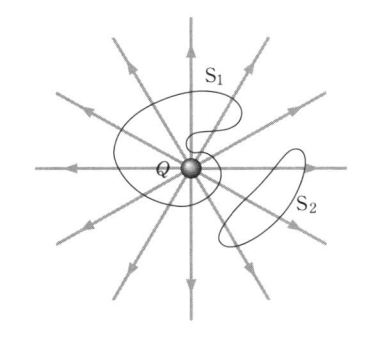

図 10.11 内部に点電荷 Q を含む閉曲面 S_1 を貫いて外へ出ていく電気力線の正味の本数は $4\pi kQ$（14−2 = 12）．内部に点電荷 Q を含まない閉曲面 S_2 を貫いて外へ出ていく電気力線の正味の本数は 0（3−3 = 0）．

面の内部にある全電気量 $Q_{\text{in}} = Q_1 + Q_2 + Q_3 + \cdots$ の $4\pi k$ 倍に等しいことがわかる．つまり，

$$\Phi_E = 4\pi k Q_{\text{in}} = 4\pi k (Q_1 + Q_2 + Q_3 + \cdots) \quad (10.12)$$

である（図 10.12）．したがって，

「閉曲面 S の内部から外へ出てくる正味の電気力線数 Φ_E」
$= 4\pi k Q_{\text{in}}$ （Q_{in} は閉曲面 S の内部の全電気量） (10.13)

である．正味とは，閉曲面の外側から内側へ入る電気力線の本数はマイナスと数えることを意味する．(10.13)式を**電場のガウスの法則**あるいは単に**ガウスの法則**という．

電荷分布が球対称な場合，あるいは電荷が無限に広い平面上に一様に分布しているような場合には，ガウスの法則を利用すると，以下で示すように電場の計算が簡単にできる．

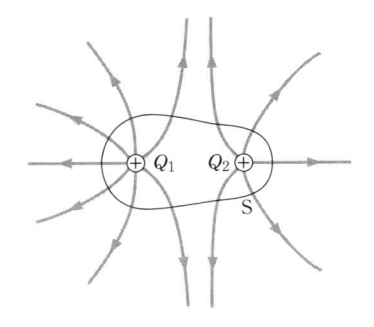

図 10.12 閉曲面 S の内部から外部に出てくる全電気力線数 $= 4\pi k(Q_1 + Q_2)$

例 4 **電荷 Q が半径 R の球殻上に一様に分布している場合** には，対称性を考慮すると，電気力線の分布は図 10.13(a) のようになる．したがって，

（1）電気力線の存在しない球面の内部では電場は 0 で，

（2）電気力線が放射状に分布している球面の外部での電場は，図 10.13(b) に示す球面上の全電荷 Q が球面の中心にある場合の電場と同じ，すなわち，

$$E = \begin{cases} 0 & (r < R \text{ の場合}) \\ k\dfrac{Q}{r^2} & (r > R \text{ の場合}) \end{cases} \quad (10.14)$$

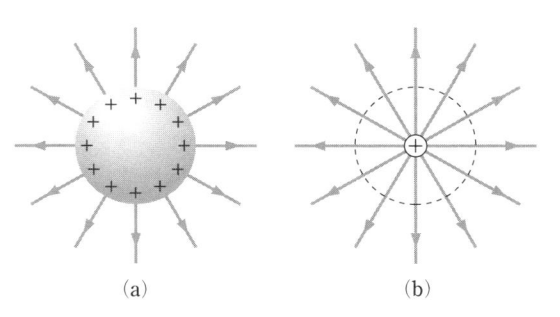

図 10.13 (a) 電荷 Q が球面上に一様に分布している場合の電場．球面の内部では電場は **0**．球面の外部の電場は，球の中心に全電荷 Q がある場合の電場と同じ．(b) 電荷 Q が球の中心にある場合の電場．

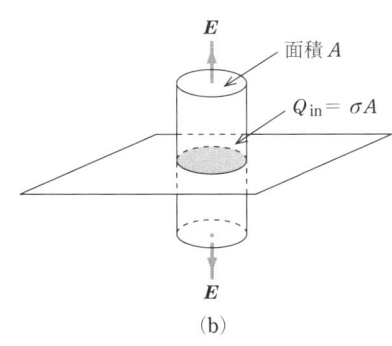

図 10.14 無限に広がった平面の上に一様な面密度 σ で分布している電荷のつくる電場（$\sigma > 0$ の場合）

例 5 **一様に帯電している広い平らな薄い板のそばの電場** 電荷の面密度は σ（電荷の面密度とは，単位面積あたりの電荷 = 「全電

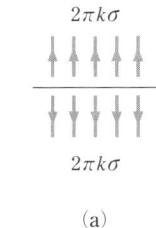

気量」/「面積」である)．図10.14 (a) に示すように，電気力線は平面から垂直に一様な密度で上下に伸びていく（電荷が正の場合）．閉曲面として，図10.14 (b) のような円柱の表面を考える．円柱の中の電荷 $Q_{in} = \sigma A$ からの $4\pi k Q_{in}$ 本の電気力線の半分の $2\pi k Q_{in}$ 本は面積 A の上面，残りの $2\pi k Q_{in}$ 本は面積 A の下面を貫くので，(10.9) 式から，電場の強さ E は

$$E = \frac{2\pi k Q_{in}}{A} = 2\pi k \sigma \tag{10.15}$$

ただし，面から近く，かつ面の端の近くではない場合を考えている．電場の向きは，正電荷 ($\sigma > 0$) なら図10.14 (a) のように帯電面から外向きで，負電荷 ($Q < 0$) なら，図10.14 (a) とは逆向きで，帯電面の方を向いている．

例題 2 (1) 2枚の無限に広い平らな薄い板が，それぞれ面密度 σ と $-\sigma$ で一様に帯電している．この2枚の板を平行に並べたときの電場を求めよ．

(2) この場合，1つの板の上の単位面積上の電荷がもう1つの板の電荷から受ける電気力を求めよ．

解 (1) 図10.15で $\boldsymbol{E} = \boldsymbol{E}_1 + \boldsymbol{E}_2$ なので，

$$E = \begin{cases} 4\pi k\sigma & \text{（下向き）（2枚の板の間）} \\ 0 & \text{（2枚の板の外側）} \end{cases} \tag{10.16}$$

(2) 上の板の単位面積上の電荷 σ に働く下の板の電荷のつくる電場 $\boldsymbol{E}_2$ の電気力は下向きで強さは

$$\sigma E_2 = \sigma(2\pi k\sigma) = 2\pi k\sigma^2 \tag{10.17}$$

下の板の単位面積上の電荷 $-\sigma$ には上向きで大きさが $2\pi k\sigma^2$ の電気力が働く．

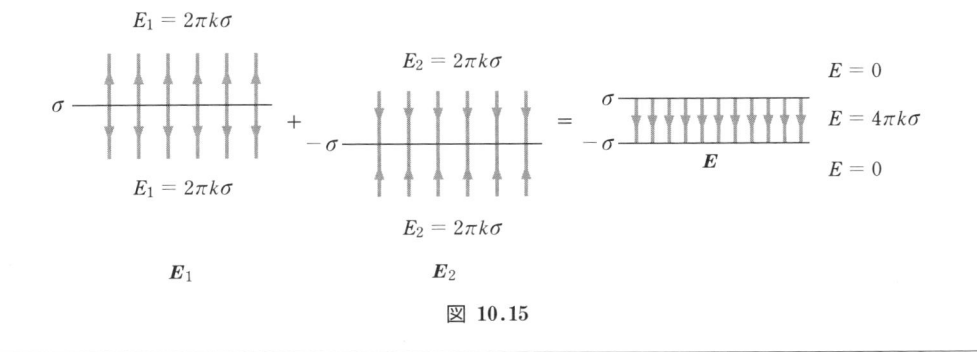

図 10.15

例 6 一様に帯電している長い円柱（全電気量 Q，長さ D，半径 R，単位長さあたりの電荷（電荷の線密度）は $\lambda = Q/D$）の中心から距離 r の点の電場の強さ E を求める（図10.16）．閉曲面として，円柱と同軸で半径 r，長さ L の円筒を考える ($r > R$)．円筒の中の電荷 $Q_{in} = \lambda L$ からの $4\pi k Q_{in}$ 本の電気力線は面積 $2\pi rL$ の円筒の側面を貫くので

$$E = \frac{4\pi k Q_{\text{in}}}{\text{円柱の側面積}} = \frac{4\pi k \lambda L}{2\pi r L} = \frac{2k\lambda}{r} \quad (\text{円柱の外側})$$
(10.18)

ただし，$D \gg r > R$ で棒の端の近くではない場合を考えている．

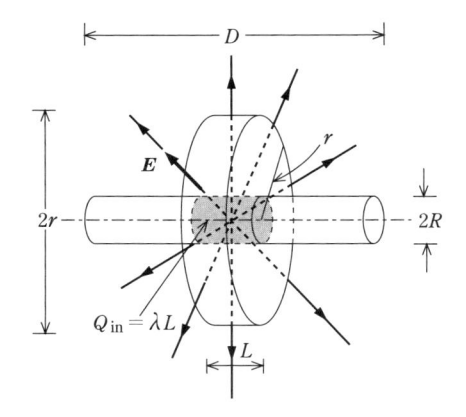

図 10.16 軸対称な電荷分布のつくる電場

10.4 物質中の電場

物質は正イオンと電子あるいは正イオンと負イオンから構成されているので，物質の内部で電場は激しく変化している．この原子のスケールで激しく変化している電場，つまり，ミクロな電場を，原子の大きさよりもずっと大きな領域について平均したものを**物質中の電場**（マクロな電場）という．

導体を電場の中に置くと，導体の中に電場が生じるので，導体中の正の自由電荷（自由に移動できる電荷）は電場の方向に動き，負の自由電荷は電場と逆の方向に動いて，導体の表面に正・負の電荷が現れる．自由電荷の移動は，表面電荷のつくる電場が導体の外部にある電荷のつくる電場と打ち消し合って導体内部の電場が 0 になるまでつづく（図 10.17）．この現象が 9.3 節で学んだ静電誘導である．この平衡状態に達するまでの時間はきわめて短い．つまり，導体の中に電場があると，導体中で自由電荷の移動が起こるので，

「平衡状態では，導体中には電場はない（$\boldsymbol{E} = \boldsymbol{0}$）」．

平衡状態では導体中の電場は **0** なので，導体中に電気力線は存在しない．正電荷は電気力線の始点，負電荷は電気力線の終点である．したがって，平衡状態では，

「導体の内部では，正・負の電荷が打ち消し合っていて，電荷密度は 0 である」．

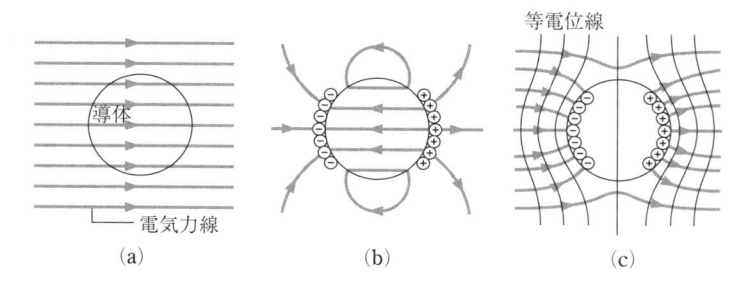

図 10.17 電場中の導体．(a) 外部から加わる電場，(b) 導体表面に誘起した電荷がつくる電場，(c) 一様な電場中に導体を置いたときの電場（等電位線については次章を参照のこと）．

■ **導体表面の電場** 導体の帯びている電荷はすべて表面に存在し，表面の電荷を始点あるいは終点とする電気力線が，導体表面から外部に伸びている（図10.18）．導体表面で，電気力線が導体表面に垂直でなければ，つまり，導体表面での電場が表面に垂直でなければ，表面の電荷に働く電気力には表面に平行な成分があるので，表面に沿って電荷の移動が起こることになる．したがって，平衡状態では，

「導体表面での電場（電気力線）は導体表面に垂直である」．

導体表面のすぐ外側の電場を導体表面の電場という．導体表面の電荷の面密度が σ であれば，導体表面での電場の強さは

$$E = 4\pi k\sigma \tag{10.19}$$

である．この事実は図10.19(a)の円筒内部の導体表面の面積 A の部分の電荷 $Q_{\text{in}}(=\sigma A)$ を始点とする $4\pi k Q_{\text{in}}$ 本の電気力線がすべて導体の外側に出ていくので，(10.9)式から

$$E = \frac{4\pi k Q_{\text{in}}}{A} = 4\pi k\sigma \quad (\sigma = Q_{\text{in}}/A) \tag{10.20}$$

であることから導かれる（図10.19）．

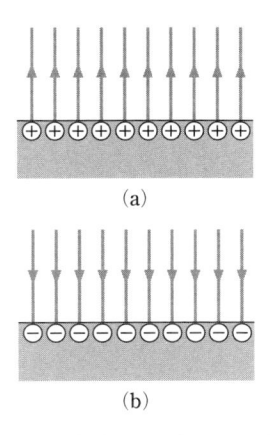

図 10.18 導体表面の電場．電気力線は導体表面に垂直である．(a) $\sigma > 0$ の場合，(b) $\sigma < 0$ の場合

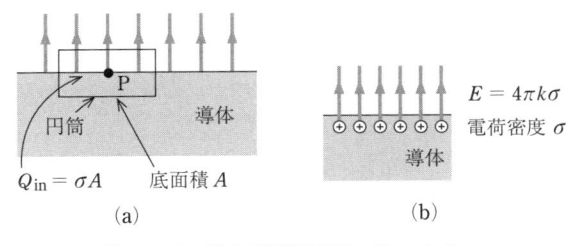

図 10.19 導体表面の電場．$E = 4\pi k\sigma$．

例題 3 複写機の帯電したドラムの真上の電場の強さが 2.3×10^5 N/C のとき，ドラムの表面電荷密度 σ はいくらか．ドラムは金属製である．

解 $E = 4\pi k\sigma$ なので，

$\sigma = E/4\pi k$
$= (2.3\times 10^5 \text{ N/C})/4\pi(9.0\times 10^9 \text{ N·m}^2/\text{C}^2)$
$= 2.0\times 10^{-6} \text{ C/m}^2$

例7 地球には電流が流れるので，地球を導体とみなしてよい．地表付近に鉛直下向きの電場 $E = 130$ N/C があると，このときの地表の電荷の面密度 σ は

$\sigma = E/4\pi k = (130 \text{ N/C})/4\pi(9.0\times 10^9 \text{ N·m}^2/\text{C}^2)$
$= 1.2\times 10^{-9} \text{ C/m}^2$

である．

注意 この節で示したことは，導体の内部に温度勾配や成分の異なる部分がない場合の話である．温度勾配があると熱起電力が生じ，成分の異なる部分の間（たとえば電池の内部）には化学的起電力が生じ，これらによる力が電気力とつり合うので，このような場合には導体内部でも $E \neq 0$ である．

◊ 第 10 章のキーワード ◊

電場，電気力と電場，原点にある点電荷 Q が距離 r の点につくる電場，電気力線，一様な電場，電気力線数，ガウスの法則，ガウスの法則の応用例，物質中の電場，平衡状態での導体

演習問題 10

A

1. 空間のある点に 3.0×10^{-6} C の点電荷を置いたら 6.0×10^{-4} N の力を受けた．
 (1) この点の電場の強さはいくらか．
 (2) 同じ点に -6.0×10^{-6} C の電荷を置くと，どのような力を受けるか．

2. x 軸上の点 $x = 9.0$ cm に $1.0\,\mu$C，原点に $4.0\,\mu$C の電荷がある（図 1）．
 (1) 電場 $E = 0$ の点はどこか．
 (2) x 軸上の点 $x = 15$ cm と $x = -10$ cm の電場を求めよ．

```
     4.0μC         1.0μC
      ●─────────────●─────────→ x
      O           9.0cm
```
図 1

3. 電子の電荷は -1.6×10^{-19} C で，質量は 9.1×10^{-31} kg である．電子に 9.8 m/s² の加速度を与える電場の強さを求めよ．
 電子が 10000 N/C の一様な電場の中にあるときの電気力による加速度を求めよ．

4. 電荷 Q が半径 R の球殻上に一様に分布している場合の電場の強さが，球の中心からの距離 r とともにどのように変化するかを図示せよ．

B

1. 地球が中空の球殻だとすると，人間は球殻の内壁に立てるか．

2. 一様に帯電した中空の無限に長い円筒の内部では電場が 0 であること示せ．

3. 2 枚の無限に広い平らな薄い板が，それぞれ面密度 σ で一様に帯電している．この 2 枚の板を平行に並べたときの電場は，どうなっているか．またこの場合，1 つの板の上の単位面積上の電荷が，もう 1 つの板の電荷から受ける力は $2\pi k\sigma^2$ であることを示せ．

4. 無限に広い平らな薄い板が 2 枚平行に置いてある．電荷が一方の板には面密度 2σ，もう一方の板には面密度 $-\sigma$ で一様に分布している．このときの電場 E を求めよ．

電 位 11

　高いところにある貯水タンクと低いところにある貯水タンクをパイプでつなぐと，水は高い方から低い方へ流れる．高いところにある水の水位は高いといい，低いところにある水の水位は低いという．水は水位の高い方から低い方へと流れる．

　電気にも電位があり，電流は電位の高い方から低い方へと流れる．電気力線に沿って電場の向きに移動すると電位は下がっていく（図 11.1）．電場の強さが E で，移動距離が d ならば，始点と終点の電位の差 V は $V = Ed$ である．したがって，同じ移動距離でも電位差 V が大きいと電位の勾配（傾き）である電場の強さ $E = V/d$ は大きく（図 11.1(a)），電位差 V が小さいと電場の強さ E は小さい（図 11.1(b)）．このように電場の様子を知るのに電位は便利である．

　電位の国際単位はボルトである（記号は V）．みなさんは乾電池の正極と負極の電位差，つまり「正極の電位」−「負極の電位」は

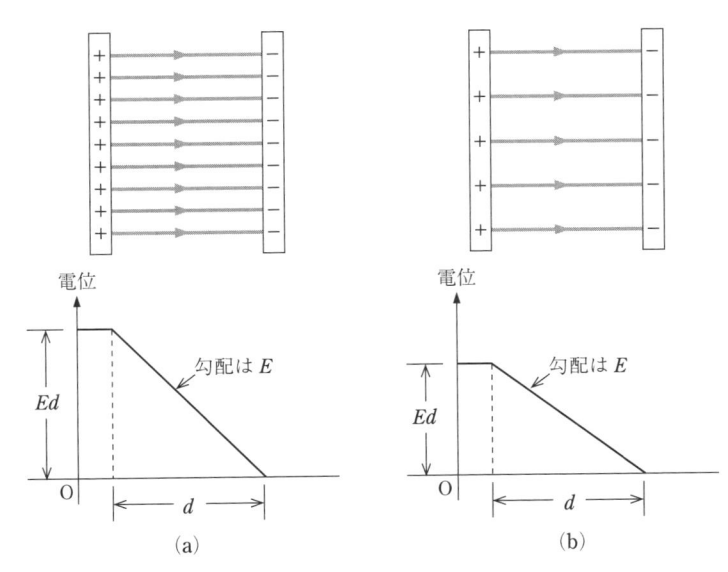

図 11.1　電位と電場，$V = Ed$，$E = V/d$．
　(a) 同じ距離 d でも，電位差 V が大きければ電場 E は強い．
　(b) 同じ距離 d でも，電位差 V が小さければ電場 E は弱い．

1.5 V だということを知っているだろう．この事実から電位について親しみを感じるのではなかろうか．

11.1 電気力による位置エネルギー

▌ **電気力による位置エネルギー** ▌　力学では重力や弾力や万有引力による位置エネルギーを学んだ．物体に働く重力や弾力や万有引力などの向きは，位置エネルギーの高い方から低い方を向いている．質量 m の物体の重力による位置エネルギーは mgh であり，物体の質量 m と高さ h のそれぞれに比例する．重力の作用で流れる水の水位は高さ h である．

電気力の従うクーロンの法則 ($F = kQ_1Q_2/r^2$) は万有引力の法則 ($F = Gm_1m_2/r^2$) と同じように距離 r の 2 乗に反比例するという点で同じ形をしているので，電気力による位置エネルギーが存在する．荷電粒子に働く電気力は電気力の位置エネルギーの高い方から低い方を向いている．

電荷 Q を帯びた物体が電場 $\boldsymbol{E}$ の中を点 P から点 A まで移動するときに電場 $\boldsymbol{E}$ が荷電物体に作用する電気力 $Q\boldsymbol{E}$ が行う仕事を $W_{\text{P}\to\text{A}}$ と記すと，この仕事は電気力による位置エネルギーの減少量

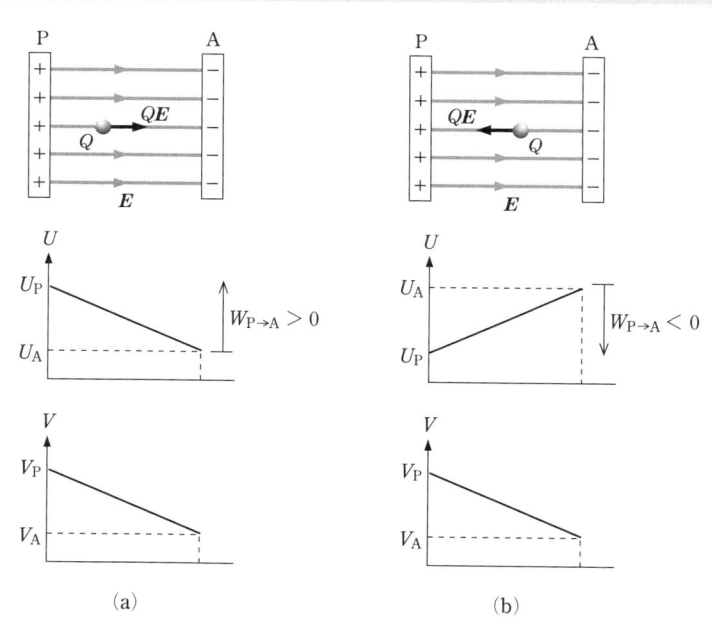

図 11.2　電気力は位置エネルギー U の大きいところから小さいところの方を向いている．
(a)　$Q > 0$ の場合は $V_\text{P} > V_\text{A}$ なら $U_\text{P} > U_\text{A}$ である．
$$W_{\text{P}\to\text{A}} = U_\text{P} - U_\text{A} > 0$$
(b)　$Q < 0$ の場合は $V_\text{P} > V_\text{A}$ なら $U_\text{P} < U_\text{A}$ である．
$$W_{\text{P}\to\text{A}} = U_\text{P} - U_\text{A} < 0$$

$U_P - U_A$ に等しく，

$$U_P - U_A = W_{P \to A} \tag{11.1}$$

である（図 11.2）．(11.1) 式は，「質量 m の物体が高さ h だけ落下したときに重力 mg が物体にする仕事 mgh がこのときの重力による位置エネルギーの減少量 mgh に等しい」という事実に対応している．(11.1) 式の電気力のする仕事 $W_{P \to A}$ は始点 P と終点 A の位置だけで決まり，途中の経路の選び方によらない．

一様な電場の中を点 P から点 A まで荷電物体が移動する図 11.3 の場合には，電気力 $Q\boldsymbol{E}$ のする仕事 $W_{P \to A}$ は，力の大きさが QE で力の方向への荷電物体の移動距離が d なので，

$$W_{P \to A} = QEd \tag{11.2}$$

である．

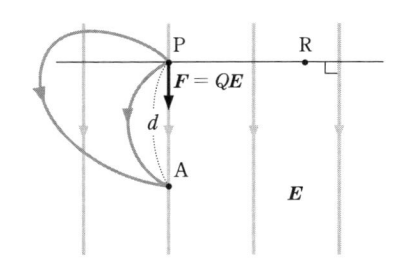

また，図 11.3 の場合，点 R から点 P への移動では，電気力 $Q\boldsymbol{E}$ と移動方向（R → P）は垂直なので，仕事 $W_{R \to P} = 0$ であり，したがって，$W_{R \to A} = W_{R \to P} + W_{P \to A} = W_{P \to A} = QEd$ である．

実際的な場合には，地球（アース）を電気力による位置エネルギーを測る基準点（$U = 0$ の点）として選ぶことが多い．しかし，理論的に考える場合には，無限に遠い点を基準点として選ぶことが多い．無限に遠い点での電気力による位置エネルギー U_∞ を 0 に選ぶと，点 P での荷電粒子の電気力による位置エネルギー U_P は，$W_{P \to \infty} = U_P - U_\infty = U_P$ なので，

$$U_P = W_{P \to \infty} \tag{11.3}$$

と表される（(11.1) 式で点 A を無限に遠い点とし，$U_\infty = 0$ を使った）．

図 11.3 $U_P - U_A = U_R - U_A = QEd$
$V_P - V_A = V_R - V_A = Ed$

■ **クーロン・ポテンシャル** ■　2 個の点電荷 Q_1, Q_2 の距離が r の場合の電気力 $F = kQ_1Q_2/r^2$ による位置エネルギー $U(r)$ は，位置エネルギーを測る基準点として 2 つの点電荷が無限に離れている $r = \infty$ の場合を選ぶと，**参考**で示すように，万有引力による位置エネルギーと同じ形の，

$$U(r) = \frac{kQ_1Q_2}{r} \tag{11.4}$$

である．これを**クーロン・ポテンシャル**という．

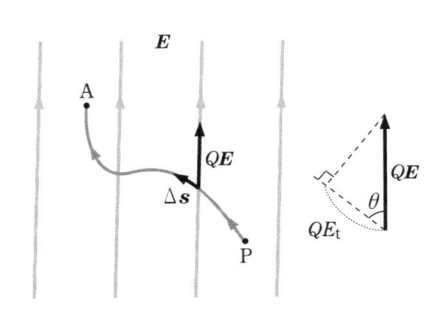

> **参考**　積分で表した仕事とエネルギーの関係 (11.1)
>
> 　(11.1) 式の仕事 $W_{P \to A}$ を積分を使って表そう．図 11.4 の微小

図 11.4　$QE\,\Delta s\cos\theta = QE_t\,\Delta s$

11.1　電気力による位置エネルギー ｜ **197**

変位 Δs で電気力 $\boldsymbol{F} = Q\boldsymbol{E}$ のする仕事 ΔW は，
$$\Delta W = QE\,\Delta s \cos\theta = QE_t \Delta s \tag{11.5}$$
である．ここで，$E_t = E\cos\theta$ は電場 $\boldsymbol{E}$ の微小変位 $\Delta \boldsymbol{s}$ の方向の成分，つまり，移動経路の接線方向成分である．仕事 $W_{\mathrm{P}\to\mathrm{A}}$ を求めるには，点 P から点 A までの移動の間での微小仕事 ΔW の和をとり，この和の $\Delta s \to 0$ の極限をとればよい．この極限を
$$U_{\mathrm{P}} - U_{\mathrm{A}} = W_{\mathrm{P}\to\mathrm{A}} = \int_{\mathrm{P}}^{\mathrm{A}} QE\cos\theta\,ds = Q\int_{\mathrm{P}}^{\mathrm{A}} E_t\,ds \tag{11.6}$$
と表す（曲線に沿っての積分を線積分とよぶ）．点 P の位置ベクトルを $\boldsymbol{r}$，点 A の位置ベクトルを $\boldsymbol{r}_{\mathrm{A}}$ とすると，電荷 Q が点 P にあるときの電気力による位置エネルギー $U_{\mathrm{P}} = U(\boldsymbol{r})$ は
$$U(\boldsymbol{r}) = U(\boldsymbol{r}_{\mathrm{A}}) + Q\int_{\boldsymbol{r}}^{\boldsymbol{r}_{\mathrm{A}}} E_t\,ds \tag{11.7}$$
と表される．

点 A を位置エネルギーを測る基準点に選ぶと，$U_{\mathrm{A}} = U(\boldsymbol{r}_{\mathrm{A}}) = 0$ なので，(11.7) 式は
$$U(\boldsymbol{r}) = Q\int_{\boldsymbol{r}}^{\boldsymbol{r}_{\mathrm{A}}} E_t\,ds \tag{11.8}$$
となる．

点電荷 Q_1 が原点にあり，点電荷 Q_2 が点 $\boldsymbol{r}$ から無限に遠い点まで図 11.5 のように移動するとき，$Q_2 E_t\,ds = F\,dr = [kQ_1Q_2/r^2]\,dr$ なので，(11.8) 式は
$$U(r) = kQ_1Q_2 \int_{r}^{\infty} \frac{dr}{r^2} = -\frac{kQ_1Q_2}{r}\bigg|_{r}^{\infty} = \frac{kQ_1Q_2}{r} \tag{11.9}$$
となり，(11.4) 式が導かれた．

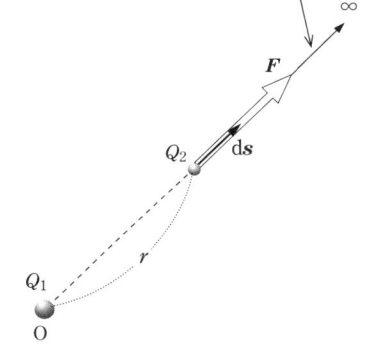

図 11.5 $Q_2 E_t\,ds = F\,dr$ ($|d\boldsymbol{s}| = dr$)

移動の道筋 = 積分の道筋

11.2 電位と電位差

ある点での単位電荷あたりの電気力による位置エネルギーをその点での電位という．したがって，点 P の電位 V_{P} は，点 P にある点電荷 Q の電気力による位置エネルギー U_{P} を電荷 Q で割った，
$$V_{\mathrm{P}} = \frac{U_{\mathrm{P}}}{Q} \tag{11.10}$$
である．つまり，電位は +1 クーロンの正電荷を帯びた荷電粒子の電気力による位置エネルギーだと考えてよい．

電場の中の 2 点 P, A の電位差 $V_{\mathrm{P}} - V_{\mathrm{A}}$ は
$$V_{\mathrm{P}} - V_{\mathrm{A}} = \frac{U_{\mathrm{P}} - U_{\mathrm{A}}}{Q} = \frac{W_{\mathrm{P}\to\mathrm{A}}}{Q} = \int_{\mathrm{P}}^{\mathrm{A}} E_t\,ds \tag{11.11}$$
である．国際単位系ではエネルギーと仕事の単位はジュール [J]，

電荷の単位はクーロン[C]なので，電位の単位はJ/Cであるが，これをボルトという（記号はV）．

$$V = J/C \tag{11.12}$$

2つのタンクの間での水の流れでは，水位そのものより，水位の差が重要であったように，2点PとAの間を流れる電流の場合にも，電位そのものより，2点の電位V_P, V_Aの差の，電位差$V_P - V_A$が重要である．$V_P > V_A$なら，点Pは点Aより電位が高いといい，$V_P < V_A$なら点Pは点Aより電位が低いという．

図11.3の場合，(11.2)，(11.11)式から，点Pと点Aの電位差$V = V_P - V_A$は

$$V = V_P - V_A = Ed \tag{11.13}$$

であることがわかる．図11.3の場合，点Rと点Pの電位は等しい($V_R = V_P$)ので，点Rと点Aの電位差$V_R - V_A$もEdである．

(11.13)式を変形すると，

$$E = \frac{V}{d} \tag{11.14}$$

となるので，ある点での電場の強さEはその付近での電位の勾配に等しいことがわかる（図11.1）．(11.14)式から電場の国際単位を電位差Vの単位のボルトを距離の単位のメートルで割ったものとして表せることがわかる．つまり，

$$\text{電場の国際単位} = N/C = V/m \tag{11.15}$$

電荷Qを帯びた物体が点Aから点Bまで移動するときに電気力がする仕事$W_{A \to B}$は，電荷Qと2点間の電位差$V = V_A - V_B$の積である．つまり，

$$W_{A \to B} = QV = Q(V_A - V_B) \tag{11.16}$$

例題1 図11.6のように平行な極板がある．間隔は8 cmである．これに24 Vの電圧をかけた．

（1）この平行な極板の間の電場の強さはいくらか．

（2）点Aに3×10^{-6} Cの電荷を置いた．この電荷に働く電気力はいくらか．

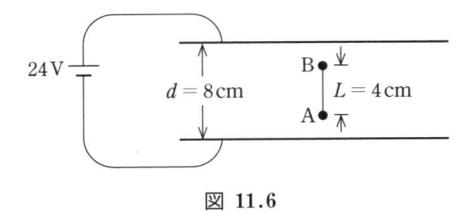

（3）この電荷を点Aから点Bまで電気力に逆らって運ぶのに必要な仕事はいくらか．

（4）点Bと点Aの電位差$V_B - V_A$はいくらか．

解 （1）$E = V/d = 24 \text{ V}/0.08 \text{ m} = 300 \text{ V/m}$
  $= 300 \text{ N/C}$

（2）$F = QE = 3 \times 10^{-6} \text{ C} \times 300 \text{ N/C}$
  $= 9 \times 10^{-4} \text{ N}$ 下向き

（3）$W = FL = 9 \times 10^{-4} \text{ N} \times 0.04 \text{ m}$
  $= 3.6 \times 10^{-5} \text{ N·m} = 3.6 \times 10^{-5} \text{ J}$

（4）$V_B - V_A = EL = 300 \text{ V/m} \times 0.04 \text{ m}$
  $= 12 \text{ V}$

図11.6

電荷 Q を帯びた物体が電気力の作用のみを受けて点 A から点 B まで移動するときに，この荷電物体に電気力がする仕事 $W_{A \to B}$ は，運動エネルギーの増加量に等しい．すなわち

$$\frac{1}{2}mv_B^2 - \frac{1}{2}mv_A^2 = W_{A \to B} = QV = Q[V_A - V_B] \quad (11.17)$$

である．この仕事と運動エネルギーの関係は，運動エネルギーと電気力による位置エネルギーの和が一定であること，つまり，エネルギー保存の法則，

$$\frac{1}{2}mv_A^2 + QV_A = \frac{1}{2}mv_B^2 + QV_B \quad (11.18)$$

を意味する．ここで，v_A と v_B は点 A と点 B での帯電物体の速さである．

▌ **電子ボルト** ▌　原子物理学では荷電粒子を加速するのに電場を使う．そこで，電気素量 e の電荷をもつ荷電粒子が 1 V の電位差を通過するときの運動エネルギーの増加量を原子物理学でのエネルギーの実用単位として選び，1 電子ボルトとよび 1 eV と書く．$e \fallingdotseq 1.602 \times 10^{-19}$ C なので，

$$\boxed{1\,\text{eV} \fallingdotseq 1.602 \times 10^{-19}\,\text{J}} \quad (11.19)$$

である．1 キロ電子ボルト 1 keV $= 10^3$ eV，1 メガ電子ボルト 1 MeV $= 10^6$ eV なども使われている．

11.3　電位の計算例

電位を測る基準点が変われば各点の電位は変わるが，2 点間の電位差は変わらない．理論的計算のためには電荷から無限に遠い点を基準点に選ぶと便利である．無限に遠い点を電位を測る基準点に選ぶと，$V_\infty = 0$ なので，点 P の電位 V_P は

$$V_P = \frac{W_{P \to \infty}}{Q} \quad (11.20)$$

である．本節に示す例では，電位を測る基準点はすべて無限に遠い点である．なお，無限に長い棒に電荷が一様に分布している場合のように，電荷の分布が無限に遠い点まで伸びている場合には，$W_{P \to \infty} = \infty$ なので，電位を測る基準点を無限に遠い点に選ぶことはできない．なお，地球の電位はほぼ一定なので，実際的な場合には地球に接地（アース）した導体の電位を 0 に選ぶことが多い．

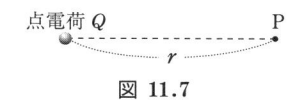

例1　点電荷 Q による電位　点 P と点電荷 Q の距離を r とすると（図 11.7），(11.4) 式の Q_1 を Q で置き換えた $U(r)$ から電位

図 11.7

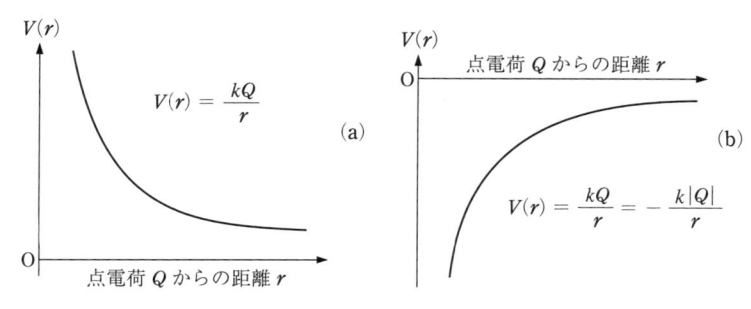

図 11.8 点電荷 Q による電位 $V(r)$.
(a) $Q > 0$ の場合, (b) $Q < 0$ の場合.

$V(r)$ は $U(r)/Q_2$ として求められる (図 11.8).

$$V(r) = \frac{kQ}{r} \tag{11.21}$$

例2 いくつかの点電荷 $Q_1, Q_2, \cdots$ による電位 点 P と点電荷 Q_i の距離を r_i とすると (図 11.9), 電場の重ね合わせの原理と (11.21) 式から

$$V_P = \sum_i \frac{kQ_i}{r_i} \tag{11.22}$$

が導かれる.

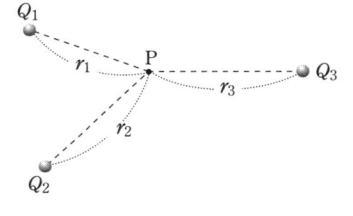

図 11.9

一般に, いくつかの電荷のつくる電場の電位は, それぞれの電荷のつくる電場の電位の和である. 電場の和はベクトルの和であるが, 電位の和はスカラーの和である.

例題 2 図 11.10 (a), (b) の 2 点 A, B の電位差 $V_A - V_B$ を計算せよ.

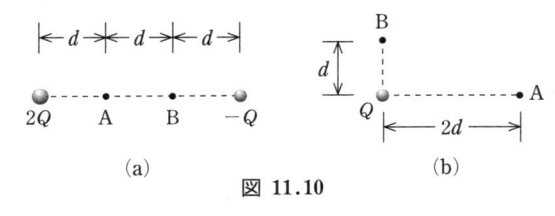

図 11.10

解 (a) $V_A = \dfrac{2kQ}{d} - \dfrac{kQ}{2d} = \dfrac{3kQ}{2d}$

$V_B = \dfrac{2kQ}{2d} - \dfrac{kQ}{d} = 0$

$\therefore \quad V_A - V_B = \dfrac{3kQ}{2d}$

(b) $V_A = \dfrac{kQ}{2d}, \quad V_B = \dfrac{kQ}{d},$

$V_A - V_B = -\dfrac{kQ}{2d}$

例題 3 半径 R の金属球の帯びている電荷 Q のつくる電場の電位を求めよ.

解 電荷 Q は導体表面上に一様に分布するので, この場合の電場は 10.3 節の例 4 の電場と同じである. (10.14) 式を使うと, 球の中心から距離 r の点の電場の強さ $E(r)$ は

$$E(r) = \begin{cases} \dfrac{kQ}{r^2} & (r > R) \\ 0 & (r < R) \end{cases} \tag{11.23}$$

である. 金属球外 ($r > R$) の点の電場は, 点電荷

Q が球の中心にある場合の電場と同じであり，したがって，金属球外の点の電位は点電荷 Q が球の中心にある場合の電位の (11.21) 式になる．電場が 0 の導体球の内部 ($r < R$) では電位は等しく $V(r) = V(R) = kQ/R$ である．つまり，電位は次のようになる (図 11.11)．

$$V(r) = \begin{cases} \dfrac{kQ}{r} & (r \geq R) \quad (11.24\,\text{a}) \\ \dfrac{kQ}{R} & (r < R) \quad (11.24\,\text{b}) \end{cases}$$

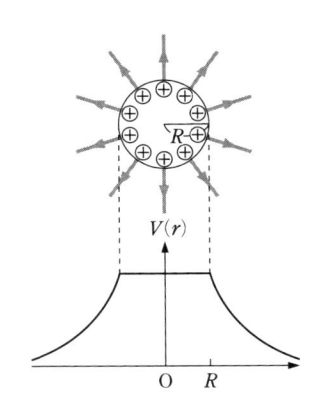

図 **11.11** 正に帯電した導体球の電荷による電位

電荷 Q を帯びている半径 R の導体球の表面での電場の強さは $E = kQ/R^2$ で，導体球の電位は $V = kQ/R$ である．したがって，$E = V/R$ なので，同じ電位 V の導体球では，半径 R の小さいものほど，表面での電場が強いことがわかる．また，空間に 1 つの導体が孤立して存在している場合，曲率半径の小さい尖った部分の表面での電場が強い．また，表面電荷密度 $\sigma = E/4\pi k$ なので ((10.19) 式参照)，尖った部分の電荷密度がいちばん大きい (図 11.12)．したがって，導体を高電位にすると，放電が起こりやすいのは尖っている部分からである．

フランクリンは，電荷は尖った点から外に逃げていくことを発見し，最初の避雷針をつくった．屋根の上に避雷針を設置し，避雷針と地面を針金で結んでおくと，雷雲によって誘導された電荷は避雷針から外へ逃げていき，一度に大量の放電が起こるのが防止される．十分な量の誘導電荷が避雷針から逃げずに大量の放電が発生したときには，雷雲からの電荷は避雷針に引き寄せられ，針金を通って地面に流れていく．このようにして大きな電流が建物を流れて被害を引き起こすのが防がれる．

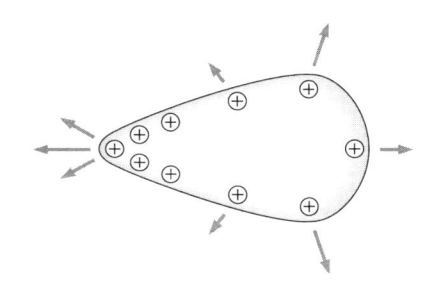

図 **11.12** 尖った部分の電場がいちばん強い．

11.4　等電位面と等電位線

■ 等電位面 ■　電位の等しい点を連ねたときできる面を**等電位面**といい，等電位面上の任意の曲線を**等電位線**という．等電位面上のすべての点は電位が等しいので，等電位面の上を電荷が動くとき，電気力は仕事をしない．したがって，電気力は等電位面の方向に成分をもたないので，電場も電気力線も等電位面に垂直であり，その

結果，等電位線とも垂直である．つまり，

「電気力線と等電位面は直交する．電気力線は等電位線とも直交する」．

強さ E の電場の中で1Cの電荷が電場の方向に微小距離 Δs の2点間を移動するときに電場のする仕事 $E\Delta s$ が，この2点間の電位差 ΔV である（図11.13）．

$$\Delta V = E\Delta s \quad (11.25)$$

したがって，電場の強さ E は

$$E = \frac{\Delta V}{\Delta s} \quad (\boldsymbol{E} \mathbin{/\mkern-6mu/} \Delta\boldsymbol{s} \text{ の場合}) \quad (11.26)$$

と表される．電位差 ΔV が一定の値になるたびに等電位面を描くと，等電位面の接近している（Δs の小さな）ところでは電場は強く，間隔の開いている（Δs の大きな）ところでは電場は弱い．

図11.14，図11.15に原点に正の点電荷がある場合の，xy 面上の電位 $V(x,y,0)$ を図示した．この図では等電位線は地図の等高線に対応している．電場は等電位線に垂直で，電位の高い方から低い方を向いているので，電場は下り勾配のもっとも急な方向を向き，勾配の大きさがその点の電場の強さである（(11.26) 式）．

図 11.13 $\Delta V = E\Delta s,\ E = \Delta V/\Delta s$

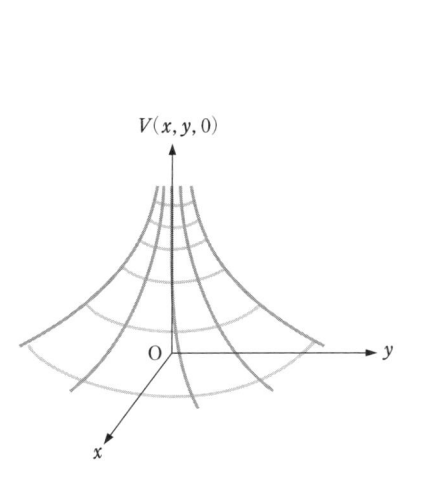

図 11.14 原点に正の点電荷がある場合の xy 面上の電位 $V(x,y,0)$

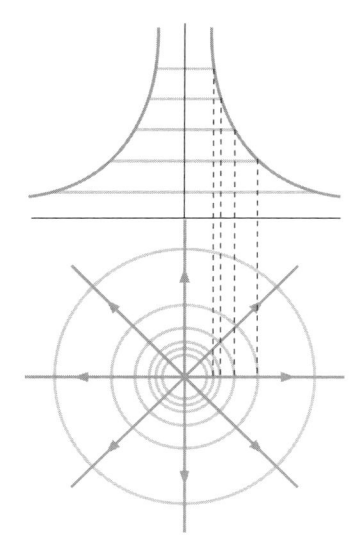

図 11.15 等電位線の密度は電場の強さに比例する．電気力線は等電位線に直交する．

問1 図11.16の点Pと点Qの電場はどちらが強いか．また，各点での電場の向きを図示せよ．

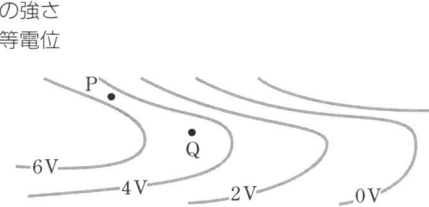

図 11.16

11.4 等電位面と等電位線

11.5 静電遮蔽

一般に平衡状態の導体内部の電場は **0** なので，平衡状態の導体内部のすべての点の電位は等しい．つまり，平衡状態では

「ひとつの導体のすべての点は等電位である」．

これから，地面につないだ導体，つまり，アース（接地）した導体の電位は，つねに地面の電位に等しく，地面の電位を電位の基準に選べば，つねに 0 であることがわかる．（地球には微弱な地電流が流れているが，地球はほぼ等電位の導体であると考えてよい．）

導体の内部に空洞がある場合でも，すぐ後で証明するように，空洞の中に電荷がない場合には空洞の壁に電荷は現れず，空洞の内部でも電場は **0** で，空洞と導体は等電位である．この性質は，導体で囲まれた空間には外の電場が影響しないことを示す．これを静電遮蔽という（図 11.17）．自動車に雷が落ちても，車内の人は自動車の金属製のボディーで電場から遮蔽されて安全なのはこの例である．精密な静電気的な測定をする装置では，接地した金属板でこれを包んで，外部の電気的影響を避けている．金属板ではなく，金網で周囲を囲っても，外側の電場の影響が及ぶのを避けられる．鉄筋コンクリートの建物の内部でラジオが聞きにくいのは，この例である．電子機器類の静電誘導を阻止するためのシールド線も静電遮蔽の応用である（図 11.18）．

深い缶の中は近似的に導体の空洞の内部と考えられる．フランクリンは図 11.19 のように帯電した金属球を糸で吊るして深い空き缶の中に入れ，底に接触させてから引き上げ，この金属球が帯電していないことを示した．

導体の内部に電荷は現れず，電場は **0** である．しかし導体の表面には電荷が現れるので，この表面電荷から電気力線が導体の外部に伸びていく．導体は等電位だから，導体の表面は 1 つの等電位面である．(10.19)式で示したように，表面電荷密度が σ のところの電場の強さは

$$E = \frac{\sigma}{4\pi k} \tag{11.27}$$

である．

（**導体に空洞がある場合，空洞内部に電荷がなければ，空洞内部の電場は 0 で，空洞の壁に電荷は現れないことの証明**）　空洞内部の電場が 0 でないとすると，空洞の内部に電気力線が存在し，その始点は空洞の壁の正電荷で，その終点は空洞の壁の負電荷である．こ

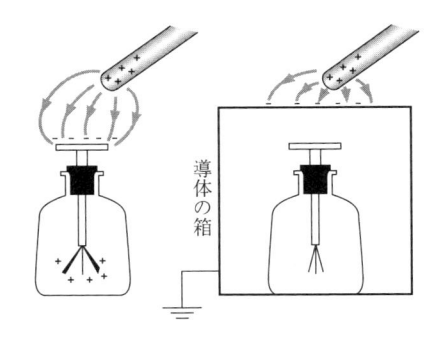

図 11.17 静電遮蔽

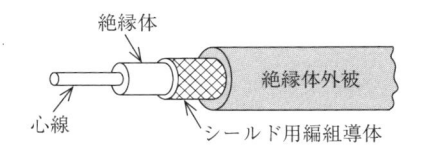

図 11.18 シールド線は，図のように絶縁された心線に編組導体を接地して，配線に使う．

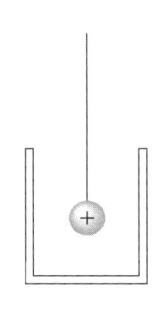

図 11.19

の場合，電気力線の始点は終点より電位が高くなる．ところが，導体のすべての点は等電位なので，このようなことは起こらない．したがって，空洞内部に電荷が存在しない場合には，空洞内部の電場は 0 で，空洞の壁に電荷は現れない．

〈トピック〉　ファラデーのケージ（籠）

1838 年に英国のマイケル・ファラデーは 4 m 四方の金属製のケージ（籠）をつくり，それを絶縁された台の上にのせた．ファラデーが中に入って，ケージに大きな火花が飛び散るほどの高電圧をかけた．そんな高電圧がケージにかかっても，ケージの中のファラデーが電場を感じないことを実験的に示した．

❖ **第 11 章のキーワード** ❖

電気力による位置エネルギー，クーロン・ポテンシャル，電位，電位差，等電位面，等電位線，静電遮蔽

演習問題 11

A

1. （1）電位差が 1.5 V の電池の正極から導線を通って負極まで 10 C の電荷が移動するとき，導線内の電場が電荷にする仕事はいくらか．
　　（2）この電池の負極から電池の中を正極まで 10 C の電荷が移動するとき，電池が電荷にする仕事はいくらか．

2. 図 1 は 1930 年にバン・デ・グラーフが発明したバン・デ・グラーフ発電機の概念図である．絶縁体のベルトがガラス製の円筒をこする（あるいは電気を帯びた金属接点に触れる）ことによって，支持台の下部で集められた電荷が上部の金属球殻のところに運ばれ，ベルトの電荷は金属球殻に移動する．金属球殻は多量の電荷を帯びているので地面に対して，1000 万ボルトくらいまでの電位差になる．
　　（1）ベルトをまわすモーターの仕事はどのようなエネルギーになるか．
　　（2）ベルトの電荷はなぜ金属球殻に移るか．
　　（3）金属球殻にさわっている人物の髪の毛が逆立っているのはなぜか．

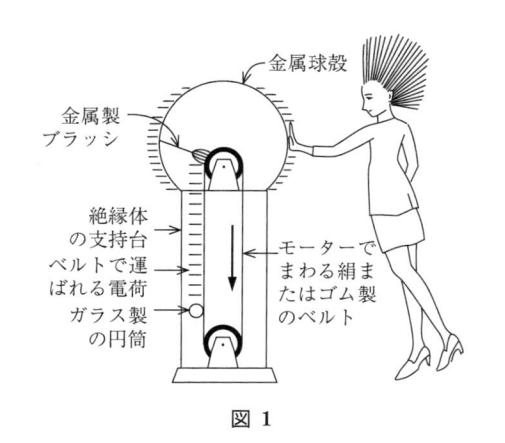

3. 図 2 の 2 点 A, B の電位差を求めよ．

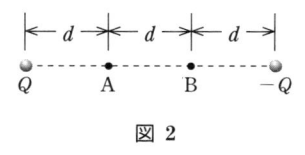

$$\underset{Q}{\bullet}\!\!-\!\!d\!\!-\!\!\underset{A}{\bullet}\!\!-\!\!d\!\!-\!\!\underset{B}{\bullet}\!\!-\!\!d\!\!-\!\!\underset{-Q}{\bullet}$$

図 2

4. 空間のある部分が等電位だとする．この部分での電場はどうなっているか．

B

1. 1775 年ごろフランクリンは糸で吊るしたコルク

図 1

の球と帯電した金属の缶を使って，図3(a),(b)のような実験を行った．2つの実験で糸の傾きが違う理由を説明せよ．

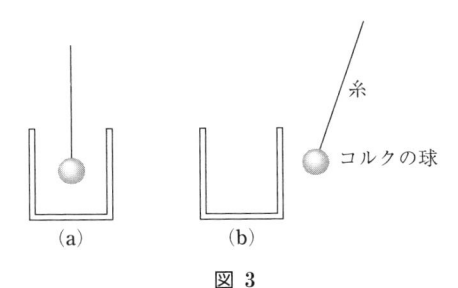

図 3

2．電場の1つの等電位面を導体面で置き換えても導体の外部の電場は変わらないという性質がある．（このとき導体面には $\sigma = E/4\pi k$ という面密度の電荷が現れる．）この性質を利用し，図4(a),(b)を比較して，無限に大きな導体板に電荷 Q の帯電物体を近づけるときの帯電物体と導体板（の静電誘導による異符号の表面電荷）との引力の強さは

$$F = \frac{kQ^2}{(2d)^2}$$

であることを示せ．d は帯電物体と導体板との距離である．

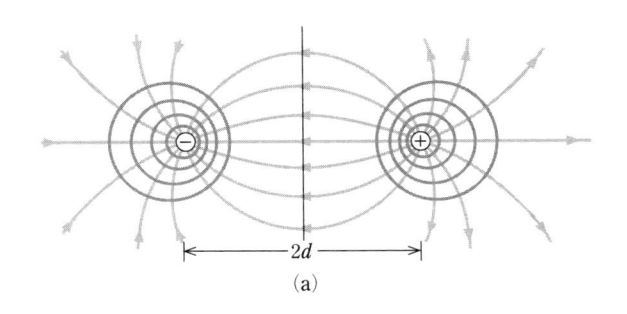

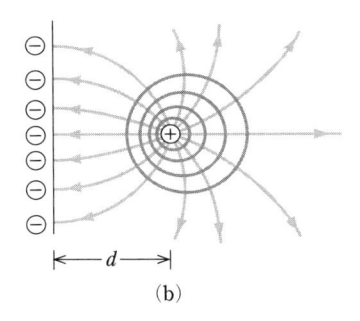

図 4

キャパシター　12

　キャパシターは電荷を蓄える装置である．導体を帯電させると，電荷がたがいに反発し合うので，1個の導体に大きな電気量を蓄えることは難しい．そこで，2個の導体を向かい合わせに近づけておき，一方に正，もう一方に負の電荷を与えると，正電荷と負電荷が引き合うので，大きな電気量を蓄えやすくなる．このような電荷を蓄えるための装置を**キャパシター**という．

　キャパシターは電荷を蓄える装置であるが，エネルギーを蓄える装置でもある．カメラのフラッシュが光るのは，カメラの中のキャパシターに蓄えられた電気力による位置エネルギーが光のエネルギーに変換したことによる．

　昔，キャパシターはコンデンサーとよばれていた．電気を凝縮する器械という意味である．現在では容れ物という意味のキャパシターとよばれている．日本ではまだコンデンサーというよび方が広く使われているが，本書では国際的なキャパシターというよび方を使うことにする．

12.1　キャパシター

　キャパシターは，油紙，雲母（マイカ），空気などの絶縁体を挟んで向かい合っている，2枚の導体面（極板）で構成されている．簡単な型のキャパシターとして，2枚の平行な導体板で構成された平行板キャパシターがある（図 12.1）．回路の中のキャパシターを表す記号として図 12.2 に示す記号が使われている．

　極板 A, B をもつキャパシターと電池とスイッチを図 12.3 のよ

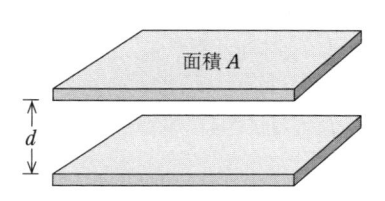

図 12.1　平行板キャパシター

図 12.2　キャパシターの記号

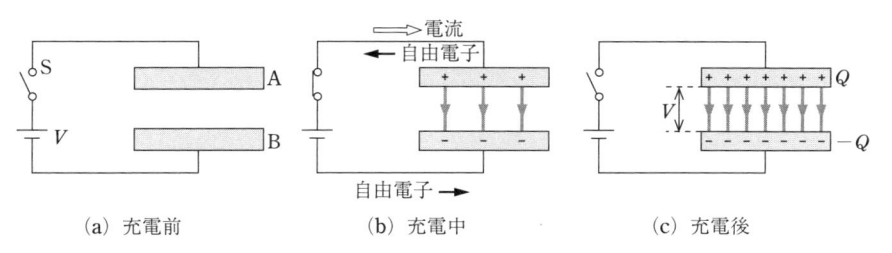

(a) 充電前　　(b) 充電中　　(c) 充電後

図 12.3　キャパシターの充電

うに接続し，スイッチを閉じると，電池の起電力によって自由電子が移動するので，A は正に，B は負に帯電する．2 つの極板の電位差 V が電池の起電力に等しくなると，電子の移動は止まる．このときの極板 A, B の電荷を $Q, -Q$ とする．ここでスイッチを開いても，2 枚の極板の電荷は引き合うので，電荷は 2 つの極板上に保たれ，極板の電位差はやはり V である．

キャパシターに蓄えられる電荷 Q は極板の電位差 V に比例する．比例定数を C とすると

$$Q = CV \tag{12.1}$$

と表される．比例定数の C をキャパシターの**電気容量**という．電気容量の大きなキャパシターほど，同じ電位差で大きな電気量を蓄えられる．

電気容量を大きくするために，多くのキャパシターでは，油紙や雲母などの絶縁体を極板の間に挿入する．電位差がある程度以上に大きくなると，極板間の絶縁体が絶縁性を失い，電極の間に電流（放電電流）が流れる．この現象を絶縁破壊という．したがって，多量の電荷を蓄えるには電気容量を大きくする必要がある．

電気容量の単位は，1 ボルト [V] の電位差によって 1 クーロン [C] の電気量が蓄えられるときの電気容量をとり，これを 1 ファラド（記号は F）という．

$$\mathrm{F} = \mathrm{C/V} \tag{12.2}$$

である．1 ファラドという単位は大きすぎるので，実際には $\mu\mathrm{F}$（マイクロファラド）$= 10^{-6}\,\mathrm{F}$，あるいは pF（ピコファラド）$= 10^{-12}\,\mathrm{F}$ がよく使われる．

キャパシターの電気容量は，2 つの導体の形，大きさ，距離などの幾何学的な条件，および極板の間に挟む絶縁体の種類で決まる（次節参照）．

12.2　いくつかの型のキャパシターの電気容量

この節の例では，極板の間が真空の場合を考える．極板の間が絶縁体で満たされたキャパシターの電気容量 C は，極板の間が真空の場合の電気容量 C_0 と絶縁体の比誘電率 ε_r の積 $C = \varepsilon_\mathrm{r} C_0$ になる（12.5 節参照）．

1.　平行板キャパシター（極板の面積 A，間隔 d）

2 枚の金属板（極板）を平行に向かい合わせたものを平行板キャパシターという（図 12.1）．次の例題 1 で示すように，電気容量は

$$C = \frac{A}{4\pi kd} \quad \left(= \frac{\varepsilon_0 A}{d}\right) \qquad (12.3)$$

である．電気定数とよばれる $\varepsilon_0 = 1/4\pi k = 8.85 \times 10^{-12}$ F/m を使った式も括弧の中に示す．

例題 1 図 12.1 に示した，極板の面積が A，間隔が d の平行板キャパシターの電気容量を求めよ．ただし，間隔 d に比べて極板の大きさははるかに大きいので，極板間の電場は一様だと考えてよいものとせよ（図 12.4）．

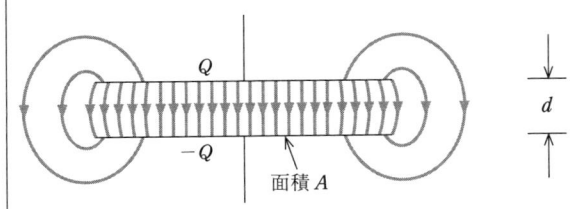

図 12.4 平行板キャパシターの電場

解 極板の帯びている電荷 $\pm Q$ は，面積 A の極板の内側に一様な面密度 $\pm \sigma = \pm Q/A$ で分布している．したがって，(10.19) 式によって，極板間の電場の強さ E は

$$E = 4\pi k\sigma = 4\pi kQ/A \qquad (12.4)$$

である．間隔 d の2枚の極板の電位差は

$$V = Ed = 4\pi kdQ/A \qquad (12.5)$$

である．したがって，平行板キャパシターの電気容量 C は

$$C = \frac{Q}{V} = \frac{A}{4\pi kd} \qquad (12.6)$$

である．(12.6) 式から，極板の面積 A が大きいほど，また極板の間隔 d が小さいほど電気容量 C は大きいことがわかる．

注意 (12.6) 式に出てくる定数 $1/4\pi k = \varepsilon_0$ は

$$\begin{aligned}\varepsilon_0 &= 1/4\pi k = 1/4\pi(9.0\times 10^9 \text{ N·m}^2/\text{C}^2) = 8.85\times 10^{-12} \text{ C}^2/\text{N·m}^2 \\ &= 8.85\times 10^{-12} \text{ F/m} = 8.85 \text{ pF/m}\end{aligned} \qquad (12.7)$$

と表される．

例 1 一辺の長さが 5 cm の正方形の 2 枚の金属板を，1 mm 隔てて向かい合わせたキャパシターの電気容量は

$$\begin{aligned}C &= \frac{A}{4\pi kd} \\ &= \frac{8.85\times 10^{-12} \text{ (F/m)} \times (0.05 \text{ m})^2}{10^{-3} \text{ m}} = 2.2\times 10^{-11} \text{ F}\end{aligned}$$

2. 球形キャパシター

導体球および同心の球殻からなるキャパシターを球形キャパシターという（図 12.5）．導体球の半径を a，球殻の半径を b とすると，球殻を接地した場合の電気容量 C は

$$C = \frac{ab}{k(b-a)} \quad \left(= \frac{4\pi\varepsilon_0 ab}{b-a}\right) \qquad (12.8)$$

である．(12.8) 式は，11.3 節の例題 3 の結果の (11.24) を使うと，電荷 Q を帯びた半径 a の導体球と，電荷 $-Q$ を帯びた半径 b の

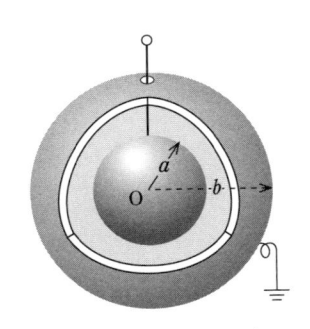

図 12.5 球形キャパシター

球殻の電位差 V は

$$V = V(a) - V(b) = \frac{kQ}{a} - \frac{kQ}{b} = \frac{kQ(b-a)}{ab} \quad (12.9)$$

であることから導かれる．

3. 孤立導体球（半径 R）

空間に孤立した1個の導体球（半径 R）も，球形キャパシターの球殻の半径 $b \to \infty$ の極限と考えれば，一種のキャパシターである．球形キャパシターの電気容量の式 (12.8) の $b \to \infty$ の極限をとり，この極限で $b/(b-a) \to 1$，$ab/(b-a) \to a$ であることを使い，$a = R$ とおけば，電気容量は

$$C = \frac{R}{k} \quad (= 4\pi\varepsilon_0 R) \quad (12.10)$$

であることが導かれる．

例2 地球（半径 $R_\mathrm{E} = 6.4 \times 10^6$ m）をキャパシターとみなしたときの電気容量は

$$C = R_\mathrm{E}/k = 6.4 \times 10^6 / 9.0 \times 10^9 = 7.1 \times 10^{-4} \, [\mathrm{F}]$$

地球の電気容量と同じ電気容量の平行板キャパシターの極板の面積は，極板の間隔 d を 1 mm とすると

$$A = 4\pi k d C = 4\pi R_\mathrm{E} d = 4\pi \times 6.4 \times 10^6 \, \mathrm{m} \times 10^{-3} \, \mathrm{m} = 8.0 \times 10^4 \, \mathrm{m}^2$$

である．近接した2つの導体に正と負の電荷を蓄えるのに比べ，孤立した導体に正あるいは負の電荷を蓄えるのははるかに困難なことがわかる．

12.3 キャパシターの接続

キャパシターの2枚の極板に大きな電位差を加えると，強い電場のために，極板間の絶縁体の絶縁破壊が起こる．キャパシターが耐えられる電位差の限界を**耐電圧**という．2つ以上のキャパシターを組み合わせ，いろいろに接続することによって，電気容量や耐電圧の異なるキャパシターをつくることができる．2つ以上のキャパシターを接続してつくったキャパシターの電気容量を**合成容量**（合成電気容量）という．

▎**キャパシターの並列接続**▎　いくつかのキャパシターを並べ，それぞれの両端をまとめて接続する方法を並列接続という．電気容量が C_1, C_2 の2個のキャパシターを図 12.6 のように並列接続し，

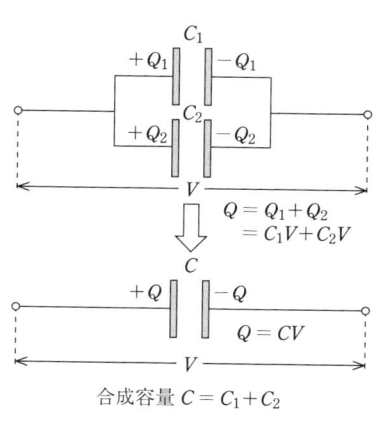

図 12.6 キャパシターの並列接続

両端に電位差 V を加える．このとき，2 個のキャパシターに蓄えられる電荷をそれぞれ Q_1, Q_2 とする．キャパシターの正極板どうし，負極板どうしは等電位なので，2 個のキャパシターに加わる電位差も V であり，

$$Q_1 = C_1 V, \quad Q_2 = C_2 V \tag{12.11}$$

である．このとき並列接続でつくられたキャパシターに蓄えられる電荷 Q は

$$Q = Q_1 + Q_2 = C_1 V + C_2 V = (C_1 + C_2)V \tag{12.12}$$

となる．したがって，並列接続した 2 個のキャパシターは電気容量

$$C = C_1 + C_2 \tag{12.13}$$

の 1 個のキャパシターと同じ働きをする．この C を合成容量という．

3 個以上のキャパシターを並列接続した場合も，合成容量 C は各キャパシターの電気容量の和になる．

$$C = C_1 + C_2 + C_3 + \cdots \tag{12.14}$$

■ **キャパシターの直列接続** ■ いくつかのキャパシターを一列に連ねて接続する方法を直列接続という．2 個のキャパシターを図 12.7 のように直列接続し，両端に電位差 V を加える．図の破線で囲まれた部分はひと続きの導体なので，はじめに各キャパシターが帯電していなかったとすると，図に示すように，2 個のキャパシターに蓄えられる電荷は等しい．これを Q とすれば，各キャパシターの極板間の電位差 V_1, V_2 との関係は

$$Q = C_1 V_1, \quad Q = C_2 V_2 \tag{12.15}$$

となり，2 個のキャパシター全体に加わる電位差 V は

$$V = V_1 + V_2 = \frac{Q}{C_1} + \frac{Q}{C_2} = \left(\frac{1}{C_1} + \frac{1}{C_2}\right)Q \tag{12.16}$$

となる．したがって，直列接続した 2 個のキャパシターは，関係

$$\frac{1}{C} = \frac{1}{C_1} + \frac{1}{C_2}, \quad C = \frac{C_1 C_2}{C_1 + C_2} \tag{12.17}$$

で決まる電気容量 C の 1 個のキャパシターと同じ働きをする

3 個以上のキャパシターを直列接続する場合も，その合成容量 C の逆数は各キャパシターの電気容量の逆数の和になる．

$$\frac{1}{C} = \frac{1}{C_1} + \frac{1}{C_2} + \frac{1}{C_3} + \cdots \tag{12.18}$$

直列接続では，合成容量は 1 個だけの場合より小さくなるが，各キャパシターの極板間の電位差が小さくなるので，耐電圧は高くなる．

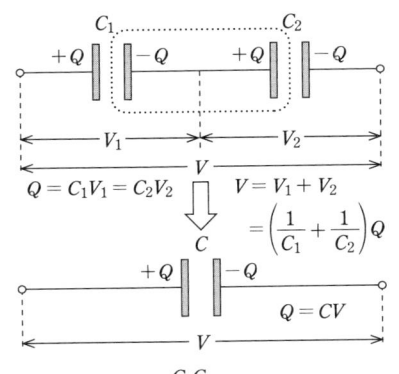

合成容量 $C = \dfrac{C_1 C_2}{C_1 + C_2}$

図 12.7 キャパシターの直列接続

例題 2 $C_1 = 10\ \mu\text{F}$, $C_2 = 20\ \mu\text{F}$, $C_3 = 30\ \mu\text{F}$ の3つのキャパシターを図12.8のように接続する場合，次の合成容量を求めよ．

（1）キャパシター C_1, C_2 の合成容量 C_{12}
（2）キャパシター C_1, C_2, C_3 の合成容量 C_{123}

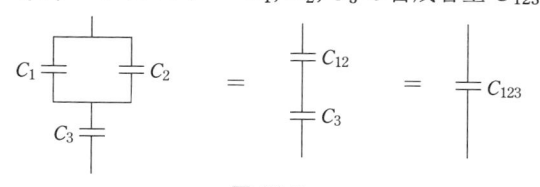

図 12.8

解 （1）C_1 と C_2 は並列接続なので，
$$C_{12} = C_1 + C_2 = 10\ \mu\text{F} + 20\ \mu\text{F} = 30\ \mu\text{F}$$

（2）合成キャパシター C_{12} と C_3 は直列接続なので
$$\frac{1}{C_{123}} = \frac{1}{C_{12}} + \frac{1}{C_3},$$
$$C_{123} = \frac{C_{12}C_3}{C_{12}+C_3} = \frac{(30\ \mu\text{F})^2}{2(30\ \mu\text{F})} = 15\ \mu\text{F}$$

例題 3 $10\ \mu\text{F}$ のキャパシター3個を図12.9のように起電力3Vの電池に接続する．次の量を求めよ．

（1）AC間の合成容量 C
（2）キャパシター C_1 の極板に蓄えられる電荷 $\pm Q_1$ と AB 間の電位差 V_{AB}
（3）BC 間の電位差 V_{BC} とキャパシター C_2, C_3 の極板に蓄えられる電荷 $\pm Q_2, \pm Q_3$

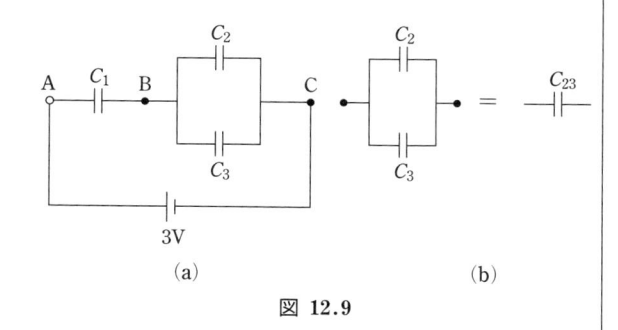

図 12.9

解 （1）C_2 と C_3 は並列接続なので，合成容量 C_{23} は
$$C_{23} = C_2 + C_3 = 10\ \mu\text{F} + 10\ \mu\text{F} = 20\ \mu\text{F}$$
合成キャパシター C_{23} と C_1 は直列接続なので，合成容量 C は
$$\frac{1}{C} = \frac{1}{C_1} + \frac{1}{C_{23}},$$
$$C = \frac{C_1 C_{23}}{C_1 + C_{23}}$$
$$= \frac{10\ \mu\text{F} \times 20\ \mu\text{F}}{10\ \mu\text{F} + 20\ \mu\text{F}} = (20/3)\ \mu\text{F} \fallingdotseq 6.7\ \mu\text{F}$$

（2）$Q_1 = CV = (20/3) \times 10^{-6} \times 3$
$= 2 \times 10^{-5}\ [\text{C}]$
$V_{AB} = Q_1/C_1 = 2 \times 10^{-5}/(10 \times 10^{-6}) = 2\ [\text{V}]$

（3）$V_{BC} = 3\ \text{V} - 2\ \text{V} = 1\ \text{V}$
$Q_2 = C_2 V_{BC} = 10^{-5}\ \text{C}, \quad Q_3 = C_3 V_{BC} = 10^{-5}\ \text{C}$

12.4 電場のエネルギー

■ **キャパシターに蓄えられるエネルギー** ■　フラッシュ付きの使い捨てカメラ（実際には再利用されている）でフラッシュを利用するときは，フラッシュボタンを一定の時間のあいだ押しつづけると，パイロットランプが点滅しはじめ，撮影可能という合図の信号がでる．この作業はカメラに内蔵されているキャパシターと電池を結ぶスイッチを入れて充電するという作業である．充電するときに電池のする仕事が，キャパシターに電気力による位置エネルギーとして蓄えられる．

そこでシャッターを押すと，キャパシターの電気エネルギーが放出されたことによる電圧で放電管の気体の絶縁が破れ，気体放電で光る．電気エネルギーが光のエネルギーになったのである．なお，雷の稲妻も気体放電である．

電気容量 C のキャパシターの極板 A, B に電荷 $Q, -Q$ を蓄えるためには，電場に逆らって極板 B から極板 A へ電荷 Q を移動させねばならない．この移動に必要な仕事 W が，電気力による位置エネルギー U としてキャパシターに蓄えられる．

極板 A, B に蓄えられた電荷が $q, -q$ のとき，極板間の電位差は $v = q/C$ である．このとき極板 B から極板 A へ電荷 Δq を移動して，極板 A, B の電荷を $q+\Delta q, -(q+\Delta q)$ にするために必要な仕事 ΔW は

$$\Delta W = v\,\Delta q = \frac{q\,\Delta q}{C} \tag{12.19}$$

である（図 12.10 (a)）．$q = 0$ の場合から Δq ずつ電荷を移動して $q = Q$ にするために必要な仕事 W は，図 12.10 (b) のアミの部分の面積 {(12.19) 式の積分}，

$$W = \frac{Q^2}{2C} = \frac{1}{2}VQ = \frac{1}{2}CV^2 \tag{12.20}$$

である．

この仕事が電気力による位置エネルギー U としてキャパシターに蓄えられる．すなわち，極板間の電位差が V で，極板に電荷 $Q, -Q$ が蓄えられている電気容量が C のキャパシターには（$Q = CV$），電気エネルギー

$$U = \frac{Q^2}{2C} = \frac{1}{2}VQ = \frac{1}{2}CV^2 \tag{12.21}$$

が蓄えられている．

キャパシターは電荷を蓄える装置であるが，電気エネルギーを蓄える装置でもある．アース（接地）されていない洗濯機などに触れるとピリッとくるのは，地球との間に蓄えられたエネルギーが人体（導体）を通して放電されるからである．導体が地球と絶縁されているとき，地球との間の電気容量を浮遊容量という．

[例] **平行板キャパシターに蓄えられる電気エネルギー** 極板の面積 A，間隔 d の平行板キャパシターの電気容量は，(12.3) 式で導いた

$$C = \frac{A}{4\pi k d} \left(= \frac{\varepsilon_0 A}{d} \right) \tag{12.22}$$

である．$V = Ed$ なので，このキャパシターに蓄えられる電気エネルギー U は

$$U = \frac{1}{2}CV^2 = \frac{1}{2}\left[\frac{A}{4\pi k d}\right](Ed)^2 = \frac{1}{8\pi k}E^2(Ad) \tag{12.23}$$

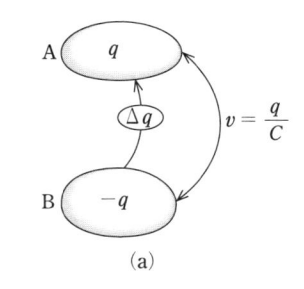

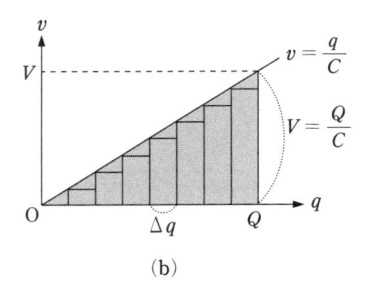

図 12.10 (a) 微小電荷 Δq の移動に必要な仕事

$$\Delta W = v\,\Delta q = \frac{1}{C}q\,\Delta q$$

(b) キャパシターに蓄えられるエネルギー

$$W = \frac{1}{2}VQ$$
$$= \frac{1}{2}CV^2 = \frac{1}{2C}Q^2$$

と表される．

■ **電場のエネルギー** ■　平行板キャパシターの内部の体積は Ad なので，(12.23)式はキャパシターの内部の単位体積あたり

$$u_\mathrm{E} = \frac{1}{8\pi k} E^2 \quad \left(= \frac{\varepsilon_0 E^2}{2}\right) \quad \text{(真空中)} \tag{12.24}$$

の電気エネルギーが蓄えられていることを示す．一般に，真空中の電場にはエネルギー密度(12.24)の**電場のエネルギー**が蓄えられている．

12.5　誘電体と電場

■ **誘電体とキャパシター** ■　電場の中で絶縁体の表面には誘導電荷が現れるので，絶縁体の電気的な性質を議論するときに絶縁体を**誘電体**とよぶ．キャパシターの極板の間に誘電体を挿入すると，キャパシターの電気容量が増大する．その理由を考えよう．

固定した2枚の平行な金属板を考える．その間隔 d は金属板の大きさに比べて小さいとする．この平行板キャパシターに起電力 V の電池をつなぐと，2枚の極板は帯電し，その電位差は V になる．そこでスイッチを開いて電池とキャパシターを切り離す．極板上の電荷を Q および $-Q$ とする(図12.11(a))．

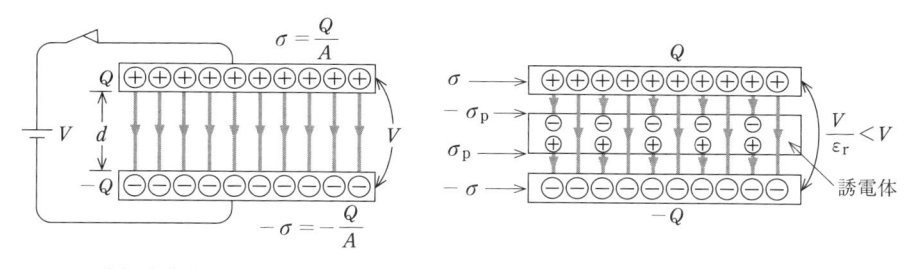

(a) 真空中のキャパシター　　　　(b) 誘電体を挿入する

図 12.11

表 12.1 物質の比誘電率 ε_r

物　質	比誘電率
空気(20°C, 1気圧)	1.000536
水	～80
石英ガラス	3.5～4.0
天然ゴム	2.7～4.0
パラフィン	1.9～2.4
ポリエチレン	2.2～2.4
石油	～2
ロッシェル塩	～4000
チタン酸バリウム	～5000

次に，極板の間に帯電していないガラスやパラフィンのような誘電体を差し込む(図12.11(b))．この物体は2枚の極板の間をほぼ完全に満たすが，極板には接触しないようにしておく．すると，極板上の電荷は誘電体を差し込む前と同じで $\pm Q$ であるが，電位差を測ると前に比べて減少している．極板の間のほとんどの空間をガラスが満たしている場合には，電位差は半分以下に減少している．この減少率 $1/\varepsilon_\mathrm{r}$ ($\varepsilon_\mathrm{r} > 1$) は物質によって一定で，最初の電位差やキャパシターの形にはよらない．ε_r をこの誘電体の**比誘電率**という．比誘電率は必ず1より大きい．表12.1にいくつかの物質の比誘電率を示す．

誘電体がない場合に電気容量が C_0 のキャパシターの極板の間に比誘電率 ε_r の誘電体を挿入すると，極板上の電荷 $\pm Q$ は変わらないのに電位差 V が $1/\varepsilon_r$ 倍になるので，電気容量 C は C_0 の ε_r 倍になる．

$$C = \varepsilon_r C_0 \tag{12.25}$$

このように極板上の電荷は変わらないのに，極板間の電位差 $V = Ed$ が減少する理由は，誘電体の分子が分極し，誘電体の表面に誘導電荷が現れるので，図 12.11 (b) に示されているように，誘電体内部の電気力線の密度が減少し，電場の強さ E が弱まるからである．

比誘電率 ε_r の誘電体で内部が満たされたキャパシターの電気容量は内部が真空の場合の ε_r 倍である．したがって，このキャパシターの内部には，単位体積あたり，(12.24)式の ε_r 倍の

$$u_E = \frac{\varepsilon_r}{8\pi k} E^2 \quad \left(= \frac{\varepsilon_r \varepsilon_0 E^2}{2} \right) \tag{12.26}$$

の電気エネルギーが蓄えられている．

(12.26)式と(12.24)式の差の $(\varepsilon_r - 1)\varepsilon_0 E^2/2$ は誘電体内部の単位体積に蓄えられているエネルギーである．

■ **誘電体の内部での電気力** ■ 誘電体の内部では，電荷のつくる電場の強さは真空中の $1/\varepsilon_r$ 倍になるので，誘電体の中の 2 つの帯電物体の間に働く電気力の強さも真空中の $1/\varepsilon_r$ 倍になり，弱くなる．水の比誘電率はきわめて大きく約 80 である．このため，水の中でイオン結合の分子の結合力はきわめて弱くなり，正イオンと負イオンに分離しやすい．

> **参考** 圧電現象
>
> 電気石や水晶などの結晶体に圧力や張力を加えると，表面に電荷が現れる．逆に，強い電場を加えると，結晶体は電場の向きにわずかであるが伸び縮みする．このような現象を圧電現象という．ロッシェル塩，チタン酸バリウム，りん酸カリウム，水晶などは圧電現象が著しい．自動点火装置は，誘電体を強くたたくと高電圧が発生し，針状の電極の間に火花を飛ばせることを利用している（図 12.12）．

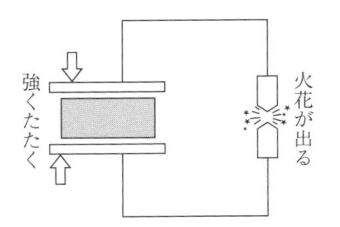

図 12.12 自動点火装置の概念図

第12章のキーワード

キャパシター，電気容量，キャパシターの並列接続，キャパシターの直列接続，電気エネルギー，電場のエネルギー，誘電体の比誘電率

演習問題 12

A

1. 電気容量 $1\,\mu\mathrm{F}$ のキャパシターに電圧 $100\,\mathrm{V}$ を加えた．極板に蓄えられる電荷はいくらか．

2. 平行板キャパシターの極板の面積を2倍にすると電気容量は何倍になるか．極板の間隔を2倍にすると電気容量は何倍になるか．

3. 半径 $1\,\mathrm{m}$ の球状の導体がある．電気容量はいくらか．

4. 図1のようなサンドウィッチ型のキャパシターの電気容量を求めよ．

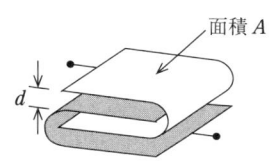

図 1

5. C_1 と C_2 は同じ形で同じ大きさのキャパシターとし，C_1 には誘電体の板がはさんである．C_1 を充電して，その電位差 V_1 を測る．次に電池をはずしてから C_1 と C_2 を並列につないで共通の電位差 V_2 を測る．誘電体の比誘電率 ε_r を求めよ（図2参照）．

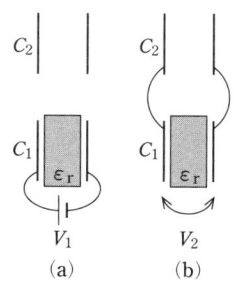

図 2

6. 内径 $10\,\mathrm{cm}$，高さ $20\,\mathrm{cm}$，厚さ $5\,\mathrm{mm}$ のガラス瓶の下半分の内側と外側にすず箔を貼ったライデン瓶の電気容量を概算せよ（ガラスの ε_r を 4 とせよ）．

7. 表面積 $1\,\mathrm{m}^2$，厚さ $0.1\,\mathrm{mm}$ の紙をはさんでつくった2枚の金属箔でつくられたキャパシターの電気容量はいくらか．紙の ε_r を 3.5 とせよ．

8. 電気容量がそれぞれ $40, 20, 20\,\mu\mathrm{F}$ のキャパシター A, B, C を図3のようにつなぐ．その合成容量はいくらか．両端に $10\,\mathrm{V}$ の電位差を与えるとき，C の極板間の電位差はいくらか．

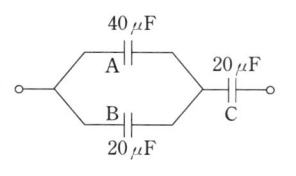

図 3

9. $20\,\mu\mathrm{F}$ のキャパシターを $200\,\mathrm{V}$ に充電して，抵抗の大きな導線を通して放電した．この導線内に発生する熱はどれだけか．

10. $100\,\mathrm{V}$ に充電してある電気容量 $100\,\mu\mathrm{F}$ のキャパシター A を，同じ電気容量の充電していないキャパシター B に電気抵抗の大きな導線で並列につないだ．このとき，

　（1）A, B の電圧は何 V か．

　（2）A, B のもつ電場のエネルギーの和は何 J か．

　（3）このエネルギーを A がはじめにもっていた電場のエネルギーと比較し，この差に相当するエネルギーがどうなったかを説明せよ．

B

1. $100\,\mu\mathrm{F}$ のキャパシターが多数ある．これらを接続して $550\,\mu\mathrm{F}$ のキャパシターをつくれ．

2. 図4の回路の端子1, 2間の合成容量はいくらか．

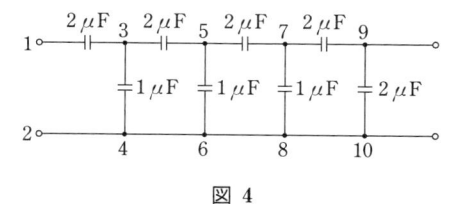

図 4

3. 体積 $1\,\mathrm{m}^3$ の空気キャパシターにどのくらいの電場のエネルギーが蓄えられるか．電場の強さは $10^6\,\mathrm{V/m}$ までは可能だとする．

電　流　13

　停電すると社会の活動は麻痺し，日常生活は不便になる．電力は動力源，エネルギー源だからである．電力は電源で生み出される．もう少し厳密にいうと，他の形態のエネルギーが電源で電気エネルギーに転換される．この電気エネルギーは電源から導線を通じて家庭や工場に運ばれ，そこで電灯を点灯させたり，スピーカーをならしたり，モーターを動かしたり，ヒーターで熱を発生させたりして，別の形態のエネルギーに転換する．

　この過程で，エネルギーを運ぶという重要な役割を果たすのは電流であり，導線を流れる電流を担うのは導線の中を移動する電子である．

　電流が定常的に流れるには電源（起電力）が必要である．

13.1　電　流

■ 電流とは ■　電流とは荷電粒子（電気を帯びた粒子）の移動によって生じる電荷の流れである．金属の導線の中では負電荷を帯びた自由電子が移動する．電流は，金属の中ばかりでなく，電解質溶液の中でも流れる．電解質溶液の中では，（電子が不足しているので正電荷を帯びた原子である）正イオンと（余分の電子があるので負電荷を帯びた原子である）負イオンが移動する．テレビのブラウン管の中では真空中を飛ぶ電子によって電流が生じる．

　これらの場合に荷電粒子が運動するのは，電場による電気力が作用するからである．電場の中で，正電荷を帯びた粒子は，電場の方向を向いた電気力を受けるので，電場の方向に運動する（図 13.1 (a)）．負電荷を帯びた粒子は，電場の逆方向を向いた電気力を受けるので，電場の逆方向に運動する（図 13.1 (b)）．

　水が高いところ（水位の高いところ）から低いところ（水位の低いところ）へ流れるように，電流の向きも高電位から低電位の向き（電池の正極から導線を伝わって負極に向かう向き）と定める．前章で電場の向きは高電位から低電位の方向を向いていることを学ん

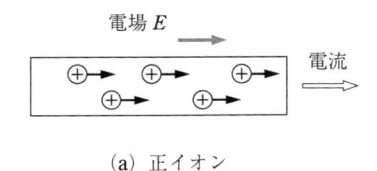

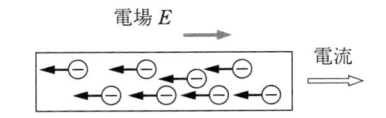

(a)　正イオン

(a)　自由電子，負イオン

図 13.1　電場の向きと電流の向き

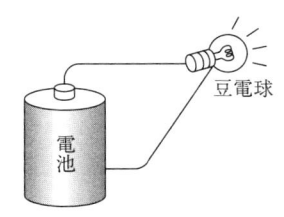

(a) 電流の熱作用
（発熱による光の放射）

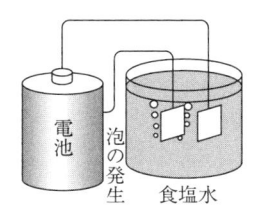

(b) 電流の化学作用
（水の電気分解）

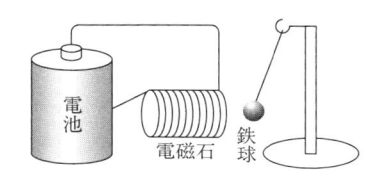

(c) 電流の磁気作用
（電磁石が鉄球を引きつける）

図 13.2　電流の3つの作用

だ．したがって，正電荷を帯びた粒子の移動の向きは電流の向きと同じであるが，負電荷を帯びた自由電子や負イオンなどの移動する向きと電流の向きは逆である（図 13.1 (b)）．

電流が荷電粒子の流れであることを肉眼で直接に見ることはできない．電流が流れていることは，電流による発熱現象や化学現象（電気分解）などによっても知ることができるが，実際に電流の有無やその強さを知るために使用する検流計や電流計では電流の磁気作用（次章参照）を利用している（図 13.2）．これらの現象では，電流を担う荷電粒子の電荷が正でも負でも，電流の強さと向きが同じなら同じ効果を与える．

なお，導線を流れる電流は，負電荷を帯びた自由電子が，正イオン（金属イオン）の間を移動していくことによって生じるので，電流の流れている導線は電気的に中性であり，帯電していない．

■ 電流の単位 ■　電流は電荷を帯びた粒子の流れなので，導体を流れる電流の強さは，導体の断面を単位時間（1秒間）に荷電粒子に伴って通過する電気量で表す．電流の国際単位をアンペアといい，A と記す．したがって，電流の単位 1 アンペアは，1 秒 [s] 間に 1 クーロン [C] の電気量が移動するときの電流の強さ 1 C/s である．

$$1\,\mathrm{A} = 1\,\mathrm{C/s} \tag{13.1}$$

導体の断面を時間 Δt [s] に通過する電気量を ΔQ [C] とすると，このときの電流の強さ I [A] は，

$$電流の強さ\,I = \frac{流れる電気量}{時間} = \frac{\Delta Q}{\Delta t}$$

なので，

$$I = \frac{\Delta Q}{\Delta t} \tag{13.2}$$

である．この式を変形すると，電流 I が時間 Δt 流れたときに導線の断面を通過する電気量 ΔQ は

$$\Delta Q = I\,\Delta t \tag{13.3}$$

と表されることがわかる．この関係から

$$\mathrm{C} = \mathrm{A\cdot s} \tag{13.4}$$

であることがわかる．

導体を流れる電流の測定は，多くの場合，導体の断面を通過する電気量（荷電粒子の数と電荷の大きさ）の測定によるのではなく，次章で学ぶ電流の磁気作用の強さが電流の強さに比例する事実を使って行われる．したがって，電流の単位のアンペアの国際単位系で

の定義も電流の磁気作用によって行われていた（14.5 節参照）*.

■ **ドリフト速度** ■　導体の両端に電池の正極と負極をつなぐと導体に電流が流れるのは，導体の両端に電位差が生じ，その結果，導体の中に電場 E が生じ，導線の中の負電荷 $-e$ をもつ自由電子に電気力 $-eE$ が働くので，自由電子が電場と逆方向に移動するからである．

　しかし，導線中の自由電子は，導線の両端に電位差がなく，したがって導線の中に電場がない場合には静止しているのではない．導線中の自由電子は，導線の中に電場がなくても，導線の中をいろいろな向きに 10^6 m/s 程度のきわめて高速で正イオンの間を乱雑に運動している．導線の両端に電池をつなぎ，金属中に電場が生じると，電場から電気力を受けて自由電子は加速されるが，すぐに金属中で熱振動している正イオンや不純物などに衝突して散乱される．自由電子は加速，衝突，散乱を繰り返し，平均としては，電場の強さ E に比例するある一定の速さで移動する（図 13.3）．その結果，導線の中を一定の大きさの電流が流れる．衝突・散乱の効果は電気力につり合う抵抗力の役割を演じる．この平均移動速度 v を**ドリフト速度**という．

　断面積が 2 mm^2 の銅の導線を 1 A の電流が流れているときのドリフト速度は 3×10^{-5} m/s なので，1 分間にわずか 2 mm を進む速さで，きわめて遅い．電子の乱雑な運動の平均の速さ（約 10^6 m/s）の 10^{10} 分の 1 以下の速さである（演習問題 13 B 1 参照）．なお，ドリフトとは漂流を意味する．

　図 13.4 のように，豆電球とスイッチを導線で電池につなぎ，スイッチを入れるとすぐに豆電球がつく．この場合，豆電球を最初に流れる自由電子は電池の負極を出発してスイッチを通ってやってきたものではないことは，自由電子の平均の速さが秒速 1/100 cm 程度以下だということからわかる．豆電球が点灯するのは，フィラメントの中に電場が生じるので，もともとフィラメントの中にいた自由電子が電気力で動いたからである．スイッチを入れるまでは，電池の正極から豆電球を経由してスイッチの手前までは等電位で $+1.5$ V，電池の負極からスイッチのレバーまでは等電位で 0 V であり，等電位の導線や豆電球の中に電場はない．スイッチを入れると電場がほぼ光の速さで豆電球まで伝わり，フィラメントの中の自由電子を動かし，フィラメントが高温になると点灯する．電池の負極にいた自由電子が豆電球まで到達するには長時間かかるが，電池の中に化学的エネルギーとして蓄えられていたエネルギーは豆電球

* 2019 年から電流の単位アンペアは，電気素量 e を正確に，$1.602\,176\,634 \times 10^{-19}$ C と定めることにより設定されている．

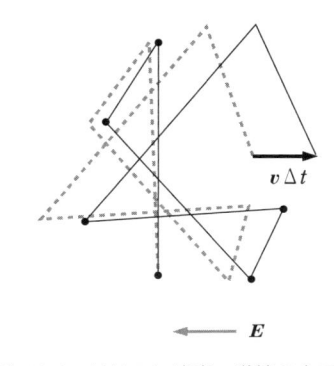

図 13.3　ドリフト速度．導線の中では自由電子 e が正イオンの間を，加速，熱振動している正イオンとの衝突，散乱，加速，…，という過程を繰り返し，平均としては一定のドリフト速度 v で電場 E の逆方向に移動する．電場のない場合（点線）と電場のある場合（実線）の時間 Δt での自由電子の移動の変位の差が $v \Delta t$．

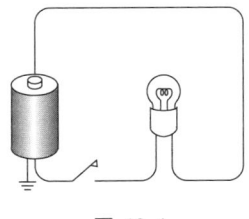

図 13.4

まで電場によってほぼ光速で伝わり，熱と光のエネルギーになる．

13.2 起電力

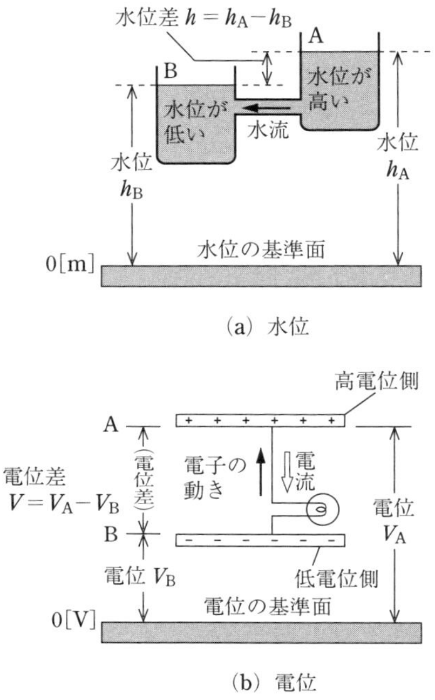

水は高いところから低いところ，たとえば，図 13.5 (a) の上の水槽 A から下の水槽 B に流れる．水が流れて，やがて 2 つの水槽の水位が等しくなると，水は流れなくなる．A から B へ水を流しつづけるには，下の水槽 B から上の水槽 A へポンプで水を押し上げる必要がある（図 13.6 (a)）．

キャパシターを充電して，2 つの極板に導線で豆電球をつなぐと，電位の高い正電荷を帯びた極板 A から電位の低い負電荷を帯びた極板 B へ電流が流れ，豆電球が一瞬光る（実際には自由電子が導線と豆電球を通って極板 B から極板 A へ移動する）．豆電球が一瞬しか光らないのは，2 つの極板の電位がすぐに等しくなるので，電流が流れなくなるからである（図 13.5 (b)）．豆電球に電流を流しつづけるには，2 つの極板に電池を接続し，2 つの極板の電位差を一定に保つ必要がある（図 13.6 (b)）．

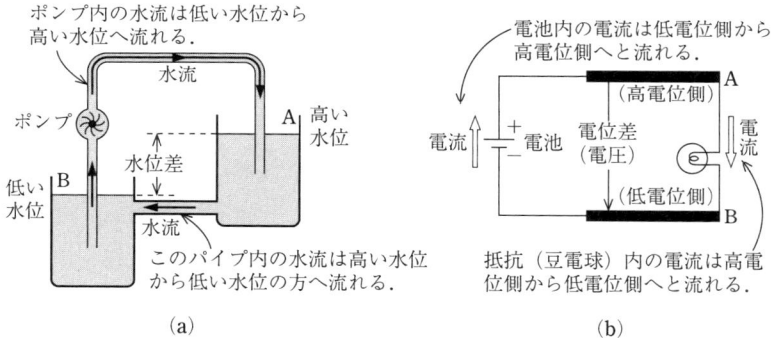

図 13.5 水位と電位．水が水位の高い方から水位の低い方へと流れるように，電流も電位の高い方から電位の低い方へと流れる．

図 13.6 水流と電流．ポンプが水を低水位側から高水位側へとくみ上げるのと同じように，電池は電荷を低電位側から高電位側へと押し上げる．

このように，電位差を一定に保ちつづける働きを**起電力**（英語では emf）という．起電力を発生させる装置を**電源**という．電源には電池（化学電池，太陽電池，燃料電池），発電機，熱電対などがある．電池の記号はこれまでも使ってきたが，あらためて図 13.7 に示す．長い線が正極，短い線が負極を表す．起電力は電位差をつくり出すが，その起源は必ずしも電気的なものとは限らない．電源は回路にエネルギーを供給する装置でもある．電源の起電力の大きさは発生させる電位差で表す．この電位差を**電圧**ともいう．したがって，起電力の単位は電位差の単位のボルト（記号 V）である．

図 13.7 電池の記号

13.3 オームの法則

▍抵 抗 ▍ 電流が流れるのを妨げる作用を電気抵抗あるいは単に抵抗という．どのような導線にもある程度の抵抗はあるが，抵抗の役割を担う部品も使用されていて，**抵抗器**というが，抵抗器とよばずに，単に抵抗とよぶことが多い．抵抗器はセラミック，酸化物，炭素，あるいは金属のコイルなどからつくられている．抵抗器の記号として，図 13.8 に示されているものを使う．

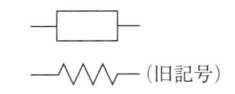

図 13.8 抵抗器（抵抗）の記号

▍オームの法則 ▍ 図 13.9 に示すように，抵抗器の両端に電源を接続し，温度が一定になるようにして電源の電圧 V を変化させると，抵抗器を流れる電流 I は電圧 V に比例する，つまり，

「抵抗器を流れる電流 I は抵抗器の両端の電位差（電圧）V に比例する」．

この比例関係はオームによって 1827 年に発見されたので，**オームの法則**という．この法則を

$$V = RI \tag{13.5}$$

と表し，比例定数の R をこの導線の**電気抵抗**または**抵抗**という．抵抗の国際単位は V/A である．すなわち，電圧が 1 V のときに流れる電流が 1 A になる抵抗の値であり，これを 1 **オーム**（記号 Ω）という．

$$\Omega = \text{V/A} \tag{13.6}$$

である．なお，電気回路の場合，回路の一部分の電位差も**電圧**とよぶことが多い．

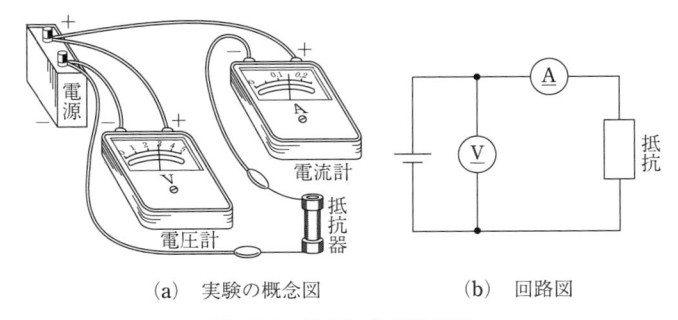

(a) 実験の概念図　　(b) 回路図

図 13.9 電流と電圧の測定

オームの法則は，電圧と電流があまり大きくない場合に成り立つ近似的な関係である．オームの法則は金属ではよく成り立つが，電解質溶液，ダイオード，放電管などでは成り立たない．たとえば，ダイオードでは電流と電圧が比例しないばかりでなく，同じ電圧でも電圧をかける向きによって流れる電流の大きさが異なる．半導体

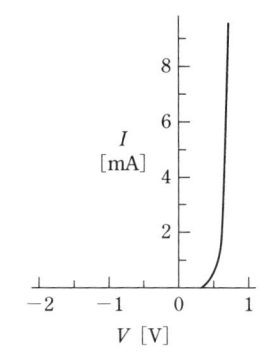

のpn接合ダイオードでの電圧と電流の関係を図13.10(a)に示す．オームの法則に従う導体の場合は，電圧と電流の関係を表す線は，原点を通る直線になるので（図13.10(b)），直線からのずれはオームの法則からのずれを意味する．

電気抵抗をもつ物体の内部を電流 I が流れている場合，電流の向きに電位は低くなる．これを**電圧降下**という．電気抵抗が R の部分での電圧降下はいうまでもなく RI である（図13.11）．

(a) ダイオードの場合

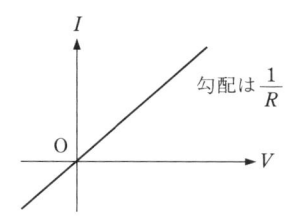

(b) オームの法則に従う場合

図 13.10 電圧と電流の関係

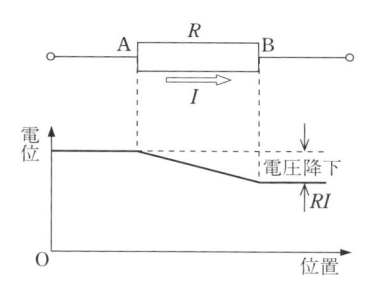

図 13.11 電圧降下，$V = RI$

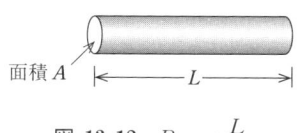

図 13.12 $R = \rho \dfrac{L}{A}$

■ **電気抵抗率** ■ 金属は電気をよく伝えるが，抵抗は0ではない．温度が一定の一様な導線の電気抵抗 R は，その長さ L に比例し，断面積 A に反比例する（図13.12）．したがって，導線の電気抵抗 R を

$$R = \rho \frac{L}{A} \tag{13.7}$$

と書くと，比例定数 ρ は導線の材料と温度のみで決まる定数であり，ρ をその物質のその温度での**電気抵抗率**という．(13.7)式から電気抵抗率の単位は $\Omega \cdot \mathrm{m}$ であることがわかる．

■ **電気抵抗率の温度係数** ■ 電気抵抗率は温度とともに変化する．温度 t_0 [℃] での電気抵抗率を ρ_{t_0} とすると，温度 t [℃] での電気抵抗率 ρ は近似的に

$$\rho = \rho_{t_0}[1 + \alpha_{t_0}(t - t_0)] \tag{13.8}$$

と表される．α_{t_0} を温度 t_0 [℃] での**電気抵抗率の温度係数**という．表13.1にいくつかの金属の電気抵抗率と温度係数を示す．

温度が高くなると，金属イオンの熱振動が激しくなり，自由電子と金属イオンとの衝突が増加するので，金属では温度とともに電気抵抗率は増加する．電球のタングステンのフィラメントに電流が流

表 13.1 金属の電気抵抗率（20℃）とその温度係数

金属	電気抵抗率 ρ [$\Omega \cdot \mathrm{m}$]	温度係数[*] α
銀	1.62×10^{-8}	4.1×10^{-3}
銅	1.72×10^{-8}	4.3×10^{-3}
金	2.4×10^{-8}	4.0×10^{-3}
アルミニウム	2.75×10^{-8}	4.2×10^{-3}
タングステン	5.5×10^{-8}	5.3×10^{-3}
白金	10.6×10^{-8}	3.9×10^{-3}
鉄（鋼）	$(10 \sim 20) \times 10^{-8}$	$(1.5 \sim 5) \times 10^{-3}$
ニクロム（鉄を含む）	$(95 \sim 104) \times 10^{-8}$	$(0.3 \sim 0.5) \times 10^{-3}$

[*] 0℃と100℃における電気抵抗率を ρ_0 と ρ_{100} として，電気抵抗率の温度係数を $\alpha = (\rho_{100} - \rho_0)/100\rho_0$ で定義した．

れて，フィラメントの温度が上昇し，光を放射しているときのフィラメントの抵抗は，室温のときの抵抗よりはるかに大きくなる．

▎**超伝導**▎　原子の世界の力学である量子力学によると，正イオンが結晶格子上に静止して規則的に並んでいると，電子（の波）はそれに衝突して進行方向が曲げられるということはない．したがって，結晶格子上に並んでいる正イオンの熱振動がなくなる絶対0度では，金属の電気抵抗は0になることが予想される．しかし，実際には，水銀などの多くの金属や合金では，絶対0度以上の極低温で抵抗が0になることが見出されている．これを**超伝導現象**という．超伝導現象はカマリング・オネスによって1911年に発見された．かれは水銀の電気抵抗が約 4.2 K 以下で0になることを発見した．

13.4 直流回路

▎**回路**▎　電流の流れる通り路を**回路**という．電流がひとまわりする通路という意味である．回路には，エネルギーを供給する電源と，電気エネルギーを光，熱，音，化学的エネルギー，仕事などに変換する電球，電熱器（抵抗），スピーカー，電解質溶液，モーターなどが含まれている．電流が流れている電気回路は，いろいろな形のエネルギーを別の形のエネルギーに変える装置であるとともに，エネルギーを別の場所に運ぶ装置でもある．電磁気学では，回路を導線で抵抗器，キャパシター，コイル，ダイオード，トランジスター，電源などを接続したものとみなし，抵抗器，キャパシター，コイル，ダイオード，トランジスターなどを回路素子という．電源から受けた電気エネルギーを他の型のエネルギーに変換する装置を負荷という．電池が消耗したり，停電したりすると，電流が流れなくなって，われわれが日常生活で使っている電気製品が使えなくなるのは，エネルギーが回路に供給されなくなるからである．

　ここでは，抵抗と電池だけを接続した回路を考える．この回路には一定の向きで一定の大きさの電流が流れつづけるので直流回路という．

▎**抵抗の接続**▎　2つ以上の抵抗を接続して，それを1つの抵抗とみなすとき，その抵抗を合成抵抗という．この節では2つの抵抗の接続を考える．2つの抵抗の接続には直列接続と並列接続がある．

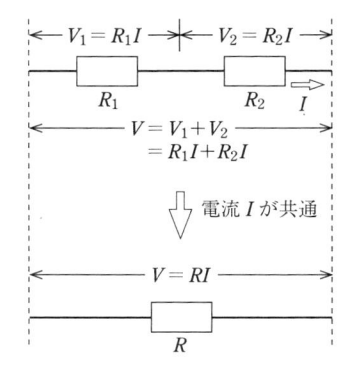

■ **抵抗の直列接続** ■　いくつかの抵抗を一列に連ねて接続する方法を直列接続という．図 13.13 からわかるように，抵抗 R_1 を流れた電流 I は，抵抗 R_2 にも同じ大きさで流れる．各抵抗での電圧降下は $V_1 = R_1 I$，$V_2 = R_2 I$ なので，2 つの抵抗による電圧降下は

$$V = V_1 + V_2 = R_1 I + R_2 I = (R_1 + R_2)I \quad (13.9)$$

になる．2 つの抵抗を 1 つの抵抗とみなし，(13.9) 式を $V = RI$ と記せば，2 つの抵抗を直列接続したものの合成抵抗 R は

$$R = R_1 + R_2 \quad (13.10)$$

となる．直列接続での合成抵抗は各抵抗の和なので，どちらの抵抗の値よりも大きい．

3 つ以上の抵抗 $R_1, R_2, R_3, \cdots$ を直列接続したときの合成抵抗 R は

$$R = R_1 + R_2 + R_3 + \cdots \quad (13.11)$$

直列接続では，どの 1 つの抵抗が作動しなくなっても電流が流れなくなる．

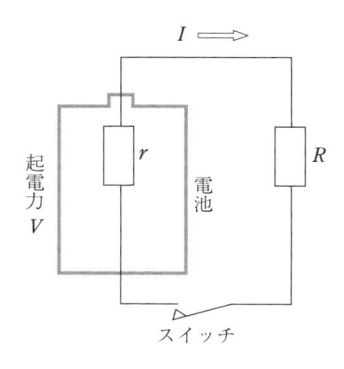

図 13.13 抵抗の直列接続．
　　　　　合成抵抗　$R = R_1 + R_2$

例 1　電池には内部抵抗がある．それを r とすれば，電流を流さないときの極板間の電位差が V の電池を抵抗 R に接続すると，回路の全抵抗は 2 つの抵抗 R と r の直列接続の場合の合成抵抗の $R + r$ なので，回路に流れる電流 I は

$$I = \frac{V}{R+r} \quad (13.12)$$

である（図 13.14）．

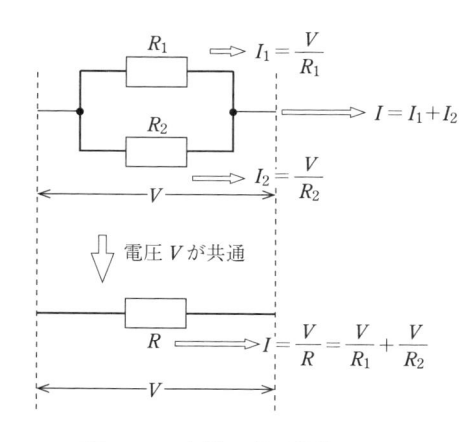

図 13.14　$I = \dfrac{V}{R+r}$

■ **抵抗の並列接続** ■　いくつかの抵抗を並べ，それぞれの両端をまとめて接続する方法を並列接続という．図 13.15 からわかるように，この接続方法では，2 つの抵抗に共通の電圧 V がかかるので，各抵抗を流れる電流は

$$I_1 = \frac{V}{R_1}, \quad I_2 = \frac{V}{R_2} \quad (13.13)$$

であり，全電流 I は各抵抗を流れる電流の和なので，

$$I = I_1 + I_2 = \frac{V}{R_1} + \frac{V}{R_2} = \left(\frac{1}{R_1} + \frac{1}{R_2}\right)V \quad (13.14)$$

である．2 つの抵抗を 1 つの抵抗とみなし，(13.14) 式を $I = V/R$ と記せば，2 つの抵抗を並列接続したものの合成抵抗 R は

$$\frac{1}{R} = \frac{1}{R_1} + \frac{1}{R_2}, \quad R = \frac{R_1 R_2}{R_1 + R_2} \quad (13.15)$$

になる．並列接続での合成抵抗は 2 つの抵抗のどちらよりも小さく

図 13.15 抵抗の並列接続．
　　　　　合成抵抗　$\dfrac{1}{R} = \dfrac{1}{R_1} + \dfrac{1}{R_2}$

なる．

3つ以上の抵抗 $R_1, R_2, R_3, \cdots$ を並列接続したときの合成抵抗 R は

$$\frac{1}{R} = \frac{1}{R_1} + \frac{1}{R_2} + \frac{1}{R_3} + \cdots \qquad (13.16)$$

である．

並列接続ではどの抵抗が作動しなくなっても，他の抵抗には同じ電流が流れつづける．各抵抗を流れる電流は他の抵抗の有無に無関係であり，各抵抗を流れる電流は抵抗の大きさに反比例する．

家庭で電気製品を利用するために，電気製品のコードのプラグを壁のコンセントに差し込むが，これは並列接続である．あまり多くの電気製品を同時に使用すると，屋外からの引き込み線や屋内の配線を流れる電流が大きくなりすぎて危険なので，限度以上の電流が流れると，電気製品と直列に入っているブレーカーが切れて電流が流れなくなるようにしてある．

電気回路では，抵抗をいろいろと組み合わせて使用する．次の例題のように直列接続と並列接続を組み合わせた回路では，並列接続の部分を1つの抵抗で表してから計算すると便利である．

例題 1 図 13.16 (a) の回路で，端子 A, C を 10 V の電源に接続した．次の値を求めよ．

（1） AC 間の合成抵抗 R_{AC}

（2） AB 間に流れる電流 I と点 A, B の電位差 V_{AB}

（3） 2.0 Ω の抵抗に流れる電流 I_1，および 3.0 Ω の抵抗を流れる電流 I_2

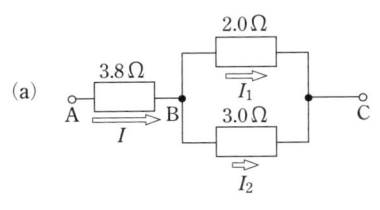

(a), (b) 図 13.16

解 （1） BC 間の合成抵抗 R_{BC} は

$$\frac{1}{R_{BC}} = \frac{1}{2.0\,\Omega} + \frac{1}{3.0\,\Omega},$$

$$R_{BC} = \frac{2.0\,\Omega \times 3.0\,\Omega}{2.0\,\Omega + 3.0\,\Omega} = 1.2\,\Omega \qquad (13.17)$$

なので（図 13.16 (b)），

$$R_{AC} = 3.8\,\Omega + R_{BC} = 3.8\,\Omega + 1.2\,\Omega = 5.0\,\Omega$$

（2） $I = \dfrac{V_{AC}}{R_{AC}} = \dfrac{10\,\text{V}}{5.0\,\Omega} = 2.0\,\text{A}$,

$V_{AB} = 3.8\,\Omega \times 2.0\,\text{A} = 7.6\,\text{V}$

（3） 2点 B, C の電位差 $V_{BC} = 10\,\text{V} - 7.6\,\text{V} = 2.4\,\text{V}$

$$I_1 = \frac{2.4\,\text{V}}{2.0\,\Omega} = 1.2\,\text{A}, \qquad I_2 = \frac{2.4\,\text{V}}{3.0\,\Omega} = 0.8\,\text{A}$$

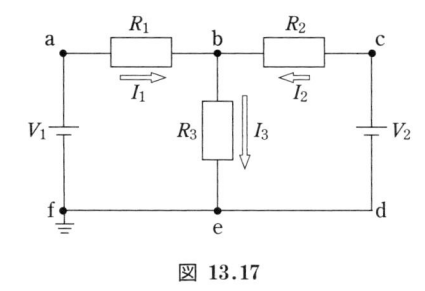

図 13.17

13.5 キルヒホッフの法則

複雑な直流回路に流れる電流を求めるには，キルヒホッフの2つの法則を用いればよい．図 13.17 の回路に流れる電流を決める問題を例にとって説明しよう．まず，回路の各部分を流れる電流の向きを適当に仮定し，$I_1, I_2, I_3, \cdots$ という記号をつけていく．仮定した電流の向きが実際の向きと逆なら，計算結果がマイナスになるので，向きを逆にすればよいので，心配する必要はない．

第 1 法則 第 1 法則は電荷の保存則から導かれる法則である．

「**第 1 法則** 回路の中の任意の接続点に流れ込む電流の和は，その点から流れ出す電流の和に等しい」．

たとえば，図 13.17 の接続点 b では，流れ込む電流が I_1 と I_2 で，流れ出す電流が I_3 なので，

$$I_1 + I_2 = I_3 \tag{13.18}$$

となる．接続点に電荷がたまることはないので，この第 1 法則は「接続点に流れ込む電荷とそこから流れ出す電荷は等しい」という電荷の保存則から導かれる．

この法則は，「回路の中の任意の接続点に流れ込む電流を正，流れ出す電流を負の量で表すと，それらの総和はつねに 0 である」と表すこともできる．たとえば，図 13.17 の接続点 b では，

$$I_1 + I_2 + (-I_3) = 0 \tag{13.19}$$

となり，(13.18) 式と同等な式が導かれる．

第 2 法則 回路の中の任意の 1 つの閉じた道筋を選び，向きを決める．たとえば，図 13.17 の回路で，f → a → b → c → d → e → f という閉じた道筋を考える．始点 f と終点 f は同じ点なので，電位は等しい．したがって，この道筋の各部分での電位の変化，$V_a - V_f$, $V_b - V_a$, $V_c - V_b$, $V_d - V_c$, $V_f - V_d$ の和は 0 である．電源と抵抗での電位の変化の規則を図 13.18 に示す．この規則を使うと，第 2 法則は次のように表せる．

「**第 2 法則** 任意の閉じた道筋に沿って 1 周するとき，電源および抵抗による電位の上昇を正，電位の降下を負の量で表すと，電位差の総和はつねに 0 になる」．

たとえば，図 13.17 で fabcdef という閉じた道筋に沿っての電位の変化を調べる．fa では電池による電圧の上昇 V_1 があり，ab では抵抗による電位の降下 $R_1 I_1$ がある．bc では電流が逆向きに流れているから，点 c の電位は点 b の電位より $R_2 I_2$ だけ高い．cd には逆向きの起電力 V_2 をもつ電池があるから，点 d の電位は点 c の電

(a) $i \circ\!\!-\!\!|\!\!|\!\!-\!\!\circ f$ $V_f - V_i = V$
V

(b) $i \circ\!\!-\!\!|\!\!|\!\!-\!\!\circ f$ $V_f - V_i = -V$
V

(c) $i \circ\!\!-\!\!\square\!\!-\!\!\circ f$ $V_f - V_i = -RI$
R

(d) $i \circ\!\!-\!\!\square\!\!-\!\!\circ f$ $V_f - V_i = RI$
R

図 13.18 2 点 f と i の電位差 $V_f - V_i$

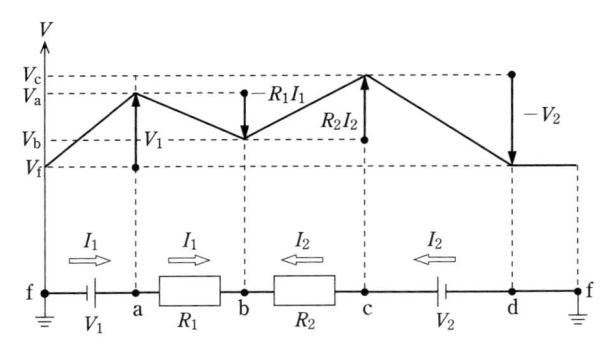

図 13.19

位より V_2 だけ低い．1 周して最初の点 f にもどれば，電位はもとの値にもどる（図 13.19）．したがって，

$$V_1 - R_1 I_1 + R_2 I_2 - V_2 = 0 \tag{13.20}$$

となる．キルヒホッフの第 2 法則を

「道筋をたどる向きの電流と起電力を正の量とし，たどる方向と逆向きの電流と起電力を負の量で表すと，回路の中の起電力の和は各抵抗での「抵抗」×「電流」の和に等しい」

と表してもよい．こう表すと，(13.20) 式は

$$V_1 + (-V_2) = R_1 I_1 + R_2 (-I_2) \quad \therefore \quad V_1 - V_2 = R_1 I_1 - R_2 I_2 \tag{13.21}$$

となる．

第 1 法則と第 2 法則を使えば，回路の各部分を流れる電流を決めることができる．まず，第 1 法則を使って，なるべく少ない電流だけを残す．次に，残った電流の数と同じだけの数の閉じた道筋に第 2 法則を適用して，残った電流に対する連立 1 次方程式を導き，これを解き，その結果を第 1 法則から導かれた電流の関係式に代入すると，電流が求められる．結果がマイナスになる場合には電流の向きが仮定した向きと逆であることを意味する．

図 13.17 の 2 つの道筋 fabef と dcbed に第 2 法則を適用すると，2 つの方程式

$$V_1 = R_1 I_1 + R_3 I_3, \quad V_2 = R_2 I_2 + R_3 I_3 \tag{13.22}$$

が得られる．

(13.18) 式 $I_1 + I_2 = I_3$ を使って I_3 を消去すると，(13.22) 式は

$$V_1 = (R_1 + R_3) I_1 + R_3 I_2, \quad V_2 = R_3 I_1 + (R_2 + R_3) I_2 \tag{13.23}$$

となる．これを解いて I_1, I_2 を求めると，

$$I_1 = \frac{(R_2 + R_3) V_1 - R_3 V_2}{R_1 R_2 + R_2 R_3 + R_3 R_1} \tag{13.24 a}$$

$$I_2 = \frac{-R_3 V_1 + (R_1 + R_3) V_2}{R_1 R_2 + R_2 R_3 + R_3 R_1} \tag{13.24 b}$$

が得られる．これを(13.18)式 $I_3 = I_1 + I_2$ に代入すると，

$$I_3 = \frac{R_2 V_1 + R_1 V_2}{R_1 R_2 + R_2 R_3 + R_3 R_1} \tag{13.24 c}$$

が得られる．

問1 図13.17で $V_1 = V_2 = V$, $R_1 = R_2 = R$ のとき I_1, I_2, I_3 は

$$I_1 = I_2 = \frac{1}{2} I_3 = \frac{V}{R + 2R_3} \tag{13.25}$$

であることをキルヒホッフの法則を使って示せ．

13.6 電流と仕事

電源の仕事率と電流の仕事率 電源を回路に接続すると電流が流れる．たとえば，電池を回路につなぐと電流が流れる．電池の中を正電荷が負極から正極へ移動するとき，電池の化学的エネルギーが電池の中で正電荷を負極から正極に押し上げる仕事になり，それが電荷の電気力による位置エネルギーになる．これはポンプで水を高いところの発電用貯水池にくみ上げると，くみ上げるときの仕事が水の重力による位置エネルギーになる事実に対応する．

正電荷 Q を，電池の負極から電位が V ボルト高い電池（起電力 V）の正極まで電気力に逆らって，移動させるときに電源（電池）がする仕事は VQ ジュールである．回路に I アンペアの電流が流れるときには，時間 Δt には，「電流 I」×「時間 Δt」，つまり，$\Delta Q = I \Delta t$ クーロンの電荷が移動するので，この時間 Δt に $VI \Delta t$ ジュール，つまり，

$$\Delta W = V \Delta Q = VI \Delta t \tag{13.26}$$

の仕事が電源でなされる．したがって，このときの電源（電池）の仕事率（パワー）（単位時間あたりになされる仕事）P は

$$P = \frac{\Delta W}{\Delta t} = VI \tag{13.27}$$

である（図13.20(a)）．仕事率の国際単位は**ワット**である（記号 W）．
「ワット W」=「ジュール J」/「秒 s」=「ボルト V」・「アンペア A」である．ここで計算した仕事率は，ポンプで水を高いところの貯水池にくみ上げるときのポンプの仕事率に対応する．

発電用貯水池の水門を開いて，パイプを通して，水を下の発電機の水車に流すと，水車が回転し，貯水池での水の重力による位置エネルギーは，落下して水車に仕事をすることを通して，電気エネル

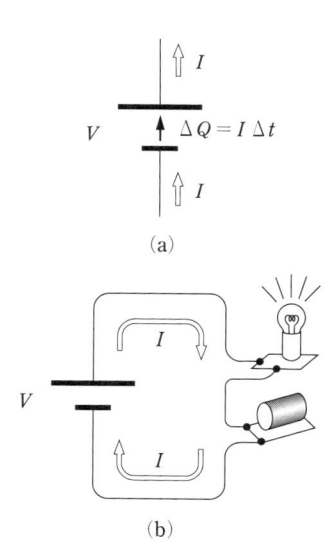

図 13.20 回路を電流が流れると，(a) 電源に起電力を生じさせる過程でなされた仕事は，(b) 電源によって回路に生じた電場が回路の中で自由電子にする仕事になる．この仕事は電灯では光のエネルギーや熱になり，モーターでは力学的仕事になる．回路でのいろいろな仕事の仕事率の和は VI である．

ギーに変換される．これに対応して，電源に回路をつなぐと，回路に電流が流れるが，回路で電流はいろいろなタイプの仕事をし，この仕事はいろいろな形のエネルギーになる．回路にヒーターがあれば熱になり，スピーカーがあれば音のエネルギーになり，電球があれば光や熱のエネルギーになり，モーターがあれば力学的な仕事になり，さらに別の形のエネルギーに変わる（図 13.20 (b)）．

たとえば回路に起電力が V ボルトの電池をつないだとき，回路の中に電場が生じ，電場の電気力で電流 I が流れたとしよう．このとき時間 Δt の間に電荷 $\Delta Q = I \Delta t$ が，電池の正極から回路の中を通って電池の負極まで電位差 V の間を移動するので，導線の中の電場の電気力は電荷 $\Delta Q = I \Delta t$ に仕事 $VI \Delta t$ をする．これが電流の行う仕事になる．したがって，このとき電流が回路で行う仕事の仕事率（パワー）P は

$$P = VI \qquad (13.28)$$

である．この電流の仕事率（単位時間にする仕事の大きさ）を**電力**という．電力の国際単位はいうまでもなく，ワット（記号 W）である．(13.27) 式と (13.28) 式が同じなのは，電源に起電力を生じさせる過程の仕事率 (13.27) は電流が回路で行う仕事の仕事率 (13.28) に等しいという，エネルギー保存の法則を意味している．

■ **ジュール熱** ■　電気抵抗のある導体に電流を流すと，導体の温度が上昇する．電熱器や白熱電灯はこの性質を利用している．

石の空中での落下では，石が高いところにある場合にもつ重力による位置エネルギーは落下するにつれて運動エネルギーに変わる．しかし，雨滴が落下する場合には，雨滴は空気の抵抗のために等速で落下し，重力による位置エネルギーは空気の抵抗で生じる熱になる（90 ページ参照）．

電池を導線の両端につなぐ場合，電池のする仕事は導線の中での電子の加速に使われるのではない．導線中では，自由電子は熱振動している正イオンと衝突を繰り返しながら一定の平均速度で運動している．つまり，自由電子は，空気中での石の自由落下ではなく，雨滴の落下に対応する運動を行う．この場合，電池の化学的エネルギーは，導線の中の正イオンの熱振動の運動エネルギーに転化して，導線の中で熱になり，導線の温度が上昇する．

抵抗 R の導線に起電力 V の電源を接続して，回路に電流 I が流れる場合を考える．オームの法則によって $V = RI$ という関係がある．導線の中で 1 秒間あたりに発生する熱量は，電源の仕事

率 $P = VI$ に等しいので,

$$VI = RI^2 = \frac{V^2}{R} \tag{13.29}$$

などと表せる.

電流から発生する熱量が電流の2乗に比例することを実験的に最初に発見したのは英国のジュールだったので, この電流から発生する熱をジュール熱とよぶ. 時間 t (t 秒間) に発生するジュール熱は

$$Q = VIt = RI^2 t = \frac{V^2}{R} t \tag{13.30}$$

である (Q の単位はジュールである. 熱の単位にカロリー (cal) を使うときには, 1 cal ≒ 4.2 J に注意).

100 V の電源にニクロム線を使用した電熱器やタングステンフィラメントをもつ電球を接続したとき, より多くのジュール熱を発生するものは, 抵抗 R の小さなものであることが (13.30) 式の $Q = V^2/R$ という式からわかる. したがって, 家庭用の 100 W の電球と 40 W の電球の抵抗を比べると, 100 W の電球の抵抗は 40 W の電球の抵抗の 1/2.5 である.

電熱器や電球を電源に接続するときに抵抗の小さな銅の導線を利用している. 電熱器や電球の中と導線の中には同じ大きさの電流が流れているので, 抵抗の小さな導線中に発生するジュール熱は抵抗の大きな電熱器や電球の中で発生する熱より少ないことが (13.30) 式の $Q = RI^2$ という式からわかる. したがって, 40 W の電球と 100 W の電球を直列に接続し, 2 つの電球を同じ大きさの電流が流れるようにすると, 抵抗の大きい 40 W の電球の方が抵抗の小さい 100 W の電球より明るくなる (図 13.21).

電流の仕事率を電力, 電流のする仕事を電力量という. 電力量の単位としては 1 kW の電力が 1 時間にする仕事の 1 キロワット時 (記号 kWh) を使うことが多い.

$$1 \text{ kWh} = 1000 \text{ W} \times 3600 \text{ s} = 3.6 \times 10^6 \text{ J} \tag{13.31}$$

平成 3 年度の日本の総発電量は 8881 億 kWh であった. 内訳は火力が 5690 億 kWh, 原子力が 2135 億 kWh, 水力が 1056 億 kWh である.

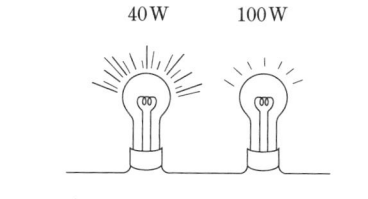

図 13.21 40 W の電球と 100 W の電球を直列に接続すると, 40 W の方が明るく光る.

例 2 家庭用の 40 W の電球に流れている電流 I は

$$I = P/V = 40 \text{ W}/100 \text{ V} = 0.4 \text{ A}$$

なので, この電球の抵抗 R は

$$R = V/I = 100 \text{ V}/0.4 \text{ A} = 250 \text{ Ω}$$

である．この抵抗値は電球が点灯している高温の場合の値なので，この電球の室温での抵抗は上で求めた値より小さい．

例3 起電力が V の電源をモーターに接続したとき電流 I が流れたとする．このときの電源の仕事率 P は，もちろん $P = IV$ である．この場合，電源の化学的エネルギーの大部分はモーターのする力学的仕事に転化する．一部は熱と音のエネルギーになる．1 馬力を 735 W とすると，1/2 馬力の 100 V 用の直流のモーターを流れる電流 I は

$$I = P/V = 368\,\text{W}/100\,\text{V} = 3.68\,\text{A}$$

である．

参考　熱起電力

1 つの金属に高温の部分と低温の部分があると，熱運動の活発な高温の部分から熱運動の不活発な低温の部分の方へ自由電子が移動していく．そこで，負電荷の電子を高温の部分から低温の部分へ移動させようとする非電気的な作用が存在するので，低温の部分から高温の部分に向かう起電力が生じることになる．この起電力を**熱起電力**という．電子の流れ（熱の流れ）の向きと起電力の向きが逆なのは，電子の電荷が負だからである（図 13.22）．

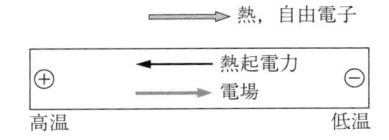

自由電子の移動によって，低温の部分は電子の密度が大になって負に帯電し，高温の部分は電子の密度が小になって正に帯電する．この正・負の電荷によって生じる電場の電位差が熱起電力につり合えば，自由電子の移動は停止する．

ある温度差に対する熱起電力の大きさは物質によって異なる．そこで，2 種類の金属 A と B の両端を接合して回路をつくり，その 2 つの接点の一方を高温に，他方を低温に保てば，2 つの導線の熱起電力の差 $V_A - V_B$ によって回路に電流（熱電流）I が流れる（図 13.23）．このような装置を**熱電対**という．この現象は 1821 年にゼーベックが発見したので，**ゼーベック効果**という．熱起電力の大きさと一方の接点の温度を測定すると，もう一方の接点の温度を知ることができるので，この効果は温度の測定に利用されている．

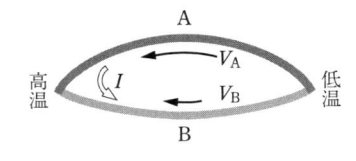

図 13.24 (a) のように，2 種類の金属，たとえば銅とコンスタンタン（ニッケルと銅の合金）を接合し，銅からコンスタンタンに矢印の向きに電流を流すと接合部 C では熱を発生し，A, B では周囲の熱を吸収する．また，図 13.24 (b) のように，電流の向きを逆にすると，接合部 C では熱を吸収し，A, B では熱を発生

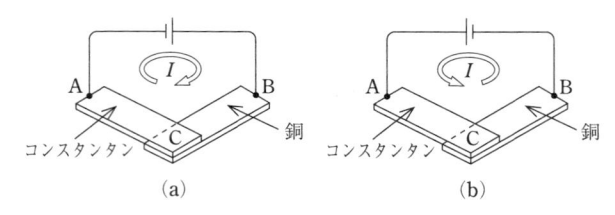

図 13.24 ペルチエ効果．(a) C で熱が発生する．(b) C で熱が吸収される．

する．一般に，2種類の金属をこのように接合し，電流を流すと，接合部で熱の発生や吸収が行われる．この現象をペルチエ効果という．この効果を利用すると，冷却・加熱などの精密な自動温度調節が容易にできる．

第 13 章のキーワード

電流，電源，起電力，回路，抵抗器，抵抗，オームの法則，電気抵抗率，電気抵抗率の温度係数，抵抗の直列接続，抵抗の並列接続，電池の内部抵抗，キルヒホッフの法則，電源の仕事率，電流の仕事率，電力，電力量，ジュール熱

演習問題 13

A

1. 断面積 $2.0\,\mathrm{mm}^2$ の軟銅線 10 m の 20 °C での電気抵抗を求めよ．

2. 直方体のカーボンがある．大きさは $1\,\mathrm{cm} \times 1\,\mathrm{cm} \times 25\,\mathrm{cm}$ である．カーボンの電気抵抗率を $3 \times 10^{-5}\,\Omega\cdot\mathrm{m}$ として，2つの正方形の面の間の電気抵抗を計算せよ．

3. 0.1〜0.2 A の電流が片方の手から入って他方の手に抜けると，この人間はたぶん感電死するだろう．しかし，電流が同じ手のひじのところから抜けたとすると，たとえ火傷をするほどの強さの電流であっても死ぬことはない．なぜか．

4. 図 1 の回路は電位差計とよばれる装置で，AB は太さが一様で均質な抵抗線である．スイッチ S を 1 の側に入れて接触点 C を移動させたところ，AC の長さが L_1 のとき検流計 G の振れが 0 になった．スイッチを 2 の側に入れて同様の操作をすると，AC の長さが L_2 のとき G の振れが 0 になった．2個の電池の起電力 V_1, V_2 の間に $V_1 : V_2 = L_1 : L_2$ の関係があることを示せ．

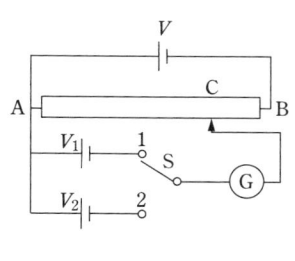

図 1

5. $100\,\Omega$ の抵抗 4 本を図 2 のように接続する．AB 間，AC 間の合成抵抗を求めよ．

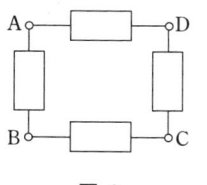

図 2

6. 導線に電流が流れると，なぜ導線は熱くなるか．

7. ドライヤーを 100 V の電力線につなぐと 8 A の電流が流れる．

（1） どのくらいの電力が使われるか．

（2） 1gの水を蒸発させるためには2600Jが必要だとすると，0.5kgの水を含んだ湿った洗濯物を乾燥させるのにどのくらい時間がかかるか．

8． 100V用の100Wの電球の抵抗は100Ωだと予想されるが，室温の電球の抵抗を測定したら100Ω以下であった．その理由を説明せよ．

9． 100Vの電源から0.10Ωの導線で，100Wの電球と500Wの電熱器を並列につないだものに配線する．導線における電圧降下を求めよ．

10． 抵抗Rのニクロム線を電圧Vの電源に接続したところ，電流Iが流れた．このときの消費電力Pは次の式などで与えられる．

① $P = IV$　　② $P = I^2 R$

③ $P = \dfrac{V^2}{R}$

抵抗の温度による変化を無視したとき，次の文章の結論が間違っている理由を述べ，正しい結論に改めよ．

（1） ニクロム線の長さを半分にしてもとの電源に接続すると，②式により，消費電力は半分になる．

（2） もとのニクロム線を2倍の電圧の電源に接続すると，①式により，消費電力は2倍になる．

（3） このニクロム線に2倍の電流が流れるように電源の電圧を調整すると，①式により，消費電力は2倍になる．

11． 100Wの電球と60Wの電球ではどちらの方の抵抗が大きいか．フィラメントの長さが同じだとすると，どちらの方のフィラメントが太いか．

B

1．（1） 1m³あたりn個の自由電子が含まれている金属で断面積A [m²]の一様な導線をつくる．この導線の中を電荷$-e$ [C]の自由電子が導線の方向に沿ってドリフト速度v [m/s]で移動しているとき，導線の断面を単位時間（1秒間）に，体積Av [m³]の中にあるnvA個の自由電子が通過するので，この電流の強さI [A]は

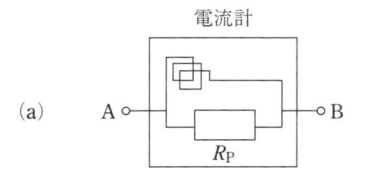

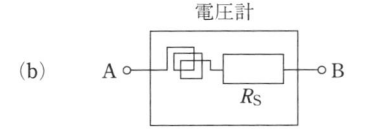

$$I = nevA \quad (1)$$

であることを示せ（図3）．

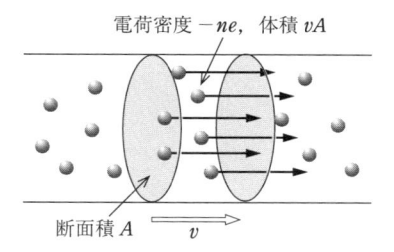

図 3

（2） 1m³に約10^{29}個の自由電子のある銅で，断面積Aが2mm²の導線をつくり，この導線に1Aの電流を流すと，このときの自由電子の平均の速さvは約3×10^{-5} m/sであることを示せ．

2． 可動コイル型検流計は，その針の振れがコイルを流れる電流に比例するような装置である．コイルを流れる電流が1mAのとき針の振れが最大になるものとし，コイルの電気抵抗を1.0Ωとする．

（1） この検流計に並列に電気抵抗R_Pを接続して電流計をつくりたい（図4(a)）．装置のA→Bを流れる電流が10A，1A，0.1Aのときに針の振れが最大になるようにするためのR_Pの値を求めよ．（回路素子（負荷）の電流の変化を最小にするために，電流計の電気抵抗は素子の電気抵抗に比べてはるかに小さくせねばならない．）

（2） 図4(b)のように大きな電気抵抗R_Sを検流計に直列に挿入すると**電圧計**になる．$V_{AB} = 10^3$

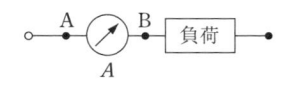

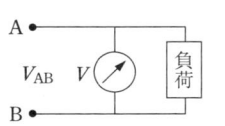

図 4

V，100 V，10 V のときに針の振れが最大になるようにするための R_S の値を求めよ．（回路素子（負荷）の電流の変化を大きくしないために，電圧計の電気抵抗は素子の電気抵抗に比べて大きくせねばならない．）

3. 図5の4つの電球の明るさの順序を求めよ．ただし，電球の抵抗の温度変化はないものとして考えよ．

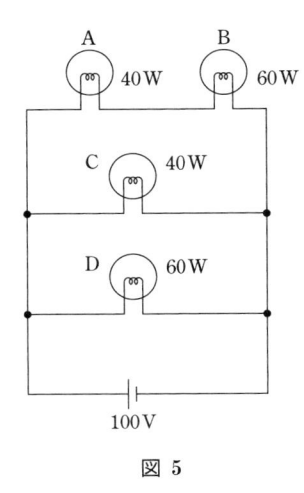

図 5

4. 抵抗値のわかっていない抵抗 R の値を求めるのに，抵抗値のわかっている抵抗 R_1 と R_2，可変抵抗 R_3，電池 V と検流計 G，スイッチ S を図6のように接続した回路を用いる．ここで，スイッチ S を閉じても検流計の針が振れないように R_3 の値を調整する．未知の抵抗 R の抵抗値は

$$R = \frac{R_1 R_3}{R_2} \qquad (2)$$

であることを示せ．この回路を**ホイートストン・ブリッジ**という．

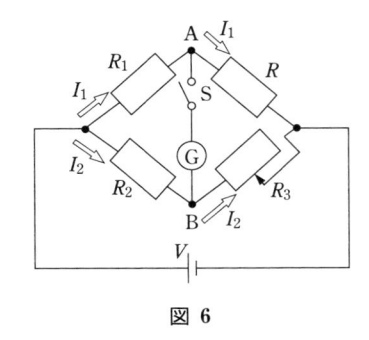

図 6

5. 電気の良導体が熱の良導体でもある理由を説明せよ．

電流と磁場 14

　磁石は摩擦電気とともに昔から知られていた電磁気現象である．
　電荷はその周囲に電場をつくり，電場は電荷に電気力を作用するように，磁石の磁極の磁荷はその周囲に磁場をつくり，磁場は磁荷に磁気力を作用する．
　しかし，磁荷ばかりでなく，電流も，運動している電荷も磁場をつくるし，磁場は磁荷ばかりでなく電流や運動している電荷にも磁気力を作用する．つまり，磁場を通じて $3 \times 3 = 9$ 種類の相互作用が起こる．その結果，たとえば，同じ方向に電流が流れている 2 本の平行な導線の間には引力が働く．
　さて，磁気作用の中で重要なのは，モーターに応用されている，「磁場の中の導線を流れている電流が受ける磁気力」である．モーターは，家庭電化製品には，冷蔵庫，扇風機などだけでなく，テープレコーダー，ビデオ，パソコンなどにも組み込まれている．
　これらのほかにも，磁場に関係した重要な現象がある．磁場が変化すると電場が生じるという電磁誘導である．発電機に応用されている電磁誘導は次章で学ぶことにして，この章では主として電流と磁場について学ぶ．しかし，磁気といえば何といっても磁石を連想する．磁石の話から始めよう．

14.1 磁石と磁場

　世界の各地で産出される磁鉄鉱が鉄を引きつける性質をもつことは鉄器時代から中国では知られていた．磁石が南北を指すことは古代の中国人が発見した．鉄製の針を赤熱して，地球の磁場の中で冷却させると，針が磁化し，磁針になることも中国で発見された．これらの性質がどのようにして実用化されてきたのかについて確実にはわからないが，12 世紀末には航海用の羅針盤（コンパス）はヨーロッパでよく知られており，星の見えないときの航海に役立った．羅針盤が 15, 16 世紀の大航海時代の幕を開けるのに大きな役割を演じたことは疑いない．
　磁石には鉄を引きつける力が最も強い部分が両端にある．これが

磁極である．磁極の強さを磁荷という．北を向く磁極をＮ極（あるいは正極）といい，南を向く磁極をＳ極（あるいは負極）という．磁石が鉄を引きつけたり，方位磁石の磁針を南北の方向に向ける力を磁気力という．磁極の間に働く磁気力には，電荷の間に働く電気力に似た性質があり，同種の磁極の間には反発力，異種の磁極の間には引力が働く．磁極の間に働く磁気力の強さは磁極の磁荷 q_m, q_m' の積に比例し，磁極間の距離 r の2乗に反比例する．

磁石の両端にある磁極の強さは等しい．これは静電誘導によって両端に正負の電荷の生じた金属棒に似ている．しかし，物体を正または負に帯電させられるが，Ｎ極またはＳ極だけの磁石をつくることはできない．図14.1のように，棒磁石を2つに切ると，切り口にＮ極とＳ極が現れて，2本の磁石になる．単磁極（分離された磁極）の存在は実験的に確認されていないので，電磁気学は単磁極が存在しないとして構成されている．

磁石に磁気力を作用するのは他の磁石だけではない．電流も近くの磁石に磁気力を作用する．電磁気学では，磁気力は磁石と磁石，あるいは電流と磁石の間に直接作用するのではなく，磁石や電流は，まず，その周囲に磁場（工学では磁界）をつくり，磁場（磁界）が磁石や電流に磁気力を作用すると考える．

第9章では，電場の強さと向きを単位正電荷に作用する電気力の強さと向きで定義した．本章では，とりあえず，磁場の強さと向きを単位正（Ｎ）磁荷に作用する磁気力の強さと向きと理解してもらい，磁場の厳密な定義は14.9節で行うことにする．

14.2 磁場と磁力線

■ **磁場と磁力線** ■　磁場の様子を図示するには，電場の電気力線のように，各点での接線がその場所の磁場の向きになるような曲線を引けばよい．これを**磁力線**という．磁石のつくる磁場の磁力線は磁石のＮ極から出てＳ極に入る（図14.2）．磁石のつくる磁場の様子を目に見えるようにするには，鉄粉をまいた紙面の裏に磁石を近づけると，磁場の磁力線に沿って鉄粉がつながる事実を利用すればよい．

磁石の中の磁力線はどのようになっているのだろうか．磁力線を最初に考案した英国のファラデーは，図14.1に示すように，棒磁石を途中で切ると，切り口にＮ極とＳ極が生じ，切り口のＮ極を始点とし，向かい合っている切り口のＳ極を終点とする磁力線が生じるので，棒磁石の内部の磁力線は図14.3のようになると考え

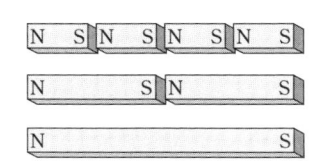

図14.1　磁石と磁極．磁石を切断してもＮ極やＳ極だけの磁石はつくれない．

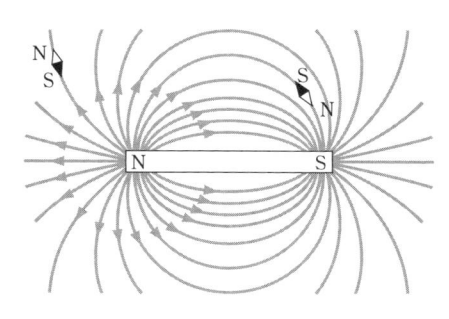

図14.2　磁力線（磁石のつくる磁場の磁力線の様子は，磁石の上にガラス板をのせ，その上に鉄粉をまいて板をゆすると，鉄粉が磁力線に沿って並ぶことから知られる）

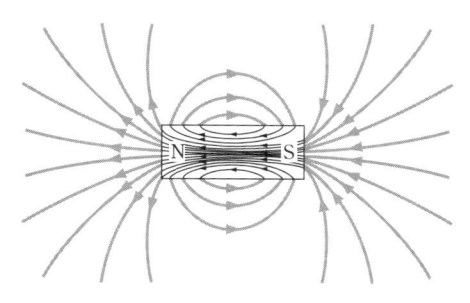

図14.3　磁場 B の様子を表す磁力線は始点も終点もない閉曲線である（磁石の中の磁力線は右から左の方を向いている）．

た．したがって，ファラデーは磁石の磁力線は始点も終点もない，閉じた曲線だと考えた．

■ **磁場 B と磁場 H** ■ 磁場を表す量として，ふつうは磁場とよばれ H という記号で表されるものと，ふつうは磁束密度とよばれ B という記号で表されるものの 2 つがある．本書では，ふつうは磁束密度とよばれ B という記号で表されているものを磁場とよび，B という記号で表すことにする．

その第 1 の理由は，真空中の電磁気学では B だけで十分で H を使わなくてもすみ，次章で学ぶ電磁誘導には B だけが現れるからである．第 2 の理由は，単独に分離された磁極は発見されていないので，基本的な磁気作用は電流が受ける磁気力であり，この力の大きさは B に比例するからである．第 3 に，磁場の強さとして磁束計で測定されるものは磁場 B だからである．なお，電磁石の強さと電流の強さの関係を考えるときには磁場 H を導入するのが便利である．本書では磁場 B，磁場 H と記して区別するので注意してほしい．他の教科書を読む際には本書の磁場 B は磁束密度 B と記してあることを注意しておく．B という記号で表せば，誤解される心配はない．なお，米国の多くの大学基礎物理の教科書には B だけが現れ，B を magnetic field とよんでいる．

国際単位系での磁場 B の単位はテスラ（記号 T）である．1 T の磁場はきわめて強い．磁気治療器には磁束密度 80 mT とか磁束密度 130 mT と書いてあるものがある．1 mT は 1 ミリテスラ（1000 分の 1 テスラ）なので，100 mT は 0.1 テスラである．したがって，0.1 テスラの磁場の強さを体験的に理解できる．

磁場をつくるのは磁石だけではない．次節で学ぶように電流のまわりにも磁場が生じる．単 1 の乾電池を少し太目のエナメル線でショートさせるときに流れる電流は約 5 アンペアである．このときエナメル線から 1 cm 離れたところでの磁場の強さが約 1 万分の 1 テスラ（10^{-4} T）である．磁場 B とその単位テスラの定義は 14.7 節で行う．

14.3 地球の磁場

地球は大きな磁石である．地球の北極の近くにある磁極は磁石の N 極を引きつけるので，磁極としては S 極であり，地球の南極近くにある磁極は磁石の S 極を引きつけるので，磁極としては N 極である．図 14.4 に，磁力線を使って，地球周辺の磁場の様子を示

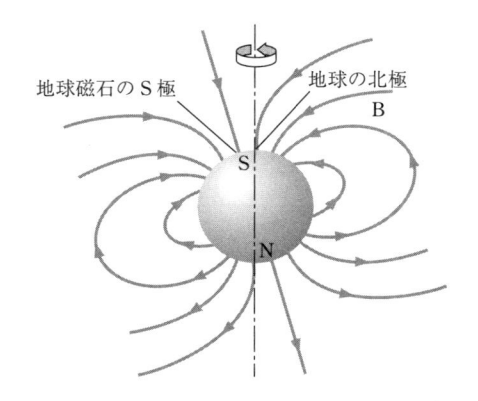

図 14.4 地球の周辺の磁場．実際には，太陽から荷電粒子がたえず放射されているので，地球の周辺の磁場の形はこの図からずれている．北半球にある地磁気の極は磁石の N 極を引きつけるので，磁極としては S 極である．

した．

　われわれは地球の磁場の中で生活している．東京付近では地球の磁場の強さは約2万分の1テスラ（4.6×10^{-5} T）で，その向きは水平から約49°下の方向を向いている．したがって，水平方向成分は3.0×10^{-5} T である．地磁気の強さは時間とともに変化しており，数十万年に一度くらいの頻度で地磁気の向きは反転してきた．この事実は，マグマが上昇して海底で冷えて固まるときに，そのときの地磁気の方向に岩石が磁化する事実を利用して発見された．（常温で永久磁石になる物質も高温では永久磁石の性質を失う．）この岩石が湧き出し口から両側にゆっくり移動してできた海底は，正（N）の磁荷の部分と負（S）の磁荷の部分が数十 km の間隔で縞模様をつくっている（図 14.5）．

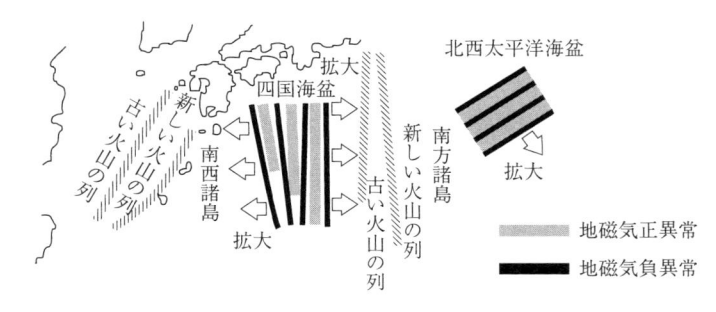

図 14.5　海上保安庁がまとめた地磁気図（1994 年 3 月 24 日発表）

　地球の磁場の原因は，液体状態で電気抵抗率の小さい地球のコアの外殻部を流れている大きな円電流によるものだと考えられているが，この電流を流す力やなぜこの電流の向きが反転するのかについてはよくわかっていない．

14.4　電流のつくる磁場

　電流を通じた導線に磁針を近づけると磁針が振れる（図 14.6）．導線に電流が流れている間，磁針の向きは一定の方向に偏りつづけている．この事実から電流はその周囲に磁場をつくることがわかる．この事実は 1820 年にデンマークのエルステッドによって発見された．

　落雷が放電であることは 1752 年にフランクリンによって示された．落雷を伴う嵐の際に羅針盤（コンパス）の磁針がときどき不規則に動くことが知られていたが，この事実がエルステッドに電気と磁気の関係への関心をもたせたといわれている．イタリアのボルタによる化学電池の発見（1800 年頃）によって，強さが変わらずに定

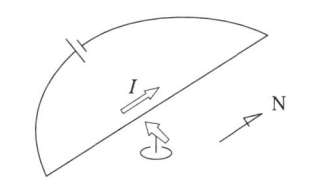

図 14.6　エルステッドの実験．南から北に電流を流すと，導線の下の磁針は図のように振れる．

常的に流れる電流（定常電流）が利用できるようになったので，この実験が可能になった．

電流のそばに磁針を置き，磁針の N 極の指す向きを調べると，磁極に働く磁気力の向きは，電流の向きと，磁極から電流に下ろした垂線の向きのどちらにも垂直なことがわかる（図 4.16）．これはこれまでに知られていた力には見られなかった性質である．

なお，正電荷を帯びた金属イオンの間を負電荷を帯びた電子が移動している導線は，全体としては電荷を帯びてないので，周囲には電場をつくらない．したがって，定常電流の流れている導線は周囲の静止している電荷には力を及ぼさない．

■ 長い直線電流のつくる磁場の様子 ■ 　電流の流れている長いまっすぐな導線に垂直な厚紙の上に砂鉄をまくと，砂鉄は導線を中心とする円状につながるので（図 14.7 (a)），この場合の磁場の磁力線は始点も終点もない円である．円のように始点も終点もない閉じた曲線を閉曲線という．磁場の向きは，電流の流れる向きに進む右ねじのまわる向きである．これを右ねじの規則という（図 14.7 (b)）．

長い直線状の導線を流れる電流の周囲の磁場の強さを調べると，磁場の強さ B は，電流 I に比例し，電流からの距離 d に反比例することがわかる．比例定数を $\mu_0/2\pi$ とすると

$$B = \frac{\mu_0 I}{2\pi d} \tag{14.1}$$

と表される．比例定数の μ_0 は，磁場 B の単位としてテスラ [T]，電流の単位として 14.8 節で定義するアンペア [A]，長さの単位としてメートル [m] を使うと，

$$\mu_0 = 4\pi \times 10^{-7} \text{ T·m/A} \tag{14.2}*$$

であり，**磁気定数**あるいは真空の透磁率とよばれる．μ はミューと読む．したがって，(14.1) 式は

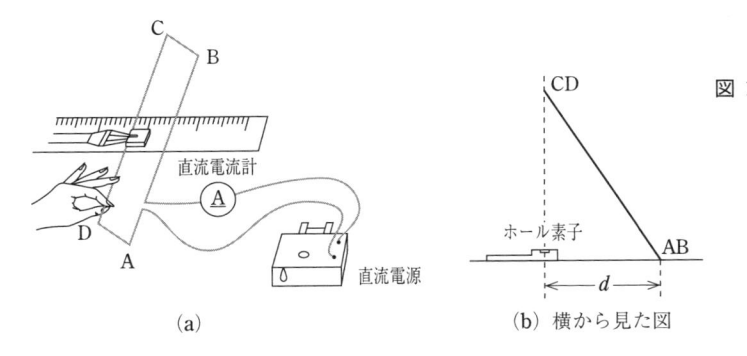

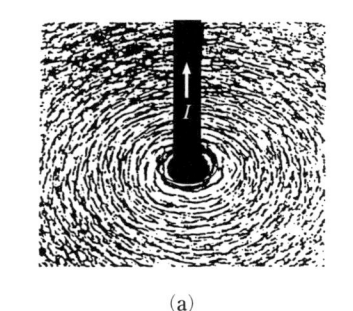

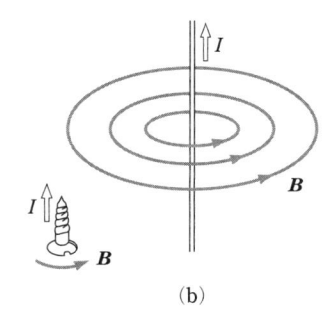

図 14.7　長いまっすぐな電流のつくる磁場の磁力線は電流を中心とする同心円である．電流の向きに進む右ねじの回転の向きが磁力線の向きである．

* 2018 年に行われた電流の単位アンペアの定義の改訂によって磁気定数の値がわずかに変わったが，簡単のために本書の数値計算では，(14.2) 式の値を使う．

図 14.8　直線電流のまわりの磁場の測定．ホール素子型磁束計はホール素子面を垂直に貫く磁場 $\boldsymbol{B}$ の成分を測定し，面に平行な磁場 $\boldsymbol{B}$ の成分は測定しない．長方形コイルの CD の部分がホール素子面の真上にくるようにすると，コイルの AB の部分を流れる電流のつくる磁場が測定できる．

14.4　電流のつくる磁場

$$B\,[\text{T}] = 2\times 10^{-7}\frac{I\,[\text{A}]}{d\,[\text{m}]} \tag{14.3}$$

となる．直線電流のまわりの磁場の測定法を図 14.8 に示す．

電流のつくる磁場についても重ね合わせの原理が成り立つ．つまり，何本かの導線に電流が流れている場合に生じる磁場 $\boldsymbol{B}$ は，各導線がつくる磁場のベクトル和である．

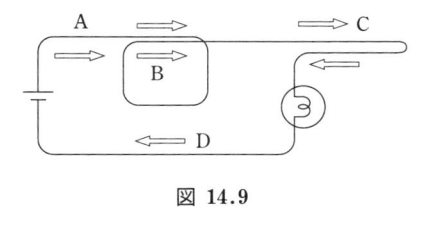

問1 図 14.9 の点 A, B, C, D の磁場の強さを比較せよ．

例1 単1の乾電池の両極を少し太めのエナメル線でショートさせたら5Aの電流が流れた．電線から1cm離れたところでの磁場の強さ B は

$$B = 2\times 10^{-7}\,[\text{T}\cdot\text{m/A}]\times 5\,\text{A}/0.01\,\text{m} = 10^{-4}\,\text{T}$$

である．地磁気の水平成分の強さは $0.3\times 10^{-4}\,\text{T}$ である．$\tan\theta = 1/0.3$ を満たす角 θ は 73° なので，図 14.6 の場合，磁針の向きは南北方向から 73° 偏る．

図 14.9

■ 円電流がつくる磁場 ■ 1巻きの円形の導線（コイル）を流れる電流がつくる磁場 $\boldsymbol{B}$ は図 14.10 (a) のようになる．このようになることは，コイルを短い部分に分けて考えると，各部分はそのまわりに直線電流の場合と同じような磁場をつくることと（図 14.10 (b)），コイルを流れる電流がつくる磁場はその重ね合わせによって得られることからわかる．コイルを貫く磁場は，回転する電流の向きに右ねじをまわすとき，ねじの進む向きを向いている．コイルから十分に離れたところに生じる磁場は，棒磁石が遠くにつくる磁場によく似ている．

電流 I が流れている半径 R の1巻きの円形コイルの中心での磁場 $\boldsymbol{B}$ の強さは

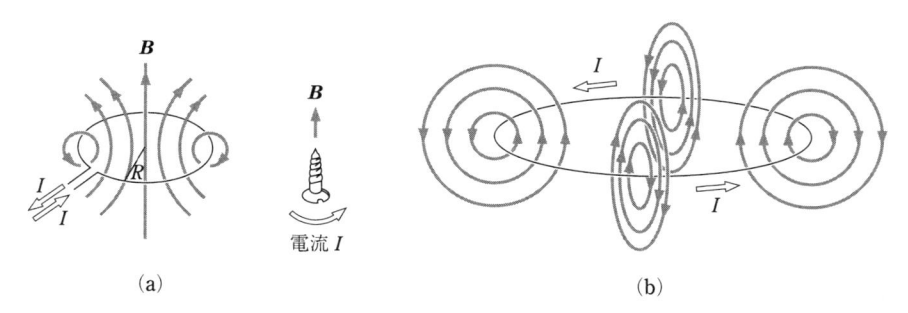

(a)　　　　　　　　　　(b)

図 14.10 円電流のつくる磁場．遠方では棒磁石が遠方につくる磁場（図 14.2）に似ている．

$$B = \frac{\mu_0 I}{2R} \quad (14.4)$$

である．コイルを1巻きではなく，N 巻きにすると，磁場の強さはこの N 倍になる．

■ **長いソレノイドを流れる電流がつくる磁場** ■　絶縁した導線を密に円筒状に巻いたものを**ソレノイド**という．ソレノイドに電流を流したときに生じる磁場は，多数の円電流による磁場の重ね合わせなので，図 14.11 のようになる．ソレノイドの外部に生じる磁場は棒磁石の外部の磁場に似ている．

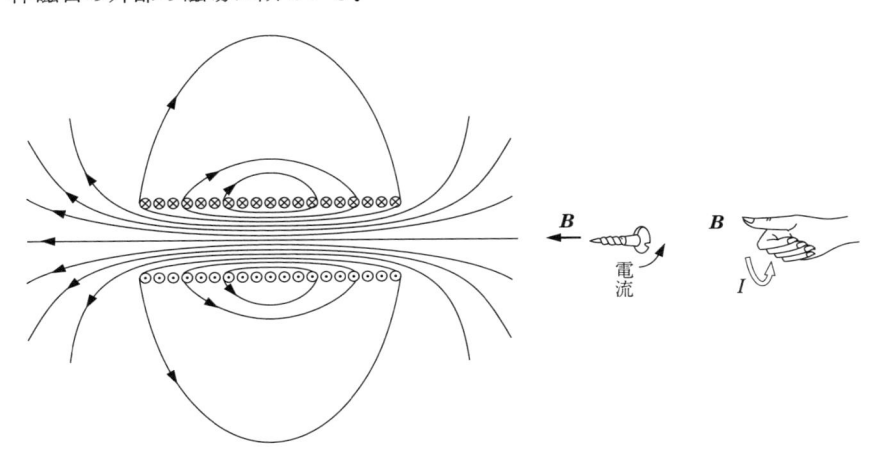

図 14.11　ソレノイドを流れる電流のつくる磁場．⊙印は紙面の裏から表へ電流が流れ，⊗印は紙面の表から裏へ電流が流れていることを示す．B の向きは，右手の親指を伸ばし，他の4本の指を電流の向きに丸めたときに，親指の指す方向である．

十分に長いソレノイドに電流を流すときに，ソレノイドの内部に生じる磁場は，両端に近いところを除けば，ソレノイドの軸に平行で強さはどこでも同じである．磁場の向きは，電流の向きに右ねじをまわしたときに，ねじの進む向きになる（図 14.11）．ソレノイドの内部に生じる磁場の強さは電流が強いほど強く，ソレノイドの巻き方が密なほど強く，ソレノイドの長さや半径 R にはよらない．ソレノイドの単位長さ（1 m）あたりの巻き数を n，電流の強さを I アンペアとすると，ソレノイドの内部が真空のときの内部での磁場 B の強さは，単位をテスラで表すと，

$$B = \mu_0 n I \quad \text{（長いソレノイドの内部）} \quad (14.5\,\text{a})$$

である．無限に長いソレノイドの外部での磁場 B はどこでも 0 である．

$$B = 0 \quad \text{（長いソレノイドの外部）} \quad (14.5\,\text{b})$$

ソレノイドに電流を流すと電磁石になるが，ソレノイドに軟鉄心を入れると，電磁石の強さははるかに強くなる．軟鉄心が磁化して磁石になるからである．ソレノイドの内部を物質で満たした場合に磁場 $\boldsymbol{B}$ の強さが μ_r 倍になる場合，μ_r をその物質の**比透磁率**という．つまり，この場合の磁場 $\boldsymbol{B}$ の強さ B は次のようになる．

$$B = \mu_r \mu_0 n I \quad (比透磁率 \mu_r の軟鉄心のある長いソレノイドの内部) \tag{14.6a}$$

$$B = 0 \quad (比透磁率 \mu_r の軟鉄心のある長いソレノイドの外部) \tag{14.6b}$$

例 2 長さ 30 cm，巻き数 6000 の中空のソレノイドに 10 A の電流を流すとき，内部に生じる磁場の強さ B を求める．単位長さ (1 m) あたりの巻き数は $n = 6000/0.3 = 20000$ なので，

$$B = \mu_0 n I = 4\pi \times 10^{-7} \times 20000 \times 10 = 0.25 \, [\text{T}]$$

参考　ビオ-サバールの法則

任意の形をした導線を流れる電流のつくる磁場を求める規則を発見したのは，フランスのビオとサバールである．エルステッドの発見のニュースを聞いたビオとサバールは，いろいろな形をした導線を使った実験から（演習問題 14 B 3 参照），定常電流がその周囲につくる磁場 $\boldsymbol{B}$ の強さは電流の強さ I に比例し，

「定常電流 I が流れている導線の微小部分 $\Delta \boldsymbol{s}$ が，そこから距離 r（位置ベクトル $\boldsymbol{r}$）の点 P につくる磁場 $\Delta \boldsymbol{B}$ は，大きさが

$$\Delta B = \frac{\mu_0 I \, \Delta s \, \sin\theta}{4\pi r^2} \tag{14.7}$$

であり，方向は $\Delta \boldsymbol{s}$ と $\boldsymbol{r}$ の両方に垂直で，向きは右ねじを $\Delta \boldsymbol{s}$ の方向から $\boldsymbol{r}$ の方向にまわしたときにねじの進む方向である」

ことを見出した．角 θ は電流の方向を向いた長さが Δs のベクトル $\Delta \boldsymbol{s}$ と $\boldsymbol{r}$ のなす角である（図 14.12）．これを**ビオ-サバールの法則**という．ある回路を流れる定常電流が点 P につくる磁場は，電流の各微小部分が点 P に (14.7) 式に従ってつくる磁場 $\Delta \boldsymbol{B}$ を重ね合わせたものである．電流の作用する磁気力の向きは横向き（$\boldsymbol{r}$ に垂直）であるが，これは今までに学んだ力には見られなかった性質である．ビオ-サバールの法則を使うと，任意の形の導

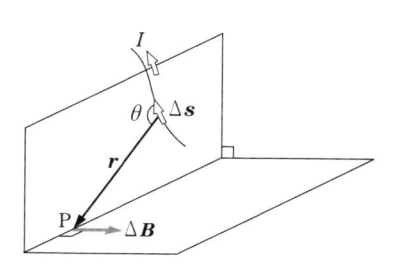

図 14.12　ビオ-サバールの法則

線を流れる定常電流のつくる磁場が計算できる．

付録で説明するベクトル積を使うと，ビオ-サバールの法則は

$$\Delta \boldsymbol{B} = \frac{\mu_0 I \, \Delta \boldsymbol{s} \times \boldsymbol{r}}{4\pi r^3} \tag{14.7'}$$

と表される．(14.7)式は電流 I の周囲が真空の場合である．電流の周囲が比透磁率 μ_r の一様な物質の場合は右辺が μ_r 倍になる．この場合，本来は，(14.7)式はそのままの形で，電流 I を導線を流れる電流と物質中の分子電流の和にすべきであるが，電流 I を導線を流れる電流だけにしておいて，分子電流の効果を μ_r 倍という形で取り入れられるのである．

ビオ-サバールの法則から，ガウスの法則とアンペールの法則という，磁場 $\boldsymbol{B}$ に対する2つの法則が導かれる．

参考 **(14.4)式の証明**

図14.13の導線の微小部分 $\Delta\boldsymbol{s}$ 上の電流 $I\,\Delta\boldsymbol{s}$ が点Oにつくる磁場 $\Delta\boldsymbol{B}$ の大きさは

$$\Delta B = \frac{\mu_0 I \, \Delta s}{4\pi R^2}$$

である((14.7)式で $\sin\theta = 1$，$r = R$)．求める磁場 $\boldsymbol{B}$ は，円形コイルのすべての部分からの $\Delta\boldsymbol{B}$ の和である．どの部分からの $\Delta\boldsymbol{B}$ も円に垂直なので，点Oでの磁場の強さ B は各部分からの ΔB の和である．Δs の和は半径 R の円周の長さ($\sum\Delta s = 2\pi R$)なので，

$$B = \sum \Delta B = \frac{\mu_0 I}{4\pi R^2}\left(\sum \Delta s\right) = \frac{\mu_0 I}{2R}$$

図 14.13　$B = \dfrac{\mu_0 I}{2R}$

参考 **運動する荷電粒子のつくる磁場**

ビオ-サバールの実験では，導線に電流が流れているが，導線全体としての電気量は0である．電流とは荷電粒子の流れである．電荷を帯びた物体を運動させると磁場が生じるだろうか．1878年に米国のローランドは，絶縁体の円板の縁を帯電させて円板を回転させると，磁場が生じることを発見した．その後の実験を総合すると，

「速度 $\boldsymbol{v}$，電荷 q の荷電粒子が，粒子からの位置ベクトルが $\boldsymbol{r}$ の点につくる磁場 $\boldsymbol{B}$ は，ビオ-サバールの法則の $I\,\Delta\boldsymbol{s}$ を $q\boldsymbol{v}$ で置き換えた式で与えられる」．

もちろん，この荷電粒子は電場もつくる．

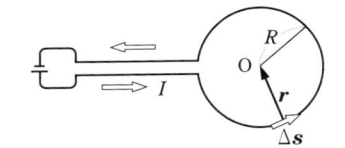

14.5 磁束と磁場のガウスの法則

■ **磁　束** ■　磁力線の密度が磁場の強さに比例するように磁力線を描くと，磁場の様子は磁力線で表される．磁場の強さが B テスラの場所では磁場に垂直な $1\,\mathrm{m}^2$ の平面を B 本の磁力線が貫くように描くことにする．このように描くとき，表と裏の定義された面 S を裏から表の方へ貫く磁力線の正味の本数 Φ_B を面 S を貫く**磁束**とよぶ．

したがって，図 14.14 のように，一様な磁場 $\boldsymbol{B}$ の中に，磁場に垂直で面積が A の平面があるとき，磁場の強さ B に面積 A をかけた量の BA が，この面を貫く磁束 Φ_B である．

$$\Phi_B = BA \tag{14.8}$$

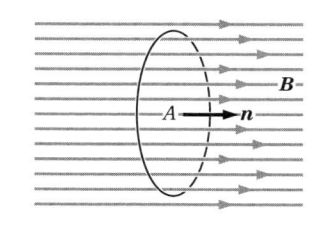

図 14.14 磁束 $\Phi_B = BA$　ベクトル $\boldsymbol{n}$ は平面の裏から表の方を向いている法線ベクトル

■ **磁場 $\boldsymbol{B}$ のガウスの法則** ■　無限に長い直線電流がつくる磁場の磁力線は円である．一般に，任意の形の導線を流れる定常電流がつくる磁場 $\boldsymbol{B}$ の磁力線は，始点も終点もなく，途中で途切れない閉曲線である．そこで，任意の閉曲面 S の中に入る磁力線と外へ出る磁力線は同数なので，

「閉曲面を通る正味の磁力線の本数（磁束 Φ_B）」 $= 0$ (14.9)

これを**磁場 $\boldsymbol{B}$ のガウスの法則**という．時間とともに強さが変化する非定常電流のつくる磁場 $\boldsymbol{B}$ もガウスの法則 (14.9) を満たす．

もし単磁極（分離した磁極）が存在すれば，単磁極は磁力線の始点あるいは終点になるので，(14.9) 式の右辺は 0 ではなく，閉曲面 S の内部にある単磁極の磁荷の和が現れる．つまり，(14.9) 式は単磁極が自然界に存在しないことを表す．

磁束の国際単位は $\mathrm{T\cdot m^2}$ であるが，これを**ウェーバ**という（記号 Wb）．

$$\mathrm{Wb} = \mathrm{T\cdot m^2} \tag{14.10}$$

14.6 アンペールの法則*

直線電流 I から距離 d の点の磁場の大きさ B は，どこでも $B = \mu_0 I / 2\pi d$ である．図 14.15(a) のように，電流を中心とする半径 d の円を 1 周する道筋 C を考えると，磁場 $\boldsymbol{B}$ の円の接線方向成分 $B_{\mathrm{t}} = B = \mu_0 I / 2\pi d$ と道筋 C の長さ $2\pi d$ の積は，真空の透磁率 μ_0 とこの道筋を貫く電流 I の積 $\mu_0 I$ に等しく，道筋の半径 d にはよらない．

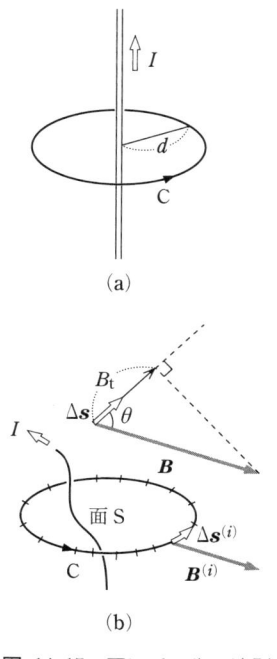

図 14.15 アンペールの法則

道筋が円ではなく，また直線電流でなくても，図 14.15 (b) に示すように，向きの指定された閉曲線の道筋 C を細かく分けて，道筋の各部分の長さ $\Delta s^{(i)}$ と，その位置での磁場 $\boldsymbol{B}^{(i)}$ の閉曲線の接線方向成分 $B_{\mathrm{t}}^{(i)}$ との積の $B_{\mathrm{t}}^{(i)} \Delta s^{(i)}$ を加え合わせたもの，つまり $\sum_i B_{\mathrm{t}}^{(i)} \Delta s^{(i)}$ の $\Delta s^{(i)} \to 0$ の極限として定義された線積分は，道筋の形によらず，この閉曲線 C を貫く電流の和 I の μ_0 倍に等しいことが，ビオ-サバールの法則を使って証明できる．すなわち，

$$\oint_{\mathrm{C}} B_{\mathrm{t}} \, \mathrm{d}s = \mu_0 I \qquad (14.11)$$

が成り立つ．電流の符号は，C の向きに右ねじをまわすとき，ねじの進む向きに電流が流れる場合を正とする．この法則を**アンペールの法則**とよぶ．

アンペールの法則を使うと磁場が簡単に計算できる場合がある．

例 3　トロイド　円環の上に導線を一様に N 回巻いたものをトロイドという（図 14.16）．トロイドを流れている電流 I のつくる磁場 $\boldsymbol{B}$ の強さは

$$B = \frac{\mu_0 NI}{2\pi R} \quad \text{(トロイドの内部，中心からの距離 } R\text{)}$$
$$\qquad\qquad\qquad\qquad\qquad\qquad (14.12\,\mathrm{a})$$

$$B = 0 \qquad \text{(トロイドの外部)} \qquad (14.12\,\mathrm{b})$$

（図 14.16 の場合，(14.11) 式の左辺は $2\pi RB$ で，右辺は $\mu_0 NI$ なので，(14.12 a) 式が導かれる．）トロイドの内部を比透磁率が μ_{r} の軟鉄心が満たしている場合の磁場 $\boldsymbol{B}$ の強さは

$$B = \frac{\mu_{\mathrm{r}} \mu_0 NI}{2\pi R} \quad \text{(軟鉄心のあるトロイドの内部，}$$
$$\qquad\qquad\qquad \text{中心からの距離 } R) \qquad (14.13\,\mathrm{a})$$
$$B = 0 \qquad \text{(軟鉄心のあるトロイドの外部)} \qquad (14.13\,\mathrm{b})$$

図 14.16 トロイド

14.7　電流に作用する磁気力

磁石が電流から力を受けるのならば，作用と反作用によって，電流も磁石から力を受けるはずである．図 14.17 に示すように，磁石の両極の間に，磁場に垂直に導線を吊るして電流を流すと，導線は磁場と電流のどちらにも垂直な向きに振れる（磁場の方向は磁石の N 極から S 極へ向かう方向である）．電流の向きを逆にしたり，あるいは磁場の向きを逆にすると導線は逆向きに振れる．磁場の中にある電流の流れている導線に磁気力が作用する事実は，エルステッドの発見後まもなく何人かの研究者によって発見された．

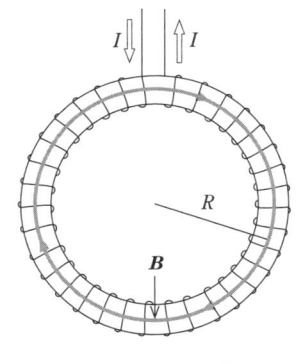

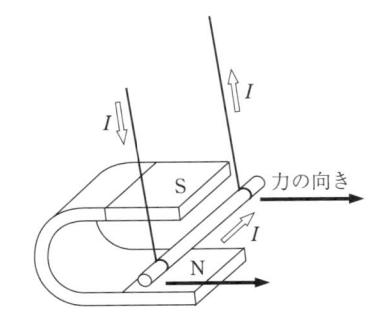

図 14.17 磁場の中の電流には磁気力が作用する．

導線の向きをいろいろと変えて実験をすると，導線に働く磁気力は電流が磁場と垂直なときにもっとも強く，平行なときには0であることがわかる．

磁場の中の電流が流れている導線に働く磁気力の強さ F は，電流の強さ I，磁場の強さ B，磁場中の導線の長さ L のそれぞれに比例する．つまり，$F \propto IBL$ である．磁場 $\boldsymbol{B}$ [T] に垂直に張った導線に I [A] の電流を流したとき，磁場中の導線の長さ L [m] の部分が受ける磁気力の大きさ F [N] が

$$F = IBL \tag{14.14}$$

という関係を満たすように磁場 B の単位のテスラ (記号 T) を定義する．つまり，1 T は磁場に垂直に流れる 1 A の電流に 1 m あたり 1 N の磁気力が働くときの磁場の強さである．したがって

$$1\,\mathrm{T} = 1\,\mathrm{N/(A \cdot m)} \tag{14.15}$$

である．そこで真空の透磁率 μ_0 の単位を $\mathrm{T \cdot m/A} = \mathrm{N/A^2}$ とも表せる．

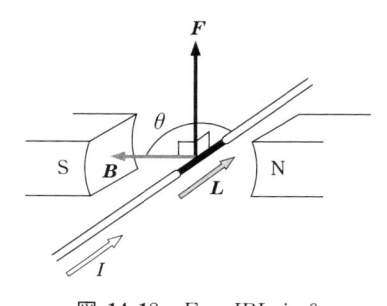

電流と磁場のなす角が θ のとき，磁場 $\boldsymbol{B}$ の中の導線の長さ L の部分の受ける磁気力の大きさ F は

$$F = IBL \sin\theta \tag{14.16}$$

である (図 14.18)．

図 14.18 $F = IBL\sin\theta$

力の向きは，電流と磁場の両方に垂直で，図 14.19 のように右ねじを置いて電流の向きから磁場の向きに回転させたときにねじの進む向きである．また，電流，磁場，力の向きの関係を，左手の人差し指を磁場 $\boldsymbol{B}$ の向きに，中指を電流 I の向きに向け，親指を人差し指と中指の両方に垂直な方向に向けると，電流の受ける力 $\boldsymbol{F}$ の向きは親指の向きである．これを**フレミングの左手の法則**という．

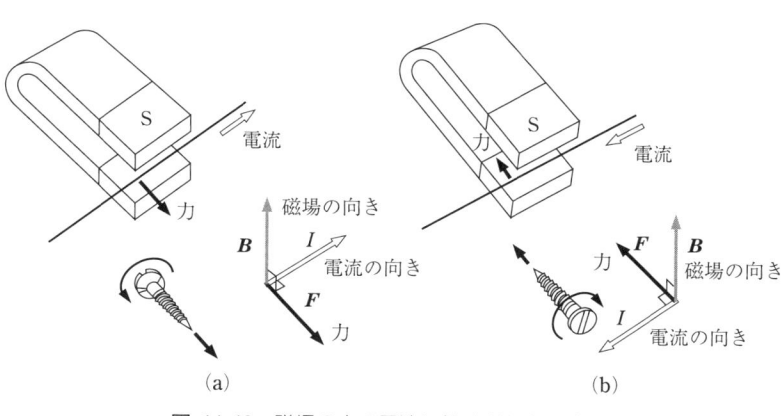

(a)　　　　(b)

図 14.19　磁場の中の電流に働く磁気力の向き

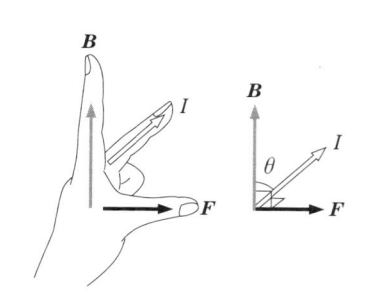

図 14.20　フレミングの左手の法則

左手の *FBI* の法則ともいう（図 14.20）．

この結果を付録に示すベクトル積を使って表すと，
$$\boldsymbol{F} = I\boldsymbol{L} \times \boldsymbol{B} \tag{14.16'}$$
となる．$I\boldsymbol{L}$ は電流の方向を向いた長さ IL のベクトルである（図 14.18）．

例 4 地球の 4.6×10^{-5} T の磁場に垂直になるように吊ってある導線に 10 A の電流を流すとき，この導線の長さ 1 m あたりに働く磁気力の強さ F は
$$F = ILB = 10 \times 1 \times 4.6 \times 10^{-5} = 4.6 \times 10^{-4} \,[\text{N}]$$

問 2 図 14.21 の硫酸銅溶液の入っている容器内の極板に電池をつなぎ，中央に磁石を挿入すると，硫酸銅の青色の銅イオン（正イオン）はどのように運動するか．

■ **磁場中の電流が流れているコイルが受ける磁気力** ■ 図 14.22 のように，一様な磁場 $\boldsymbol{B}$ の中で磁場に垂直な軸 OO′ のまわりに回転できる長方形のコイル ABCD に電流を流す．左手の法則から，導線 AB の部分には紙面の上→下の向きに，CD の部分には紙面の下→上の向きに磁気力が働く．この 2 つの磁気力は大きさが IBa で等しく逆向きであるが，作用線がずれていて距離 $b\sin\theta$ だけ離れているので，モーメント（トルク）が $IabB\sin\theta$ の偶力（逆向きで大きさが同じ力のペア）になって，コイルの面が磁場と垂直になるような向きにコイルを回転させる．コイルの面積 A は $A = ab$ なので，コイルの受ける磁気力のモーメント（トルク）N は
$$N = IAB\sin\theta \tag{14.17}$$
と表される．この 1 巻きのコイル（ループ）が長方形ではなくて，円，三角形，あるいは任意の形のコイルを電流 I が流れている場合でも，コイルの囲む面積が A ならば，このコイルには（14.17）

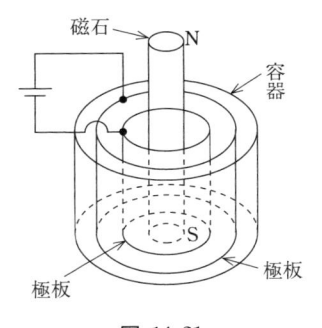

図 14.21

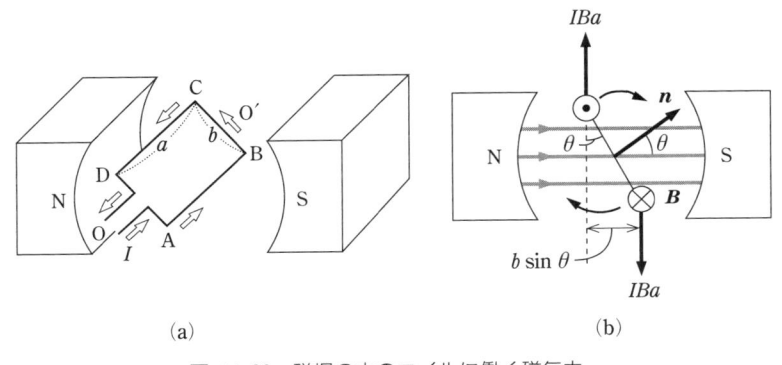

(a)　(b)

図 14.22 磁場の中のコイルに働く磁気力

14.7 電流に作用する磁気力

式の磁気力のモーメントが働く．

磁場の中の電流が流れているコイルを回転させる偶力の強さが電流の強さに比例することを利用している例として，図 14.23 に示すアナログ型電流計がある．

■ 直流モーター ■

図 14.24 に示すように，磁石の磁極間のコイル（電機子）が半回転するたびにコイルに流れる電流の向きを変えるための整流子をつけ，これがブラシと接するようにしておく．そうすると，コイルに流れる電流の向きは，コイルの面が磁場に垂直になるたびに逆転する．したがって，コイルは同じ向きに回転をつづける．これが直流モーターの原理である．

コイルが 1 巻きだと，コイルを軸のまわりに回転させようとする磁気力のモーメント（トルク）$IAB\sin\theta$ は，コイルの面が磁場に平行な $\theta = 90°$ のとき最大 (IAB) で，コイルの面が磁場に垂直な $\theta = 0$ のとき 0 になる．これでは，コイルは一様に回転しない．質量の大きいはずみ車をつけてもコイルの回転を一様にできるが，実際のモーターでは多数のコイルを組み合わせて（図 14.25），一定の角速度で回転するようにしている．

直流モーターは電池を使う電気ヒゲソリ機や首都圏を走る JR の電車で利用されている．JR の在来線では宇都宮線の黒磯以北，常磐線の取手以北と九州では交流が供給されているので，この交流区間と直流区間の境界をまたがって走る電車は交直両用の電車である．新幹線の車両には直流モーターがついている．

■ 電流のループと小磁石 ■

電流が流れている小さなコイルは，磁場の中で磁石と同じような回転力を磁場から受け，遠方では磁石と同じような磁場をつくることがわかった．したがって，電流の小ループと小磁石は実質的に同じものとみなすことができる．

14.8 電流の間に作用する力

電荷と電荷の間に力が作用し，磁石の磁極と磁極の間に力が作用するように，2 本の導線を流れる電流の間にも力が作用する（図 14.26）．導線は全体としては電荷を帯びていないが，導線を流れる電流はその周囲に磁場をつくり，その磁場が別の導線を流れる電流に力を及ぼすからである．

図 14.27 に示すように，2 本の長い導線 a, b をまっすぐ平行に張り，電流 I_1, I_2 を流す．2 つの電流の間隔を d とする．導線 a を流

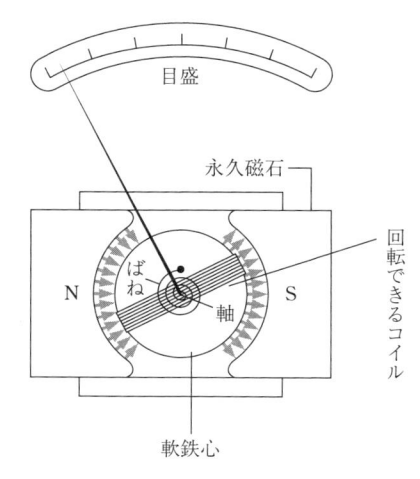

図 14.23 電流計．軟鉄心は磁気力を強める効果がある．

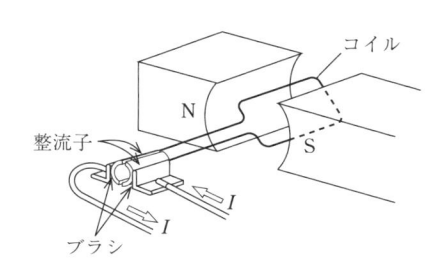

図 14.24 直流モーターの概念図

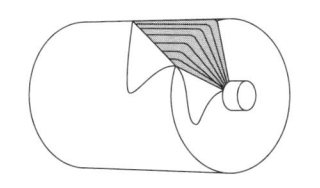

図 14.25 モーター

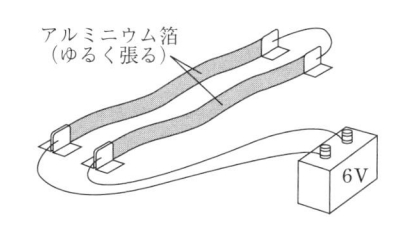

図 14.26 2 本のアルミニウム箔を平行に張り，電流を流すとアルミニウム箔はたがいに反発し合うことがわかる．

れる電流 I_1 は導線 b の位置に磁場 $\boldsymbol{B}_1$ をつくり，導線 b を流れる電流 I_2 はこの磁場 $\boldsymbol{B}_1$ から磁気力を受ける．こうして，電流の間に力が働く．この力を求めよう．

電流 I_1 が電流 I_2 の位置につくる磁場 $\boldsymbol{B}_1$ の強さは (14.1) 式によって

$$B_1 = \frac{\mu_0 I_1}{2\pi d} \tag{14.18}$$

で，その方向は電流 I_2 の流れる方向に垂直で，向きは電流 I_1 が流れる向きに右ねじを進めるときにねじのまわる向きである．この磁場 $\boldsymbol{B}_1$ から電流 I_2 の長さ L の部分が受ける磁気力 $\boldsymbol{F}_{2\leftarrow 1}$ の大きさは，(14.14) 式によって $F_{2\leftarrow 1} = B_1 I_2 L$ なので，

$$F_{2\leftarrow 1} = B_1 I_2 L = \frac{\mu_0 I_1 I_2 L}{2\pi d} \tag{14.19}$$

である．力の向きは電流 I_2 の流れる向きから $\boldsymbol{B}_1$ の向きに右ねじをまわすときにねじの進む向きなので，I_1 と同じ向きの電流 I_2 は電流 I_1 の方に向かう引力 $\boldsymbol{F}_{2\leftarrow 1}$ を受ける（図 14.27 (a)）．同様に，I_2 は I_1 に，I_2 の方へ向かう引力 $\boldsymbol{F}_{1\leftarrow 2}$ を及ぼす（図 14.27 (a)）．この 2 つの力は，向きが逆で大きさが等しい．したがって，平行で同じ向きの 2 つの電流の間には引力が働く．同様にして，平行で逆向きの 2 つの電流の間には斥力が働くことがわかる（図 14.27 (b)）．

以上をまとめ，μ_0 に対する (14.2) 式を使うと，

「平行な直線電流の間に働く磁気力の大きさは，電流の距離 d [m] に反比例し，電流の積 $I_1 I_2$ [A^2] に比例する．導線の長さ L [m] の部分に働く磁気力の大きさ F [N] は

$$F = 2\times 10^{-7} \frac{I_1 I_2 L}{d} \tag{14.20}$$

である．電流の向きが同じなら引力，逆向きなら斥力である」．

この電流の間に働く力は 1820 年にアンペールによって発見された．

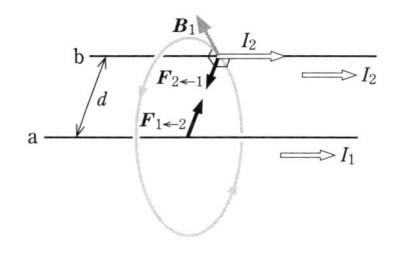

(a) I_1 と I_2 は同じ向き（引力）

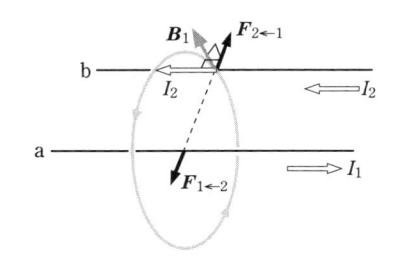

(b) I_1 と I_2 は逆向き（斥力）

図 14.27 平行電流の間に働く力

例5 2 本の平行な導線の間隔を 10 cm とし，それぞれに 100 A の電流が反対向きに流れている．この導線 10 m に働く力の強さ F は

$$F = 2\times 10^{-7} \times 100 \times 100 \times 10 / 0.1 = 0.2 \ [\text{N}]$$

で，斥力である．

例6 つる巻きばねに電流を流すと，ばねの隣り合うコイルに同じ方向に流れている電流間の引力のために，ばねは縮む．

■ 電磁気の単位 ■　平行電流の間に働く力の法則 (14.20) 式を使うと，2つの平行電流の間に働く力の強さを測れば，電流の強さを知ることができる．旧国際単位系では，真空中で 1 m 離して置いた強さの等しい 2 つの電流の間に働く力の強さが，1 m あたり 2×10^{-7} N であるような電流を 1 アンペア（記号 A）と定義していた．

　長さの単位 [m]，質量の単位 [kg]，時間の単位 [s] に加えて，電流の単位 [A] の 4 つの**基本単位**が定まると，電磁気に関する他の量の単位は，すべてこれらの基本単位の組み合わせで決まる（**組立単位**）．この単位系が 2018 年までの旧国際単位系である．

14.9　荷電粒子に作用する磁気力

■ 荷電粒子に作用する磁気力 ■　荷電粒子の流れである電流は，磁場の中で磁気力を受ける．この力の原因は，電流の中の個々の自由電子が磁場から受ける磁気力である．図 14.28 に示すように，放電管の負極から正極に向かう電子ビームをはさむように U 字形磁石を近づけると，電子ビームの進路は曲がる．これは，磁石のつくる磁場が，電子に力を及ぼしているからである．電子ビームの曲がり方を調べると，電子は運動方向と磁場のどちらにも垂直な方向を向いた力を受けていることがわかる．この磁気力の強さは，荷電粒子の電荷 q と速さ v および磁場の強さ B のそれぞれに比例する．**磁場 B の中を磁場と角 θ をなす向きに運動する荷電粒子（電荷 q，速度 v）に働く磁気力 F の大きさは**

$$F = qvB \sin \theta \qquad (14.21)$$

である．この磁気力の大きさは，荷電粒子が磁場と垂直に運動（$\theta = 90°$）するときに最大で，荷電粒子が磁場に平行に運動（$\theta = 0$）するときには磁気力は作用しない．磁場は静止している電荷には力を及ぼさない．磁気力 F の向きを図 14.29 に示す．

例 7　図 14.30 の装置で，電子が一定の速度 v で運動しているところに，電場 E と磁場 B をかけたところ，電子は前と同じように直進したとする．この電子の速さを求めてみよう．ただし $E \perp B$，$E \perp v$，$B \perp v$ とする．

　電荷が $-e$ の電子は大きさが eE の電気力と大きさが evB の磁気力の作用を受けている．電子が直進しているので，電気力と磁気力はつり合っている．したがって，$eE = evB$ から電子の速さ v は，$v = E/B$．

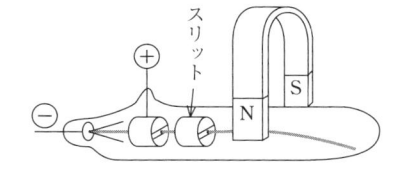

図 14.28　放電管の電子ビームに磁石を近づける．

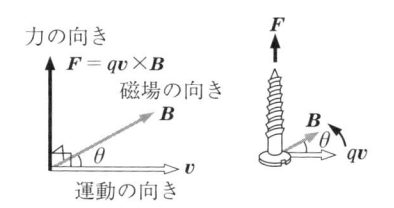

(a) 正電荷の場合（$q > 0$）

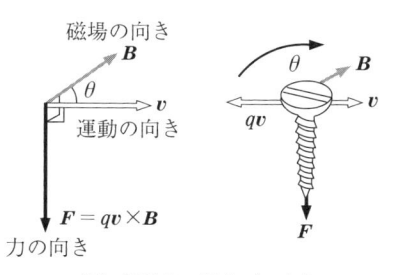

(b) 負電荷の場合（$q < 0$）

図 14.29　磁気力，$F = qvB \sin \theta$

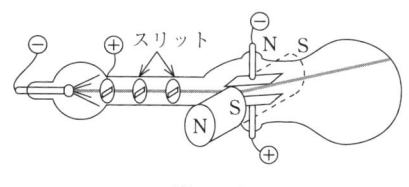

図 14.30

参考 ベクトル積で表した磁気力(14.21)式

付録で説明するベクトル積を使うと，磁場 B の中を速度 v で運動する電荷 q の荷電粒子に作用する磁気力 F は

$$F = qv \times B \qquad (14.21')$$

と表される．なお，磁場 B の厳密な定義は，運動する荷電粒子に作用する磁気力の(14.21')式を使って行われている．磁場のほかに電場 E がある場合には，この荷電粒子には電気力 qE も働く．荷電粒子に作用する電磁気力を**ローレンツ力**という．

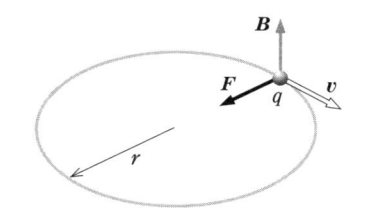

図 14.31 一様な磁場の中の等速円運動（$q > 0$ の場合）

$$\frac{mv^2}{r} = F = qvB$$

■ **サイクロトロン運動** ■ 　一様な磁場の中を運動する荷電粒子に働く磁気力は，運動の方向に垂直に働くので仕事をしない．そこで，磁気力によって荷電粒子の運動の向きは変わるが，その速さは変わらない．したがって，一様な磁場の中で，これに垂直に運動している荷電粒子は，その運動方向に垂直な一定の大きさの磁気力をつねに受けるから，等速円運動を行う（図 14.31）．

この等速円運動の半径を r，速さを v とすると，向心加速度は v^2/r である．質量 m，電荷 q の荷電粒子が磁場 B から受ける磁気力の大きさは qvB なので，運動方程式は

$$m\frac{v^2}{r} = qvB \qquad (14.22)$$

である．したがって，この円運動の速さ v と周期 $T = 2\pi r/v$ は

$$v = \frac{qBr}{m} \qquad T = \frac{2\pi m}{qB} \qquad (14.23)$$

である．そこで，この円運動の回転数 $f = 1/T$ は，

$$f = \frac{qB}{2\pi m} \qquad (14.24)$$

である．この回転数 f は，速さ v や半径 r には無関係なので，この事実を利用して，イオンを加速する加速器サイクロトロンでは，磁場の中でイオンを**サイクロトロン振動数**とよばれる振動数 $f = qB/2\pi m$ の交流電場で加速している（図 14.32）．

なお，磁場の方向には磁気力は働かないので，一様な磁場の中での荷電粒子の運動は，一般に磁場の方向の等速直線運動と磁場に垂直な平面上での等速円運動を重ね合わせた，らせん運動である（図 14.33）．

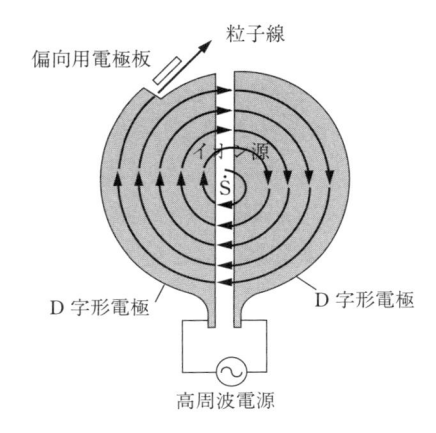

図 14.32 サイクロトロンの中での荷電粒子の運動．一様な磁場に垂直に置かれた 2 つの D 字形電極の間にサイクロトロン振動数の高周波電場をかけると，イオン源 S から出たイオンは電場で加速され，円運動の半径が大きくなっていく．これを偏向用電極板による電気力によって外部へビームとして取り出す．

■ **磁気鏡** ■ 　磁場が一様ではなく，図 14.34 のように磁力線が両側でゆっくり収束しているような磁場の場合，荷電粒子は半径がゆっくり減少していくらせん運動をする．磁場の方向の粒子の運動は

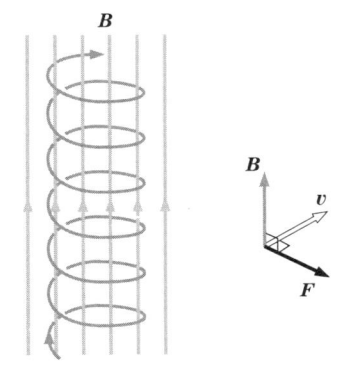

図 14.33 磁場の中での荷電粒子の運動（$q > 0$ の場合）．荷電粒子は磁力線に巻き付いて運動する．

14.9 荷電粒子に作用する磁気力

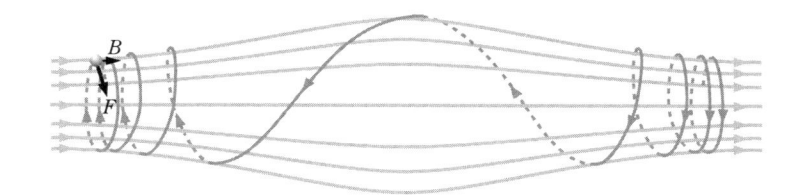

図 14.34　磁気力による荷電粒子の閉じ込め（$q<0$ の場合）．荷電粒子は磁力線のつくる表面（磁力管）の上を運動する．磁気力は荷電粒子を磁場の弱い中央部へ押し戻そうとする成分をもつことに注意．

減速し，ついには反射される．荷電粒子を中に閉じ込めるこのような磁場の構造を**磁気鏡**あるいは**磁気びん**という．

黒点活動に伴う太陽の磁気嵐では大量の陽子と電子が放出される．地球の近くに到達したこれらの粒子で地球磁場の磁力線による磁気びんに閉じ込められたものが，地球のまわりにバンアレン帯をつくる（図 14.35）．閉じ込められた荷電粒子が，地球磁場の乱れによって大気中に入って，大気を蛍光灯のように光らせる現象がオーロラである．したがって，人工衛星の宇宙飛行士は，上空ではなく，下の方にオーロラを観測する．

このように地球磁場は太陽からくる高速の陽子や電子などの放射線（宇宙線）から地球の生物を保護する．宇宙線の強度は上空にいくほど，また地磁気の極に近づくほど強くなる．

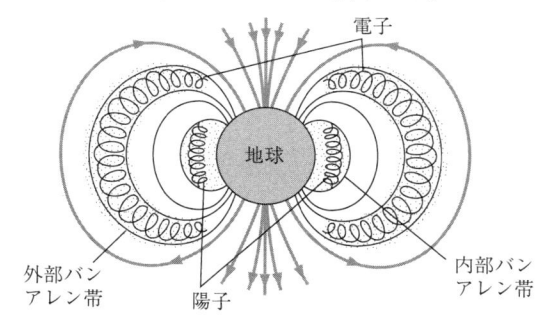

図 14.35　バンアレン帯．内部帯は地球の中心から約 10000 km のところにあり，外部帯は地球の中心から約 22500 km のところにある．バンアレン帯の様子は太陽からの陽子と電子の流れの太陽風によって大きく変形する．

■ **ホール効果** ■　真空中を運動している荷電粒子は磁場によって進行方向が横の方に曲げられるが，導体中で運動している荷電粒子の進行方向も磁場によって横の方に曲げられる．つまり，導体の両端に電位差をかけると，電位の高い方から低い方へ電流が流れ，さらに電場 E に垂直に磁場 B をかけると，電場 E にも磁場 B にも垂直な方向を向いた磁気力 F が働き，フレミングの左手の法則に

従って，電流を担う荷電粒子の移動方向が横の方にずれる．

正電荷を帯びた荷電粒子が電場の方向に移動している場合も，負電荷を帯びた粒子が電場の逆方向に移動している場合も，電流の曲がる向きは同じである．ところが，この場合，曲げられてきた荷電粒子が導体の側面に蓄積する．この蓄積された電荷による横方向の電場の向きと強さを測定すると，電流を担う荷電粒子の符号と密度がわかる（図 14.36）．この現象は 1879 年に 24 歳の米国の大学院学生であったホールによって発見されたので，**ホール効果**という．このホール効果によって，導体の内部で移動している荷電粒子の符号がわかることになった．ホールは，電流に働く磁気力は導体に働くのか荷電粒子に働くのかを知ろうとして，ホール効果を発見した．

ホール効果を利用したホール素子（図 14.37）は磁場の強さを測定するための磁気センサーとして広く使用されている．

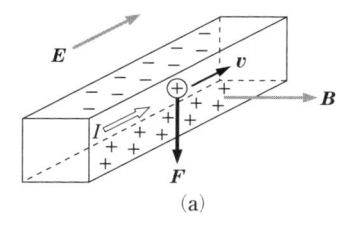

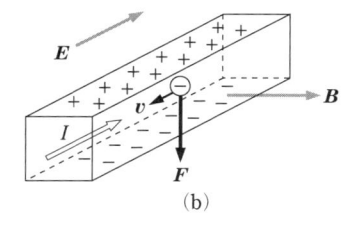

図 14.36 ホール効果．(a) 電流を担う荷電粒子の電荷が正の場合には，導体の下面に正電荷が蓄積する．(b) 電流を担う荷電粒子の電荷が負の場合には，導体の下面に負電荷が蓄積する．

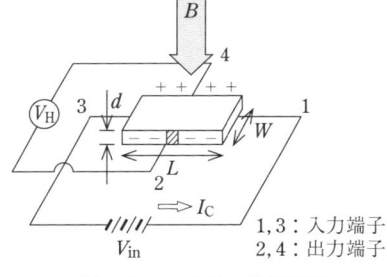

(a)

(b) ホール素子の動作原理

1, 3：入力端子
2, 4：出力端子

図 14.37 ホール素子．パソコンやビデオデッキなどで使われている小さなモーターの駆動用の磁気センサーとして使用されているホール素子．素子は幅 $W = 70\,\mu m$（ミクロン），長さ $L = 140\,\mu m$，厚さ $d = 0.5\,\mu m$ の InAs の単結晶の薄膜．薄膜が乗っている基板は絶縁性の GaAs 単結晶で，0.4 mm 角，厚さは 0.3 mm．これを樹脂で覆った製品では，4 本のリード線が片側から出ている（旭化成工業株式会社提供）．

❖ 第14章のキーワード ❖

磁石，磁極，磁場，磁力線，電流のつくる磁場，長い直線電流のつくる磁場，長いソレノイドを流れる電流のつくる磁場，磁束，磁場 B のガウスの法則，電流に作用する磁気力，フレミングの左手の法則，平行電流の間に作用する力，アンペア，荷電粒子に作用する磁気力，サイクロトロン振動数，磁気鏡，ホール効果

演習問題 14

A

1. 図1の2点A, Bのどちらの磁場が強いか（磁力線の様子から判断せよ）．磁極の間に置いた磁針にはどのような力が働くか．

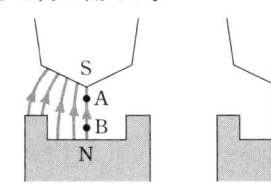

図1

2. 地球を大きな磁石と考えると，この磁石のN極は，地球の南極，北極のどちらか．また，地磁気が地球の内部を流れている円電流によるものだとすれば，この円電流はどういう平面上をどちら向きに流れていると考えればよいか．

3. 無限に長い導線に10Aの電流が流れている．この導線から距離が1cmの点の磁場の強さ B を求めよ．

4. 100回巻いてある円形コイル（半径10 cm）に10Aの電流が流れている．円の中心での磁場の強さ B を求めよ．

5. 半径10 cmの1巻きの円形導線が100Ωの抵抗で6Vの電池につながれている．円の中心での磁場の強さ B はいくらか．

6. 長さ30 cmの円筒に導線を1200回巻いたソレノイドに1Aの電流を流すと，内部の磁場の強さ B はどれくらいか．

7. 長さ1 kmの導線が，長さ1 mで円周が0.2 mの紙の管に一様に巻いてある．管の中心部の磁場を0.1 Tにするために必要な電流を求めよ．

8. 図2のように2つの磁石の磁極の間に電流が流れている．電流に働く磁気力と磁極に働く磁気力の向きを図示せよ．

図2

9. 真空中で 3×10^{-5} T の磁場に垂直な導線に20Aの電流を流すとき，この導線の1 mに働く磁気力を求めよ．

10. 軸を共有する2つの円形電流の場合，「同じ向きの円形電流は引き合い，反対向きの円形電流は反発し合う」ことを示せ．

11. 10^{-3} T の磁場に垂直に，速さ v が 10^6 m/s の電子（電荷 $-e = -1.6 \times 10^{-19}$ C，質量 $m = 9.1 \times 10^{-31}$ kg）が飛ぶとき，これに働く磁気力の大きさと，円軌道の半径および周期を求めよ．

12. 一様な磁場がかかっているが，電場はかかっていない物質中での電子の軌跡を調べたところ図3のようになった（物質中で電子は減速する）．
   （1） 電子の運動方向は A→B か，B→A か．
   （2） 磁場の方向は紙面の表→裏か，裏→表か．

図3

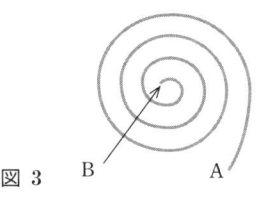

13. 栃木での地磁気は，鉛直下方に対して40.5°の角をなし（伏角 = 49.5°），水平方向成分は 3.0×10^{-5} T（磁場の大きさは 4.61×10^{-5} T）である．南北方向の水平な電線に10Aの電流を通じたとき，長さ2 mの電線に働く磁気力を求めよ．

B

1. 距離10 cmの平行な2つの直線状導線の一方に4A，他方に6Aが逆向きに流れている．2本の導線のちょうど中間での磁場の強さはいくらか．

2. 図4の半径 R の円と半円の中心 c における磁場を求めよ．

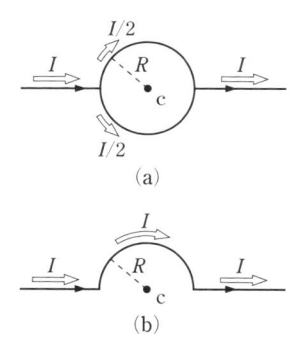

図4

3. 導線を流れる電流は磁場をつくる．全回路を流れる電流のつくる磁場は観測できるが，その微小部分を流れている電流だけがつくる磁場を直接に観測することはできない．しかし，ビオとサバールは，工夫して，これを観測することに成功した．図5の導線 ABC を流れる電流 I と導線 A'B'B''C' を流れ

図5

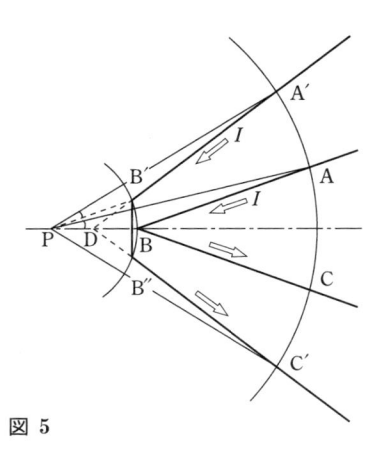

る電流 I が点Pにつくる磁場の差は，導線の一部分 B'B" を流れる電流 I が点Pにつくるものと等しいことを示せ．

4. 導線中の自由電子の密度を n，導線の断面積を A とすれば，この導線の長さ L の部分にある自由電子の総数は nAL である．この導線中を自由電子が平均速度 v で運動しているとき，この導線を流れる電流は $I = envA$ なので（演習問題 13 B 1 参照），荷電粒子に働く磁気力（14.21）から電流に働く磁気力（14.14）を導け．

5. 陽子を加速して 10 MeV の運動エネルギーをもたせるようなサイクロトロンをつくりたい．磁場の強さは 0.3 T とする．陽子の質量は 1.67×10^{-27} kg である．

（1） 磁石の磁極の半径はいくら以上でなければならないか．

（2） 加速用交流電源の周波数はいくらでなければならないか．

15 電磁誘導

　電磁誘導は変圧器などの身近にある電気機器に広く応用されている現象である．ファラデーが，発見したばかりの電磁誘導について，科学愛好者たちに講演したとき，当時の大蔵大臣が「これは何の役に立つのですか」と質問したという．これに対して，ファラデーは，「将来は課税できるようになるかもしれない」と答えたそうである．「生まれたばかりの赤ん坊の利用価値は何ですか」と答えたともいわれている．1831年に発見された電磁誘導は，現在では大いに役立っているが，最大の利用価値は発電機への応用だろう．

　電磁気学の建設に大きな貢献をしたファラデーがどのようにして電磁誘導を発見したのか，電磁誘導とは何かを学ぼう．

15.1 電磁誘導

　エルステッドが電流の磁気作用を発見して約10年後の話である．ファラデーは，電流はその近傍に磁場をつくるので，逆に磁気から電流が得られると感じていた．磁石のそばに鉄棒をもってくると，この鉄棒に磁気が生じ，他の鉄片を引きつける．そこで，ファラデーは，電流の流れているコイルの近くに別のコイルを近づけると，このコイルに電流を発生させられるのではないかと考えた．

　1831年にファラデーは一連の実験を行った．図15.1に示すように，軟鉄の環の半分に銅線のコイルAを巻き，他の半分にコイルBを巻いて，その両端を磁針の上に導線を張った電流検出装置につないだ．コイルAの両端を電池につないだとたんに磁針はピクッと動き，それから振動して，やがて最初の位置に静止した．それからコイルAに一定の電流が流れつづけている間は磁針は静止して

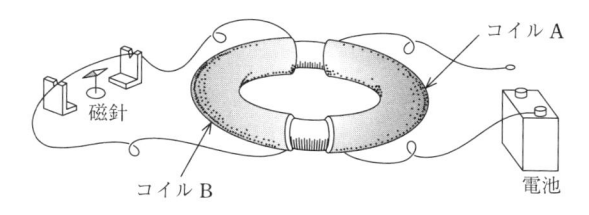

図 15.1　ファラデーの電磁誘導の実験（磁針は検流計である）

いたが，コイル A の電流を切ると，そのとたんに磁針はまたピクッと動き，それから振動した後，最初の位置に静止した．コイル B に電流が流れ，磁針に力が働くのは，コイル A に電流を通した瞬間と切った瞬間だけであった．コイル A に電流を通じた瞬間と切った瞬間に磁針に働く力の向きは逆であった．すなわち，コイル B に流れた電流の向きは逆だった．

軟鉄の環はコイル A に流れる電流の磁気作用を強める役割を演じるが，この環を取り除いて，この現象をわかりやすく示すと，図 15.2 のようになる．コイル A に電流 I_A を通じた瞬間にコイル B に流れる電流 I_B の向きは I_A の向きとは逆向きで，コイル A の電流 I_A を切った瞬間にコイル B に流れる電流 I_B の向きは I_A の向きと同じである．

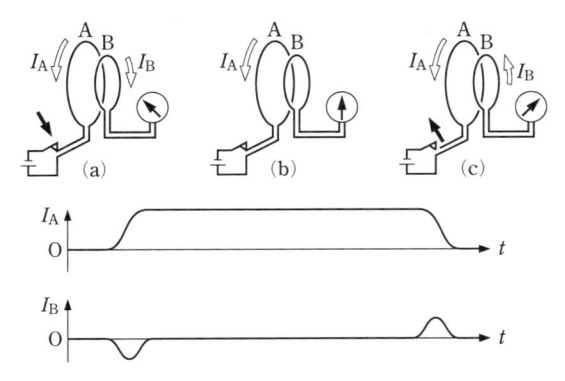

図 15.2 ファラデーの電磁誘導の実験の説明図．(a) コイル A に電流を流しはじめる．(b) コイル A に一定の電流が流れつづけている．(c) コイル A の電流を切る．

コイル B に電流を生じさせるものは何であろうか．コイル A に電流を通じるとコイル B の場所に磁場が生じる．コイル B に電流が流れるのは，コイル A に電流を通じた瞬間と切った瞬間だけである．そこで，コイル B に電流を生じさせる原因は変化する磁場ではないかとファラデーは考えて，磁石を使って図 15.3 に示すような実験を行い，図に示されているような結果を得た．このように

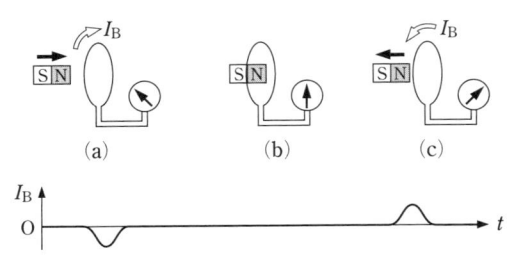

図 15.3 磁石を使った電磁誘導の実験．(a) 磁石を右に動かす．(b) 磁石を静止させておく．(c) 磁石を左に動かす．

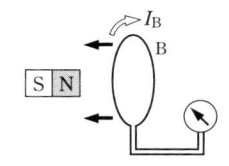

図15.4 磁石を右に動かすかわりに，静止している磁石に向かってコイルBを左に動かす．

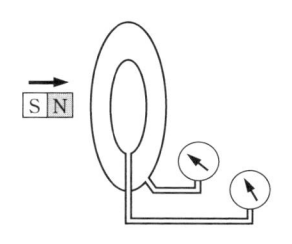

図15.5 同じ電気抵抗をもつ導線で異なる半径で同じ巻き数のループをつくり，磁石を近づけると半径の大きなループにつながれた電流計の振れの方が大きい．

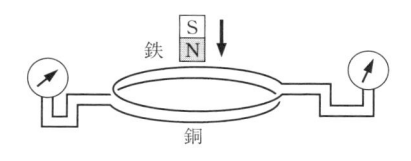

図15.6 電気抵抗の異なる鉄と銅の導線のコイルに磁石を同じように近づけると，抵抗の小さい銅線のコイルにつながれた電流計の振れの方が大きい．

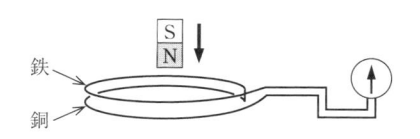

図15.7 電気抵抗の異なる銅線と鉄線で同じ大きさのループをつくり，逆向きにつないだものに磁石を近づけても電流は流れない．

して，コイルの近傍の磁場の強さが変化するとコイルに電流が流れることがわかった．

また，静止しているコイルに磁石を近づけるかわりに，静止している磁石にコイルを近づけてもコイルには同じように電流が流れることも発見した（図15.4）．図15.3(a)の実験と図15.4の実験では，コイルと磁石の相対運動は同じなので，コイルに同じ電流が流れるのは当然だと考えられる．

同じコイルに磁石を速く近づけたときとゆっくり近づけたときでは，速く近づけたときの方が電流計は大きく振れる．

同じ電気抵抗をもつ導線で異なる半径で同じ巻き数の2つのループをつくり，磁石を同じように近づけると，半径の大きいループにつながれた電流計の方が大きく振れる（図15.5）．

電気抵抗の異なる鉄と銅の導線で，同じ半径で同じ巻き数のコイルをつくり，それらに同じ大きさで同じ強さの磁石を同じ速さで近づけると，抵抗の小さな銅線のコイルにつながれた電流計の振れの方が大きい（図15.6）．つまり，抵抗の小さな銅線のコイルには抵抗の大きな鉄のコイルよりは大きな電流が流れる．

この現象は，回路に誘導電流 I が流れるのはコイルに誘導起電力 V_r が生じたためであり，コイルの電気抵抗を R とすると，コイルに流れる電流 I はオームの法則によって

$$I = \frac{V_\mathrm{r}}{R} \tag{15.1}$$

なので，この実験は，2つのコイルに同じ大きさの誘導起電力 V_r が生じると考えれば理解できる．

この事実は，電気抵抗の異なる鉄と銅の導線で，同じ半径で同じ巻き数のコイルをつくり，2つのコイルを逆向きにつないで磁石を近づけると電流計の針が振れないことによって確かめられる（図15.7）．2つのコイルに生じる誘導起電力の大きさは等しいが，向きが逆向きなので，打ち消し合って，結合したコイル全体に生じる正味の誘導起電力は0になることが確かめられたからである．

このようにして，ファラデーは

「回路（コイル）を貫く磁力線の数の変化（磁束の変化）が回路（コイル）の中に誘導起電力を発生させ，回路（コイル）に誘導電流を流す」

ことを発見した．この現象を**電磁誘導**という．電磁誘導は米国のヘンリーによっても1831年に独立に発見された．

それでは誘導起電力の向き，したがって誘導電流の流れる向きはどうなっているのだろうか．図15.2(a)の実験で，コイルAに電

流 I_A を通じた瞬間にコイル B に流れる電流 I_B の向きは I_A の向きと逆である．したがって，コイル A の電流 I_A のつくる磁場の向きとコイル B の電流 I_B のつくる磁場の向きは逆なので，コイル B に流れる誘導電流 I_B は，コイル A の電流 I_A の増加による磁場の増加を妨げて，磁場がなかった最初の状態を持続しようとする向きに生じる．

図 15.2 (c) の実験で，コイル A の電流 I_A を切った瞬間にコイル B に流れる電流 I_B の向きは I_A の向きと同じである．したがって，コイル A の電流 I_A のつくる磁場の向きとコイル B の電流 I_B のつくる磁場は同じ向きなので，コイル B に流れる誘導電流は磁場が減少するのを妨げ，磁場の状態の変化を妨げる向きに生じる．このように，電磁誘導によって生じる誘導起電力は，それによって流れる誘導電流のつくる磁場が，磁場の変化を妨げる向きに生じる．

このように，電磁誘導によって生じる誘導電流は磁場の変化を妨げる向きに生じるので，磁場に対する一種の慣性抵抗のような働きをしている．

15.2 電磁誘導の法則

磁束（磁力線の数）を使うと，図 15.1〜15.7 に示した実験結果から，電磁誘導で生じる誘導起電力の大きさと向きについて，次の法則が成り立つことがわかる．

(1) 回路（コイル）を貫く磁束（磁力線の数）Φ_B の変化が回路（コイル）の中に誘導起電力を発生させ，回路（コイル）に誘導電流を流す．誘導起電力は回路を貫く磁束（磁力線の数）Φ_B が変化している間だけ存在し，誘導起電力の大きさ V_r は回路を貫く磁束（磁力線の数）Φ_B の時間変化率 $d\Phi_B/dt$ に等しい．

(2) 誘導起電力は，それによって生じる誘導電流のつくる磁場が，回路を貫く磁束（磁力線の数）の変化を妨げる向きに生じる（レンツの法則）．

図 15.8 のように，閉じた 1 巻きのコイルに生じる電磁誘導を考える．コイルの面の法線ベクトル $\boldsymbol{n}$ の向きはコイルを貫く磁束の正の向きで，この向きに進む右ねじのまわる向きをコイルの正の向き（コイルに沿った向きの定義された閉曲線の正の向き）と約束する（図 15.8 (a)）．

コイルに磁石を近づけたり遠ざけたりすることによって，コイルを貫く磁束 Φ_B が時間 Δt の間に $\Delta\Phi_B$ だけ変化し，コイルに誘導起

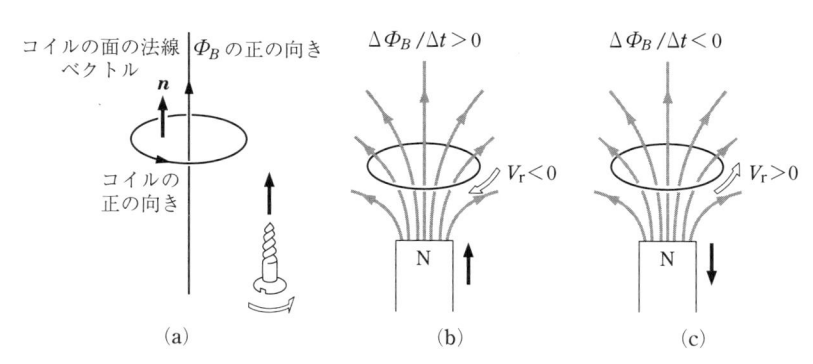

図 15.8 電磁誘導．(a) 磁束の正の向きとコイルの正の向き．(b) 磁石を近づける．(c) 磁石を遠ざける．

電力 V_r が生じたとする．図 15.8 (b) のように，コイルに磁石の N 極を下から近づけると，コイルを正の向きに貫く磁束 Φ_B が増加するので ($\Delta\Phi_B/\Delta t > 0$)，コイルには，負の向きの磁束をつくるように，負の向きの起電力 ($V_r < 0$) が生じる．図 15.8 (c) のように，磁石を遠ざけるときには，コイルを正の向きに貫く磁束 Φ_B が減少するので ($\Delta\Phi_B/\Delta t < 0$)，コイルには，正の向きの磁束をつくるように，正の向きの起電力 ($V_r > 0$) が生じる．したがって，起電力の向きを V_r の符号で表せば，電磁誘導による誘導起電力 V_r は次のように表される．

$$V_r = -\frac{d\Phi_B}{dt} \tag{15.2}$$

同じ向きに N 回巻いてあるコイルを貫く磁束 Φ_B が変化する場合には，コイルの 1 巻きについて (15.2) 式の誘導起電力が生じるから，コイル全体に生じる誘導起電力 V_r は

$$V_r = -N\frac{d\Phi_B}{dt} \tag{15.3}$$

となる．

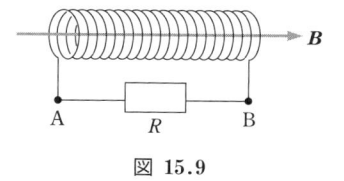

図 15.9

例1 図 15.9 のような巻き数 1000 のコイルを矢印の向きに貫いている磁束が，1 秒間に 1.0×10^{-3} Wb の割合で増加している．コイルにつないだ 1000 Ω の抵抗に流れる電流の大きさ I は，

$$V_r = N\frac{\Delta\Phi_B}{\Delta t} = 1000 \times 1.0 \times 10^{-3} = 1.0 \,[\text{V}] = RI$$

から

$$I = V_r/R = 1.0/1000 = 1.0 \times 10^{-3} \,[\text{A}]$$

であり，電流の向きは A → B の向きである．

回路を貫く磁束の変化は，

（1） 回路は静止していて磁場が変化する場合，にも
（2） 磁場は時間的に変化しないが，回路が動く場合

にも起こるが，どちらの場合にも電磁誘導の法則(15.2)は成り立つ．コイルに電流が流れるのは，導線の中の自由電子に電気力か磁気力が働くためである．(1)の場合には磁場 B の時間的変化に伴って生じた誘導電場の及ぼす電気力のためで，(2)の場合は動くコイルの中の電子に働く磁気力のためである．

15.3 回路は静止していて磁場が変化する場合の電磁誘導

まず，回路は静止していて磁場が変化する場合を考える．図 15.3(a)の実験はこの場合の例である．回路は静止しているので，回路の中に電流を流そうとする磁気力は働かない．したがって，電流を流す誘導起電力は，回路の中の自由電子に電気力を及ぼす電場が誘起されるからである．つまり，

「磁場が時間とともに変化する場合には，電磁誘導によって電場が生じる」．

この誘起される電場を誘導電場という．ある点の磁場が時間とともに変化する場合には，その点に導体があってもなくても誘導電場が生じる．

電場 E には，「電荷のつくる電場」と「電磁誘導による電場」の2種類があることになった．静止している電荷のつくる電場（静電場）の電気力線は，正電荷を始点として負電荷を終点とする曲線であって，始点も終点もない閉じた曲線（閉曲線）を描くことはない．これに対して，コイルを貫く磁束を時間とともに変化させたときに周囲に生じる誘導電場の電気力線は図 15.10(a)のような閉じた曲線（閉曲線）になる（誘導電場の様子は電流のつくる磁場の様子に似ている（図 15.10(b)）．この閉じた電気力線の上に置かれたコイルには，電気力線の向き（電場の向き）に電流が流れる．正電荷をこの電気力線に沿って1周させると，誘導電場は電荷に対して仕事をする．単位正電荷がコイル（閉回路）Cを1周するときに誘導電場のする仕事が誘導起電力 V_r である（電池の含まれている回路と比較せよ）．

電位が定義できる静電場の場合には，単位正電荷がコイル（閉回路）Cを1周するときに電場のする仕事は，始点と終点の電位の差なので，0である（(11.1)式参照）．逆に，単位正電荷がコイル（閉回路）Cを1周するときに電場のする仕事が0でない誘導電場の場合，各点の電位あるいは2点間の電位差を定義できない．ただし，

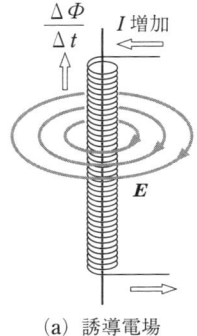

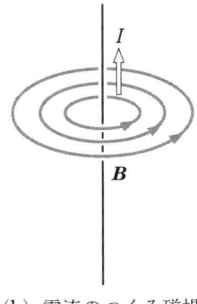

(a) 誘導電場

(b) 電流のつくる磁場

図 15.10

閉回路のある 2 点間の一方の経路についての電位差は定義できる．

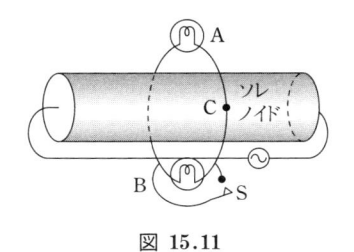

例 2 図 15.11 の長いソレノイドに交流が流れ，ソレノイドを 1 周している導線に電磁誘導で電流が流れ，豆電球 A, B が点灯している．スイッチ S を入れたときの 2 つの豆電球の明るさを考えよう．導線の点 C に電磁誘導による起電力と同じ交流電源を挿入して，オームの法則，つまり，「誘導起電力」＝「電気抵抗」×「電流」の関係を利用して考察すると，豆電球 A は明るくなり，豆電球 B は消えることがわかる． ∎

図 15.11

(話題) 電磁調理器　料理用の熱源として，電熱器 (ヒーター) のほかに，電磁誘導を利用した電磁調理器がある．その原理は次のようである．まず，家庭にきている交流の電流をいったん直流にして，インバーター (周波数変換器) で 20 kHz 以上の高周波電流に変え，電圧を上げる．この高周波電流を円形コイルに流すと，コイルのそばにおいてある金属板の中に誘導起電力が生じ，電流が流れる．金属板には抵抗があるので，電流が流れると発熱する．周波数が高いと磁束の変化が大きくなるので，発熱量が大きくなる．

15.4　磁場は変化せず回路が運動する場合の電磁誘導

図 15.4 の実験は，磁場は時間とともに変化しないが，回路が動く場合の例である．この場合には，磁場の中を動くコイルといっしょに運動する自由電子に働く磁気力が誘導起電力であるが，この場合にも電磁誘導の法則 (15.2) は成り立つ．

図 15.4 の実験と図 15.3 (a) の実験では，磁石とコイルの相対運動は同一なので，コイルには同じ電流が流れる．図 15.3 (a) の実験で回路に電流を流すのは誘導電場による電気力なのに，図 15.4 の実験で回路に電流を流すのは磁場による磁気力で，一見したところ無関係に思われる．しかし，図 15.3 (a) の実験を磁石と同じ速さで右に移動しながら眺めると，図 15.4 の実験と同じに見えることから，両方の実験で同じ電流が流れることが理解できる．この問題は，第 17 章の相対性理論で学ぶ．ここでは，磁石と導線の相対運動が同じなら，導線の中の電子には同じ起電力が生じることを事実として受け入れよう．

図 15.12 (a) と図 15.12 (b) では磁石と導線の相対運動は同一である．図 15.12 (a) の場合に，磁場 B の中を速さ v で運動する電荷 q の荷電粒子に作用する磁気力の大きさは $f = qvB$ である ((14.21) 式参照)．図 15.12 (b) の場合に，電荷 q の荷電粒子に作

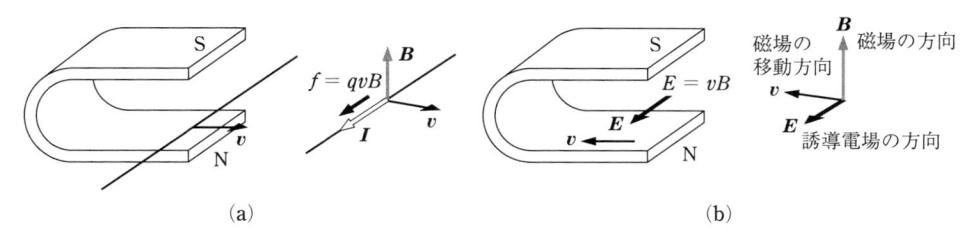

図 15.12 静止している磁石の磁極の間を導線が右に速さ v で移動する場合（a）と導線は静止していて磁石が左に速さ v で移動する場合（b）の相対運動は同一である．(a) 磁場の中で導線を右に動かすと，導線の中に誘導起電力が生じる（$q > 0$ の場合）．この起電力は導線中の電荷 q の荷電粒子に働く磁気力 $f = qvB$ によるものである．(b) 磁石を左に動かすと，電荷 q に働く電気力は $f = qE = qvB$ なので，誘導電場 $E = vB$ が生じる．この誘導電場は導線がなくても生じるので，導線は描いてない．

用する電場 E の電気力は qE である．そこで両者が等しく，$qvB = qE$ だという関係から，誘導電場の強さは $E = vB$ であることがわかる．つまり，速さ v で移動している磁石の磁極の間には，図 15.12 (b) に示すような向きに，大きさが

$$E = vB \tag{15.4}$$

の電場 E が生じることがわかる．この電磁誘導による誘導電場は導線があってもなくても同じように生じる．

■ **渦電流** ■ 金属板を自由に回転できるようにして吊り下げ，その下で U 字形の磁石を回転させると，金属板も磁石と同じ向きに回転する（図 15.13 (a)）．この理由は，次のようである．N 極上の金属板の A 側（図 15.13 (b)）では，N 極が近づくから上向きの磁束が増すので下向きの磁束をつくるように，上から見て時計まわりの誘導電流が流れる．また，B 側では N 極が遠ざかるから，これとは逆に，上から見て時計の針と逆まわりの電流が流れる．これらの電流は，N 極による上向きの磁場から磁気力を受ける．この磁気力は磁極の真上で最も強く，磁極が動いていく向き（右向き）に働く．S 極上でも同じように，磁極の動いていく向きに磁気力が働く．この現象は，積算電力量計，モーターなどに利用されている．このように，広がりのある導体内に渦巻状に流れる誘導電流を渦電流という．電磁調理器も渦電流の応用である．

磁場の中を導線が動くと導線の中に電流が流れるように，磁場の中を導体のかたまりが動くとその中を電流が流れる．図 15.14 (a) のように銅板を吊って，磁石の磁極の間で振らせるとすぐに止まる．その理由を説明しよう．磁場の中で銅板が動くと，その中の荷

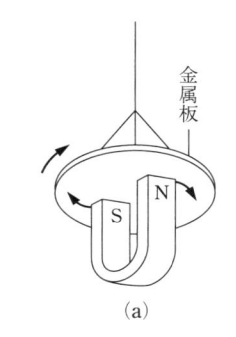

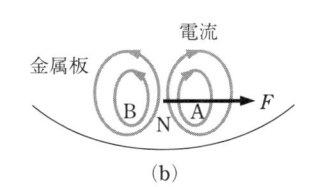

図 15.13 渦電流．(b) 金属板を流れる電流（金属板の上から眺める）

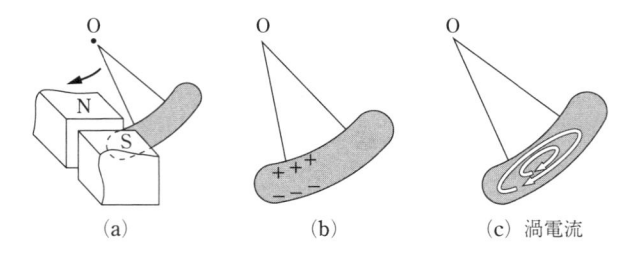

図 15.14 渦電流

電粒子は磁場の中で運動するので，荷電粒子には磁気力が働く．このために自由電子は銅板の下端に移動し，下端に自由電子が集まる（図 15.14 (b)）．磁極の中心に近い方の電子密度が大きくなるので，自由電子は右の方に流れはじめる．電子は負電荷なので，銅板の中には図 15.14 (c) のような渦電流が流れる．この渦電流にも磁石の磁気力は働くが，この磁気力は銅板の動きを止める方向に働くので，銅板の振動はすぐに止まる．振動の力学的エネルギーは銅板中に発生するジュール熱になる．渦電流は熱を発生し，モーターや発電機などの効率を小さくするので，渦電流を減少させるために，大きな導体のかわりに，絶縁体で覆った導体の薄板の束を使う．

15.5 磁場の中で回転するコイルに生じる起電力
—— 交流発電機

一様な磁場 $\boldsymbol{B}$ の中で，磁場に垂直な軸 OO′ のまわりを，図 15.15 に示す長方形（面積 A）の導線を角速度 ω で図に示す向きに回転させる．コイルの面の法線 $\boldsymbol{n}$ と磁場 $\boldsymbol{B}$ のなす角を $\theta = \omega t$ とする．コイルによって囲まれた長方形の面積は A なので，このコイルを貫く磁力線の数（磁束）Φ_B は，

$$\Phi_B = BA \cos \theta = BA \cos \omega t \tag{15.5}$$

である．電磁誘導によってコイルに生じる誘導起電力は，(15.2) 式によって，

$$V_\mathrm{r} = -\frac{\mathrm{d}\Phi_B}{\mathrm{d}t} = BA\omega \sin \omega t \tag{15.6}$$

である．この誘導起電力は図の T_1 からコイルを通って T_2 の向き

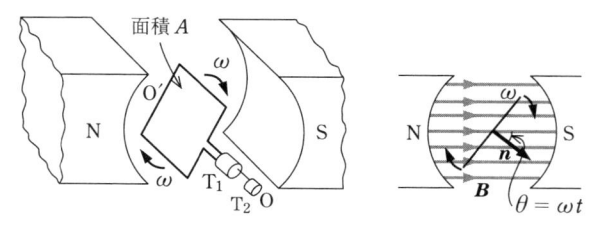

図 15.15 一様な磁場の中を角速度 ω で回転するコイル

を向いている．この起電力が最大になるのは磁場 B がコイル面に平行なときで，磁場がコイル面に垂直なときには起電力は 0 になる．コイルが半回転してコイルの表裏が逆になったときには，起電力の向きは逆になる．図 15.16 に示すように，この起電力は

$$\text{周期 } T = \frac{2\pi}{\omega}, \quad \text{振動数（周波数）} f = \frac{\omega}{2\pi} \quad (15.7)$$

の周期関数の交流起電力（交流電圧）である．これが交流発電機の原理である．交流起電力が導線に流す電流が交流電流である．

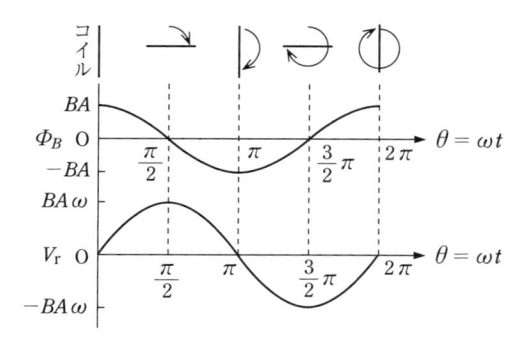

図 15.16 $\Phi_B = BA\cos\omega t$, $V_r = BA\omega\sin\omega t$

15.6 自己誘導

図 15.17 のように，コイル，電球および電池をつないで，スイッチを入れる．しばらく電流を流したあとで，スイッチを切ると電球はその瞬間に明るく輝く．そこで，スイッチを急速に断続させると，電池だけでは弱くしか光らないようにしておいても，電球は明るい光を放つ．この現象はスイッチを切ったあともコイルを流れていた電流が流れつづけようとする性質をもつために生じる．

コイルを流れる電流が変化するとき，このコイルには電流の変化を妨げるような向きの誘導起電力が生じる．これは電磁誘導であるが，これを**自己誘導**という．自己誘導による起電力は，これを生み出すもとになった電圧の変化を妨げる向き（反対向き）に生じるので，これを**逆起電力**ということが多い．

図 15.18 の場合，スイッチを入れて回路の電流が増加するとき，コイルに自己誘導による逆起電力が生じて，電流が一瞬の間にオームの法則の値 V/R になるのを妨げる．また電流 $I = V/R$ の流れている回路のスイッチを切っても，切った瞬間に電流が 0 にならないのも自己誘導のためである．

図 15.19 の回路の抵抗が小さいとする．もし，電源が直流電源なら，この回路には大きな電流が流れ，多くのジュール熱が発生する．しかし，電源が交流電源なら，電源の起電力とコイルに生じる

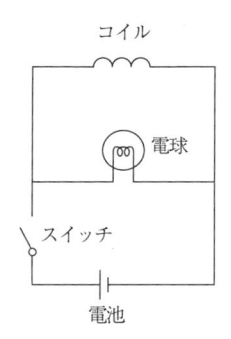

図 15.17 電球のかわりにネオン管を使い，コイルとして 10 W の蛍光灯用の安定器（チョークコイル）を使い，電池として単 1 乾電池 1 個を使っても，スイッチを開閉するとネオン管が点灯する．

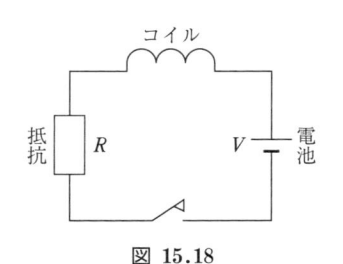

図 15.18
⁀⁀⁀ はコイルを表す記号である．

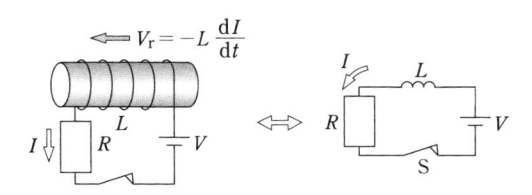

図 15.19 自己誘導

逆起電力がほぼ打ち消し合うので，回路の抵抗にかかる電圧は小さく，発生するジュール熱は少ない．

コイルに流れる電流のつくる磁場は電流に比例するので，コイルの (1 巻き) を貫く磁束 Φ_B は電流 I に比例する．したがって N 巻きのコイルを貫く全磁束 $N\Phi_B$ を，$N\Phi_B = LI$ と表せる (L は比例定数)．コイルを流れる電流が時間 Δt の間に I から $I + \Delta I$ まで ΔI だけ変化すると，全磁束の変化は $N\Delta\Phi_B = L\Delta I$ である．したがって，(15.3) 式によって

「閉回路を流れている電流 I が変化すると，閉回路にこの変化を妨げる向きに自己誘導による誘導起電力

$$V_r = -N\frac{d\Phi_B}{dt} = -L\frac{dI}{dt} \tag{15.8}$$

が生じる」．

この比例定数 L

$$L = \frac{N\Phi_B}{I} \tag{15.9}$$

をこのコイルの**インダクタンス**あるいは**自己インダクタンス**という．L は閉回路の形と巻き数およびその付近にある磁性体によって決まる定数で，国際単位は $T\cdot m^2/A$ であるが，これを自己誘導の発見者のヘンリーにちなんで，ヘンリー (記号 H) とよぶ．コイルを流れる電流が 1 秒あたり 1 A の割合で増加しているとき，このコイルに生じる自己誘導による起電力が 1 V の場合のコイルの自己インダクタンスが 1 H である．自己誘導による起電力は電流の変化を妨げる向きに生じるので，L はつねに正である．

$$L > 0 \tag{15.10}$$

■ **LR 回路** ■　自己インダクタンス L のコイルと抵抗 R とスイッチ S と起電力 V の直流電源を直列に接続した回路のスイッチを $t = 0$ に入れると (図 15.19)，この LR 回路を流れる電流 I は

$$I = \frac{V}{R}(1 - e^{-Rt/L}) \tag{15.11}$$

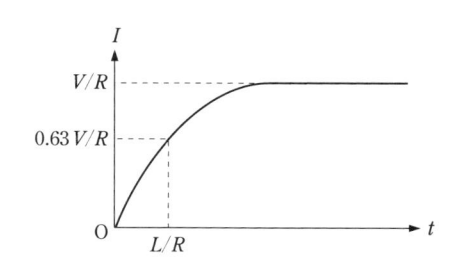

図 15.20　時刻 $t = 0$ に図 15.19 の回路のスイッチを入れたときに流れる電流．

のように増加して，最終的な値の $I_0 = V/R$ に近づく（図 15.20）．電流がオームの法則の値 $I_0 = V/R$ になるまでに，L/R 程度の時間がかかる（$t = L/R$ では $I \approx 0.63 V/R$，$t = 2L/R$ では $I \approx 0.86 V/R$）．L/R をこの LR 回路の**時定数**という．

電流 $I_0 = V/R$ が流れているこの LR 回路から電源を取り除くと，この LR 回路を流れる電流はただちに 0 にはならず，

$$I = I_0 \mathrm{e}^{-Rt/L} \tag{15.12}$$

のように減少する．

参考 (15.11), (15.12) 式の導き方

図 15.19 の回路の起電力は，電池の起電力 V と自己誘導による起電力 $-L\,\mathrm{d}I/\mathrm{d}t$ の和である．これが電気抵抗 R による電圧降下 RI に等しいので，次の微分方程式が導かれる．

$$V - L\frac{\mathrm{d}I}{\mathrm{d}t} = RI \tag{15.13}$$

(15.11) 式を (15.13) 式に代入して，e^{-at} を t で微分すると $-a\mathrm{e}^{-at}$ になることを使うと，(15.11) 式は (15.13) 式の解であることがわかる．$t = 0$ では $I = 0$ だが，$\mathrm{e}^0 = 1$ なので，(15.11) 式はこの条件も満たしており，物理的に満足な解である．

電池を取り除いた場合の回路の方程式は (15.13) 式で $V = 0$ とおいた

$$RI = -L\frac{\mathrm{d}I}{\mathrm{d}t} \tag{15.14}$$

である．(15.12) 式が (15.14) 式の解であることは，代入してみればわかる．(15.12) 式で $t = 0$ とおくと $I = I_0 = V/R$ となるので，(15.12) 式は物理的に満足な解である．

例3 長いソレノイドの自己インダクタンス 図 15.21 に示す，長さ d [m]，断面積 A [m^2]，1 m あたり n 巻きの空心のソレノイドの自己インダクタンスは，次の例題 1 で示すように，

$$L = \mu_0 n^2 A d \quad (\text{空心}) \tag{15.15}$$

で，ソレノイドの内部を比透磁率 μ_r の軟鉄心で満たすと

$$L = \mu_0 \mu_\mathrm{r} n^2 A d \quad (\text{軟鉄心入り}) \tag{15.16}$$

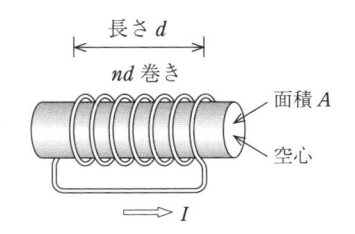

図 15.21 空心のソレノイド

例題 1 (1) 空心の長いソレノイドの自己インダクタンスを求めよ（図 15.21）．
(2) ソレノイドが比透磁率 μ_r の軟鉄心に巻いてあるときの自己インダクタンスは空心の場合の μ_r 倍である．断面積 8 cm^2，長さ 10 cm の鉄心（比透磁率 $\mu_\mathrm{r} = 1000$）に一様に導線が 1000 回巻いて

あるソレノイドの自己インダクタンスを求めよ．

（3） このソレノイドを流れる電流が 0.01 秒間に 0 から 10 mA に増加した．このソレノイドに生じた平均誘導起電力はいくらか．

解 （1） ソレノイドの長さが十分長いと，14.4 節の (14.5 a) 式が使える．ソレノイドに電流 I が流れるときのソレノイドの内部での磁場の強さ B は $\mu_0 n I$ なので，面積 A のコイル 1 巻きを貫く磁束 Φ_B は

$$\Phi_B = BA = \mu_0 n I A \quad (15.17)$$

したがって，全巻き数 $N = nd$ のソレノイドの自己インダクタンス L は

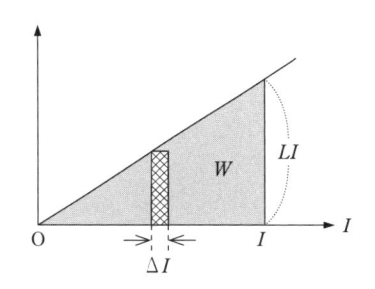

$$L = N\Phi_B/I = nd\Phi_B/I = \mu_0 n^2 A d \quad (15.18)$$

（2） ソレノイドに軟鉄心（比透磁率 μ_r）が入っているときには，ソレノイドの中の磁場 B は空心の場合の μ_r 倍になるので [(14.6 a) 式]，$\Phi_B = BA$ も μ_r 倍になり，自己インダクタンスは

$$L = \mu_r \mu_0 n^2 A d \quad (15.19)$$

したがって，

$$L = 1000 \times 4\pi \times 10^{-7} \times (1000/0.1)^2 \times 8 \times 10^{-4} \times 0.1$$
$$= 10 \text{ [H]}$$

（3） $V_r = L\, dI/dt = 10 \times 10 \times 10^{-3}/0.01$
$$= 10 \text{ [V]}$$

15.7 磁場のエネルギー

■ **磁場のエネルギー** ■ コイルに流れる電流を増すには，逆起電力 $-L\Delta I/\Delta t$ に逆らって電源が電流に仕事をしなければならない．時間 Δt に電流を I から $I + \Delta I$ まで増すとき，逆起電力に逆らって移動する電気量は $I\Delta t$ なので（この間の電流は一定で I だと近似する），電流を ΔI 増加させるのに必要な仕事 ΔW は

$$\Delta W = VI\,\Delta t = L\frac{\Delta I}{\Delta t} I \Delta t = LI\,\Delta I \quad (15.20)$$

である（図 15.22 の斜線部の面積）．したがって，電流を 0 から I まで増すときに必要な仕事 W は，図 15.22 のアミのかかっている底辺が I で高さが LI の三角形の面積 $LI^2/2$，つまり，

$$\boxed{W = \frac{1}{2}LI^2} \quad (15.21)$$

である．電流 I の流れている自己インダクタンス L のコイルには，これだけの**磁場のエネルギー**が蓄えられている．これは電流によってコイルに生じた磁場のエネルギーである．

大きな電磁石のスイッチを切るときには，大きなエネルギーをもっている磁場の突然の消失は大きな電圧を誘起し，火花を飛ばすことがあるので注意する必要がある．

図 15.22 $W = \frac{1}{2}LI^2$

■ **長いソレノイドに蓄えられた磁場のエネルギー** ■ 空心の長いソレノイド（長さ d [m]，断面積 A [m^2]，1 m あたり n 巻き）に電流 I を流すと，この空心のソレノイドの内部では磁場の強さ B は

$$B = \mu_0 n I \quad (15.22)$$

で，このソレノイドの自己インダクタンス L は

$$L = \mu_0 n^2 A d \tag{15.23}$$

なので,磁場のエネルギー (15.21) は

$$W = \frac{1}{2}LI^2 = \frac{1}{2\mu_0}B^2(Ad) \tag{15.24}$$

と書き直せる.Ad はソレノイドの内部の体積であり,ソレノイドの外部では磁場 $B = 0$ なので,(15.24) 式は,ソレノイドの内部には単位体積あたり

$$u_B = \frac{1}{2\mu_0}B^2 \quad (真空中) \tag{15.25}$$

という大きさの磁場のエネルギーが存在していることを示す.

長いソレノイドの内部が比透磁率 μ_r の鉄心で満たされている場合には,$L = \mu_r\mu_0 n^2 A d$,$B = \mu_r\mu_0 n I$ なので,(15.25) 式は次のようになる.

$$u_B = \frac{1}{2\mu_r\mu_0}B^2 \quad (比透磁率 \mu_r の物質中) \tag{15.26}$$

15.8 相互誘導

2つ以上のコイルが近接していたり,同一の鉄心に巻かれている場合には,変化する磁場を通じて,各コイルは他のコイルとの間で互いに電磁誘導現象を起こす.図 15.23 に示すように,2つのコイル L_1, L_2 を接近させておき,第1のコイル L_1 に電流 I_1 を流すと,磁場が生じ,第2のコイル L_2(の1巻き)を磁束 Φ_{21} が貫く.この磁束 Φ_{21} はコイル L_1 を流れる電流 I_1 に比例する.したがって N_2 巻きのコイル L_2 を貫く全磁束 $N_2\Phi_{21}$ を $N_2\Phi_{21} = M_{21}I_1$ と表せる(M_{21} は比例定数).コイル L_1 を流れる電流 I_1 が時間 Δt の間に I_1 から $I_1 + \Delta I_1$ まで変化すると,N_2 巻きのコイル L_2 を貫く全磁束の変化は $N_2\Delta\Phi_{21} = M_{21}\Delta I_1$ である.したがって,第1のコイル L_1 を流れる電流 I_1 が変化すると,(15.3) 式によって,第2のコイル L_2 には誘導起電力 V_{21}

$$V_{21} = -N_2\frac{d\Phi_{21}}{dt} = -M_{21}\frac{dI_1}{dt} \tag{15.27}$$

が生じて,第2のコイル L_2 に電流を生じさせ,磁束 Φ_{21} の変化を妨げようとする.このように,1つの閉回路の電流が変化すると,他の閉回路に誘導起電力が生じる現象を**相互誘導**という.比例定数 M_{21}

$$M_{21} = \frac{N_2\Phi_{21}}{I_1} \tag{15.28}$$

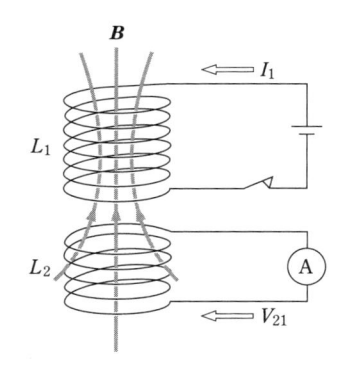

図 15.23 相互誘導

を2つのコイルの**相互インダクタンス**という．M_{21}は2つのコイルL_1, L_2のそれぞれの形と巻き数，相対的な位置およびその付近にある磁性体などによって決まる定数である．相互インダクタンスの単位もヘンリー（記号H）である．図15.1の実験でファラデーが発見したのは相互誘導である．

同様に，第2のコイルL_2を流れる電流I_2の変化によって第1のコイルL_1に誘導起電力V_{12}が生じるが，これは

$$V_{12} = -M_{12}\frac{dI_2}{dt} \tag{15.29}$$

と表せる．この場合の相互インダクタンスM_{12}は

$$M_{12} = \frac{N_1 \Phi_{12}}{I_2} \tag{15.30}$$

である．ここでΦ_{12}は第1のコイルL_1の1巻きを貫く，電流I_2によって生じる磁場の磁束である．M_{12}とM_{21}との間には，関係

$$M_{12} = M_{21} \tag{15.31}$$

があり，相互インダクタンスの相反定理とよばれている．

問1 図15.24でL_1, L_2は2つの水平なコイルで同軸である．L_2の両端はつないである．L_1のスイッチを開閉した瞬間にコイルL_2はどのように動くか．

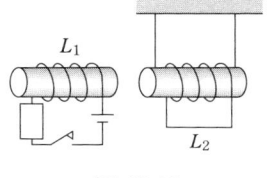

図 15.24

15.9 交　流

電池から得られる電流のように，流れの向きが時間とともに変わらない電流を直流（DC）という．これに対して，磁場の中で導線のコイルを回転させたときに発生する誘導電流のように，時間とともに流れの向きがたえず交替しつづける電流を交流（AC）という．

電力会社から家庭や学校に供給されている電力は交流なので，電気器具のプラグを電力のコンセントに差し込んで，スイッチを入れたときに電気器具に流れる電流は交流である．なぜ電力会社は直流ではなく交流の電力を供給するのだろうか．それは15.11節で学ぶように交流は変圧器で電圧を変えて，電力の損失の少ない高圧で送電できるからである．

ラジオやテレビの中を流れる電流も交流である．パソコンが高速で作動できるのは，きわめて多くの部品をクロック（時計）で制御しているからである．1秒間に何億回も振動しているクロックから各部品へ伝わる信号電流も交流である．

一様な磁場の中で，一定の角速度ωで回転するコイルには時間とともに

$$V(t) = V_m \sin \omega t \tag{15.32}$$

のように変動する起電力が生じる（15.5節参照）．このように時間とともに流れの向きがたえず交替しつづける起電力を**交流起電力**あるいは**交流電圧**という．

抵抗 R の両端に交流電圧 $V(t)$ を加えると，オームの法則
$$V(t) = RI(t) \tag{15.33}$$
によって，**交流電流**
$$I(t) = I_\mathrm{m} \sin \omega t, \qquad V_\mathrm{m} = RI_\mathrm{m} \tag{15.34}$$
が流れる（図 15.25）．V_m と I_m は変動する電圧と電流の最大値である．交流用電圧計や電流計に表示される値は，最大値の $1/\sqrt{2}$ 倍の**実効値** $V_\mathrm{e} = V_\mathrm{m}/\sqrt{2}$，$I_\mathrm{e} = I_\mathrm{m}/\sqrt{2}$ である．家庭用の 100 V の電力は電圧の実効値 V_e が 100 V で，最大値 V_m は 141 V である．ジュール熱の公式 (13.30) は V, I として実効値 $V_\mathrm{e}, I_\mathrm{e}$ を使えば，交流の場合にも成り立つ．

この交流電圧と交流電流は
$$T = \frac{2\pi}{\omega} \tag{15.35}$$
を 1 周期として，周期的に変動する．ω を交流の**角周波数**といい，1 秒間の振動数の
$$f = \frac{1}{T} = \frac{\omega}{2\pi} \tag{15.36}$$
を交流の**周波数**という．サイン関数の中の ωt を交流電圧の位相という．ここでは $t = 0$ で位相が 0 であるとした．周波数の国際単位は 1/秒 [1/s] であるが，これをヘルツ（記号 Hz）という．1 秒間の振動数が f のとき，周波数は f ヘルツ [Hz] であるという．電力会社が供給する電力の周波数は，東日本では 50 Hz，西日本では 60 Hz である．

コイルやキャパシターが含まれている回路に交流電圧 $V(t) = V_\mathrm{m} \sin \omega t$ を加えると，
$$I(t) = I_\mathrm{m} \sin(\omega t - \phi) \tag{15.37}$$
のように電圧とは角周波数は同じだが，位相の異なる交流電流が流れる．電圧に比べて電流の位相がどれだけ遅れているかを表す角 ϕ を**位相のずれ**という．直流回路の抵抗に対応する V_m と I_m の比をインピーダンスとよび，Z と記す．
$$V_\mathrm{m} = Z I_\mathrm{m} \tag{15.38}$$

例 4 RLC 回路とインピーダンス 図 15.26 のように，交流電源に抵抗 R，コイル L，キャパシター C を直列に接続した回路を RLC 回路（あるいは RLC の直列回路）という．この回路のイ

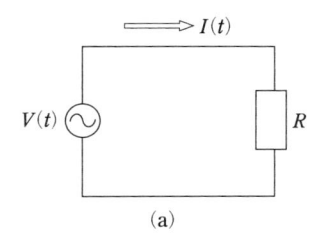

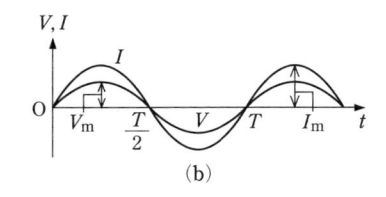

図 15.25 電源と抵抗だけがある回路．(a) 抵抗での電圧降下は $RI(t)$，$V(t) = RI(t)$．(b) 電圧 $V(t)$ と電流 $I(t)$

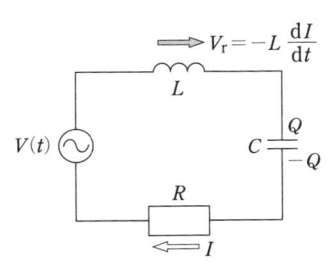

図 15.26 RLC の直列回路

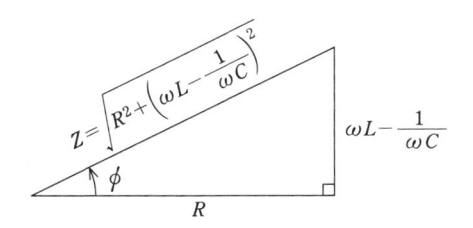

図 15.27 インピーダンス Z と位相のずれ ϕ

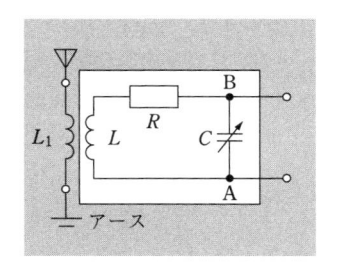

図 15.28 同調回路

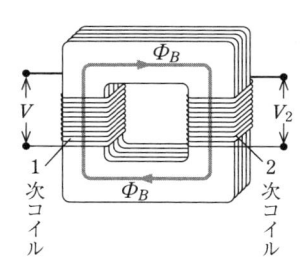

図 15.29 変圧器

ンピーダンス Z と位相の遅れ ϕ は

$$Z = \left[R^2 + \left(\omega L - \frac{1}{\omega C}\right)^2\right]^{1/2} \quad (15.39)$$

$$\tan \phi = \frac{1}{R}\left(\omega L - \frac{1}{\omega C}\right) \quad \left(-\frac{\pi}{2} < \phi \leq \frac{\pi}{2}\right) \quad (15.40)$$

と表される（図 15.27）．回路に電源とコイルだけがある場合は電流は電圧より位相が 90° 遅れる（$\phi = 90°$）．回路に電源とキャパシターだけがある場合は電流は電圧より位相が 90° 進む（$\phi = -90°$）．

この RLC 回路の抵抗にあたるインピーダンスが最小になるのは，電源の角周波数 ω が

$$\omega = \frac{1}{\sqrt{CL}} \quad (15.41)$$

の場合である．この事実を使うと，いろいろな周波数の混ざった交流の中から特定の周波数のものだけを取り出して大きな電流にすることができる．このため，ラジオやテレビの受信機が特定の周波数での放送を選び出すための同調回路に利用されている（図 15.28）

15.10 変圧器

電磁誘導を利用して，交流の電圧を上げたり下げたりするための図 15.29 のような装置を**変圧器**という．変圧器はロの字形の鉄心に 1 次コイルと 2 次コイルを巻いたものである．1 次コイルと 2 次コイルの巻き数を N_1, N_2 とする．1 次コイルに交流電圧 V_1 をかけると，コイルに流れる交流電流によって，鉄心の中に変化する磁束 Φ_B が生じる．磁束は鉄心からはほとんどもれずに，2 次コイルの中を通る．磁束が微小時間 Δt に $\Delta\Phi_B$ だけ変化すると，1 次コイルに自己誘導で生じる逆起電力 V_{r1} と 2 次コイルに生じる誘導起電力 V_2 は

$$V_{r1} = -N_1\frac{\Delta\Phi_B}{\Delta t}, \quad V_2 = -N_2\frac{\Delta\Phi_B}{\Delta t} \quad (15.42)$$

である．1 次コイルに交流電流 I_1 を流すには，1 次コイルに外から交流電圧 V_1 を加えねばならない．1 次コイルの抵抗は無視できるとすると，1 次コイルに生じる逆起電力 V_{r1} は外から加えた交流電圧 V_1 につり合うので（$V_1 + V_{r1} = 0$），(15.42) 式から1 次コイルと 2 次コイルの電圧，巻き数の間には

$$\frac{|V_2|}{|V_1|} = \frac{N_2}{N_1} \quad (15.43)$$

という関係があることがわかる．つまり，2次コイルの巻き数 N_2 を1次コイルの巻き数 N_1 より多くすれば電圧を高くできるし，2次コイルの巻き数を1次コイルの巻き数より少なくすれば電圧を低くできる．

2次コイルに抵抗 R を接続すると，2次コイルに電流 I_2 が流れ，抵抗で電力が消費される．鉄心やコイルでエネルギーが消費されない理想的な変圧器では，エネルギー保存則のために，2次コイル側で消費される電力は，1次コイル側で加えられた電力に等しい．したがって，1次コイル，2次コイルを流れる電流をそれぞれ I_1, I_2 とすれば，
$$I_1 V_1 = I_2 V_2$$
つまり，次の関係が成り立つ．
$$\frac{I_2}{I_1} = \frac{N_1}{N_2} \tag{15.44}$$

15.11 送　電

モーターや電灯が発明され，電気の利用が広まってきたとき，電力は最初は電池から供給され，やがて直流発電機から供給されるようになった．発明王とよばれたエジソンは白熱電灯を発明した．この電灯を家庭に普及するために，エジソンは発電所をつくって，そこで発電した電力を家庭に送電する仕事をはじめた．エジソンは直流で送電することにしたが，彼の仕事はうまくいかなかった．発電所から遠くまで電力を供給しようとすると，長い送電線で大量のジュール熱が発生し，電力が無駄になってしまったからであった．

これに対して，交流は変圧器で電圧を容易に変えられるという利点がある．出力 P ワットの発電所があるとする．ここから電力を V ボルトで送電すると，送電線に流れる電流 I は，「電力」/「電圧」，
$$I = \frac{P}{V} \tag{11.45}$$
である．したがって，送電線の電気抵抗を R とすると，送電線で発生するジュール熱による損失の電力に対する割合は
$$\frac{RI^2}{P} = \frac{PR}{V^2} \tag{11.46}$$
である．したがって，送電電圧 V を大きくすると，熱損失は減少する．たとえば，電圧を100倍にすれば，電流は100分の1になるので，ジュール熱による損失は10000分の1になる．

日本での送電の最高電圧は幹線での50万Vであるが，新潟県柏

崎刈羽原子力発電所から山梨県の東山梨変電所への送電線は 100 万 V を送電できる設計になっている．100 万 V 送電は 50 万 V 送電に比べ，1 系統ではほぼ 4 倍の電力を送ることができる．送電中の電力の損失はほぼ 3/4 も減る．

　高圧送電線の電圧も支線になると 275000 V，154000 V，66000 V などで，電柱の電線の電圧は 6600 V である．これを電柱の変圧器で電圧を 100 V に下げて家庭に送っている（図 15.30）．なお，家庭用として 100 V のほかに 200 V の電力も利用できる．

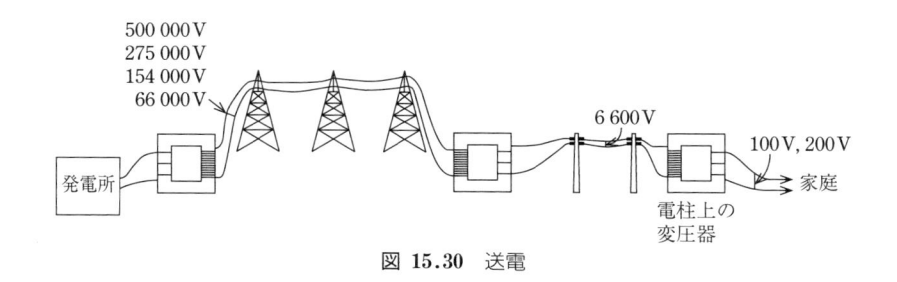

図 15.30 送電

しかし，電圧が高くなると，空気中で放電しやすくなるので，送電線を地上から高いところに張り，大きな絶縁碍子を使って送電線を送電塔から吊り下げねばならない．そのために費用がかかる．

　最近の送電技術では，発電所で変圧器を使って高電圧にした交流を整流器で高電圧の直流にして送電線におくり，消費地で変換器（コンバーター）を使って直流を再び交流にしている．同じ電力を同じ実効電圧で送電する場合，交流では最大電圧が実効電圧の 1.41 倍なので，送電線の最大電圧が制限されている場合には，直流送電の方が有利だからである．高電圧で効率よく交流を直流にする整流器と直流を交流にする変換器が実現したことによって高圧での直流送電が可能になった．

◆ 第 15 章のキーワード ◆

電磁誘導，誘導起電力，誘導電場，発電機，自己誘導，自己インダクタンス，磁場のエネルギー，相互誘導

演習問題 15

A

1．（1） 面積が $0.25\,\mathrm{m}^2$ の正方形を囲む導線（$R = 20\,\Omega$）が $B = 0.30\,\mathrm{T}$ の磁場に垂直に置いてある．この正方形を貫く磁束はいくらか．
（2） この磁場が $0.01\,\mathrm{s}$ の間に 0 になった．この間に生じる誘導電場の平均誘導起電力を求めよ．平均電流も求めよ．

2．円形コイルの中心軸に沿って図 1 のように磁石を動かすとき，コイルに流れる電流の様子を定性的に議論せよ．

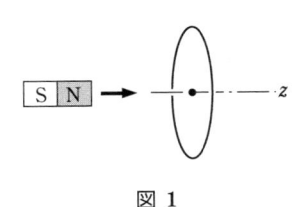

図 1

3．2 つの円形コイルが図 2 のように置いてある．いま突然大きい方のコイルに電流が矢印の方向に流れた．小さい方のコイルに流れる電流の向きを示せ．

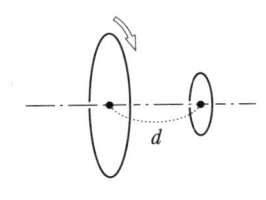

図 2

4．$0.010\,\mathrm{T}$ の一様な磁場の中で面積 $25\,\mathrm{cm}^2$ のコイルを毎秒 100 回転させると，誘導起電力の振幅はいくらか．回転軸は磁場の方向に垂直だとする（図 15.15 参照）．

5．既知の角周波数 ω で振動している磁場の強さを局所的に測定するためにさぐりコイルの面を磁場に垂直に置く．コイルの断面積を A，巻き数を N としたとき，コイルの両端の電圧が $V_0 \sin\omega t$ であった．磁場の強さ B はいくらか．

6．$L = 0.1\,\mathrm{H}$ のソレノイドを流れる電流が 0.01 秒間に $100\,\mathrm{mA}$ ずつ増加している．誘導起電力の大きさはいくらか．

7．閉じたコイルの中に電磁石を押し込もうとすると抵抗を感じる．この抵抗はコイルの巻き数が多いほど大きい．なぜか．

8．強力な磁石がある．
（1） これを鉄の筒の中に落とすとどうなるか．
（2） これをアクリルの筒の中に落とすとどうなるか．
（3） これをアルミの筒の中に落とすと，磁石の落ち方は次のうちのどれか．
　イ．そのままストンと落ちる．
　ロ．途中でアルミにくっつく．
　ハ．途中で外に飛び出す．
　ニ．ゆっくりと落ちていく．

9．発電機の概念図（図 15.15）とモーターの概念図（図 14.22）はよく似ている．
（1） 発電機のコイルが外力でまわりはじめ，誘導起電力でコイルに電流が流れはじめると，磁場がコイルの電流に作用する磁気力のモーメントはコイルの回転速度を増すような向きに働くのか，あるいは減らすような向きに働くのか．もし回転速度を増すような向きに働くのであれば，どのようなことになるか．手回しの発電機をまわす場合，コイルに電流が流れていない場合と流れている場合では，どちらがまわしにくいか．
（2） モーターのコイルに電流が流れ，コイルが回転している場合，コイルに電磁誘導による起電力が生じる．この起電力の向きと電流の向きの関係を調べよ．

10．断面積 $8\,\mathrm{cm}^2$，長さ $20\,\mathrm{cm}$ の鉄心（比透磁率 $\mu_\mathrm{r} = 1000$）に導線が 1000 回一様に巻いてあるソレノイドの自己インダクタンスを求めよ．このソレノイドを流れる電流が 0.01 秒間に 0 から $5\,\mathrm{mA}$ に増加した．ソレノイドに生じた平均誘導起電力はいくらか．

11．（1） $1\,\mathrm{MV/m}\,(= 10^6\,\mathrm{V/m})$ の電場のかかっている空間 $1\,\mathrm{m}^3$ に蓄えられているエネルギーを求めよ．
（2） $10\,\mathrm{T}$ の磁場のかかっている空間 $1\,\mathrm{m}^3$ に蓄えられているエネルギーを求めよ．

B

1．磁石の磁極の間の一様な磁場に垂直に置いてある，面積 $1\,\mathrm{cm}^2$，巻き数 100 のコイルを外に取り出したら，$2.5 \times 10^{-3}\,\mathrm{C}$ の電気量が流れた．コイルの抵抗は $40\,\Omega$ である．磁極の間の磁場の強さ B はいくらか．

2．空気中の $4.6 \times 10^{-5}\,\mathrm{T}$ の磁場の中で，これに垂直な $1\,\mathrm{m}$ の長さの導線を，磁場と導線の向きの両方に垂直な方向に速さ $10\,\mathrm{m/s}$ で動かすときに，導線の両端に生じる電位差を求めよ．

3. 図3の2つの同心の1巻きの円形のコイル L_1, L_2 の相互インダクタンスを求めよ．

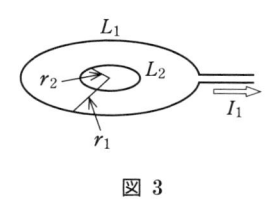

図 3

4. 自己インダクタンス L_1, L_2 の2つのコイルを直列につないだとき，相互インダクタンスが M だとする．全体のインダクタンス L を求めよ（図4）．

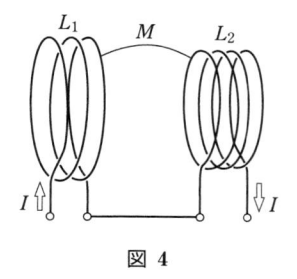

図 4

マクスウェル方程式　16

　これまでに，電磁気についての多くの法則や現象を学んだ．ここで振り返ってみよう．

　電磁気学の主役は，電荷と電流，電場 E と磁場 B で，分子電流による磁気が原因の磁石が脇役にいる．

　電荷 Q は電場 E から電気力
$$F = QE, \tag{10.1}$$
磁場 B から磁気力
$$F = Qv \times B \tag{14.21'}$$
の作用を受け，電流 I の長さ L の部分は磁場 B から磁気力
$$F = IL \times B \tag{14.16'}$$
の作用を受ける．

　電荷のまわりには電場 E が生じ，電流のまわりには磁場 B ができる．

　電荷のまわりの電場はクーロンの法則に従う．電場の電気力線は正電荷を始点とし負電荷を終点とする途中で切れ目のない線である．そこで，電荷分布が対称な場合には，電荷 Q からは Q/ε_0 本（$4\pi kQ$ 本）の電気力線が出ていくという電場のガウスの法則を使って，電場が簡単に求められることがある（この章ではクーロンの法則の比例定数 k を $1/4\pi\varepsilon_0$ と表す）．

　定常電流のまわりの磁場はビオ-サバールの法則に従う．ビオ-サバールの法則からは磁場 B のガウスの法則とアンペールの法則が導かれる．磁場 B のガウスの法則は分離した単磁極が存在しないことを表し，磁場 B の磁力線は始点も終点もない閉曲線であることを示している

　電場は，電荷の周囲に生じるばかりでなく，変動する磁場の周辺にも生じる．これが電磁誘導である．

　これらのことのほとんどは今から 150 年前までに知られていた．とはいっても，電場，磁場という概念はまだ知られていなかった．ファラデーは磁力線と電気力線を使って電磁気現象を理解していた．

場という概念を導入して，すべての電磁気現象に対して成り立つ完全な理論としての電磁気学を確立したのは，マクスウェルだった．

16.1 マクスウェル方程式

電磁気学の法則を確立したのはマクスウェルである．電磁気学の基礎法則がほぼ現在の形式になったのは，1865 年に刊行された，マクスウェルの「電磁場の動力学的理論」と題する論文によるとされている．かれは，それまでに得られた電磁気現象に関する多くの法則を整理して，電場と磁場に対する次の 4 つの基本的法則を選び出した．

最初の 3 つの法則は，次の 3 法則である．

（1） **電場のガウスの法則**：電場 E の様子を表す電気力線は，正電荷を始点とし負電荷を終点とする切れ目のない曲線であるか（静電場の場合），始点も終点もない閉曲線である（誘導電場の場合）．電場の強さが E [N/C] の場合，電場に垂直な面の単位面積を E 本の電気力線が貫くような密度で電気力線を描くと，電荷 Q からは Q/ε_0 本の電気力線が出ていく（電荷 Q が負なら $|Q|/\varepsilon_0$ 本の電気力線が入っていく）．つまり，

「閉曲面 S から出てくる電気力線の正味の本数 Φ_E」

　　　=「閉曲面 S の内部の全電気量 Q」$/\varepsilon_0$ 　　　(10.13)

である．数式で表すと

$$\iint_S E_n \, dA = \frac{1}{\varepsilon_0} Q \qquad (16.1\,\text{a})$$

（2） **磁場のガウスの法則**：分離された単磁極は存在しないので，磁場 B の様子を表す磁力線は始点も終点もない閉曲線である．したがって，任意の閉曲面から出てくる磁力線の本数は入っていく磁力線の本数に等しい．つまり，

「閉曲面 S から出てくる正味の磁力線の本数（磁束）Φ_B」 = 0

(14.9)

である．数式で表すと

$$\iint_S B_n \, dA = 0 \qquad (16.1\,\text{b})$$

（3） **ファラデーの電磁誘導の法則**：磁場が時間的に変化すると電場が生じる．

「閉曲線 C に沿っての電場 E の接線方向成分の線積分」

　= −「閉曲線 C を縁とする面 S を貫く磁束（磁力線の本数）

　　　Φ_B の時間変化率」　　　　　　　　　　　　　(15.2)

数式で表すと

$$\oint_C E_t \, ds = -\frac{d\Phi_B}{dt} = -\frac{d}{dt}\left[\iint_S B_n \, dA\right] \quad (16.1\,\mathrm{c})$$

マクスウェルは，電磁誘導に対応して，変動する電場のまわりには磁場が誘起されるはずであることを理論的に導き，4つ目の法則として，アンペールの法則（14.11）を修正した次の法則を追加した．この現象を磁電誘導とよぼう．

（4）**マクスウェル-アンペールの法則**：電流のまわりに磁場が生じる．電場が時間的に変化してもそのまわりに磁場が生じる．
「閉曲線 C に沿っての磁場 *B* の接線方向成分の線積分」
= μ_0「閉曲線 C を縁とする面 S を貫く電流の和」
+ $\varepsilon_0\mu_0$「閉曲線 C を縁とする面 S を貫く電気力線束（電気力線の本数）Φ_E の時間変化率」

数式で表すと

$$\oint_C B_t \, ds = \mu_0 I + \mu_0 \varepsilon_0 \frac{d\Phi_E}{dt}$$

$$= \mu_0 I + \mu_0 \varepsilon_0 \frac{d}{dt}\left[\iint_S E_n \, dA\right] \quad (16.1\,\mathrm{d})$$

上の（16.1 a〜d）の4つの式をまとめて**マクスウェル方程式**という．電場と磁場は（16.1 c），（16.1 d）式によって関連しているので，まとめて**電磁場**ということがある．

このマクスウェル方程式によって明らかになった重要な結論は，次章で学ぶ電磁波の存在である．電荷分布と電流分布が与えられると，この4つの法則から電場と磁場が求められる．電場と磁場を完全に決めるには，電磁波に関する情報を含む境界条件が必要である．

> **参考** 電場が変化すると磁場が生じる（磁電誘導）
>
> 15.1 節では電磁誘導，つまり磁場が変化すると誘導電場が生じることを学んだ．電磁誘導の法則は「コイルに生じる誘導起電力（閉曲線 C に沿っての電場の接線方向成分の線積分）は，閉曲線 C を縁とする面 S を貫く磁束（磁力線の本数）の時間変化率に等しい」と表される．閉曲線 C を縁とする面には平面やいろいろな形の曲面があるが，磁力線は始点も終点もなく途中で途切れない閉曲線なので，どの面を貫く磁力線の正味の本数も同じであり，面の任意性から問題は生じない．
>
> 磁場 *B* のアンペールの法則（14.11）を考えよう．この式の左辺は「閉曲線 C に沿っての磁場 *B* の接線方向成分の線積分」で

あり，右辺は「閉曲線Cを縁とする面Sを貫く定常電流（時間的に変化しない電流）の和」である．定常電流の場合には，閉曲線Cを縁とするどのような面を選んでも面を貫く電流の和は同じなので，この法則に問題はない．

しかし，図16.1(a)に示すように，充電したキャパシターの2つの極板（電気量$Q, -Q$）を導線でつなぐと，導線に矢印の方向に電流$I = -\Delta Q/\Delta t$が流れ（$\Delta Q < 0$である），導線のまわりには同心円状の磁場

$$B = \frac{\mu_0 I}{2\pi r} \quad \text{（真空中）} \tag{16.2}$$

が生じる（14.4節参照）．ところが，キャパシターの極板の間の空間には電流は流れず，電流は途切れる．つまり，電流が時間的に変化する場合には，(14.11)式の右辺は閉曲線Cを縁とする面の選び方で変化するので，(14.11)式には矛盾が生じる．

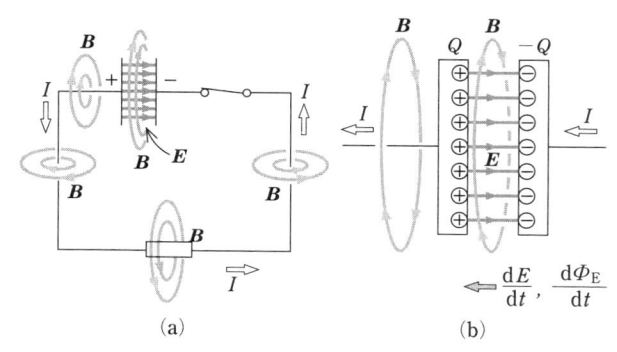

図 16.1 放電しているキャパシターと誘導磁場．
(b)キャパシター付近の拡大図

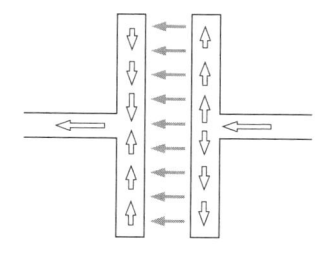

図 16.2 電束電流（アミの矢印）と電流（白い矢印）の両方を考えると，途切れない1つの流れをつくる．

キャパシターを放電する場合に，2つの極板の間に電流は流れないが，そこの電場は変化する．そこで，マクスウェルは変化する電場には電束電流という仮想的な電流が流れると考え（図16.2），電束電流のまわりにも磁場が生じると考えた．つまり，**電場が変化するとそのまわりに磁場が誘起される**と考えた．そして，電流が途切れないように，極板の間に全体で$-\Delta Q/\Delta t$の電束電流が流れ，その周囲にも，図16.1(b)のように，大きさが

$$B = -\frac{\mu_0}{2\pi r}\frac{\Delta Q}{\Delta t} \quad \text{（真空中）} \tag{13.3}$$

の磁場が生じると考えた（誘導磁場の磁力線も閉曲線である（図16.3））．

キャパシターの極板（面積A）間の電場の大きさは$E = Q/\varepsilon_0 A$なので，電気力線束（「電場」×「面積」）は$\Phi_E = EA = Q/\varepsilon_0$である［(12.4)式］．そこで，電束電流として$\varepsilon_0 d\Phi_E/dt$

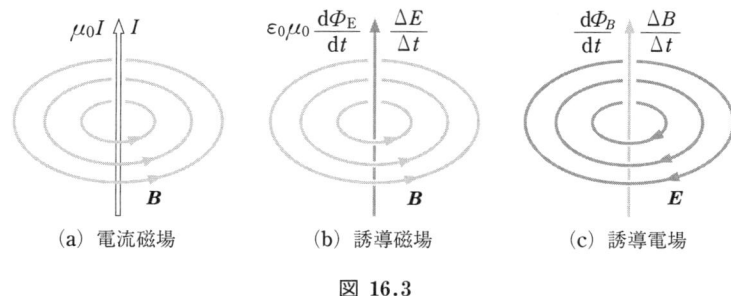

(a) 電流磁場　　(b) 誘導磁場　　(c) 誘導電場

図 16.3

［電気力線束 Φ_E の ε_0 倍の時間変化率］を選べば，これは左向きで大きさが $-\Delta Q/\Delta t$ に等しいので，電流と電束電流の和は途切れない 1 つの流れをなす．そこで，マクスウェルは

「電場が変化すれば，電気力線束の時間変化率 $\mathrm{d}\Phi_E/\mathrm{d}t$ の ε_0 倍に等しい電流が流れているときと同じ磁場が生じる」

と考えた．したがって，定常電流のつくる磁場に対するアンペールの法則 (14.11) は，非定常電流の場合には

$$\oint_C B_t \, \mathrm{d}s = \mu_0 \left[I + \varepsilon_0 \frac{\mathrm{d}\Phi_E}{\mathrm{d}t} \right] \qquad (14.1\,\mathrm{d})$$

となる．これを**マクスウェル-アンペールの法則**という．

参考　物質がある場合のマクスウェル方程式

マクスウェル方程式 (16.1 a) に現れる電荷 Q はすべての電荷の和，つまり空間や物体内部を自由に移動できる自由電荷 Q_0 と分子が分極したために誘電体の表面に現れる分極電荷 Q_p の和である．そこで，物質の分極を表すベクトル場の分極 $\boldsymbol{P}$ を導入し，さらに電束密度とよばれるベクトル場 $\boldsymbol{D}$ を

$$\boldsymbol{D} = \varepsilon_0 \boldsymbol{E} + \boldsymbol{P} \qquad (16.4)$$

と定義すると，(16.1 a) 式は

$$\iint_S D_n \, \mathrm{d}A = Q_0 \qquad (16.1\,\mathrm{a}')$$

となり，右辺には自由電荷 Q_0 だけが現れるようになる．

マクスウェル方程式 (16.1 d) に現れる電流 I はすべての電流の和，つまり空間や物体内部を自由に移動できる伝導電流 I_0 と分極の変化や磁化のために分子の中を流れる分子電流 I_m の和である．そこで，物質の磁化を表すベクトル場の磁化 $\boldsymbol{M}$ を導入し，さらに磁場 $\boldsymbol{H}$ を

$$\boldsymbol{B} = \mu_0(\boldsymbol{H} + \boldsymbol{M}) \qquad (16.5)$$

と定義すると，(16.1 d) 式は

$$\oint_C H_t \, dA = I_0 + \frac{d}{dt}\left[\iint_S D_n \, dA\right] \qquad (16.1\,d')$$

となり，右辺には伝導電流 I_0 だけが現れるようになる．

したがって，誘電体や磁性体がある場合のマクスウェル方程式は，(16.1 a')，(16.1 b)，(16.1 c)，(16.1 d') の組である．

> **参考** 磁性体の分類

すべての物質は磁場の中で強弱の差はあるが磁化する（磁石的性質をもつ）．物質の磁化は，分子の内部を流れる電流（分子電流）のために，分子が（電気双極子モーメントに対応する）磁気モーメントをもち，微小な磁石になるためである．磁気的性質に着目するとき物質を**磁性体**という．

磁場がかかっていなくても磁化している永久磁石を除くと，等方的な磁性体では磁場 B，磁場 H，磁化 M はすべて平行である．磁化 M は多くの場合それを引き起こす磁場 B や磁場 H に比例している．そこで次元の同じ M と H の比例関係を

$$M = \chi_m H \qquad (16.6)$$

と書き，比例定数 χ_m をその物質の**磁気感受率**あるいは磁化率という．磁気感受率 χ_m は無次元の量である．(16.6) 式を代入すると (16.5) 式は

$$B = \mu_0(1+\chi_m)H \qquad (16.7)$$

となる．そこで**比透磁率** μ_r を

$$1+\chi_m = \mu_r \qquad (16.8)$$

と定義すると，(16.7) 式は

$$B = \mu_r \mu_0 H \qquad (16.9)$$

と表される．

ふつうの有機物，大部分の塩類，水，金，銀，銅などは $|\chi_m| \ll 1$ で，$\chi_m < 0$ である．$\chi_m < 0$ の物質を**反磁性体**という．反磁性体の分子は，磁場がかかっていないときは磁気モーメントをもたないが，外部から磁場をかけると電磁誘導によってかけた磁場と逆向きに磁化する（図 16.4 (a)）．したがって，$\chi_m < 0$ である．

白金，アルミニウム，クロム，マンガンなどの元素，遷移金属とその化合物，酸素，酸化窒素，亜酸化窒素などの気体は $\chi_m > 0$ である．$1 \gg \chi_m > 0$ の物質を**常磁性体**という．常磁性体の分子は磁場をかけなくても磁気モーメントをもつが，磁場がかかっていないときは熱運動のためにばらばらな方向を向いている．外部から磁場をかけるとその一部が磁場の方向を向き，磁化する

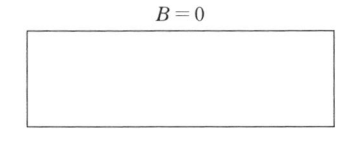

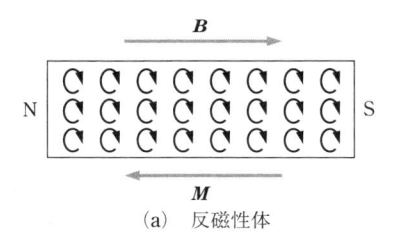

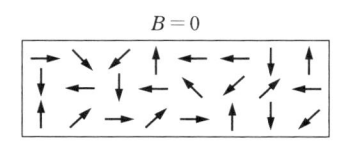

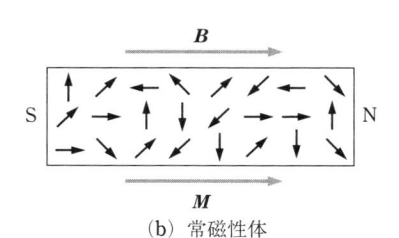

図 16.4 磁性体の磁化
(a) 反磁性体
(b) 常磁性体

(図 16.4 (b))．したがって，$\chi_m > 0$ である．

　鉄，コバルト，ニッケルおよびこれらを主成分とする合金，鉄を含む酸化物，硫化物などは磁石によく引きつけられ，永久磁石にもなる．これらを**強磁性体**という．永久磁石になる鉄のような強磁性体の特徴は，外部から磁場がかかっていなくても分子の磁気モーメントが，量子力学的な効果によって，自発的に同一の方向を向くことである．

16.2　電場と磁場の実体は何か

　第10章では，電荷 Q の荷電粒子に $\boldsymbol{F} = Q\boldsymbol{E}$ という電気力を及ぼす電場 $\boldsymbol{E}$ が，電荷のまわりにどのように生じるかを学んだ．第14章では，磁石や電流のまわりにどのような磁場が生じるか，そして磁場は電流や荷電粒子にどのような磁気力を及ぼすのかを学んだ．これらの章では，電荷，電流，磁石などが主役で，電場や磁場は脇役あるいは計算の便宜のために導入されたという印象であった．

　しかし，15.1節で学んだ電磁誘導現象の本質は，コイルのそばで磁石を動かしたり電流を変化させるとコイルに電流が流れるということにあるのではなく，コイルの周辺の磁場が変化すると，コイルのところに電場が生じるということであった．すなわち，電磁誘導は電場と磁場がからみ合う現象である．磁場が変化すると，そこにコイルが存在しなくても，電場が生じる．このことは次の章で示すように電磁波が存在するという事実によって確かめられている．

　電波望遠鏡では，遠方の天体からきた電波も受信している．これらの電波はほとんど真空状態の宇宙空間を電磁場の振動として地球までやってきて，電波望遠鏡のアンテナの電子を振動電場によって振動させている．また，電磁波はエネルギーと運動量を運ぶ．このような事実は，電磁波や光が物理的に実際に存在するものであり，したがって，電場と磁場は仮想的なものではなくて，物理的に実際に存在するものであることを示す．

　電磁気学は，電場・磁場と荷電粒子の相互作用を学ぶばかりでなく，電場と磁場の運動も学ぶ学問なのである．

　それでは，電場や磁場とは何なのだろうか．光や電波は真空中も伝わるので，光や電波の振動を伝える電磁場はいわゆる物質と結びついたものではない．電磁場は電磁場であるとしか答えられない．強いていえば，電場や磁場はわれわれの存在する空間の性質であるといえよう（第19章「相対性理論」も参照せよ）．

> ❖ **第 16 章のキーワード** ❖
>
> マクスウェル方程式，電場のガウスの法則，磁場のガウスの法則，電磁誘導の法則，マクスウェル-アンペールの法則

光は波か粒子か　17

■ **粒子的性質と波動的性質** ■　物理学での運動として代表的なものに，粒子の運動と波の運動がある．粒子の運動の例として，野球のボールやガラス玉のように一定の大きさをもつ物体の運動があげられる．モーターボートの運動を考えてもよい．

いま，図 17.1 のように2つの出入り口のついた防波堤のある港に，モーターボートが入るとき，モーターボートは2つの出入り口のどちらか一方を通って入ったはずで，両方の出入り口を通って入ったことはありえない．これは粒子の運動の特徴である．

つまり，ニュートン力学に従う粒子とは，決まった質量をもつ小物体であり，2つの通り道があれば，1つの粒子はどちらか一方だけを通る．

波の運動の例としては，水面を伝わる波や空気中を伝わる音があげられる．水面の波は水面の振動が伝わるものであり，音波は空気の振動が伝わるものである．

さて，図 17.1 の2つの出入り口のついた防波堤のある港に，沖から波が寄せてくると，波は2つの出入り口の両方から港の中へ入ってくる．このとき2つの出入り口は波の源になり，そこから半円形の波面が港の奥へ広がっていく．2つの波が出会うと，波は重なり合い，2つの波の山と山，谷と谷は強め合い，山と谷は弱め合う．これを波の**干渉**という．そこで波の荒い場所は，出入り口付近から港の奥に向かってほぼ放射状に伸びていく．

このように，波は波を伝える**媒質**とよばれるものの中で振動が伝わるもので，広い領域に広がって起こる現象である．波の運動の特徴として，2つの通り道があれば，波は両方を通り，あとで合流するときに強め合ったり，弱め合ったりするという干渉効果を起こす．

このように，古典物理学では波動性と粒子性とは両立しないのである．

それでは，光は波なのだろうか？　それとも微小な粒子の集まりなのだろうか？

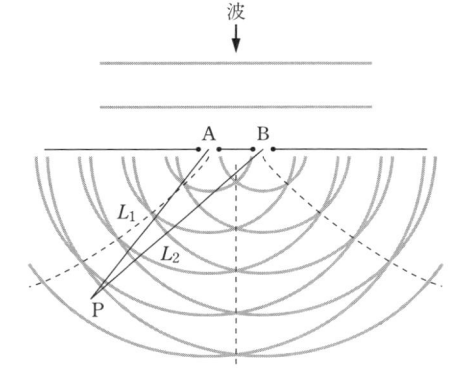

図 17.1　2点 A, B から点 P までの距離を L_1, L_2，波の波長を λ とする．距離 L_1, L_2 の差が波長の整数倍
$$|L_1 - L_2| = n\lambda$$
$$(n = 0, 1, 2, \cdots) \quad (1)$$
の場合，点 P では山と山，谷と谷というように，2つの波の位相が同じなので，振幅が1つの波の2倍の大きさの振動をする．

距離 L_1, L_2 の差が半波長の奇数倍
$$|L_1 - L_2| = (2n+1)\lambda/2$$
$$(n = 0, 1, 2, \cdots) \quad (2)$$
の場合，点 P では山と谷，谷と山というように，2つの波の変位はつねに打ち消し合うので振動しない．

条件 (1), (2) を満たす曲線は，2点 A, B からの距離の差が一定の曲線なので，2点 A, B を焦点とする双曲線である．

17.1　光は波で，しかも横波である

　光は直進するように思われる．たとえば，2つの窓を直射する日光は床の2つの部分を明るく照らす．床の一方の部分を照らす光は，1つの窓だけを通って入り，両方の窓を同時に通過してきたとは思えない．床の明るく照らされている部分に鏡を置くと，光は反射されるが，この反射の様子は，ボールが床で弾む様子によく似ている．それでは，光は微小な粒子の集まりなのだろうか．

　光は波の性質も示す．電灯の光をコンパクトディスク(CD)の面で反射させると虹色に見える．この現象は，光が波であり，何万本ものCDのトラックで反射された光の波が干渉して強め合う方向が光の波長によって違うためだとして説明される．波長の長い波の方が大角度方向に強い干渉光が出る事実を使うと，赤色光と青色光のどちらの波長が長いのかもわかる．光は直進するように見えるが，実は回折し，干渉を起こすので，光は波として伝わることがわかった．

　光が狭い場所を通過するとき**回折**することは，簡単に知ることができる．片眼をつぶって，開いている方の眼の前に片手をさしだし，指と指の狭い隙間を通して明るい方向を見ると，明るい隙間に，指に平行な何本かの暗い線が見える．指を眼に近づけるほど，暗い線の数は増える．指のかわりに鉛筆2本を使ってもよい．

　このような暗い線は，光が粒子だとすると説明できない．光の波が狭い隙間を通過するとき回折して，眼の網膜の上に干渉模様をつくるのだと考えると理解できる．

　こうしてみると，光は波のようである．ところで，波には横波と縦波の2種類がある．媒質の振動方向が波の進行方向に垂直な波が横波で，平行な波が縦波である．

　光が縦波か横波かは，ポラロイドとよばれる偏光板を2枚使えばわかる．ポラロイドは，ある有機化合物の針状結晶の向きを揃えて，プラスチック板に埋め込んだものである．図17.2のように2枚の偏光板を重ねて，一方をまわしてみる．両方の向きが同じときにもっとも明るく，まわしていくうちに暗くなり，90°まわしたときにもっとも暗くなる．この偏光板の実験結果は，光が横波だとすれば容易に理解できるが，縦波だと理解できない．

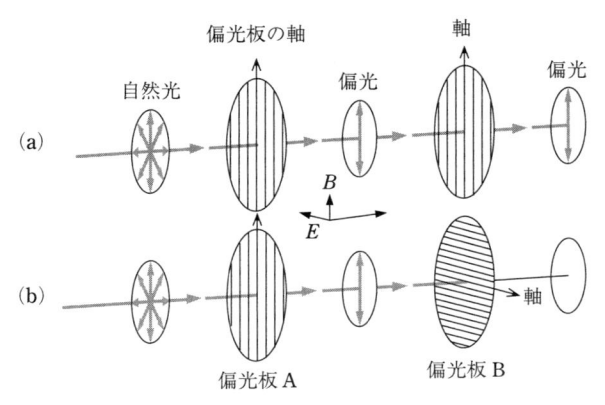

図 17.2 偏光板による偏光．光は横波の電磁波で，図 17.9 に示すように電場と磁場の振動方向はたがいに垂直である．電場の振動方向が偏光板の軸方向（針状結晶の方向）を向いていると，電場の振動のエネルギーは結晶に吸収される．そこで，偏光板は磁場が軸方向に振動している光（電場が軸に垂直に振動している光）だけを通す．自然光は，磁場の振動方向（矢印）が進行方向に垂直な面内のいろいろな向きの光である．最初の偏光板を通過した光の磁場の進行方向は偏光板の軸方向を向いている．

参考 回折格子

いろいろな波長の波の混ざった光を単色光に分解する装置として回折格子がある．回折格子は，ガラス板の片面に，1 cm につき 500〜10000 本の割合で，多数の平行な溝（格子）を等間隔に刻んだものである．溝の部分では乱反射してしまい不透明になるので，溝と溝の間の透明な部分がスリット（隙間）の働きをする．

平行光線（波長 λ）を回折格子（格子間隔 d，格子数 N）のガラス面に垂直に入射させる（図 17.3）．このとき，透過光の進行方向と格子面の法線のなす角 θ が，

$$d \sin \theta = m\lambda \quad (m = 0, \pm 1, \pm 2, \cdots) \quad (17.1)$$

を満たす場合には，スクリーンの点 P から隣り合うスリットまでの距離の差 $d \sin \theta$ は波長 λ の整数倍なので，すべてのスリットから点 P へ到達する光波の位相は一致し，点 P での光波の振幅はスリットが 1 本の場合の N 倍になる．したがって，点 P での光波の強さは，スリットが 1 本の場合の N^2 倍になり，きわめて明るくなる．

格子数が N の回折格子の全体を通過する光の強さは N に比例するので，明るい線の幅は N に反比例して狭くなる（$N/N^2 = 1/N$）．角 θ が (17.1) 式を満たす角度からわずかにずれると，たちまち多くのスリットからの光波は打ち消し合うので，明るい線の幅はきわめて細くなるのである．このため，回折格子による回折角 θ を測定して光の波長を正確に決められる．波長が異な

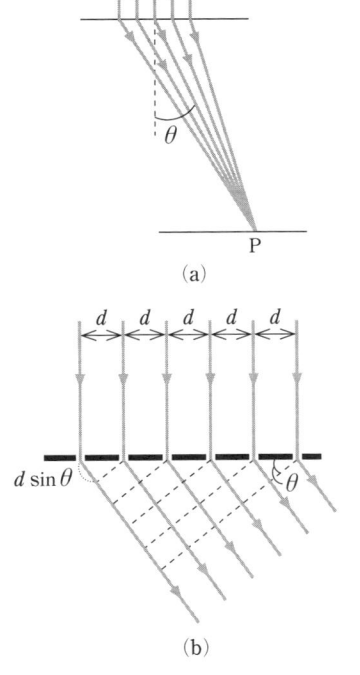

図 17.3 回折格子による光の回折．(b) 回折格子からスクリーンまでの距離が Nd に比べて大きいと，点 P に集まる光は平行と考えてよい．

ると回折光が強め合う回折角は異なるので，太陽光のように波長の異なった波の混ざった光を回折格子にあてると，回折によって分光する．

17.2 光は電磁波である

図 17.4 のようなコイルとアンテナ（キャパシター）から構成された回路に電気振動を起こすと，アンテナに振動電流が流れる．振動する電流のまわりには振動する磁場が生じる．電磁誘導によって，振動する磁場のまわりには振動する電場が生じる．磁電誘導によって，振動する電場のまわりには振動する磁場が生じる．このように，振動する電流のまわりには振動する電磁場が生じ，電磁場の振動は振動電流を起点として外向きに波として空間を伝わっていく（図 17.5）．電場・磁場の変動が波として伝わっていくので，この波を**電磁波**という．これが電磁波の放射の機構である．

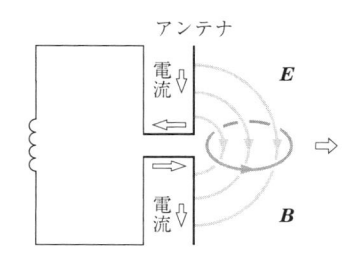

図 17.4 電磁波の発生の概念図

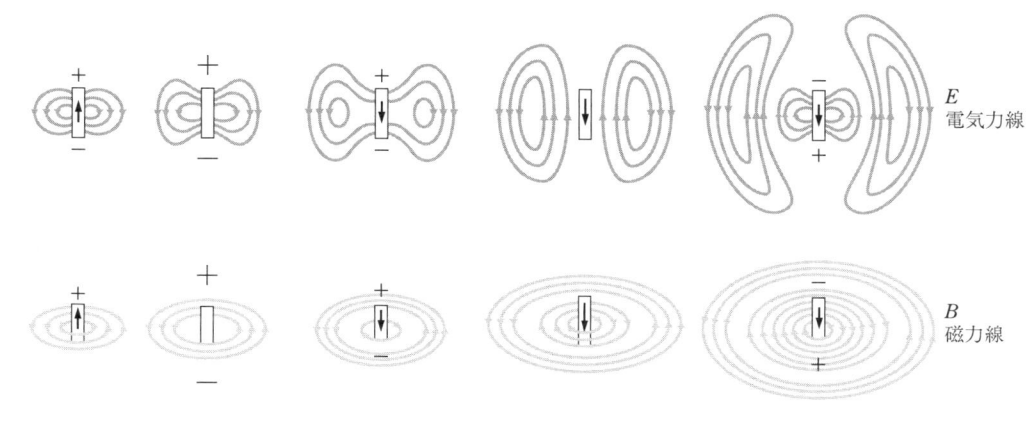

図 17.5 電磁波の放射

電磁波を検出するには，電磁波の中に図 15.28 に示した同調回路を置き，この回路の共振周波数を電磁波の周波数に共振するように調節すると，この同調回路の中に振動電流が生じるので，この振動電流を検出すればよい（図 17.6 参照）．

マクスウェルは真空中での電磁波の速さを，彼の提案した理論で計算すると，秒速 30 万 km（3×10^8 m/s）になり，これが空気中での光の速さに等しいことにすぐ気づいた．空気中の光の速さは1849 年にフィゾーが測定し，秒速約 30 万 km という結果を得ている．また，1854 年にフーコーは，回転鏡を使って，空気中の光の速さは，$c = (298000 \pm 500)$ km/s であることを見出している．マクスウェルは「光は電場・磁場の振動が伝わるもの，すなわち電磁

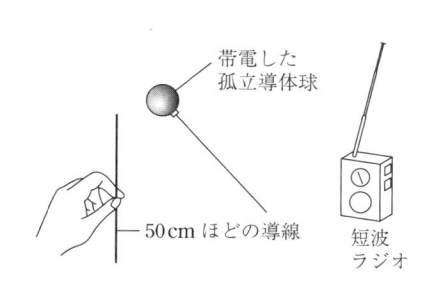

図 17.6 適当な長さの太い導線の先端に，帯電した金属球を近づけて接触させると，導線に短い時間振動電流が流れるので電磁波が放射される．この電磁波を短波ラジオで受信するとコツッという音が聞こえる．

波である」という驚くべき結論を得たのである．

マクスウェルは1864年の論文にこう書いている．「この速さは光の速さにきわめて近いので，放射熱（赤外線）や（もし存在すれば）その他の放射を含め，光は電磁気学の法則に従って電場・磁場を波の形で伝わっていく電場・磁場の変動，すなわち，電磁波であると結論できる強い理由をわれわれはもっているように思われる．…」

このようにして，光は電磁波の一種であることがわかった．音は空気分子の振動の伝搬なので，音波は空気の存在しない真空中は伝われない．これに対して，電磁場は真空中にも存在するので，電磁波は真空中も伝わる．光は分子・原子中の電子の運動による電流によって放射される電磁波である．

マクスウェルの理論によれば，電場 E の振動方向と磁場 B の振動方向は垂直であり，しかも，電磁波の進行方向は，電場の振動方向と磁場の振動方向の両方に垂直である．つまり，電磁波は横波である．

電磁波は波長によっていろいろな名前でよばれている．表17.1に示すように，電磁波には光以外にガンマ線，X線，赤外線，紫外線，マイクロ波，電波などがある．通信用に使われる波長0.1 mm以上の電磁波は電波とよばれている．AMラジオ放送の波長は190〜560 m，FMラジオ放送の波長は3.3〜3.9 mである．

表 17.1　いろいろな電磁波

波長 [m]	振動数 [Hz]	名称と [振動数]		用途
10^5	3×10^3	超長波 (VLF)	[3〜30 kHz]	
10^4	3×10^4	長波 (LF)	[30〜300 kHz]	海上無線・電波時計
10^3	3×10^5	中波 (MF)	[300〜3000 kHz]	ラジオのAM放送
10^2	3×10^6	短波 (HF)	[3〜30 MHz]	ラジオの短波放送
10	3×10^7	超短波 (VHF)	[30〜300 MHz]	ラジオのFM放送
1	3×10^8			
10^{-1}	3×10^9	極超短波 (UHF)	[300〜3000 MHz]	テレビ放送・携帯電話・電子レンジ
10^{-2}	3×10^{10}	センチ波 (SHF)	[3〜30 GHz]	レーダー・マイクロ波中継・衛星放送
10^{-3}	3×10^{11}	ミリ波 (EHF)	[30〜300 GHz]	衛星通信・各種レーダー
10^{-4}	3×10^{12}	サブミリ波	[300〜3000 GHz]	
10^{-5}	3×10^{13}			赤外線写真・赤外線リモコン・乾燥
10^{-6}	3×10^{14}	7.7×10^{-7} m		
10^{-7}	3×10^{15}			光学機器
10^{-8}	3×10^{16}	3.8×10^{-7} m		殺菌灯
10^{-9}	3×10^{17}			
10^{-10}	3×10^{18}			X線写真・医療・材料検査
10^{-11}	3×10^{19}			
10^{-12}	3×10^{20}			材料検査・医療
10^{-13}	3×10^{21}			

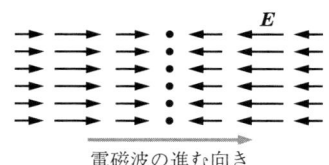

図 17.7 電磁波は横波である．電気力線は電荷の存在しない真空中では生成したり消滅したりできない．電磁波が縦波だと，この図のように電場の振幅が 0 になる $E=0$ のところで，電気力線が生成したり，消滅したりすることになる．したがって，電磁波の電場は進行方向に垂直である．磁力線が生成したり消滅したりしない磁場についても同様である．

参考 電磁波の速さ

アンテナの近傍での電磁波の電場と磁場の振動の様子は複雑であるが，アンテナから放射された電磁波は，アンテナから十分に遠く離れた狭い領域に限れば，平面波として伝わると考えてよいので，簡単になる．

平面波では，ある瞬間の電磁場の様子は，波の進行方向に垂直な平面内では一定であり，進行方向には周期的に変化している．電磁波の電場と磁場は波の進行方向に垂直なので，電磁波は横波である（図 17.7）．この平面波の速さが約 3×10^8 m/s であることは，次のようにして導くことができる．

（1）図 15.12 に示したように，ある点を速度 v で通過する磁場 $\boldsymbol{B}$ は $\boldsymbol{v}$ と $\boldsymbol{B}$ のどちらにも垂直で，大きさが

$$E = vB \tag{17.2}$$

の誘導電場 $\boldsymbol{E}$ を生じる（図 17.8 (a) 参照）．

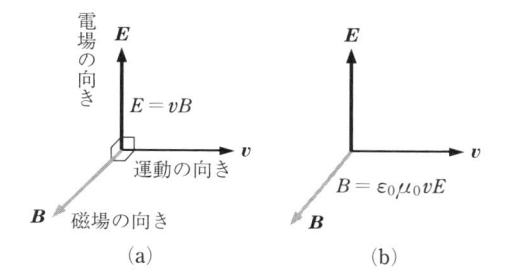

図 17.8 (a) $E=vB$，(b) $B=v\varepsilon_0\mu_0 E$

（2）(16.1 c) 式と $I=0$ とおいた (16.1 d) 式とを比較すると，$\boldsymbol{E}$ は $\boldsymbol{B}$ に対応し $\boldsymbol{B}$ は $-\varepsilon_0\mu_0\boldsymbol{E}$ に対応することがわかる（負符号に注意）．この電場 $\boldsymbol{E}$ は，$\boldsymbol{B}$ と同じ速度 $\boldsymbol{v}$ で動くので (1) に対応して，$\boldsymbol{v}$ と $\boldsymbol{E}$ のどちらにも垂直で，大きさが

$$B = \varepsilon_0\mu_0 vE \tag{17.3}$$

の大きさの誘導磁場 $\boldsymbol{B}$ をつくる（図 17.8 (b)）．

（3）(17.2) 式と (17.3) 式が両立するという条件，つまり，(2) の $\boldsymbol{B}$ とはじめの $\boldsymbol{B}$ が同じになるという条件，$B=\varepsilon_0\mu_0 vE=\varepsilon_0\mu_0 v^2 B$，つまり，$v^2=1/\varepsilon_0\mu_0$ から真空中の電磁波の速さ c が次のように求められる．

$$c = \frac{1}{\sqrt{\varepsilon_0\mu_0}} \approx 3\times 10^8 \text{ m/s} \tag{17.4}$$

ただし，$1/4\pi\varepsilon_0 \approx 9\times 10^9$ N·m^2/(A^2·s^2)，$\mu_0 = 4\pi\times 10^{-7}$ N/A^2 を使った．

上で導いた結果をまとめると，次のようになる．
真空中を電場・磁場の振動が波として伝わる場合，

(1) その速さは一定で，真空中での光の速さ c に等しい．
(2) 電場の振動方向と磁場の振動方向は垂直である．
$$\boldsymbol{E} \perp \boldsymbol{B} \tag{17.5}$$
(3) 電磁波の進行方向 $\boldsymbol{k}$ は，電場の振動方向と磁場の振動方向の両方に垂直で，
$$\boldsymbol{k} \perp \boldsymbol{E}, \quad \boldsymbol{k} \perp \boldsymbol{B} \tag{17.6}$$
$\boldsymbol{k}$ は右ねじを $\boldsymbol{E}$ から $\boldsymbol{B}$ の方向へまわすときにねじの進む方向（ベクトル積を使うと $\boldsymbol{E} \times \boldsymbol{B}$ の方向）を向いている（電磁波は横波である）（図 17.9）．
(4) $$E = cB \tag{17.7}$$
比誘電率 ε_r，比透磁率 μ_r の一様な物質の中での光の速さ c_r は
$$c_\mathrm{r} = (\varepsilon_\mathrm{r}\mu_\mathrm{r}\varepsilon_0\mu_0)^{-1/2} = (\varepsilon_\mathrm{r}\mu_\mathrm{r})^{-1/2} c \tag{17.8}$$
である．常磁性体，反磁性体では $\mu_\mathrm{r} \fallingdotseq 1$ なので，$c_\mathrm{r} \fallingdotseq (\varepsilon_\mathrm{r})^{-1/2} c$ である．

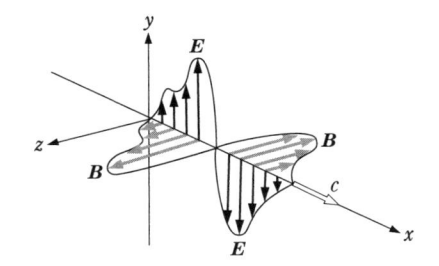

図 17.9 $+x$ 軸方向へ伝わる電磁波

参考 ヘルツの実験

マクスウェル理論の重要な結論は，「いろいろな波長の電磁波が存在し，真空中ではすべての電磁波は秒速 30 万 km で伝わる」ということである．光の波長は数百万分の 1 メートルという限られた範囲内にあるので，マクスウェル理論の確立には，光以外の電磁波を発生させてこれを検出する必要がある．電磁波は振動する電流によって発生させられる．

マクスウェルの予言した電磁波が最初に実験的に証明されたのは，予言後 20 年以上が経過し，彼が死去したあとの 1887 年のことであった．ドイツのヘルツは，同じ周波数で共振する 2 つの装置（電磁波の発生装置と検出装置）をつくった（図 17.10）．図 17.10 に示す誘導コイルのある装置が電磁波の発生装置である（図 17.11）．コイル A の電流を，振動するスイッチ S で切ったり入れたりすると，鉄心の中には激しく変化する磁場が生じ，電磁誘導によって多数回巻いてあるコイル B に高電圧の交流電圧が生じる．このため空気の分子が電離して，端子の間に火花が飛ぶ．この火花は端子の間をすばやく往復する振動電流の存在を示す．この振動数は端子の大きさや形などによって調節できる．

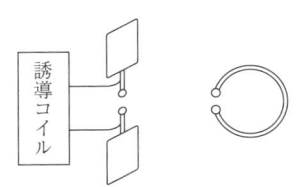

図 17.10 ヘルツの実験の概念図．左側が電磁波の発生装置，右側が検出装置（小さな火花間隙をもつ導線のループ）である．

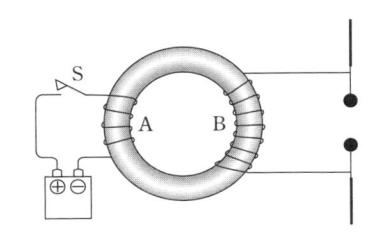

図 17.11 電磁波の発生装置の概念図

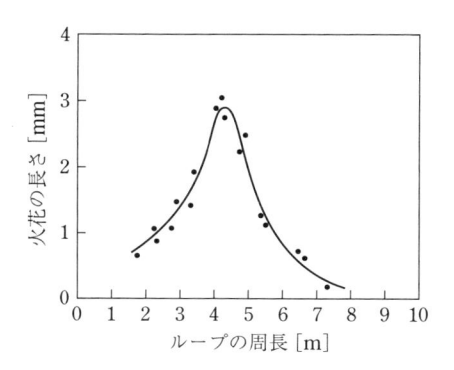

図 17.12 ヘルツが観測した共振曲線

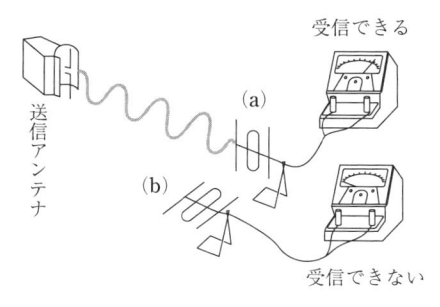

図 17.13 電磁波の偏り（ヘルツの実験装置とは無関係）

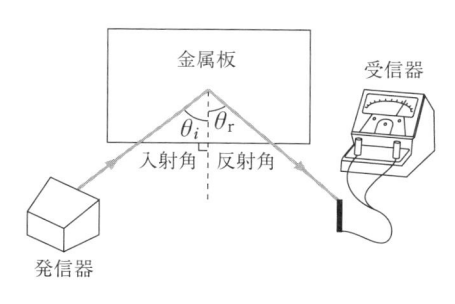

図 17.14 電磁波の反射，$\theta_i = \theta_r$

ヘルツは電磁波の検出装置として，両端の間に短い間隔ができるように曲げた導線を使い，誘導コイルの端子の間に火花が飛ぶのと同時に，導線の間隙にも火花が飛ぶことを発見した（図17.12）．この実験結果によって，誘導コイルの端子間の振動電流が振動する電場と磁場をつくり，電場と磁場の振動が空間を電磁波として伝わっていき，曲がった導線のところを通過するときに，そこに振動する電場と磁場をつくり，この強い振動電場のために導線の両端の間に火花が飛ぶことがわかる．

また，発生装置を回転させたり大きさを変えたりすると，検出装置での放電の様子が変わる．これは，発生した電磁波が偏っているということと，特定の波長をもつということを示す（図17.13参照）．

そして，ヘルツはこの電磁波の速さを1888年に測定して，マクスウェルが予言したように，光の速さと同じであることを確かめた（ヘルツは入射波と反射波で定常波をつくり，その腹と腹の距離から電磁波の波長 λ を測り，波長 λ と振動数 f から電磁波の速さ $v = \lambda f$ を求めた）．さらに，ヘルツは，この電磁波は固体の表面で反射・屈折し，干渉現象，回折現象を示すことも発見した．

17.3 電磁波の反射と屈折

電波や光を金属板にあてると反射する．このとき入射角（入射波の進行方向と境界面の法線のなす角）θ_i と反射角（反射波の進行方向と境界面の法線のなす角）θ_r は等しい．

$$\theta_i = \theta_r \tag{17.9}$$

という反射の法則が成り立つ（図17.14）．

電波をパラフィンの表面に斜めに入射させたり，光をガラスの表面に斜めに入射させると，表面で屈折して進行方向を変える（図17.15(a)）．これはパラフィン中の電波の速さやガラス中の光の速

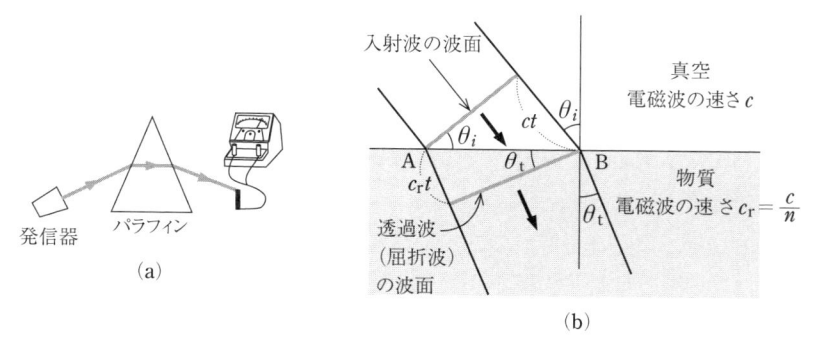

図 17.15 電磁波の屈折．(b) $\sin\theta_i / \sin\theta_t = n$

さが真空中の速さ c より遅いために起こる現象である．

速さが c の真空中から速さが $c_r = c/n$ の物質中に電磁波が入射角 θ_i で斜めに入射すると，境界を通過すると波面の進む速さが変化するので，電磁波の進行方向が変わる．入射角を θ_i とすると，屈折角（境界面の法線と透過波の進行方向のなす角）θ_t は

$$\frac{\sin\theta_i}{\sin\theta_t} = \frac{c}{c_r} = n \tag{17.10}$$

で与えられる（図 17.15 (b)）．$n = c/c_r$ をその物質の屈折率という．いくつかの物質での光の屈折率を表 17.2 に示す．もちろん真空の屈折率は 1 である．

表 17.2 屈折率（ナトリウムの黄色い光（波長 5.893×10^{-7} m）に対する）

気体（0 °C，1 気圧）		液体（20 °C）		固体（20 °C）	
空　気	1.000292	水	1.333	ダイヤモンド	2.42
二酸化炭素	1.000450	エタノール	1.362	氷（0 °C）	1.31
ヘリウム	1.000035	パラフィン油	1.48	ガラス	約 1.5

［注］　屈折率は波長によってわずかに変化する．

電磁波が屈折率 n_1 の物質 1 から屈折率 n_2 の物質 2 に入射するときの屈折の法則は，電磁波の速さの比が $(c/n_1)/(c/n_2) = n_2/n_1$ なので，

$$\frac{\sin\theta_i}{\sin\theta_t} = \frac{n_2}{n_1} \tag{17.11}$$

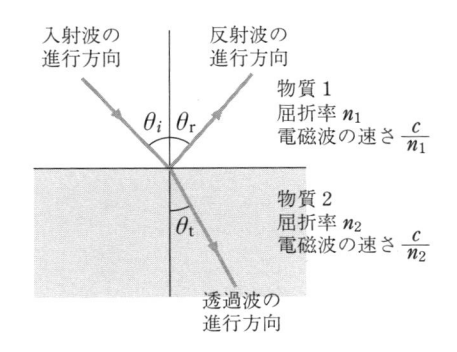

となる（図 17.16）．

図 17.16 電磁波の反射と屈折

全反射　光が水やガラスから空気中へ入射する場合のように，屈折率（n_1）の大きな物質から屈折率（n_2）の小さな物質へ進むときには（$n_1 > n_2$），屈折角 θ_t は入射角 θ_i より大きい．入射角 θ_i が増していき，

$$\sin\theta_c = \frac{n_2}{n_1} \tag{17.12}$$

で定義される臨界角（屈折角が 90° になるときの入射角）θ_c より大きくなると，屈折の法則からは $\sin\theta_t = \sin\theta_i/\sin\theta_c > 1$ となる．$|\sin\theta| \leqq 1$ なので，この場合には θ_t が求められない．実際には，このような場合に光は境界面をまったく透過せず完全に反射される（図 17.17）．この現象を**全反射**という．

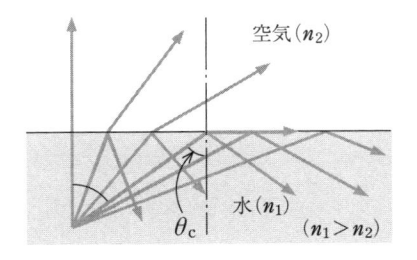

図 17.17 全反射

例 1　図 17.18 のように，ガラスの二等辺三角柱で光が全反射する条件は，ガラスの屈折率 n が

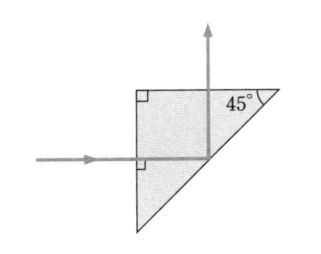

図 17.18 ガラスの二等辺三角柱での光の全反射

$$n > \frac{1}{\sin 45°} = \sqrt{2} \approx 1.41$$

である.

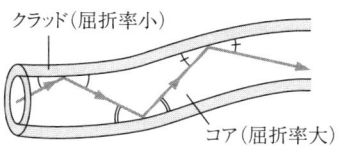

光を遠方に伝える**光ファイバー**は光の全反射を利用している.細長いガラス線である光ファイバーの中心部（コア）の屈折率は外側（クラッド）の屈折率より大きくしてある.そのため光ファイバーの一端から入った光はコアの中から外に出ることなく他端まで伝わっていく（図17.19）.光ファイバーは光通信に利用されており，胃カメラにも利用されている.

図 17.19 光ファイバー

17.4 電場と磁場のエネルギーと運動量

■ 電磁場のエネルギー ■ 電場があれば電場のエネルギーが存在し，磁場があれば磁場のエネルギーが存在するので，電場と磁場の変動が空間を伝わっていく電磁波は電磁場のエネルギーを運ぶ.(12.24)式と(15.25)式から，電磁波が伝わる真空中には単位体積あたり

$$u = \frac{1}{2}\varepsilon_0 E^2 + \frac{1}{2\mu_0}B^2 = \varepsilon_0 E^2 \quad \text{（真空中）} \tag{17.13}$$

のエネルギーがある（$E = cB = B/\sqrt{\varepsilon_0 \mu_0}$ を使った）.したがって，電磁波の進行方向に垂直な単位面積を単位時間に通過する電磁場のエネルギー S は

$$S = c\varepsilon_0 E^2 \quad \text{（真空中）} \tag{17.14}$$

である.S を大きさとし電磁波の進行方向（エネルギーの進行方向）を向いたベクトル $\boldsymbol{S}$

$$\boldsymbol{S} = \frac{1}{\mu_0} \boldsymbol{E} \times \boldsymbol{B} \quad \text{（真空中）} \tag{17.15}$$

を定義し，**ポインティングのベクトル**という.

■ 電磁場の運動量 ■ 電磁波は，エネルギーも運ぶが，運動量も運ぶ.真空中を伝わる電磁波のもつ運動量密度 $\boldsymbol{P}$ は

$$\boldsymbol{P} = \frac{\boldsymbol{S}}{c^2} \qquad P = \frac{u}{c} \quad \text{（真空中）} \tag{17.16}$$

である.こう定義すると，荷電粒子の運動量と電磁場の運動量の和が保存することを示せるからである.彗星が太陽に近づくと，彗星の尾が太陽の反対側にできる.この現象は，太陽から放射された光および陽子の運動量による圧力のために生じる.

ニュートンの運動の第2法則によれば，物体の運動量の時間変化

率は物体に働く力に等しい．光が運動量をもてば，物体に光があたって光が吸収されたり光が反射されると，光の運動量の変化に対応して，物体の運動量が変化する．したがって，物体は光から圧力を受けることになる．これを光の放射圧という．光の放射圧は1901～1903年に米国のニコルスとハル，ロシアのレベデフによってそれぞれ独立に検証された（図17.20）．かれらの実験のことは夏目漱石の小説『三四郎』に出てくる．

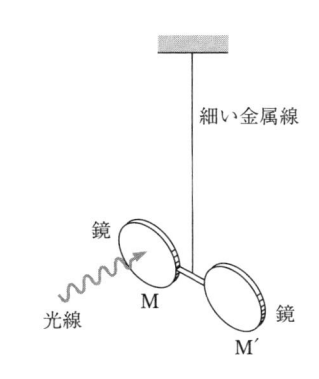

図 17.20 鏡 M に入射する光の放射圧によって細い金属線がねじれる．このねじれの角の測定によって光の放射圧が求められる．

17.5 光は波でもあり，粒子でもある —— 光の二重性

これまで光（電磁波）が波の性質をもつことを説明してきた．しかし，光は波であるとは言い切れないのである．第8章で紹介したように，プランクは，自分の発見した法則を理論的に導き出すには，「振動数 f の光のもつエネルギーは，振動数 f にプランク定数とよばれる定数 h（$= 6.626 \times 10^{-34}$ J·s）をかけた，hf という大きさのエネルギーのかたまりの整数倍という，とびとびの値しかとりえない」と仮定せざるをえないことを1900年に発見した．また，以下で示すように，波長の短い可視光や紫外線を金属にあてると電子が飛び出す光電効果や，物質によって散乱されたX線の中にはその波長が入射X線の波長より長い方に変わったものが含まれているコンプトン散乱などの現象では，光（一般に電磁波）は粒子的な性質を示すことが知られているからである．

振動数 f，波長 λ の光線は，エネルギー E と運動量 p が

$$E = hf, \quad p = \frac{h}{\lambda} \quad (17.17)$$

の光子（光の粒子）の集まりだとすると，光電効果は金属による光子の吸収と電子の放出，コンプトン散乱は電子による光子の散乱として見事に説明されるのである．

■ 光電効果 ■ 箔検電器の上に亜鉛板をのせ，負に帯電させて箔を開かせておく．この亜鉛板に紫外線を照射すると箔は閉じていく．しかし，紫外線のかわりに赤外線をあてても，箔は閉じない．

これらのことから，紫外線や波長の短い可視光線で金属の表面を照射すると，負電荷を帯びた粒子が飛び出すことがわかる．この現象を**光電効果**という．光電効果で飛び出した粒子は電子であることが実験でわかった．

1900年頃までに，光電効果の実験的研究によって，次のような結果が得られた．

(1) 金属にあてる光の振動数 f が，その金属に特有なある値 f_0 より小さいと，強い光をあてても電子は飛び出さない．この振動数の値 f_0 を限界振動数という．
(2) 飛び出したいちばん速い電子の運動エネルギーは，光の強さには無関係で，光の振動数 f が大きくなると大きくなる．
(3) 単位時間に飛び出す電子の数は，光の強さに比例する．
(4) どんなに弱い光でも，限界振動数より大きな振動数の光をあてると，ただちに電子が飛び出す．

光が波だとしたら，電子が光から受け取るエネルギー E は，光の強さと光を受けた時間の積に比例するはずである．したがって，光を電子に長時間あてれば，振動数の小さな光でも，大きなエネルギーが与えられることになる．光を波と考えると，実験結果(1)，(2)，(4) を説明できない．

1905 年にアインシュタインは，振動数 f の光（一般に電磁波）はエネルギー $E = hf$ をもつ粒子（光子）の流れだとして光電効果を説明した．

光子が電子と衝突するときに，光子はそのエネルギーの全部を一度に電子に与えて吸収されると考えると，光電効果の実験結果は，光子説によって次のように見事に説明される．すなわち，金属内部の電子 1 個を外部（真空中）に取り出すのに，W_0 以上の仕事が必要だとすると，光電効果を起こすためには，エネルギーが W_0 以上の光子をあてることが必要であり，限界振動数 f_0 は $f_0 = W_0/h$ となる（実験結果(1)）．また，飛び出した電子の運動エネルギーの最大値 K_m は，光子のエネルギー $E = hf$ よりも仕事 $W_0 = hf_0$ の分だけ小さく，

$$K_m = E - W_0 = hf - hf_0 \qquad (17.18)$$

となり，K_m は光の振動数 f とともに増加する（実験結果(2)）．なお，W_0 をその金属の仕事関数という．

数年間にわたる実験の末に，1916 年にミリカンは，図 17.21 のような装置を使って (17.18) の関係を確かめ，プランク定数 h の値を求めた．振動数 f の単色光を負極 K にあてたとき，その表面から飛び出して正極 P に到達する電子による電流 I と負極に対する正極の電位 V の関係は，図 17.22 のようになった．この結果は，$V = -V_0$ のとき，最大の運動エネルギー K_m をもって負極を飛び出した電子が，エネルギーを使いはたしてやっと正極に到達したことを示すので，$K_m = eV_0$ の関係がある．

単色光の振動数 f を変化させたり，負極の金属の種類を変えたりして，f と eV_0 の関係を調べると，図 17.23 のようになった．

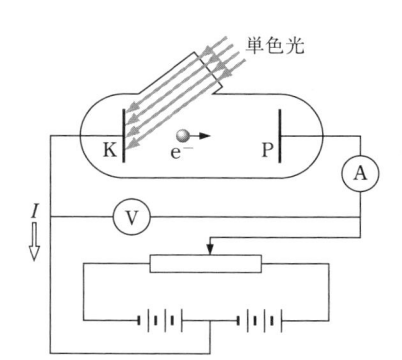

図 17.21 光電効果の実験の概念図

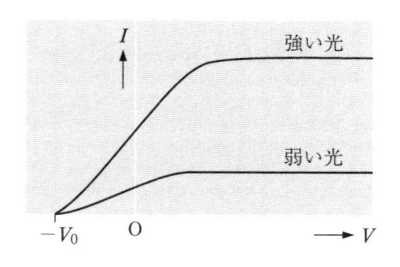

図 17.22 正極電圧 V と電流 I の関係

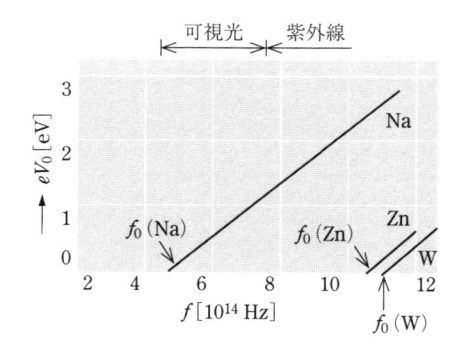

図 17.23 単色光の振動数 f と阻止電圧 V_0 の関係．縦軸の単位は $1\,\mathrm{eV} = 1.6 \times 10^{-19}\,\mathrm{J}$

これらの平行な直線の傾きを h とすると，関係，
$$eV_0 = hf - hf_0 \quad (17.19)$$
が得られる．この式と $K_m = eV_0$ から (17.18) 式が得られ，光子説の正しさが実証された．

ニュートン力学では，粒子はエネルギーのほかに運動量をもつ．質量 m，速度 $\boldsymbol{v}$ の粒子の運動量 $\boldsymbol{p}$ はベクトルで，$\boldsymbol{p} = m\boldsymbol{v}$ である．2物体の衝突では，衝突直前の2物体の運動量のベクトル和は衝突直後の2物体の運動量のベクトル和に等しいという重要な性質がある．電磁気学によれば，電磁場も運動量をもつ．電磁波によってエネルギー E が運ばれるときには，同時に大きさが $p = E/c$ の運動量も運ばれるので，振動数 f と波長 λ の関係 $c = f\lambda$ を使うと，光子の運動量 $\boldsymbol{p}$ は大きさが
$$p = \frac{E}{c} = \frac{hf}{c} = \frac{h}{\lambda} \quad (17.20)$$
で，光の進行方向を向いていると考えられる．

■ **コンプトン散乱** ■　池の中の杭による水面波の散乱では，入射波と散乱波の波長は同じである．ところが，1923年にコンプトンは，電磁波である X 線で物質を照射すると，物質によって散乱された X 線には，入射波と同じ波長 λ のもののほかに，λ より長い波長 λ' をもつものがあることを発見した（図 17.24）．このような散乱をコンプトン散乱という．

かれは，この現象を X 線光子と電子の弾性衝突として説明した．つまり，波長 λ，振動数 $f = c/\lambda$ の入射 X 線をエネルギー $E = hf$，運動量 $p = h/\lambda = hf/c$ をもつ光子の流れと考え，コンプトン散乱をこの光子と静止している質量 m の電子との弾性衝突と考えた．2物体の弾性衝突では，2物体の運動量の和のほかに，2物体のエネルギーの和も保存する．エネルギー保存則から，
$$hf = hf' + \frac{p_e^2}{2m} \quad (17.21)$$
が導かれ（図 17.25），運動量保存則から
$$\left.\begin{array}{l} \dfrac{hf}{c} = \dfrac{hf'}{c}\cos\phi + p_e\cos\theta \\[2mm] \dfrac{hf'}{c}\sin\phi = p_e\sin\theta \end{array}\right\} \quad (17.22)$$
が導かれる．角 ϕ は光子の散乱角である．(17.22) の2つの式から $\sin^2\theta + \cos^2\theta = 1$ を使って電子の散乱角 θ を消去すると，
$$p_e^2 c^2 = (hf - hf')^2 + 2h^2 ff'(1-\cos\phi) \quad (17.23)$$

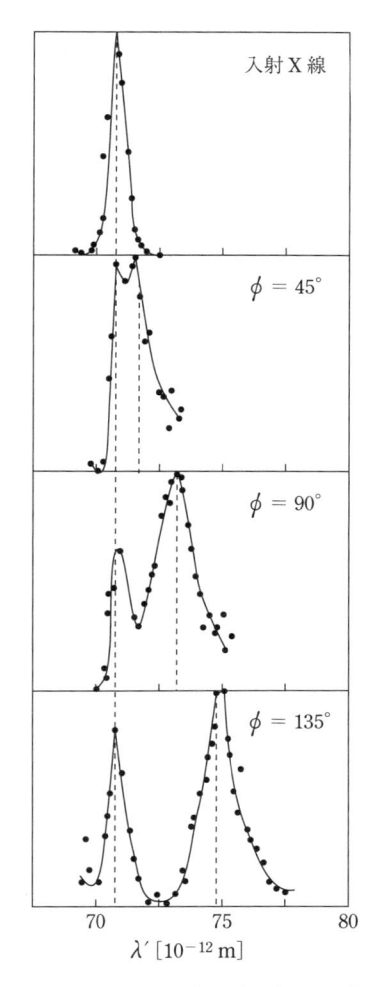

図 17.24 散乱 X 線の散乱角 ϕ と波長 λ' の分布．波長 $\lambda = 7.1 \times 10^{-11}$ m の入射 X 線のグラファイトによる散乱．縦軸は散乱 X 線強度．

図 17.25 原子の中の電子によるコンプトン散乱

が得られる．(17.23)式と(17.21)式から，はね飛ばされた電子の運動量 p_e を消去すると，波長のずれ $\Delta\lambda = \lambda' - \lambda$ は近似的に次のようになる ((17.23) 式の右辺の第1項は第2項に比べて小さいので無視した．電子のエネルギーの相対論の式を使うと，(17.24)式は正確に成り立つ式であることが示される)．

$$\Delta\lambda = \lambda' - \lambda = \frac{h}{mc}(1 - \cos\phi)$$
$$= 0.00243(1 - \cos\phi) \times 10^{-9} \text{ m} \quad (17.24)$$

この式が実験結果とよく合うこと，また予測された方向にはね飛ばされた電子が実際に発見されたことは，X線の粒子性の有力な証拠となった．なお，波長が変化しない散乱は，原子核によるX線光子の散乱として説明される．この場合には(17.24)式の電子の質量 m は原子核の重い質量で置き換わるので，$\lambda' \fallingdotseq \lambda$ となる．

==このように光は波動性と粒子性の両方の性質を示す．これを光の二重性という．== とりあえず，光の二重性を「光は空間を波として伝わり，物質によって放出・吸収されるときは粒子として振る舞う」と理解してよい．光は波動性と粒子性をもつが，その間には密接な関係(17.17)があることに注意してほしい．

■ **光の干渉を詳しく調べる** ■　最近は高感度の光の検出が可能になった．きわめて微弱な光源を使って，もう一度光の干渉を詳しく調べてみよう．図17.26に示した写真は，微弱な光源からの弱い光が2つの隙間(スリット)を通過したときの干渉現象の写真である．光が検出面に衝突したときに発生する輝点は光子が衝突したことを示す．つまり，光は検出面(蛍光物質)に衝突するときは粒子的に光子として衝突することがわかる．

実験開始から10秒間に到達した光子の数は少ないので，光子の到達位置には規則性がないように見える(図(a))．しかし，開始後10分間には多数の光子が到達し，光波の干渉で生じる明暗の縞の明るい部分には多くの光子が到達し，暗い部分に光子はほとんど到達しないことがわかる．このように，個々の光子を見ても干渉効果は見られないが，多数の光子の集団としての振る舞いには，波としての性質が現れる．これが光の二重性の実態である．

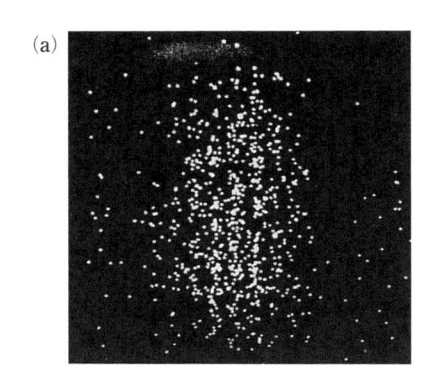

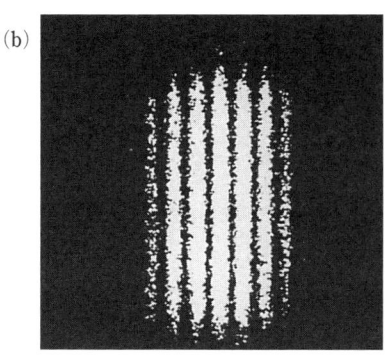

図 17.26 近接した2本のスリットを通過した極微弱光の干渉．(a)実験を開始してから10秒後．(b)実験を開始してから10分後．(浜松ホトニクス株式会社提供)

❖ **第17章のキーワード** ❖

粒子的性質と波動的性質，波，干渉，回折，回折格子，光，電磁波，光の速さ，物質中の光の速さ，反射，屈折，屈折率，全反射，臨界角，光ファイバー，干渉，偏り，電磁場のエネルギー，ポインティングのベクトル，電磁場の運動量，光の二重性，光子，光電効果，仕事関数，コンプトン散乱

演習問題 17

A

1. 周波数 1200 kHz のラジオ電波，および 200 MHz のテレビ電波の波長を求めよ．光の速さを $c = 3\times 10^8$ m/s とせよ．

2. 可視光のスペクトルの両端 $\lambda = 3.8\times 10^{-7}$ m, 7.7×10^{-7} m での光子のエネルギーはそれぞれいくらか．また何 eV か．Na の仕事関数は 2.3 eV である．限界振動数 f_0 はいくらか．

3. 人間の眼が光を感じるのは，瞳孔を通る光のエネルギーが $(2〜6)\times 10^{-17}$ J 以上のときである（光の波長が 5.1×10^{-7} m の場合）．この光の約 10% が網膜の感光物質を励起して視覚を生じさせる．視覚を生じさせる最小の光子数はいくらか．

4. 振動数 $f = 2.4\times 10^{20}$ Hz の X 線が $\phi = 90°$ の方向にコンプトン散乱した．散乱 X 線の振動数 f' はいくらか．はね飛ばされた電子の運動エネルギーはいくらか．

5. 単色の X 線が物質に衝突した．X 線の光子がこの衝突でエネルギーを失って散乱される場合，散乱 X 線の波長が入射 X 線の波長より長い理由を説明せよ．

B

1. ラジオ放送の送信所の高さ 40 m のアンテナから 50 km の地点での電場の最大値が 10^{-3} V/m であった．このとき，そこでのエネルギーの流れ（1 m^2 あたり）は何 W か．そこでの磁場の強さの最大値はいくらか．

2. **フィゾーの実験** 図 1 の装置で歯車（歯数 $N = 720$）の回転数を調節すると，歯の間を通りぬけて鏡 M で反射された光が，すべて回転してきた次の歯で妨げられる．フィゾーは歯車の回転数 n を 0 から徐々に増していったところ，$n = 12.6$ 回/s のときに，観測者 O の視野が最初にいちばん暗くなった．この実験結果から光の速さ c を求めよ．

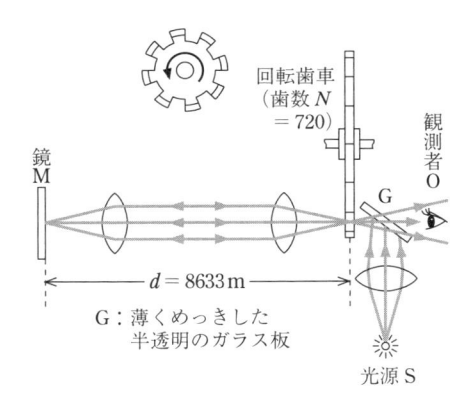

図 1

18 マクロな世界の物理からミクロな世界の物理へ

　英語には，「マクロ」と「ミクロ」という2つの接頭語がある．ミクロはギリシャ語で小さいを意味するミクロスが語源で，「微小な」とか「顕微鏡の」とか「100万分の1」とかを意味する．これに対してマクロは「長い」とか「大きい」とか「巨大な」を意味する．

　多くの人々が関心をもつのは主として身のまわりの現象である．いわば，マクロな現象である．それなのになぜ原子のような目にも見えないミクロな世界の物理を知る必要があるのだろうか．その答は物理学の歴史を振り返ってみるとよくわかる．

　もともと物理学は目に見えたり，手でさわったりできる現象の法則を探求することから始まった．目で見ることのできる石の放物運動，天体の運行，手に感じる熱，目に見える光，耳に聞こえる音，そうした現象が物理学者の興味の対象だった．感覚に縁のうすい電磁気現象でも，摩擦電気をピリッと感じるとか，摩擦電気がものを引きつけるとか，磁石が鉄片を引っ張るとか，目に見えたり，感覚で感じたりする現象に関係して議論されていて，電気そのものの本体は何かということに直接ふれることはなかった．

　しかし，物理学の研究の進展によって，日常生活で経験する熱現象や電磁気現象，物質の性質などの，目に見え，手で触れられる世界の法則を本当に理解するには，電子が活躍する分子の世界，原子の世界といった，直接は目にも見えず手にも触れられない小さな世界のことを知らねばならないことが明らかになった．

　その結果，原子の中がどのようになっているか，そして，そこでどのような法則が支配しているのかがだんだん明らかになってきた．

　たとえば，アルキメデスは純金の王冠と合金の王冠を区別するのに，純金の密度と合金の密度の違いを利用した．しかし，日本産の金の密度と米国産の金の密度が同一なのはなぜかという質問に彼は答えられなかったに違いない．この質問に答えるには原子の世界と原子の世界を支配する量子力学の理解が必要である．

100年以上前の人たちには答えられないが，現在は答えられる問題はほかにも無数にある．子供はなぜ親に似るのか？　物質にはなぜ電気を伝える導体と伝えない絶縁体があるのか？　などはそのごく一部である．

物理学はさらに進んで，原子をつくっている原子核の理解が必要になってきた．たとえば，地上の生活のエネルギー源である太陽からの放射や火山活動，地震，地殻変動などのエネルギー源の理解には，陽子と中性子から構成されている原子核の世界について知らなければならない．

1930年代には，電子と陽子と中性子が物質構造の基本粒子であると考えられていたので，これらの粒子は素粒子とよばれるようになった．現在では，陽子と中性子は真の意味の素粒子ではなく，クォークとよばれるさらに基本的な粒子から構成されていると考えられている．

18.1 物質の基本的な構成粒子の電子

物質構造の3つの基本的な粒子の中で，最初に発見されたのは電子だった．あとの2つの陽子と中性子の質量はほぼ同じだが，電子の質量はそれよりはるかに小さく，その約2000分の1にすぎない．そこで，金属を熱したり，金属表面を紫外線で照射したりすると，金属表面から電子が飛び出してくる．

1897年にトムソンは，図18.1に示す装置を使って電子を発見した．この実験では，負電荷を帯びた粒子が，加熱された金属の負極から正極に向かって飛び出し，電場と磁場の中を電磁気力の作用を受けて曲線運動し，正極の後ろ側の蛍光面に衝突してキラッと点状に光らせる（輝点を発生させる）（図では磁場を発生させる磁石は省略してある）．この粒子は，決まった質量と決まった電荷をもち，ニュートンの運動方程式に従って運動する粒子と同じ軌道を通ること，そしてこの粒子は水素原子の約2000分の1という小さな質量をもつことをトムソンは発見した．負極の金属を他の金属に替えても，同じ粒子が出てくるので，この粒子はいろいろな物質に共通な構成粒子であることがわかり，**電子**と名づけられた．

電子は物質のいちばん軽い構成粒子で，物質の中を動きやすいので，物質が示す物理現象や化学変化での主役である．たとえば，導線を流れる電流は電子の移動によって生じるのである．

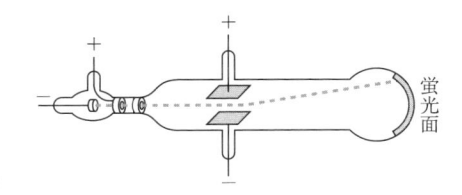

図 18.1 電子が蛍光面に衝突する点は，決まった質量と負電荷の粒子が電場の中でニュートンの運動方程式に従って運動していった点である．

18.2 電子の二重性

▌ **電子の二重性** ▌　トムソンは，決まった大きさの質量と電荷をもち，電磁場の中ではニュートンの運動の法則に従う荷電粒子として振る舞い，蛍光物質に衝突すると，輝点を発生させるという粒子的な性質を利用して電子を発見した．半分の大きさの質量や電荷をもつ電子は発見されていない．

ところで，波だと思われていた光は粒子のようにも振る舞うことを前章で紹介した．それでは，粒子のように振る舞う電子は波の性質も示すのだろうか．それとも粒子の性質だけを示すのだろうか．

光の波動性について調べたときと同じように，電子顕微鏡の電子源から出てくる電子の流れの中に2本のスリットを置き（図18.2），2本のスリットを通過した2つの流れが合流する場所に置いてある検出面に到達した電子を記録したものが，図18.3に示した写真である．図18.3(e)を見ると，波の特徴である干渉現象を示す明暗の縞が読み取れる．つまり，この写真は，2本のスリットを通過した2つの電子波 ψ_1 と ψ_2 が重なり合って $\psi_1+\psi_2$ になり，検出面の上で2つの波 ψ_1 と ψ_2 が（同符号の場合）強め合ったり（異符号の場合）弱め合ったりするので，検出面の上での電子波の強度 $|\psi_1+\psi_2|^2$ の分布が明暗の縞をつくることを示している．この実験では，実験装置の内部に2個以上の電子が同時に存在することはまれであるような状況で実験したので，この明暗の縞は2個以上の電子の相互作用によって生じたものではない．つまり，この写真は，1個の輝点を生じさせる「1個の」電子が2本のスリットの両方を同時に通過したことを示している．

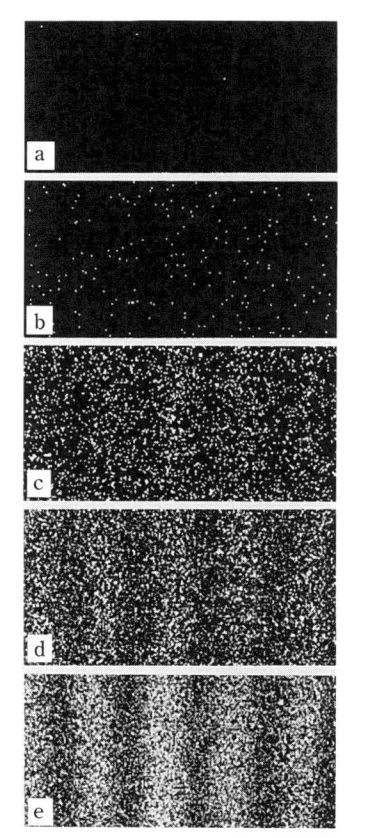

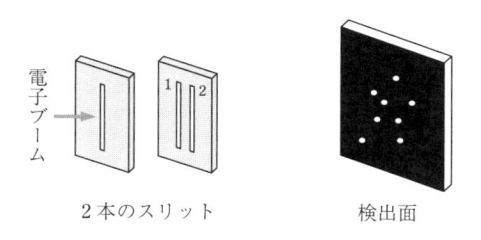

図 18.2　電子ビームと2本のスリット 1, 2（概念図）

図 18.3　電子顕微鏡による干渉縞の形成過程．電子が，2つのスリットを通過して，検出器に1個また1個と間隔をおいてやってくる．電子が検出器の表面の蛍光フィルムに達すると，そこで検出され，記録装置に記録されて，記録結果がモニターに写しだされる．この図には，電子が検出面に1個ずつ到着し，その結果，干渉縞が形成される様子を写真(a)～(e)で時間の順に示す．（日立製作所基礎研究所外村彰博士提供）

さて，明暗の縞が形成されていく過程を記録した図18.3(a)〜(e)を順に見ると，明暗の縞の輝度が連続的に増加していくのではなく，「粒子」としての電子が1個ずつ検出面（蛍光フィルム）に衝突して，輝点を発生させていることがわかる．そして，場所によって衝突する確率に大小の差があるので，明暗の縞が形成されていく様子がわかる．光子の場合の図17.26と電子の場合の図18.3は実によく似ている．電子の場合にも，干渉縞という波動現象が現れることは，粒子（電子）を発見する確率が大きいか小さいかという空間的な分布として知ることができるのである．

これで，光と同じように，電子も粒子と波の二重性があることがわかった．つまり，あるときは粒子のように振る舞い，あるときは波のように振る舞う．光や電子の二重性については，「光や電子は空間を波として伝わり，物質によって放出・吸収されるときは粒子として振る舞う」と理解してよい．

また，陽子や中性子も，電子や光子と同じように，粒子的性質と波動的性質の両方の性質を示すことが確かめられている．電子，光子，陽子，中性子などのように，粒子的性質と波動的性質の二重性を示すものが従う力学を**量子力学**といい，空間を波動として伝わる様子を表す波動関数 ψ を決める方程式がシュレーディンガー方程式である．

■ **ド・ブロイ波長** ■ 力学では質量 m，速度 v の粒子の場合，m と v の積の $p = mv$ をその粒子の運動量という．質量 m，速度 $\boldsymbol{v}$ の電子ビームが波動性を示すときの波長 λ は，(17.20)式と同じように，

$$\lambda = \frac{h}{p} = \frac{h}{mv} \tag{18.1}$$

である．関係 (18.1) を提唱したド・ブロイにちなんで，この波長をド・ブロイ波長という．

この式の正しさは，1927年にデビソンとガーマーによって確かめられた．かれらはニッケルの単結晶の表面に垂直に電子ビームをあてたところ（図18.4(a)），表面で散乱された電子の強度はある特定の方向で強くなること（図(b)），そしてその方向（散乱角 θ）は電子ビームの加速電圧 V とともに変わることを発見した．この強度の角度による変化は光の干渉の場合によく似ていて，1つの原子によって散乱された電子の波とその隣の原子によって散乱された電子の波が干渉すると考えればよい．原子の間隔を d とすると，図(c)の2つの原子A, Bによって散乱された電子が通る距離の差

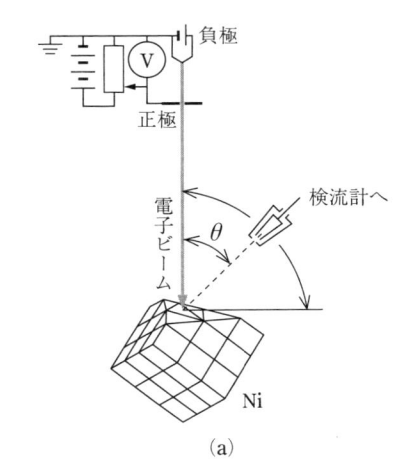

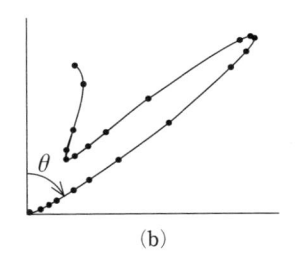

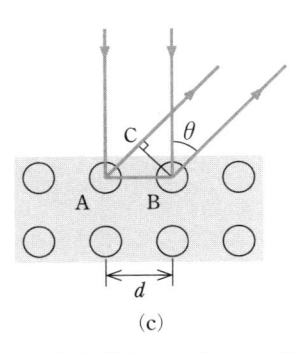

図 18.4 （a）デビソン-ガーマーの実験の概念図．（b）反射電子ビーム強度の角度分布（加速電圧は54 V）．（c）強く散乱されるための条件，$d \sin \theta = n\lambda$．

$AC = d\sin\theta$ が電子波の波長 λ の整数倍のとき，すなわち
$$d\sin\theta = n\lambda \quad (n=1,2,3,\cdots) \tag{18.2}$$
のとき，2つの原子からの電子の散乱波の位相が遠方で一致するので，たがいに強め合うことになる．したがって，波長 λ の電子波は原子間隔 d の結晶表面によって，条件 (18.2) を満たす方向に強く散乱される．デビソンとガーマーは反射電子ビーム強度が極大になる角度 θ の測定結果（図 (b)）と原子間隔 d とから電子波の波長 λ を決めることができた．

電子（質量 m）を電位差 V の電極の間で加速すると，電場のする仕事 eV が電子の運動エネルギーになるので，ド・ブロイの考えによれば，運動エネルギーが
$$\frac{1}{2}mv^2 = \frac{p^2}{2m} = \frac{h^2}{2m\lambda^2} = eV \tag{18.3}$$
になった電子波のド・ブロイ波長は次のようになる．
$$\lambda = \frac{h}{\sqrt{2meV}} = \sqrt{\frac{150.4}{V(\text{ボルト})}} \times 10^{-10}\,\text{m} \tag{18.4}$$
（電子の質量は $m = 9.109\times 10^{-31}$ kg，電荷は $-e = -1.602\times 10^{-19}$ C）．この理論値と実験値はよく一致している．

デビソンとガーマーの発見の翌年に G. P. トムソン（J. J. トムソンの息子）はセルロイドや金属（Au, Pt, Al）の薄箔を通過した電子ビームの方向分布は干渉像を示すことを発見した．また，菊池正士は単結晶の雲母の薄膜を通過した電子ビームの方向分布を研究し，X線を用いた場合と類似した干渉像が得られることを示した．

このようにして，光と同じように電子も粒子性と波動性の両方の性質を示すことが確かめられた．その後，陽子や中性子も粒子性と波動性の両方の性質を示すことがわかった．

電子の波動性を利用した装置に電子顕微鏡がある．これは光学顕微鏡の場合の光波のかわりに電子波を使い，レンズのかわりに電磁石を利用する顕微鏡である．顕微鏡の位置の測定精度（近接した2つの点を区別する分解能）は使った波の波長の程度なので，波長が短いほど分解能はよくなる．電子顕微鏡で使われる電子波の波長は電子の加速電圧を上げるときわめて短くなる，たとえば，10 kV では $\lambda = 1.2\times 10^{-11}$ m であるが，これは原子の大きさより短い．そこで，電子顕微鏡を使って結晶の中の原子の配列を見ることができる（図 18.5 参照）．

図 18.5 透過型電子顕微鏡（TEM）（加速電圧は 200 kV）による GaAs 基板とその上に成長させた InSb 薄膜との界面付近の格子の像．InSb と GaAs の格子間隔には 14.6% の差があるので，両端の矢印の間にある界面付近には格子の転位が見られる．1つの白い丸は結晶の1つの格子空間の断面を表している（旭化成工業株式会社提供）．

18.3 不確定性原理
（電子の位置と速度は正確にはわからない）

　水面を伝わる波の場合には，波が伝わる様子を目で見たり，映画に写したりすることができる．水の波を目で見ても映画に写しても，波の伝わり方に何の変化も生じない．それでは，電子の場合はどうなのだろうか．電子が空間を波あるいは粒子として運動する様子を知るには，電子の通り道を光で照射して，電子によって散乱された光を観測する必要がある．ところで，光の粒子性のために，個々の電子にあてる光の強さを光子1個以下にはできない．振動数f，波長λの光の光子は，hfという大きさのエネルギーとh/λという大きさの運動量をもっている．

　したがって，伝わっている途中の電子を観測すると，光子との衝突によって電子の運動量（＝「質量」×「速度」）はh/λ程度の変化をする．電子は非常に軽いので，この衝撃によって，その後の進路が乱されてしまう．たとえば，図18.3の場合に，電子が2つのスリットのどちらを通過したのかを識別しようとして，スリットの間隔より短い波長の光で照射すると，電子の運動が大きく乱されて，縞の暗い部分にも電子が行くようになって，明暗の縞が消えてしまう．粒子的な振る舞いを調べようとすると波動的な振る舞いが消えるので，電子の波動性と粒子性を同時に検出することはできない．

　一般に，電子のような微小なものの「位置」と「速度」の両方を同時に正確に測定することはできない．これをハイゼンベルクの**不確定性原理**とよぶ．

　したがって，原子の中のようなきわめて狭い空間の中にいる電子の位置と速度の両方を精度よく測定することは原理的に不可能なので，原子の中で電子が円軌道を描いて運動しているという状況を精密に考えることは理論的にはできないことなのである．

18.4 原子の定常状態と光の線スペクトル

　それでは，原子中の電子の運動状態をどのように考えればよいのだろうか．原子の世界の力学である量子力学によれば，原子の内部で電子は波として運動している．

　われわれの知っている波には2種類ある．1つは，水面を広がる波のようにどこまでも進んでいく進行波である．もう1つは，ギターやバイオリンやピアノの弦を弾くとき，弦に生じる定常波である．定常波は，図18.6のような形で同じところで振動しつづけて進まない波なので，定在波ともいう．定常波の振動数fはとびと

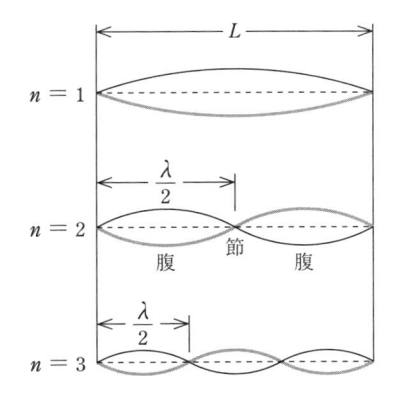

図 18.6　弦の固有振動．定常波の波長 $\lambda = 2L/n$，振動数 $f = vn/2L$ ($n = 1, 2, 3, \cdots$)，Lは弦の長さ，vは波の速さ．

びの値しかとれない（図 18.6 参照）. たとえば, ピアノの1つの鍵盤をたたくと, 基本振動数の音とその倍音以外の音はでない.

原子の中での電子の波は, 弦の場合と同じように, とびとびの値の振動数で振動する定常波である. 量子力学の世界では, エネルギーは波の振動数 f の h 倍なので, 原子のエネルギー ($E = hf$) はとびとびの値, $E_1, E_2, E_3, \cdots$ しかとれない. このとびとびのエネルギーの状態を原子の**定常状態**という. エネルギーが最小の定常状態を基底状態, そのほかの定常状態を励起状態という.

エネルギーの高い定常状態 E_n の原子は不安定で, 光子を放出して, エネルギーの低い定常状態 E_m へ移る. このとき, 余分のエネルギーの $E_n - E_m$ は光子のエネルギーになる（図 18.7）. 光子のエネルギーは hf なので, このとき原子が放射する光の振動数 f は

$$f = \frac{E_n - E_m}{h} \tag{18.5}$$

というとびとびの値に限られることになる.

そこで, 気体の原子が放射する光の振動数はとびとびの値に限られることになる. このことは, ネオンサインで経験している. よく知られているように, 放電管の中の気体は特有の色の光を放射する. ネオンは赤, アルゴンは紫, アルゴンと水銀蒸気を混ぜたものは青である. 原子を高温に加熱したり, 電気火花, 原子衝突などで刺激すると, 原子は光を放射するが, この光を回折格子で分光すると多くの線に分かれる（図 18.8）. この線スペクトルとよばれる線は, とびとびの振動数に対応する光である.

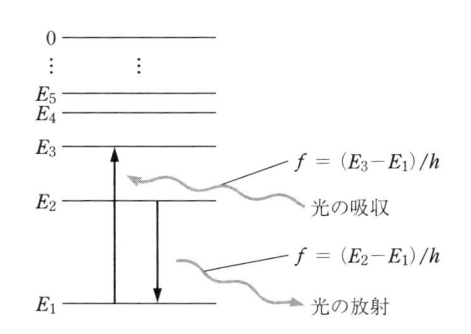

図 18.7 原子のエネルギー準位と光の放射・吸収

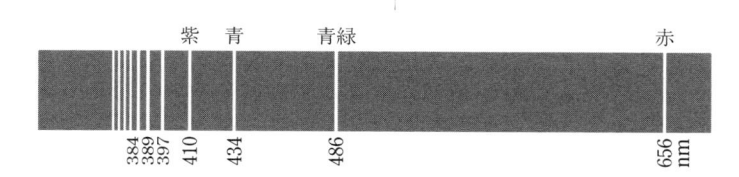

図 18.8 水素原子の線スペクトルの一部. 図の下の数字は波長. 水素原子の放射する光の振動数 f は, 条件

$$f = (3.29 \times 10^{15} \, \mathrm{s}^{-1}) \left[\frac{1}{m^2} - \frac{1}{n^2} \right]$$

を満たすとびとびの値だけである. m, n は正の整数で, $n > m$. 図のスペクトルは $m = 2$ の場合で, バルマー系列とよばれる.

逆に, エネルギーの低い定常状態 E_m にいる原子は, 振動数 $f = (E_n - E_m)/h$ の光の光子を1個吸収すると, エネルギーの高い定常状態 E_n に移る.

参考 フランク-ヘルツの実験

原子の定常状態の存在を直接に確かめたのがフランク-ヘルツの実験である．

室温では，単原子分子気体中の原子はふつう基底状態にある（次の参考を参照）．励起状態と基底状態のエネルギーの差 $E_2 - E_1$ より小さなエネルギーの電子が基底状態の原子に衝突しても，原子は励起状態には移れない．つまり，電子は衝突ではエネルギーを失えず，弾性衝突のみを行う．しかし電子のエネルギーが $E_2 - E_1$ よりも大きくなると，電子は基底状態の原子と衝突して，これを励起状態に移して，エネルギー $E_2 - E_1$ を失う．

1913～14 年にフランクとヘルツは図 18.9 に示す装置で実験を行い，図 18.10 に示す結果を得た．この結果は次のように解釈される．

負極 K から飛び出した電子は，負極 K と金網 G の間の電位差 V の電場で加速され，正極 P より 0.5 V だけ高電位の金網 G の隙間を通り抜けて，正極 P に到達する．電圧 V を増加させていって，eV の値が $E_2 - E_1$ を越えると，電子の中には水銀原子との非弾性衝突でエネルギーを失い，電位の高い金網 G でさえぎられて，正極 P に到達できないものが現れ，電流 I は減少する．エネルギーを失った電子がさらに非弾性衝突したことを示すのが，約 4.9 V 間隔で現れる第 2，第 3 の電流の減少である．

水銀原子が $E_2 - E_1 = 4.9 \text{ eV}$ の励起状態に励起されたことを確かめるには，励起された水銀原子が波長 $\lambda = ch/(E_2 - E_1) \fallingdotseq 2.5 \times 10^{-7} \text{ m}$ の光を放射することを示せばよい．実際，この管から放射される光のスペクトルを調べたところ，赤熱された負極から放射される連続スペクトル以外には，波長 2.536×10^{-7} m の線スペクトルだけが観測された．

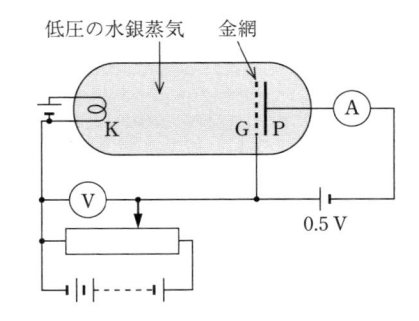

図 18.9 ヘルツの実験の概念図

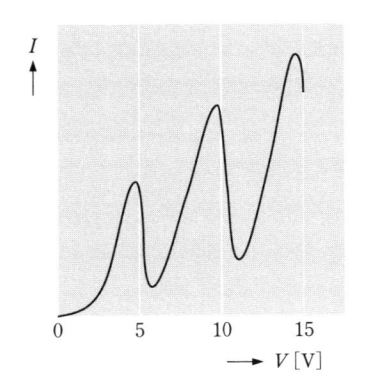

図 18.10 金網 G の電圧 V と電流 I の関係

参考 ボルツマン分布

密閉した管の中の気体分子のように，絶対温度 T の壁の中で莫大な数の構成粒子がたがいに衝突し合ったり，壁に衝突したりしながら乱雑に運動している場合，構成粒子がエネルギー E をもつ確率は

$$e^{-E/k_BT} \quad (18.6)$$

に比例することが理論的に導かれる．定数 k_B は第 8 章に出てきたボルツマン定数，

$$k_B = 1.380658 \times 10^{-23} \text{ J/K} \quad (18.7)$$

である．もちろん e^x は指数関数である．

温度 T の熱平衡状態にある物質において，構成粒子がエネルギー E の状態にある確率が (18.6) 式で与えられることは，物質のマクロな（巨視的な）性質をミクロな（微視的な）構成粒子の振る舞いから理解することを目指す統計力学で一般的に成り立つことが導かれている．確率分布 (18.6) を**ボルツマン分布**という．

さて，水銀気体の温度を $T = 340\,\mathrm{K}\,(67\,°\mathrm{C})$ とすると
$$k_\mathrm{B} T = 4.7 \times 10^{-21}\,\mathrm{J} = 0.029\,\mathrm{eV}$$
なので，340 K の水銀気体中の分子が励起エネルギー 4.9 eV の第 1 励起状態にある確率 P_2 と基底状態にある確率 P_1 の比は

$$\frac{P_2}{P_1} = \exp\left[-\frac{E_2 - E_1}{k_\mathrm{B} T}\right] \fallingdotseq 10^{-73} \tag{18.8}$$

である．したがって，管の中の水銀分子（= 水銀原子）のほとんどは基底状態にある．

18.5　元素の周期律

電子以外の基本的な粒子の陽子と中性子の役割は何だろうか．正電荷を帯びている陽子と電気を帯びていない中性子は原子の中心にある原子核を構成している．原子核に含まれている陽子の数を原子核の原子番号という．原子番号は原子に含まれている電子の数でもあり，これから説明するように，原子の化学的性質を決める．

量子力学を使うと原子の定常状態のエネルギーを計算できる．原子の定常波は，原子に含まれる個々の電子に対応する定常波の集まりだと考えてよい．つまり，1 つ 1 つの電子は他の電子とは独立な定常波として振る舞う．個々の電子の定常波は，原子核を中心とする半径方向への振動の様子とか，原子核を中心とする回転（公転）の様子とか，スピンとよばれる電子の自転の様子などで分類される．

さて，電子の定常波の振動数 f を定性的に描くと図 18.11 のようになる（図にはエネルギー $E = hf$ を記した）．異なるタイプの定常波の振動数の中には等しい値のものがあるので，その振動数をもつ定常波の種類の数だけ丸印を記した．

原子番号 Z の原子では，Z 個の電子は振動数のいちばん小さい，つまりエネルギーのいちばん小さい定常波の状態から順番に，下から Z 番目の状態までを占領している（図 18.12）．「電子は 1 つの状態には 1 個しか入れない」というパウリの排他原理があるからである．図 18.12 での電子配置の様子を見ると，元素の周期表と対応している．そこで，元素の化学的性質を決めるのは，最後に詰まる状

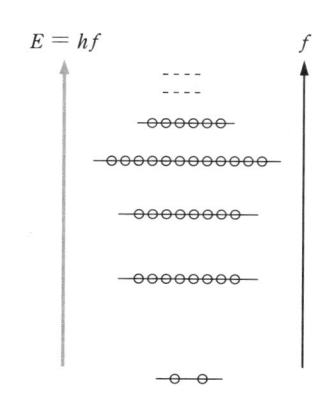

図 18.11　電子のエネルギーの値の近似的な様子．丸印の数は同じエネルギー（hf）をもつ状態の数（同じ振動数 f をもつ定常波の種類の数）

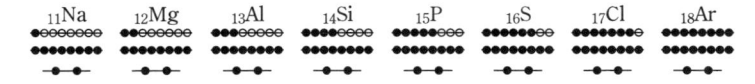

図 18.12 原子の基底状態での電子の配置

態の電子数であることがわかる．エネルギーが大きいほど，電子は原子核から遠くにいるので，この状態の電子を最外殻電子とよぶ．

最外殻の電子数が原子の化学的性質を決める原子価に対応するので，最外殻の電子を価電子という．最外殻が満員の原子はヘリウム，ネオン，アルゴンなどの不活性ガスの原子である．水素，リチウム，ナトリウムなどの原子は最外殻のただ1個の電子を放出して1価の正イオンになりやすく，フッ素，塩素などの原子は最外殻のただ1個の空席に電子を入れて1価の負イオンになりやすいことがわかるだろう．

エネルギーの低い方から Z 番目までの状態が電子によって占領されているのは，原子の基底状態である．振動数の小さい状態に空席があり，そのかわり振動数の大きい状態に電子がいるのが励起状態である．室温では，物質中のほとんどの原子は基底状態にあるが，熱運動のために一部の原子は励起状態にある．気体原子を励起するには，加熱したり，放電管の電極間に電圧をかけて電子を加速して原子に衝突させたりすればよい．ただし，気体を2000度加熱する場合と同じ効果は1ボルト弱の電圧で加速された電子との衝突で得られるので，加熱はあまり効果的ではない．

陽子と中性子を結びつけて原子核をつくる力は核力である．陽子と陽子の間には核力も働くが，同符号の電荷間の反発力も働くので，2つ以上の陽子だけから構成された原子核は存在しない．そこで，中性子の役割は，原子核を構成することにあるといえる．

18.6 レーザー

　レーザーは，各原子から放射される光波の振動の様子がぴったり一致し（位相が揃い），遠くへ伝わっても広がらない，細くて，強力な単色光のビームをつくり出す装置である．これに対して，ふつうの光源では個々の原子がばらばらに光を放射するので（自発放射という），光は全方向に放射され，また異なる原子の放射する光の位相は揃っていない．レーザー光は光ファイバーを通して光通信に使われ，CD プレーヤー，レーザープリンターにも使われ，大きな技術革新をもたらしている．

　レーザーは，誘導放射による光の増幅という意味の英語の頭文字からつくった略語で，初期の段階では，可視光とその周辺の周波数領域のもののみを意味したが，その後あらゆる波長のものの総称になった．

　図 18.13 のような準位構造の原子（分子，イオンの場合もある）は，励起状態 b にあるときには振動数 $f_{ab}=(E_b-E_a)/h$ の光を放射して基底状態 a に遷移する．この遷移は原子の周囲に光が存在しなくても起こるが（**自発放射**），原子に振動数 f_{ab} の光を入射すると，この光に誘発されて原子は振動数 f_{ab} の光を放射する．これを**誘導放射**という．誘導放射された光と入射光は，進行方向も位相も同じだという特徴がある．そこで，入射光と誘導放射された光は強め合う干渉をして，強い光になり，さらに強い誘導放射を起こさせる．このような過程の繰り返しで，きわめて強く，細い単色の光線を放射する装置がレーザーである．1 つの状態に 1 個しか存在できない電子とは異なり，光子は 1 つの状態に何個でも存在できるので，このようなことが可能なのである．

　振動数 f_{ab} の光は励起状態 b にある原子から振動数 f_{ab} の光を誘導放射させるが，基底状態にある原子によって吸収されるので，振動数 f_{ab} の強い光をつくるには，励起状態 b にある原子数を基底状態にある原子数より多くせねばならない．

　室温での熱平衡状態では，ほとんどの原子は基底状態にあり，励起状態からの誘導放射よりも基底状態による光の吸収の方が圧倒的に多く起こる．レーザーでは基底状態よりも特定の励起状態にある原子数の方が多いという逆転分布を人工的に生じさせている．そのためには電子ビームをあてたり，別の振動数の強い光をあてることによって，基底状態にある原子をまず励起状態 c に遷移させる．これをポンピングという．励起状態 c に励起された原子は，周囲にエネルギーを与えて寿命が長い準安定な励起状態 b にすぐ落ちるよ

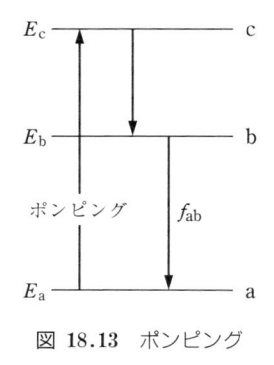

図 18.13 ポンピング

うになっている．このようにして，a → c → b という過程によって，基底状態にある原子よりも励起状態 b にある原子の数を多くすることができる．このような逆転分布状態をつくることがレーザー発振に必要な条件である．

逆転分布が実現されている媒質を 2 枚の鏡（反射板）の間に置き，鏡の間隔は誘導放射される光の波長の整数倍になるように調整し，誘導放射された光が鏡で反射されて定常波をつくるようにしておく．ポンピングをつづけると，光は鏡の間を進行する間に誘導放射によって増幅され，これが鏡の反射によってさらに増加しつづけると発振現象を起こす．これをレーザー発振という．

レーザー光は細いビームになって，一直線に進む．1 km 進行しても 0.3 m 程度しか広がらないようにできる．このように，レーザー光は指向性が良いので，焦点距離の短いレンズを使うと，波長の数倍以内の直径に集束できる．このとき焦点での光のエネルギー密度は非常に高くなる．レーザー光の電場の強度を強くすると，すべての物質をイオン化することもできる．

18.7　導体，絶縁体，半導体

■ バンド ■　原子がぎっしり詰まっている固体内部の電子について考えよう．1 個の原子が単独に存在する場合には，電子のエネルギーは図 18.14 の左端に示すとびとびの値しかとれない．

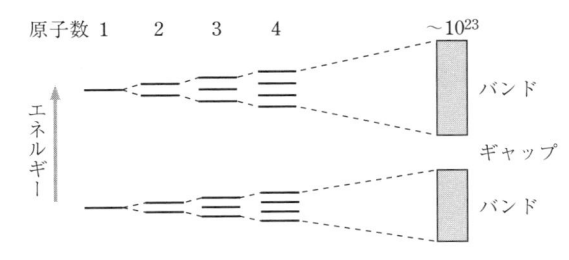

図 18.14　エネルギーのバンド（帯）の形成

しかし，2 個の原子を近づけると，一方の原子の電子がもう一方の原子の電子と作用するので，電子の定常波の振動数が変化する．そこで，近接して原子が 2 個ある場合，電子のエネルギー準位は図 18.14 の左から 2 番目のようになる．この現象は，図 18.15 の 2 つの振り子を同時に振動させると，振り子の間でエネルギーの交換が起こり，振動数がわずかに異なる 2 つのタイプの振動を行うのに似ている．

近接している原子の数が 3, 4, … と増えると，エネルギー準位は図 18.14 の左から 3, 4, … 番目のようになる．そこで，多数の原子が集まって結晶をつくると，電子がとれるエネルギーの値は，図

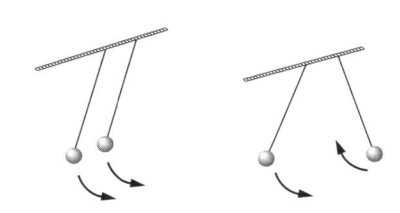

図 18.15　2 つの同じ振り子を 1 本のひもに吊り下げる．2 つのタイプの振動の振動数は少し異なる．

18.14 の右端のように原子のエネルギー準位のまわりに幅をもつ．この幅をもったエネルギーの範囲をエネルギーバンド（帯）またはバンドという．これに対して，電子がとることのできないエネルギーの範囲をエネルギーギャップまたはギャップという．

単独の原子の場合には n 個の電子が入れるエネルギー準位に対応するバンドには，結晶を構成する原子数を N とすると，nN 個の電子が入れる．電子はエネルギーの低いバンドから順番に占領していく．原子の価電子が入るバンドを価電子帯という．

■ **絶縁体** ■　電圧をかけても電流の流れない絶縁体の場合には，価電子がちょうど価電子帯をいっぱいに占領しているのである．そこで，電圧をかけて，価電子を加速してエネルギーの高い状態に移そうとすると，そこはギャップになっているので，それを飛び越してその上にあるバンドの伝導帯に移さなければならない．伝導帯と価電子帯のエネルギーの差は，電子が電場から得るエネルギーより大きいのがふつうなので，電子は伝導帯に移れない．したがって，絶縁体に電圧をかけても電子は加速されず，電流は流れないのである（図 18.16 (a)）．

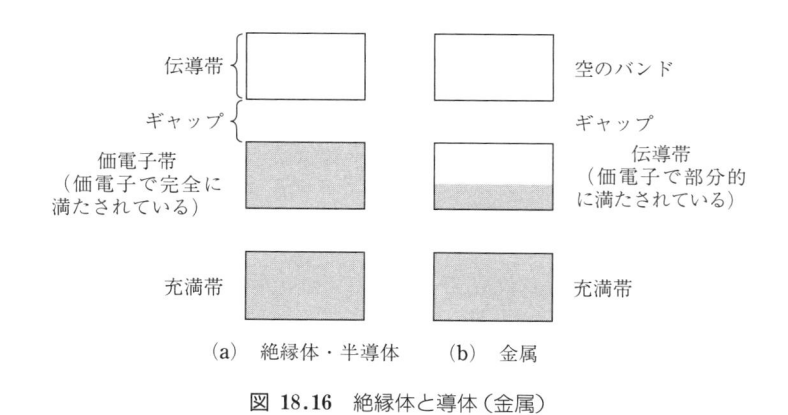

図 18.16　絶縁体と導体（金属）

■ **金　属** ■　金属の場合には，価電子の入っているバンドは，電子が途中まで占領しているだけなので，小さな電圧をかけても電子はすぐ上の空いている状態に移り，加速されるので，電流が流れる．この伝導帯とよばれるバンドにいる電子が自由電子である（図 18.16 (b)）．

■ **半導体** ■　電気伝導率が金属よりはるかに小さいが，絶縁体よりはるかに大きいので，半導体とよばれる物質の中で，応用上重要なのはシリコン（ケイ素）に不純物を注入した物質である．

シリコンは炭素と同じように4個の価電子をもつ元素で，各シリコン原子は4個の価電子を出し合って，周囲のシリコン原子と8個の電子を共有して，共有結合とよばれる仕組みで結合し合っている．

シリコンの場合，満員の価電子帯と空っぽの伝導帯の間のギャップが狭いので(1.17 eV)，共有結合をしている価電子が熱運動のエネルギーをもらって，ギャップを飛び越えて，伝導帯に移って自由電子になれる(図 18.17 (a))．この場合に，電子が共有結合から抜け出したあとには孔があくので，この孔には近所の電子が入り込み，そのまたあいた孔には他の原子の電子が入り込む．このように電子の抜けた孔は，水中を泡が動くように，結晶の中を移動していく．そこで，電圧をかけると，電場の逆方向への電子の運動とは逆向きに，あたかも正電荷を帯びた孔が電場の方向に運動するような状況が起こる．この孔を**正孔**あるいは**ホール**という．したがって，この場合には，自由電子と正孔の両方で電気伝導が起こる．このような物質を真性半導体という[*1]．自由電子が少ないので，シリコン(ケイ素)の電気抵抗率は金属よりはるかに小さいが，絶縁体よりはるかに大きいので，半導体という(導体の電気抵抗率は $10^{-8} \sim 10^{-5}\,\Omega\cdot m$，半導体は $10^{-5} \sim 10^{4}\,\Omega\cdot m$，絶縁体は $10^{4} \sim 10^{16}\,\Omega\cdot m$ である)[*2]．

[*1] 3個の価電子をもつ元素と5個の価電子をもつ元素の1:1の化合物の InSb，InAs，GaAs などや2個の価電子をもつ元素と6個の価電子をもつ元素の1:1の化合物の CdSe なども真性半導体である．

[*2] 温度が上昇すると，熱運動が活発になるので，自由電子数も正孔数も増加する．そのために，半導体の電気抵抗率は温度の上昇とともに減少する．

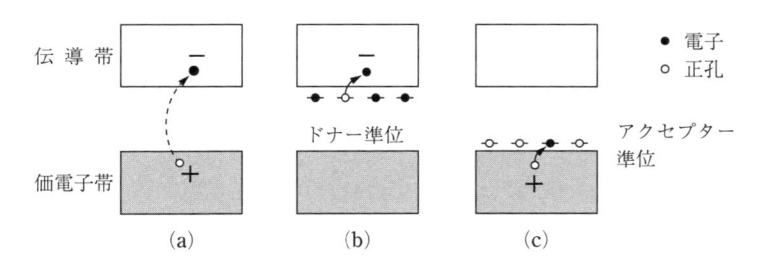

図 18.17 半導体のエネルギーバンド．(a) 真性半導体，(b) n型半導体，(c) p型半導体．

シリコンの結晶に，5個の価電子をもつ元素のリン，ヒ素，アンチモン，ビスマスなどを不純物として混ぜると，不純物の原子は結晶の格子点に入り4個の電子を出して周囲の4個のシリコン原子と共有結合する．その結果，不純物原子の価電子が1個ずつあまる(図 18.18 (a))．この電子は価電子帯(充満帯)の上の伝導帯に入るはずだが，この電子は正イオンになった不純物原子から電気力で引かれるので，伝導帯の少し下の不純物準位にいる．しかし，わずかな熱エネルギーをもらうと，不純物原子を離れて，伝導帯に飛び移り，結晶の中を動き回れる自由電子になる．電圧をかけると，自由電子が動くので電流が流れる．このような物質を n 型半導体と

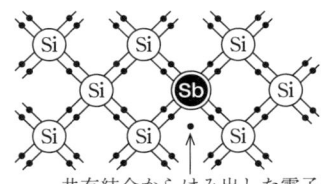

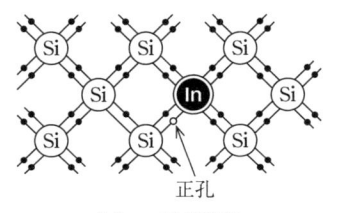

図 18.18 (a) n 型半導体 (不純物はアンチモン Sb)，(b) p 型半導体 (不純物はインジウム In)

よび，不純物準位をドナー準位とよぶ（図 18.17 (b)）．

一方，シリコンの結晶に，3 個の価電子しかない元素のホウ素，アルミニウム，ガリウム，インジウムなどを不純物として混ぜると，周囲のシリコン原子と共有結合するには価電子だけでは電子が 1 個ずつ不足する（図 18.18 (b)）．したがって，価電子帯に孔が空いているように考えられる．この孔に電子を入れようとすると，不純物原子は負の電荷をもつことになるので，この電子に対する引力は弱く，空孔に入った電子のエネルギーは共有結合をしている価電子帯にいる電子のエネルギーよりも少し大きくなる．そこで，この不純物が入った半導体の結晶のエネルギー準位には，価電子帯のすぐ上に不純物準位が存在する．これをアクセプター準位という（図 18.17 (c)）．

価電子帯にいる電子が熱エネルギーをもらうと，空いているアクセプター準位に飛び移って，価電子帯に孔ができる．この孔は前に説明した正孔（ホール）である．そこで，電圧をかけると，正孔の移動によって電流が流れる．このような物質を p 型半導体という（図 18.17 (c)）．なお n 型，p 型の名は，電荷の担い手（キャリア）のもつ電荷が負（negative）か正（positive）かによっている．

このように固体の電気伝導はエネルギーバンドという概念を導入すると理解できる．

半導体の性質は含まれる不純物に敏感に影響される．このことを利用して，高純度のシリコンをつくり，そこに決まった種類の不純物を一定量溶かし込む（ドーピングするという）ことによって，望みどおりの性質をもつ p 型および n 型半導体を望みどおりの場所につくることができる．

18.8 半導体の応用

シリコン結晶の一部を p 型にし，他の部分を n 型にし，p 型半導体と n 型半導体が接している構造にしたものを **pn 接合** という．pn 接合は，電卓でおなじみの太陽電池，交通信号やビルの壁面の大型動画ディスプレイなどに使われている発光ダイオード（LED），光通信や CD の記録の読み出しやレーザープリンターなどに使われている半導体レーザーなどにも利用されている．

pn 接合を 2 つ接近させた構造の pnp 接合や npn 接合はトランジスターになる（図 18.19）．**トランジスター** は 3 個の端子をもつ回路素子で，増幅作用やスイッチング作用がある．トランジスターの発明によって電子装置の小型化と低電力化が可能になった．

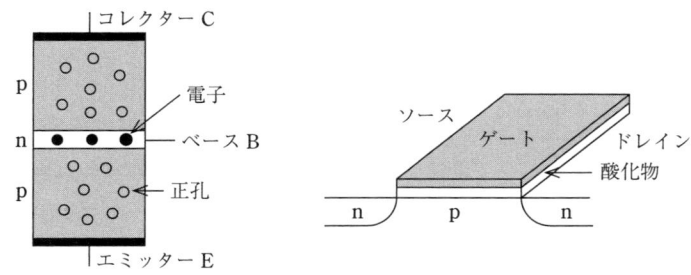

(a) pnp 接合トランジスター

(b) 酸化物半導体（MOS）型電界効果トランジスター

図 18.19 トランジスター．トランジスターは 3 個の端子をもつ半導体の回路素子である．MOS 型電界効果トランジスターは p 型のシリコン基板を酸化して SiO_2 膜をつくり，その上に金属膜（ゲート電極）をつけ，酸化膜に孔を開けて高濃度の n 型にドープした電極 2 個（ソースとドレイン）をつくったものである．

■ **pn 接合ダイオード** ■　pn 接合に 2 個の電極をつけたものを pn 接合ダイオードという．pn 接合ダイオードには整流作用がある．まず，p 型半導体と n 型半導体を接合させるとどうなるかを考えよう．接合させると，接合部付近の n 型部分から自由電子が p 型部分に拡散し，接合部付近の p 型部分から正孔が n 型部分に拡散し，たがいに結合して消滅するので，接合部付近はキャリア（自由電子と正孔）のない状態になる．これを空乏層という．この結果，空乏層内で，接合部付近の n 型部分には正の電荷が現れ，p 型部分には負の電荷が現れる（図 18.20 (a)）．これらの電荷は p 型部分と n 型部分のキャリアがこれ以上拡散するのを妨げる．

(a) pn 接合ダイオード　　(b) 逆方向　　(c) 順方向

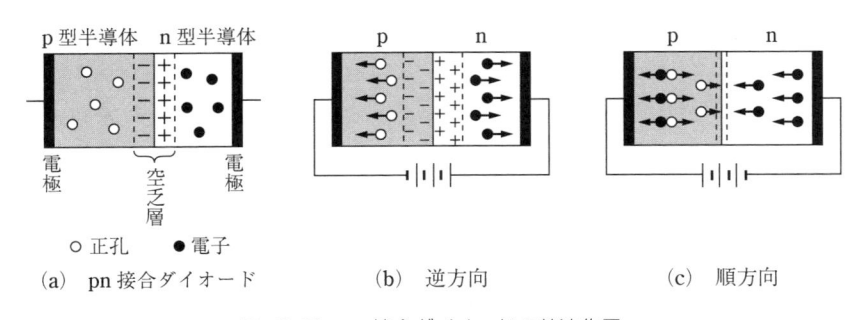

図 18.20 pn 接合ダイオードの整流作用

n 型につけた電極を電池の正極につなぎ，p 型につけた電極を負極につなぐと，n 型の中の電子も p 型の中の正孔もそれぞれにつけた電極の方に引かれ，その結果，空乏層が広がり，キャリアが接合面を移動できないので，電流はほとんど流れない（図 18.20 (b)）．

逆に，p 型につけた電極を電池の正極につなぎ，n 型につけた電極を負極につなぐと，p 型部分の正孔は電池の正電圧に反発されて

18.8　半導体の応用

n型部分へ向かい，n型部分の電子はp型部分へ向かう．その結果，空乏層は狭くなり，ある程度以上（約0.6V以上）の電圧を加えると，空乏層を越えてキャリアがたがいに流れ込み，電流が流れる．このときn型につけた電極から自由電子がn型部分に向かって流れ，電子を補給する．また，p型部分の内部からは電子がこれにつけた電極の方へ向かうが，これは電極から正孔がp型部分に補給されると見ることができる．そこで，この場合には電流が流れつづける（図18.20（c））．

このようにpn接合ダイオードでは，p型がn型に対して正の電位になったときだけ電流が流れ，反対のときに電流は流れない（図18.21）．これをダイオードの整流作用といい，前者を順方向，後者を逆方向という．逆方向電圧をある程度以上に上げると，電流が急激に流れはじめる．この電圧を降伏電圧という．

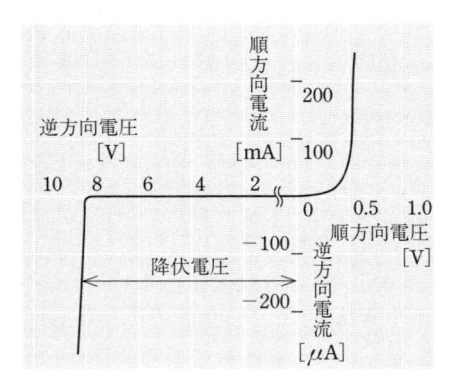

図 18.21 pn接合ダイオードの特性

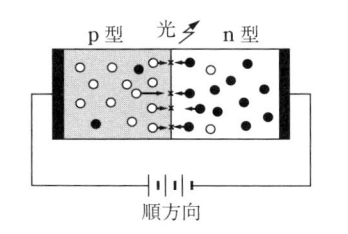

図 18.22 発光ダイオードの発光

■ **発光ダイオード** ■　ガリウムひ素（GaAs）やガリウムりん（GaP）などの発光しやすい材料を使って，図18.22のようにpn接合したものを発光ダイオード（LED）という．このpn接合ダイオードに順方向の電圧をかけると，接合面の付近で電子と正孔は結合して中和する．この過程はエネルギーの高い（E_n）伝導帯にいる電子が，エネルギーの低い（E_m）価電子帯の空席に入る過程である．そこで，この際に電子のエネルギーの差 $E_n - E_m$ が放出される．このエネルギーが，結晶の熱としてではなく，光子として接合部付近から放出されるのが発光ダイオードである．半導体の物質によって発光色が変わる．発光ダイオードは，交通信号やビルの壁面の大型動画ディスプレイなどのほか光通信の発光素子として利用されている．

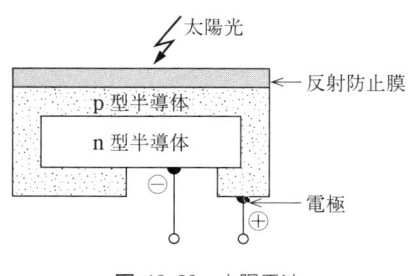

図 18.23 太陽電池

■ **太陽電池** ■　半導体を使って太陽光のエネルギーを直接に電気エネルギーに変換する素子が太陽電池である（図18.23）．pn接合の接合面付近にエネルギーギャップより大きいエネルギーの光子を照射して，電子と正孔のペアができると，空乏層の電場によって，電子はn型の部分に，正孔はp型の部分に移動する．このために，p型を正に，n型を負に帯電させる光起電力が生じる．この光起電力を利用している太陽電池は電卓でおなじみのものである．

■ 集積回路（IC）■

シリコン単結晶の基板（これをチップという）に分布を定めて不純物をドーピングすると，微小な p 型，n 型の領域を望みどおりに配列できる．半導体部分を抵抗として使ったり，pn 接合をダイオードやキャパシターとして，pnp，npn 接合をトランジスターとして使い，各素子部分を蒸着したアルミニウムを導線として連結し，電子回路をつくることができる．回路素子のサイズはミクロン（100万分の1メートル）のレベルである．このような回路を集積回路，略称 IC という．集積回路は体積あたりの回路素子の密度が高いので，回路を小型化し堅固にできるが，電極の部分を絶縁して立体的に導線を配列するとさらに高密度化できる．10万個以上の素子が1つの半導体チップ上にある集積回路を超大規模集積回路（略称 VLSI）とよぶ．VLSI はシリコン単結晶の薄板（シリコンウェーハ）に写真製版技術，真空蒸着，ドーピング，高温酸化などの技術による操作を繰り返してつくられる．

VLSI のアイディア自体は単純だが，VLSI 製造の手法全体は工業技術と製造業のまさに精華で，その精度や製造技術は素晴らしい．VLSI は現在の情報化社会に不可欠の存在である．

このような，電子の流れの制御を応用した技術はエレクトロニクスとよばれ，計算機，通信をはじめ，家庭電気製品にいたるまで広く利用されている．

◇ 第18章のキーワード ◇

電子，陽子，中性子，電子の二重性，量子，ド・ブロイ波長，不確定性原理，定常状態，フランク-ヘルツの実験，ボルツマン分布，価電子，レーザー，ポンピング，導体，エネルギーバンド，半導体，絶縁体，p 型半導体，n 型半導体，正孔，ホール，pn 接合，pn 接合ダイオード，トランジスター，発光ダイオード，太陽電池，集積回路（IC）

演習問題 18

A

1. ド・ブロイ波長が原子の大きさ（約 10^{-10} m）くらいの電子ビーム中の電子の速さ v を計算せよ．この電子の運動エネルギー E は約何 eV か．電子の質量 $m = 9.11 \times 10^{-31}$ kg とせよ．

2. 速さが 1.0×10^4 m/s の中性子線のド・ブロイ波長はいくらか．中性子の質量 $m = 1.67 \times 10^{-27}$ kg とせよ．

3. 同じ運動エネルギーをもつ場合，次のどの粒子のド・ブロイ波長がいちばん長いか．電子，陽子，アルファ粒子（ヘリウム原子核）．

B

1. 原子炉の内部（絶対温度 T）で発生する中性子は，炉の中での原子との衝突によって，その運動エネルギーは原子の熱エネルギー $(3/2)k_B T$ と同程度になる．このような中性子を熱中性子という．$T = 300$ K のとき，この熱中性子のド・ブロイ波長 λ と速さ v はそれぞれいくらになるか．ボルツマン定数 k_B を $k_B = 1.38 \times 10^{-23}$ J/K とせよ．

2. 図 18.4 のデビソン-ガーマーの実験で，Ni による電子ビームの反射波の強度が極大になる角度 θ（$n = 1$ の場合）は，加速電圧が 54 V のとき何度になるか．181 V のとき何度になるか．格子間隔 $d = 2.17 \times 10^{-10}$ m とせよ．

相 対 性 理 論　　19

　空気中を振動が伝わる現象が音で，地殻の中を振動が伝わる現象が地震である．このように波動は何かの振動が伝わる現象である．振動を伝える物質は媒質とよばれている．光が電磁波であれば，その媒質は何だろうか．19世紀の物理学者は物質の存在しない真空中を波が伝わることは不合理だと考え，宇宙のいたるところに「エーテル」という物質が充満していて，これを媒質として光が伝わると考えた．恒星の光が地球に届くのであるから，エーテルは全宇宙を一様に満たしているはずである．光（電磁波）は横波だが，横波を伝えられるのはねじることのできる固体だけで，しかも光の速さが非常に大きいことから，エーテルは非常に硬く，また密度は非常に小さい必要がある．しかし，通常の物体の運動に対して，エーテルが抵抗しているとは思われない．光の媒質が存在すれば，このように不思議な性質をもっていなければならない．

19.1　マイケルソン-モーリーの実験

　全空間を一様に満たしている光の媒質（エーテル）が存在するかどうかを検証した実験がマイケルソン-モーリーの実験である．

■ マイケルソン-モーリーの実験の原理 ■　みずすましが水面で前進せずに上下運動を行うと，みずすましを中心とする同心円状の波面が広がっていく．この場合，波はどの方向へも同じ速さで伝わる．ところが，このみずすましが上下運動を行いながら前進すると，波面は前方では密になり，後方ではまばらになる．この場合も波は水面に対してどの方向にも同じ速さで伝わるのだが，前進しているみずすましにとっては，波の速さは前方には遅く，後方には速く伝わると思われる．

　このような事実から，光の媒質が存在するとすれば，波源と観測者が媒質といっしょに運動する場合以外には，光の速さは伝わる方向によって異なると観測されるはずである．

　もう少し定量的に説明しよう．エーテルを伝わる光の運動は川を

走る船の運動にたとえられる．静水の上を速さ c で動く船が，流速 u の川をくだるときは岸に対する速さは $c+u$ で，川をさかのぼるときは $c-u$ なので，この船がある地点から距離 L ほど下流の地点まで 1 往復する時間 t_1 は，

$$t_1 = \frac{L}{c+u} + \frac{L}{c-u} = \frac{2cL}{c^2-u^2} \tag{19.1}$$

である（図 19.1（a））．この船が，幅が L の川を 1 往復する時間を t_2 とする．川が流速 u で流れているために，船は対岸の $ut_2/2$ だけ上流の地点に向かうつもりで走ると，川の流れに垂直に進むことになる．したがって，$2[L^2+(ut_2/2)^2]^{1/2} = ct_2$ から

$$t_2 = \frac{2L}{\sqrt{c^2-u^2}} \neq t_1 \tag{19.2}$$

となる（図 19.1（b），（c））．このように川が流れていると，船が同じ距離を進む時間は進行方向によって異なる．地球は自転と公転をしているので，光の媒質（エーテル）がつねに地球といっしょに運動しているとは考えられないので，光が往復する時間が方向によって差があるかどうかを調べると，光の媒質があるかどうかがわかるはずである．

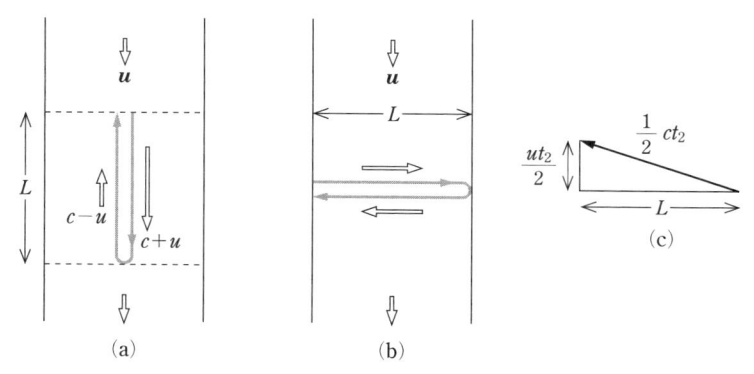

図 19.1 マイケルソン-モーリーの実験の原理．u は川の流れる速度，c は静水に対する船の速さ．

■ **マイケルソン-モーリーの実験** ■ 1887 年にマイケルソンとモーリーは図 19.2 に示すような実験を行った．光源 O からの光をスリット S で細い光線にし，半透明の鏡 M でたがいに垂直な 2 つの光線 MA と MB に分け，鏡 A と B で反射させる．2 つの反射光は鏡 M で反射あるいは透過して望遠鏡 T に入り，ここで干渉を起こし干渉縞をつくる．この装置は水銀の上に浮いているので，装置全体を水平面内で回転できる．装置を 90° 回転しても干渉縞はずれなかった．

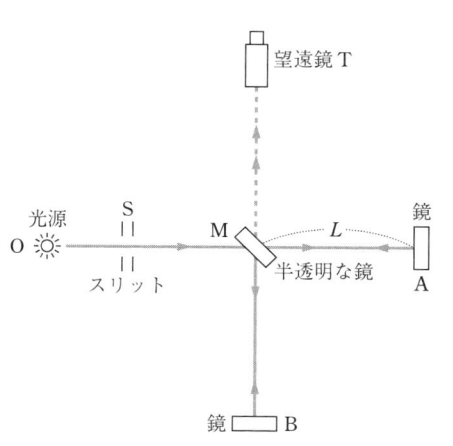

図 19.2 マイケルソン-モーリーの実験の概念図

地球は自転と公転を行っているので，慣性系に対して運動していると考えられる．したがって，エーテルに対する地球の運動の効果が，(19.1) 式の t_1 と (19.2) 式の t_2 の差に対応する波長 λ，振動数 f の光波の位相の差 $2\pi f(t_1 - t_2) \approx 2\pi L(u/c)^2/\lambda$ になる．装置を 90°回転すると t_1 と t_2 とが入れ替わるので，位相差の変化 $\approx 4\pi L(u/c)^2/\lambda$ が干渉縞のずれとして観測されるはずである．実験の結果，干渉縞のずれは 1 年のどの季節に観測しても検出されなかった．エーテルが地球に付着して太陽のまわりを回転するとは考えられない．

マイケルソン-モーリーの実験結果から，

「真空中での光の速さの測定結果は，観測者の運動や光源の運動状態が変わっても，光の進む方向によらず一定である」

ことになり，光の媒質エーテルの存在は否定された（演習問題 19 B 1 参照）．この真空中での一定な光の速さ c の実験値は，秒速 30 万 km，正確には，

$$c = 2.99792458 \times 10^8 \text{ m/s} \qquad (19.3)$$

である．光速の測定精度は高いので，1983 年から (19.3) の値を真空中での光の速さと定義し，長さの国際単位の 1 m は，光が真空中で 1/299792458 秒に進む距離と定義されるようになった．

このように，電磁波を伝える物質としての媒質は存在せず，宇宙空間でも電磁波を伝える電磁場は空間の性質，あるいは真空の性質だということになった．

19.2 アインシュタインの相対性原理

光の媒質のエーテルが存在すれば，エーテルに固定した座標系では光の速さが光の進む方向によらず一定になるので，この座標系は特別な慣性系になるはずである．しかし，媒質の存在はマイケルソン-モーリーの実験で否定された．光の速さはすべての慣性系でその進行方向によらず一定なので，光の速さの測定の立場からは特別な慣性系は存在しないことになった．したがって，どの慣性系も他の慣性系に比べて優劣はつけられない．すべての慣性系は同等である．

ニュートン力学では，「ある慣性系に対して一定の速度で運動している座標系は慣性系である」．つまり，一定の相対速度で運動している 2 つの慣性系では，同じ形の運動方程式が成り立つ．そこでアインシュタインは

（1）ある慣性系に対して一定の速度で運動する座標系は慣性系である（同じ形の物理学の基本法則が成り立つ）．

（2）すべての慣性系で光の速さはその進行方向によらず一定である．

という2条件を基本的原理とする理論を1905年に提唱した．**アインシュタインの相対性原理**とよばれるこの2条件に基づく理論を**特殊相対性理論**という．

この光速度が一定だという原理は，われわれの日常生活の常識とは違うので，高速で動いている時計はゆっくり進むように見えたり，高速で動いている棒が短く見えるなどという，日常生活では出会わないようなことが起こる．

19.3 ローレンツ変換*

図 19.3 のように，x 軸方向に一定の速さ u の相対運動をしている2つの座標系，S系とS′系での座標の間には，ニュートン力学では，

$$x' = x - ut, \quad y' = y, \quad z' = z, \quad t' = t \tag{19.4}$$

という関係がある．2つの座標系での時間の測定に共通の時計を使えると考えるので，$t' = t$ とおいた．関係(19.4)から，ある物体の2つの座標系での速度 $\boldsymbol{v} = (v_x, v_y, v_z)$ と $\boldsymbol{v}' = (v_x', v_y', v_z')$ の関係，

$$v_x' = v_x - u, \quad v_y' = v_y, \quad v_z' = v_z \tag{19.5}$$

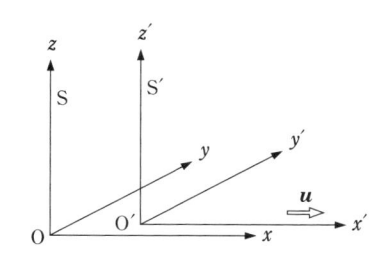

つまり，$\boldsymbol{v}' = \boldsymbol{v} - \boldsymbol{u}$ が導かれる（図19.4参照）．

図 19.3 2つの座標系S系（O-xyz系）とS′系（O′-$x'y'z'$系）．S′系はS系に対してx方向に一定の速度 $\boldsymbol{u}$ で等速直線運動している．

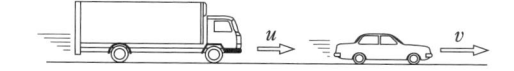

図 19.4 速度 $\boldsymbol{u}$ で走っているトラックの運転手には，速度 $\boldsymbol{v}$ で走っている自動車の速度（相対速度）$\boldsymbol{v}'$ は $\boldsymbol{v}' = \boldsymbol{v} - \boldsymbol{u}$ に見える．

しかし，この速度の関係を光の速度に適用すると，光速度一定の原理に反する．(19.4)，(19.5)式は，日常生活で体験する現象では成り立つが，光や光のように速く動く物体の場合には成り立たない．このような場合の関係は，ローレンツ変換とよばれる

$$x' = \frac{x - ut}{\sqrt{1 - u^2/c^2}}, \quad y' = y, \quad z' = z, \quad t' = \frac{t - ux/c^2}{\sqrt{1 - u^2/c^2}} \tag{19.6}$$

および，(19.6)式から導かれるS系での速度 $\boldsymbol{v}$ とS′系での速度 $\boldsymbol{v}'$ の関係，

$$v_x' = \frac{v_x - u}{1 - uv_x/c^2}, \quad v_y' = \frac{\sqrt{1 - u^2/c^2}}{1 - uv_x/c^2} v_y, \quad v_z' = \frac{\sqrt{1 - u^2/c^2}}{1 - uv_x/c^2} v_z \tag{19.7}$$

である．なお，速さ u が小さいとき（$u/c \ll 1$ のとき）には，(19.6)，(19.7) 式は (19.4)，(19.5) 式に一致するので，光速 c に比べて速さ u が小さな現象にはニュートン力学を適用できる．

19.4 動いている時計の遅れと動いている棒の収縮

ある座標系（S系）で，光の速さが光の進む方向によらず一定だとしよう．この事実を，高速道路の上下線ですべての車が時速 100 km で走っている状況に対比してみよう．この高速道路を走行中の運転手には，同じ車線の他の車は自分に対して動いていない，つまり時速 0 km のように見え，対向車線の車は時速 200 km に見える．そこで，常識では，S系に対して運動している座標系（S′系）で，光の伝わる速さを観測すると，光の進む向きで違う値の測定結果が得られるはずである．しかし，光の速さの測定結果はつねに同じ値である．この常識との矛盾をどのように理解すればよいのだろうか．

この矛盾は，高速で動いている時計は静止している時計よりも遅く進み，高速で運動している棒は静止している場合に比べ縮んで見えるとして，解決される．駅のホームにいる人が見ると，駅のホームの時計と高速運転中の新幹線の車内時計は同じように進むのではなく，車内の時計はゆっくり進むというのである．ただし，秒速 10 万 km くらいのスピードでないと時計の遅れは目立たない．このように相対性理論では日常生活の経験とは異なるような事実が予言される．ここでは，ローレンツ変換式を利用せず，光速度が一定という原理だけから導いてみよう．

■ 動いている時計の遅れ ■ まず，光速度一定というアインシュタインの相対性原理から，動いている時計はゆっくり進むということを示そう．ある座標系（S系）の x 軸上，たとえばまっすぐな線路に沿って多くの時計を並べる．S系の観測者にはこれらの時計はすべて同じ時刻 t を示しているように調整しておく．S系に対して，$+x$ 方向に一定の速度 $\boldsymbol{u}$ で等速運動している座標系（S′系）の原点 O′，たとえば高速運転中の電車の中央にも時計が固定してあり，時刻 t' を示している．2 つの座標系の原点 O と O′ が一致したとき，S系のすべての時計は $t = 0$ を示し，S′系の原点 O′ にある時計は $t' = 0$ を示すように時計を合わせておく（図 19.5 (a)）．S系での t 秒後に S′系の原点 O′ は距離 ut だけ動くので，$x = ut$ にある（図 19.5 (b)）．このとき S′系の原点 O′ にある時計は

(a) $t = 0$, $t' = 0$

(b) $t = t$, $t' = t\sqrt{1 - u^2/c^2}$

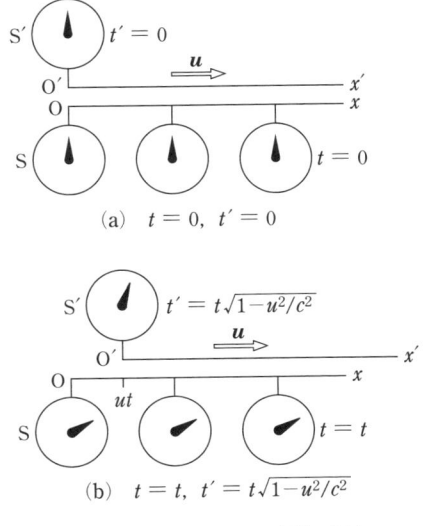

図 19.5 動いている時計の遅れ

$$t' = t\sqrt{1-\frac{u^2}{c^2}} \tag{19.8}$$

を示すことが次のように理解できる．

　時間を測る手段として光の通過した距離を使うことにし，高速で進む電車の中を横切って往復する光を考える．電車の幅を L とすると，電車の中で観測する場合，光の走った距離は $2L$ である（図 19.6 (a)）．地上で観測する場合，電車は速さ u で動いているので，光の走った距離は $2L$ より長くなり（図 19.6 (b)），$2L/\sqrt{1-u^2/c^2}$ である（図 19.6 (c)）．光の速さは両方の観測者に共通で c なので，動いている 1 つの時計（時刻 t'）を地上の 2 か所にある 2 つの時計（時刻 t）と比べると，(19.8) 式の結果が導かれる．

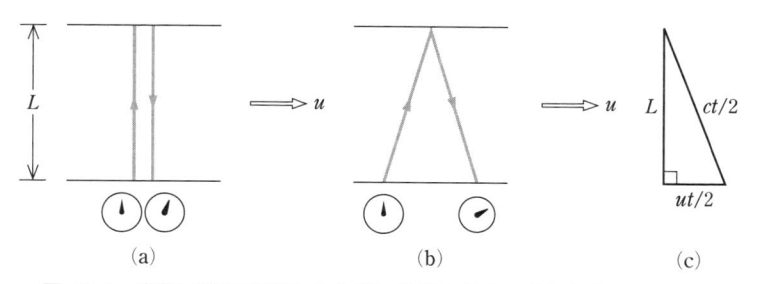

図 19.6 高速で進む電車の中を横に往復する光．(a) 車内で見る場合は，1 人の観測者が 1 つの時計で 2 つの時刻 $t'=0$ と $t'=2L/c$ を測定する．(b) 地上で見る場合は，1 人の観測者が時刻 $t=0$，もう 1 人の観測者が別の時計で時刻 $t=2L/\sqrt{c^2-u^2}$ を測定する．(c) $(ct/2)^2 = (ut/2)^2 + L^2$ から $t=2L/\sqrt{c^2-u^2}$．

　つまり，動いている時計はゆっくり進むように見えるのである．光速 c の 8 割の速さ（$u=0.8c$），すなわち，秒速 24 万 km で運動している時計は，$t'=\sqrt{1-0.64}\,t=0.6t$，すなわち，静止している場合の 6 割の速さでゆっくり進む．

　このように，動いている時計は遅く進むように見えるので，たがいに相対運動している観測者は，次の例でわかるように，異なった 2 つの場所で起こった現象が同時刻に起こったかどうかについて意見を一致させられない．これを**同時刻の相対性**という．この原因は情報を伝達する電磁波（光）の速さが有限だからである．

　光速に近い速さで動く電車を考えてみよう．電車の最前部と最後部に 1 人ずつと地上に 2 人の合計 4 人の観測者がいるとする．電車の中央で光が発射されたとしよう．地上の観測者 C, D は，光が電車の最前部と最後部に達した瞬間に電車の最前部と最後部の真横の位置にいるように立っている．車内の観測者 A, B は光が電車の最前部と最後部に同時に到達すると感じる（図 19.7 (a)）．地上の観測者は，光が発射された地点が 2 人の真ん中より後ろ寄りなので，

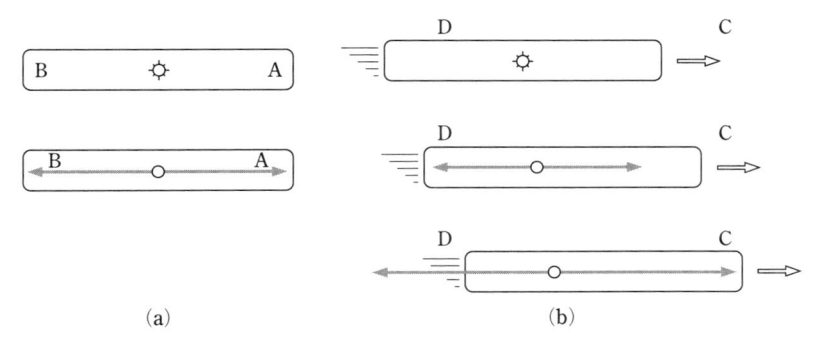

図 19.7 (a) 車内の観測者 A, B が観測する場合.
(b) 地上の観測者 C, D が観測する場合

光が電車の最後部に到達したのち，少し遅れて最前部に到達したと感じるはずである（図 19.7(b)）．この例は，2 つの現象が同時刻に起こったか否かは座標系によって異なるという同時刻の相対性を表したものである．

運動している時計はゆっくり進むという相対性理論の結論は実験で検証されている．不安定な原子核や素粒子は，自分自身に固定された時計（固有時）で測ったとき，一定の平均寿命で崩壊する．たとえば，ミュー粒子とよばれている素粒子の平均寿命は，静止している場合は 100 万分の 2 秒である．これに対して，速さ u で運動している場合の平均寿命は，静止している場合の $1/\sqrt{1-(u/c)^2}$ 倍に延びることが実験で確かめられている．

■ **動いている棒の縮み（ローレンツ収縮）** ■　速さ u で走っている電車の運転手の時計は，地表上の距離 L_0 の 2 点間を通過する間に時間 L_0/u ではなく，$L_0\sqrt{1-u^2/c^2}/u$ の時を刻むように地上から見える．したがって，電車の運転手には，地表上の 2 点間の距離（＝ 速さ×通過時間）は L_0 ではなく，$L_0\sqrt{1-u^2/c^2}$ に縮んで見える．つまり，静止している場合に長さが L_0 の棒の長さを，棒の方向に速さ u で等速直線運動している観測者が測定した場合の測定値 L は

$$L = L_0\sqrt{1-\frac{u^2}{c^2}} \tag{19.9}$$

で，静止している場合の長さ L_0 に比べ，運動方向に縮んで見える．これを**ローレンツ収縮**という．なお，運動している物体の運動方向に垂直な方向の長さは同じ長さに見える．

■ **4 次元時空間** ■　時間は空間に無関係に流れていくのではなく，時計や棒の例からわかるように，たがいに密接に関係し合って

いる．そこで，時間と3次元の空間を合わせて，4次元時空間とよぶことがある．

19.5 質量はエネルギーの一形態である

第14章で紹介したイオン加速器のサイクロトロンでは，一様な磁場 B の中で，質量 m，電荷 q のイオンが回転数 $qB/2\pi m$ で回転している．この回転数はイオンの速さに無関係なので，サイクロトロンでは周波数 $qB/2\pi m$ の交流電源でイオンを加速できる．ところが，イオンを加速していくと，やがて，うまく加速できなくなる．その理由は，速さ v で動いている物体の質量 m は静止している場合の質量（静止質量）m_0 より大きくなり，

$$m = \frac{m_0}{\sqrt{1-v^2/c^2}} \qquad (19.10)$$

になるので，回転数が減少していくからである．質量が，(19.10)式のように，速さとともに増加することは相対性理論から導けるが，ここでは示さない．

さて，物体に外力が作用すると，物体は加速される．ニュートン力学では，物体に作用する外力が行った仕事の量（「力」×「力の方向への移動距離」）だけ，物体の運動エネルギーが増加する．ところが，相対性理論では，物体に作用する外力がした仕事の量だけ，物体の

　　　　［質量］×（真空中の光速）^{2}　つまり　mc^2

が増加する．そこで，アインシュタインは，mc^2 を速さ v の物体のもつエネルギー E だと考えた．これが「質量はエネルギーの一形態だ」という有名なエネルギーの式

$$E = mc^2 \qquad (19.11)$$

である．

物体の速さ v が光速 c に比べて遅いときには，(19.10)式は $m \approx m_0 + m_0 v^2/(2c^2)$ と近似できる．そこで，このようなニュートン力学の成り立つ $v \ll c$ の場合には，物体のエネルギーを表す (19.11)式は

$$E \approx m_0 c^2 + \frac{1}{2} m_0 v^2 \qquad (19.12)$$

となる．右辺の第2項 $m_0 v^2/2$ はニュートン力学での物体の運動エネルギーである．静止している物体のエネルギーと解釈される右辺の第1項 $m_0 c^2$ を静止エネルギーという．

質量がエネルギーの一形態だということは，ある原子核反応で質量が Δm だけ減少すれば，大きさが $\Delta m\, c^2$ の核エネルギーが他の

形態のエネルギーに変わることを意味する．真空中の光速は $c = 3 \times 10^8$ m/s なので，質量が 1 キログラムの物体は
$$1\,\text{kg} \times (3 \times 10^8\,\text{m/s})^2 = 9 \times 10^{16}\,\text{J}$$
という莫大な量の潜在的な核エネルギーをもつ．これを電力量で表すと 250 億 kW 時である．潜在的なエネルギーという意味は，他の形態のエネルギーに変換する方法がなければ利用できないからである．なお，250 億 kW 時は，1990 年の日本の 54 万人分の 1 次エネルギー供給量である．

核分裂反応によって質量が減少するのに伴って放出されるエネルギーは，原子力発電として実用化されている．また，太陽から放射されるエネルギーは，太陽の中心部で起こっている核融合反応による質量の減少に伴うものである．太陽の中で起こっている核融合反応では，1 kg の水素原子核が融合すると，約 6.9 g の質量が消滅して他の形のエネルギーになっているのである．

19.6 電磁場と座標系

相対運動している 2 つの慣性系では，運動方程式は同じ形をしているが，速度の成分は異なっている．それと同じように，2 つの慣性系では電流は異なるし，電場や磁場の成分も異なる．たとえば，図 19.8 の場合，電車（S′ 系）の中に静止している観測者 S′ は帯電体の電荷による電場 E' だけを観測する．これに対して地面（S 系）に立っている観測者 S は速度 u で動いている帯電体の電荷による電場 E と磁場 B を観測する（電車の車体で電場と磁場は影響を受けない場合を考える）．

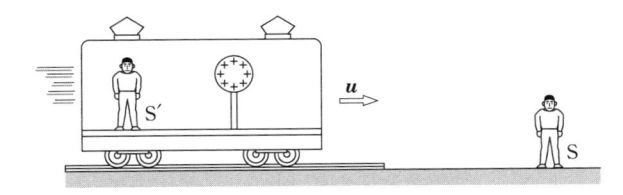

図 19.8　車内の観測者 S′ は電場 E' のみを観測する．地上の観測者 S は電場 E と磁場 B を観測する．

別の例として，磁石とコイルが一定の相対速度 u で運動している場合の図 19.9 の実験がある．地上の観測者 S は，変化する磁場 B と変化する電場 E の両方が存在し，静止しているコイルの中の電子に誘導電場 E による電気力が作用すると観測する．これに対して観測者 S′ は一定な磁場 B' のみが存在し，動いているコイルの中の電子には磁場の磁気力が作用すると観測する．図 19.8，

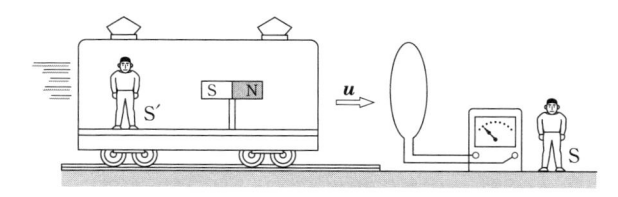

図 19.9 車内の観測者 S′ は磁場 B' のみがあると考える．地上の観測者 S は電場 E と磁場 B があると考える．

図 19.9 の S 系で観測する電場 E，磁場 B と，S′ 系で観測する電場 E'，磁場 B' の関係は，u が小さい非相対論的な場合には，

$$E' \fallingdotseq E + u \times B, \qquad B' \fallingdotseq B \qquad (19.13)$$

である．

第 19 章のキーワード

エーテル，マイケルソン-モーリーの実験，アインシュタインの相対性原理，特殊相対性理論，ローレンツ変換，動いている時計の遅れ，同時刻の相対性，ローレンツ収縮，4 次元時空間，$E = mc^2$

演習問題 19

A

1. 全長 500 m の列車がある観測者に対して $0.6c$ の速さで走ってくる．観測者はこの列車の長さ L を何 m と測定するか．
2. 自分の質量を 1% 増すには，どのくらい速く運動したらよいか．
3. 質量 1 g はエネルギーにして何ジュールか．

B

1. マイケルソン-モーリーの実験では波長 $\lambda = 6 \times 10^{-7}$ m の Na の D 線を使用し，半透明な鏡 M と鏡 A, B の距離は約 1 m であった．しかし，光を M と A および M と B の間に 10 回往復させたので，実質的には $L = 10$ m であった．エーテルが存在する場合に，装置を 90° 回転させたときに予想される位相の変化を計算せよ．u は地球の公転速度の約 30 km/s だと推定せよ．
2. 速さが $0.6c$ で走っている 2 本の列車が反対方向から近づいている．列車の中の観測者に対する他の列車の相対速度を求めよ．
3. 双子の兄弟 A, B が 20 歳になったとき，A が地球にもっとも近い恒星のケンタウルス座の α 星（地球からの距離 4.4 光年）に速さが $v = 0.99c$ の宇宙船で往復した．戻ってきたときの 2 人の年齢はそれぞれいくらか．

原 子 核

20

　古代から金属の精錬が行われ，鉱石から青銅や鉄がつくられた．しかし，鉛をどのように処理しても金は得られなかった．錬金術とよばれるこのような試みから化学が生まれた．精錬は化学反応を利用している．

　化学反応の研究で発見された，定比例の法則，倍数比例の法則，気体反応の法則などの定量的な法則を説明するために，19世紀の初頭に原子・分子という考えが生まれた．

　原子（atom）は「分割不可能なもの」という意味であるが，原子は分割不可能ではない．1897年にトムソンが発見した電子は多くの物質に含まれていて，原子の構成粒子だと考えられる．この章で示すように，原子は中心にある正電荷を帯びた原子核とそのまわりを囲んでいる負電荷を帯びた電子から構成されている．原子核にも構造がある．原子核は，正電荷を帯びた陽子と電気的に中性な中性子が結合したものである．

　化学反応は分子間での原子の組み替え反応であり，化学反応で新しい化合物をつくることはできるが，元素を他の元素に変えることはできない．化学反応では原子の中心にある原子核は変化しないからである．しかし，原子核は陽子と中性子から構成された複合体であり，原子核に大きなエネルギーをもった原子核を衝突させると，原子核の間での陽子と中性子の組み替えが起こり，原子核が変化する．つまり，ある元素を他の元素に変えることができるのである．

　本章では原子核について学ぶ．

20.1　ラザフォードの原子模型

　1909年にガイガーとマースデンは，ラザフォードの指導のもとで，α（アルファ）線とよばれているヘリウム原子核（α粒子ともいう）のビームを薄い金箔に衝突させる実験を行ったところ，多くのα線は金箔を素通りしたが，中には逆方向にはね返されてくるものもあることを発見した（図20.1）．α粒子は，その質量の約1/7000の質量しかない軽い電子に衝突しても，逆方向にはね返されること

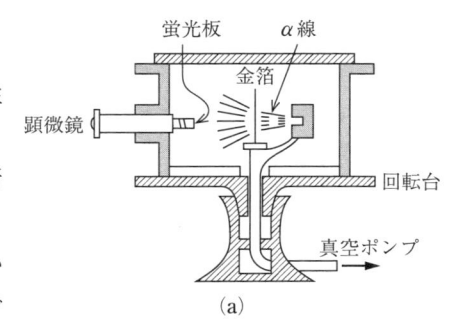

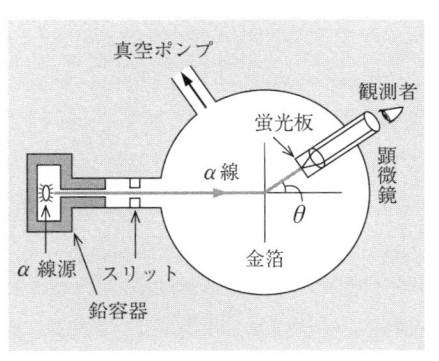

図 20.1　ガイガー–マースデンの実験の概念図．(a) 装置の概念図，(b) 実験の概念図．

はない．正電荷が約 10^{-10} m の半径の球の内部に一様に分布している場合には，正電荷の電荷密度が小さいので α 粒子と金原子の正電荷との間の電気反発力は弱く，電気力の位置エネルギーの大きさは α 粒子の運動エネルギーの大きさの数千分の 1 である．したがって，α 粒子が金原子との間の電気反発力によって後方にはね返されることはない．

同符号の電荷を帯びた 2 つの荷電粒子が離れているときに働く電気力による位置エネルギーの大きさは距離に反比例するので，短距離ではきわめて大きくなる．α 粒子が金の原子との衝突で電気力によって進行方向を 90° 以上も曲げられたと考えると，金の原子の正電気を帯びた部分は原子の内部の非常に小さな部分に集まっていなければならない．ラザフォードはこれを原子の**核**とよんだ．α 粒子が金の原子核に正面衝突して逆戻りするためには，金の原子核の表面での電気反発力による位置エネルギーが，α 粒子の最初の運動エネルギーよりも大きくなければならないので，ラザフォードは金の原子核の大きさは約 10^{-14} m だと計算した（章末問題 20 B 1 参照）．

こうして，1911 年にラザフォードは，半径が 10^{-10} m くらいの原子（原子番号 Z）は，その質量のほとんどと電気素量 e の原子番号倍の正電荷 Ze をもつ，半径が約 $10^{-15} \sim 10^{-14}$ m の原子核とそのまわりを囲んでいる Z 個の負電荷 $-e$ を帯びた電子から構成されていることを導いた．原子核と電子を結びつけて原子をつくる力は，原子核の正電荷と電子の負電荷の間に働く電気引力である．

20.2 原子核の構成

原子が分割不可能な物質構造の最小単位ではなく，原子核と電子から構成されているように，原子の中心にある原子核も分割不可能な物質構造の最小単位ではない．原子核に構造があることを示唆する事実として，原子の質量に比例する原子量が，多くの元素の場合，いちばん軽い水素原子の原子量のほぼ整数倍であることがあげられる．たとえば，水素，炭素，窒素，酸素の原子量はそれぞれ 1，12，14，16 である．原子量が整数値から大きくずれている場合があるが，これはあとで説明する同位体の影響である．たとえば，塩素の原子量は 35.5 であるが，これは原子量が 35 と 37 の同位体が約 3：1 の割合で混合しているためである．原子の質量のほとんどは原子核の質量なので，原子核の質量は水素原子核の質量のほぼ整数倍である．この整数値を原子核の**質量数**という．原子番号 Z の元素 X の質量数が A の原子核を $^A_Z \text{X}$ と記す．$^A_Z \text{X}$ を原子核とする原子も $^A_Z \text{X}$ と記す．

19世紀の終わり頃に放射能が発見され,放射性元素が崩壊して別の元素に変換する事実から原子核が分割不可能な物質構造の最小単位ではないことが確かめられた.

原子核は人工的に変換できる.1919年にラザフォードが α 粒子を窒素原子核に衝突させて

$${}^{14}_{7}\mathrm{N} + {}^{4}_{2}\mathrm{He} \longrightarrow {}^{1}_{1}\mathrm{H} + {}^{17}_{8}\mathrm{O} \tag{20.1}$$

という反応が起こることを示し,原子核は人工的に変換できることを証明した.水素原子核 ${}^{1}_{1}\mathrm{H}$ は,いろいろな原子核の衝突でたたき出され,また質量数が1でいちばん軽い原子核なので,原子核の構成粒子だと考えられ,**陽子**とよばれる(記号はp).

1932年に英国のチャドウイックは,${}^{9}_{4}\mathrm{Be}$ に α 粒子を衝突させるときに出てくる放射線は,陽子とほぼ同じ質量をもつ中性の粒子であることを確かめ,この粒子を**中性子**と名づけた(記号はn).この反応は

$$ {}^{4}_{2}\mathrm{He} + {}^{9}_{4}\mathrm{Be} \longrightarrow {}^{1}_{0}\mathrm{n} + {}^{12}_{6}\mathrm{C} \tag{20.2}$$

と表される.

中性子が発見されて,原子核は陽子と中性子からできていることになった.陽子と中性子を総称して**核子**という.陽子と中性子の質量はほぼ等しく,

$$m_\mathrm{p} = 1.6726 \times 10^{-27} \,\mathrm{kg},$$
$$m_\mathrm{n} = 1.6749 \times 10^{-27} \,\mathrm{kg}$$

である.原子番号 Z は原子の原子核に含まれる陽子数であり,原子の中に存在する電子数でもある.原子核に含まれる陽子数と中性子数 N の和 $A = Z + N$ が原子核の質量数である.なお,原子番号が同じで質量数が異なる原子あるいは原子核を,たがいに同位体であるという.同位体の化学的性質は同じである.参考のために電子の質量を示す.

$$m_\mathrm{e} = 9.109 \times 10^{-31} \,\mathrm{kg}$$

原子核が変化する反応を原子核反応という.原子核の間で陽子と中性子の組み換えが起こることによって生じる原子核反応では,反応によって陽子数の和も中性子数の和も変化しない.この保存則は反応 (20.1) と (20.2) ではもちろん成り立っている.

原子核研究の初期には,標的の原子核に衝突させる大きなエネルギーをもつ原子核として,α 粒子を放出して崩壊する放射性元素からの α 粒子を使用した.その後,コッククロフトとウォルトン,ローレンス,バンデグラーフなどがいろいろなタイプのイオン加速器を発明し,陽子から重い原子のイオンにいたるいろいろなイオン

を電場で加速して大きなエネルギーをもたせることができるようになった．

原子核はほぼ球形で，体積は質量数にほぼ比例し，半径 r は $10^{-15} \sim 10^{-14}$ m である．

20.3　核　　力

核子の間に作用して，核子を結びつけて原子核を構成する原因となる力を**核力**という．核力は電気力ではない．電荷を帯びていない中性子に電気力は働かないし，陽子の間の電気力は反発力である．核力は万有引力でもない．陽子の間の万有引力の強さは電気力の約 $1/10^{36}$ にすぎない．

原子核の内部での核子間のような短距離では，核力は陽子の間の電気反発力よりもはるかに強い引力でなければならない．陽子と陽子の衝突は，陽子間距離が約 2×10^{-15} m 以上では電気反発力による散乱として説明されるので，核力は到達距離が約 2×10^{-15} m というきわめて短距離の力である．核子間距離が 5×10^{-16} m 以下では核力は強い反発力である（図 20.2）．陽子と陽子，中性子と中性子，陽子と中性子の間に働く核力の強さはほぼ等しい．

核力は短距離力なので，核子は隣接している核子とだけ核力で作用し合う．同じ状態に 2 つの陽子や 2 つの中性子は存在できないというパウリ原理のために，陽子はそばに中性子を，中性子はそばに陽子を引き寄せる傾向がある．そこで，原子核の中にはほぼ同数の陽子と中性子が存在する．2 個の陽子間には核力のほかに電気反発力も働く．この反発力は長距離力なので，原子核内のどの陽子の間にも作用する．したがって，原子核の陽子数が増加すると，陽子間距離は中性子間距離よりも大きくなる傾向があるので，原子番号が増加すると原子核の中の中性子数 N と陽子数 Z の比 N/Z は増加する傾向がある．

核力を研究していた湯川秀樹は，1935 年に**パイ中間子**とよばれる素粒子が核子の間でキャッチボールのようにやりとりされることが核力の原因だとする，核力の中間子論を提唱した．湯川の理論によれば，核力の到達距離 d はパイ中間子の質量 m_π に反比例し，$d = h/2\pi m_\pi c$ である．湯川はこの関係と核力の到達距離 $d \fallingdotseq 2 \times 10^{-15}$ m を結びつけて，π 中間子の質量を電子の質量の約 200 倍だと予言した．1947 年にパイ中間子が発見された．その質量は電子の質量の約 270 倍であった．この事実は理論物理学の大きな成果である．

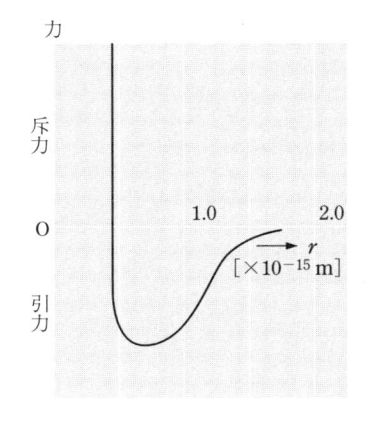

図 20.2　核力．核子間距離 r と核力の強さ

20.4 原子核の結合エネルギー

原子核 $^A_Z\mathrm{X}$ の質量は質量数 A にほぼ比例し，構成する核子の質量の和にほぼ等しい．しかし，原子核の質量を精密に測定すると，原子核の質量は構成する核子の質量の和よりも小さい．つまり，質量数 A，原子番号 Z の原子の原子核 $^A_Z\mathrm{X}$ の質量 $m(^A_Z\mathrm{X})$ は，陽子の質量 m_p の Z 倍と中性子の質量 m_n の $(A-Z)$ 倍の和より小さい．この質量差

$$\Delta m = Zm_\mathrm{p} + (A-Z)m_\mathrm{n} - m(^A_Z\mathrm{X}) \qquad (20.4)$$

をこの原子核の**質量欠損**という．

核子が集まって原子核をつくると，ばらばらなときに比べて，核力の位置エネルギー（マイナスの量）の分だけエネルギーの小さい状態になっている．相対性理論によると，質量 m は $E=mc^2$ のエネルギーと等価なので，このエネルギーの減少分 ΔE は $\Delta m = \Delta E/c^2$ だけの質量の減少，つまり質量欠損になったと考えられる．原子核をばらばらにするには，原子核の外から $\Delta E = \Delta m \cdot c^2$ という大きさのエネルギーを原子核の中の核子に加えてやらなければならないので，ΔE をこの原子核の**結合エネルギー**という．「原子核の結合エネルギー」/「質量数」＝「核子1個あたりの結合エネルギー」$\Delta E/A$ を図 20.3 に示した．この値が大きな原子核は，この値の小さな原子核に比べると安定である．

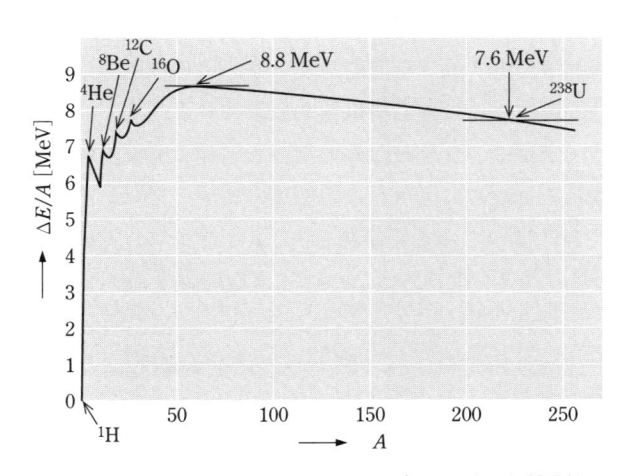

図 20.3 核子1個あたりの結合エネルギー $\Delta E/A$ と質量数 A

図 20.3 を見ると，質量数 A が 60 前後の原子核は $\Delta E/A$ が最大なので（約 8.8 MeV），いちばん安定なことがわかる．質量数が約 60 より増加すると陽子数も増えるので，陽子間の電気反発力のために原子核が不安定になり，$\Delta E/A$ は減少していく．質量数が約 60 より減少すると，核力を作用する相手の核子数が減少するの

で，やはり $\Delta E/A$ は減少する．

このような事実から，軽い原子核2個が融合して1つの原子核になる可能性がある．これを**核融合**という．また，非常に重い原子核は質量数が約半分の原子核2個に分裂する可能性がある．これを**核分裂**という．

また，次節で学ぶ α 崩壊，β 崩壊などが起こるために安定な原子核の数はそれほど多くはなく，約270種類である．原子番号と質量数が最大の安定な原子核は $^{208}_{82}\mathrm{Pb}$ で，原子番号や質量数がこれより大きな原子核はすべて不安定である．

原子核反応では反応前と反応後で原子核の質量の和が変化する．原子核反応で質量の変化に伴って吸収・放出されるエネルギーを核エネルギーという．核エネルギーを考慮すれば，エネルギー保存の法則は原子核反応（次節で学ぶ原子核崩壊を含む）でも成り立つ．

20.5 原子核の崩壊

質量欠損のある原子核 $^A_Z\mathrm{X}$ は，A 個の核子にばらばらに分解することはないが，質量欠損のある原子核のすべてが安定というわけではない．α 崩壊，β 崩壊を行う原子核があるからである．

1895年のレントゲンによるX線の発見に刺激されて，蛍光物質の研究を行ったベクレルは，蛍光物質であるウラン化合物から物質をよく透過し，X線と同じように写真乾板を感光させる何かが放出されることを1896年に見つけた．放出される何かは放射線とよばれ，放射線を出す働きを**放射能**という．この放射線は，空気をイオン化して導電性にし，箔検電器を放電させる．

キュリー夫妻は，ウラン以外の物質も同じような性質を示すかどうかを確かめるために，ウランの原鉱のピッチブレンドを化学分析で成分に分けていき，その結果1898年にラジウム Ra やポロニウム Po などのウランよりもはるかに強く放射線を放射する元素を発見した．

天然の放射性物質によって放射される放射線には α（アルファ）線，β（ベータ）線，γ（ガンマ）線の3種類があることが明らかにされた．正の電荷をもち，紙1枚で遮蔽される **α 線**，磁場によってかなり曲げられる，負の電荷をもち，薄いアルミニウムの板で遮蔽される **β 線**，磁場では曲げられず，遮蔽するには 10 cm 程度の鉛板が必要な **γ 線**である．α 線はヘリウム原子核 $^4_2\mathrm{He}$，β 線は高速の電子の流れで，γ 線は波長の短い電磁波である．

原子核が放射線を放射して崩壊する現象を放射性崩壊といい，α 線，β 線，γ 線を出す崩壊をそれぞれ α 崩壊，β 崩壊，γ 崩壊とい

う．ヘリウム原子核 $^4_2$He を放出する α 崩壊では原子番号が 2，質量数が 4 だけ小さい原子核に変化し，電子 e^- を放出する β 崩壊では質量数は変わらず，原子番号が 1 だけ大きい原子核に変化する．γ 崩壊ではどちらも変わらず，原子核がエネルギーの低い状態に変化する．崩壊は不安定な原子核がエネルギーを放出して安定な原子核になる過程である．

放射能をもつ原子核を放射性同位体（ラジオアイソトープ）という．

> **参考 中性子のベータ崩壊**
>
> 中性子は陽子よりも質量が大きい．中性子と陽子の質量の差は電子の質量よりも大きいので（$m_n - m_p > m_e$），中性子は不安定で，平均寿命約 15 分で電子 e^- および質量が 0 で電荷を帯びていない中性粒子のニュートリノ ν^0 を放出して β 崩壊し，陽子になる．
>
> $$n^0 \longrightarrow p^+ + e^- + \nu^0$$
>
> 始状態と終状態の質量エネルギーの差 $(m_n - m_p - m_e)c^2$（約 0.78 MeV）は崩壊生成物の運動エネルギーになる．中性子は単独では不安定で β 崩壊するが，原子核の中では結合エネルギーのために（実質的に質量が小さくなるので）安定に存在する．
>
> ニュートリノは，電気的に中性で，質量がきわめて小さい粒子である（電子の質量の 10 万分の 1 以下）．β 崩壊を引き起こす原因となる力を弱い力という．

■ 崩壊の法則と半減期 ■ ある放射性同位体がいつ崩壊するかを正確に予言することはできない．1 秒後に壊れるかもしれないし，1 万年後に壊れるかもしれない．このように崩壊現象は不規則に起こるが，確率の法則に従う．

ある放射性同位体が単位時間内に崩壊する確率は，同位体の種類だけによって決まっている．つまり，その放射性同位体を多量に含む物質の中に含まれている放射性同位体の量がちょうど半分になる時間 T は，各放射性同位体に固有のもので，その同位体が生成されてから現在にいたるまでの時間，温度，圧力，化学的結合状態などとは無関係である．この時間 T をその放射性同位体の**半減期**という．放射性同位体の量 N は時間 t とともに図 20.4 のように減少していく．

時刻 $t = 0$ に N_0 個の放射性同位体があったとする．時刻 t に残

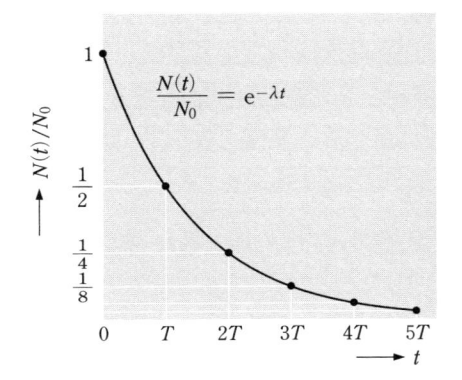

図 20.4 時間 t と崩壊せずに残っている放射性同位体の数 $N(t)$

っている放射性同位体の個数 $N(t)$ は

$$N(t) = N_0 \left(\frac{1}{2}\right)^{t/T} = N_0 \, e^{-\lambda t} \tag{20.5}$$

である．これを**崩壊の法則**といい，λ を崩壊定数という．

$$\lambda T = \log_e 2 \fallingdotseq 0.693 \tag{20.6}$$

という関係がある．λ が大きい（T が小さい）ほど崩壊速度が速く，λ が小さい（T が大きい）ほど崩壊速度は遅い．単位時間に起こる崩壊の数はそのとき崩壊せずに残っていた放射性同位体の数に比例する．（正確には $\lambda N(t)$ である．）

20.6 核エネルギー

■ **太陽エネルギー** ■　太陽の放射するエネルギーの源は，温度 1.55×10^7 K の太陽の中心部で，水素原子核が核融合してヘリウム原子核になるときに解放される核エネルギーである．この核融合はいくつかの過程で起こるが，最終的には

$$\mathrm{p}^+ + \mathrm{p}^+ + \mathrm{p}^+ + \mathrm{p}^+ + \mathrm{e}^- + \mathrm{e}^- \longrightarrow {}^4_2\mathrm{He}^{2+} + \nu^0 + \nu^0 + 26.7\,\mathrm{MeV}$$

とまとめられる．

核融合が起こるためには，2 つの原子核が電気反発力に逆らって近づき，接触せねばならない．太陽の中心部のような高温のところでは，原子核の中にはきわめて大きな熱運動のエネルギーをもつものがあるので，その衝突で核融合反応が起こる．このような反応を熱核融合反応という．

■ **核分裂** ■　原子番号 92 のウラン原子核 ${}^{238}_{92}\mathrm{U}$，${}^{235}_{92}\mathrm{U}$ は不安定で，長い半減期で α 崩壊する．これらのウラン原子核は核分裂して質量が約半分の 2 つの原子核と何個かの中性子に崩壊することがエネルギー的に可能である．しかし，山頂の湖水の重力による位置エネルギーは山の麓での位置エネルギーより大きいといっても，山の斜面にトンネルを掘らないと，水は麓まで流れてこない．ウラン原子核はゆっくりと自然に α 崩壊するが，自然に核分裂はしない．中性子は電気を帯びていないので，原子核の正電荷によって反発されずにウラン原子核に近づくことができる．そこで，ウラン原子核に中性子をぶつけて刺激を与え，ほぼ球形の原子核を卵形に変形させて分裂のきっかけをつくると，ウラン原子核は核分裂を起こす．

中性子によるウラン原子核の分裂は 1938 年にハーンとシュトラスマンによって発見された．彼らは崩壊生成物の中に ${}_{56}\mathrm{Ba}$ の同位体を検出し，核分裂を確認したのである．1 回の核分裂で約 200 MeV の核エネルギーが分裂生成物の運動エネルギーになる．この

エネルギーの大きさは，化学反応の際に得られるエネルギーとは比べものにならないほど大きい．たとえば，炭素の燃焼 $C+O_2 \longrightarrow CO_2$ で発生するエネルギーは炭素原子1個について約 4 eV である．

核分裂で放出された中性子が他のウラン原子核に吸収されると新たな核分裂を引き起こす．1回の核分裂で複数の中性子が出るので，核分裂が次々に起こることが可能である（図 20.5）．これを**連鎖反応**という．連鎖反応が起こるには放出された中性子が外部に逃げずに利用されねばならない．そのためには核分裂する原子核が一定量以上まとまって存在している必要がある．連鎖反応を起こすのに必要な，最小限のウランの量を**臨界量**という．ウランのかたまりが臨界量以下なら，中性子は次の核分裂を起こす前にかたまりの外へ飛び出してしまい，連鎖反応は起こらない．

天然のウランには主な同位体が3つある．$^{238}_{92}U$（存在比 99.275 %），$^{235}_{92}U$（存在比 0.720%），$^{234}_{92}U$（存在比 0.005%）である．遅い中性子で核分裂するのは，存在比が 0.72% の $^{235}_{92}U$ だけである．$^{235}_{92}U$ は遅い（エネルギーの小さい）中性子を吸収して核分裂し，平均 2.5 個の速い（エネルギーの大きい）中性子を放出する．天然ウランでは，その大部分を占める $^{238}_{92}U$ がこれを吸収してしまい，連鎖反応は続かない．速い中性子を軽水（ふつうの水，H_2O），重水（D_2O），黒鉛（C）などにあてると，速い中性子はこれらの軽い原子核に衝突して運動エネルギーを与え，遅い中性子になる．これらの物質は減速材とよばれる．遅い中性子は $^{238}_{92}U$ には吸収されず，連鎖反応を維持できる．

連鎖反応を制御して一定の勢いで引き続いて起こすとき，これを**臨界状態**という．臨界状態を実現する装置が**原子炉**である．核エネルギーが熱運動のエネルギーになった原子炉の内部を高温熱源，海水や河水を低温熱源とする熱機関による発電が原子力発電である．図 20.6 に原子力発電の概念図を示す．燃料となるウラン化合物は

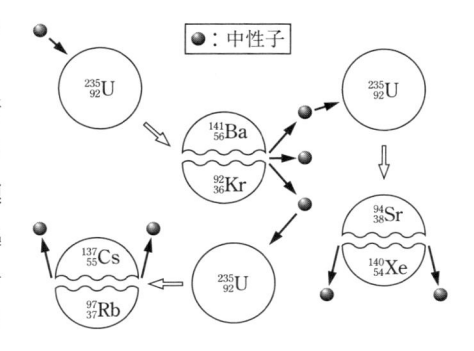

図 20.5 $^{235}_{92}U$ の核分裂の連鎖反応．核分裂生成物については代表的な3例を示す．

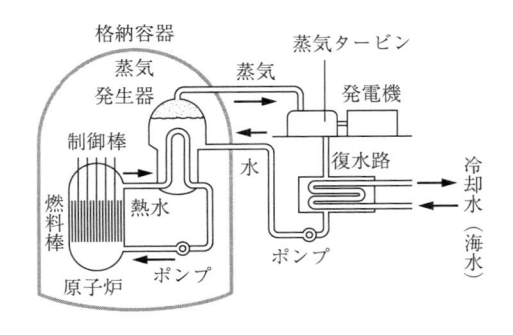

図 20.6 発電用加圧水型軽水炉（PWR）の概念図
日本で主に使われている原子炉はここに示す加圧水型軽水炉と圧力容器の中で核燃料で沸騰させた水蒸気を直接タービンに送る沸騰水型軽水炉（BWR）である．軽水炉とは，熱機関の作業物質としてふつうの水（軽水）を利用する原子炉である．東日本大震災で事故を起こした福島第1原子力発電所の原子炉は沸騰水型軽水炉である．加圧水型軽水炉では，圧力容器を満たす水は約 160 気圧の圧力が加えられているので約 320°C の水は沸騰しない．

金属の管につめられており，燃料棒とよばれる．反応を制御するため，中性子をよく吸収するカドミウム Cd，ホウ素 B などでできた制御棒を燃料棒の間に出し入れする．軽水を減速材に用いる原子炉では，軽水による中性子の吸収が大きいので，$^{235}_{92}\mathrm{U}$ を 0.72% しか含まない天然ウランを燃料としたのでは連鎖反応が起こらない．そこで，$^{235}_{92}\mathrm{U}$ を数 % に濃縮した濃縮ウランを燃料に用いる．天然ウランと黒鉛を使った原子炉で連鎖反応が起こることは 1942 年にフェルミによって示された．

20.7 放 射 線

現在，放射性崩壊で生じる α 線，β 線，γ 線のほか，X 線，中性子，高速のイオン，電子や素粒子の流れなども放射線とよばれている．放射線は物質を通過するとき，物質中の原子から電子をたたき出してイオンをつくる．この作用を**電離作用**という．電離作用の強さは，放射線の種類，エネルギーで異なる．電荷をもつ放射線粒子は，速さが遅いほど周囲の 1 つ 1 つの原子に電気力を作用する時間が長くなるので，電離作用が強い．α 線は速さが遅く電荷が $2e$ なので，電離作用がもっとも強い．速さが大きく電荷が $-e$ の β 線がこれに続き，電荷が 0 で光電効果やコンプトン散乱で原子をイオン化する γ 線は電離作用がもっとも弱い．電離作用によって放射線はエネルギーを失い，厚い物質ではその内部で，やがて止まる．物質を透過する能力は電離作用の小さい方が大きく，γ 線，β 線，α 線の順に小さくなる．

放射性物質の**放射能**の強さは，その物質が毎秒何個の放射線を出すか，つまりその物質の中で不安定な原子核が毎秒何個ずつ崩壊しているかで表す．1 秒間に 1 個の割合で原子核が崩壊する場合の放射能を 1 ベクレル（記号 Bq）という．

放射線を照射された物質が放射線から受ける影響を，放射線の電離作用によってどれだけのエネルギーが物質に吸収されたかで表すのが**吸収線量**である．吸収線量の単位はグレイ（記号 Gy）で，物質 1 kg あたり 1 J のエネルギー吸収があったとき，1 Gy の吸収線量という．

同じ吸収線量でも，放射線の種類や被曝した組織・臓器によって，放射線の人体への影響の度合いは異なる．吸収線量に無次元の放射線荷重係数と組織荷重係数を掛けた，人体への影響を表す放射線量が**実効線量**で単位をシーベルトという（記号 Sv）．人体が β 線，γ 線，X 線を一様に浴びた場合は，実効線量＝吸収線量である*．

---

*この等式は，数値部分が等しいという意味で，左辺の単位は Sv，右辺の単位は Gy である．人体が β 線，γ 線，X 線以外の放射線を一様に被曝した場合は，「実効線量」＝「放射線荷重係数」×「吸収線量」である．陽子の放射線荷重係数は 2，α 粒子およびそれより重いイオンは 20，中性子はエネルギーによって 2.5〜20 である．

人間は，宇宙からやってくる宇宙線および大気，大地，食物などに含まれている放射性物質が出す放射線を被曝している．これらの自然放射線の1年間の被曝量は，世界平均で2.4 mSvである．

　環境の放射線の強さを表す量として**空間線量率**がある．空間のある点を通りぬけている放射線の強さを，そこに人間がいたときの，人体への影響で表す量で，単位としてはμSv/h（マイクロシーベルト毎時）が使われる．空間線量率が1 μSv/hの場所に1年間いて被曝し続けた場合の実効線量は約9 mSvである．

20.8 素粒子

　1932年に中性子が発見されて，物質は電子と陽子と中性子から構成されていることがわかったので，1930年代からこれらの粒子と光の粒子の光子（フォトン）をまとめて物質構造の基本的粒子という意味で**素粒子**とよぶようになった．ほかにも素粒子の仲間がいる．たとえば，その存在が予言された後で発見された粒子として代表的なものに，ディラックが予言した陽電子，パウリが予言したニュートリノ，湯川秀樹が予言したパイ中間子などがある．このほかに，予言されることなく，発見された素粒子も多い．

　素粒子にはいくつかの特徴がある．第1の特徴は，素粒子ごとに決まった質量と電荷をもつ事実である．そのため，同じ種類の2つの素粒子は完全に同一で，たがいに区別できない．そして，同一種類の素粒子は，同一の状態に1個しか存在できないというパウリの排他原理に従う**フェルミ粒子**と，同一の状態に何個でも存在できるという**ボース粒子**に分類される．電子，陽子，中性子はフェルミ粒子で，光子はボース粒子である．原子核，原子，分子もこれらの性質をもっている．

　第2の特徴は，素粒子には同じ質量と逆符号の電荷をもつ**反粒子**が存在する事実である．電荷$-e$と質量m_eをもつ電子（e$^-$）の反粒子は電荷eと質量m_eをもつ陽電子（e$^+$）である．陽子の反粒子を反陽子，中性子の反粒子を反中性子という．粒子と反粒子（たとえば電子と陽電子）を衝突させると消滅して，エネルギーになる．また，エネルギーが転化して，粒子と反粒子のペアが生成されることもある．

　第3の性質は，素粒子は変化することである．たとえば，中性子は単独では不安定で，崩壊して陽子と電子とニュートリノになるが，中性子は陽子と電子とニュートリノから構成されているわけではない．中性子が崩壊すると，中性子が消滅し，同時に陽子と電子とニュートリノが発生するのである．このように素粒子は変化する

という性質をもつ．

　素粒子は，電磁気力のほかに，核力のような強い力，β崩壊を引き起こす弱い力と万有引力の4種類の力でたがいに作用し合っている．ただし，素粒子の質量は軽いので，素粒子に作用する万有引力はきわめて弱い．

　1950年頃から，巨大な加速器を使って陽子や電子を高エネルギーに加速できるようになった．高エネルギーの陽子を陽子に衝突させると，いろいろな新しい素粒子が発生することがわかった．衝突する陽子の運動エネルギーが発生した素粒子の質量に変わったのである．発見された素粒子の中には，1935年に湯川秀樹が，核力の原因になる粒子としてその存在を予言したパイ中間子がある．このようにして，巨大な加速器によって極微の世界から飛び出してきた新しい素粒子の数は，やがて100種類以上になり，これらの素粒子のすべてが，本当の意味での素粒子だとは考えられなくなった．現在では，陽子，中性子，パイ中間子などの強い力を作用する粒子は，クォークとよばれるもっと基本的な粒子から構成されていると考えられている．

　加速器で加速された高エネルギーの電子を陽子や中性子に衝突させて，核子の内部を探ってみると，核子は半径が約8×10^{-16} mの広がりをもち，その中に3個のもっと小さな粒子を含んでいることがわかる．これがクォークである．核子に含まれているクォークはuクォーク（電荷$2e/3$）とdクォーク（電荷$-e/3$）で，陽子はuクォーク2個とdクォーク1個から，中性子はuクォーク1個とdクォーク2個から構成された複合体である（図20.7）．なお，クォークとは本来は「鳥の鳴き声」を意味する単語で，物理的な意味はない．

　核子の中からクォークをたたき出す目的で，高エネルギーの陽子を陽子に衝突させても，クォークは飛び出してこない．磁石を2つに切っても切り口に新しい磁極が現れて，磁石の片方を取り出すことができないように，クォーク1個を分離できないと考えられている．

　現在，6種類のクォークが発見されている．電子とニュートリノは強い力で相互作用せず，レプトンとよばれる別の種類の素粒子である．クォークとレプトン以外に電磁気力を仲立ちする光子，弱い力を仲立ちするWボソンとZボソンなどのゲージ粒子とよばれる力を仲立ちする素粒子および素粒子に質量を与えるヒッグス粒子の存在が知られている．

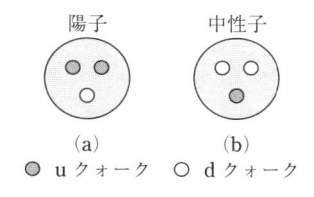

図20.7 クォーク模型での核子．(a) 陽子pの構成はuud，(b) 中性子nの構成はudd．

第 20 章のキーワード

ラザフォードの原子模型，ガイガー-マースデンの実験，原子番号，質量数，陽子，中性子，核子，核力，質量欠損，原子核の結合エネルギー，核融合，核分裂，放射能，α線，β線，γ線，α崩壊，β崩壊，γ崩壊，崩壊の法則，半減期，核エネルギー，連鎖反応，臨界状態，原子炉，電離作用，吸収線量，放射線荷重係数，実効線量，素粒子，反粒子，陽電子，パイ中間子，クォーク

演習問題 20

A

1. 半減期 15 時間で β 崩壊する放射性ナトリウム 1 g は 45 時間後には何 g になるか．

B

1. 金の原子核 ($Z = 79$) とヘリウムの原子核 ($Z' = 2$) の電気力による位置エネルギー $U = ZZ'e^2/4\pi\varepsilon_0 r$ を $r = 10^{-10}$ m と 10^{-14} m の 2 つの場合に対して計算し，結果を eV で表せ．4.79 MeV の運動エネルギーをもつ α 粒子は金の原子核からどのくらいの距離まで近づけるか（この距離から，α 粒子が金の原子核に近づいて進路が大きく曲げられるためには，どのくらいまで近づかねばならないかがわかる）．

2. 速さのわからない中性子が，(1) パラフィンに含まれている陽子に正面衝突して飛び出させた陽子の速さ V_p と，(2) 正面衝突して跳ね飛ばした空気中の窒素原子核の速さ V_N から中性子の質量を推定せよ．

3. 原子核の半径を $r = 1.2 \times 10^{-15} A^{1/3}$ m とすると，原子核の密度 ρ は何 g/cm^3 か．核子の質量を 1.67×10^{-27} kg とせよ．太陽は質量は 2.0×10^{30} kg，半径が 7.0×10^8 m である．太陽の密度が原子核の密度と等しくなると，太陽の半径 r は何 m になるか．

4. 静止している原子核 X（質量 M）が原子核 Y（質量 m）と α 粒子（質量 m_α）に分解するとき，α 粒子の運動エネルギーはいくらか．

付録 | 数学公式集

A.1 三角関数の性質

$$\sin\theta = \frac{y}{r}, \quad \cos\theta = \frac{x}{r}, \quad \tan\theta = \frac{y}{x}, \quad \cot\theta = \frac{x}{y}$$

$$\sin^2\theta + \cos^2\theta = 1$$

$$\tan\theta = \frac{\sin\theta}{\cos\theta}, \quad \cot\theta = \frac{\cos\theta}{\sin\theta}$$

$$\sin 2\theta = 2\sin\theta\cos\theta$$

$$\cos 2\theta = \cos^2\theta - \sin^2\theta = 1 - 2\sin^2\theta = 2\cos^2\theta - 1$$

$$\sin^2\theta = \frac{1-\cos 2\theta}{2}, \quad \cos^2\theta = \frac{1+\cos 2\theta}{2}$$

$$\sin(\alpha \pm \beta) = \sin\alpha\cos\beta \pm \cos\alpha\sin\beta \quad (複号同順)$$

$$\cos(\alpha \pm \beta) = \cos\alpha\cos\beta \mp \sin\alpha\sin\beta \quad (複号同順)$$

$$a\sin\theta + b\cos\theta = \sqrt{a^2+b^2}\sin(\theta+\alpha)$$

$$ただし \quad \sin\alpha = \frac{b}{\sqrt{a^2+b^2}}, \quad \cos\alpha = \frac{a}{\sqrt{a^2+b^2}}$$

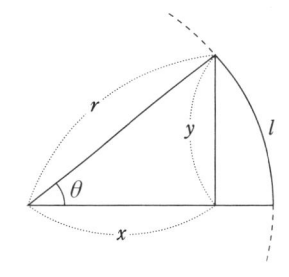

図 A.1 $\theta = \dfrac{l}{r}$ [rad]

以下の公式で θ の単位はラジアン [rad] とする.

$$\sin\left(\frac{\pi}{2}-\theta\right) = \cos\theta, \quad \cos\left(\frac{\pi}{2}-\theta\right) = \sin\theta$$

$$\sin n\pi = 0 \quad (n は整数)$$

$$\lim_{\theta \to 0}\frac{\sin\theta}{\theta} = 1, \quad |\theta| \ll 1 \quad なら \quad \sin\theta \approx \theta$$

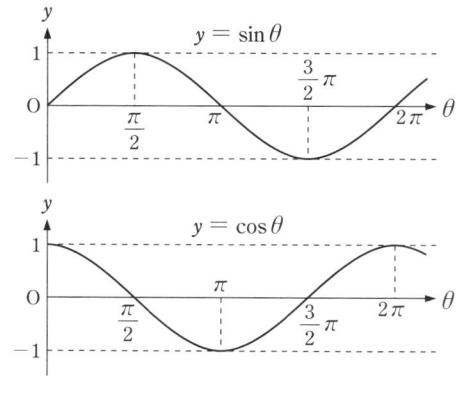

図 A.2

表 A.1

度 [°]	0	30	45	約 57	60	90	180	270	360
弧度[rad]	0	$\pi/6$	$\pi/4$	1	$\pi/3$	$\pi/2$	π	$3\pi/2$	2π

表 A.2

θ [rad]	0	$\dfrac{\pi}{6}$	$\dfrac{\pi}{4}$	$\dfrac{\pi}{3}$	$\dfrac{\pi}{2}$	$\dfrac{2}{3}\pi$	$\dfrac{3}{4}\pi$	$\dfrac{5}{6}\pi$	π
$\sin\theta$	0	$1/2$	$1/\sqrt{2}$	$\sqrt{3}/2$	1	$\sqrt{3}/2$	$1/\sqrt{2}$	$1/2$	0
$\cos\theta$	1	$\sqrt{3}/2$	$1/\sqrt{2}$	$1/2$	0	$-1/2$	$-1/\sqrt{2}$	$-\sqrt{3}/2$	-1
$\tan\theta$	0	$1/\sqrt{3}$	1	$\sqrt{3}$	∞	$-\sqrt{3}$	-1	$-1/\sqrt{3}$	0

A.2 指数関数

条件
$$\lim_{x \to 0}(1+x)^{1/x} = \mathrm{e}$$

によって定義された e は無理数で，その値は 2.718281… である．

▌ e を底とする指数関数 e^x の性質 ▌

$$\mathrm{e}^x \mathrm{e}^y = \mathrm{e}^{x+y}, \qquad \frac{\mathrm{e}^x}{\mathrm{e}^y} = \mathrm{e}^{x-y}$$

$$\mathrm{e}^0 = 1, \qquad \mathrm{e}^1 = \mathrm{e}$$

$$\lim_{x \to -\infty} \mathrm{e}^x = 0, \qquad \lim_{x \to \infty} \mathrm{e}^x = \infty$$

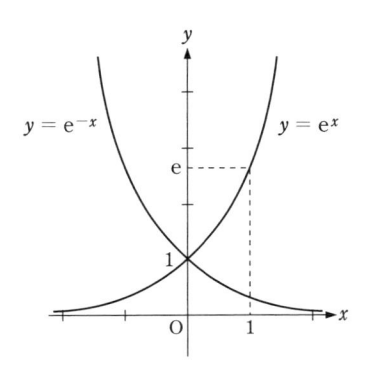

図 A.3 $y = \mathrm{e}^x, \quad y = \mathrm{e}^{-x}$

A.3 原始関数と導関数（C は任意定数；a, b, d, n は定数）

$f(t) + C = \int \dfrac{\mathrm{d}f}{\mathrm{d}t}\,\mathrm{d}t$	$\dfrac{\mathrm{d}f}{\mathrm{d}t}$
$at^n + C$	ant^{n-1}
$a\sin t + C$	$a\cos t$
$a\sin(bt+d) + C$	$ab\cos(bt+d)$
$a\cos t + C$	$-a\sin t$
$a\cos(bt+d) + C$	$-ab\sin(bt+d)$
$a\,\mathrm{e}^t + C$	$a\,\mathrm{e}^t$
$a\,\mathrm{e}^{bt} + C$	$ab\,\mathrm{e}^{bt}$

A.4 ベクトルの公式

▌ ベクトルの和とスカラー倍 ▌　ベクトルの和は交換則と結合則を満たす．

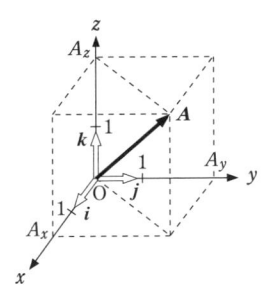

$$\boldsymbol{A} + \boldsymbol{B} = \boldsymbol{B} + \boldsymbol{A}, \qquad (\boldsymbol{A} + \boldsymbol{B}) + \boldsymbol{C} = \boldsymbol{A} + (\boldsymbol{B} + \boldsymbol{C})$$

▌ 直交座標系とベクトル ▌　ひとつの直交座標系 O-xyz を選んで，その $+x, +y, +z$ 軸方向の単位ベクトルを $\boldsymbol{i}, \boldsymbol{j}, \boldsymbol{k}$ とし，基本

図 A.4

ベクトルとよぶ．ベクトル A の x 軸，y 軸，z 軸方向の成分を A_x, A_y, A_z とすると，ベクトル A を
$$A = A_x \bm{i} + A_y \bm{j} + A_z \bm{k}$$
と表せる．また
$$A = (A_x, A_y, A_z)$$
とも表す．$|A| = A$，kA，$A \pm B$ は次のように表される．

$|A| = A = (A_x{}^2 + A_y{}^2 + A_z{}^2)^{1/2}$

$kA = (kA_x, kA_y, kA_z)$

$A \pm B = (A_x \pm B_x, A_y \pm B_y, A_z \pm B_z)$ （複号同順）

■ **スカラー積** ■　2つのベクトル A, B のなす角を θ とすると，2つのベクトル A, B のスカラー積（内積）$A \cdot B$ を
$$A \cdot B = AB\cos\theta$$
と定義する．$A \cdot B$ は大きさだけをもつ量（スカラー）である．

$A \cdot A = |A|^2 = A^2 = A_x{}^2 + A_y{}^2 + A_z{}^2$

$A \cdot B = B \cdot A = AB\cos\theta = A_x B_x + A_y B_y + A_z B_z$

$A \cdot (B + C) = A \cdot B + A \cdot C$ （分配則）

■ **ベクトル積** ■　2つのベクトル A, B のベクトル積（外積ともいう）$A \times B$ は次のように定義されるベクトルである．

（1）大きさ；A, B を相隣る2辺とする平行四辺形の面積．すなわち，ベクトル A, B のなす角を θ とすると，
$$|A \times B| = AB\sin\theta$$

（2）方向；A, B の両方に垂直．すなわち，A と B の定める平面に垂直．

（3）向き；A から B へ（180°より小さい角を通って）右ねじをまわすときにねじの進む向き（$\theta = 180°$ のときは $\sin\theta = 0$ なので問題ない）．

右手系では，ベクトル積 $A \times B$ の成分は

$$\left.\begin{array}{l}(A \times B)_x = A_y B_z - A_z B_y \\ (A \times B)_y = A_z B_x - A_x B_z \\ (A \times B)_z = A_x B_y - A_y B_x\end{array}\right\}$$

$$A \times B = -B \times A$$

$$A \times (B + C) = A \times B + A \times C \quad \text{（分配則）}$$

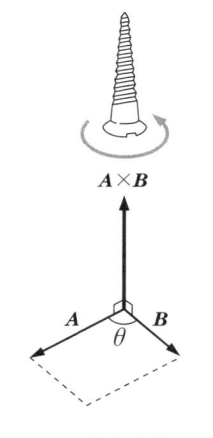

図 A.5　ベクトル積 $A \times B$

問，演習問題の解答

はじめに

問1 kg·m²/s². 体重を 50 kg とすると 1225 J

問2 「A の単位」×「B の単位」=「C の単位」×「D の単位」

問3 $200\,\mathrm{m}/3.0\,\mathrm{s}=67\,\mathrm{m/s}=240\,\mathrm{km/h}$. ∴ 速度違反

問4 $10^7\,\mathrm{m}/90=1.11\times10^5\,\mathrm{m}=111\,\mathrm{km}$
北緯30度で経度が1度違うと $111\,\mathrm{km}\times\cos30°=96\,\mathrm{km}$
$(800/96)\times(24\,\mathrm{h}/360)=0.56\,\mathrm{h}=33\,\mathrm{min}$

第1章

問1 $(120/60)-(120/90)=2-4/3=2/3\,[\mathrm{h}]=40\,[\mathrm{min}]$

問2 $x=6t+200$

問3 (1) $v=10-5t$
(2) $x-x_0=10t-2.5t^2$. $v=0$ になる $t=2\,\mathrm{s}$ で $x-x_0$ は最大値 10 m になる. $t=5\,\mathrm{s}$ で $x-x_0=-12.5\,\mathrm{m}$. 移動距離は $10+[10-(-12.5)]=32.5\,[\mathrm{m}]$, 変位 $-12.5\,\mathrm{m}$

問4 略

問5 略

問6 略

問7 $t=\sqrt{2s/g}=\sqrt{2\times122.5/9.8}=5\,[\mathrm{s}]$
$v=9.8\times5=49\,[\mathrm{m/s}]=176\,[\mathrm{km/h}]$

問8 (1) $v=9.8\times2.0=19.6\,[\mathrm{m/s}]$
(2) $h=gt^2/2=9.8\times2.0^2/2=19.6\,[\mathrm{m}]$
(3) $\bar{v}=19.6\,\mathrm{m}/2.0\,\mathrm{s}=9.8\,\mathrm{m/s}$

問9 略

問10 $H=v_0^2/2g=20^2/(2\times10)=20\,[\mathrm{m}]$

演習問題 1

A

1. $552.6\,\mathrm{km}/4.2\,\mathrm{h}=132\,\mathrm{km/h}=37\,\mathrm{m/s}$

2. 略

3. $a=(18\,\mathrm{m/s})/(30\,\mathrm{s})=0.6\,\mathrm{m/s^2}$

4. $1\,\mathrm{m/s}=3.6\,\mathrm{km/h}$
$s=(100/3.6)^2/(2\times7)=55\,[\mathrm{m}]$

5. $(330/3.6)^2/(2\times3300)=1.3\,[\mathrm{m/s^2}]$
$-(260/3.6)^2/(2\times1750)=-1.5\,[\mathrm{m/s^2}]$

6. $s=at^2/2$ ∴ $2\times(80/2)^2/2=1600\,[\mathrm{m}]$
$1600+3\times(80/3)^2/2≒2700\,[\mathrm{m}]$

7. $t=\sqrt{2s/g}=\sqrt{2\times78.4/9.8}=4\,[\mathrm{s}]$
$v=gt=9.8\times4=39.2\,[\mathrm{m/s}]=141\,[\mathrm{km/h}]$

8. (1) $v=9.8\times3.0=29.4\,[\mathrm{m/s}]$
(2) $h=\dfrac{1}{2}\times9.8\times3.0^2=44.1\,[\mathrm{m}]$
(3) $44.1/3.0=14.7\,[\mathrm{m/s}]$

B

1. $x=at+c$, $x=bt+d$ を解くと, $t=(d-c)/(a-b)$, $x=(ad-bc)/(a-b)$

2. (1) $a_1=v/t_1$, $-a_2=-v/(t_3-t_2)$
(2) $s_1=\dfrac{1}{2}vt_1$, $s_2=v(t_2-t_1)+s_1$
$s_3=\dfrac{1}{2}v(t_3-t_2)+s_2$
(3) 略

3. (1) $v=20-10t$ (2) $x-x_0=20t-5t^2$
$t=2\,\mathrm{s}$ で $x-x_0$ は最大値 20 m, $t=5\,\mathrm{s}$ で $x-x_0=-25\,\mathrm{m}$. 移動距離は $20+45=65\,\mathrm{m}$, 変位は $-25\,\mathrm{m}$

4. $A=\displaystyle\int_a^b f(t)\,\mathrm{d}t$

5. $a=v_0^2/2(x-x_0)=30^2/2\times100=4.5\,[\mathrm{m/s^2}]$

第2章

問1 $\boldsymbol{A}+\boldsymbol{B}=(3,3)$

問2 $-\boldsymbol{F}_{A\leftarrow B}$ と $\boldsymbol{F}_{A\leftarrow B}$ は同じ長さで同じ向き. $\boldsymbol{F}_{B\leftarrow A}$ と $\boldsymbol{F}_{A\leftarrow B}$ は同じ長さで逆向き.

問3 ボートのオールで池の水を押すと, 水はオールを逆向きに押し返す.

問4 台車は人の押す力 $\boldsymbol{f}$ で前向きに加速される. 人は台車から後ろ向きの力 $-\boldsymbol{f}$ の作用を受けるが, 地面を足で後ろ向きに押す力 $-\boldsymbol{F}$ の反作用である前向きの力 $\boldsymbol{F}$ の方が大きいので前進する.

問5 (a) $2F_A\cos60°=F_A=30\,\mathrm{kgf}$. $2F_A\cos30°=\sqrt{3}\,F_A=30\,\mathrm{kgf}$, $F_A=17.3\,\mathrm{kgf}$.

問6 (a) 針金の張力が大きくないと鉛直方向成分が指の力とつり合わない.
(b) 一直線になると荷物の重力につり合う力を作用できない.

問7 $S = m_B F/(m_A + m_B)$

問8 $a = \dfrac{F}{m_A + m_B + m} - g$

問9 $t_1 = \sqrt{2 \times 4.9/9.8} = 1$ [s]
    $x_1 = v_0 t_1 = 5 \times 1 = 5$ [m]

問10 そのときの人間の足もとに落ちる．

問11 (2.55)式では $x_0 = 0$，(2.57)式では $y_0 = 0$ とした．

演習問題 2

A

1．(1) $a = (30-20)$ [m/s]$/5$ s $= 2$ m/s^2
   (2) $F = 1000 \times 2 = 2000$ [N]

2．$F = 20 \times (0-30)/6 = -100$ [N]．運動方向に逆向きの 100 N の力

3．$a = F/m = 12/2 = 6$ [m/s^2]

4．合力の水平方向成分は $200 \times (4/5) - 260 \times (5/13) = 60$ [N]（右向き），合力の鉛直方向成分は $200 \times (3/5) + 260 \times (12/13) - 150 = 210$ [N]（上向き）

5．(a) の方．(a) では $a = F/m = 0.98$ N$/0.4$ kg $= 2.5$ m/s^2．(b) では $a = 0.98$ N$/(0.4+0.1)$ kg $= 2.0$ m/s^2

6．(1) 同じ　(2) 同じ　(3) a→b→c の順に大きい．(4) a→b→c の順に大きい．

7．$x = v_0 t$, $y = y_0 - gt^2/2 = y_0 - gx^2/2v_0^2$, $x = 12$ m では $y = 2.5 - 0.54 = 2.0$ [m]　∴越える．第 2 式で $y=0$ とおくと，$x = v_0\sqrt{2y_0/g} = 26$ [m]

8．60 s $= 2v_0 \sin 45°/g$　∴ $v_0 = 60 \times 9.8/\sqrt{2} = 416$ [m/s]．$R = v_0^2 \sin 90°/g = 416^2/9.8 = 17640$ [m]

9．$(v_0^2/g) \sin 2\theta = (20^2/9.8)\sin 120° = 35$ [m]

B

1．(1) $a = F/m = 20/10 = 2$ [m/s^2]
   (2) $a = 10/10 = 1$ [m/s^2]，$x = at^2/2 = 1 \times 10^2/2 = 50$ [m]，$v = at = 1 \times 10 = 10$ m/s
   (3) $a = -20/10 = -2$ [m/s^2]，$t = v_0/(-a) = 10$ s，$x = 2 \times 10^2/2 = 100$ [m]
   (4) $a = (20 \text{ m/s})/5$ s $= 4$ m/s^2，$F = ma = 40$ N

2．$100 = 18a$．$F = ma = 90 \times 100/18 = 500$ [N]

3．$3ma = F - 3mg$．$a = F/3m - g = 9.0/(3 \times 0.2) - 9.8 = 5.2$ [m/s^2]．$S_{AB} = 2ma + 2mg = 6.0$ N，$S_{BC} = ma + mg = 3.0$ N

4．$\boldsymbol{r}(t) = \boldsymbol{r}_0 + \left[\boldsymbol{v}_0 + \dfrac{\boldsymbol{F}t}{2m}\right]t$

第 3 章

問1 略

問2 $(1.8 \text{ m}) \sin 22° = 0.67$ m

問3 たとえば $T = 0.1$ s の場合の f を考えてみよ．

問4 $F = 2mg$（上向き）

問5 図 S.1 参照

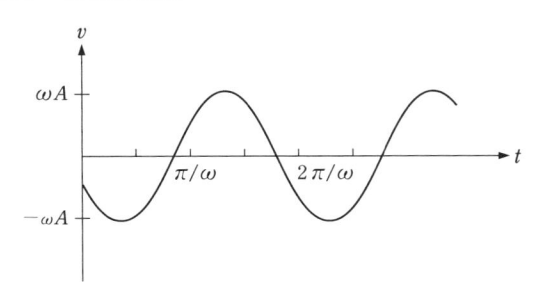

図 S.1

問6 略

問7 $T = 2\pi\sqrt{2/9.8} = 2.8$ [s]

問8 $T = 2\pi\sqrt{34/9.8} = 12$ [s]

演習問題 3

A

1．$f_A = v/\pi D_A = 3.3/(3.14 \times 0.35) = 3.0$ [s^{-1}]
   $n_A = 180$ rpm
   $f_B = 3.3/(3.14 \times 1.4) = 0.75$ [s^{-1}]，$n_B = 45$ rpm

2．$\dfrac{n_A}{n_B} = \dfrac{f_A}{f_B} = \dfrac{v/\pi D_A}{v/\pi D_B} = \dfrac{D_B}{D_A}$

3．$\omega = 2\pi f = 2\pi \times 20 = 126$ [rad/s]
   $v = \pi D f = \pi \times 0.91 \times 20 = 57.2$ [m/s] $= 206$ [km/h]

4．切れた瞬間の速度を初速度とする放物運動

5．(1) $U = kx^2/2 = 100 \times 0.2^2/2 = 2$ [J]
   (2) $mv^2/2 = 2J$　∴ $v = \sqrt{4/4} = 1$ [m/s]

6．$T = 2\pi\sqrt{m/k}$．$k = 4\pi^2 m/T^2 = 4\pi^2 \times 2/2^2 = 20$ [N/m]

7．$\sqrt{1/0.17} = 2.4$ [倍]

8．変わらない．

B

1．ウ

2．(1) $F = kx = 1.0k = 25 \times 9.8 = 245$ [N]．$k = 245$ N/m

(2) $mv^2/2 = kx^2/2$, $v = x\sqrt{k/m}$
$= 1.0\sqrt{245/(28\times 10^{-3})} = 94$ [m/s]

第4章

問1 μ のかわりに $\mu' = 0.20$ を入れると
$$F = \frac{0.4 W}{\sqrt{3}+0.20} = 12 \text{ kgf}$$

問2 (a) 最初の10円玉は静止し，衝突された10円玉は同じ速さで動き出す．例7と同じように考えよ．
(b), (c) 最初の10円玉は静止し，いちばん前の10円玉だけが同じ速さで動き出す．(a)の衝突の繰り返しと考えればよい．

問3 例7の衝突の繰り返しと考えればよい．

演習問題 4

A

1. $W = mgh = 80\times 9.8\times 2.0 = 1568$ [J]
2. $P = Fv = mgv = 50\times 9.8\times 2 = 980$ [W]
3. $p' = mv' = 0.15\times 40 = 6$ [kg·m/s], $p = -6$ kg·m/s, $F = (p'-p)/T = 120$ N
4. てのひらの側面は狭い．てのひらが瓦に力を及ぼしているきわめて短い時間にてのひらの速度は大きく変化するので，てのひらに瓦が及ぼす力（質量×加速度）は大きい．したがって，作用反作用の法則により，てのひらが瓦に及ぼす力は大きく，しかも接触面積が小さいので，圧力は大きい．
5. $m_A v_A + m_B v_B = (m_A + m_B) v'$
$$\therefore v' = \frac{m_A v_A + m_B v_B}{m_A + m_B}$$
6. (1) $mV = (m+M)v$
$\therefore v = mV/(m+M) = 0.87$ m/s
(2) $h = v^2/2g = (0.87 \text{ m/s})^2/(2\times 9.8 \text{ m/s}^2)$
$= 0.039$ m $= 3.9$ cm

B

1. 0
2. $m_A v_A = m_A v_A' + m_B v_B'$ から得られる $v_B' = m_A \times (v_A - v_A')/m_B$ を $\frac{1}{2}m_A v_A^2 = \frac{1}{2}m_A v_A'^2 + \frac{1}{2}\times m_B v_B'^2$ に代入すると
$m_B(v_A + v_A')(v_A - v_A') = m_A(v_A - v_A')^2$
$\therefore v_A = v_A'$ あるいは
$m_B(v_A + v_A') = m_A(v_A - v_A')$

$v_A = v_A'$ で $v_B' = 0$ という解は物理的に起こらない解なので，$v_A' = \dfrac{m_A - m_B}{m_A + m_B} v_A$. これを最初の式に代入すると
$$v_B' = \frac{2m_A}{m_A + m_B} v_A$$

第5章

問1 (b)

問2 $\dfrac{1}{12}ML^2 + M\left(\dfrac{L}{2}\right)^2 = \dfrac{1}{3}ML^2$

問3 $Mg = 80$ kgf $+ 70$ kgf $= 150$ kgf $\therefore M = 150$ kg
$\overline{AG}\times 80 = \overline{BG}\times 70 = (6-\overline{AG})\times 70$
$\therefore \overline{AG} = 6\times 70/150 = 2.8$
Aから2.8 mのところ

問4 破片の重心は花火の玉の放物運動をつづける．

演習問題 5

A

1. 円板A, Bの角速度，角加速度を ω, α とする．$\omega = (r_C/r_B)\omega_C = (2/3) 2 \text{ s}^{-1} = (4/3) \text{ s}^{-1}$, $\alpha = 4/\text{s}^2$. おもりの速度，加速度 v, a は，$v = r_A\omega = 12$ cm $\times (4/3) \text{ s}^{-1} = 0.16$ m/s, $a = r_A \alpha = 0.48$ m/s^2

2. $I = MR^2/2 = 8\pi\times 10^6 \times 10^{-3}/2 = 4\pi \times 10^3$ [kg·m^2]. $\omega = 2\pi\times 600/60$ s $= 20\pi$/s. $K = I\omega^2/2 = 8\pi^3 \times 10^5 = 2.5\times 10^7$ [J]

3. $I = 3ML^2/3 = 200\times 5.0^2 = 5\times 10^3$ [kg·m^2]. $\omega = 2\pi\times 300/60$ s $= 10\pi$ s^{-1}. $K = I\omega^2/2 = (5\pi^2/2)10^5 = 2.5\times 10^6$ [J]

4. I が小さい (a) の場合

5. $2F_Q v = 83$ kW, $v = (200/3.6)$ m/s $= 55.6$ m/s
$F_Q = 83\times 10^3/(2\times 55.5) = 747$ [N]

6. 中空の球の方が I_G/MR^2 が大きい．斜面を転がり落ちるとき，遅い方．

7. 加速度 A で距離 d だけ動くと，速さ $V = \sqrt{2Ad}$. 加速度の比は $1:5/7 = 7:5$ なので，速さ V の比は $\sqrt{7}:\sqrt{5}$

8. I_G/MR^2 が最小の液体のビールの入った缶．次が中の凍った缶ビール．

9. $g\sin 30°/[1+(I_G/MR_0^2)]$
$= g/2[1+(I_G/MR_0^2)]$

10. $F \times 15$ cm $= 3$ kgf $\times 2.5$ cm $\therefore F = 0.5$ kgf

11. 脊柱の下端のまわりの力のモーメントの和 $= 0$ から，$T(\sin 12°)(2L/3) - 0.4W(\cos\theta)(L/2) - (0.2W + Mg)(\cos\theta)L = 0$, $T\sin 12° = [0.6W + (3/2)Mg]\cos\theta$ $\therefore T = 2.5W + 6.2Mg = 2.7 \times 10^2$ kgf

12. 可能（山を越える長い列車の重心はつねに山の頂上より低い）

13. 重心は放物運動をつづける．

B

1. $L = \sqrt{a^2 + b^2}/2$, $I/ML = (2/3)\sqrt{a^2 + b^3}$
   $T = 2\pi[(2/3g)\sqrt{a^2 + b^2}]^{1/2}$

2. (1) $t = \sqrt{2h/g} = \sqrt{2 \times 4.9/9.8} = 1$ [s]
   (2) $t = \sqrt{2s/a}$
   $= \sqrt{2 \times 9.8/[(5/7)g\sin 30°]}$
   $= \sqrt{19.6/(5 \times 4.9/7)} = \sqrt{5.6} = 2.4$ [s]

3. おもりと滑車の運動方程式は，$a = R\alpha$ を使うと，図 9 の場合，$m_1 a = m_1 g - S_1$, $m_2 a = S_2 - m_2 g$, $I\alpha = Ia/R = S_1 R - S_2 R$
   $$a = \frac{(m_1 - m_2)g}{m_1 + m_2 + I/R^2}$$
   $$S_1 = \frac{2m_2 + I/R^2}{m_1 + m_2 + I/R^2} m_1 g$$
   $$S_2 = \frac{2m_1 + I/R^2}{m_1 + m_2 + I/R^2} m_2 g$$
   $m_1 = 20$ kg, $m_2 = 10$ kg, $M = 20$ kg, $R = 20$ cm のときは $I/R^2 = M/2 = 10$ kg で，$a = 2.5$ m/s², $S_1 = 147$ N, $S_2 = 123$ N．

4. 床と接している糸巻きの部分の速さは 0 なので，接触点 P のまわりでの回転運動の法則は $I\alpha = N$ である．$\boldsymbol{F}_1$ の場合は $N < 0$ なので糸巻きは右に動き，$\boldsymbol{F}_2$ の場合は $N = 0$ なので糸巻きは動かず，$\boldsymbol{F}_3$ の場合は $N > 0$ なので糸巻きは左に動く．

5. (1) 綱の長さ $L = \sqrt{h^2 + l^2} = \sqrt{4.0^2 + 3.0^2} = \sqrt{25.00} = 5.0$ [m]．ちょうつがいと張力 $\boldsymbol{S}$ の距離 $d = l \times (h/L) = (3.0) \times (4/5) = 2.4$ [m]．ちょうつがいのまわりの力のモーメントの和 $= 0$ という条件から
   $$2.4 S = 1.8 W = 1.8 \times 40 \text{ kgf}$$
   $$\therefore S = 30 \text{ kgf}$$
   (2) つり合いの条件から，$N = (3/5)S = 18$ kgf, $F = W - (4/5)S = 16$ kgf．

6. 板 ABCDOE は線分 BO に関して線対称なので，その重心 G は直線 BO 上にある（図 S.2 参照）．右上の正方形 OEFD の面積は正方形 ABCF の面積の 1/4 である．もし，この部分が切り落とされていなければ，この点 P を中心とする正方形の板の受けていた重力 $\boldsymbol{F}$ と重心 G が受ける重力 $3\boldsymbol{F}$ の合力の作用点は，正方形 ABCF の重心である中心 O である．したがって，点 O のまわりのつり合い条件から，$3F \cdot \overline{OG} = F \cdot \overline{OP}$ $\therefore 3\overline{OG} = \overline{OP}$ が導かれる．点 P は線分 OF の中心で $\overline{OF} = \overline{OB}$ なので，$2\overline{OP} = \overline{OB}$．$\therefore \overline{OG} = \frac{1}{6}\overline{OB}$

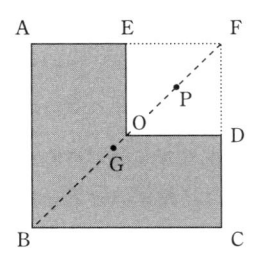

図 S.2

第 6 章

問 1 $2\pi R_\text{E}/v = 4 \times 10^7$ m$/(7.9 \times 10^3$ m/s$) = 5060$ s $= 84$ min

演習問題 6

A

1. $a_\text{E} = r_\text{E}\omega^2 = 1.5 \times 10^{11}$ m $\times [2\pi/(365 \times 24 \times 60 \times 60$ s$)]^2 = 0.0059$ m/s²
   $a_\text{E} = GM_\text{S}/r_\text{E}^2$ $\therefore M_\text{S} = a_\text{E} r_\text{E}^2/G = 0.0059 \times (1.5 \times 10^{11})^2/(6.67 \times 10^{-11}) = 2.0 \times 10^{30}$ [kg]

2. $ma = mv^2/r = GmM_\text{S}/r^2$
   $\therefore rv^2 = GM_\text{S} =$ 一定

B

1. $g_\text{S} = GM_\text{S}/R_\text{S}^2 = 6.67 \times 10^{-11} \times 2.0 \times 10^{30}/(6.96 \times 10^8)^2 = 275$ [m/s²]
   $g_\text{M} = GM_\text{M}/R_\text{M}^2 = 6.67 \times 10^{-11} \times 7.35 \times 10^{22}/(1.738 \times 10^6)^2 = 1.62$ [m/s²]

2. $v_\text{S} = \sqrt{2g_\text{S}R_\text{S}} = \sqrt{2 \times 275 \times 6.96 \times 10^8} = 6.19 \times 10^5$ [m/s] $= 619$ [km/s]
   $v_\text{M} = \sqrt{2g_\text{M}R_\text{M}} = \sqrt{2 \times 1.62 \times 1.738 \times 10^6} = 2.37 \times 10^3$ [m/s] $= 2.37$ [km/s]

3. $v = \sqrt{2GM/R} = c$ $\therefore R = 2GM/c^2$

第7章

問1 略

問2 $378000\,\text{J}/500\,[\text{J/s}] = 756\,\text{s} = 12.6\,\text{min}$

演習問題 7

A

1. $4.6\times 10^7/(65\times 10^3\times 9.8\times 77) = 0.94$ ∴ 94%

2. (1) 滝の上の1gの水の位置エネルギーは $mgh = 10^{-3}\times 9.8\times 50 = 0.49\,[\text{J}] = 0.12\,[\text{cal}]$. これは滝を落下すると運動エネルギーになり熱になる. 水の比熱は $1\,\text{cal/g}\cdot{}^\circ\text{C}$ なので, 水温は $0.12\,{}^\circ\text{C}$ 上昇する.
   (2) 水力発電に使われる水の質量は1秒あたり $(4\times 10^5\times 10^3/60)\times 0.20 = 1.3\times 10^6\,[\text{kg/s}]$ ∴ $P = 1.3\times 10^6\times 9.8\times 50 \fallingdotseq 6\times 10^8\,[\text{W}]$

3. (1) $40\times 3000\times 9.8 = 1.2\times 10^6\,[\text{J}]$
   (2) $1.2\times 10^6/(3.8\times 10^7\times 0.20) = 0.16\,[\text{kg}]$

B

1. $E = 10^{16.7}\,\text{J} = 5.0\times 10^{16}\,\text{J}$. $1\,\text{kWh} = 3.6\times 10^6\,\text{J}$ なので 8881億$\,\text{kWh} = 3.2\times 10^{18}\,\text{J}$. $5.0\times 10^{16}/(3.2\times 10^{18}) = 0.016 = 1.6\%$

第8章

演習問題 8

A

1. $\lambda_{最大} = 2.9\times 10^{-3}\,\text{m}\cdot\text{K}/2000\,\text{K} = 1.45\times 10^{-6}\,\text{m}$

2. (1) B→C, D→A   (2) A→B, C→D
   (3) C→D, D→A   (4) A→B, C→D
   (5) $p_2(V_B - V_A)$, $C_p(T_2 - T_1)$

3. $(673-323)/673 = 350/673 = 0.52$. 52%

4. (1) $e = (558-313)/558 = 0.44$. 44%
   (2) $500\times(44-34)/34 = 147\,[\text{MW}]$
   (3) $t\,{}^\circ\text{C}$ 水温を上昇させるための熱は $3\times 10^7\times 4.2t = 1.3\times 10^8\,t\,[\text{W}]$. $500/0.34 = 1470\,[\text{MW}]$. このうち500 MWが発電に使われ, 残りの970 MWは川に捨てられる. ∴ $t = 970\times 10^6/(1.3\times 10^8) = 7.5\,[{}^\circ\text{C}]$

5. 1→2:水の加熱, 2→3:水蒸気の発生, 3→4:水蒸気の急膨張, 4→1:水蒸気の凝縮

B

1. 圧力 $= \rho g h = 13595.1\,[\text{kg/m}^3]\times 9.80665\,[\text{m/s}^2]\times 0.76\,\text{m}$
   $= 1.0132\times 10^5\,[\text{kg}\cdot\text{m/s}^2]/\text{m}^2 = 1013\,\text{hPa}$

2. (1) 仕事 = 力×距離 = $pA\cdot\Delta x = p\Delta V$
   (2) 略

3. 仕事 $\Delta W = p\Delta V = R\Delta T$. $\Delta U = \Delta Q - \Delta W = \Delta Q - p\Delta V$ から $C_p = \Delta Q/\Delta T = \Delta U/\Delta T + R = C_v + R$

4. $T = 300\times 20^{0.4} = 994\,[\text{K}] = 721\,[{}^\circ\text{C}]$

第9章

演習問題 9

A

1. 生じない.

2. 静電誘導で金属球の帯電棒側の表面に帯電棒の電荷と異符号の電荷, 帯電棒と反対側の表面に同符号の電荷が現れる. 帯電棒側の電荷に対する引力の方が反対側の電荷に対する反発力より強いので, 金属球はゴムの棒の方へ引き寄せられる. 金属球がゴムの棒に接触するとゴムの棒の電荷の一部が金属球に移るので, 同符号の電荷の間の反発力で反発する.

3. 静電誘導で箔に生じる電荷は近づけた帯電体の電荷に比例するから.

4. 図1のAは負に帯電する.

5. 類似点:強さが r^2 に反比例する. 2物体のもつ性質の大きさを表す量(質量, 電荷)の積に強さが比例する.
   相違点:質量はつねに正で, 正の質量の間に引力が働くのに, 電荷には正と負のものがあり, 同符号の電荷の間には反発力が働く.
   質量の間には引力が働くので大きな質量をもつ物体が存在できる. 同符号の電荷の間には反発力が働き, 異符号の電荷の間には引力が働くので大きな電荷をもつ物体は存在しない.

6. (1) $4\times 10^{-6}\,\text{N}$ (2) $5\times 10^{-6}\,\text{N}$

B

1. $S\cos 30° = (\sqrt{3}/2)S = mg$. $S\sin 30° = S/2 = F$. ∴ $F = kQ^2/(2L\sin 30°)^2 = kQ^2/L^2 = S/2 = mg/\sqrt{3}$
   $Q^2 = (1/\sqrt{3}\,k)L^2 mg = [1/(\sqrt{3}\times 9.0\times 10^9)]\times (0.20)^2\times 3.0\times 10^{-3}\times 9.8 = 7.5\times 10^{-14}\,[\text{C}^2]$. $Q = 2.7\times 10^{-7}\,\text{C}$

2. 右上の電荷 $-Q$ からの力を $\boldsymbol{F}_1$, 左下の電荷 $-Q$

からの力を F_2，右下の電荷 Q からの力を F_3 とすると（図4(b)），対角線の長さは $\sqrt{2}L$ なので，3つの力の大きさは
$$F_1 = F_2 = kQ^2/L^2$$
$$F_3 = kQ^2/(\sqrt{2}L)^2 = kQ^2/2L^2$$
である．3つの力の合力 F の向きは正方形の中心に向かう．合力の方向への力 F_1 と F_2 の成分は，それぞれ，$F_1\cos 45° = F_2\cos 45° = F_1/\sqrt{2} = kQ^2/\sqrt{2}L^2$ なので，合力 F の大きさは，
$$F = F_1\cos 45° + F_2\cos 45° - F_3$$
$$= k(2\sqrt{2}-1)Q^2/2L^2$$

第10章
演習問題 10

A

1. (1) $E = F/Q = 6.0\times 10^{-4}\,\text{N}/(3.0\times 10^{-6}\,\text{C}) = 2.0\times 10^2\,\text{N/C}$

(2) $F = QE = -6.0\times 10^{-6}\,\text{C}\times 2.0\times 10^2\,\text{N/C} = -1.2\times 10^{-3}\,\text{N}$．力の向きは最初の力と逆向きである．

2. (1) $E = 0$ になるのは x 軸上の $0 < x < 9.0$ cm の範囲にある．
$$4.0/x^2 = 1.0/(9.0-x)^2$$
$$\therefore\ 2.0\times(9.0-x) = \pm 1.0x$$
$18 = 3.0x$ から $x = 6.0$ cm，$18 = 1.0x$ から $x = 18$ cm が得られるので，$x = 6.0$ cm．

(2) $x = 15$ cm の場合
$$E_x = k\left(\frac{4.0\times 10^{-6}}{0.15^2} + \frac{1.0\times 10^{-6}}{(0.15-0.09)^2}\right)$$
$$= 9.0\times 10^9\times 4.6\times 10^{-4} = 4.1\times 10^6\,[\text{N/C}]$$
$$E = (4.1\times 10^6\,\text{N/C}, 0, 0)$$
$x = -10$ cm の場合
$$E_x = -k\left(\frac{4.0\times 10^{-6}}{0.10^2} + \frac{1.0\times 10^{-6}}{(0.10+0.09)^2}\right)$$
$$= -9.0\times 10^9\times 4.3\times 10^{-4}$$
$$= -3.8\times 10^6\,[\text{N/C}]$$
$$E = (-3.8\times 10^6\,\text{N/C}, 0, 0)$$

3. $eE = mg$，$E = 9.1\times 10^{-31}\times 9.8/(1.6\times 10^{-19})$
$= 5.6\times 10^{-11}\,[\text{N/C}]$
$ma = eE$，$a = 1.6\times 10^{-19}\times 10000/(9.1\times 10^{-31})$
$= 1.8\times 10^{15}\,[\text{m/s}^2]$

4. 図 S.3 を参照せよ．

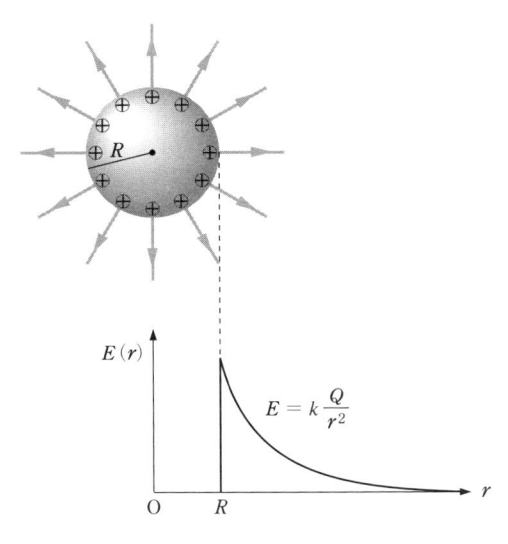

図 S.3

B

1. 万有引力もガウスの法則に従うので，球殻の内部では万有引力は0である．したがって，宇宙船の中のような状態になる．

2. 略

3. 平行板の外では $4\pi k\sigma$，平行板の間では0（図 S.4を参照）．

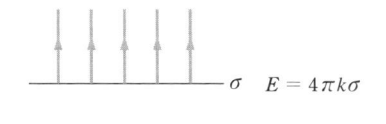

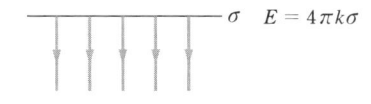

図 S.4

4. 2枚の板の電荷のつくる電場を E_1, E_2 とすると，E_1, E_2 は板に垂直で
$$E_1 = 4\pi k\sigma,\quad E_2 = 2\pi k\sigma$$

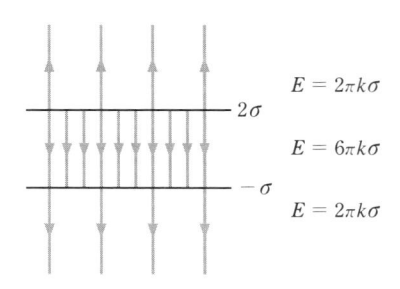

図 S.5

求める電場 $E = E_1 + E_2$（図 S.5 を参照）．

第11章
問1 点 P の電場の方が強い．

演習問題 11

A

1. (1) 15 J (2) 15 J
2. (1) 金属球殻の外面上の電荷の電気力による位置エネルギー
   (2) 電荷は金属球殻の内側にある場合より金属球殻の外側にある場合の方が電気力による位置エネルギーが低いから．なお，金属球殻とその内側には電場がない．
   (4) 髪の毛が帯電して，電気反発力が働くため．
3. kQ/d
4. この部分での電場は 0．

B

1. 空き缶の内側では電場が 0．外側では缶の電場で静電誘導された異符号の電荷との間に引力が働く．
2. (a) の 2 つの電荷の間に働く力と同じ大きさだから．

第12章

演習問題 12

A

1. 10^{-4} C
2. 2倍，1/2倍
3. $1/9.0 \times 10^9 = 1.1 \times 10^{-10}$ F
4. $3\varepsilon_0 A/d$
5. 極板上の電荷は $C_1 V_1 = (C_1+C_2)V_2$，$C_1 = \varepsilon_r C_2$ ∴ $\varepsilon_r = V_2/(V_1-V_2)$
6. $A = 0.039$ m^2，$C = 3 \times 10^{-10}$ F
7. $C = \varepsilon_r \varepsilon_0 A/d = 3.5 \times 8.85 \times 10^{-12} \times 1/10^{-4} = 3.1 \times 10^{-7}$ [F] $= 0.31$ [μF]
8. 合成容量 $C = 15\,\mu$F．$V_c = Q_c/C_c = CV/C_c = 15 \times 10^{-6} \times 10/(20 \times 10^{-6}) = 7.5$ [V]
9. $(1/2)CV^2 = 0.5 \times 20 \times 10^{-6} \times (200)^2 = 0.4$ [J]
10. (1) 50 V (2) $2 \times (1/2)CV^2 = 100 \times 10^{-6} \times (50)^2 = 0.25$ [J]
    (3) はじめのエネルギーは 0.5 J．差の 0.25 J は導線に発生する熱になる．

B

1. 2個直列に接続して，これに 5個並列に接続する．
2. 1 μF
3. $\varepsilon_r \fallingdotseq 1$．$U = (1/2)\varepsilon_0 E^2 \times$ 体積 $= (1/2) \times 8.85 \times 10^{-12} \times (10^6)^2 = 4.4$ [J]

第13章

演習問題 13

A

1. $R = \rho L/A = 1.72 \times 10^{-8} \times 10/(2.0 \times 10^{-6}) = 8.6 \times 10^{-2}$ [Ω]
2. $R = 3 \times 10^{-5} \times 0.25/(0.01)^2 = 0.08$ [Ω]
3. 電流が心臓を通らない．
4. A と C の間の電気抵抗は導線の長さ $\overline{AC}$ に比例するので，A と C の電位差も長さ $\overline{AC}$ に比例する．
5. 75 Ω，100 Ω
6. 略
7. (1) $P = VI = 100 \times 8 = 800$ [W]
   (2) $0.5 \times 1000 \times 2600/800 = 1.6 \times 10^3$ [s] $= 27$ [min]
8. 電球のタングステン・フィラメントの抵抗は温度が上昇すると大きくなる．
9. 電球と電熱器の電気抵抗は 100 Ω と 20 Ω，その合成抵抗は 16.67 Ω，電流は $100/(16.67+0.10) = 6.0$ A，電圧降下は 0.6 V．
10. (A) (3)式により，P は 2 倍になる．
    (B) (3)式により，P は 4 倍になる．
    (C) (2)式により，P は 4 倍になる．
11. 60 W の方，100 W の方．

B

1. (1) 断面を 1 秒間に通過する電気量は $nevA$ [C] である．
   (2) $v = I/neA = 1/(10^{29} \times 1.6 \times 10^{-19} \times 2 \times 10^{-6}) = 3 \times 10^{-5}$ [m/s]
2. (1) AB 間に I [mA] 流れるときに，並列の抵抗に $(I-1)$ [mA] が流れるためには，抵抗値は $[1.0/(I-1)]$ [Ω]．$1.0/9999 \fallingdotseq 10^{-4}$ [Ω]，$1.0/999 \fallingdotseq 10^{-3}$ [Ω]，$1.0/99 \fallingdotseq 10^{-2}$ [Ω]
   (2) 電圧計を 1 mA の電流が流れるときに，AB 間の電圧が V [ボルト] になるためには $[R_s+1.0] \times 10^{-3} = V$．$10^6 - 1.0 \fallingdotseq 10^6$ [Ω]，10^5

$-1.0 ≒ 10^5$ [Ω], $10^4-1.0 ≒ 10^4$ [Ω]
3． D, C, A, B
4． 検流計を電流は流れないので，R_1 と R を電流 I_1 が流れ，R_2, R_4 を電流 I_2 が流れる．また点 A と B は同じ電位．∴ $R_1I_1 = R_2I_2$, $RI_1 = R_3I_2$ ∴ $R_1/R_2 = R/R_3$
5． 自由電子が電気と熱の両方を伝える．

第 14 章

問1　A, B, C, D での磁場の強さの比は $1 : 2 : 0 : 1$．
問2　銅の正イオンが極板間を上から見て時計まわりに移動する．

演習問題 14

A

1． 磁力線の密度の大きい点 A の方が B より磁場は大，磁針は S 極の方（上方）へ引かれる．
2． 南極，地球の赤道を含む平面を東から西の向き．
3． $B = μ_0I/2πd = 2×10^{-7}×10/10^{-2} = 2×10^{-4}$ [T]
4． $B = μ_0IN/2r = 4π×10^{-7}×10×100/(2×0.1) = 6.3×10^{-3}$ [T]
5． $I = V/R = 6/100 = 0.06$ [A]．$B = μ_0I/2r = 2π×10^{-7}×0.06/0.1 = 3.8×10^{-7}$ [T]
6． $B ≒ μ_0nI = 4π×10^{-7}×(1200/0.3)×1 = 5.0×10^{-3}$ [T]
7． $n = 10^3/0.2 = 5×10^3$．$B = μ_0nI = 4π×10^{-7}×5×10^3I = 0.1$，∴ $I = 16$ A
8． 図 S.6 参照（磁極には他の磁極と電流からの力が作用する）．
9． $20×3×10^{-5}×1 = 6×10^{-4}$ [N]
10． 一方のコイルが他方のコイルの場所につくる磁場の方向を求めよ．
11． $F = 1.6×10^{-19}×10^6×10^{-3}$
　　　　$= 1.6×10^{-16}$ [N]
　　$r = mv/eB$
　　　$= 9.1×10^{-31}×10^6/(1.6×10^{-19}×10^{-3})$
　　　$= 5.7×10^{-3}$ [m]
12． （1）A → B（減速するので曲率半径は減少する）　（2）裏 → 表
13． $F = ILB \sin θ$
　　　$= 10×2×4.61×10^{-5}×\sin 49.5°$
　　　$= 7.0×10^{-4}$ [N]

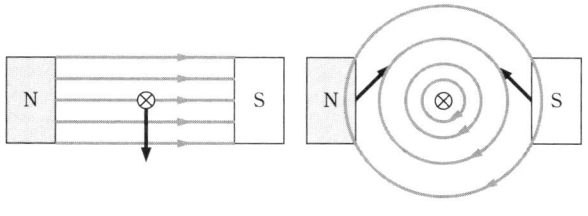

B

1． $B = μ_0I_1/2πd + μ_0I_2/2πd$
　　　$= 4π×10^{-7}(4+6)/(2π×0.05) = 4×10^{-5}$ [T]
2． （a） 0
　　（b） $μ_0I/4R$，紙面の表 → 裏の向き．
3． AB を流れる電流 I と A′B′ を流れる電流 I が点 P につくる磁場は等しい．
4． nAL 個の電子のおのおのに力 $evB \sin θ$ が作用するので，$F = nALevB \sin θ = ILB \sin θ$
5． （1）10 MeV の陽子の速さ v は $v = \sqrt{2E/m} = \sqrt{2×10×10^6×1.6×10^{-19}/(1.67×10^{-27})} = 4.4×10^7$ [m/s]．$r = mv/eB = 1.67×10^{-27}×4.4×10^7/(1.6×10^{-19}×0.3) = 1.5$ [m]
　　（2）$f = eB/2πm = 1.6×10^{-19}×0.3/(2π×1.67×10^{-27}) = 4.6×10^6$ [Hz]

第 15 章

問1　右（閉），左（開）

演習問題 15

A

1． （1）$Φ = BA = 0.30×0.25$
　　　　　$= 7.5×10^{-2}$ [Wb]
　　（2）$V_r = ΔΦ/Δt = 7.5×10^{-2}/0.01$
　　　　　$= 7.5$ [V]
　　　　⟨I⟩ $= V_r/R = 7.5/20 = 0.38$ [A]
2． 略
3． 略
4． $ωBA = 2π×100×0.010×25×10^{-4}$
　　　$= 1.6×10^{-2}$ [V]
5． $V_0 \sin ωt = -NA(dB/dt)$,
　　　∴ $B = (V_0/NAω) \cos ωt$
6． $V_r = L\,dI/dt = 0.1×100×10^{-3}/0.01$
　　　$= 1$ [V]
7． 巻き数が多いほど，相互誘導の電流によってコイルに生じる，電磁石を押し戻そうとする磁場が強くなるから．
8． （1）筒にくっつく．
　　（2）空気中と同じように落ちる．

(3) ニ
9. (1) 減らす向きに働く．発電所では他のエネルギーを消費せずに電気エネルギーをつくり出すことになる．電流が流れている方がまわしにくくなる．
   (2) 電流と逆向きの起電力が生じる．
10. (1) $L = 5$ H　　(2) $V_r = 2.5$ V
11. (1) $u_E = 4.4$ J/m^3
    (2) $u_B = 4.0 \times 10^7$ J/m^3

B

1. コイルを貫く磁束の変化 $\Delta\Phi = 10^{-4} \times 10^2 B = 10^{-2} B$．コイルを流れる全電気量 $Q = \int I\,dt = \int dt\,(V_r/R) = (1/R)\int dt\,(d\Phi/dt) = \Delta\Phi/R = 10^{-2} B/R$
   $\therefore B = 10^2 RQ = 40 \times 2.5 \times 10^{-3} \times 10^2 = 10$ [T]
2. $V_r = vBL = 10 \times 4.6 \times 10^{-5} \times 1 = 4.6 \times 10^{-4}$ [V]
3. L_1 を流れる電流 I_1 は円の中心に $B = \mu_0 I_1/2r_1$ をつくる．$\therefore \Phi_{21} = \pi r_2^2 \mu_0 I_1/2r_1$．
   $\therefore M_{12} = M_{21} = \mu_0 \pi r_2^2/2r_1$
4. 流れる電流を I, L_1, L_2 の起電力を V_1, V_2 とすると
   $$V_1 = -L_1 \frac{dI}{dt} - M \frac{dI}{dt}$$
   $$V_2 = -L_2 \frac{dI}{dt} - M \frac{dI}{dt}$$
   $V = V_1 + V_2 = -(L_1 + L_2 + 2M)\frac{dI}{dt}$ なので，$L = L_1 + L_2 + 2M$．一方のコイルを裏返しにすると $L = L_1 + L_2 - 2M$

第17章

演習問題 17

A

1. 250 m, 1.5 m
2. 5.2×10^{-19} J, 2.6×10^{-19} J. 1 eV $= 1.6 \times 10^{-19}$ J なので，3.3 eV, 1.6 eV. $f_0 = 5.6 \times 10^{14}$ Hz
3. $hf = hc/\lambda = 3.9 \times 10^{-19}$ J. $(2 \sim 6) \times 10^{-17} \times 0.1/4 \times 10^{-19} = (5 \sim 15)$ [個]
4. $\lambda = c/f = 3.0 \times 10^8/(2.4 \times 10^{20}) = 1.25 \times 10^{-12}$ [m]. $\lambda' = 1.25 \times 10^{-12} + 2.43 \times 10^{-12} = 3.68 \times 10^{-12}$ [m]. $\therefore f' = 3.0 \times 10^8/(3.68 \times 10^{-12}) = 8.2 \times 10^{19}$ [Hz], $K = hf - hf' = 6.6 \times 10^{-34} \times 1.6 \times 10^{20} = 1.1 \times 10^{-13}$ [J]
5. $E = hf = hc/\lambda$ なので，E が減少すると λ は増加する．

B

1. 電場の強さは $E(t) = (10^{-3}$ V/m$) \cos \omega t$ と変化するので，エネルギーの流れ $S = c\varepsilon_0 E^2(t)$ の時間平均 $\langle S \rangle = (1/2)c\varepsilon_0(10^{-3}$ V/m$)^2 = (1/2) \times 3 \times 10^8$ [m/s] $\times 8.9 \times 10^{-12}$ [C^2/N·m^2] $\times 10^{-6}$ V^2/m$^2 = 1.3 \times 10^{-9}$ J/m^2·s. $B = E/c = 10^{-3}$ [V/m]$/3 \times 10^8$ [m/s] $= 3 \times 10^{-12}$ T
2. $c = 4dnN = 3.13 \times 10^8$ m/s

第18章

演習問題 18

A

1. $v = h/rm = 7 \times 10^6$ m/s, $E = mv^2/2 = 2.2 \times 10^{-17}$ J $= 1.4 \times 10^2$ eV
2. $\lambda = h/mv = 6.63 \times 10^{-34}/(1.67 \times 10^{-27} \times 10^4) = 4.0 \times 10^{-11}$ [m]
3. 電子

B

1. $p = \sqrt{3mk_B T} = h/\lambda$. $\lambda = 1.5 \times 10^{-10}$ m, $v = 2.7 \times 10^3$ m/s
2. $\lambda = \sqrt{150.41/54} = 1.67 \times 10^{-10}$ [m], $\sin \theta = \lambda/d = 0.770$. $\therefore \theta = 50°$. $V = 181$ V のときは $\theta = 25°$.

第19章

演習問題 19

A

1. $500\sqrt{1 - 0.6^2} = 400$ [m]
2. $m/m_0 = (1 - u^2/c^2)^{-1/2} = 1.01$, $\therefore u \fallingdotseq 0.14c$
3. 10^{-3} kg $\times (3.0 \times 10^8$ m/s$)^2 = 9 \times 10^{13}$ J

B

1. $4\pi L(u/c)^2/\lambda = 4\pi \times 10 \times (30/300000)^2/(6 \times 10^{-7}) = 2$ [rad]
2. $v = (0.6c + 0.6c)/(1 + 0.6^2) = (15/17)c$
3. 地球上に止まっていた B から見ると，A が α 星を往復する時間は $4.4 \times 2/0.99 = 8.9$ 年．$\therefore$ B は 28.9 歳．B から見ると A の時計は $\sqrt{1 - 0.99^2}$

= 0.141 倍の速さで進む．したがって，A は宇宙船に 8.9×0.141 年 = 1.25 年 暮らす．∴ A は 21.25 歳．宇宙旅行をする A から見ると，逆に B の方が若いように思われる（双子のパラドックス）．しかし，A は地球での発着と α 星のところでの折り返しで加速運動するので非慣性系で，このような議論はできない．

第 20 章

演習問題 20

A

1. $1/8\,\mathrm{g}$

B

1. $r = 10^{-10}\,\mathrm{m}$ のとき $U = 2.27 \times 10^3\,\mathrm{eV}$，$r = 10^{-14}\,\mathrm{m}$ のとき $U = 2.27 \times 10^7\,\mathrm{eV} = 22.7\,\mathrm{MeV}$．$mv^2/2 = ZZ'/4\pi\varepsilon_0 r$ から $r = 4.7 \times 10^{-14}\,\mathrm{m}$

2. 中性子の質量を m_n，陽子と衝突前，衝突後の速さを v, v'，陽子の質量と衝突後の速さを $m_\mathrm{p}, V_\mathrm{p}$ とする．運動量保存則 $m_\mathrm{n} v = m_\mathrm{n} v' + m_\mathrm{p} V_\mathrm{p}$ とエネルギー保存則 $\dfrac{m_\mathrm{n} v^2}{2} = \dfrac{m_\mathrm{n} v'^2}{2} + \dfrac{m_\mathrm{p} V_\mathrm{p}^2}{2}$ から $2 m_\mathrm{n} v = (m_\mathrm{p} + m_\mathrm{n}) V_\mathrm{p}$　窒素原子核の質量と衝突後の速さを $m_\mathrm{N}, V_\mathrm{N}$ とすると，同様に $2 m_\mathrm{n} v = (m_\mathrm{N} + m_\mathrm{n}) V_\mathrm{N}$ が導かれるので，$(m_\mathrm{p} + m_\mathrm{n}) V_\mathrm{p} = (m_\mathrm{N} + m_\mathrm{n}) V_\mathrm{N}$　∴ $m_\mathrm{n} = \dfrac{m_\mathrm{N} V_\mathrm{N} - m_\mathrm{p} V_\mathrm{p}}{V_\mathrm{p} - V_\mathrm{N}}$

3. $\rho \fallingdotseq m_\mathrm{p} A / [4\pi (1.2 \times 10^{-15} A^{1/3})^3 / 3] = 2.3 \times 10^{17}\,[\mathrm{kg/m^3}] = 2.3 \times 10^{14}\,[\mathrm{g/cm^3}]$．$r = (3 M_\mathrm{S} / 4\pi \rho)^{1/3} = (M_\mathrm{S} / m_\mathrm{p})^{1/3} \times 1.2 \times 10^{-15} = [2.0 \times 10^{30} / (1.67 \times 10^{-27})]^{1/3} \times 1.2 \times 10^{-15} = 1.3 \times 10^4\,[\mathrm{m}] = 13\,[\mathrm{km}]$

4. 静止していた X が崩壊して，Y（速度 $\boldsymbol{v}$）と α（速度 $\boldsymbol{v}'$）になるとする．運動量保存則から $m\boldsymbol{v} + m_\alpha \boldsymbol{v}' = 0$．エネルギー保存則から $Mc^2 = mc^2 + mv^2/2 + m_\alpha c^2 + m_\alpha v'^2/2$．∴ $E \equiv (M - m - m_\alpha)c^2$ とすると $E = mv^2/2 + m_\alpha v'^2/2 = m_\alpha^2 v'^2 / 2m + m_\alpha v'^2 / 2$．∴ $m_\alpha v'^2 / 2 = E m / (m + m_\alpha)$

索　引

あ　行

アインシュタインの相対性原理
　　Einstein's principle of relativity　322
圧力　pressure　152
アボガドロ定数（記号 N_A）
　　Avogadro constant　154
α線　α-rays　334
α崩壊　α-decay　334
アンペア（記号 A）ampere　4, 218, 250
アンペールの法則　Ampere's law　245
位相のずれ　phase shift　271
位置　position　14
位置-時刻図　position-time diagram　15
位置ベクトル　position vector　31, 37
一様な電場　uniform electric field　187
移動距離　distance traveled　14
インダクタンス　inductance　266
インピーダンス　impedance　271
ウェーバ（記号 Wb）weber　244
ウィーンの変位則　Wien's displacement
　　law　159
動いている時計の遅れ
　　time dilation of moving clock　323
渦電流　eddy current　263
運動エネルギー　kinetic energy　28, 141
運動の第1法則　first law of motion　38
運動の第2法則　second law of motion
　　38
運動の第3法則　third law of motion　40
運動の法則　law of motion　38
運動方程式のたて方　how to formulate
　　equations of motion　45
運動量　momentum　92, 93
運動量の変化と力積の関係
　　impulse-momentum relation　94
運動量保存の法則　law of conservation
　　of momentum　95
永久機関　perpetuum mobile　165
x-t 図　x-t diagram　15
エーテル　ether　319
n 型半導体　n-tpye semiconductor　314
エネルギー　energy　2, 140
エネルギーの変換
　　conversion of energy　143, 145
エネルギーの輸送
　　transportation of energy　143
エネルギー保存の法則　law of conser-
　　vation of energy　2, 143
MKS 単位系　MKS system of units　4
MKSA 単位系　MKSA system of units
　　4

か　行

遠心力　centrifugal force　136
鉛直投げ上げ運動　motion of a body
　　thrown straight up　26
円電流がつくる磁場　magnetic field set
　　up by a ring current　240
オーム（記号 Ω）ohm　221
オームの法則　Ohm's law　221
温度　temperature　151
音波の速さ　velocity of sound wave　77

か　行

ガイガー-マースデンの実験
　　Geiger-Marsden experiment　329
回折　diffraction　286
回折格子　diffration grating　287
回路　circuit　223
ガウスの法則　Gauss' law　189, 190
角運動量　angular momentum　107, 135
角運動量保存の法則　law of conserva-
　　tion of angular momentum　108, 135
核エネルギー　nuclear energy
　　161, 162, 336
角加速度　angular acceleration　100, 104
核子　nucleon　331
角周波数　angular frequency　271
角振動数　angular frequency　67
角速度　angular velocity　61, 100
核分裂　nuclear fission　334, 336
核融合　nuclear fusion　334
核力　nuclear force　332
加速度　acceleration　11, 20, 32, 33
加速度（瞬間加速度）acceleration
　　（instantaneous acceleration）　21, 38
価電子　valence electron　309
荷電粒子に作用する磁気力　magnetic
　　force on a moving charged particle
　　250
カルノーの原理　Carnot theory　169
カロリー（記号 cal）calorie　6, 146, 230
干渉　interference　285, 286
慣性　inertia　38
慣性系　inertial frame　136
慣性抵抗　inertial resistance　89
慣性の法則　law of inertia　38
慣性モーメント　moment of inertia　101
カンデラ（記号 cd）candela　4
γ線　γ-rays　334
γ崩壊　γ-decay　334
気体定数（記号 R）gas constant　154
気体分子運動論
　　kinetic theory of gases　154
起電力　electromotive force　217, 220

基本単位　fundamental units　250
逆起電力　counter electromotive force
　　265
キャパシター　capacitor　207
キャパシターの直列接続
　　series connection of capacitors　211
キャパシターの並列接続　parallel con-
　　nection of capacitors　210
吸収線量　absorbed dose　338
強磁性体　ferromagnetic substance　283
共振　resonance　74
強制振動　forced vibration　56, 74
共鳴　resonance　74
極座標　polar coordinates　60
キルヒホッフの法則　Kirchhoff's law　226
キログラム（記号 kg）kilogram　4, 9
キロワット（記号 kW）kilowatt　147
キロワット時（記号 kWh）
　　kilowatt-hour　147, 230
空間線量率（air dose rate）　339
クォーク　quark　340
屈折　refraction　292
屈折率　index of refraction　293
組立単位　derived unit　5, 250
グレイ（記号 Gy）gray　338
クーロン（記号 C）coulomb　175
クーロンの法則　Coulomb's law　177
クーロン・ポテンシャル
　　Coulomb potential　197
結合エネルギー　binding energy　333
ケプラー　Kepler, J.　133
ケプラーの法則　Kepler's law　133
ケルビン（記号 K）kelvin　4, 153
原子番号　atomic number　330
原子炉　nuclear reactor　337
減衰振動　damped oscillation　56, 74
光子（フォトン）photon　161, 295
向心加速度　centripetal acceleration　57
向心力　centripetal force　57
合成容量　equivalent capacitance　210
剛体　rigid body　99
剛体の回転運動の運動エネルギー
　　kinetic energy of rotational motion
　　of rigid body around fixed axis　101
剛体の重心　center of gravity of rigid
　　body　116, 117
剛体の重心の運動方程式
　　equation of motion of center of mass
　　of rigid body　109
剛体の重心のまわりの回転運動の法則
　　law of rotational motion of rigid
　　body around center of mass　109

剛体のつり合い条件 conditions for
　　equilibrium of rigid body　　113
剛体の平面運動
　　planar motion of rigid body　109
剛体振り子 physical pendulum　106
剛体振り子の周期
　　period of physical pendulum　106
光電効果 photoelectric effect　295
交流 alternating current, AC　270
交流起電力
　　alternating electromotive force　271
交流電圧 alternating voltage　271
交流電流 alternating current　271
交流発電機 alternator, dynamo　264
合力 resultant force　41
国際単位系（SI）
　　International System of Units　4, 250
固定軸のまわりの剛体の回転運動の法則
　　law of rotational motion of rigid
　　body around fixed axis　104
弧度 radian　60
固有振動数 characteristic frequency
　　　74
コリオリの力 Coriolis' force　138
コンプトン散乱 Compton scattering
　　　297

さ 行

サイクロトロン運動 cyclotron motion
　　　251
サイクロトロン振動数
　　cyclotron frequency　251
最大摩擦力 maximum frictional force
　　　80
作用反作用の法則
　　law of action and reaction　40
磁荷 magnetic charge　235, 236
磁化 magnetization　281
磁化率 magnetic susceptibility　282
磁気鏡 magnetic mirror　252
磁気感受率 magnetic susceptibility
　　　282
磁気びん magnetic bottle　252
磁気定数 magnetic constant　239
磁極 magnetic poles　236
次元 dimension　8
自己インダクタンス self-inductance
　　　266
仕事 work　84, 142
仕事関数 work function　296
仕事と運動エネルギーの関係
　　work-energy theorem　88
仕事率（パワー）power　86
自己誘導 self-induction　265
磁石 magnet　235
磁性体 magnetic substance　282
磁束 magnetic flux　244

実効線量 effective dose　338
質量中心（重心）center of mass　116
実効値 effective value　271
質点 mass point　99
質点系 system of particles　99
質量欠損 mass defect　333
質量数 mass number　330
磁電誘導 Maxwell's induction　278
磁場（磁界）magnetic field　236, 281
磁場のエネルギー
　　energy of magnetic field　268
磁場のガウスの法則 Gauss' law for
　　magnetic field　244, 278
シーベルト（記号 Sv）sievert　339
シャルルの法則 Charle's law　153
周期 period　59
周期運動 periodic motion　59
重心（質量中心）center of gravity
　　　99, 109, 116
集積回路（IC）integrated circuit　317
終端速度 terminal velocity　90
自由電子 free electron　175
周波数 frequency　271
自由落下 free fall　25
重力 gravity　44
重力加速度 gravitational acceleration
　　　25
重力キログラム（記号 kgf）
　　kilogram force　6, 45
重力定数 gravitational constant　129
重力による位置エネルギー gravita-
　　tional potential energy　28, 141
シュテファン-ボルツマンの法則
　　Stefan-Boltzmann's law　159
ジュール（記号 J）joule　84, 141
ジュール熱 Joule's heat　146, 230
循環過程（サイクル）cyclic process　167
瞬間速度 instantaneous velocity　15
常磁性体 paramagnetic substance　282
磁力線 magnetic lines of force　236
真空の透磁率（記号 μ_0）
　　permeability of vaccum　239
真空の誘電率 permittivity of vacuum
　　　178, 246
人工衛星 man-made satelite　127
振動 oscillation　55
振動数 frequency　67
振幅 amplitude　67
垂直抗力 normal force　80
水平投射運動 motion of a body pro-
　　jected horizontally　47
スカラー scalar　34
ステラジアン（記号 sr）steradian　5
ストークスの法則 Stokes' law　89
スーパーカミオカンデ検出器
　　Super Kamiokande detector　163

正規分布 normal distribution　7
正弦波 sine wave　77
正孔 hole　313
静止摩擦係数
　　coefficient of static friction　80
静止摩擦力 static friction　80
静電遮蔽 electric shielding　204
静電誘導 electrostatic induction　176
絶縁体 insulator　175, 312
接線加速度 tangential acceleration
　　　104
接線の傾き（勾配）
　　slope of tangent line　16
絶対温度 absolute temperature　4, 153
全反射 total reflection　293
相互インダクタンス
　　mutual inductance　270
相互誘導 mutual induction　269
相対速度 relative velocity　35
送電 power transmission　273
速度 velocity　11, 15, 32
速度（瞬間速度）velocity
　　（instantaneous velocity）　37
速度-時刻図（v-t 図）velocity-time
　　diagram（v-t diagram）　16
疎密度 compression wave　75
素粒子 elementary particle　339
ソレノイド solenoid　241

た 行

耐電圧 withstand voltage　210
太陽エネルギー solar energy
　　　161, 164, 336
太陽電池 solar battery　316
楕円軌道 elliptical orbit　133
縦波 longitudinal wave　75
単位 unit　3
単振動 simple harmonic oscillation
　　　55, 66
弾性衝突 elastic collision　96
弾性定数 elastic constants　64
単振り子 simple pendulum　72
弾力 elastic force　64
弾力による位置エネルギー
　　potential energy of elastic force　71
力 force　41
力の作用線 line of action of force　41
力の作用点 point of action of force　41
力の中心 center of force　134
力のつり合い equilibrium of force　42
力の分解 resolution of force　41
力のモーメント（トルク）
　　moment of force（torque）　103, 135
地球の重力 gravity by the Earth　44
中心力 central force　134
中性子 neutron　301, 331
超伝導 superconductivity　223

直線運動 straight-line motion	11
定圧モル熱容量（記号 C_p）molar heat capacity at constant pressure	157
抵抗 resistance	221
抵抗器 resistor	221
抵抗の直列接続 series connection of resistors	224
抵抗の並列接続 parallel connection of resistors	224
ティコ・ブラーエ Tycho Brahe	133
定常状態 stationary state	306
定積モル熱容量（記号 C_v）molar heat capacity at constant volume	157
ディメンション dimension	8
テスラ（記号 T）tesla	237, 246
電圧 voltage	220, 221
電圧降下 voltage drop	222
電位 electric potential	198
電位差 potential difference	198
電荷 electric charge	174
電荷の保存則 law of conservation of charge	174
電気エネルギー electric energy	212, 213
電気双極子 electric dipole	188
電気双極子モーメント electric dipole moment	188
電気素量（素電荷）elementary electric charge	175
電気抵抗率 electric resistivity	222
電気抵抗率の温度係数 temperature coefficient of resistivity	222
電気定数 electrical constant	178, 209
電気容量 electric capacity	208
電気力 electric force	173, 179, 184
電気力線 lines of electric force	186, 188
電気力による位置エネルギー electric potential energy	196
電気力の重ね合わせの原理 superposition principle of electric force	180
電源 power supply	217, 220
電源の仕事率 power of power supply	228
電子 electron	301
電子の二重性 duality of electron	302
電磁場 electromagnetic field	279
電磁波 electromagnetic wave	288
電磁波の運動量 momentum of electromagnetic wave	294
電磁波のエネルギー energy of electromagnetic wave	294
電子ボルト（記号 eV）electron volt	6, 200
電磁誘導 electromagnetic induction	258
電磁誘導の法則 law of electromagnetic induction	278
電束密度 electric flux density	281
電池の内部抵抗 internal resistance of battery	224
点電荷 point charge	178
点電荷が周囲につくる電場 electric field due to a point charge	185
電場（電界）electric field	183, 184
電場のエネルギー energy of electric field	214
電場のガウスの法則 Gauss' law for electric field	190, 278
電場の重ね合わせの原理 superposition principle of electric field	186
電離作用 ionization	338
電流 electric current	217
電流に作用する磁気力 magnetic force on a current	245
電流のつくる磁場 magnetic field set up by current	238
電力 electric power	146, 229
電力量 electric energy	146, 230
等加速度直線運動 straight-line motion with constant accleralion	23
同時刻の相対性 relativity of simultaneity	324
等時性 isochronism	70
等速運動 uniform motion	13
等速円運動 uniform circular motion	56
等速直線運動（等速度運動）straight-line motion with constant speed	16
導体 conductor	175, 312
等電位線 equipotential line	202
等電位面 equipotential surface	202
動摩擦係数 coefficient of kinetic friction	82
動摩擦力 kinetic friction	82
特殊相対性理論 special theory of relativity	322
ド・ブロイ波長 de Broglie wavelength	303
トランジスター transistor	314
ドリフト速度 drift velocity	219
トルク（モーメント）torque	103
トロイド toroid	245

な 行

内部エネルギー internal energy	152
内力 internal force	46
長いソレノイドを流れる電流がつくる磁場 magnetic field set up by a current in a long solenoid	241
長い直線電流のつくる磁場 magnetic field set up by a long linear current	239
波 wave	286
波の速さ velocity of wave	76
ニュートリノ neutrino	162
ニュートン（記号 N）newton	5, 39
ニュートンの運動の 3 法則 Newton's three laws of motion	38
ニュートンの運動方程式 Newton's equation of motion	39
熱 heat	141, 152
熱運動 thermal motion	151
熱機関の効率 thermal efficiency of heat engine	166, 169
熱起電力 thermoelectromotive force	231
熱力学の第 1 法則 first law of thermodynamics	165
熱力学の第 2 法則 second law of thermodynamics	166
粘性抵抗 viscous drag	89

は 行

場 field	183
媒質 medium	285
パイ中間子 pion	332, 340
パスカル（記号 Pa）pascal	5, 152
波長 wavelength	76
発光ダイオード light-emitting diode	316
波動 wave	56, 75
波動的性質 wave property	285
ばね定数 spring modulus	64
ばね振り子 spring pendulum	65
速さ speed	12
半減期 half life	335
反磁性体 diamagnetic substance	282
反射 reflection	292
バンド band	311
半導体 semiconductor	312
万有引力の法則 law of universal gravitation	128
反粒子 antiparticle	339
pn 接合 p-n junction	314
pn 接合ダイオード p-n diode	315
p 型半導体 p-type semiconductor	314
ビオ-サバールの法則 Biot-Savart law	242
光 light	286
光の二重性 duality of light	295, 298
光の速さ light velocity	288
光ファイバー optical fiber	294
非慣性系 non-inertial frame	136
非弾性衝突 inelastic collision	97
比透磁率 relative magnetic permeability	242, 282
ヒート・ポンプ型暖房機 heat pump	170
比誘電率 specific dielectric constant	214

秒（記号 s）second	4, 9
標準不確かさ standard uncertainty	7
標準偏差 standard deviation	7
ファラド（記号 F）farad	208
v-t 図 v-t diagram	16
フェルミ粒子 fermion	339
不確定性原理 uncertainty principle	305
復元力 restoring force	64
フックの法則 Hooke's law	64
物質がある場合のマクスウェル方程式 Maxwell's equations in matter	281
物質中の電場 macroscopic electric field	192
物質の中での光の速さ light velocity in a substance	291
プランク Planck, M.	158
プランク定数（記号 h）Planck's constant	159
プランクの法則 Planck's law	159
フランク-ヘルツの実験 Frank-Hertz experiment	307
振り子の等時性 isochronism of pendulum	72
フレミングの左手の法則 Fleming's left-hand rule	246
分極 polarization	176, 281
平均加速度 mean acceleration	20, 33, 37
平均速度 mean velocity	15, 37
平行軸の定理 parallel-axis theorem	102
平行電流の間に作用する力 force between parallel currents	249
ヘクトパスカル（記号 hPa）hectopascal	6, 152
ベクトル vector	32
ベクトルのスカラー倍 vector multiplied by a scalar	34
ベクトルの和 addition of vectors	34
ベクレル（記号 Bq）becqurel	338
β 線 β-rays	334
β 崩壊 β-decay	334

ヘルツ（記号 Hz）hertz	69
ヘルツの実験 Hertz experiment	291
変圧器 transformer	272
変位 displacement	14, 15
ヘンリー（記号 H）henry	266, 270
ホイートストン・ブリッジ Wheatstone bridge	234
ボイル-シャルルの法則 Boyle-Charle's law	153
ボイルの法則 Boyle's law	152
ポインティングのベクトル Poynting's vector	294
崩壊の法則 law of decay	336
放射能 radioactivity	334
放物運動 parabolic motion	50
ボース粒子 boson	339
ホドグラフ hodograph	56
ホール hole	313
ホール効果 Hall effect	253
ボルツマン定数（記号 k_B）Boltzmann constant	156
ボルツマン分布 Boltzmann distribution	307
ボルト（記号 V）volt	199, 220
ポンピング pumping	310

ま 行

マイケルソン-モーリーの実験 Michelson-Morley experiment	319, 320
マクスウェル-アンペールの法則 Maxwell-Ampere's law	279, 281
マクスウェル方程式 Maxwell's equations	278, 279
摩擦力 frictional force	80
無重量状態 weightlessness	125, 126
無重力状態 null gravitational state	125
メートル（記号 m）meter	4, 9
面積速度一定の法則 law of constant areal velocity	133
モーメント（トルク）moment	103
モル（記号 mol）mole	5, 154

や 行

有効数字 significant figure	7
誘電体 dielectric substance	214
誘導起電力 induced electromotive force	258, 259, 260
誘導電場 induced electric field	261
誘導放射 induced emission	310
陽子 proton	301, 331
陽電子 positron	339
揚力 lift	91
横波 transverse wave	75
4 次元時空間 four-dimensional space-time	325

ら 行

ラザフォードの原子模型 Rutherford's atomic model	329
ラジアン（記号 rad）radian	5, 60
力学的エネルギー mechanical energy	28, 71
力学的エネルギー保存の法則 law of conservation of mechanical energy	28, 71, 110
力積 impulse	94
理想気体 ideal gas	154
粒子的性質 particle property	285
量子力学 quantum mechanics	303
量子論 quantum theory	161
臨界角 critical angle	293
臨界状態 critical state	337
臨界量 critical mass	337
冷房機 cooler	170
レーザー laser	310
連鎖反応 chain reaction	337
ローレンツ収縮 Lorentz contraction	325
ローレンツ変換 Lorentz transformation	322
ローレンツ力 Lorentz force	251

わ 行

ワット（記号 W）watt	86, 146, 228

【著者略歴】

原　康夫
　はら　やすお

1934 年　神奈川県鎌倉にて出生
1957 年　東京大学理学部物理学科卒業
1962 年　東京大学大学院修了（理学博士）
1962 年　東京教育大学理学部助手
1966 年　東京教育大学理学部助教授
1975 年　筑波大学物理学系教授
1997 年　筑波大学名誉教授．帝京平成大学教授
2004 年　工学院大学エクステンションセンター客員教授
この間，カリフォルニア工科大学研究員，シカゴ大学研究員，
プリンストン高級研究所員，筑波大学副学長．
1977 年　仁科記念賞受賞
現　在　筑波大学名誉教授

基礎からの物理学
　　き　そ　　　　　　　　ぶつ　り　がく

2000 年 10 月 30 日　第 1 版　第 1 刷　発行
2023 年 2 月 25 日　第 1 版　第 18 刷　発行

　著　者　原　康夫
　　　　　　はら　やすお
　発行者　発田和子
　発行所　株式会社　学術図書出版社
　　　　　〒 113-0033　東京都文京区本郷 5-4-6
　　　　　TEL 03-3811-0889　振替 00110-4-28454
　　　　　　　　印刷　中央印刷（株）

定価はカバーに表示してあります．

本書の一部または全部を無断で複写（コピー）・複製・転載することは，著作権法で認められた場合を除き，著作物および出版社の権利の侵害となります．あらかじめ小社に許諾を求めてください．

© 2000　Y. HARA Printed in Japan
ISBN 978-4-87361-908-8

単位の 10^n 倍の接頭記号

倍数	記号	名称		倍数	記号	名称	
10	da	deca	デカ	10^{-1}	d	deci	デシ
10^{2}	h	hecto	ヘクト	10^{-2}	c	centi	センチ
10^{3}	k	kilo	キロ	10^{-3}	m	milli	ミリ
10^{6}	M	mega	メガ	10^{-6}	μ	micro	マイクロ
10^{9}	G	giga	ギガ	10^{-9}	n	nano	ナノ
10^{12}	T	tera	テラ	10^{-12}	p	pico	ピコ
10^{15}	P	peta	ペタ	10^{-15}	f	femto	フェムト
10^{18}	E	exa	エクサ	10^{-18}	a	atto	アト
10^{21}	Z	zetta	ゼタ	10^{-21}	z	zepto	ゼプト
10^{24}	Y	yotta	ヨタ	10^{-24}	y	yocto	ヨクト
10^{27}	R	ronna	ロナ	10^{-27}	r	ronto	ロント
10^{30}	Q	quetta	クエタ	10^{-30}	q	quecto	クエクト

ギリシャ文字

大文字	小文字	相当するローマ字		読み方
A	α	a, ā	alpha	アルファ
B	β	b	beta	ビータ(ベータ)
Γ	γ	g	gamma	ギャンマ(ガンマ)
Δ	δ	d	delta	デルタ
E	ε, ϵ	e	epsilon	イプシロン
Z	ζ	z	zeta	ゼイタ(ツェータ)
H	η	ē	eta	エイタ
Θ	θ, ϑ	th	theta	シータ(テータ)
I	ι	i, ī	iota	イオタ
K	$\varkappa$	k	kappa	カッパ
Λ	λ	l	lambda	ラムダ
M	μ	m	mu	ミュー
N	ν	n	nu	ニュー
Ξ	ξ	x	xi	ザイ(グザイ)
O	o	o	omicron	オミクロン
Π	π	p	pi	パイ(ピー)
P	ρ	r	rho	ロー
Σ	σ, ς	s	sigma	シグマ
T	τ	t	tau	タウ
Υ	υ	u, y	upsilon	ユープシロン
Φ	ϕ, φ	ph (f)	phi	ファイ
X	χ	ch	chi, khi	カイ(クヒー)
Ψ	ψ	ps	psi	プサイ(プシー)
Ω	ω	ō	omega	オミーガ(オメガ)

物理定数表

重力の加速度（標準値）	$g = 9.80665 \text{ m/s}^2$
重力定数	$G = 6.67408(31) \times 10^{-11} \text{ N·m}^2/\text{kg}^2$
地球の質量	$M_E = 5.974 \times 10^{24} \text{ kg}$
地球の半径（平均）	$R_E = 6.37 \times 10^6 \text{ m}$
地球・太陽間の平均距離	$r_E = 1.50 \times 10^{11} \text{ m}$
太陽の質量	$M_S = 1.989 \times 10^{30} \text{ kg}$
太陽の半径	$R_S = 6.96 \times 10^8 \text{ m}$
月の軌道の長半径	$r_M = 3.844 \times 10^8 \text{ m}$
月の公転周期	27.32 日
1気圧（定義値）	$p_0 = 1.01325 \times 10^5 \text{ N/m}^2 = 760 \text{ mmHg}$
熱の仕事当量（定義値）	$J = 4.18605 \text{ J/cal}$
理想気体1 molの体積（0 °C，1気圧）	$V_0 = 2.2413996 \times 10^{-2} \text{ m}^3/\text{mol}$
気体定数	$R = 8.3144598(48) \text{ J/(K·mol)}$
アボガドロ定数（定義値）	$N_A = 6.02214076 \times 10^{23}/\text{mol}$
ボルツマン定数（定義値）	$k = 1.380649 \times 10^{-23} \text{ J/K}$
真空中の光速（定義値）	$c = 2.99792458 \times 10^8 \text{ m/s}$
電気定数（真空の誘電率）	$\varepsilon_0 = 8.854187817\cdots \times 10^{-12} \text{ F/m} \ (\approx 10^7/4\pi c^2)$
磁気定数（真空の透磁率）	$\mu_0 = 1.2566370614\cdots \times 10^{-6} \text{ N/A}^2 \ (\approx 4\pi/10^7)$
静電気力の定数（真空中）	$1/4\pi\varepsilon_0 = 8.98755\cdots \times 10^9 \text{ N·m}^2/\text{C}^2 \ (\approx c^2/10^7)$
プランク定数（定義値）	$h = 6.62607015 \times 10^{-34} \text{ J·s}$
電気素量（定義値）	$e = 1.602176634 \times 10^{-19} \text{ C}$
ファラデー定数	$F = 9.648533289(59) \times 10^4 \text{ C/mol}$
電子の比電荷	$e/m_e = 1.758820024(11) \times 10^{11} \text{ C/kg}$
ボーア半径	$a_B = 5.2917721067(12) \times 10^{-11} \text{ m}$
リュドベルグ定数	$R_\infty = 1.0973731568508(65) \times 10^7/\text{m}$
ボーア磁子	$\mu_B = 9.2740009994(57) \times 10^{-24} \text{ J/T}$
電子の静止質量	$m_e = 0.510998946 \text{ MeV}/c^2 = 9.10938356(11) \times 10^{-31} \text{ kg}$
陽子の静止質量	$m_p = 938.272081 \text{ MeV}/c^2 = 1.672621898(21) \times 10^{-27} \text{ kg}$
中性子の静止質量	$m_n = 939.565413 \text{ MeV}/c^2 = 1.674927471(21) \times 10^{-27} \text{ kg}$
質量とエネルギー	$1 \text{ eV} = 1.6021766208(98) \times 10^{-19} \text{ J}$
	$1 \text{ kg} = 5.60958865 \times 10^{35} \text{ eV}/c^2$
	$1 \text{ u} = 1.660539040(20) \times 10^{-27} \text{ kg} = 931.4940954 \text{ MeV}/c^2$